《中国古脊椎动物志》编辑委员会主编

中国古脊椎动物志

第二卷
两栖类 爬行类 鸟类

主编 李锦玲 | 副主编 周忠和

第六册（总第十册）
蜥臀类恐龙

徐 星 尤海鲁 莫进尤 编著

科学技术部科技基础资源调查专项（2021FY200100）资助

科学出版社

北 京

内 容 简 介

本册志书内容包括了截至2018年年底发现于中国并正式报道的210余种蜥臀类恐龙,并附207个插图。每个属、种均有鉴别特征、产地与层位等。在大部分阶元的记述之后有一评注,为编者在编写过程中对发现的问题或编者对该阶元新认识的阐述。

本书是我国凡涉及地学、生物学、考古学的大专院校、科研机构、博物馆及业余古生物爱好者的基础参考书,也可为科普创作提供必要的基础参考资料。

图书在版编目(CIP)数据

中国古脊椎动物志.第2卷.两栖类、爬行类、鸟类.第6册,蜥臀类恐龙:总第10册/徐星,尤海鲁,莫进尤编著.—北京:科学出版社,2021.11
ISBN 978-7-03-070975-2

I.①中… II.①徐…②尤…③莫… III.①古动物-脊椎动物门-动物志-中国②古动物-爬行纲-动物志-中国 IV.Q915.86

中国版本图书馆CIP数据核字(2021)第259815号

责任编辑:胡晓春 孟美岑/责任校对:张小霞
责任印制:肖 兴/封面设计:黄华斌

科学出版社 出版
北京东黄城根北街16号
邮政编码:100717
http://www.sciencep.com

中国科学院印刷厂 印刷
科学出版社发行 各地新华书店经销
*
2021年11月第 一 版 开本:787×1092 1/16
2021年11月第一次印刷 印张:25 1/2
字数:527 000

定价:348.00元

(如有印装质量问题,我社负责调换)

Editorial Committee of Palaeovertebrata Sinica

PALAEOVERTEBRATA SINICA

Volume II

Amphibians, Reptilians, and Avians

Editor-in-Chief: **Li Jinling** | Associate Editor-in-Chief: **Zhou Zhonghe**

Fascicle 6 (Serial no. 10)

Saurischian Dinosaurs

By **Xu Xing, You Hailu**, and **Mo Jinyou**

Supported by Science & Technology Fundamental Resources Investigation Program
(Grant No. 2021FY200100)

Science Press
Beijing

《中国古脊椎动物志》编辑委员会

主　任：邱占祥
副主任：张弥曼　吴新智
委　员（以汉语拼音为序）：
　　邓　涛　高克勤　胡耀明　金　帆　李传夔　李锦玲
　　孟　津　苗德岁　倪喜军　邱占祥　邱铸鼎　王晓鸣
　　王　原　王元青　吴肖春　吴新智　徐　星　尤海鲁
　　张弥曼　张兆群　周忠和　朱　敏

Editorial Committee of Palaeovertebrata Sinica

Chairman：Qiu Zhanxiang

Vice-Chairpersons：Zhang Miman and Wu Xinzhi

Members：Deng Tao, Gao Keqin, Hu Yaoming, Jin Fan, Li Chuankui, Li Jinling, Meng Jin, Miao Desui, Ni Xijun, Qiu Zhanxiang, Qiu Zhuding, Wang Xiaoming, Wang Yuan, Wang Yuanqing, Wu Xiaochun, Wu Xinzhi, Xu Xing, You Hailu, Zhang Miman, Zhang Zhaoqun, Zhou Zhonghe, and Zhu Min

本册撰写人员分工

蜥臀类恐龙导言	徐　星　E-mail: xuxing@ivpp.ac.cn
兽脚类	徐　星
蜥脚型类	尤海鲁　E-mail: youhailu@ivpp.ac.cn
	莫进尤　E-mail: jinyoumo@163.com

（徐星和尤海鲁所在单位为中国科学院古脊椎动物与古人类研究所，中国科学院生物演化与环境卓越创新中心，中国科学院脊椎动物演化与人类起源重点实验室；莫进尤所在单位为广西自然博物馆）

Contributors to this Fascicle

Introduction: Saurischian Dinosaurs	Xu Xing　E-mail: xuxing@ivpp.ac.cn
Theropoda	Xu Xing
Sauropodomorpha	You Hailu　E-mail: youhailu@ivpp.ac.cn
	Mo Jinyou　E-mail: jinyoumo@163.com

(Xu Xing and You Hailu are from the Institute of Vertebrate Paleontology and Paleoanthropology, Chinese Academy of Sciences, Key Laboratory of Vertebrate Evolution and Human Origins of Chinese Academy of Sciences, and CAS Center of Excellence in Life and Paleoenvironment, Beijing; Mo Jinyou is from the Natural History Museum of Guangxi)

总　序

　　中国第一本有关脊椎动物化石的手册性读物是1954年杨钟健、刘宪亭、周明镇和贾兰坡编写的《中国标准化石——脊椎动物》。因范围限定为标准化石，该书仅收录了88种化石，其中哺乳动物仅37种，不及德日进（P. Teilhard de Chardin）1942年在《中国化石哺乳类》中所列举的在中国发现并已发表的哺乳类化石种数（约550种）的十分之一。所以这本只有57页的小册子还不能算作一本真正的脊椎动物化石手册。我国第一本真正的这样的手册是1960–1961年在杨钟健和周明镇领导下，由中国科学院古脊椎动物与古人类研究所的同仁们集体编撰出版的《中国脊椎动物化石手册》。该手册共记述脊椎动物化石386属650种，分为《哺乳动物部分》（1960年出版）和《鱼类、两栖类和爬行类部分》（1961年出版）两个分册。前者记述了276属515种化石，后者记述了110属135种。这是对自1870年英国博物学家欧文（R. Owen）首次科学研究产自中国的哺乳动物化石以来，到1960年前研究发表过的全部脊椎动物化石材料的总结。其中鱼类、两栖类和爬行类化石主要由中国学者研究发表，而哺乳动物则很大一部分由国外学者研究发表。"文化大革命"之后不久，1979年由董枝明、齐陶和尤玉柱编汇的《中国脊椎动物化石手册》（增订版）出版，共收录化石619属1268种。这意味着在不到20年的时间里新发现的化石属、种数量差不多翻了一番（属为1.6倍，种为1.95倍）。

　　自20世纪80年代末开始，国家对科技事业的投入逐渐加大，我国的古脊椎动物学逐渐步入了快速发展的时期。新的脊椎动物化石及新属、种的数量，特别是在鱼类、两栖类和爬行动物方面，快速增加。1992年孙艾玲等出版了《The Chinese Fossil Reptiles and Their Kins》，记述了两栖类、爬行类和鸟类化石228属328种。李锦玲、吴肖春和张福成于2008年又出版了该书的修订版（书名中的Kins已更正为Kin），将属种数提高到416属564种。这比1979年手册中这一部分化石的数量（186属219种）增加了大约1倍半（属近2.24倍，种近2.58倍）。在哺乳动物方面，20世纪90年代初，中国科学院古脊椎动物与古人类研究所一些从事小哺乳动物化石研究的同仁们，曾经酝酿编写一部《中国小哺乳动物化石志》，并已草拟了提纲和具体分工，但由于种种原因，这一计划未能实现。

　　自20世纪90年代末以来，我国在古生代鱼类化石和中生代两栖类、翼龙、恐龙、鸟类，以及中、新生代哺乳类化石的发现和研究方面又有了新的重大突破，在恐龙蛋和爬行动物及鸟类足迹方面也有大量新发现。粗略估算，我国现有古脊椎动物化石种的总数已经超过3000个。我国是古脊椎动物化石赋存大国,有关收藏逐年增加,在研究方面正在努力进入世界强国行列的过程之中。此前所出版的各类手册性的著作已落后于我国古脊椎动物研究发展的现状,无法满足国内外有关学者了解我国这一学科领域进展的迫切需求。美国古生物学家S. G. Lucas,积5次访问中国的经历,历时近20年,于2001年出版了一部370多页的《Chinese Fossil Vertebrates》。这部书虽然并非以罗列和记述属、种为主旨,而且其资料的收集限于1996年以前,却仍然是国外学者了解中国古脊椎动物学发展脉络的重要读物。这可以说是从国际古脊椎动物研究的角度对上述需求的一种反映。

2006年,科技部基础研究司启动了国家科技基础性工作专项计划,重点对科学考察、科技文献典籍编研等方面的工作加大支持力度。是年10月科技部召开研讨中国各门类化石系统总结与志书编研的座谈会。这才使我国学者由自己撰写一部全新的、涵盖全面的古脊椎动物志书的愿望,有了得以实现的机遇。中国科学院南京地质古生物研究所和古脊椎动物与古人类研究所的领导十分珍视这次机遇,于2006年年底前,向科技部提交了由两所共同起草的"中国各门类化石系统总结与志书编研"的立项申请。2007年4月27日,该项目正式获科技部批准。《中国古脊椎动物志》即是该项目的一个组成部分。

在本志筹备和编研的过程中,国内外前辈和同行们的工作一直是我们学习和借鉴的榜样。在我国,"三志"(《中国动物志》、《中国植物志》和《中国孢子植物志》)的编研,已经历时半个多世纪之久。其中《中国植物志》自1959年开始出版,至2004年已全部出齐。这部皇皇巨著分为80卷,126册,记载了我国301科3408属31142种植物,共5000多万字。《中国动物志》自1962年启动后,已编撰出版了126卷、册,至今仍在继续出版。《中国孢子植物志》自1987年开始,至今已出版80多卷(不完全统计),现仍在继续出版。在国外,可以作为借鉴的古生物方面的志书类著作,有苏联出版的《古生物志》(《Основы Палеонтологии》)。全书共15册,出版于1959 – 1964年,其中古脊椎动物为3册。法国的《Traité de Paléontologie》(实际是古动物志),全书共7卷10册,其中古脊椎动物(包括人类)为4卷7册,出版于1952 – 1969年,历时18年。此外,C. M. Janis等编撰的《Evolution of Tertiary Mammals of North America》(两卷本)也是一部对北美新生代哺乳动物化石属级以上分类单元的系统总结。该书从1978年开始构思,直到2008年才编撰完成,历时30年。

参考我国"三志"和国外志书类著作编研的经验,我们在筹备初期即成立了志书编辑委员会,并同步进行了志书编研的总体构思。2007年10月10日由17人组成的《中国古脊椎动物志》编辑委员会正式成立(2008年胡耀明委员去世,2011年2月28日增补邓涛、尤海鲁和张兆群为委员,2012年11月15日又增加金帆和倪喜军两位委员,现共21人)。2007年11月30日《中国古脊椎动物志》"编辑委员会组成与章程"、"管理条例"和"编写规则"三个试行草案正式发布,其中"编写规则"在志书撰写的过程中不断修改,直至2010年1月才有了一个比较正式的试行版本,2013年1月又有了一个更为完善的修订本，至今仍在不断修改和完善中。

考虑到我国古脊椎动物学发展的现状，在汲取前人经验的基础上，编委会决定：①延续《中国脊椎动物化石手册》的传统，《中国古脊椎动物志》的记述内容也细化到种一级。这与国外类似的志书类都不同，后者通常都停留在属一级水平。②采取顶层设计，由编委会统一制定志书总体结构，将全志大体按照脊椎动物演化的顺序划分卷、册；直接聘请能够胜任志书要求的合适研究人员负责编撰工作，而没有采取自由申报、逐项核批的操作程序。③确保项目经费足额并及时到位，力争志书编研按预定计划有序进行，做到定期分批出版，努力把全志出版周期限定在10年左右。

编委会将《中国古脊椎动物志》的编写宗旨确定为："本志应是一套能够代表我国古脊椎动物学当前研究水平的中文基础性丛书。本志力求全面收集中国已发表的古脊椎动物化石资料，以骨骼形态性状为主要依据，吸收分子生物学研究的新成果，尝试运用分支系统学的理论和方法认识和阐述古脊椎动物演化历史、改造林奈分类体系，使之与演化历史更为吻合；着重对属、种进行较全面、准确的文字介绍，并尽可能附以清晰的模式标本图照，但不创建新的分类单元。本志主要读者对象是中国地学、生物学工作者及爱好者，高校师生，自然博物馆类机构的工作人员和科普工作者。"

编委会在将"代表我国古脊椎动物学当前研究水平"列入撰写本志的宗旨时，已经意识到实现这一目标的艰巨性。这一点也是所有参撰人员在此后的实践过程中越来越深刻地感受到的。正如在本志第一卷第一册"脊椎动物总论"中所论述的，自20世纪50年代以来，在古生物学和直接影响古生物学发展的相关领域中发生了可谓"翻天覆地"的变化。在20世纪七八十年代已形成了以Mayr和Simpson为代表的演化分类学派（evolutionary taxonomy）、以Hennig为代表的系统发育系统学派[phylogenetic systematics，又称分支系统学派（cladistic systematics，或简化为cladistics）]及以Sokal和Sneath为代表的数值分类学派（numerical taxonomy）的"三国鼎立"的局面。自20世纪90年代以来，分支系统学派逐渐占据了明显的优势地位。进入21世纪以来，围绕着生物分类的原理、原则、程序及方法等的争论又日趋激烈，形成了新的"三国"。以演化分类学家Mayr和Bock为代表的"达尔文分类学派"（Darwinian classification），坚持依据相似性（similarity）和系谱（genealogy）两项准则作为分类基础，并保留林奈套叠等级体系，认为这正是达尔文早就提出的生物分类思想。在分支系统学派内部分成两派：以de Quieroz和Gauthier为代表的持更激进观点的分支系统学家组成了"系统发育分类命名法规学派"（简称PhyloCode）。他们以单一的系谱（genealogy）作为生物分类的依据，并坚持废除林奈等级体系的观点。以M. J. Benton等为代表的持比较保守观点的分支系统学家则主张，在坚持分支系统学核心理论的基础上，采取某些折中措施以改进并保留林奈式分类和命名体系。目前争论仍在进行中。到目前为止还没有任何一个具体的脊椎动物的划分方案得到大多数生物和古生物学家的认可。我国的古生物学家大多还处在对这些新的论点、原理和方法以及争论论点实质的不断认识和消化的过程之中。这种现状首先影响到志书的总体架构：如何划分卷、册？各卷、册使用何种标题名称？系统记述部分中各高阶元及其名称如何取舍？基于林奈分类的《国际动物命名法规》是否要严格执行？……这些问题的存在甚至对编撰本志书的科学性和必要性都形成了质疑和挑战。

在《中国古脊椎动物志》立项和实施之初，我们确曾希望能够建立一个为本志书各卷、册所共同采用的脊椎动物分类方案。通过多次尝试，我们逐渐发现，由于脊椎动物内各大类群的研究历史和分类研究传统不尽相同，对当前不同分类体系及其使用的方法，在接受程度上差别较大，并很难在短期内弥合。因此，在目前要建立一个比较合理、能被广泛接受、涵盖整个脊椎动物的分类方案，便极为困难。虽然如此，通过多次反复研讨，参撰人员就如何看待分类和究竟应该采取何种分类方案等还是逐渐取得了如下一些共识：

1）分支系统学在重建生物演化过程中，以其对分支在演化过程中的重要作用的深刻认识和严谨的逻辑推导方法，而成为当前获得古生物学家广泛支持的一种学说。任何生物分类都应力求真实地反映生物演化的过程，在当前则应力求与分支系统学的中心法则（central tenet）以及与严格按照其原则和方法所获得的结论相符。

2）生物演化的历史（系统发育）和如何以分类来表达这一历史，属于两个不同范畴。分类除了要真实地反映演化历史外，还肩负协助人类认知和记忆的功能。两者不必、也不可能完全对等。在当前和未来很长一段时期内，以二维和文字形式表达演化过程的最好方式，仍应该是现行的基于林奈分类和命名法的套叠等级体系。从实用的观点看，把十几代科学工作者历经250余年按照演化理论不断改进的、由近200万个物种组成的庞大的阶元分类体系彻底抛弃而另建一新体系，是不可想象的，也是极难实现的。

3）分类倘若与分支系统学核心概念相悖，例如不以共祖后裔而单纯以形态特征为分类依据，由复系类群组成分类单元等，这样的分类应予改正。对于分支系统学中一些重要但并非核心的论点，诸如姐妹群需是同级阶元的要求，干群（"Stammgruppe"）的分类价值和地位的判别，以及不同大类群的阶元级别的划分和确立等，正像分支系统学派内部有些学者提出的，可以采取折中措施使分支系统学的基本理论与以林奈分类和命名法为基础建立的现行分类体系在最大程度上相互吻合。

4）对于因分支点增多而所需阶元数目剧增的矛盾，可采取以下折中措施解决。①对高度不对称的姐妹群不必赋予同级阶元。②对于重要的、在生物学领域中广为人知并广泛应用、而目前尚无更好解决办法的一些大的类群，可实行阶元转移和跃升，如鸟类产生于蜥臀目下的一个分支，可以跃升为纲级分类单元（详见第一卷第一册的"脊椎动物总论"）。③适量增加新的阶元级别，例如1997年McKenna和Bell已经提出推荐使用新的主阶元，如Legion（阵）、Cohort（部）等，和新的次级阶元，如Magno-（巨）、Grand-（大）、Miro-（中）和Parvo-（小）等。④减少以分支点设阶的数量，如仅对关键节点设立阶元、次要节点以顺序先后（sequencing）表示等。⑤应用全群（total group）的概念，不对其中的并系的干群（stem group 或"Stammgruppe"）设立单独的阶元等。

5）保留脊椎动物现行亚门一级分类地位不变，以避免造成对整个生物分类体系的冲击。科级及以下分类单元的分类地位基本上都已稳定，应尽可能予以保留，并严格按照最新的《国际动物命名法规》（1999年第四版）的建议和要求处置。

根据上述共识，我们在第一卷第一册的"脊椎动物总论"中，提出了一个主要依据中国所有化石所建立的脊椎动物亚门的分类方案（PVS-2013）。我们并不奢求每位参与本志书撰写的人员一定接受它，而只是推荐一个可供选择的方案。

对生物分类学产生重要影响的另一因素则是分子生物学。依据分支系统学原理和方法，借助计算机高速数学运算，通过分析分子生物学资料（DNA、RNA、蛋白质等的序列数据）来探讨生物物种和类群的系统发育关系及支系分异的顺序和时间，是当前分子生物学领域的热点之一。一些分子生物学家对某些高阶分类单元（例如目级）的单系性和这些分类单元之间的系统关系进行探索，提出了一些令形态分类学家和古生物学家耳目一新的新见解。例如，现生哺乳动物18个目之间的系统和分类关系，一直是古生物学家感到十分棘手的问题，因为能够找到的目之间的共有裔征（synapomorphy）很少，而经常只有共有祖征（symplesiomorphy）。相反，分子生物学家们则可以在分子水平上找到新的证据，将它们进行重新分解和组合。例如，他们在一些属于不同目的"非洲类型"的哺乳动物（管齿目、长鼻目、蹄兔目和海牛目）和一些非洲土著的"食虫类"（无尾猬、金鼹等）中发现了一些共同的基因组变异，如乳腺癌抗原1（BRCA1）中有9个碱基对的缺失，还在基因组的非编码区中发现了特有的"非洲短散布核元件（AfroSINES）"。他们把上述这些"非洲类型"的动物合在一起，组成一个比目更高的分类单元（Afrotheria，非洲兽类）。根据类似的分子生物学信息，他们把其他大陆的异节类、真魁兽啮型类和劳亚兽类看作是与非洲兽类同级的单元。分子生物学家们所提出的许多全新观点，虽然在细节上尚有很多值得进一步商榷之处，但对现行的分类体系无疑具有重要的参考价值，应在本志中得到应有的重视和反映。

采取哪种分类方案直接决定了本志书的总体结构和各卷、册的划分。经历了多次变化后，最后我们没有采用严格按照节点型定义的现生动物（冠群）五"纲"（鱼、两栖、爬行、鸟和哺乳动物）将志书划分为五卷的办法。其中的缘由，一是因为以化石为主的各"纲"在体量上相差过于悬殊。现生动物的五纲，在体量上比较均衡（参见第一卷第一册"脊椎动物总论"中有关部分），而在化石中情况就大不相同。两栖类和鸟类化石的体量都很小：两栖类化石目前只有不到40个种，而鸟类化石也只有大约五六十种（不包括现生种的化石）。这与化石鱼类，特别是哺乳类在体量上差别很悬殊。二是因为化石的爬行类和冠群的爬行动物纲有很大的差别。现有的化石记录已经清楚地显示，从早期的羊膜类动物中很早就分出两大主要支系：一支通过早期的下孔类演化为哺乳动物。下孔类，按照演化分类学家的观点，虽然是哺乳动物的早期祖先，但在形态特征上仍然和爬行类最为接近，因此应该归入爬行类。按照分支系统学家的观点，早期下孔类和哺乳动物共同组成一个全群（total group），两者无疑应该分在同一卷内。该全群的名称应该叫做下孔类，亦即：下孔类包含哺乳动物。另一支则是所有其他的爬行动物，包括从蜥臀类恐龙的虚骨龙类的一个分支演化出的鸟类，因此鸟类应该与爬行类放在同一卷内。上述情况使我们最后决定将两栖类、不包括下孔类的爬行类与鸟类合为一卷（第二卷），而早期下孔类和哺乳动物则共同组成第三卷。

在卷、册标题名称的选择上，我们碰到了同样的问题。分支系统学派，特别是系统发育分类命名法规学派，虽然强烈反对在分类体系中建立绝对阶元级别，但其基于严格单系分支概念的分类名称则是"全套叠式"的，亦即每个高阶分类单元必须包括其成员最近的共同祖先及由此祖先所产生的所有后代。例如传统意义中的鱼类既然包括肉鳍鱼类，那么也必须包括由其产生的所有的四足动物及其所有后代。这样，在需要表述某一"全套叠式"的名称的一部分成员时，就会遇到很大的困难，会出现诸如"非鸟恐龙"之类的称谓。相反，林奈分类体系中的高阶分类单元名称却是"分段套叠式"的，其五纲的概念是互不包容的。从分支系统学的观点看，其中的鱼纲、两栖纲和爬行纲都是不包括其所有后代的并系类群（paraphyletic groups），只有鸟纲和哺乳动物纲本身是真正的单系分支（clade）。林奈五纲的概念在生物学界已经根深蒂固，不会引起歧义，因此本志书在卷、册的标题名称上还是沿用了林奈的"分段套叠式"的概念。另外，由于化石类群和冠群在内涵和定义上有相当大的差别，我们没有直接采用纲、目等阶元名称，而是采用了含义宽泛的"类"。第三卷的名称使用了"基干下孔类　哺乳类"是因为"下孔类"这一分类概念在学界并非人人皆知，若在标题中舍弃人人皆知的哺乳类，而单独使用将哺乳类包括在内的下孔类这一全群的名称，则会使大多数读者感到茫然。

在编撰本志书的过程中我们所碰到的最后一类问题是全套志书的规范化和一致性的问题。这类问题十分烦琐，我们所花费时间也最多。

首先，全志在科级以下分类单元中与命名有关的所有词汇的概念及其用法，必须遵循《国际动物命名法规》。在本志书项目开始之前，1999年最新一版（第四版）的《International Code of Zoological Nomenclature》已经出版。2007年中译本《国际动物命名法规》（第四版）也已出版。由于种种原因，我国从事这方面工作的专业人员，在建立新科、属、种的时候，往往很少认真阅读和严格遵循《国际动物命名法规》，充其量也只是参考张永辂1983年出版的《古生物命名拉丁语》中关于命名法的介绍，而后者中的一些概念，与最新的《国际动物命名法规》并不完全符合。这使得我国的古脊椎动物在属、种级分类单元的命名、修订、重组，对模式的认定，模式标本的类型（正模、副模、选模、副选模、新模等）和含义，其选定的条件及表述等方面，都存在着不同程度的混乱。

这些都需要认真地予以厘定,以免在今后以讹传讹。

其次,在解剖学,特别是分类学外来术语的中译名的取舍上,也经常令我们感到十分棘手。"全国科学技术名词审定委员会公布名词"(网络2.0版)是我们主要的参考源。但是,我们也发现,其中有些术语的译法不够精准。事实上,在尊重传统用法和译法精准这两者之间有时很难做出令人满意的抉择。例如,对phylogeny的译法,在"全国科学技术名词审定委员会公布名词"中就有种系发生、系统发生、系统发育和系统演化四种译法,在其他场合也有译为亲缘关系的。按照词义的精准度考虑,钟补求于1964年在《新系统学》中译本的"校后记"中所建议的"种系发生"大概是最好的。但是我国从1922年杜就田所编撰的《动物学大词典》中就使用了"系统发育"的译法,以和个体发育(ontogeny)相对应。在我国从1978年开始的介绍和翻译分支系统学的热潮中,几乎所有的译介者都沿用了"系统发育"一词。经过多次反复斟酌,最后,我们也采用了这一译法。类似的情况还有很多,这里无法一一列举,这些抉择是否恰当只能留待读者去评判了。

再次,要使全套志书能够基本达到首尾一致也绝非易事。像这样一部预计有3卷23册的丛书,需要花费众多专家多年的辛勤劳动才能完成;而在确立各种体例和格式之类的琐事上,恐怕就要花费其中一半的时间和精力。诸如在每一册中从目录列举的级别、各章节排列的顺序,附录、索引和文献列举的方式及详简程度,到全书中经常使用的外国人名和地名、化石收藏机构等的缩写和译名等,都是非常耗时费力的工作。仅仅是对早期文献是否全部列入这一点,就经过了多次讨论,最后才确定,对于19世纪中叶以前的经典性著作,在后辈学者有过系统而全面的介绍的情况下(例如Gregory于1910年对诸如Linnaeus、Blumenbach、Cuvier等关于分类方案的引述),就只列后者的文献了。此外,在撰写过程中对一些细节的决定经常会出现反复,需经多次斟酌、讨论、修改,最后再确定;而每一次反复和重新确定,又会带来新的、额外的工作量,而且确定的时间越晚,增加的工作量也就越大。这其中的烦琐和日久积累的心烦意乱,实非局外人所能体会。所幸,参加这一工作的同行都能理解:科学的成败,往往在于细节。他们以本志书的最后完成为己任,孜孜矻矻,不厌其烦,而且大多都能在规定的时限内完成预定的任务。

本志编撰的初衷,是充分发挥老科学家的主导作用。在开始阶段,编委会确实努力按照这一意图,尽量安排老科学家担负主要卷、册的编研。但是随着工作的推进,编委会越来越深切地感觉到,没有一批年富力强的中年科学家的参与,这一任务很难按照原先的设想圆满完成。老科学家在对具体化石的认知和某些领域的综合掌控上具有明显的经验优势,但在吸收新鲜事物和新手段的运用、特别是在追踪新兴学派的进展上,却难以与中年才俊相媲美。近年来,我国古脊椎动物学领域在国内外都涌现出一批极为杰出的人才,其中有些是在国外顶级科研和教学机构中培养和磨砺出来的科学家。他们的参与对于本志书达到"当前研究水平"的目标起到了关键的作用。值得庆幸的是,我们所邀请的几位这样的中年才俊，都在他们本已十分繁忙的日程中，挤出相当多时间参与本志有关部分的撰写和/或评审工作。由于编撰工作中技术性任务量大、质量要求高，一部分年轻的学子也积极投入到这项工作中。最后这支编撰队伍实实在在地变成了一支老中青相结合的队伍了。

大凡立志要编撰一本专业性强的手册性读物，编撰者首要的追求，一定是原始资料的可靠和记录及诠释的准确性，以及由此而产生的权威性。这样才能经得起广大读者的推敲和时间的考验，才能让读者放心地使用。在追求商业利益之风日盛、在科普读物中往往充斥着种种真假难辨的猎奇之词的今天，这一点尤其显得重要，这也是本编辑委员会和每一位参撰人员所共同努力追求并为之奋斗的目标。虽然如此，由于我们本身的学识水平和认识所限，错误和疏漏之处一定不少，真诚地希望读者批评指正。

感谢　《中国古脊椎动物志》编研工作得以启动，首先要感谢科技部具体负责此项工作的基础研究司的领导，也要感谢国家自然科学基金委员会、中国科学院和相关政府部门长期以来对古脊椎动物学这一基础研究领域的大力支持。令我们特别难以忘怀的是几位参与我国基础性学科调研并提出宝贵建议的地学界同行，如黄鼎成和马福臣先生，是他们对临界或业已退休、但身体尚健的老科学工作者的报国之心的深刻理解和积极奔走，才促成本专项得以顺利立项，使一批新中国建立后成长起来的老古生物学家有机会把自己毕生积淀的专业知识的精华总结和奉献出来。另外，本志书编委会要感谢本专项的挂靠单位，中国科学院古脊椎动物与古人类研究所的领导和各处、室，特别是标本馆、图书室、负责照相和绘图的技术室，以及财务处的同仁们，对志书工作的大力支持。编委会要特别感谢负责处理日常事务的本专项办公室的同仁们。在志书编撰的过程中，在每一次研讨会、汇报会、乃至财务审计等活动中，他们忙碌的身影都给我们留下了难忘的印象。我们还非常幸运地得到了与科学出版社的胡晓春编辑共事的机会。她细致的工作作风和精湛的专业技能，使每一个接触到她的参撰人员都感佩不已。在本志书的编撰过程中，还有很多国内外的学者在稿件的学术评审过程中提出了很多中肯的批评和改进意见，使我们受益匪浅，也使志书的质量得到明显的提高。这些在相关册的致谢中都将做出详细说明，编委会在此也向他们一并表达我们衷心的感谢。

《中国古脊椎动物志》编辑委员会

2013 年 8 月

编委会说明：在 2015 年出版的各册的总序第 vi 页第二段第 3–4 行中"**其最早的祖先**"叙述错误，现已更正为"**其成员最近的共同祖先**"。书后所附"《中国古脊椎动物志》总目录"也根据最新变化做了修订。敬请注意。　　　　　　　　　　　　　　　　　　　　　2017 年 6 月

特别说明：本书主要用于科学研究。书中可能存在未能联系到版权所有者的图片，请见书后与科学出版社联系处理相关事宜。

本册前言

传统意义上的蜥臀类是恐龙类的两大分支之一，其中包括陆地生物中体型最大的动物和恐龙家族中所有肉食性物种，确切的化石记录从三叠纪晚期到白垩纪最晚期，分布于所有大陆。中国蜥臀类化石非常丰富，涵盖了这一类群在中晚期（侏罗纪早期到白垩纪晚期）的演化历史。自1929年中国的第一种蜥臀类被报道以来，截止到2018年年底，我国总共已经报道了210余种蜥臀类恐龙[①]，分布于18省、直辖市和自治区。中国蜥臀类化石的代表性产地包括云南（下、中侏罗统），四川、重庆和新疆（中、上侏罗统），辽宁和甘肃（下白垩统），内蒙古、河南和山东（白垩系）以及江西和黑龙江（上白垩统）的一些化石点，较重要的蜥臀类化石产地还包括宁夏（中侏罗统），辽宁、内蒙古和河北（中、上侏罗统）以及山西（上白垩统）的一些化石点。

中国的蜥臀类研究，尤其是虚骨龙类的研究，在世界上占据重要地位。蜥臀类的两大分支之一蜥脚型类的各个演化阶段的代表在中国都有发现，包括早期分异的大足龙类、早期分异的蜥脚形类、早期分异的蜥脚类、早期分异的真蜥脚类、早期分异的新蜥脚类以及新蜥脚类当中的梁龙超科和阔鼻龙类。蜥臀类的另外一大分支兽脚类在中国的化石记录更加丰富，涵盖了兽脚类的主要分支，尤其是其中的虚骨龙类。虚骨龙类主要亚类群有暴龙超科、似鸟龙类、美颌龙科、阿尔瓦雷兹龙超科、镰刀龙类、窃蛋龙类、驰龙科、伤齿龙科和鸟翼类，这九个虚骨龙亚类群的化石在我国都有产出，其中暴龙超科、阿尔瓦雷兹龙超科、镰刀龙类、窃蛋龙类、驰龙科和伤齿龙科则在中国有着各自类群最好的早期化石记录。另外，2002年发现的擅攀鸟龙科和2009年的近鸟龙亚科也几乎只发现于中国。这些化石为非鸟恐龙向鸟类的转化研究提供了大量重要信息，成为鸟类恐龙起源假说和鸟类主要特征演化研究最重要的信息来源，也使得非鸟恐龙向鸟类的转化成为当前研究最翔实的主要演化事件之一。

中国蜥臀类恐龙化石的研究成果卓著，是当今世界蜥臀类恐龙研究最重要的组成部分之一，这是几代学者努力的结果。借此机会，我们感谢所有为中国蜥臀类恐龙研究做出贡献的人们，特别是杨钟健先生、赵喜进先生、董枝明先生与何信禄先生。

本册的研究基础是由Li等编写的《The Chinese Fossil Reptiles and Their Kin》第二版，其中介绍了99种蜥臀类恐龙。在该书出版之后，又有110余种蜥臀类恐龙被报道（截止

[①] 严格意义上的蜥臀类恐龙包括鸟类，但本书的蜥臀类恐龙仅仅指代传统意义上的蜥臀类，即鸟类之外的其他蜥臀类，在书中介绍蜥臀类各个亚类群的分布与时代时，不包含鸟类的相关信息。

到 2018 年年底）。这些物种几乎涵盖了蜥臀类的所有主要类群，其中一些物种对于研究所属类群的演化，乃至更高阶分类单元的演化，具有重要意义。

兽脚类恐龙部分得到了柴珺、杨子睿、郑文杰、余琮煜、姚熙、秦子川、王世营、廖俊棋、李阅薇、Paul Rummy 以及王董浩等的大力协助，郑晓廷、徐莉、姬书安、彭光照、李大庆、Steve Brusatte、Mark Norell、Pascal Godefroid、Mick Ellison、沈才智、胡东宇、巩恩普、欧阳辉、邢立达提供了部分插图，李荣山、任名卉和臧海龙绘制了兽脚类部分的插图，臧海龙拍摄了兽脚类和部分蜥脚类化石照片，对全书插图进行了整理和排版，臧海龙和丁晓庆也协助了文字排版，金海月和谢丹等协助收集参考文献，张立召协调了有关资料整理和绘图工作；蜥脚型类恐龙部分得到了原禄丰国土资源局王涛和自贡恐龙博物馆彭光照、叶勇、江山和郝宝鞘以及张茜楠、王娅明和任鑫鑫等的大力支持，任名卉绘制部分插图，在此一并表示衷心的感谢。特别感谢李锦玲先生仔细阅读书稿，提出宝贵意见，以及修订参考文献。

本册涉及的机构名称及缩写

【缩写原则：1. 本志书所采用的机构名称及缩写仅为本志使用方便起见编制，并非规范名称，不具法规效力。2. 机构名称均为当前实际存在的单位名称，个别重要的历史沿革在括号内予以注解。3. 原单位已有正式使用的中、英文名称及/或缩写者（用*标示），本志书从之，不做改动。4. 中国机构无正式使用之英文名称及/或缩写者，原则上根据机构的英文名称或按本志所译英文名称字串的首字符（其中地名按音节首字符）顺序排列组成，个别缩写重复者以简便方式另择字符取代之。5. 个别机构在原文中的缩写与中文和英文名称无法对应，为延续原文中的标本号，依然采用原文缩写。】

（一）中国机构[①]

*AGM (AGB) —— 安徽省地质博物馆（合肥）Anhui Geological Museum (Hefei)

AQMH (AL) —— 安岳县秦九韶纪念馆（四川）Anyue Qinjiushao Memorial Hall (Sichuan Province)

*BMNH (BNHM, BMNHC, BPV)
—— 北京自然博物馆 Beijing Museum of Natural History

BLRKZ (KZV) —— 喀左县国土资源局（现喀左县自然资源局，辽宁）Bureau of Land and Resources, Kazuo (Liaoning Province)

BLRLF (LFGT, LDM)
—— 禄丰县国土资源局（现禄丰县自然资源局，云南）Bureau of Land and Resources of Lufeng County (Yunnan Province)

BPM —— 北票古生物博物馆（辽宁）Beipiao Paleontological Museum (Liaoning Province)

BXGM —— 本溪地质博物馆（辽宁）Benxi Geological Museum (Liaoning Province)

CQMNH (CMNH, CHM, CV)
—— 重庆自然博物馆 Chongqing Museum of Natural History

CUP —— 原辅仁大学（北京）Catholic University of Peking

[①] 在发表文献中，一些机构出现了不同的英文缩写，本书先列出常用缩写，其余缩写也列出，置于常用缩写之后的括号内，如北京自然博物馆的常用英文缩写为BMNH，但也有文献用BMNHC，本书标注为BMNH (BMNHC)，另外如AGB、AL、BPV和CV等出现在发表文献中的缩写和机构全名无法对应，但为了便于读者对应原文，也列入规范缩写之后的括号内。

*CUT (GCC) — 成都理工大学（原成都地质学院，四川） Chengdu University of Technology (former Geological College of Chengdu, Sichuan Province)

CXM (CPM) — 楚雄州博物馆（云南） Chuxiong Prefectural Museum (Yunnan Province)

*DLNHM (DMNH, DNHM)
— 大连自然博物馆（辽宁） Dalian Natural History Museum (Liaoning Province)

DLRL (LVH) — 辽宁省国土资源厅（现辽宁省自然资源厅，沈阳） Department of Land and Resources of Liaoning Province (Shenyang)

DLXH — 大连星海古生物化石博物馆（辽宁） Dalian Xinghai Paleontological Museum (Liaoning Province)

DYM — 东阳博物馆（浙江） Dongyang Museum (Zhejiang Province)

ELDM — 二连恐龙博物馆（内蒙古） Erlian Dinosaur Museum (Inner Mongolia Autonomous Region)

GM (GMNH) — 赣州博物馆（江西） Ganzhou Museum (Jiangxi Province)[①]

*GMC (GM, GMV, NGMC)
— 中国地质博物馆（北京） Geological Museum of China (Beijing)

GMG — 广西地质博物馆（南宁） Geological Museum of Guangxi (Nanning)

GMH — 黑龙江省地质博物馆（哈尔滨） Geological Museum of Heilongjiang Province (Harbin)

*GSGM — 甘肃地质博物馆（兰州） Gansu Geological Museum (Lanzhou)

HBV — 河北地质大学（原石家庄经济学院，石家庄） Hebei Geoscience University (former Shijiazhuang University of Economics, Shijiazhuang)

* HNGM (HGM)
— 河南省地质博物馆（郑州） Henan Geological Museum (Zhengzhou)

HYM — 河源博物馆（广东）Heyuan Museum (Guangdong Province)

*IGCAGS (CAGS-IG, CAGS)
— 中国地质科学院地质研究所（北京） Institute of Geology, Chinese Academy of Geological Sciences (Beijing)

IMM — 内蒙古博物馆（呼和浩特） Inner Mongolia Museum (Hohhot)

*IVPP — 中国科学院古脊椎动物与古人类研究所（北京） Institute of Vertebrate Paleontology and Paleoanthropology, Chinese Academy of Sciences (Beijing)

JLUM (JLUM-JZ)
— 吉林大学地质博物馆（长春） Jilin University Museum of Geology (Changchun)

---

① 某些文献中提及的赣州自然博物馆（Ganzhou Museum of Natural History）即为赣州博物馆。

JSDM — 嘉荫神州恐龙博物馆（黑龙江）Jiayin Shenzhou Dinosaur Museum (Heilongjiang Province)

*JZMP (JMP, JPM) — 锦州古生物博物馆（辽宁） Jinzhou Museum of Paleontology (Liaoning Province)

KHMB (KMV) — 昆明市文物管理委员会（云南）Kunming Heritage Management Board (Yunnan Province)

LGP — 灵武地质公园（宁夏）Lingwu Geopark (Hui Autonomous Region of Ningxia)

*LHGPI (LH) — 龙昊地质古生物研究所（内蒙古 呼和浩特）Long Hao Institute of Geology and Paleontology (Hohhot, Nei Mongol Autonomous Region)

LM — 灵武博物馆（宁夏） Lingwu Museum (Hui Autonomous Region of Ningxia)

LSDFM — 乐山大佛博物馆（四川）Leshan Dafo Museum (Sichuan Province)

MCDUT — 成都理工大学博物馆（原成都地质学院，四川）Museum of Chengdu University of Technology (former Geological College of Chengdu, Sichuan Province)

*NGM (NGMJ) — 南京地质博物馆（江苏）Nanjing Geological Museum (Jiangsu Province)

*NHMG — 广西自然博物馆（南宁） Natural History Museum of Guangxi (Nanning)

*NIGPAS (NIGP) — 中国科学院南京地质古生物研究所（江苏）Nanjing Institute of Geology and Palaeontology, Chinese Academy of Sciences (Jiangsu Province)

*NWU (NWUV) — 西北大学（陕西 西安） Northwest University (Xi'an, Shaanxi Province)

PCBU (HG) — 渤海大学古生物学中心（辽宁 锦州） Paleontological Center, Bohai University (Jinzhou, Liaoning Province)

PKUP — 北京大学古生物博物馆/北京大学地质博物馆 Peking University Paleontological Museum/Geological Museum of Peking University

*PMOL (PMoL, LPM) — 辽宁古生物博物馆（沈阳）Paleontological Museum of Liaoning (Shenyang)

QNGP (QJGPM, QM) — 綦江国家地质公园（重庆）Qijiang National Geological Park (Chongqing)[①]

*SDM — 山东博物馆（济南） Shandong Museum (Ji'nan)

SGM (SSV) — 鄯善县地质博物馆（新疆）Shanshan Geological Museum (Uygur Autonomous Region of Xinjiang)

*STM (STMN) — 山东省天宇自然博物馆（平邑） Shandong Tianyu Museum of Natural History

---

① 一些文献提及的 Qijiang Dinosaur National Geological Park Museum (QM) 即为綦江国家地质公园。

(Pingyi)

*TMNH (TNP) — 天津自然博物馆 Tianjin Museum of Natural History/Tianjin Natural History Museum

XXDEM (XMDFEC) — 西峡恐龙蛋博物馆（河南）Xixia Dinosaur Egg Museum (Henan Province)

*XGMRM (XMGM) — 新疆地质矿产博物馆（乌鲁木齐）Xinjiang Geology and Mineral Resources Museum (Ürümqi)

YCAS (YXV) — 玉溪市文物管理所（云南）Yuxi Cultural Administration Station (Yunnan Province)

YFGP — 义县地质公园（辽宁）Yizhou Fossil & Geology Park (Liaoning Province)

YMM — 元谋人博物馆（云南）Yuanmou Man Museum (Yunnan Province)

YZFM (YHZ) — 宜州化石馆（辽宁 义县）Yizhou Fossil Museum (Yixian, Liaoning Province)

ZCDM — 诸城恐龙博物馆（山东）Zhucheng Dinosaur Museum (Shandong Province)

*ZDM — 自贡恐龙博物馆（四川）Zigong Dinosaur Museum (Sichuan Province)

*ZMNH (ZhM) — 浙江自然博物馆（杭州）Zhejiang Museum of Natural History (Hangzhou)

ZSM — 自贡市盐业历史博物馆（四川）Zigong Salt Making Industry History Museum (Sichuan Province)

（二）外国机构

*AMNH — American Museum of Natural History (New York) 美国自然历史博物馆(纽约)

*FMNH (FMNH CUP[①]) — Field Museum of Natural History (Chicago, USA) 菲尔德自然历史博物馆（美国 芝加哥）

MEUU (PMU) — Museum of Evolution (including former Paleontological Museum) of Uppsala University (Sweden) 乌普萨拉大学演化博物馆（瑞典）

*PIN — Paleontological Institute, Russian Academy of Sciences (Moscow) 俄罗斯科学院古生物研究所（莫斯科）

UCMP — UC Museum of Paleontology (Berkeley, USA) 加州大学古生物博物馆（美国 伯克利）

---

① CUP 见"中国机构"。

目　录

总序 ··· i
本册前言 ··· ix
本册涉及的机构名称及缩写 ··· xi
蜥臀类恐龙导言 ·· 1
　一、蜥臀类恐龙的定义和分类 ·· 1
　二、蜥臀类恐龙研究简史 ·· 4
　三、蜥臀类恐龙的演化 ·· 16
　四、关于本书使用的分类和解剖术语的说明 ······································· 20
系统记述 ··· 24
　兽脚类 THEROPODA ··· 24
　　新兽脚类 NEOTHEROPODA ·· 29
　　　　芦沟龙属 Genus *Lukousaurus* ·· 30
　　腔骨龙超科 Superfamily Coelophysoidea ·· 31
　　　　盘古盗龙属 Genus *Panguraptor* ··· 31
　　双嵴龙科 Family Dilophosauridae ·· 32
　　　　中国龙属 Genus *Sinosaurus* ··· 33
　　　　双柏龙属 Genus *Shuangbaisaurus* ··· 36
　　鸟吻龙类 AVEROSTRA ··· 38
　　　角鼻龙类 CERATOSAURIA ·· 38
　　　西北阿根廷龙科 Family Noasauridae ··· 39
　　　　　泥潭龙属 Genus *Limusaurus* ·· 39
　　　僵尾龙类 TETANURAE ·· 41
　　　　　川东虚骨龙属 Genus *Chuandongocoelurus* ···························· 42
　　　　　开江龙属 Genus *Kaijiangosaurus* ··· 44
　　　巨龙超科 Superfamily Megalosauroidea ······································· 47
　　　　　宣汉龙属 Genus *Xuanhanosaurus* ·· 47
　　　　　单嵴龙属 Genus *Monolophosaurus* ······································ 48
　　　皮亚尼兹基龙科 Family Piatnitzkysauridae ·································· 50

气龙属 Genus *Gasosaurus*	50
棘龙科 Family Spinosauridae	52
暹罗龙属 Genus *Siamosaurus*	52
巨龙科 Family Megalosauridae	53
乐山龙属 Genus *Leshansaurus*	55

新僵尾龙类 NEOTETANURAE ········ 55

肉食龙类 CARNOSAURIA ········ 56

中棘龙科 Family Metriacanthosauridae	57
中国盗龙属 Genus *Sinraptor*	58
永川龙属 Genus *Yangchuanosaurus*	59
时代龙属 Genus *Shidaisaurus*	63
鲨齿龙科 Family Carcharodontosauridae	65
鲨鱼齿龙属 Genus *Shaochilong*	65
克拉玛依龙属 Genus *Kelmayisaurus*	67

大盗龙类 MEGARAPTORA ········ 68

大塘龙属 Genus *Datanglong*	68
吉兰泰龙属 Genus *Chilantaisaurus*	70

虚骨龙类 COELUROSAURIA ········ 71

左龙属 Genus *Zuolong*	72
暴龙超科 Superfamily Tyrannosauroidea	74
原角鼻龙科 Family Proceratosauridae	74
冠龙属 Genus *Guanlong*	75
中国暴龙属 Genus *Sinotyrannus*	77
羽王龙属 Genus *Yutyrannus*	77
泛暴龙类 Pantyrannosauria	78
帝龙属 Genus *Dilong*	80
雄关龙属 Genus *Xiongguanlong*	81
盗王龙属 Genus *Raptorex*	81
独龙属 Genus *Alectrosaurus*	83
暴龙科 Family Tyrannosauridae	85
特暴龙属 Genus *Tarbosaurus*	86
诸城暴龙属 Genus *Zhuchengtyrannus*	87
虔州龙属 Genus *Qianzhousaurus*	88
美颌龙科 Family Compsognathidae	89
中华鸟龙属 Genus *Sinosauropteryx*	90
华夏颌龙属 Genus *Huaxiagnathus*	91

中华丽羽龙属 Genus *Sinocalliopteryx* ···93
北票颌龙属 Genus *Beipiaognathus* ···95

似鸟龙类 ORNITHOMIMOSAURIA ···96
神州龙属 Genus *Shenzhousaurus* ···96
鹤形龙属 Genus *Hexing* ···98

恐手龙科 Family Deinocheiridae ···99
北山龙属 Genus *Beishanlong* ··99

似鸟龙科 Family Ornithomimidae ··100
古似鸟龙属 Genus *Archaeornithomimus* ·································101
中国似鸟龙属 Genus *Sinornithomimus* ···································102
秋扒龙属 Genus *Qiupalong* ··104

手盗龙类 MANIRAPTORA ···104
新疆猎龙属 Genus *Xinjiangovenator* ··106

阿尔瓦雷兹龙超科 Superfamily Alvarezsauroidea ···················107
吐谷鲁龙属 Genus *Tugulusaurus* ···108
简手龙属 Genus *Haplocheirus* ···109
敖闰龙属 Genus *Aorun* ··110
半爪龙属 Genus *Bannykus* ···112
西域爪龙属 Genus *Xiyunykus* ···112

阿尔瓦雷兹龙科 Family Alvarezsauridae ·································115
小驰龙亚科 Subfamily Parvicursorinae ·································115
秋扒爪龙属 Genus *Qiupanykus* ···116
临河爪龙属 Genus *Linhenykus* ··117
西峡爪龙属 Genus *Xixianykus* ··117

镰刀龙类 THERIZINOSAURIA ···119
峨山龙属 Genus *Eshanosaurus* ··120
建昌龙属 Genus *Jianchangosaurus* ···121

镰刀龙超科 Superfamily Therizinosauroidea ··························123
阿拉善龙属 Genus *Alxasaurus* ··123
北票龙属 Genus *Beipiaosaurus* ··124

镰刀龙科 Family Therizinosauridae ··126
南雄龙属 Genus *Nanshiungosaurus* ··127
肃州龙属 Genus *Suzhousaurus* ··128
二连龙属 Genus *Erliansaurus* ··130
内蒙古龙属 Genus *Neimongosaurus* ··132

窃蛋龙类 OVIRAPTOROSAURIA ··133

原始祖鸟龙属 Genus *Protarchaeopteryx*·················134

　　尾羽龙属 Genus *Caudipteryx*·················134

　　切齿龙属 Genus *Incisivosaurus*·················136

　　似尾羽龙属 Genus *Similicaudipteryx*·················139

　　宁远龙属 Genus *Ningyuansaurus*·················141

近颌龙科 Family Caenagnathidae·················142

　　始兴龙属 Genus *Shixinggia*·················142

　　巨盗龙属 Genus *Gigantoraptor*·················143

　　洛阳龙属 Genus *Luoyanggia*·················144

　　贝贝龙属 Genus *Beibeilong*·················147

　　怪脚龙属 Genus *Anomalipes*·················148

窃蛋龙科 Family Oviraptoridae·················149

　　窃蛋龙属 Genus *Oviraptor*·················150

　　山阳龙属 Genus *Shanyangosaurus*·················151

　　河源龙属 Genus *Heyuannia*·················152

　　斑嵴属 Genus *Banji*·················154

　　曲剑龙属 Genus *Machairasaurus*·················155

　　乌拉特龙属 Genus *Wulatelong*·················156

　　江西龙属 Genus *Jiangxisaurus*·················156

　　赣州龙属 Genus *Ganzhousaurus*·················158

　　豫龙属 Genus *Yulong*·················159

　　南康龙属 Genus *Nankangia*·················160

　　华南龙属 Genus *Huanansaurus*·················162

　　冠盗龙属 Genus *Corythoraptor*·················163

　　通天龙属 Genus *Tongtianlong*·················164

擅攀鸟龙科 Family Scansoriopterygidae·················165

　　树息龙属 Genus *Epidendrosaurus*·················166

　　耀龙属 Genus *Epidexipteryx*·················168

　　翼属 Genus *Yi*·················168

近鸟类 PARAVES·················170

　　义县龙属 Genus *Yixianosaurus*·················171

驰龙科 Family Dromaeosauridae·················172

小盗龙类 Microraptoria·················173

　　中国鸟龙属 Genus *Sinornithosaurus*·················173

　　小盗龙属 Genus *Microraptor*·················176

　　纤细盗龙属 Genus *Graciliraptor*·················179

长羽盗龙属 Genus *Changyuraptor* ……………………………………………181
　　钟健龙属 Genus *Zhongjianosaurus* …………………………………………183
　泛驰龙类 Pandromaeosauria …………………………………………………185
　　敏捷龙属 Genus *Phaedrolosaurus* ……………………………………………185
　　栾川盗龙属 Genus *Luanchuanraptor* …………………………………………187
　　伶盗龙属 Genus *Velociraptor* …………………………………………………188
　　天宇盗龙属 Genus *Tianyuraptor* ………………………………………………189
　　临河盗龙属 Genus *Linheraptor* ………………………………………………189
　　振元龙属 Genus *Zhenyuanlong* …………………………………………………192
　伤齿龙科 Family Troodontidae ………………………………………………192
　　中国鸟形龙属 Genus *Sinornithoides* …………………………………………194
　　中国猎龙属 Genus *Sinovenator* ………………………………………………196
　　寐属 Genus *Mei* …………………………………………………………………197
　　曲鼻龙属 Genus *Sinusonasus* …………………………………………………199
　　金凤鸟龙属 Genus *Jinfengopteryx* ……………………………………………199
　　西峡龙属 Genus *Xixiasaurus* …………………………………………………202
　　辽宁猎龙属 Genus *Liaoningvenator* …………………………………………202
　　大连龙属 Genus *Daliansaurus* …………………………………………………204
　　嘉年华龙属 Genus *Jianianhualong* ……………………………………………205
　伤齿龙亚科 Subfamily Troodontinae …………………………………………207
　　临河猎龙属 Genus *Linhevenator* ………………………………………………207
　　菲利猎龙属 Genus *Philovenator* ………………………………………………208
　近鸟龙亚科 Subfamily Anchiornithinae ………………………………………210
　　足羽龙属 Genus *Pedopenna* ……………………………………………………211
　　近鸟龙属 Genus *Anchiornis* …………………………………………………212
　　晓廷龙属 Genus *Xiaotingia* ……………………………………………………214
　　始中国羽龙属 Genus *Eosinopteryx* ……………………………………………215
　　曙光鸟龙属 Genus *Aurornis* …………………………………………………217
　　丝鸟龙属 Genus *Serikornis* ……………………………………………………218
　　彩虹龙属 Genus *Caihong* ………………………………………………………220
蜥脚型类 SAUROPODOMORPHA ……………………………………………222
　大椎龙科 Family Massospondylidae …………………………………………226
　　禄丰龙属 Genus *Lufengosaurus* ………………………………………………226
　　兀龙属？ Genus *Gyposaurus*? …………………………………………………230
　蜥脚形类 SAUROPODIFORMES ………………………………………………232
　　云南龙属 Genus *Yunnanosaurus* ………………………………………………232

　　　　金山龙属 Genus *Jingshanosaurus* ···236
　　　　细细坡龙属 Genus *Xixiposaurus* ···238
　　　　星宿龙属 Genus *Xingxiulong* ···239
　　　　彝州龙属 Genus *Yizhousaurus* ···240
　　　　易门龙属 Genus *Yimenosaurus* ···242
　　　　金沙江龙属 Genus *Chinshakiangosaurus* ·································243
　　　　昆明龙属 Genus *Kunmingosaurus* ··244
　　　　珙县龙属 Genus *Gongxianosaurus* ··245

蜥脚类 SAUROPODA···247
　　　　三巴龙属 Genus *Sanpasaurus* ···247
　　　　资中龙属 Genus *Zizhongosaurus* ···249
　　　　通安龙属 Genus *Tonganosaurus* ···250

真蜥脚类 EUSAUROPODA···250
　　　　蜀龙属 Genus *Shunosaurus* ···250
　　　　酋龙属 Genus *Datousaurus* ···254
　　　　原颌龙属 Genus *Protognathosaurus* ··255
　　　　巴蜀龙属 Genus *Bashunosaurus* ···256
　　　　云龙属 Genus *Nebulasaurus* ···257

马门溪龙科 Family Mamenchisauridae·····································258
　　　　峨眉龙属 Genus *Omeisaurus* ···258
　　　　马门溪龙属 Genus *Mamenchisaurus* ·······································264
　　　　自贡龙属 Genus *Zigongosaurus* ···269
　　　　秀龙属 Genus *Abrosaurus* ···271
　　　　綦江龙属 Genus *Qijianglong* ··272
　　　　川街龙属 Genus *Chuanjiesaurus* ··273
　　　　元谋龙属 Genus *Yuanmousaurus* ···274
　　　　始马门溪龙属 Genus *Eomamenchisaurus* ·······························276
　　　　天山龙属 Genus *Tienshanosaurus* ··277
　　　　克拉美丽龙属 Genus *Klamelisaurus* ·······································277
　　　　蝴蝶龙属 Genus *Hudiesaurus* ···279
　　　　新疆巨龙属 Genus *Xinjiangtitan* ··281
　　　　黄山龙属 Genus *Huangshanlong* ···281
　　　　安徽龙属 Genus *Anhuilong* ··283

新蜥脚类 NEOSAUROPODA···284
梁龙超科 Superfamily Diplodocoidea··284
　　　　灵武龙属 Genus *Lingwulong* ··285

阔鼻龙类 MACRONARIA····················287
- 大山铺龙属 Genus *Dashanpusaurus*····················287
- 大安龙属 Genus *Daanosaurus*····················288
- 巧龙属 Genus *Bellusaurus*····················289

泰坦巨龙形类 TITANOSAURIFORMES····················291
- 盘足龙属 Genus *Euhelopus*····················292
- 诸城巨龙属 Genus *Zhuchengtitan*····················294
- 蒙古龙属 Genus *Mongolosaurus*····················294
- 苏尼特龙属 Genus *Sonidosaurus*····················295
- 华北龙属 Genus *Huabeisaurus*····················297
- 北方龙属 Genus *Borealosaurus*····················298
- 东北巨龙属 Genus *Dongbeititan*····················299
- 辽宁巨龙属 Genus *Liaoningotitan*····················300
- 九台龙属 Genus *Jiutaisaurus*····················301
- 戈壁巨龙属 Genus *Gobititan*····················301
- 桥湾龙属 Genus *Qiaowanlong*····················302
- 黄河巨龙属 Genus *Huanghetitan*····················304
- 大夏巨龙属 Genus *Daxiatitan*····················305
- 永靖龙属 Genus *Yongjinglong*····················307
- 汝阳龙属 Genus *Ruyangosaurus*····················307
- 云梦龙属 Genus *Yunmenglong*····················308
- 岘山龙属 Genus *Xianshanosaurus*····················311
- 宝天曼龙属 Genus *Baotianmansaurus*····················313
- 秦岭龙属 Genus *Qinlingosaurus*····················314
- 扶绥龙属 Genus *Fusuisaurus*····················315
- 六榜龙属 Genus *Liubangosaurus*····················317
- 清秀龙属 Genus *Qingxiusaurus*····················317
- 江山龙属 Genus *Jiangshanosaurus*····················319
- 东阳龙属 Genus *Dongyangosaurus*····················320
- 赣南龙属 Genus *Gannansaurus*····················323

参考文献····················324

解剖和形态学术语····················354

汉 - 拉学名索引····················358

拉 - 汉学名索引····················365

附件《中国古脊椎动物志》总目录····················372

蜥臀类恐龙导言

蜥臀类（Saurischia）是恐龙类的两大分支之一，另一分支是鸟臀类（Ornithischia）。顾名思义，蜥臀类具有类似蜥蜴和其他爬行动物的腰带结构：髂骨水平方向延伸，坐骨后腹方向延伸，耻骨则向前腹方延伸（Seeley, 1888）；而鸟臀类则类似鸟类，耻骨向后腹方延伸。一般认为，蜥臀类包括两大分支：蜥脚型类（Sauropodomorpha）和兽脚类（Theropoda），前者的一些成员代表地球历史上出现过的体型最大的陆生动物，而后者则拥有恐龙类当中所有的肉食性动物。

一、蜥臀类恐龙的定义和分类

蜥臀类是 Harry G. Seeley 于 1887 年建立的一个目一级分类单元。在 19 世纪中晚期，有关恐龙分类存在着不同方案（Huxley, 1870；Marsh, 1878b），Seeley 认为 Othniel C. Marsh 于 1878 年建立的分类方案更佳，即已发现的恐龙可划分为蜥脚目（Sauropoda）、兽脚目（Theropoda）、鸟脚目（Ornithopoda）和剑龙目（Stegosauria）四个目（Marsh, 1878b），并在此基础上，基于腰带特征，把蜥脚目和兽脚目合并归入他新建立的蜥臀目（Saurischia），把鸟脚目和剑龙目合并归入新建立的鸟臀目（Ornithischia），并把蜥脚目、兽脚目、鸟脚目和剑龙目降低到亚目一级（Seeley, 1888）。Seeley 还认为，蜥臀目和鸟臀目源自不同的主龙类，因此恐龙类（Dinosauria）并非一个自然类群（Seeley, 1887）。Seeley 的这些观点随后被广泛接受，在很长时间内代表主流观点（Romer, 1956）。

自 20 世纪 70 年代开始，Seeley 有关恐龙类多起源的观点受到质疑，恐龙类单起源的观点逐渐成为学术界的主流观点（Bakker et Galton, 1974；Weishampel et al., 1990；Sereno, 1999b；Benton, 2014），不过，他建立的蜥臀目和鸟臀目这两个分类单元被广泛接受，一直沿用至今（Benton, 2014）。尽管如此，早在 20 世纪 70 年代，就有研究指出，蜥脚型类和兽脚类共享的腰带特征是近祖的，因此蜥臀目的单系性存在疑问（Bonaparte, 1976；Charig, 1976）；到了 80 年代，一些学者甚至明确提出，相对兽脚类，蜥脚型类和鸟臀类有着更近的亲缘关系，组成一个叫做"植食恐龙类"（"Phytodinosauria"）的单系类群（Cooper, 1985；Bakker, 1986），甚至前者演化出后者（Bonaparte, 1976；Paul, 1984）。存在一个单系的"植食恐龙类"的观点没有得到任何系统学分析的支持，因此，这一观点没有形成学术影响。现有证据显示，在兽脚类当中，一些和鸟类亲缘关系近的兽脚类亚类群也具有向后腹方延伸的耻骨，说明向后腹方延伸的耻骨在恐龙当中多次独立演化（Xu et al., 2002b；Clark et al., 2004）。

近年来的一些系统发育分析显示，兽脚类的主体和鸟臀类组成一个单系类群（Baron et al., 2017；Parry et al., 2017）——"鸟腿龙类"（"Ornithoscelida"）（Huxley, 1870）[①]；但这些研究也承认，其他两种假说，即蜥脚型类和兽脚类组成蜥臀类的主流假说和 Robert Bakker 等提出的蜥脚型类与鸟臀类组成一个单系的"植食恐龙类"的假说也得到一定程度的支持（Parry et al., 2017）。不过，随后的一些研究否定了"鸟腿龙类"和"植食恐龙类"单系性的假说（Langer et al., 2017）。

总体而言，兽脚类、蜥脚型类和鸟臀类这三大分支之间的相互关系还需要更多工作才能理清，但恐龙类是一个由蜥臀类和鸟臀类组成的单系类群，蜥臀类包括兽脚类和蜥脚型类的传统观点，还是得到了更多已有证据的支持，其他有关恐龙类的分类方案还有待更多研究的确认。本书采纳传统的恐龙分类方案。

从骨骼学特征来看，支持蜥臀类单系性的特征来自身体各个部位，其中包括：颞区肌肉扩至额骨上，方轭骨叠覆至轭骨后支，颈椎加长，枢椎后关节突向外侧延伸，前部颈椎后关节突有上突，背椎有辅助椎间关节，手部长度超过肱骨和桡骨长度之和的 45%，第四和第五掌骨近端分别位于第三和第四掌骨腹侧，以及手部第二指最长，明显不对称（Gauthier, 1986；Brusatte, 2012）。随着恐龙系统发育研究的进展，未来的研究将会证明，这些特征究竟是蜥臀类的共有衍征（synapomorphy），还是兽脚类和蜥脚型类各自独立演化出的同塑特征（homoplasy），抑或是一个更大类群的共有衍征。

近年来有关恐龙分类的一个重要变化在于系统发育分类学（phylogenetic taxonomy）的广泛应用，本书也采用这一分类方法。系统发育分类学仅包含两个分类阶元：种和种以上的演化支（clade），其中后者是一个严格的单系类群，没有具体的分类等级。曾经有研究提出，恐龙类不仅是单系的，而且应上升为纲一级的分类单元（Bakker et Galton, 1974）。虽然恐龙类单系性的观点得到了广泛接受和认可（Weishampel et al., 1990；Sereno, 1999b；Benton, 2014），但恐龙纲这一分类单元的使用却没有推广开来，主要原因在于系统发育分类学日益流行，而这一分类学方法抛弃了林奈分类学的等级概念。

Jacques Gauthier（1986）给出了蜥臀类的第一个系统发育分类学的定义：蜥臀类包括鸟类和相对鸟臀类，与鸟类亲缘关系更近的所有恐龙，明确指出蜥臀类包含蜥脚型类和包括鸟类在内的兽脚类。这一定义被广泛接受，后期随着系统发育分类学的发展和规则的完善，对于分类单元的定义有了更好的规范（Sereno, 2005；Cantino et de Queiroz, 2010），当前常用的一个蜥臀类的定义为：蜥臀类是包含 *Megalosaurus bucklandii* Mantell,

---

[①] "鸟腿龙类"（"Ornithoscelida"）这一分类单元最早由托马斯·赫胥黎（Thomas Huxley）于 1870 年提出，包括当时已知的所有恐龙属种，如蜥臀类中的 *Thecodontosaurus* 和 *Cetiosaurus*，鸟臀类当中的 *Scelidosaurus*、*Hylaeosaurus*、*Iguanodon* 和 *Hadrosaurus*，以及兽脚类当中的 *Megalosaurus* 和 *Compsognathus*。

1827 而非 *Iguanodon bernissartensis* Boulenger in Beneden, 1881 的最大包容演化支（见董枝明等，2015）①。恐龙类的另外一个主要分支——鸟臀类的系统发育分类定义是包含 *Iguanodon bernissartensis* Boulenger in Beneden, 1881 而非 *Megalosaurus bucklandii* Mantell, 1827 的最大包容演化支（见董枝明等，2015）；恐龙类的定义则是包含 *Megalosaurus bucklandii* Mantell, 1827 和 *Iguanodon bernissartensis* Boulenger in Beneden, 1881 的最小包容演化支。

但如前所述，当前研究尚未就恐龙三大支系之间的关系达成完全一致的意见，"鸟腿龙类"和"植食恐龙类"单系性的可能性还未完全排除，因此，有关恐龙类、蜥臀类和鸟臀类的主流系统发育分类学定义潜在存在问题。如果未来研究确认了"鸟腿龙类"的单系性，那么上面有关恐龙类的系统发育分类的定义就会把蜥脚型类恐龙排除在恐龙家族之外，上面有关蜥臀类的定义也需要做相应修改。如果未来研究确认了"植食恐龙类"的单系性，那么上面有关鸟臀类的定义将存在问题。因此，更稳定的恐龙类、蜥臀类和鸟臀类的系统发育分类定义应该分别为：恐龙类是包含 *Megalosaurus bucklandii* Mantell, 1827，*Iguanodon bernissartensis* Boulenger in Beneden, 1881 和 *Diplodocus longus* Marsh, 1878 的包容性最小的演化支；蜥臀类是包含 *Diplodocus longus* Marsh, 1878 而非 *Iguanodon bernissartensis* Boulenger in Beneden, 1881 的包容性最大的演化支；鸟臀类是包含 *Iguanodon bernissartensis* Boulenger in Beneden, 1881 而非 *Megalosaurus bucklandii* Mantell, 1827 和 *Diplodocus longus* Marsh, 1878 的包容性最大的演化支。

从操作的角度，这些定义具有两个优点：一、依赖物种之间的亲缘关系这个单一标准，让分类系统成为完全嵌套的阶层体系，而不是采用几种标准的结合；二、定义稳定，即便未来的系统发育研究出现不同的假说，恐龙类及其主要类群在包含成员和鉴定特征方面与传统认知也不会产生太大差别，这对于学术交流非常重要。

在本书中，我们采用的蜥脚型类的系统发育分类定义是：包含 *Diplodocus longus* Marsh, 1878，但不包含 *Megalosaurus bucklandii* Mantell, 1827 和 *Iguanodon bernissartensis* Boulenger in Beneden, 1881 的包容性最大的演化支；兽脚类的系统发育分类定义是：包含 *Megalosaurus bucklandii* Mantell, 1827，但不包含 *Diplodocus longus* Marsh, 1878 和 *Iguanodon bernissartensis* Boulenger in Beneden, 1881 的包容性最大的演化支。

蜥脚型类主要包含七个亚类群（subgroup）和一些难以归入这些亚类群的物种，这些亚类群包括板龙科（Plateosauridae）、大椎龙科（Massospondylidae）、马门溪龙科（Mamenchisauridae）、梁龙超科（Diplodocoidea）、腕龙科（Brachiosauridae）、盘足龙科（Euhelopodidae）和泰坦巨龙类（Titanosauria）。其中梁龙超科包括梁龙科（Diplodocidae）、叉背龙科（Dicraeosauridae）和雷巴齐斯龙类（Rebbachisauroidea）三个亚类群。有关

---

① 本书对发现于中国的属种均附以中译名，对发现于其他国家的属种，除特殊需要外仅使用拉丁学名。

蜥脚型类的系统发育关系尚存一些争议，基于目前主流的系统发育假说，蜥脚型类中公认的依次包容性更小的演化支有真蜥脚类（Eusauropoda）、新蜥脚类（Neosauropoda）、阔鼻龙类（Macronaria）和泰坦巨龙形类（Titanosauriformes），每一演化支的系统发育分类定义见相关章节。

常见的兽脚类有18个亚类群和一些难以归入这些亚类群的物种，这些亚类群包括埃雷拉龙类（Herrerasauria）、腔骨龙超科（Coelophysoidea）、双嵴龙科（Dilophosauridae）、角鼻龙类（Ceratosauria）、巨龙超科（Megalosauroidea）、肉食龙类（Carnosauria）、暴龙超科（Tyrannosauroidea）、似鸟龙类（Ornithomimosauria）、美颌龙科（Compsognathidae）、阿尔瓦雷兹龙超科（Alvarezsauroidea）、镰刀龙类（Therizinosauria）、窃蛋龙类（Oviraptorosauria）、驰龙科（Dromaeosauridae）、伤齿龙科（Troodontidae）、擅攀鸟龙科（Scansoriopterygidae）、半鸟龙亚科（Unenlagiinae）、近鸟龙亚科（Anchiornithinae）以及鸟翼类（Avialae）（Novas et Puerta, 1997；Czerkas et Yuan, 2002；Zhang et al., 2002；Weishampel et al., 2004b；Xu et al., 2009b；Xu et al., 2016）。有关兽脚类的系统发育关系尚存在一些争议，基于主流的系统发育分析假说，兽脚类中公认的依次更少包容的演化支包括新兽脚类（Neotheropoda）、鸟吻龙类（Averostra）、僵尾龙类（Tetanurae）、虚骨龙类（Coelurosauria）、手盗龙类（Maniraptora）和近鸟类（Paraves），以上每一演化支的系统发育分类定义见相关章节。

需要指出的是，除了以上提到的这些演化支，还有一些被命名的演化支（包括一些广泛使用的演化支），见于当前有关蜥臀类研究的各种文献当中，基于各种原因，本书没有介绍这些分类术语（见第四节讨论），有兴趣的读者，可以参考Sereno（2005）文献了解更多蜥臀类演化支的定义。

二、蜥臀类恐龙研究简史

蜥臀类恐龙的研究历史久远。蜥臀类化石的第一次报道可以追溯到17世纪：1676年在英格兰东南部牛津郡（Oxfordshire）侏罗纪中期地层中发现的一段股骨化石代表首次记录的蜥臀类恐龙化石，也是第一个有记录的恐龙类化石（Plot, 1677）。当时由于古生物学知识的缺乏，化石被鉴定为大象或者远古巨人的腿骨，后来这一股骨化石被归入兽脚类恐龙 *Megalosaurus*——世界上第一个有效命名的恐龙（Buckland, 1824）。蜥脚型类的最早报道也来自牛津郡的侏罗纪中期地层，是一颗牙齿化石。基于这颗牙齿化石，Edward Lhuyd命名了"*Rutellum impicatum*"（Lhuyd, 1699）。这颗牙齿化石后来被归入蜥脚类，但缺乏属种一级的鉴定特征，"*Rutellum impicatum*"被认为是一个无效命名（Delair et Sarjeant, 2002）。第一种有效命名的蜥脚型类是 *Plateosaurus engelhardti*，化石于1834年发现于德国纽伦堡（Nürnberg）地区三叠纪晚期地层中，正式命名于1837年（Meyer,

1837)。*Plateosaurus* 过去被归入"原蜥脚类",但现在一般认为"原蜥脚类"并非一个单系类群,等同于早期分异的蜥脚型类(early-diverging Sauropodomorpha)。欧洲有关蜥臀类恐龙的重要早期发现还包括德国巴伐利亚索伦霍芬地区晚侏罗世的兽脚类恐龙 *Compsognathus*(Wagner, 1861)、英国三叠纪晚期的蜥脚型类 *Thecodontosaurus*(Riley et Stutchbury, 1836)和英国中侏罗世的蜥脚类恐龙 *Cetiosaurus*(Owen, 1841, 1842)。

北美蜥臀类恐龙化石首次发现于 1854 年。这一年,Ferdinand Hayden 在密苏里河(Missouri River)上游采集了一些恐龙牙齿化石,由 Joseph Leidy 于 1856 年正式报道。其中的一些牙齿后来被确认属于兽脚类当中的暴龙超科和伤齿龙科(Leidy, 1856;Osborn, 1905)。蜥臀类恐龙化石在北美的大量发现始于 19 世纪 70 年代,主要由费城科学院古生物学家 Edward D. Cope 和耶鲁大学教授 O. C. Marsh 推动,他们组织的团队主要在科罗拉多的花园公园(Garden Park)地区和怀俄明的科莫布拉夫(Como Bluff)地区的上侏罗统莫里逊组(Morrison Formation)开展发掘工作,发现了大量的兽脚类和蜥脚类化石(Marsh, 1878a)。他们之间展开的恶性竞争后来颇受诟病,成为学术竞争的一个反面例证,不过,他们发现的蜥脚类恐龙开始让公众关注这类巨型动物的存在。北美的第二次恐龙大发现来自加拿大艾伯塔省的红鹿河(Red Deer River)地区白垩纪晚期地层中。这一地区的恐龙化石最早发现于 1884 年,但大量发现直到 1910 年后才开始涌现。这一时期,美国自然历史博物馆的 Barnum Brown 和加拿大地质调查局的 Charles H. Sternberg 在这一地区分别组织了野外考察,发现了大量恐龙化石,包括兽脚类当中的暴龙超科、似鸟龙类、窃蛋龙类和恐爪龙类(Deinonychosauria)(Sternberg, 1917)。虽然他们之间也展开了激烈竞争,但却成为友好学术竞争的一个范例。在许多研究机构的努力下,这里成为了世界上白垩纪晚期化石最丰富的地区(Russell, 1967;Dodson, 1971;Beland et Russell, 1978)。

南美洲的蜥臀类恐龙研究始于 19 世纪晚期,由欧洲学者开创。英国学者 Richard Lydekker 和 Arthur S. Woodward 在 19 世纪晚期和 20 世纪初期研究了阿根廷巴塔哥尼亚(Patagonia)地区白垩纪晚期的蜥脚类和兽脚类恐龙化石,其中命名的蜥脚类 *Argyrosaurus superbus* (Lydekker, 1893) 和兽脚类 *Genyodectes serus* (Woodward, 1901) 代表南美洲最早命名的蜥臀类恐龙。德国学者 Friedrich von Huene 于 1929 年出版的专著代表南美恐龙最重要的早期研究文献之一,其中报道了一批重要的白垩纪晚期蜥脚类化石(von Huene, 1929)。

非洲的蜥臀类恐龙研究始于 19 世纪中晚期,也是由欧洲学者开创。重要发现包括 19 世纪 50 年代在南非埃利奥特组(Elliot Formation)中发现的蜥脚型类 *Massospondylus*(Owen, 1854)和 *Euskelosaurus*(Huxley, 1866)。德国学者 Werner Janensch(1909–1912 年)以及大英博物馆(1924–1929 年)等在 20 世纪早期组织了对坦桑尼亚坦达古鲁(Tendaguru)地区上侏罗统中保存化石的发掘(Hennig, 1924;Janensch, 1929, 1935-36),重要发现

包括兽脚类 *Elaphrosaurus* 和蜥脚类 *Dicraeosaurus*、*Brachiosaurus* 等。

大洋洲的蜥臀类化石总体较少，研究历史也相对较短。大洋洲的早期发现包括蜥脚类 *Rhoetosaurus brownei*（Longman, 1927）和可疑的兽脚类 *Rapator ornitholestoides*（von Huene, 1932）。

亚洲蜥臀类恐龙化石研究始于印度。1828 年英国人 William H. Sleeman 首次在印度发现恐龙化石，这些化石也代表亚洲首次有记录的恐龙化石，并于 1832 年在加尔各答的印度博物馆展览。其中的两个背椎由印度地质调查局的 Hugh Falconer 描述，但没有命名；英国学者 Richard Lydekker 基于这两个脊椎和 1871 年采集的一段股骨化石，命名了第一个泰坦巨龙类 *Titanosaurus indicus*（Lydekker, 1877）。在印度地质调查局的 Durgasankar Bhattacharji 协助下，英国地质学家 Charles A. Matley 于 1917–1920 年在 Sleeman 发现化石的地点以及其他化石地点进行了系统发掘，采集到许多蜥脚类和兽脚类化石，其中包括兽脚类亚类群角鼻龙类的 *Indosuchus*（von Huene, 1932）和 *Indosaurus*（von Huene et Matley, 1933）。

亚洲其他国家的恐龙研究始于 20 世纪初期，早期工作也主要由欧美学者开展。Roy C. Andrews 组织的美国自然博物馆第三次中亚探险在 1921 至 1930 年期间组织了一系列野外考察，其中在蒙古高原有许多重要的蜥臀类恐龙化石发现（Osborn, 1924a, b），包括 1923 年在我国内蒙古二连盆地白垩纪晚期地层中发现的奥氏独龙（*Alectrosaurus olseni*）和亚洲似鸟龙（*Ornithomimus asiaticus*）（后改名为亚洲古似鸟龙，*Archaeornithomimus asiaticus*）（Gilmore, 1933b；Russell, 1972）以及在蒙古国南戈壁白垩纪晚期地层中发现的兽脚类 *Saurornithoides mongoliensis*、*Oviraptor philoceratops* 和 *Velociraptor mongoliensis*（Osborn, 1924b）。虽然中亚考察主要在中国境内进行，但直到 1930 年才首次有中国科学家参加，其中包括中国古脊椎动物学的奠基人杨钟健。20 世纪早期在中国境内的另外一次大规模科学考察是由 Sven Hedin 领导的中瑞西北科学考察（1927–1935），蜥臀类化石发现有奇台天山龙（*Tienshanosaurus chitaiensis*）（Young, 1937）。此次考察主要收获是许多新化石点的发现，为后来中国古脊椎动物学的研究奠定了基础。

中国蜥臀类恐龙化石最早有记录的发现来自黑龙江，这也代表中国最早有记录的恐龙化石发现。1902 年俄国军人 Colonel Manakin 上校从渔民手里获得了一些从黑龙江边采集的化石，1914 年位于圣彼得堡的俄国地质委员会的地质学家考察了化石发现点，并于 1915–1917 年在黑龙江嘉荫龙骨山化石点采集了一批恐龙化石，其中包括一些兽脚类牙齿。

几乎同一时期，山东、四川和云南等地也先后发现了蜥脚型类和兽脚类恐龙化石。山东地区有记载的恐龙化石发现始于 1913 年，当时德国神父 R. Mertens 在山东蒙阴县宁家沟采集到一些骨骼化石，并把其中一部分转交到德国采矿工程师 W. Behagel 处。在另一个神父 A. Kaschel 的帮助下，瑞典学者 Johan G. Andersson 和我国学者谭锡畴于 1922

年找到该化石点。次年，谭锡畴和奥地利学者Otto Zdansky在该化石点采集了一批蜥脚类、兽脚类和剑龙类化石。基于其中的蜥脚类化石，瑞典学者Carl Wiman于1929年命名了师氏盘足龙（*Euhelopus zdanskyi*）①。师氏盘足龙不仅代表发现于中国的第一种正式命名的蜥脚类恐龙，也代表发现于中国的第一个有效命名的恐龙属种。杨钟健于1934年和卞美年重新发掘了山东蒙阴的盘足龙化石点，发现了更多化石（Young, 1935）。

四川的蜥臀类恐龙化石大致和山东的发现于同一时期：美国地质学家George D. Louderback于1913至1915年在四川荣县侏罗纪地层中发现了恐龙化石，后经美国学者Charles L. Camp研究，鉴定为大型肉食龙类（Camp, 1935）。1936年，杨钟健和Camp重新调查了荣县恐龙化石点，发现了蜥脚类恐龙化石（图1），并在1939年基于这些材料命名了四川的第一种恐龙——荣县峨眉龙（*Omeisaurus junghsiensis*）（Young, 1939）。四川的早期蜥臀类发现还包括发现于广元的破碎中国虚骨龙（*Sinocoelurus fragilis*）、甘氏四川龙（*Szechuanosaurus campi*）和产自威远自流井组的岳氏三巴龙（*Sanpasaurus yaoi*）等（Young, 1942b, 1944）。

图1　杨钟健于1937年在协和医院研究发现于四川荣县的荣县峨眉龙恐龙化石

杨钟健在早期恐龙研究方面最重要的成果是对云南早侏罗世禄丰恐龙动物群的研究。20世纪30年代末到40年代初，他和卞美年在云南禄丰进行了系统的野外调查和发掘，发现和采集了大量脊椎动物化石，重要的蜥臀类恐龙发现包括早期分异的蜥脚型类恐龙许氏禄丰龙（*Lufengosaurus huinei*）和黄氏云南龙（*Yunnanosaurus huangi*）以及早期兽脚类恐龙三叠中国龙（*Sinosaurus triassicus*）（Young, 1941a, b, 1942a）。在他的指导下，还完成了禄丰龙的装架，这是中国第一具复原的恐龙骨架。

20世纪下半叶开始，恐龙研究进入了一个新时期：一、欧美学者继续引领恐龙古生物学研究，在欧洲和北美以及世界其他地区持续有新发现；二、欧美之外地区的本土学者

---

①　Wiman于1929年给予的属种名为"*Helopus zdanskyi*"，但A. S. Romer于1956年发现属名"*Helopus*"已经为鸟类一属先行占有，于是把"*Helopus zdanskyi*"改为*Euhelopus zdanskyi*。

开始活跃起来，中国、蒙古国、阿根廷、南非和澳大利亚等地的恐龙研究进入活跃期；三、以对恐爪龙类 *Deinonychus antirrhopus* 的研究为起点（Ostrom, 1969），鸟类恐龙起源假说开始复兴（Ostrom, 1974, 1976；Gauthier, 1986），恐龙温血论开始兴起（Bakker, 1971；Thomas et Olson, 1980）；四、恐龙研究逐渐超出传统的分类学和形态学研究，定量的系统发育研究逐渐增多，有关恐龙生物学的研究成果开始大量发表（Brusatte, 2012）。

欧洲继续代表着恐龙研究的中心地区之一，但新的重要发现直到20世纪晚期才开始出现。在英国、法国和德国等欧洲传统恐龙化石发现地，继续有新的蜥臀类发现，其中包括在英国发现的兽脚类中的棘龙科的 *Baryonyx walkeri*（Charig et Milner, 1986）和早期暴龙超科的 *Eotyrannus lengi*（Hutt et al., 2001），在法国发现的泰坦巨龙类 *Ampelosaurus atacis*（Loeuff, 1995）以及兽脚类中的角鼻龙类 *Arcovenator escotae*（Tortosa et al., 2013）、巨龙超科的 *Dubreuillosaurus valesdunensis*（Allain, 2002）和驰龙科的 *Pyroraptor olympius*（Allain et Taquet, 2000），在德国发现的对羽毛起源和早期演化研究具有重要意义的美颌龙科的 *Juravenator starki*（Göhlich et Chiappe, 2006）和早期僵尾龙类 *Sciurumimus albersdoerferi*（Rauhut et al., 2012）以及侏儒蜥脚类 *Europasaurus holgeri*（Sander et al., 2006）。一些过去恐龙化石发现很少的区域也开始有重要发现，如在西班牙发现了鲨齿龙科的 *Concavenator corcovatus*（Ortega et al., 2010）、侏儒蜥脚类 *Lirainosaurus astibiae*（Sanz et al., 1999）和巨型蜥脚类 *Turiasaurus riodevensis*（Royo-Torres et al., 2006），以及在罗马尼亚发现的一批化石，包括驰龙科的一个奇特物种 *Balaur bondoc*（Csiki et al., 2010）。

在北美地区，John Ostrom 于20世纪60年代组织了对美国怀俄明和蒙大拿州下白垩统的调查和发掘，发现了包括 *Deinonychus antirrhopus* 在内的一批重要化石。20世纪80年代之后，James Kirkland 继续在美国西部下白垩统开展工作，发现了一批重要化石，包括驰龙科的 *Utahraptor ostrommaysi*（Kirkland et al., 1993）、早期镰刀龙类 *Falcarius utahensis*（Kirkland et al., 2005）和晚期镰刀龙类 *Nothronychus*（Kirkland et Wolfe, 2001；Zanno et al., 2009）；Kenneth Carpenter 和 Peter Dodson 等也对美国中西部上侏罗统和白垩系开展了调查和发掘工作，也取得一些重要发现，包括巨型蜥脚类 *Supersaurus vivianae*（Jensen, 1985；Carpenter, 2006）、叉背龙类（Dicraeosauridae）*Suuwassea emilieae*（Harris, 2006）和晚侏罗世的近鸟类 *Hesperornithoides miessleri*（Hartman et al., 2019）。Philip J. Currie 等持续在加拿大艾伯塔省上白垩统进行发掘，采集了包括暴龙超科、似鸟龙类、驰龙科和伤齿龙科在内的一批重要化石，包括保存了羽毛印痕的似鸟龙类 *Ornithomimus* 化石（Zelenitsky et al., 2012）。

与此同时，美国学者还在世界其他地区开展了野外工作，发现一批重要蜥臀类恐龙化石。纽约大学石溪分校的 David Krause 等组织了对马达加斯加上白垩统的调查，发现的重要蜥臀类恐龙化石包括蜥脚类 *Rapetosaurus krausei*（Rogers et Forster, 2001），兽脚类当中角鼻龙类 *Majungasaurus crenatissimus* 新材料（Sampson et al., 1998）和驰龙科

的 *Rahonavis ostromi*（Forster et al., 1998）等；芝加哥大学的 Paul Sereno 与合作者在非洲北部和阿根廷西北部组织了一系列考察，在非洲北部发现了巨龙超科的 *Afrovenator abakensis*（Sereno et al., 1994）、角鼻龙类 *Deltadromeus agilis*（Sereno et al., 1996）以及蜥脚类 *Jobaria tiguidensis* 和 *Nigersaurus taqueti*（Sereno et al., 1994；Sereno et al., 1999），在阿根廷西北部发现了早期恐龙 *Eoraptor lunensis*（Sereno et al., 1993）和 *Herrerasaurus* 新材料（Sereno et Novas, 1993）。

自 20 世纪 70 年代以来，阿根廷、澳大利亚和南非等地出现了一批活跃的本土学者。澳大利亚活跃的本土学者包括 Ralph E. Molnar、Tom Rich 和 Patricia Vickers-Rich 夫妇以及 Scott Hocknull 等，他们发现了一些兽脚类和蜥脚类化石，但大多数较破碎。不过，澳大利亚学者对极地恐龙化石的研究贡献颇多，尽管已知最好的南极洲蜥臀类化石是由美国学者发现和命名的早期兽脚类 *Cryolophosaurus ellioti*（Hammer et Hickerson, 1994）。

阿根廷代表性恐龙研究者包括 Jose F. Bonaparte、Fernando E. Novas 和 Diego Pol 等，他们自 20 世纪 70 年代以来报道了一批重要的兽脚类和蜥脚型类化石，其中包括一些恐龙新类群：兽脚类当中的阿贝力龙科（Abelisauridae）、西北阿根廷龙科（Noasauridae）、阿尔瓦雷兹龙超科（Alvarezsauroidea）、半鸟龙亚科（Unenlagiinae）以及蜥脚类当中的雷巴齐斯龙类等等（Bonaparte, 1979, 1991b；Bonaparte et al., 1990；Salgado et Bonaparte, 1991；Novas, 1996；Novas et al., 2009；Pol et Rauhut, 2012）。南非活跃的恐龙研究者有 Anusuya Chinsamy-Turan 和 Jonah N. Choiniere 等，前者在恐龙骨组织学研究方向成果丰硕（Chinsamy-Turan, 1993；Chinsamy-Turan et al., 1998；Chinsamy-Turan et Hillenius, 2004），后者发现和命名了一些新的兽脚类和蜥脚型类，包括侏罗纪初期最大的蜥脚类 *Ledumahadi mafube*（McPhee et al., 2018）。

亚洲的恐龙研究在 20 世纪中叶开始也进入本土学者活跃期。蒙古恐龙研究的重要本土代表学者包括 Rinchen Barsbold 和 Altangerel Perle 等，他们开展了一系列的国际合作。蒙古学者和其他国家学者的联合科考包括从 20 世纪 40 年代开始与苏联学者联合展开的一系列科考（最早一次科考为 1946–1949 年期间的联合科考，后期系列科考始于 1967 年，一直持续到 20 世纪 80 年代），以及从 20 世纪 60 年代开始与波兰学者 Halszka Osmólska 等联合开展的一系列科考。前者的重要发现包括兽脚类恐龙 *Tarbosaurus*，一个新的兽脚类恐龙亚类群——镰刀龙类（Therizinosauria）（Maleev, 1954；Perle, 1979；Barsbold et Perle, 1980），一些似鸟龙类的新属种（Osmólska et al., 1972）以及一些其他小型兽脚类（Barsbold, 1974；Osmólska, 1987）；后者的重要发现包括著名的"恐龙搏斗"标本——一个伶盗龙和原角龙化石保存在一起的保存搏斗行为的标本，蜥脚类 *Nemegtosaurus* 和 *Opisthocoelicaudia*（Borsuk-Bialynicka, 1977），以及兽脚类当中的似鸟龙类的 *Gallimimus* 和 *Deinocheirus*（Osmólska et Roniewicz, 1970）。美国纽约自然博物馆 Mark A. Norell 等自 1990 年开始，在蒙古组织了新的系列科考，一直持续到今天，发现了像乌哈托喀

(Ukhaa Tolgod) 这样的新化石点和一批重要的蜥臀类恐龙标本，如保存有孵卵行为信息的窃蛋龙类化石、高度特化的晚期阿尔瓦雷兹龙超科属种以及一批保存精美的恐爪龙类化石（Perle et al., 1993；Norell et al., 1995；Norell et al., 2000；Norell et al., 2006；Turner et al., 2007）。除此之外，90 年代至今，来自中国、日本和韩国等国的学者也联合蒙古同行，在蒙古南部开展了系列野外考察，发现了一些重要的兽脚类化石（Lü et al., 2004；Tsuihiji et al., 2011；Lee Y. N. et al., 2014）。来自蒙古国的重要蜥臀类发现还包括半水生的驰龙科的 *Halszkaraptor escuilliei*（Cau et al., 2017）。

自 20 世纪晚期开始，亚洲其他国家的恐龙研究也逐渐进入活跃期。日本学者 Yoichi Azuma 和 Yoshitsugu Kobayashi 等分别在日本中部和北部地区组织发掘，发现了一批重要化石，其中包括保存较完整的虚骨龙类 *Fukuivenator* 化石等（Azuma et al., 2016）。法国学者 Eric Buffetaut 和 Yoichi Azuma 分别与泰国学者 Varavudh Suteethorn 等合作，在泰国发现和命名了一些重要蜥臀类，其中包括早期蜥脚类 *Isanosaurus attavipachi*（Buffetaut et al., 2000）、泰坦巨龙形类 *Phuwiangosaurus sirindhornae*（Martin et al., 1994）以及鲨齿龙科的 *Siamraptor suwati*（Chokchaloemwong et al., 2019）等。近年来，白垩纪中期的缅甸琥珀化石中也发现了蜥臀类恐龙化石，具体而言，一种虚骨龙类的包括骨骼和软体组织在内的尾部保存在了琥珀当中（Xing et al., 2016）。

在新中国成立之后，中国的恐龙研究继续由杨钟健领导。杨钟健在四川盆地继续有重要发现，在 50 年代命名了建设马门溪龙（*Mamenchisaurus constructus*）、70 年代命名了合川马门溪龙（*Mamenchisaurus hochuanensis*）（杨钟健，1954；杨钟健、赵喜进，1972）。20 世纪 70 年代，董枝明和何信禄等在四川自贡发掘了著名的大山铺恐龙动物群，其中重要蜥臀类发现包括属于兽脚类的建设气龙（*Gasosaurus constructus*）（董枝明、唐治路，1985）和属于蜥脚类的李氏蜀龙（*Shunosaurus lii*）（董枝明等，1983）等。这些发现也成为了世界三大田野恐龙博物馆之一——四川自贡恐龙博物馆的基础。四川盆地其他地区也产出了大量侏罗纪蜥臀类恐龙化石（董枝明等，1983；何信禄，1984；董枝明、唐治路，1985；彭光照等，2005），其中包括兽脚类七里峡宣汉龙（*Xuanhanosaurus qilixiaensis*）（董枝明，1984a）、蜥脚型类石碑珙县龙（*Gongxianosaurus shibeiensis*）、安岳马门溪龙（*Mamenchisaurus anyuensis*）、东坡秀龙（*Abrosaurus dongpoi*）（欧阳辉，1989；何信禄等，1996, 1998）等等。此外，在重庆地区也有一些发现，如蜥脚类的果壳綦江龙（*Qijianglong guokr*）（Xing et al., 2015）。

内蒙古在新中国成立以后继续代表中国蜥臀类研究的一个热点地区。1959–1960 年的中苏联合科考在二连地区和阿拉善沙漠地区发现了大量脊椎动物化石，重要蜥臀类发现包括兽脚类的大水沟吉兰泰龙（*Chilantaisaurus tashuikouensis*）。1986–1990 年期间进行的中加恐龙考察项目也把内蒙古作为一个重点工作区域，这一项目由董枝明和赵喜进以及加拿大的 Philip J. Currie 和 Dale A. Russell 领导，在内蒙古发现的蜥臀类新物种包括伤齿龙科的杨氏中国鸟形龙（*Sinornithoides youngi*）（Russell et Dong, 1993b）和镰刀龙类阿乐斯台阿拉善龙（*Alxasaurus elesitaiensis*）（Russell et Dong, 1993a），前者对于研究一些鸟类骨骼特征的演化意义重大，后者澄清了镰刀龙类这一谜一般的恐龙亚类群的系统位置。董枝明和日本学者 Yoichi Azuma 在 90 年代早期组织了中日丝绸之路恐龙考察，在 90 年代中后期组织了中、日、蒙三国科考，内蒙古龙昊地质古生物研究所的谭琳分别与中国科学院古脊椎动物与古人类研究所的徐星和美国芝加哥大学的 Paul Sereno 在 2000 年以来组织了一系列的联合科考。这些考察在蜥臀类恐龙化石方面也有一系列重要发现，包括阿拉善左旗晚白垩世的似鸟龙类董氏中国似鸟龙（*Sinornithomimus dongi*）（Kobayashi et Lü, 2003；Varricchio et al., 2008），二连地区晚白垩世的泰坦巨龙类赛罕高毕苏尼特龙（*Sonidosaurus saihangaobiensis*）、镰刀龙类杨氏内蒙古龙（*Neimongosaurus yangi*）（Zhang et al., 2001）和美掌二连龙（*Erlianosaurus bellamanus*）（Xu et al., 2002c）以及窃蛋龙类二连巨盗龙（*Gigantoraptor erlianensis*）（Xu et al., 2007），巴彦淖尔地区早白垩世的阿尔瓦雷兹龙超科的乌拉特半爪龙（*Bannykus wulatensis*）（Xu et al., 2018a）和晚白垩世的阿尔瓦雷兹龙超科的单指临河爪龙（*Linhenykus monodactylus*）（Xu X. et al., 2011a）、驰龙科的精美临河盗龙（*Linheraptor exquisitus*）（Xu et al., 2010a）和伤齿龙科的谭氏临河猎龙（*Linhevenator tani*）（Xu X. et al., 2011b）等新属种。

新疆代表中国蜥臀类恐龙化石的另外一个重要发现地区。20 世纪 60 年代和 80 年代早期，赵喜进在新疆北部组织的科考发现了一些蜥臀类化石（赵喜进，1980），其中包括早期分异的僵尾龙类江氏单嵴龙（*Monolophosaurus jiangi*）和蜥脚类恐龙戈壁克拉美丽龙（*Klamelisaurus gobiensis*）。新疆也是 80 年代中晚期的中加恐龙科考项目的一个重点工作地区，重要发现包括中加马门溪龙（*Mamenchisaurus sinocanadorum*）（Russell et Zheng, 1993）和保存极其精美的异特龙类董氏中国盗龙（*Sinraptor dongi*）（Currie et Zhao, 1993）。2000 年开始，徐星和美国乔治华盛顿大学的 James M. Clark 组织了在新疆准噶尔盆地的一系列联合科考，一直持续到今天。发现的重要蜥臀类恐龙包括晚侏罗世的角鼻龙类难逃泥潭龙（*Limusaurus inextricabilis*）（Xu et al., 2009a）、暴龙超科的五彩冠龙（*Guanlong wucaii*）（Xu et al., 2006a）和阿尔瓦雷兹龙超科的灵巧简手龙（*Haplocheirus sollers*）（Choiniere et al., 2010b）等以及早白垩世的阿尔瓦雷兹龙超科的彭氏西域爪龙（*Xiyunykus pengi*）（Xu et al., 2018a）等。

在中华人民共和国成立之后很长一段时间内，云南地区的恐龙化石发现甚少，但从 20 世纪 90 年代开始，陆续有许多新发现（白子琪等，1990；胡绍锦，1993；Xu et al., 2001；Lü et al., 2008b；Wu et al., 2009；You et al., 2014；Wang G. F. et al., 2017；Wang Y. M. et al., 2017；Zhang et al., 2018），其中早侏罗世有兽脚类中国双嵴龙？（*Dilophosaurus? sinensis*）、出口氏峨山龙（*Eshanosaurus deguchiianus*）、禄丰盘古盗龙（*Panguraptor lufengensis*）以及蜥脚型类杨氏易门龙（*Yimenosaurus youngi*）、元谋始马门溪龙（*Eomamenchisaurus* yuanmouensis)、程氏星宿龙（*Xingxiulong chengi*）和孙氏彝州龙（*Yizhousaurus sunae*）等；中侏罗世有阿纳川街龙（*Chuanjiesaurus ananensis*）、金时代龙（*Shidaisaurus jin*）和姜驿元谋龙（*Yuanmousaurus jiangyiensis*）等。

类似于云南，山东作为中国蜥臀类恐龙化石的最早发现地之一，在很长一段时间没有新的重要发现，直到王克柏等自 2008 年开始与赵喜进和徐星等在山东诸城上白垩统开展新的发掘，才陆续发现了一些蜥臀类化石，其中包括暴龙超科的巨型诸城暴龙（*Zhuchengtyrannus magnus*）（Hone et al., 2011）和窃蛋龙类赵氏怪脚龙（*Anomalipes zhaoi*）（Yu et al., 2018）以及蜥脚类臧家庄诸城巨龙（*Zhuchengtitan zangjiazhuangensis*）（莫进尤等，2017）。

除了一些传统化石点，许多新地点也不断被发现。1976 和 1977 年赵喜进在青藏高原科学考察组织的恐龙科考中发现了包括兽脚类、蜥脚类和鸟臀类在内的主要恐龙类群化石材料。尽管发现的化石非常破碎，但它们代表这一地区仅有的恐龙化石发现，因此具有非常重要的科研价值。在广西扶绥和南宁等地，莫进尤组织的野外考察发现了一些新的蜥脚类和兽脚类，包括何氏六榜龙（*Liubangosaurus hei*）（Mo et al., 2010）和赵氏扶绥龙（*Fusuisaurus zhaoi*）（Mo et al., 2006），以及兽脚类的广西大塘龙（*Datanglong guangxiensis*）（Mo et al., 2014b）。在山西和宁夏，庞其清、程政武和徐星等分别组织的野外发掘采集到一些重要的蜥脚类化石，包括山西天镇的不寻常华北龙（*Huabeisaurus allocotus*）（Pang et Cheng, 2000）和宁夏灵武侏罗纪中期的神奇灵武龙（*Lingwulong shenqi*）。后者的发现尤其重要：神奇灵武龙不仅代表亚洲首次发现的梁龙超科恐龙，还指示蜥脚类主要支系的分异时间要早于传统的认知（Xu et al., 2018b）。21 世纪以来，江西赣州上白垩统产出了一批重要的蜥臀类化石，其中包括窃蛋龙类的斑嵴龙（*Banji long*）（Xu et Han, 2010）、杰氏冠盗龙（*Corythoraptor jacobsi*）（Lü et al., 2017）、暴龙超科的中国虔州龙（*Qianzhousaurus sinensis*）和蜥脚类的中国赣南龙（*Gannansaurus sinensis*）（Lü et al., 2013c），以及一件显示窃蛋龙类具有接近鸟类的生殖方式的标本（Sato et al., 2005）。

甘肃与河南从 20 世纪 90 年代开始成为蜥臀类研究新的热点地区。李大庆、尤海鲁、高克勤和美国自然历史博物馆的 Mark A. Norell 以及美国芝加哥菲尔德自然历史博物馆的 Peter Makovicky 等在酒泉地区和兰州地区等地白垩系开展了系列野外调查，取得了一系列重要发现，包括蜥脚类的炳灵大夏巨龙（*Daxiatitan binglingi*）和兽脚类当中的暴龙超科的白魔雄关龙（*Xiongguanlong baimoensis*）（Li D. Q. et al., 2010）、似鸟龙类巨大北山龙（*Beishanlong grandis*）（Makovicky et al., 2010）以及镰刀龙类的似大地懒肃州龙（*Suzhousaurus megatherioides*）等。自 20 世纪中期开始，赵喜进、王德有和徐星陆续在河南南阳地区，河南地质博物馆的张兴辽、蒲含勇和徐莉与中国地质科学院的吕君昌等在河南汝阳和栾川等地组织野外考察和发掘，发现了一批重要的蜥臀类化石，包括南阳盆地的阿尔瓦雷兹龙超科的张氏西峡爪龙（*Xixianykus zhangi*）（Xu et al., 2010c）、伤齿龙科的河南西峡龙（*Xixiasaurus henanensis*）（Lü et al., 2010b）以及窃蛋龙类中华贝贝龙（*Beibeilong sinensis*）（Pu et al., 2017），蜥脚类河南宝天曼龙（*Baotianmansaurus henanensis*）（Zhang et al., 2009）等；汝阳盆地的蜥脚类汝阳黄河巨龙（*Huanghetitan ruyangensis*）和巨型汝阳龙（*Ruyangosaurus giganteus*）（Lü et al., 2007b；Lü et al., 2009a）；栾川盆地的驰龙科的河南栾川盗龙（*Luanchuanraptor henanensis*）（Lü et al., 2007c）和窃蛋龙类迷你豫龙（*Yulong mini*）（Lü et al., 2013a）。

20世纪下半叶以来，蜥臀类恐龙研究最重要的工作是鸟类恐龙起源假说的复兴以及恐龙系统发育研究和温血论等有关恐龙生物学研究的兴起。20世纪80年代开始，发表了一批有关蜥臀类的系统发育方向的论文（Gauthier, 1986；Sereno, 1999b），其中在蜥脚类恐龙方向，代表性数据集有Paul Upchurch（Upchurch, 1998）、Jeff A. Wilson等的系列工作（Wilson et Sereno, 1998）；兽脚类系统发育方向，主要有Thomas R. J. Holtz的数据集（Holtz, 2000），集中于早期兽脚类系统发育的Oliver W. M. Rauhut等的系列工作（Rauhut, 2003）和主要集中于晚期兽脚类系统发育的Mark A. Norell等的系列工作（Norell et al., 2001），以及包括数据质量存在一定争议，但数据集最大的Andrea Cau等发表的系列工作（Cau, 2018）。有关蜥臀类系统发育研究的主要趋势是更大的数据集，强调用种一级分类单元作为操作分类单位（Operational Taxonomical Units, OTUs）（Norell et al., 2001），有的研究甚至建议采用标本作为操作分类单位（Tschopp et al., 2015）。

恐龙生物学研究是近50年来的一个主流方向，取得了一系列成果（Brusatte, 2012），其中有关蜥臀类生物学的成果涉及到性展示（Hopson, 1975；Dodson, 1976）、种内竞争行为（Sues, 1978）、声音交流（Weishampel, 1981）、运动（Hutchinson et Allen, 2009）、取食（Young et al., 2012）、生殖（Varricchio et Jackson, 2000）、个体发育（Maryańska et Osmólska, 1975；Dodson, 1976；Horner et Makela, 1979；Coombs, 1980；Horner, 1984；Dodson et Currie, 1988）等方面的成果，尤其是基于霸王龙这样的模式生物所做的恐龙生物学的工作（Witmer, 2001；Hutchinson, 2003；Erickson et al., 2004；Rayfield, 2004；Erickson et al., 2006；Brusatte et al., 2010），成为了恐龙生物学研究的经典工作。在一些蜥臀类化石当中发现角蛋白和胶原蛋白等有机大分子片段（Reisz et al., 2013），甚至复原出部分蛋白序列（Schweitzer et al., 2009），这也成为近年来的一个热点研究方向，但需要指出的是，这一方向依然充满争议，一般认为，目前报道的古蛋白数据都存在问题（Saitta et al., 2019）。

无论是最大的蜥脚类恐龙，还是最大的兽脚类恐龙，它们都要远大于对应的陆生哺乳动物，代表地球历史中最大的陆生动物，蜥臀类巨型化研究因此代表动物体型研究的一个重要问题。通过骨组织学研究，Gregory M. Erickson等认为霸王龙的巨型化主要通过加速生长获得（Erickson et al., 2004），这也是蜥脚类巨型化的原因（Sander et al., 2004）。不过，通过对比霸王龙和巨盗龙的生长模式（Xu et al., 2007），可以看出霸王龙的巨型化可能是加速生长和延迟成熟共同作用的结果。一般认为，巨型恐龙出现长时间加速生长是环境和生物本身共同作用的结果（Klein et al., 2011），但不同恐龙类群的巨型化无法用一个或者一组环境因素解释（Sander, 2013）。相对而言，蜥脚类巨型化的研究更为详细和深入（Klein et al., 2011；Sander et al., 2011；Sander, 2013），这些研究认为头小、颈长、广泛气腔化以及无咀嚼和胃磨的消化系统对于蜥脚类巨型化至关重要（Rauhut et al., 2011）。P. M. Sander 提出一个生物梯级模型来解释蜥脚类巨型化，模型由 5 个独立的演化梯级组成：生殖、取食、头颈部、似鸟呼吸系统和新陈代谢（Sander, 2013）。这 5 个梯级相互关联、相互作用，一起促成了蜥脚类的巨型化。

鸟类起源一直是一个争议巨大的研究方向，历史上曾出现过多种假说解释鸟类起源，其中鸟类"槽齿类"爬行动物起源假说和鳄型动物起源假说曾经有过一定影响。前者由南非学者 Robert Broom 提出，认为鸟类源自三叠纪的"槽齿类"爬行动物（Broom, 1906），但"槽齿类"爬行动物演化到鸟类还需要经历一系列中间阶段，它们是鸟类的远祖而不是近祖；后者由英国学者 Alan D. Walker 提出（Walker, 1972），认为鸟类源于一种早期鳄型动物，但早期鳄型动物不仅与鸟类形态差距甚大，而且已经特化。鸟类手盗龙类起源假说源自英国学者赫胥黎于 1868 年提出的鸟类恐龙起源假说（Huxley, 1868），20 世纪 70 年代由美国学者 J. H. Ostrom 复兴和进一步发展（Ostrom, 1973），最终于 1986 年由美国学者 J. Gauthier 确立（Gauthier, 1986）。

鸟类手盗龙类起源假说得到了来自世界各地化石证据的支持，其中包括骨骼形态学、骨组织学、蛋化石以及恐龙行为学等多方面证据的支持（Witmer, 1991；Xu et al., 2014b）。恐龙巢穴和蛋化石研究显示，一些似鸟恐龙繁殖行为介于现代鸟类和典型的爬行动物之间：一些兽脚类恐龙既不像爬行动物一次下一窝蛋，也不像鸟类一次产一枚蛋，而是每次产两枚；一些兽脚类恐龙像鸟类一样有护巢和孵卵的习性；一些兽脚类恐龙的蛋窝既不同于被完全覆盖的典型爬行动物的蛋窝，也不同于完全裸露的现代鸟类的蛋窝，而是蛋在窝里被半覆盖着。一些兽脚类恐龙的蛋壳微观结构也更加接近于鸟蛋。大多数爬行动物的蛋壳显微结构是同质均匀的，而鸟蛋壳微观结构分化为三层，一些恐龙蛋壳内部结构也像鸟类蛋壳一样出现了分化：一些分化为两层，另一些甚至也像鸟类一样出现了三层分化。恐龙骨骼的微观结构也显示了和鸟类的相似性。鸟类骨骼的微观结构显示的是一种快速连续的生长方式，而鳄鱼等典型爬行动物的骨骼则呈现间断式的缓慢生长。恐龙总体上更接近鸟类，它们的生长速率明显快于大多数爬行动物。这种快速生长方式一般见于内温动物，指示恐龙有着和现代内温动物相似的生理特征。这种推测得到了其他证据的支持，比如，寐龙（*Mei long*）化石显示这种恐龙和鸟类一样，睡眠时会把嘴部藏于翅膀下面，用于保温；稳定同位素分析显示，*Brachiosaurus* 体温约为 38.2℃，*Camarasaurus* 则为 35.7℃，而且相对稳定。有研究显示，非鸟恐龙具有相对较小的骨细胞，据此推测非鸟恐龙和鸟类相似，基因组都很小。甚至有学者从北美白垩纪晚期的暴龙和鸭嘴龙骨骼化石中，通过免疫学方法，发现了化石中保存的蛋白质片段，并发现这些恐龙化石当中保存的蛋白质片段具有和鸟类相似的氨基酸序列，不过，这些古蛋白数据的可靠性存在问题。

来自中国的发现和相关研究对于完善鸟类手盗龙类起源理论起到关键作用。从20世纪90年代开始，我国辽宁西部、河北北部和内蒙古东南部成为世界上最重要的兽脚类恐龙化石研究地区，产出了一批重要化石。其中，辽西地区已经发现了超过40个蜥臀类新种，其中包括原始中华鸟龙（*Sinosauropteryx prima*）（季强、姬书安，1996）、邹氏尾羽龙（*Caudipteryx zoui*）（Ji et al., 1998）、寐龙（*Mei long*）（Xu et Norell, 2004）、赵氏小盗龙（*Microraptor zhaoianus*）（Xu et al., 2000）和赫氏近鸟龙（*Anchiornis huxleyi*）（Xu et al., 2009b）。河北的重要发现包括华美金凤鸟龙（*Jinfengopteryx elegans*）（Ji et al., 2005）、奇翼龙（*Yi qi*）（Xu et al., 2015b）、巨脊彩虹龙（*Caihong juji*）（Hu et al., 2018）。内蒙古的重要发现包括道虎沟足羽龙（*Pedopenna daohugouensis*）（Xu et Zhang, 2005）和胡氏耀龙（*Epidexipteryx hui*）（Zhang et al., 2008）。前文提到的新疆等地也发现了一批重要的兽脚类恐龙，包括最早的阿尔瓦雷兹龙超科的灵巧简手龙和角鼻龙类难逃泥潭龙，这些发现和热河地区的发现一起，为恐龙向鸟类的演化提供了大量重要信息，推动了这一假说存在的一些问题的解决。

鸟类手盗龙类起源曾经存在的主要问题包括以下几点（Witmer, 1991；Feduccia, 1999；Zhou, 2004；Xu et al., 2014b）：①鸟类手盗龙类起源假说和已知的早期鸟类与手盗龙类化石地层分布信息相矛盾（时间悖论）；②恐龙体型数据无法解释羽毛起源（羽毛起源难题）；③飞行起源的树栖框架和已知恐龙地栖习性相矛盾（飞行起源难题）；④恐龙和鸟类的一些形态相似性与现代发育学证据相矛盾（同源问题）。有关时间悖论最重要的进展发生在过去约15年中：一些早期虚骨龙类，尤其是一些早期手盗龙类化石在侏罗纪地层中被发现，证明虚骨龙类的主要亚类群都已在始祖鸟之前出现（Xu et al., 2010b）。羽毛和飞行起源难题的解决得益于自1996年开始的带羽毛恐龙化石的发现，这些化石发现主要来自中国，也发现于俄罗斯、德国和加拿大等（Prum et Brush, 2002；Xu et Guo, 2009）。迄今为止，在大多数兽脚类的亚类群中，甚至在一些鸟臀类恐龙亚类群中，都发现了羽毛或者类似羽毛的皮肤结构，这些发现显示：早期羽毛形态简单，为单根细丝或者多根细丝组成的结构，后期出现具有羽干和羽片的复杂羽毛；最早羽毛有可能出现于恐龙类，甚至鸟跖类（包括恐龙类和翼龙类）演化早期，羽片不对称的飞羽等复杂羽毛出现在鸟类起源之前；一些种类的羽毛在演化过程中消失了（Xu et Guo, 2009；Xu et al., 2014b）。飞行起源问题也得益于一些树栖恐龙的发现，尤其是小盗龙等四翼恐龙的发现。这些发现支持了飞行起源树栖假说，显示鸟类飞行起源经历了一个四翼阶段，相关分析显示了四翼在早期飞行需要的稳定性和控制性方面起到重要作用（Xu et al., 2014b）。具有皮膜翼的恐龙发现更是证明了早期飞行的试验性和复杂性，这些发现和小盗龙等发现一起，为飞行起源研究开辟了新方向（Xu et al., 2015b）。一直困扰鸟类恐龙起源理论的同源问题研究也取得了一系列进展：泥潭龙等重要化石发现和新的发育生物学数据逐渐为我们展现了鸟类翅膀的演化过程，推动了同源问题的解决（Xu et al., 2009a）。

三、蜥臀类恐龙的演化

确切无疑的蜥臀类恐龙化石出现于三叠纪晚期，消失于白垩纪最末期，化石记录见于七大洲，其演化大致可以归为以下六个阶段：起源期、演化早期、演化辐射期、演化高峰期、演化衰落期和灭绝期。总体而言，从三叠纪晚期到白垩纪末期，蜥臀类恐龙的分类多样性和形态差异性一直在增加，但不同时期和不同类群存在一定的差异性。蜥臀类演化历史中最重要的事件包括多次出现的大型化和鸟类起源（Brusatte, 2012）。

蜥臀类恐龙起源时间和起源地目前还存在一定的争议，原因在于恐龙形类（Dinosauriformes）的系统发育研究存在不确定性，一些关键物种的系统位置存在诸多争议。公认的蜥臀类恐龙最早化石记录主要来自巴西南部和阿根廷西北部，前者发现的化石包括 2.33 亿年前的 *Staurikosaurus* 等（Langer et al., 2018），后者发现的化石包括 *Herrerasaurus*、*Eoraptor* 和 *Panphagia* 等（Langer et al., 2010），化石产出层位被确定为卡尼期末（2.28 亿年前）（Langer et al., 2017；Nesbitt et al., 2017）。不仅已知蜥臀类恐龙的最早期分异代表都来自南美洲南部和非洲东部，而且鸟臀类最早期分异代表以及恐龙类的最近外类群代表性物种也大多来自冈瓦纳大陆（Gondwana），基于这些证据，主流观点认为，蜥臀类恐龙大约 2.35 亿年前起源于冈瓦纳大陆（Brusatte, 2012）。不过，这一主流观点最近遇到了挑战。坦桑尼亚南部安尼期地层中发现的 *Nyasasaurus* 一般被归入恐龙形类，但也有研究认为它属于"原蜥脚类"（"Prosauropoda"）（Ginsburg, 1986），这一系统发育假说得到了一项定量的系统发育研究的支持（Baron et al., 2017）。如果 *Nyasasaurus* 确实是蜥脚型类，那么这一类群的起源时间就可以确定为 2.47 亿年—2.41 亿年前，蜥臀类恐龙的起源时间也将相应地提前到 2.47 亿年—2.41 亿年前，明显早于过去的认知。但有研究认为，*Nyasasaurus* 的这一生存时代有疑问（Nesbitt et al., 2017）。此外，一些系统发育分析显示，一些恐龙类最近外类群的最早分异属种来自劳亚大陆（Laurasia），像发现于英国的 *Agnosphitys cromhallensis* 和 *Saltopus elginensis*，因此挑战了恐龙类冈瓦纳起源的假说（Baron et al., 2017）。

三叠纪是蜥臀类恐龙演化的早期。这一时期大陆连为一体，形成的泛大陆以赤道为中心，扩向两极，总体气候炎热，但在纬度方向分异明显：赤道地区炎热潮湿，低纬度为亚热带，主要为沙漠覆盖，气候干燥，中纬度地区相对阴凉和潮湿（Brusatte, 2012）。在大约 2.30 亿年—2.20 亿年前，恐龙数量开始增多，但尚未成为地球陆地生态系统的主导类群。比如，这一时期化石记录最好的阿根廷伊斯基瓜拉斯托动物群（Ischigualasto

Fauna）的主导类群是假鳄类（Pseudosuchia），恐龙类只占这一生态系统的10%–20%。另外，这一时期的恐龙化石主要局限于中纬度地区，表明早期恐龙地理分布范围有限，恐龙尚未成为全球性分布的类群。直到约2.15亿年前，恐龙才开始进入北半球的沙漠地区。化石证据还显示，在2.25亿年到2.15亿年前，植食性的喙龙类（Rhynchosauria）和二齿兽类（Dicynodontia）开始衰落，蜥脚型类恐龙开始替代前者，逐渐成为湿润地区的主要植食性动物类群。需要指出的是，蜥臀类恐龙在三叠纪的化石记录远远好于鸟臀类恐龙，它们在三叠纪的分类多样性和个体丰度远高于鸟臀类（Baron et al., 2017）。

在三叠纪末期大灭绝事件之后，假鳄类开始衰落，包括蜥臀类恐龙在内的恐龙类则开始兴盛，逐渐呈现全球性分布，恐龙类开始进入演化辐射期。一些恐龙类群的物种多样性明显增加，并且每个物种的个体丰度也开始增加；同时，蜥脚类等一些新类群开始出现，兽脚类也开始出现大型化现象，鸟臀类也开始增多（Ezcurra, 2010）。自此之后，恐龙家族才成为了地球陆地生态系统的统治性类群，但我们对于包括蜥臀类在内的恐龙类的这一辐射演化的过程和机制还了解甚少，这是当前恐龙研究的一个薄弱环节。

侏罗纪和白垩纪是恐龙演化的高峰期。和鸟臀类恐龙一样，蜥臀类恐龙在物种多样性和形态差异性上持续增加，但蜥臀类恐龙的两大支系——蜥脚型类和兽脚类——却呈现不同的演化现象。前者总体上呈现大型化和对植食性的适应性演化（Sander et al., 2011），后者则呈现复杂的演化现象：出现了多次大型化事件和若干次小型化事件（其中的一次小型化事件导致了鸟类的起源）（Lee M. S. et al., 2014），出现了肉食性的适应性演化，以及出现了杂食性和多次次生植食性现象（Zanno et Makovicky, 2011）。

总体而言，兽脚类恐龙在形态上体现了猎食性动物的特点，具有更加敏捷的身体，弯刀状的牙齿，以及尖锐的爪子，在包括巨龙超科、异特龙超科、暴龙超科和驰龙科等一些支系上呈现了高度肉食性的适应性演化现象。但与此同时，许多兽脚类亚类群在形态、运动方式、取食行为等诸多方面出现了很大的变化。侏罗纪早期的兽脚类恐龙和三叠纪的兽脚类恐龙一样，都是肉食性动物，形态变化相对较小，多为中小体型，但有些属种体型已经较大，头部出现复杂的装饰性结构。到了侏罗纪中晚期，兽脚类恐龙的多样性明显提高，出现了次生变成植食性动物以及杂食性的种类。白垩纪兽脚类的物种多样性和形态差异性更加明显。白垩纪早期的兽脚类恐龙体型相对较小，但也有体型较大的，重要代表有华丽羽王龙（*Yutyrannus huali*）等（Xu et al., 2012a）。进入白垩纪中晚期后，一些兽脚类类群相继出现了大型化现象，著名代表包括非洲的 *Spinosaurus*、南美的 *Giganotosaurus*、北美的 *Tyrannosaurus rex*（Hone et al., 2005）。白垩纪晚期还出现了一些形态奇特的巨型兽脚类恐龙：*Deinocheirus* 体长达到 11 m，嘴巴类似鸭子（Lee Y. N. et al., 2014）；稍早的巨盗龙（*Gigantoraptor*）体长 8 m，像鸟一样没有牙齿，长有喙（Xu et al., 2007）；*Therizinosaurus* 体长估计 10 m，一个手部爪子长度就近 1 m。白垩纪的许多兽脚类恐龙都以植物为食，比如这一时期的镰刀龙类头小，牙齿细小，呈叶状，脖子长，腹部宽大，呈现了典型的植食性特征。除了大型化和次生植食性现象，兽脚类恐龙还呈现了一些其他有趣的演化现象，如阿尔瓦雷兹龙超科的早期代表体重约为10–20 kg，是肉食性动物，但其晚期代表体型很小，像西峡爪龙（*Xixianykus*），体重只有约120 g，很可能以白蚁为食，甚至可能是穴居动物，临河爪龙（*Linhenykus*）手部只有一个粗大的拇指，是已知唯一的单指恐龙（Xu X. et al., 2011a）。

兽脚类演化历史当中最重要的事件是鸟类的起源。从骨骼演化上看，在三叠纪晚期，像 *Coelophysis* 这样的兽脚类恐龙还保留着一些原始特征，比如有五个手指（外侧两个已高度退化），但它们像鸟类一样，骨骼中空，骨壁纤薄，S形脖子加长，背部成为水平姿势，后足用中间三个脚趾行走。到了侏罗纪，一些兽脚类恐龙的尾巴变短，身体重心前移，像鸟类一样只有三个手指。侏罗纪中晚期，一些兽脚类恐龙已经和早期鸟类非常相似了，它们的尾巴很短，前肢明显变长，前臂能够像鸟翅一样侧向拍打，并且半侧向折叠。现在一般认为，一些鸟类特征，像单向的呼吸方式，在三叠纪中期（大约2.4亿年前）已经出现；另外一些特征，像类似于现代鸟类的高新陈代谢水平和高生长发育速度，则出现较晚，甚至在最早期鸟类当中还没有出现；鸟类特征的整个演化过程持续了很长时间，许多特征呈现了快速演化和集中出现的情况，比如飞羽和飞行能力等鸟类主要特征在鸟类起源之前集中出现，最早的鸟类可能出现于1.6亿年—1.7亿年前（图2）(Xu et al., 2014b)。

蜥脚型恐龙当中有地球历史中陆地生物体型最大的代表。在侏罗纪早期，这一类群就演化出较大体型和相对典型的形态（适于吃植物的牙齿、长脖子和长尾巴、柱状的四肢以及背部大体与地面平行的站姿）。从侏罗纪中晚期开始，更大的蜥脚型恐龙出现，有些种类像今天的长颈鹿一样，能够竖起长脖子，取食高处的植物，有些种类则只能平伸长脖子，但不用移动即可取食远处的植物。侏罗纪中晚期是巨型蜥脚型恐龙统治地球陆地的时代，出现了许多巨型代表，像体长30–34 m的 *Diplodocus*、体长近35 m的中加马门溪龙（*Mamenchisaurus sinocanadorum*）以及头部离地面的高度可达13 m的 *Brachiosaurus*。白垩纪也有一些巨型蜥脚型恐龙，比如 *Argentinosaurus* 体长大约有30–40 m，体重有50–90 t，以及大小相似的 *Patagotitan mayorum*（Carballido et al., 2017）。总体而言，白垩纪的蜥脚型类恐龙没有侏罗纪那么繁盛，种类也较少，其中原因之一是这一时期大型鸟臀类恐龙（如鸭嘴龙类和角龙科）非常繁盛，成为了蜥脚类恐龙的有力竞争对手。

从三叠纪中期一直到白垩纪晚期，蜥臀类的总体生物多样性一直在增加，但不同类群呈现不同情况。总体而言，蜥脚型类在白垩纪，尤其是晚白垩世的陆地生态系统当中的作用，没有侏罗纪中晚期重要，这可能与角龙类和鸟脚类在白垩纪的兴起有关；兽脚类的生物多样性则在白垩纪进一步增加，没有出现衰落迹象。从绝对物种多样性数据来看，在距白垩纪末100万年的时候，蜥臀类恐龙开始呈现衰落迹象，但这一数据还存在争议（Brusatte, 2012）；从净成种率（成种率减去灭绝率）来看，蜥臀类恐龙（包括蜥脚型和兽脚类）在白垩纪中期已经开始下降，从这个角度来看，蜥臀类恐龙从白垩纪中期

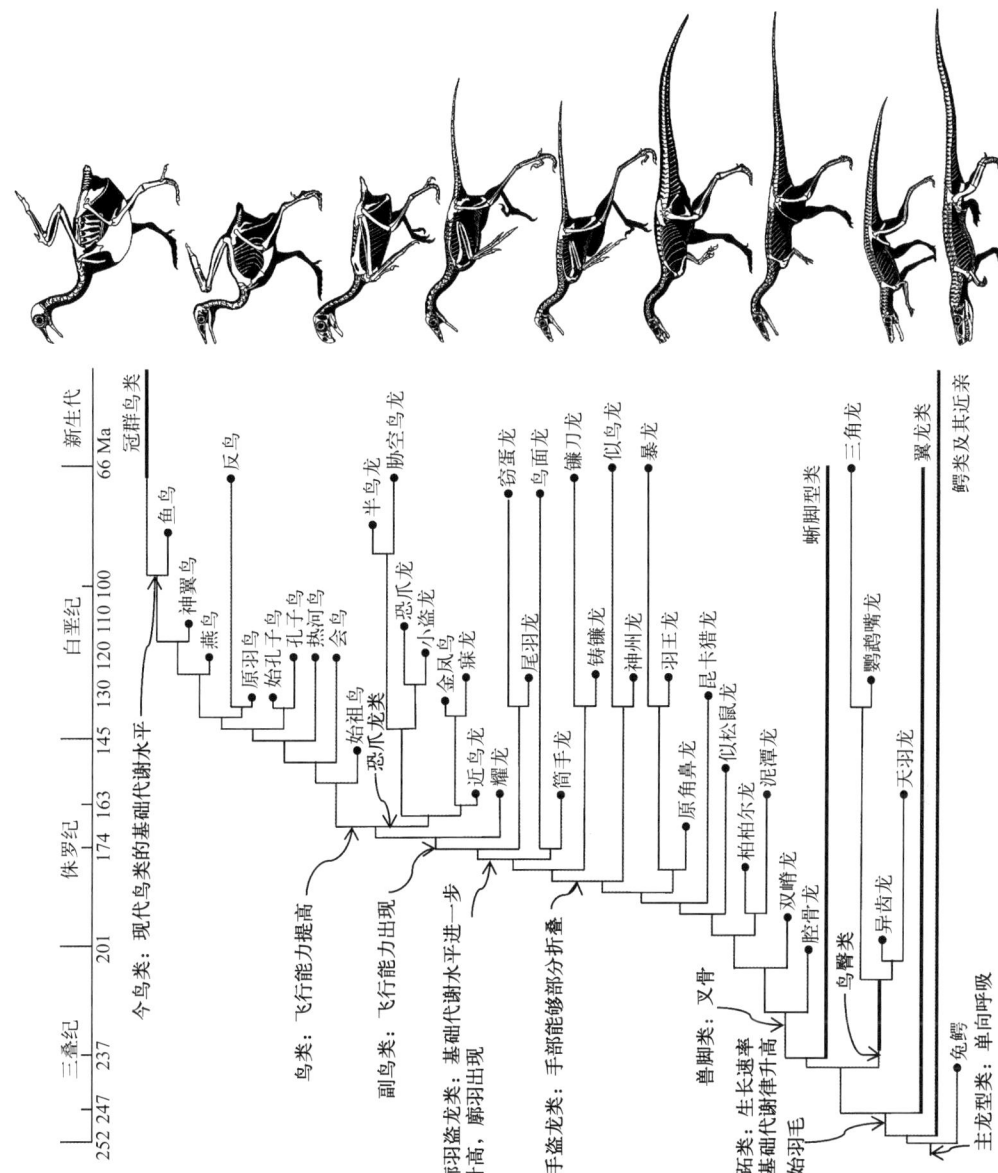

图 2　鸟类特征演化示意图

开始就进入了演化的减速期（Sakamoto et al., 2016）。

在白垩纪末期，绝大多数蜥臀类恐龙和鸟臀类恐龙一起，突然灭绝。有关恐龙灭绝的主流假说为小行星撞击说，这一假说得到了来自世界许多地点的系统性证据的支持。尽管如此，像火山爆发假说和彗星撞击说（如新版本的暗物质导致的彗星撞击说）依然得到一些学者的支持。蜥臀类恐龙当中的冠群鸟类（Aves）是唯一从白垩纪末大灭绝事件中幸存的类群，并最终形成了冠群鸟类在新生代的辐射演化。

四、关于本书使用的分类和解剖术语的说明

《中国古脊椎动物志》编辑委员会对志书的分类体系做了说明和要求（见总序），但本书和《鸟臀类恐龙》分册一样，采用系统发育分类学，因此分类体系在形式上明显区分于《中国古脊椎动物志》其他分册。本书和《鸟臀类恐龙》分册采用系统发育分类学的主要原因在于，从20世纪80年代开始，恐龙学研究已经开始采用系统发育分类学（Gauthier, 1986；Sereno, 1986），目前广泛使用，建立了一套完整的体系，如果采用总序推荐的体系，需要重新建立一套新的有关恐龙的分类，这显然是本书难以完成的任务。本书决定依然采用恐龙学研究的主流分类体系，但作为折中，在可能的情况下，在超科及更低分类阶元上，采用林奈的等级名称。

需要指出的是，到目前为止，系统发育分类学还未形成一个完全成熟的体系，这导致在文献当中存在一定程度的混乱情况。本书采用系统发育分类学，因此需要对书中使用的分类术语进行简单说明。系统发育分类学演化支有三种定义方式：基于衍征的定义（apomorphy-based definition）、基于节点的定义（node-based definition）和基于干支的定义（stem-based definition）。其中衍征型定义存在明显缺陷，因此在当前文献当中少见；节点型和干支型定义成为定义演化支的两种常用方式。尽管如此，许多分类学者在实质上依然基于重要的衍征来定义演化支。举个例子，一个新近命名的兽脚类演化支是廓羽盗龙类，这一演化支采用了基于节点的定义方式（一个包含窃蛋龙类、驰龙科、伤齿龙科和鸟类的最小演化支），但实质上是用以指代一个包含所有长有廓羽（pennaceous feathers）的兽脚类类群，来强调廓羽这一重要结构的起源。虽然从定义形式上看，这样的定义没有缺陷，但会潜在地违反分类学的交流原则（特别是有关公众的交流）。比如，如果我们在更早期分异的兽脚类当中发现廓羽，甚至发现廓羽是一个包容性更大的演化支的特征，那么使用廓羽盗龙类这一分类名称就会给学术交流和公众交流带来误解和混乱。虽然本书依然使用像廓羽盗龙类这类的分类术语，但我们不提倡此类定义。

一方面，定义演化支的描述方式在逐渐改进，在逻辑上存在问题的一些描述方式被弃用；另一方面，还有学者在使用存在问题的描述方式，这需要得到更多的关注。比如，在一些文献当中，鸟翼类（即鸟类）被定义为：相对蒙古伶盗龙，所有与家雀的亲缘关

系更近的物种。这样的一个定义把家雀排除在鸟翼类之外，有悖原意，也不符合分支系统学严格单系的要求。

描述物种系统位置的用语也在逐渐完善，比如传统上常用的"原始"和"进步"不再用于描述分类单元，但许多问题依然存在。比如，我们常用"基干（basal）"来描述系统发育树接近根部的物种，像基干虚骨龙类（basal Coelurosauria）或者基干鸟翼类（basal Avialae），但从系统发育学理论来看，"基干"是一个具有误导性的用语（常常基于定向演化的概念），因此，越来越多的学者开始采用"早期分异"（early-diverging 或者 early-branching）这样的用语，如早期分异的鸟翼类（early-diverging Avialae），本书也采用这一用法。但严格地说，这样的用语也不够严谨和准确，在可能的情况下，推荐使用类似"非鸟胸类鸟翼类（non-ornithothoracine Avialae）这样的描述用语，能够更加准确地描述物种的系统位置，并且不带来歧义。

物种命名的双名法（binomial nomenclature）自林奈 1753 年提出后，形成了一套完善的法则，广泛应用于生物分类学当中，当前由国际动物命名法规（International Code of Zoological Nomenclature，即 ICZN）和国际藻类、真菌和植物命名法规（International Code of Nomenclature for Algae, Fungi, and Plants，即 ICNafp）进行规范。值得注意的是，近 30 年来，随着系统发育分类学的发展，许多研究者在命名新物种时，虽然采用双名法，但已经不再遵守一些规范。比如，对于建立的新属新种，不再采用"gen. et sp. nov."的规范格式，而是代之以"new taxon"，原因在于系统发育分类学只承认种和演化支两个阶元，对于人为定"属"的做法不再接受，一些学者在使用双名法命名时，取消了属级单位。另外，许多学者在命名新种时，越来越强调地域特色，提出的新属种名直接使用当地语言，不再依据命名语法规则进行相关变化（如，不再拉丁化当地词源，不考虑属名和种名词源和词性的搭配等）。因为这些做法明显违反了传统法规，所以一些学者建议进行修订，《中国古脊椎动物志》编辑委员会也建议对不规范的名称进行修订[①]。尽管在中国发现和

---

① 本志编辑委员会主任邱占祥提出以下意见和建议，供今后物种命名者参考："由于系统发育分类学派只承认'种'和'演化支'两个阶元，对于'种'，虽然保留了双名法，但并不把前一名称看做是'属名'，而看做是复合种名的前名。持这种观点的一些中国学者往往并不严格遵守国际动物命名法规中的命名规则，在命名新物种时，直接使用汉语拼音作为前名（属名）和后名（种名）而不考虑命名规则中强调的性别及前后名的性别搭配。如大量使用龙的汉语拼音 long 作为前名（属名）的主词，且不交代其性别，使后名（种名）的性别无所依从。既然系统发育分类学派采用双名法，那就必然要承认属的存在，更何况属名在双名的种名中起着远比单独的种名更为重要的作用：属名代表了物种的主要属性和与其他物种的关系，而种名往往只起修饰作用，甚至完全和物种的属性无关；在实际应用中，人们也是更多地使用属名而不用种名。到目前为止，持系统发育分类观点的学者仍然没有考虑到采用其他的替代双名法的方案。为了保持种名的稳定性，目前国际动物命名法规中关于属、种名命名的规则（主要是第 30 条和 31 条）必须得到承认和遵守。目前出现的属、种名不规范的情况尚不严重，大部分都已经遵循了学名拉丁化的基本要求，只是对词尾的性别及其搭配不够规范，处理起来也并不困难。根据荐则 30A '作者在建立一个新属级类群名称时应清楚地表明它的性别和词源'，第 30.2.4 规定 '如果性别没有被指定或表明，该名称处理为阳性'，这两条可以保证目前出现的不够规范的由汉语拼音形成的属种名仍可保留使用，只是今后注意在创建这类名称时要注明性别和词源。"

命名的恐龙新属种也存在不少此类情况，我们依然决定在本书中采用原命名，对不规范双名不进行修改，其中一个原因是这一冲突超出了本书的讨论范围，另一个原因是为了保持命名稳定性，减少文献中出现混乱，这是分类学的一个重要原则。此外，新的动物命名法规在双名法的语法规范方面也进行了修改，许多要求是建议遵循而非必须遵守，规则上允许地域特色的命名。

在使用系统发育分类学名称的时候，面临的另外一个问题是如何准确地翻译中文名称。系统发育分类学完全放弃等级体系，没有门、纲、目、科和属一级的等级划分。本书遵循系统发育分类学原则，在使用所有种以上的演化支（分类单元）时，抛弃等级，使用"类"作为种以上分类单元中文名称的后缀。在现实操作中，这一方法常常并不可行，原因在于许多高阶分类单元和其包含的低阶分类单元的名称几乎一样，区别仅在于后缀，这样会导致不同阶元的分类单位有着同样的中文名称，比如，兽脚类当中的 Therizinosauria、Therizinosauroidea 和 Therizinosauridae 都会被翻译为"镰刀龙类"。为了避免这一问题，本书对存在这一现象的演化支采用以下方法：对最高阶的演化支使用"类"这一后缀，对其包含的具有相同名称的更低阶的演化支，则依然使用相应的林奈分类的等级后缀（见董枝明等，2015）。比如，上面例举的 Therizinosauria、Therizinosauroidea 和 Therizinosauridae 可分别翻译为镰刀龙类、镰刀龙超科和镰刀龙科。

目前文献中许多分类单元的中文名称还存在其他问题。一些中文名称没有完全按照拉丁名称释义，我们在本书中做了修订。比如，*Megalosaurus* 有时被翻译为"巨齿龙"，*Mei long* 在许多出版物中被翻译为"龙形寐龙"，这些并不符合拉丁学名原意，因此，本书采用"巨龙"和"寐龙"作为它们的中文名称。

一些分类单元的拉丁名虽然不一样，但释义相似，这为中文名称的使用带来困难。比如，兽脚类当中的 Megalosauroidea 和蜥脚类当中的 Titanosauria 都指代"巨大的蜥蜴或者爬行动物"，都可以翻译为"巨龙类"。为了避免冲突，本书把前者翻译为巨龙超科（巨龙类），后者翻译为泰坦巨龙类。一些属名也存在类似问题，比如似鸟龙类的 *Sinornithomimus* 和伤齿龙科的 *Sinornithoides* 这两个属都曾被翻译为"中国似鸟龙"，从释义上，这两个属名的翻译都是可接受的，但相对而言，前者更符合拉丁名原意，因此我们建议后者翻译为中国鸟形龙。鲨齿龙科的 *Carcharodontosaurus* 和 *Shaochilong* 中文名称都被翻译为"鲨齿龙"，本书把后者翻译为"鲨鱼齿龙"。

还有些中文名与分类学研究结论不符，有悖于分类学的交流原则，因此在本书中对这些中文名进行了修改。如中华龙鸟（*Sinosauropteryx*）、原始祖鸟（*Protarchaeopteryx*）和金凤鸟（*Jinfengopteryx*）——对鸟类起源研究极其重要的三个属——最初被归入鸟类，但现在公认分别属于美颌龙科、窃蛋龙类和伤齿龙科，如果依然使用原中文名，会给中文读者带来错误分类知识。在本书中，我们将这三个属名分别翻译为"中华鸟龙"、"原始祖鸟龙"和"金凤鸟龙"，这样的译名基本符合拉丁名释义，也符合分类学的交流原则。

需要指出的是，从拉丁名释义的角度，后两者翻译为"原始羽翼龙"和"金凤羽翼龙"更合适，但为了避免过大的改动，本书采用和旧名更相近的修订方式。

解剖术语的使用也存在一些问题。研究不同脊椎动物类群的学者采用的解剖术语有一定差异，尤其是相应的中文术语，差异尤其明显，甚至造成了一定程度的混乱。现对本书采用的一些解剖术语做简要说明。

一个兽脚类恐龙骨架（skeleton）包括头骨（cranium/cranial skeleton）和头后骨骼（postcranial skeleton）。头骨（cranium/cranial skeleton）包括颅骨（skull）、下颌（mandible）和舌骨（hyoid bones）。也有研究使用颅骨（skull）来指代头骨（cranium/cranial skeleton），skull 的中文名称也有译为"头骨"的，本书采用"颅骨"这一中文术语。

头后骨骼包括中轴骨骼和附肢骨骼。恐龙头后骨骼解剖学描述中常见的一个问题是有关某些骨骼相对位置的描述用语。比如，许多文献使用近端尾椎（proximal caudal vertebrae）和远端尾椎（distal caudal vertebrae）这样的术语，但传统上"近端"和"远端"是用于描述肢骨，中轴骨骼则使用前部（anterior）和后部（posterior）这样的术语。

中文术语存在的问题更多。比如，"fenestra"和"foramen"应该分别翻译为"窗"和"孔"，前者常常指代演化过程中后出现的较大孔洞，而后者指代原生的较小孔洞。但在许多中文文献中，两者都被翻译为"孔"，忽略了二者的差异。比如，在文献中常见的眶前孔（antorbital fenestra）和外下颌孔（external mandibular fenestra）更确切的中文名称应该是眶前窗和外下颌窗。另外，本书不赞成一些简化翻译，建议使用完整术语，比如"infratemporal fenestra"和"premaxilla"常被翻译为"下颞孔"和"前颌骨"，准确的中文术语应该为"下颞窗"和"前上颌骨"。

另外一些和解剖学有关的中文术语不关乎对错，但统一翻译有助于提高中文论文的交流功能。比如，像描述中常见的"ridge"、"crest"、"process"、"ramus"、"flange"、"tuberosity"、"tubercle"及"rugosity"在不同中文文献中有着不同翻译，这些术语在本书中分别翻译为"脊"、"嵴 / 嵴冠 / 冠"、"突 / 支"、"分支"、"耳突 / 凸缘"、"块突 / 瘤突"、"结节"和"褶突"。

不同学者有不同语言习惯，因此，本书使用的术语也存在一些差异，为了便于读者更好地了解这些术语，书后列出了我们使用的各种解剖和形态学术语中英对照。需要指出的是，一些术语的英文使用方式也存在差异，我们也尽量予以罗列。

系 统 记 述

兽脚类 THEROPODA Marsh, 1881

定义与分类 包含 *Megalosaurus bucklandii* Mantell, 1827，但不包含 *Diplodocus longus* Marsh, 1878 和 *Iguanodon bernissartensis* Boulenger in Beneden, 1881 的包容性最大的演化支。

因为兽脚类系统发育研究还存在争议，所以基于系统发育分类学的兽脚类分类体系目前尚不稳定。尽管如此，兽脚类分类体系目前已经形成了大致框架（图3），下面的分类方案为大多数学者所接受（†指示灭绝演化支；#指示我国目前尚无化石记录的类群）。

  兽脚类 Theropoda
   †#埃雷拉龙类 †#Herrerasauria
   新兽脚类 Neotheropoda
    †腔骨龙超科 Superfamily †Coelophysoidea
    †双嵴龙科 Family †Dilophosauridae
   鸟吻龙类 Averostra
    †角鼻龙类 †Ceratosauria
     †西北阿根廷龙科 Family †Noasauridae
     †#阿贝力龙科 Family †#Abelisauridae
    僵尾龙类 Tetanurae
     俄里翁龙类 Orionides
      †巨龙超科 Superfamily †Megalosauroidea
       †皮亚尼兹基龙科 Family †Piatnitzkysauridae
       †巨龙科 Family †Megalosauridae
       †棘龙科 Family †Spinosauridae
     新僵尾龙类 Neotetanurae[①]
      鸟兽脚类 Avetheropoda

---

① 本书使用新僵尾龙类（Neotetanurae）这一被弃用的分类术语，但采用干支型定义（原定义为节点型定义），具体解释见新僵尾龙类章节。

　　　　†肉食龙类 †Carnosauria
　　　　　†异特龙超科 Superfamily †Allosauroidea
　　　　　　†中棘龙科 Family †Metriacanthosauridae
　　　　　　†鲨齿龙科 Family †Carcharodontosauridae
　　　　　　†#异特龙科 Family †#Allosauridae
　　　　　†大盗龙类 †Megaraptora
　　　虚骨龙类 Coelurosauria
　　　　暴盗龙类 Tyrannoraptora
　　　　　†暴龙超科 Superfamily †Tyrannosauroidea
　　　　　†美颌龙科 Family †Compsognathidae
　　　　†似鸟龙类 †Ornithomimosauria
　　　　手盗龙类 Maniraptora
　　　　　†阿尔瓦雷兹龙超科 Superfamily †Alvarezsauroidea
　　　　　†镰刀龙类 †Therizinosauria
　　　　　廓羽盗龙类 Pennaraptora
　　　　　　†窃蛋龙类 †Oviraptorosauria
　　　　　　†擅攀鸟龙科 Family †Scansoriopterygidae
　　　　　　近鸟类 Paraves
　　　　　　　真手盗龙类 Eumaniraptora
　　　　　　　　†驰龙科 Family †Dromaeosauridae
　　　　　　　　　†#半鸟龙亚科 Subfamily †#Unenlagiinae
　　　　　　　　†伤齿龙科 Family †Troodontidae
　　　　　　　　　†近鸟龙亚科 Subfamily †Anchiornithinae
　　　　　　　鸟翼类 Avialae

形态特征① 两足行走；骨壁薄；有上颌窗；泪骨在颅顶暴露面积大；左右犁骨前部愈合；外翼骨膨大，腹侧面有窝；下颌联合弱；齿骨和齿骨之后的下颌骨骼连接相对松散，形成下颌内部可动性；牙齿侧扁，具锯齿；第一间椎体具大的枕窝和小的凹缺；第二间椎体有宽阔的半圆形窝，与第一间椎体关联；中后部尾椎椎弓小，神经棘和横突缺失；手部外侧两指退化，只有内侧三指行使功能；次末端指节骨加长；指节骨III-1和III-2变短；指爪骨侧扁，弯曲，尖锐，屈肌结节大；髂骨髋臼前支大，前部伸展明显；髂骨短肌窝发育；股骨侧视前凸；胫骨有腓骨嵴；腓骨紧贴胫骨；足部最内侧和最外侧

---

① 本书在描述兽脚类手部形态时，采用和现生鸟类手指一样的同源判断，即僵尾龙类最内侧手指为手指II，依次类推。在属种鉴别特征中，用 * 标识的特征代表自有衍征。

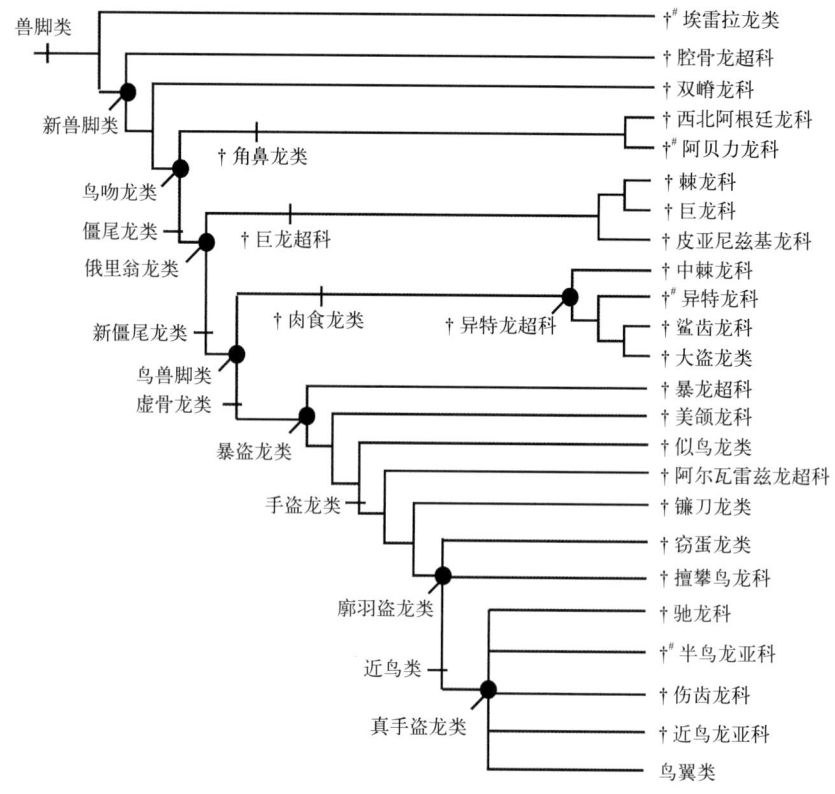

图 3　一个简化的兽脚类系统发育假说和兽脚类主要分类单元
短线指代干支型分类，●指代节点型分类，†指代灭绝演化支，#指代我国目前尚无化石记录的类群

脚趾退化，中间三趾承重；第四脚趾缩短，长度接近第二脚趾（图4）。

分布与时代　所有大陆，晚三叠世早期到白垩纪末期。

评注　兽脚类为两足行走的动物，主要为肉食性，但也有植食性、杂食性甚至食虫性的属种。除了鸟类之外，其他兽脚类体长从几十厘米到十几米；主要栖息在地面上，也有树栖类型和半水生类型的；一些属种具有滑翔能力，甚至原始飞行能力。

兽脚类这一分类单元由 Marsh 在 1881 年建立，但在很长一段时间内，很少有学者使用这一分类单元，直到 1956 年 Alfred S. Romer 在他所著的《爬行动物骨骼学》一书中明确了其包含类群之后，兽脚类这一分类单元才被学术界广泛采用。

最早期的兽脚类形态原始，尚无后期兽脚类的典型特征，以致被早期研究者排除在这个类群之外（Benton, 1990；Weishampel et al., 2004b）。已知最早期的兽脚类基本发现于南美洲，比如发现于阿根廷三叠纪约 2.3 亿年前的埃雷拉龙类；稍后出现的兽脚类被称为新兽脚类，其最早分异的演化支，如腔骨龙超科，已经展现了兽脚类的一些典型特征。早期的新兽脚类呈现全球性分布，但亚洲的化石记录相对较少。

新兽脚类的两个重要演化支是角鼻龙类和僵尾龙类，二者一起形成鸟吻龙类。角鼻

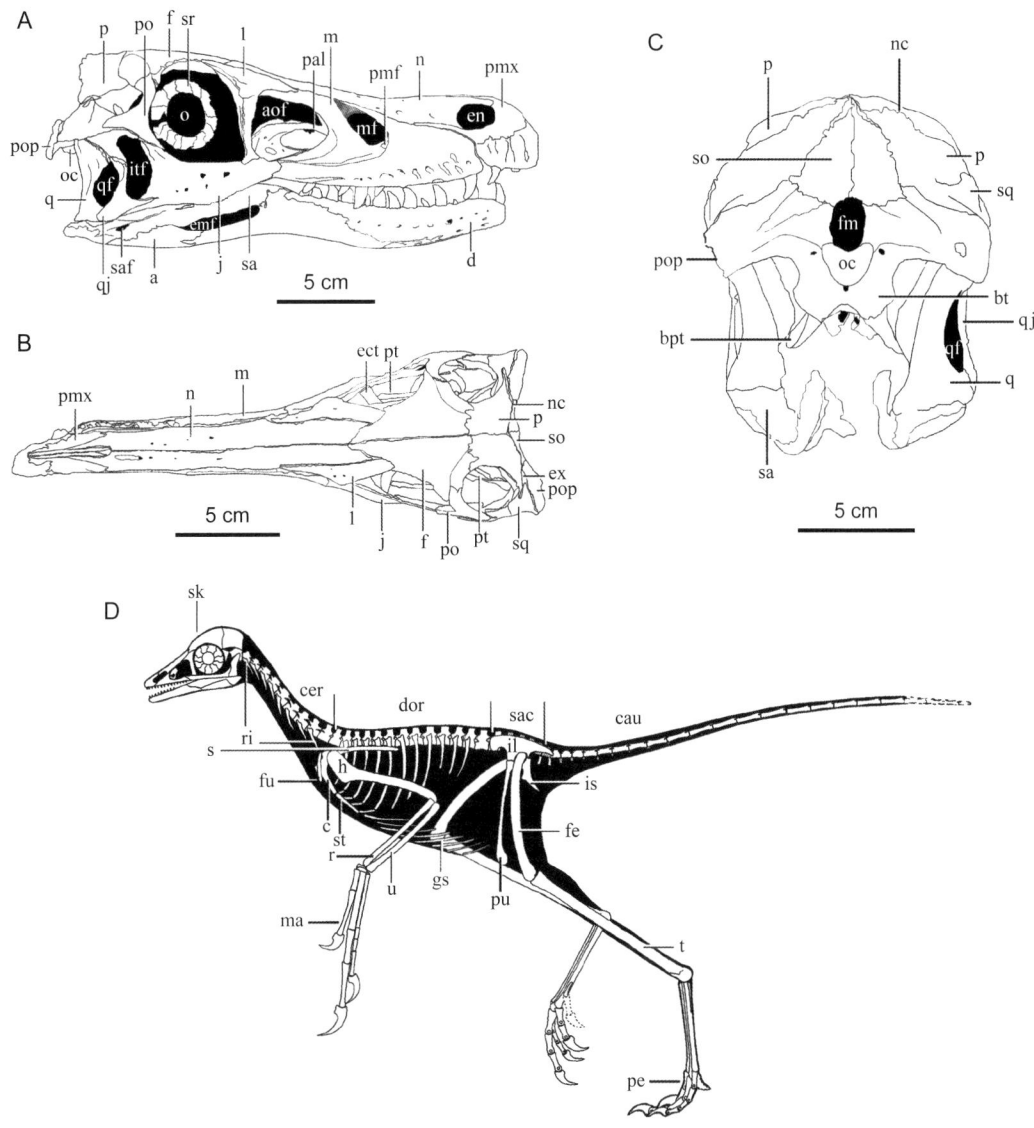

图 4 兽脚类主要骨骼示意图

A–C. 精美临河盗龙（*Linheraptor exquisitus*）头骨右侧视（A）、背视（B）和后侧视（C）；D. 赫氏近鸟龙（*Anchiornis huxleyi*）骨架复原图。

a. 隅骨 angular, aof. 眶前窗 antorbital fenestra, bpt. 基翼突 basipterygoid process, bt. 基突 basal tuber, c. 乌喙骨 coracoid, cau. 尾椎 caudals, cer. 颈椎 cervicals, d. 齿骨 dentary, dor. 背椎 dorsals, ect. 外翼骨 ectopterygoid, emf. 外下颌窗 external mandibular fenestra, en. 外鼻孔 external naris, ex. 外枕骨 exoccipital, f. 额骨 frontal, fe. 股骨 femur, fm. 枕骨大孔 foramen magnum, fu. 叉骨 furcula, gs. 腹膜肋 gastralia, h. 肱骨 humerus, il. 髂骨 ilium, is. 坐骨 ischium, itf. 下颞窗 infratemporal fenestra, j. 轭骨 jugal, l. 泪骨 lacrimal, m. 上颌骨 maxilla, ma. 手部 manus, mf. 上颌窗 maxillary fenestra, n. 鼻骨 nasal, nc. 颈嵴 nuchal crest, o. 眼眶 orbit, oc. 枕髁 occipital condyle, p. 顶骨 parietal, pal. 腭骨 palatine, pe. 后足 pes, pmf. 原上颌窗 promaxillary fenestra, pmx. 前上颌骨 premaxilla, po. 眶后骨 postorbital, pop. 副枕突 paroccipital process, pt. 翼骨 pterygoid, pu. 耻骨 pubis, q. 方骨 quadrate, qf. 方骨孔 quadrate foramen, qj. 方轭骨 quadratojugal, r. 桡骨 radius, ri. 肋骨 ribs, s. 肩胛骨 scapula, sa. 上隅骨 surangular, sac. 荐椎 sacrals, saf. 上隅骨孔 surangular foramen, sk. 颅骨 skull, so. 上枕骨 supraoccipital, sq. 鳞骨 squamosal, sr. 巩膜环 sclerotic ring, st. 胸骨 sternum, t. 胫骨 tibia, u. 尺骨 ulna

龙类出现于侏罗纪早期，一直延续到白垩纪末期，主要有两个分支，即西北阿根廷龙科和阿贝力龙科。这类恐龙繁盛于南方大陆，少见于北方大陆。角鼻龙类最醒目的特征是短小而特化的前肢；另外，许多角鼻龙类角状头饰发育。在早期角鼻龙类当中，开始出现次生植食性现象，多数角鼻龙则依然保留肉食习性。

僵尾龙类代表一个庞大的类群，一直延续至今，形态、生态和分类多样性都非常高。相比角鼻龙类而言，僵尾龙类在北方大陆更繁盛，但僵尾龙类的某些支系，如棘龙科、鲨齿龙科和大盗龙类，在南方大陆也非常繁盛。僵尾龙类的系统发育研究争议颇多，导致了其分类混乱。僵尾龙类的两个主要演化支为新僵尾龙类[①]和巨龙超科。巨龙超科主要生存于侏罗纪中期至白垩纪早期，最早命名的恐龙——*Megalosaurus* 即属于这一类群。一般认为，巨龙超科包括三个演化支：皮亚尼兹基龙科、巨龙科和棘龙科，其中棘龙科包含了已知身体最长的兽脚类恐龙。

新僵尾龙类的两大支系是肉食龙类和虚骨龙类。一般认为前者主要包括中棘龙科、鲨齿龙科、异特龙科和大盗龙类。但也有研究认为中棘龙科和大盗龙类并不属于肉食龙类，前者应该是新僵尾龙类的一个早期分支，后者则属于虚骨龙类的一个早期分支。已知肉食龙类全部为肉食性动物，其中一些属种位居体型最大的兽脚类恐龙之列。

虚骨龙类的形态和生态多样性高，其中许多亚类群成为杂食性或植食性动物。虚骨龙类的主要亚类群有暴龙超科、美颌龙科、似鸟龙类、镰刀龙类、阿尔瓦雷兹龙超科、窃蛋龙类、驰龙科、伤齿龙科和鸟翼类，以及分类位置存在较多争议的擅攀鸟龙科、半鸟亚科、近鸟龙亚科。其中，后九个亚类群属于手盗龙类，后七个亚类群构成廓羽龙类。鸟翼类，即我们通常所说的鸟类，理论上出现于侏罗纪中期。争议较少的最早鸟类为约1.5亿年前的始祖鸟（*Archaeopteryx*），但也有研究认为，近年来发现的约1.6亿年前的近鸟龙亚科和擅攀鸟龙科代表鸟类家族的最早成员。半鸟亚科也被一些研究认为代表鸟翼类的早期支系。除鸟翼类之外的其他虚骨龙类在6600万年前全部灭绝。

除了以上类群外，还有一些已经命名的兽脚类分类单元，也常见于有关兽脚类的文献当中，其中包括分别和僵尾龙类、新僵尾龙类、肉食龙类、虚骨龙类和近鸟类对应的俄里翁龙类、鸟兽脚类、异特龙类、暴盗龙类和真手盗龙类。这些分类单元和它们相对应的干支型分类单元包含几乎一样的属种，但代表包容性稍小的节点型定义的演化支（图3）。

我国是世界上兽脚类化石最为丰富的国家之一，尤其是虚骨龙类化石极其丰富，化石保存质量好，分布时代广，涵盖所有虚骨龙类的亚类群，为虚骨龙类的演化研究提供

[①] 新僵尾龙类（Neotetanurae）和鸟兽脚类（Avetheropoda）都是节点型定义的分类单元，但前者是晚出异名，因此在当前文献中很少使用。鉴于目前尚无和巨龙超科对应的干支型定义的演化支，本书建议把新僵尾龙类（Neotetanurae）改为干支型定义的演化支，即包含 *Passer domesticus* (Linnaeus, 1758)，但不包含 *Megalosaurus bucklandii* 的包容性最大的演化支，以对应于也是干支型定义的巨龙类，这符合节点-干支三联体（a node-stem triplet）这一有助于分类稳定的定义方式。

了重要实证。不过，与其他恐龙类群一样，兽脚类早期分异的成员在我国的化石记录相对贫乏，尤其是三叠纪兽脚类恐龙的骨骼化石，尚未在我国发现，这是我国兽脚类未来研究的一个方向。

新兽脚类 NEOTHEROPODA Bakker, 1986

定义与分类 包含 *Coelophysis bauri* (Cope, 1889) 和 *Passer domesticus* (Linnaeus, 1758) 的包容性最小的演化支。新兽脚类主要包括腔骨龙超科、角鼻龙类和僵尾龙类以及一些难以归入这些类群的属种。

形态特征 前上颌骨鼻骨支长于上颌骨支；上颌骨上升支外表面有气腔窝，参与外鼻孔形成；原上颌窗浅；眶后骨前支水平前伸；鳞骨与方轭骨不关联；方轭骨最前端位于下颞窗前；侧蝶骨与额骨不关联；3个鼓隐窝；荐前椎具侧凹，颈椎侧凹尤其发育；后部颈椎长于前部颈椎；综荐骨由5个荐椎愈合形成；人字骨有前突；肩胛骨粗壮；尺骨有鹰嘴突；手指Ⅴ缺失；手指Ⅱ最长；髂骨髋臼前支侧视背腹向深、前后向长，明显超出耻骨柄前缘，髋臼后支侧视背腹向深、前后向长，长度大于坐骨柄长度；髋臼上嵴连接短肌架；髂骨短肌窝后部宽度为前部两倍；坐骨有闭孔缺；胫骨前面关联距骨处有倾斜的阶梯状脊；距骨有后外侧嵴和后内侧嵴；跗部长而狭窄；蹠骨Ⅰ长度不到蹠骨Ⅱ长度一半；第三蹠骨近端关节面近圆形；蹠骨Ⅳ远端高度大于宽度；蹠骨Ⅴ远端退化，不形成关节面。

分布与时代 分布于各个大陆，晚三叠世（诺利期）到白垩纪末期。

评注 新兽脚类包含绝大多数兽脚类，包括鸟类。最早期的兽脚类尚未演化出典型的兽脚类特征，这些特征与捕食和奔跑相关；在晚三叠世中期，新兽脚类出现，代表兽脚类演化的一个重要事件。

新兽脚类这一分类单元由 Bakker 于 1986 年提出，原本用以指代除了最早期兽脚类以外，已经呈现兽脚类典型特征的所有物种，包括所有的角鼻龙类和僵尾龙类。在他提出这一分类名称的 1986 年，腔骨龙超科是角鼻龙类的一个亚类群，因此包含角鼻龙类和僵尾龙类的新兽脚类也包含了腔骨龙超科。但现在一般认为，腔骨龙超科不属于角鼻龙类，而是代表比角鼻龙类更早分异的一个支系，因此，如果我们依然采用角鼻龙类和僵尾龙类来定义新兽脚类，将会把已经有兽脚类典型特征的腔骨龙超科排除在新兽脚类之外。因此，后来的研究采用 *Coelophysis bauri* (Cope, 1889) 作为这一类群的一个分类符 (specifier)，这更符合 Bakker 的原意。

我国新兽脚类的化石非常丰富，主要为僵尾龙类，尤其是僵尾龙类当中的虚骨龙类，而新兽脚类的其他两个类群（即腔骨龙超科和角鼻龙类）的化石贫乏。

芦沟龙属 Genus *Lukousaurus* Young, 1948

模式种 尹氏芦沟龙 *Lukousaurus yini* Young, 1948

鉴别特征 以下列特征组合区别于其他早期新兽脚类：头部较小，吻部狭窄；外鼻孔小，位置相对靠前；眶前窗三角形，背腹向高；下颌纤细，腹缘平直；下颌联合长；5颗前上颌齿，10颗上颌齿；牙齿侧扁，后缘有细短锯齿。

中国已知种 仅模式种。

分布与时代 云南，早侏罗世。

尹氏芦沟龙 *Lukousaurus yini* Young, 1948

（图5）

正模 IVPP V 23，头骨前部。发现于云南禄丰大洼。

归入标本 IVPP V 263，一颗单独的牙齿；IVPP V 271，右肱骨近端部分（Young, 1948b）。

鉴别特征 同属。

产地与层位 云南禄丰，下侏罗统禄丰组（Young, 1948a）①。

评注 小型兽脚类，体长估计不足1 m。尹氏芦沟龙的分类地位目前争议颇多：Welles (1984) 认为尹氏芦沟龙代表分类位置未定的兽脚类（Theropoda incertae sedis），Norman (1990) 和 Weishampel 等 (2004a) 都同意这一分类意见；Welles (1984) 在同一篇文章中也提出，尹氏芦沟龙也可能并非恐龙类，而属于假鳄类（Pseudosuchia），这一观点随后得到其他一些学者的支持：Irmis (2004) 认为尹氏芦沟龙最可能属于鳄型类（Crocodylomorpha），Knoll 和 Rohrberg (2012) 进一步认为尹氏芦沟龙和"楔形鳄类"（"Sphenosuchia"）有关。本书倾向于非兽脚类的观点，但鉴于尚无有关这一物种修订的正式文章，我们暂时在蜥臀类恐龙分册中介绍尹氏芦沟龙。

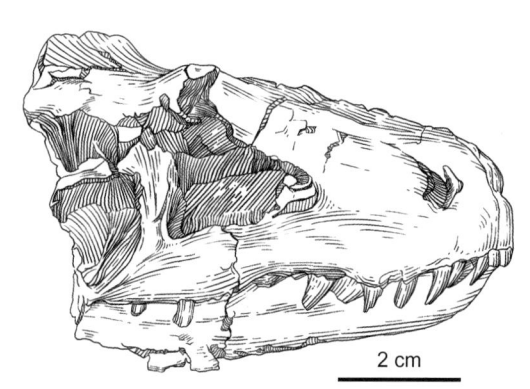

图5 尹氏芦沟龙 *Lukousaurus yini* 正模（IVPP V 23）
头骨右侧视（改自 Young, 1948a）

---

① 近年来云南禄丰地区地层划分和对比研究进展较大，一般不再使用下禄丰组这一岩石地层单位，代之以禄丰组。

腔骨龙超科 Superfamily Coelophysoidea Nopcsa, 1928

定义与分类 包含 *Coelophysis bauri* (Cope, 1889)，但不包含 *Carnotaurus sastrei* Bonaparte, 1985, *Ceratosaurus nasicornis* Marsh, 1884 和 *Passer domesticus* (Linnaeus, 1758) 的包容性最大的演化支。

形态特征 头骨细长；前上颌骨外侧面神经血管孔稀少；轭骨外侧面有低的水平方向的脊；鳞骨腹支狭窄；前部前上颌齿齿冠弯曲度小，横截面近圆形；颈椎椎弓在椎管两侧有气腔化凹陷，中部颈椎加长（长度约为椎体前关节面高度的3倍）；颈肋加长（至少是椎体长度的4倍）；后部背椎加长（长度约为椎体前关节面高度的2倍）；髂骨后缘侧凹，髂骨的股肠肌窝未延伸到髂骨后缘，在髋臼后支形成明显的侧脊；距骨的腓骨关节面小，呈近三角形；远端跗骨Ⅲ和蹠骨Ⅲ愈合，蹠骨Ⅱ和Ⅲ愈合。

中国已知属 盘古盗龙属（*Panguraptor*）。

分布与时代 分布于几乎所有大陆，晚三叠世（诺利期）至早侏罗世。

评注 腔骨龙超科代表新兽脚类最早的一个灭绝演化支，代表性物种有 *Coelophysis bauri*。这类恐龙为肉食性，一般体型较小，但也有属种体长达到6 m，身体纤细。

在早期文献中，腔骨龙超科还包括其他早期兽脚类，比如双嵴龙科，并与后者一起归入角鼻龙类；后期研究认为，包括双嵴龙科当中的一些属种并不属于腔骨龙超科，因此，腔骨龙超科包含物种数量明显少于传统意义上的腔骨龙超科。

盘古盗龙属 Genus *Panguraptor* You, Azuma, Wang, Wang et Dong, 2014

模式种 禄丰盘古盗龙 *Panguraptor lufengensis* You, Azuma, Wang, Wang et Dong, 2014

鉴别特征 以下列组合特征区别于其他腔骨龙超科属种：眶前窗大；上颌骨外侧面具一前背方-后腹方延伸的脊*；上颌骨外侧面斜脊后背方有一椭圆形窗；上颌骨主体前后向长；第四远端跗骨的前内侧弯曲*（You et al., 2014）。

中国已知种 仅模式种。

分布与时代 云南，早侏罗世。

禄丰盘古盗龙 *Panguraptor lufengensis* You, Azuma, Wang, Wang et Dong, 2014

（图6）

正模 LFGT-0103，一关联的不完整骨架，包括头骨、荐前椎、部分肋骨、右肩胛骨、部分右前肢、部分腰带和部分左后肢、基本完整的右后肢；正模代表一个接近成年个体。发现于云南禄丰川街。

鉴别特征 同属。

产地与层位 云南禄丰，下侏罗统禄丰组（You et al., 2014）。

评注 禄丰盘古盗龙为一小型兽脚类，体长估计近 2 m。禄丰盘古盗龙是腔骨龙超科化石在亚洲的首次发现，其发现进一步论证了陆生四足动物群在早侏罗世全球相似的分布模式（You et al., 2014）。

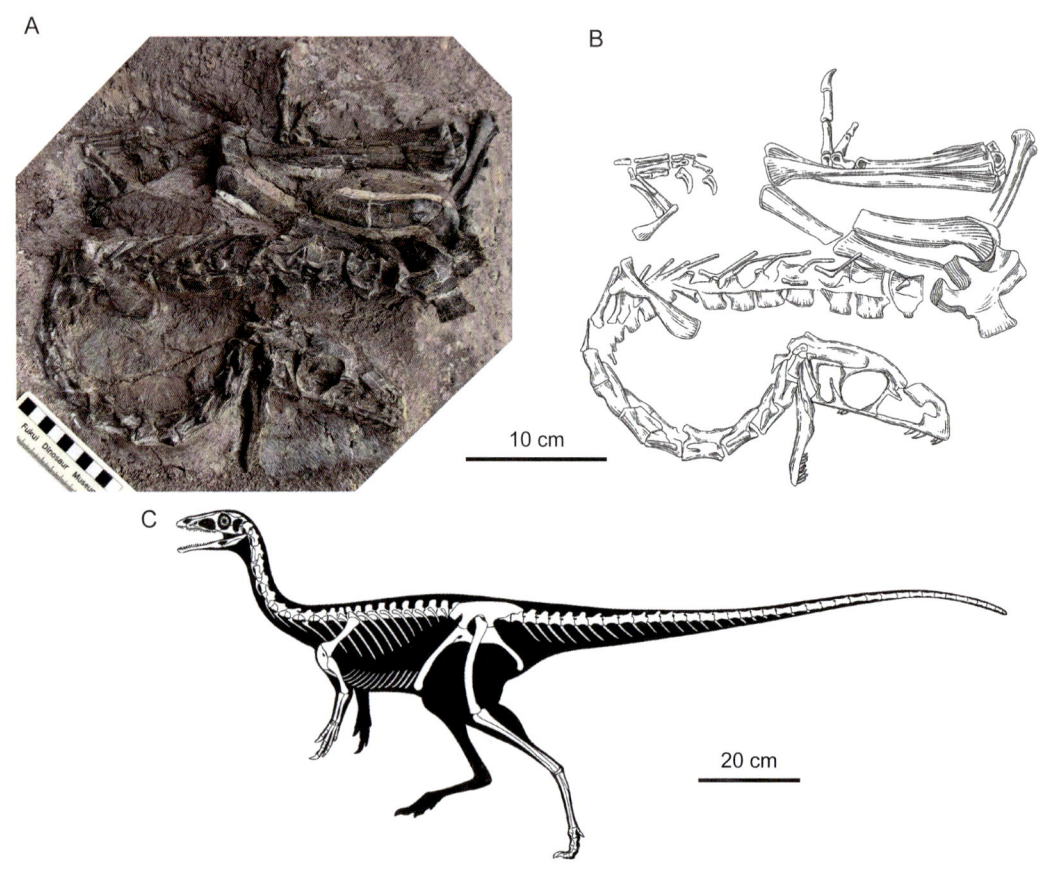

图 6 禄丰盘古盗龙 *Panguraptor lufengensis* 正模 （LFGT-0103）
A, B. 化石照片（A）和线描图（B）；C. 骨架复原图（A 和 B 改自 You et al., 2014）

双嵴龙科 Family Dilophosauridae Madsen et Welles, 2000

定义与分类 包含 *Dilophosaurus wetherilli* Welles, 1970, 但不包含 *Carnotaurus sastrei* Bonaparte, 1985, *Ceratosaurus nasicornis* Marsh, 1884 和 *Passer domesticus* (Linnaeus, 1758) 的包容性最大的演化支。

形态特征 一对大型嵴冠，主要由鼻骨形成，前上颌骨鼻骨支、额骨和泪骨也参与头冠形成；前上颌骨和上颌骨之间的缺口明显；眶前窝上延到鼻骨外腹侧；有原上颌窗；前部上颌齿前腹向延伸；上颌齿数量相对少。

中国已知属　中国龙属（*Sinosaurus*）和双柏龙属（*Shuangbaisaurus*）。

分布与时代　北美洲和亚洲，早侏罗世。

评注　双嵴龙科代表新兽脚类的一个早期演化支，代表性属种有 *Dilophosaurus wetherilli*。这类恐龙一般体型为中等到大型，体长 4–7 m，肉食性。

双嵴龙科曾被归入腔骨龙超科，但现在一般认为，双嵴龙科亲缘关系更接近于僵尾龙类。目前这一类群的组成非常不稳定，一些物种是否属于这一类群存在争议。

发现于中国的三叠中国龙（*Sinosaurus triassicus*）、中国中国龙（*Sinosaurus sinensis*）和安龙堡双柏龙（*Shuangbaisaurus anlongbaoensis*）都在头部有一对大型头冠，但有关它们的系统位置存在很大争议：从早期分异的新兽脚类到早期分异的僵尾龙类。就目前的研究来看，把它们归入双嵴龙科的证据还很薄弱，我国尚未发现确切无疑的双嵴龙科。本书暂时把这些具有一对头冠的属种归入双嵴龙科，寄望未来更深入的系统发育研究解决这一问题。

中国龙属 Genus *Sinosaurus* Young, 1948

模式种　三叠中国龙 *Sinosaurus triassicus* Young, 1948

鉴别特征　以下列特征组合区别于其他早期兽脚类：前上颌骨后部都有一个纵向沟槽*；上颌骨背腹向高，前缘平直；具原上颌窗，位置偏腹侧，背腹向长轴远大于前后向长轴；牙齿齿根长，齿冠侧扁，向后弯曲，前后缘均有锯齿。

中国已知种　*Sinosaurus triassicus* Young, 1948 和 *S. sinensis* (Hu, 1993)。

分布与时代　云南，早侏罗世。

三叠中国龙 *Sinosaurus triassicus* Young, 1948

（图 7）

正模　IVPP V 34，部分左上颌骨，两块下颌骨碎片和三颗牙齿。发现于云南禄丰大洼，下侏罗统禄丰组（Young, 1948a）。

归入标本　IVPP V 30，背椎；IVPP V 31，背椎（Young, 1948a）；LFGT LDM-L10，一近完整的骨架（Xing, 2012）；LFGT ZLJT01，包含头骨的不完整骨架，包括前上颌骨、上颌骨、鼻骨、泪骨、额骨、枕髁、齿骨、寰椎间椎体、尾椎和肋骨（Xing, 2012）；LFGT ZLJ0003，头骨前部和近完整的头后骨骼（Xing, 2012）。

鉴别特征　下列特征区别于中国中国龙：前上颌骨主体高度大于长度，其腹缘位于上颌骨腹缘背方（Wang G. F. et al., 2017）。

图 7 三叠中国龙 Sinosaurus triassicus 标本(LFGT LDM-L10)
颅骨左侧视、背视、右侧视和腹视

产地与层位 云南禄丰，下侏罗统禄丰组张家湾段（= 下禄丰组）。

评注 三叠中国龙为一中型兽脚类，体长估计 5.5 m 左右。三叠中国龙由杨钟健于 1948 年命名，是中国最早研究命名的兽脚类恐龙之一（Young, 1948a）。LFGT LDM-L10、LFGT ZLJT01 和 KMV 8701 都曾被归入该种（Dong, 2003；Xing, 2012）。LFGT ZLJT01 头顶嵴冠要比 KMV 8701 的更高一些（Xing, 2012）。Wang G. F. 等（2017）认为 KMV 8701 与另两个标本在上颌形态上有所不同，因此保留了中国中国龙的种名，LFGT LDM-L10 和 LFGT ZLJT01 则被归入三叠中国龙。

中国中国龙 *Sinosaurus sinensis* (Hu, 1993)

（图 8）

Dilophosaurus sinensis：胡绍锦，1993，65 页
'*Dilophosaurus*' *sinensis*：Lamanna et al., 1998, p. 57A
Sinosaurus triassicus：Dong, 2003, p. 127
'*Dilophosaurus*' *sinensis*：Carrano et al., 2012, p. 229

正模 KMV 8701，一具近完整骨架，头骨保存完整，脊柱包括关联的颈椎、背椎及大部分尾椎，前肢指骨不全，左后肢趾骨稍缺。发现于云南晋宁夕阳彝族乡。

鉴别特征 以下列特征组合区别于其他早期兽脚类：吻部两侧隆起，形成一对矢向扇形嵴冠，顶视呈人字形分叉；前上颌骨主体前后长度大于背腹向高度；前上颌骨在与上颌骨连接处的外侧面有一纵向的沟槽，腹缘与上颌骨腹缘处同一水平位置；上颌骨上升支向前、后上方分叉；前上颌齿每侧 5 颗，上颌齿每侧 13 颗，下颌齿每侧 13 颗；牙齿齿冠侧扁，前后缘有锯齿；颈椎 9 个，背椎 14 个，荐椎 5 个，尾椎约 40 个；肩胛骨狭长；髂骨背腹向低矮，髋臼后支长；耻骨长于坐骨；肱骨长度小于股骨长度的一半；股骨第四转子位于骨干内侧近端三分之一处；胫骨短于股骨；脚趾短粗（胡绍锦，1993；Wang G. F. et al., 2017）。

产地与层位 云南晋宁，下侏罗统禄丰组沙湾段（= 下禄丰组）（胡绍锦，1993）。

评注 中国中国龙为一中等大小兽脚类，体长估计 5.5 m 左右。KMV 8701 最初被归入 *Dilophosaurus*，但代表一个新种，即中国双嵴龙（*Dilophosaurus sinensis*）（胡绍锦，1993）。Lamanna 等（1998）发现中国'双嵴龙'和 *Dilophosaurus* 在前上颌骨、鳞骨和下颞窗的形状、外下颌窗大小和位置以及牙齿数量等方面明显不同，认为前者不能归入后者。Dong（2003）提出中国'双嵴龙'可能是 *Sinosaurus triassicus* 的晚出异名，得到了一些后期研究的支持（Xing, 2012），还得到了另外一项研究的支持，这项研究把两者在头部嵴冠的大小和股骨转子方面的形态差异归于性双型，因为这些差别在腔骨龙

超科中一般认为是性双型特征（Currie et al., 2019）。尽管如此，一项近期研究认为 KMV 8701 代表中国龙属的一个新种，并基于 KMV 8701 提出了新的组合双名：中国中国龙（*Sinosaurus sinensis*）（Wang G. F. et al., 2017）。中国中国龙（即中国'双嵴龙'）的系统位置争议很大，曾被分别归入僵尾龙类（Carrano et al., 2012）、角鼻龙类（Wang S. et al., 2017a）和新兽脚类的姐妹群（Dal Sasso et al., 2018）。

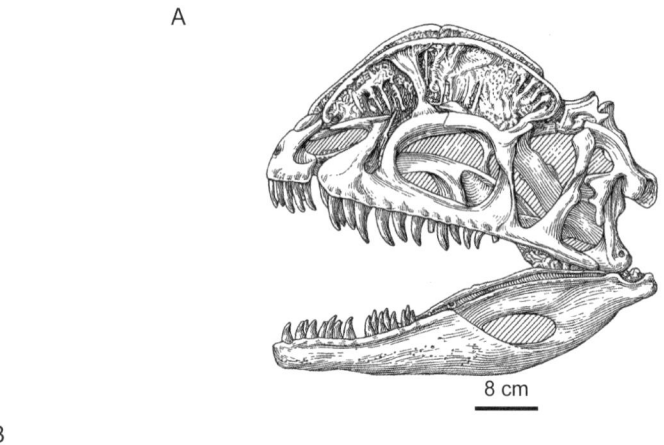

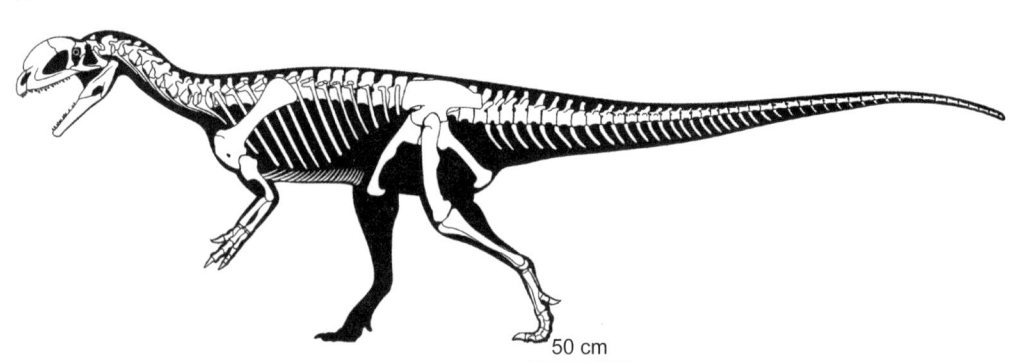

图 8 中国中国龙 *Sinosaurus sinensis* 正模（KMV 8701）
A. 头骨侧视；B. 骨架复原图（A 改自胡绍锦，1993）

双柏龙属 Genus *Shuangbaisaurus* Wang, You, Pan et Wang, 2017

模式种 安龙堡双柏龙 *Shuangbaisaurus anlongbaoensis* Wang, You, Pan et Wang, 2017

鉴别特征 以下列特征组合区别于其他早期兽脚类：前上颌骨后部外侧面有一纵向沟槽；有一对矢向眶上嵴冠；前上颌骨腹缘高于上颌骨腹缘；前上颌骨主体背腹向高度大于前后向长度；轭骨后部向后腹方延伸；上颞窗小，直径短于顶骨横向宽度。

中国已知种 仅模式种。

分布与时代 云南，早侏罗世。

安龙堡双柏龙 *Shuangbaisaurus anlongbaoensis* Wang, You, Pan et Wang, 2017

(图9)

正模 CXM (CPM) C2140ZA245，部分头骨。发现于云南双柏安龙堡。

鉴别特征 同属。

产地与层位 云南楚雄双柏，下侏罗统冯家河组。

评注 安龙堡双柏龙为一中型兽脚类，体长估计为5.5 m左右。Currie等（2019）认为，安龙堡双柏龙和中国中国龙及三叠中国龙总体形态相似，并且共享一些独特形态特征，如前上颌骨后部有纵向沟槽以及一对矢向排列的嵴冠。安龙堡双柏龙更靠后的嵴冠、更小的上颞窗以及向后腹方延伸的轭骨有可能代表性双型造成的差别，这一属种并不成立，CXM (CPM) C2140ZA245应该归入三叠中国龙。本书暂时承认这一属种的有效性，但建议进行更深入研究。

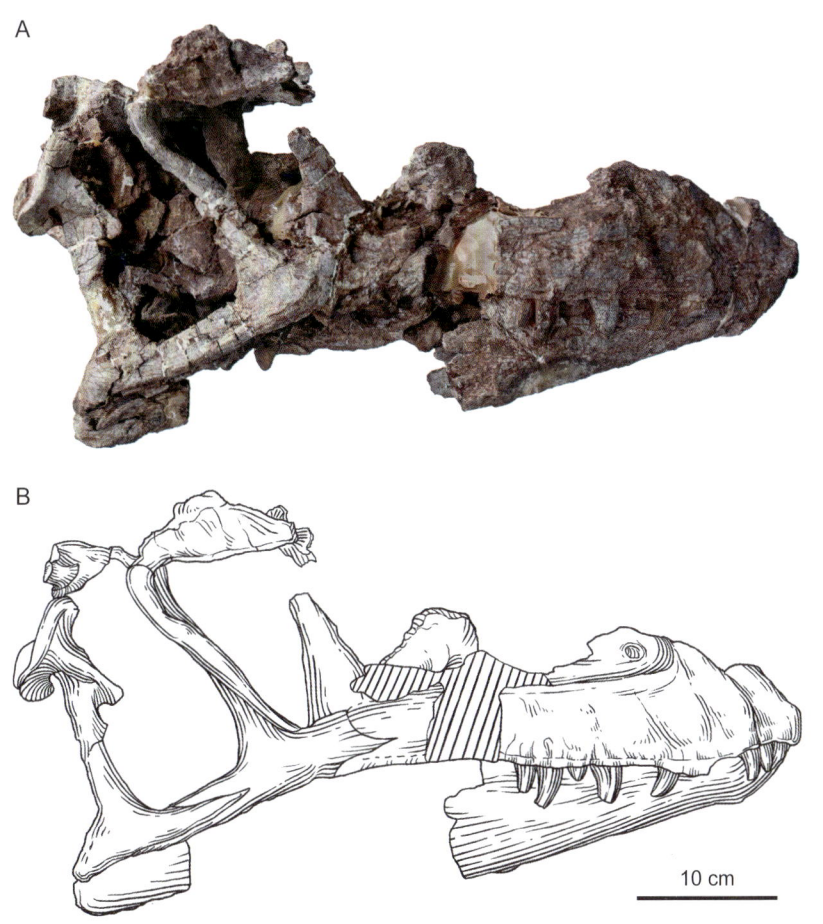

图9 安龙堡双柏龙 *Shuangbaisaurus anlongbaoensis* 正模 [CXM (CPM) C2140ZA245] 头骨右外侧化石照片（A）和线描图（B）（改自 Wang G. F. et al., 2017）

鸟吻龙类 AVEROSTRA Paul, 2002

定义与分类 鸟吻龙类的系统发育分类学定义为包含 *Ceratosaurus nasicornis* Marsh, 1884，*Carnotaurus sastrei* Bonaparte, 1985 和 *Passer domesticus* (Linnaeus, 1758) 的包容性最小的演化支。鸟吻龙类包括角鼻龙类和僵尾龙类。

形态特征 头骨横向狭窄，背腹向高；前额骨相对小，未与眶后骨愈合；肩胛骨肩峰突中等大小；缺失第五手指；有耻骨间窗；坐骨远端近三角形；股骨远端内侧上髁脊状；腓骨内侧面靠近近端有位于中部的窝。

分布与时代 分布于几乎所有大陆，早侏罗世至白垩纪末期。

评注 Gregory S. Paul 建立鸟吻龙类时，原意是建立一个基于衍征的分类单元，即第一个具有原上颌窗的兽脚类及其所有后裔组成的一个演化支。在鸟吻龙类系统发育分类学定义首次发表的时候（Ezcurra et Cuny, 2007），仅在角鼻龙类和僵尾龙类当中发现了原上颌窗，但现在发现，这一特征起源更早，在一些更早期分异的兽脚类中也有原上颌窗。尽管如此，基于分类体系稳定的考虑，依然采用角鼻龙类和僵尾龙类的代表物种作为定义鸟吻龙类的分类符。这也彰显了用一个重要特征来建立分类单元的方法具有很大缺陷。

角鼻龙类和僵尾龙类这两大鸟吻龙类分支的地理分布范围极其不均衡：前者主要分布于冈瓦纳大陆，后者主要在劳亚大陆。我国的鸟吻龙类化石分布情况也是如此：僵尾龙类化石极其丰富，但角鼻龙类化石非常稀少，并且已知角鼻龙类化石都属于早期分异的支系。

角鼻龙类 CERATOSAURIA Marsh, 1884

定义与分类 包含 *Carnotaurus sastrei* Bonaparte, 1985，但不包含 *Passer domesticus* (Linnaeus, 1758) 的包容性最大的演化支。角鼻龙类主要包含西北阿根廷龙科和阿贝力龙科这两个演化支。

形态特征 前上颌骨鼻前部分侧视近三角形，背腹向高度远大于前后向长度；外下颌窗大，位置偏前；颈肋与颈椎愈合；背椎椎体横突（副突）外伸明显，至少为椎弓横突长度的一半；荐椎 6 个（加入 2 个背荐椎和 2 个尾荐椎）；荐椎神经棘背缘横向膨大；中部荐椎横向收缩；肩胛乌喙骨的肩臼窝唇突非常明显；前肢短小；腕骨不发育。髂骨髋臼上嵴和外侧面上的短肌架相连；髂骨髋臼后支的后缘凹进；距骨和跟骨在成体中愈合。

分布与时代 南美洲、北美洲、亚洲，早侏罗世到晚白垩世。

评注 角鼻龙类代表鸟吻龙类最早的一个灭绝分支，代表性属种有 *Ceratosaurus*

nasicornis、*Carnotaurus sastrei*、*Elaphrosaurus bambergi* 和 *Abelisaurus comahuensis*。这类恐龙体型大小有分异，从中小型到大型，早期成员可能为植食性，但晚期成员为肉食性。

需要指出的是，角鼻龙类的一个常用定义为包含 *Ceratosaurus nasicornis* Marsh, 1884，但不包含 *Passer domesticus* (Linnaeus, 1758) 的包容性最大的演化支，但在某些系统发育分析中，*Ceratosaurus nasicornis* Marsh, 1884 和其他角鼻龙类并不构成一个单系类群，因此，*Carnotaurus sastrei* Bonaparte, 1985 是一个更加稳定的角鼻龙类的分类符。早期研究认为，角鼻龙类还包括腔骨龙超科和双嵴龙科，但现在认为后两个类群代表更早期分异的兽脚类。

我国的角鼻龙类化石很少，确切无疑的有发现于新疆准噶尔盆地上侏罗统的难逃泥潭龙（*Limusaurus inextricabilis*）化石和发现于四川盆地中侏罗统的原始川东虚骨龙（*Chuandongocoelurus primitivus*）的副模。

西北阿根廷龙科 Family Noasauridae Bonaparte et Powell, 1980

定义与分类 包含 *Noasaurus leali* Bonaparte et Powell, 1980，但不包含 *Carnotaurus sastrei* Bonaparte, 1985 的最大演化支。

形态特征 上颌骨腭叶形态简单；眶前窝前腹边界有明显的脊；齿间小板内侧边界不明显；荐前椎未发育后部气腔化窝；颈椎神经棘位于椎体前半部；蹠骨 IV 远端关节髁的宽度小于蹠骨 II 的一半。

中国已知属 泥潭龙属（*Limusaurus*）。

分布与时代 南美洲和亚洲，早侏罗世到晚白垩世。

评注 西北阿根廷龙科代表角鼻龙类的一个演化支，代表性物种包括来自马达加斯加的 *Masiakasaurus knopfleri* 和来自阿根廷的 *Noasaurus leali*。

除了泥潭龙，我国的西北阿根廷龙科还包括发现于四川开江老山沟中侏罗统沙溪庙组的原始川东虚骨龙（*Chuandongocoelurus primitivus*）的副模（CUT 20011）。Holtz (1992) 和 Carrano 等 (2012) 注意到原始川东虚骨龙副模明显不同于正模，前者与角鼻龙类 *Elaphrosaurus* 相似。Stiegler 在博士论文中对 CUT 20011 进行了详细形态描述和对比，认为 CUT 20011 代表西北阿根廷龙科的一个新属种 (Stiegler, 2019)。

泥潭龙属 Genus *Limusaurus* Xu, Clark, Mo, Choiniere, Forster, Erickson, Hone, Sullivan, Eberth, Nesbitt, Zhao, Hernandez, Jia, Han et Guo, 2009

模式种 难逃泥潭龙 *Limusaurus inextricabilis* Xu, Clark, Mo, Choiniere, Forster, Erickson, Hone, Sullivan, Eberth, Nesbitt, Zhao, Hernandez, Jia, Han et Guo, 2009

鉴别特征 以下列特征组合区别于其他角鼻龙类：头骨短，其长度为股骨长度的一半；前上颌骨没有牙齿，腹缘下凸；上颌骨无齿；鼻骨在眶前窝上方发育侧架；鼻骨短宽（长度仅有宽度的2倍），长度小于头顶长度的三分之一；泪骨腹支向前强烈倾斜；轭骨纤细，眶下支和颞下支棒状；齿骨无齿；外下颌窗大，前后向长度到达下颌长度的40%；肩胛骨骨柄前缘具耳突；桡骨紧密贴附于尺骨，且长于尺骨；尺骨鹰嘴突缺失；掌骨Ⅰ极度退化，不具指节骨；掌骨Ⅱ明显较其他掌骨粗壮；指节骨Ⅱ-1近端背侧具明显的外侧突；掌骨Ⅲ近端关节面近三角形，远端关节面非屈戌状；耻骨具外侧脊和突出的后靴状突；跖部横向明显拱起；足部第Ⅰ趾小，长度仅为蹠骨Ⅲ的17%；蹠骨Ⅲ近端内腹侧膨大；蹠骨Ⅳ平直，几乎紧贴于蹠骨Ⅲ外表面的全长。

中国已知种 仅模式种。

分布与时代 新疆，晚侏罗世。

难逃泥潭龙 *Limusaurus inextricabilis* Xu, Clark, Mo, Choiniere, Forster, Erickson, Hone, Sullivan, Eberth, Nesbitt, Zhao, Hernandez, Jia, Han et Guo, 2009

（图10）

正模 IVPP V 15923，一具近完整的关联骨架。发现于新疆准噶尔盆地五彩湾。

归入标本 IVPP V 15924，一具缺失头骨的半关联骨架；IVPP V 15297，一近完整的关联骨架；IVPP V 15298，部分后肢；IVPP V 15299，一大部保存的关联骨架；IVPP V 15300，关联的尾椎系列；IVPP V 15301，一几乎完整的关联骨架；IVPP V 15303，一大部保存的关联骨架；IVPP V 15304，一大部保存的关联骨架；IVPP V 20093，一大部保存的关联骨架；IVPP V 20094，一完整头骨；IVPP V 20095，一大部保存的关联骨架；IVPP V 20096，一大部保存的关联骨架；IVPP V 20097，一大部保存的关联骨架；IVPP V 20098，一大部保存的关联骨架；IVPP V 20099，一大部保存的关联骨架；IVPP V 20100，一大部保存的关联骨架；IVPP V 20103，一大部保存的关联骨架；IVPP V 20104，一大部保存的关联骨架；IVPP V 20105，一大部保存的关联骨架。

鉴别特征 同属。

产地与层位 新疆准噶尔盆地，上侏罗统（牛津阶）石树沟组上部。

评注 难逃泥潭龙为一小型兽脚类，体长约1.5 m，最初被认为代表一个早期分异的角鼻龙类（Xu et al., 2009a），但随着角鼻龙类系统发育研究的深入，越来越多的系统发育分析显示，难逃泥潭龙可能属于角鼻龙类当中的西北阿根廷龙科（Stiegler, 2019），本书采用这一观点。难逃泥潭龙是兽脚类中唯一已知内侧手指高度退化的物种，它的发现推动了有关兽脚类手指同源问题的探讨，对理解鸟类翅膀形成的过程具有重要意义

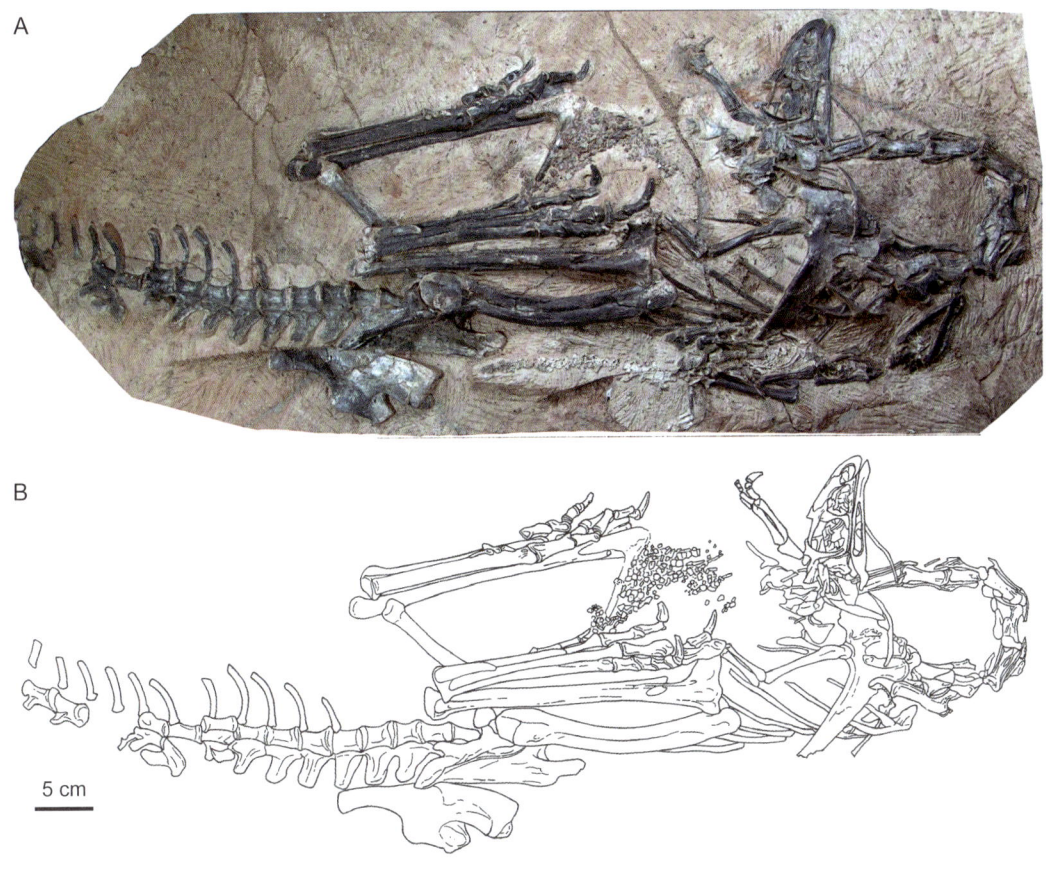

图 10 难逃泥潭龙 *Limusaurus inextricabilis* 正模（IVPP V 15923）
化石照片（A）和线描图（B）（改自 Xu et al., 2009a）

(Bever et al., 2011；Xu et Mackem, 2013）。泥潭龙还显示了极端的个体发育变化（Wang S. et al., 2017a），其中幼雏个体发育牙齿，但成体牙齿完全缺失，其研究有助于我们理解鸟喙的演化（Wang S. et al., 2017b）。

僵尾龙类 TETANURAE Gauthier, 1986

定义与分类 本书采用的僵尾龙类系统发育分类学定义为：包含 *Passer domesticus* (Linnaeus, 1758)，但不包含 *Ceratosaurus nasicornis* Marsh, 1884 和 *Carnotaurus sastrei* Bonaparte, 1985 的包容性最大的演化支。僵尾龙类主要包含巨龙超科、肉食龙类和虚骨龙类三大支系。一个和僵尾龙类包含物种非常相似的分类单元是俄里翁龙类（Orionides），这是一个节点型定义的兽脚类演化支，其系统发育分类学的定义为：包含 *Passer domesticus* (Linnaeus, 1758)，*Megalosaurus bucklandii* Mantell, 1827 和 *Allosaurus fragilis* Marsh, 1877 的包容性最小的演化支（Carrano et al., 2012）。

形态特征 上颌骨前部分支中等发育；有上颌窗；齿列位置靠前（位于眼眶之前）；鼻骨参与眶前窝的形成；轭骨和泪骨叠覆式关联，有耳突；副齿板相互分离，有替换槽；肱骨近端宽度为骨干中部宽度的 1.5–2.5 倍；肱骨内侧块突显著；肱骨三角肌嵴显著；掌骨 II 的掌骨 III 关节面长度约为掌骨长度的二分之一；掌骨 II 的掌骨 III 关节面和其近端关节面间为钝角；掌骨 IV 近端位于其他掌骨腹侧；坐骨的闭孔突腹侧有缺口；蹠骨 III 近端中部横向收缩。

分布与时代 全球分布，早侏罗世至白垩纪末期。

评注 僵尾龙类最早由 Gauthier 于 1986 年建立，指代有着僵硬尾巴的所有兽脚类恐龙。早期研究认为，僵尾龙类包含肉食龙类和虚骨龙类，前者包含所有大型肉食类恐龙，包括巨龙超科、异特龙超科和暴龙超科等。后期研究认为，巨龙超科和暴龙超科都不属于肉食龙类，前者代表更早分异的一个支系（即僵尾龙类已知最早分支之一），后者则代表更晚分异的一个支系（代表虚骨龙类已知最早分支之一）。

过去认为，僵尾龙类的一个重要形态特征是具三指的手部，但一些僵尾龙类还具有高度退化的第四指（或第四掌骨），因此，这一重要形态是否代表僵尾龙类的一个自有衍征还有待确认。僵尾龙类在其演化历史中多次出现大型化现象，也出现过若干次小型化事件，其中的一次小型化事件最终导致了鸟类的起源。

僵尾龙类最早化石记录出现在早侏罗世，这一类群在中侏罗世之前已经呈现了全球性分布，但它们在北方大陆更为繁盛，尤其是后期分异的僵尾龙类，主要发现于北方大陆。我国的早期僵尾龙类主要发现于四川和新疆，包括巨龙超科和严格意义上的肉食龙类（异特龙超科），晚期分异的僵尾龙类则主要发现于新疆、辽宁和内蒙古等地。

川东虚骨龙属 Genus *Chuandongocoelurus* He, 1984

模式种 原始川东虚骨龙 *Chuandongocoelurus primitivus* He, 1984

鉴别特征 以下列特征组合区别于其他僵尾龙类：髂骨髋臼前支背腹向低矮，不到髋臼部高度的二分之一；髂骨背缘平直，外侧面光滑；髂骨耻骨柄远端微膨大，坐骨柄前后向长度不到耻骨柄的一半；髋臼上架发育，向后延伸至坐骨柄中部；耻骨有耻骨孔（闭孔）；股骨内侧视稍呈 S 形，股骨小转子低，小转子外侧有一个向前伸展的突起；第四转子呈脊状，位于股骨近端三分之一处；胫骨稍长于股骨，远端内髁远大于外髁；距骨上升突小；蹠骨 II 与蹠骨 IV 近等长；蹠骨 III 近端大，长度相当于股骨长度的三分之二。

中国已知种 仅模式种。

分布与时代 四川，中侏罗世。

原始川东虚骨龙 *Chuandongocoelurus primitivus* He, 1984

(图 11)

正模 CUT No.20010，部分头后骨骼，包括部分背椎，3 个荐椎，部分尾椎，不完整的髂骨和耻骨，近完整的右后肢和部分左后肢。发现于四川开江县金鸡公社老山沟（今开江县新宁镇桥亭村老山沟）。

鉴别特征 同属。

产地与层位 四川开江，中侏罗统沙溪庙组下部。

评注 川东虚骨龙正模体长估计约 2.4 m，但正模是一幼年个体，因此这一属种的成年体型应该远远大于 2.4 m。川东虚骨龙最初被归入虚骨龙科（Coeluridae）（何信禄，

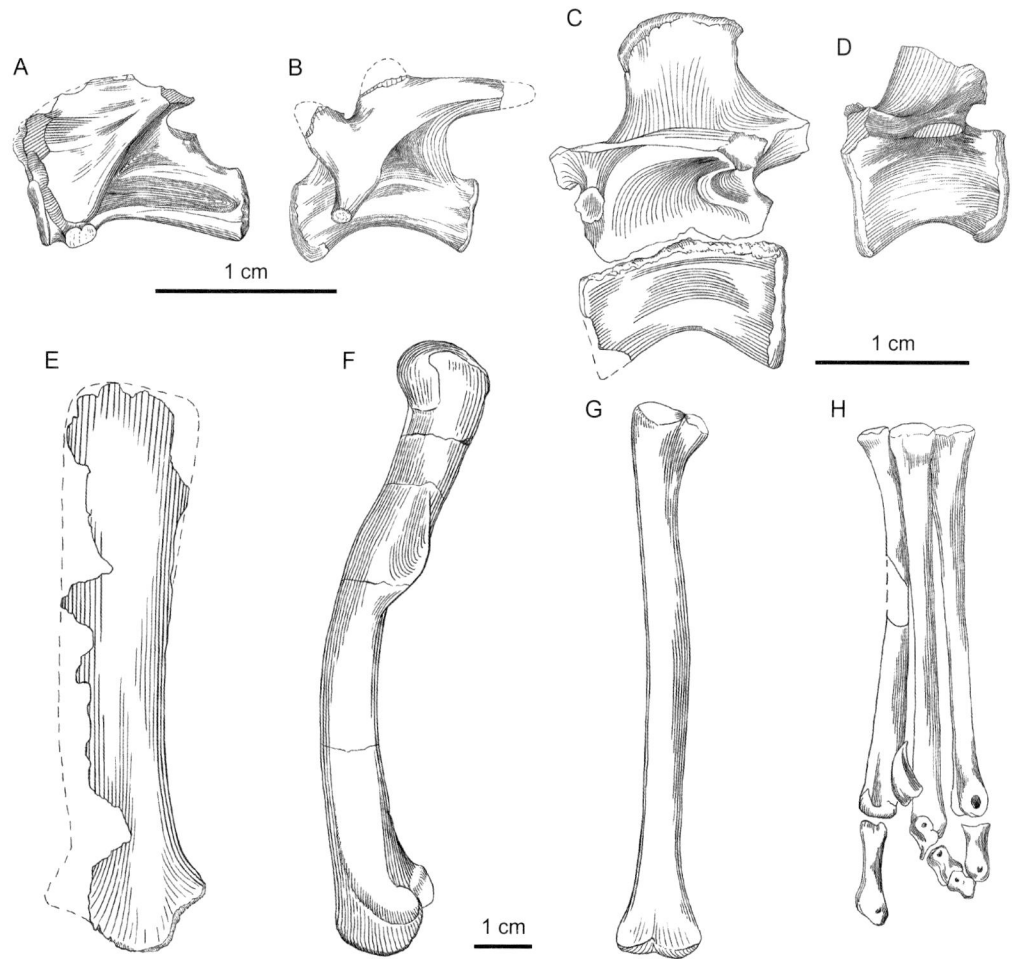

图 11 原始川东虚骨龙 *Chuandongocoelurus primitivus* 正模（CUT No.20010）
A. 前部颈椎侧视；B. 中部颈椎侧视；C. 中前部背椎侧视；D. 中部尾椎侧视；E. 右肩胛骨外侧视；F. 右股骨内侧视；G. 右胫骨后侧视；H. 左足部后侧视（改自何信禄，1984）

1984），后来被定为分类地位不明的兽脚类（Norman, 1990）。Benson（2010）认为川东虚骨龙属于巨龙超科，Carrano 等（2012）和 Rauhut 等（2012）则认为川东虚骨龙属于非俄里翁龙类的僵尾龙类。Holtz（1992）注意到川东虚骨龙副模（CUT No.20011）形态明显不同于正模，一些特征和 *Elaphrosaurus* 相近；近期研究一致认为，川东虚骨龙副模应该归入角鼻龙类（Stiegler, 2019）。

开江龙属 Genus *Kaijiangosaurus* He, 1984

模式种 林氏开江龙 *Kaijiangosaurus lini* He, 1984

鉴别特征 以下列特征组合区别于其他僵尾龙类：轭骨下缘平直，上升支高；牙齿齿冠侧扁，前缘锯齿微弱，向内侧弯曲；颈椎椎体总体短宽，中部强烈收缩；前部颈椎后凹型，椎体宽度与长度侧视近相等，神经棘低而宽；后部颈椎平凹型，神经棘相对较窄较高；背椎椎体平凹型，侧面光滑无纹饰；前部尾椎侧视粗短，前、中部尾椎为不同程度的双凹型，椎体腹面圆滑无纵沟；肩胛骨近端较少扩张，骨干直，内外侧微凸；乌喙骨轮廓近椭圆形，外侧后下方有很粗的脊；肱骨三角肌嵴特别发育，骨干中部断面近圆形；尺骨粗短，近端和远端均显著扩张；指爪骨强烈弯曲；股骨近端与远端等宽，股骨头内侧向后卷曲，小转子低，横截面略呈三角形；蹠骨 III 近端粗壮。

中国已知种 仅模式种。

分布与时代 四川，晚侏罗世。

林氏开江龙 *Kaijiangosaurus lini* He, 1984

（图 12）

正模 CUT (GCC) No.20020，可能属于同一个体的 7 个颈椎。发现于四川开江县金鸡公社老山沟（今开江县新宁镇桥亭村老山沟）。

归入标本 一不完整骨架，包括轭骨、牙齿、背椎、尾椎、肩带、较完整的前肢和后肢（无标本号）。

鉴别特征 同属。

产地与层位 四川开江，中侏罗统沙溪庙组下部。

评注 林氏开江龙为一中等大小的兽脚类，体长估计约 5 m。其分类有效性和系统发育位置有争议。一般认为林氏开江龙属于僵尾龙类，但其具体系统发育位置有待确认（Carrano et al., 2012）。种名赠与林文球同志，他对开江恐龙化石的采集和研究给予了热情的支持，并先后两次参加采集和部分室内修理工作。

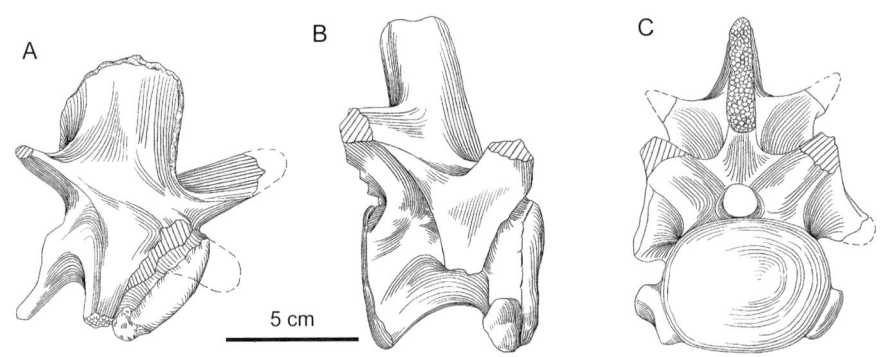

图12 林氏开江龙 *Kaijiangosaurus lini* 正模 [CUT (GCC) No.20020]
A. 前部颈椎右侧视；B, C. 中部颈椎右侧视（B）和前视（C）（改自何信禄，1984）

自贡四川龙？ *Szechuanosaurus? zigongensis* Gao, 1993

（图13）

Yangchuanosaurus zigongensis：Carrano et al., 2012, p. 250

正模 ZDM9011，包括关联保存的10个颈椎，13个背椎，5个荐椎和25个分散保存的尾椎，左侧肱骨、尺骨、桡骨、腕骨、掌骨和指节骨，右肩胛骨和完整关联的腰带。发现于四川自贡大山铺。

归入标本 ZDM9012，左上颌骨；ZDM9013，牙齿；ZDM9014，右股骨、右胫骨、右腓骨。

鉴别特征 以下列特征区别于其他僵尾龙类：上颌骨前缘与腹缘角度小；前中部颈椎后凹型，后部颈椎平凹型，颈肋细长；背椎双平型，神经棘板状，中等高度；荐椎神经棘不愈合；前部尾椎神经棘前后向窄，后部尾椎前关节突长；肩胛骨骨锋宽度中等；肱骨三角肌嵴近方形，横向宽度相对小；尺骨鹰嘴突大；桡骨为肱骨长度的56%；第四掌骨高度退化；髂骨侧视低矮，后背缘相对缓慢过渡到腹缘；耻骨远端靴状突小；坐骨远端附肌嵴大。

产地与层位 四川自贡，中侏罗统沙溪庙组下部。

评注 杨钟健基于发现于四川广元上侏罗统广元组的一些牙齿化石（IVPP V 235、236、238和239），于1942年建立了甘氏四川龙（*Szechuanosaurus campi*）。但后期研究认为，保存的牙齿形态特征不足以区分甘氏四川龙和许多其他侏罗纪的兽脚类，因此认为甘氏四川龙是一个无效属种，在兽脚类中的分类位置难以确认（Holtz et al., 2004）。除了以上牙齿标本，其他一些标本也曾先后被归入了甘氏四川龙，包括一件编号为UCMP 32102的包含一颗牙齿以及坐骨和股骨碎片的标本（Young, 1942b）和一件编号为CQMNH CV 00214的牙齿和部分头后骨架标本（董枝明等，1983），但这些归类都没有形态学基础，需要进一步工作证明这些标本和甘氏四川龙的关系。本书暂时接受甘氏四川龙是一个无效属种的观点，期待未来工作解决这一问题。

自贡四川龙？为一中型兽脚类，体长约6 m。其正模的荐椎没有完全愈合在一起，因此可能代表一个亚成年个体，成体体型应更大。ZDM 9011最初归入气龙（*Gasosaurus*），但后来被认为代表"四川龙"的一个新种，即自贡四川龙？（*Szechuanosaurus? zigongensis*）（高玉辉，1993）。Holtz等（2004）认为自贡"四川龙"属于非俄里翁龙类的僵尾龙类，但Carrano等（2012）认为自贡四川龙？是上游永川龙的姐妹群属种，因此把自贡四川龙？更名为自贡永川龙（*Yangchuanosaurus zigongensis*）。不过，最近的一个兽脚类系统发育研究认为自贡四川龙？属于最早期分异的僵尾龙类之一，与永川龙的亲缘关系较远，因此应该单独建立一个新属（Stiegler，2019）。本书同意最后一种意见。

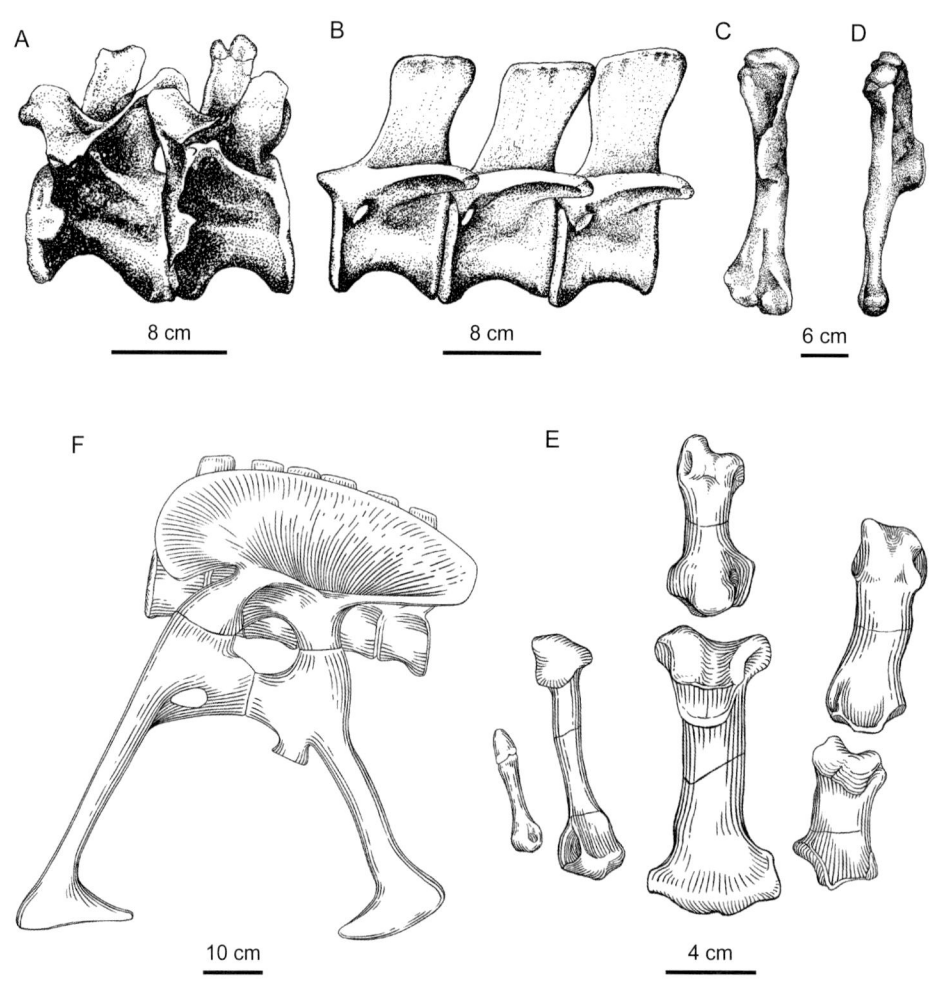

图13 自贡四川龙？*Szechuanosaurus? zigongensis* 正模（ZDM9011）
A. 后部颈椎左侧视；B. 中部背椎左侧视；C, D. 左肱骨前侧视（C）和内侧视（D）；E. 左侧手部背侧视；
F. 左侧腰带和荐椎外侧视（改自高玉辉，1993）

巨龙超科 Superfamily Megalosauroidea Fitzinger, 1843

定义与分类　包含 *Megalosaurus bucklandii* Buckland, 1824 但不包含 *Allosaurus fragilis* Marsh, 1877 和 *Passer domesticus* (Linnaeus, 1758) 的包容性最大的演化支。巨龙超科主要包含三个演化支，即皮亚尼兹基龙科（Piatnitzkysauridae）、巨龙科（Megalosauridae）和棘龙科（Spinosauridae）。

形态特征　前上颌骨鼻骨支相对上颌骨支后延程度更大；上颌窗窝状；鼻骨几乎不参与眶前窝的形成；眶后骨轭骨支外侧面有纵向槽（横切面 U 形），接受轭骨眶后骨支；鳞骨未伸入和分割下颞窗；脑颅在枕髁腹外方向有 3 个神经孔（代表颅神经 X、XI 和 XII）。

中国已知属　单嵴龙属（*Monolophosaurus*）、宣汉龙属（*Xuanhanosaurus*）、乐山龙属（*Leshansaurus*）以及气龙属（*Gasosaurus*）。

分布与时代　几乎分布于各个大陆，中侏罗世到晚白垩世。

评注　巨龙超科代表僵尾龙类最早的一个灭绝演化支，巨龙超科一般为大型动物，肉食性，其中一些种类，如棘龙科，食鱼。

宣汉龙属 Genus *Xuanhanosaurus* Dong, 1984

模式种　七里峡宣汉龙 *Xuanhanosaurus qilixiaensis* Dong, 1984

鉴别特征　以下列特征组合区别于其他巨龙超科属种：颈椎后凹型，前关节突不发育，腹侧不倾斜，具发育的腹脊；背椎双平型，神经棘板状，高而厚；肩带粗壮，乌喙骨小而厚实；前肢较长，相对粗壮；有粗壮的第四掌骨；手指 II 粗壮，长度接近手指 IV；指爪骨粗短，不甚弯曲。

中国已知种　仅模式种。

分布与时代　四川，中侏罗世。

七里峡宣汉龙 *Xuanhanosaurus qilixiaensis* Dong, 1984

（图 14）

正模　IVPP V 6729，一部分头后骨架，包括 2 个颈椎，4 个背椎，完整的右侧肩带和前肢。发现于四川宣汉七里峡。

鉴别特征　同属。

产地与层位　四川宣汉，中侏罗统沙溪庙组下部。

评注　七里峡宣汉龙为一中等大小的兽脚类，体长估计约 4.5 m。有关宣汉龙的系统位置争议很多。尽管Carrano等（2012）认为，宣汉龙是早期分异的中棘龙科，但大多数研究认为，宣汉龙是最早期分异的僵尾龙类之一。本书采用后一种观点，但认为宣汉龙的系统发育位置还需要进一步的工作来确认。种名"七里峡"用以表示正模化石产出的七里峡背斜，属名"宣汉"用以表示化石发现地。

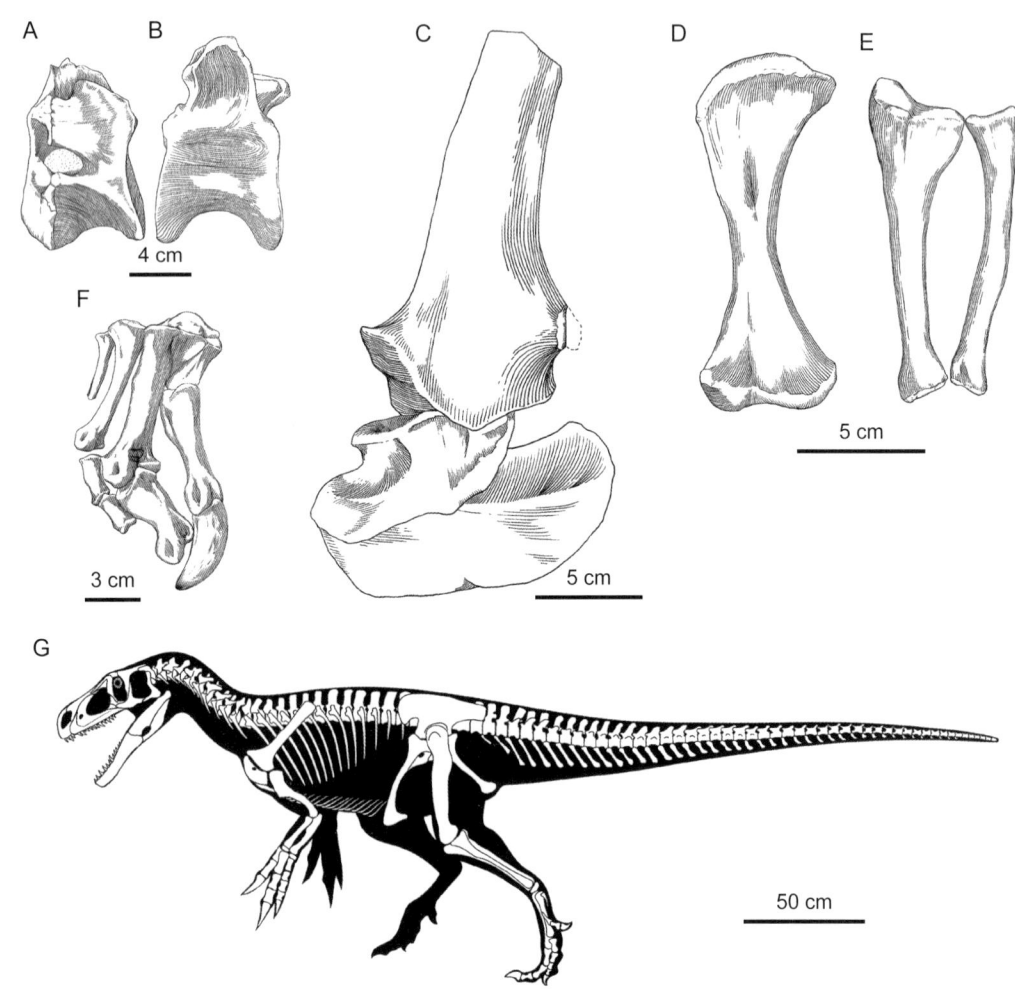

图14　七里峡宣汉龙 *Xuanhanosaurus qilixiaensis* 正模（IVPP V 6729）
A. 后部颈椎左侧视；B. 中部背椎左侧视；C. 右肩胛乌喙骨外侧视；D. 右肱骨前侧视；E. 右尺骨和桡骨内侧视；F. 右侧手部背视；G. 骨架复原图（A–F改自董枝明，1984a）

单嵴龙属 Genus *Monolophosaurus* Zhao et Currie, 1993

模式种　江氏单嵴龙 *Monolophosaurus jiangi* Zhao et Currie, 1993

鉴别特征　以下列特征组合区别于其他巨龙超科属种：头骨吻部上方有一由前上颌骨、鼻骨、泪骨和额骨组成的矢向延伸的大型嵴冠[*]；鼻骨嵴冠背缘和上颌骨腹缘近平行；外鼻孔前后向长、背腹向低；前上颌骨前后向长；前上颌骨鼻骨支后部分叉；前上颌骨外侧面在鼻下孔与鼻骨支基部的孔之间有深沟；鼻骨的眶前窦在嵴冠基部开口处汇合*；鼻窝后背部有两个加大的气腔窗*；泪骨在眶前隔上方有耳突；额骨方形，宽度远大于长度（宽度/长度=1.7）*。

中国已知种 仅模式种。

分布与时代 新疆，中侏罗世。

江氏单嵴龙 *Monolophosaurus jiangi* Zhao et Currie, 1993

（图 15）

正模 IVPP RV 93004，一关联保存的不完整骨架，包括完整的头骨和部分头后骨骼。发现于新疆准噶尔盆地将军庙。

鉴别特征 同属。

产地与层位 新疆准噶尔盆地，中侏罗统石树沟组下部。

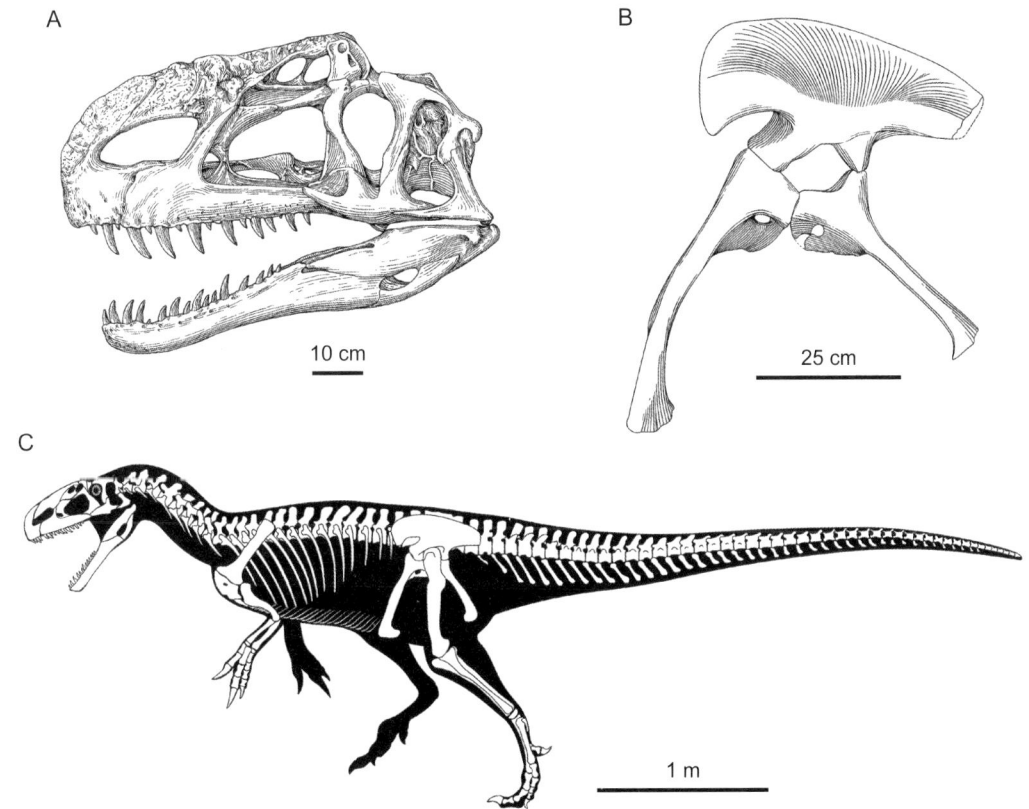

图 15 江氏单嵴龙 *Monolophosaurus jiangi* 正模（IVPP RV 93004）
A. 头骨侧视；B. 腰带侧视；C. 骨架复原图（A 和 B 改自 Zhao et Currie, 1993）

评注 江氏单嵴龙为一中型兽脚类，体长估计 5.5 m。属名由希腊语"单独的"、"嵴"和"恐龙"组成，种名来源于化石发现地将军庙。Zhao 和 Currie（1993）认为单嵴龙是一种早期分异的僵尾龙类，但同时也不排除它属于异特龙类，后一观点得到了 Sereno 等（1994）和 Carrano 等（2012）的支持。后续许多研究认为，单嵴龙属于早期分异的肉食龙类（Holtz et al., 2004；Yates, 2005），但也有研究认为是鸟兽脚类的姐妹群（Holtz, 1995；Smith et al., 2007），或者巨龙超科，与川东虚骨龙亲缘关系较近（Benson, 2010）。本书采纳 Benson（2010）的观点。

皮亚尼兹基龙科 Family Piatnitzkysauridae Carrano, Benson et Sampson, 2012

定义与分类 包含 *Piatnitzkysaurus floresi* Bonaparte, 1979，但不包含 *Spinosaurus aegyptiacus* Stromer, 1915 和 *Megalosaurus bucklandii* Mantell, 1827 的包容性最大的演化支。

形态特征 上颌骨前部分支短或者缺失；上颌骨外侧面有平行排列的两行滋养孔；副齿板纵向有竖纹或者脊；枢椎椎体横突小，椎弓横突中等发育，椎体没有侧凹；背椎神经棘前倾；股骨远端髁角状。

中国已知属 气龙属（*Gasosaurus*）。

分布与时代 北美洲、南美洲和亚洲，中、晚侏罗世。

评注 皮亚尼兹基龙科是 2012 年建立的一个分类单元（Carrano et al., 2012），代表巨龙超科的一个早期演化支，化石主要发现于西半球的侏罗纪地层中。皮亚尼兹基龙科是一类中型猎食性动物，代表性物种有 *Condorraptor*、*Marshosaurus* 和 *Piatnitzkysaurus*。建设气龙有可能是我国已知唯一的皮亚尼兹基龙科（Hartman et al., 2019）成员，但这一系统位置还需要进一步验证。

气龙属 Genus *Gasosaurus* Dong et Tang, 1985

模式种 建设气龙 *Gasosaurus constructus* Dong et Tang, 1985

鉴别特征 以下列特征组合区别于其他巨龙超科属种：颈椎双平型，腹面不倾斜，腹脊发育微弱；背椎双平型，椎弓低，板状的神经棘顶端无结节；五个荐椎愈合形成综荐骨，前四个愈合牢固，椎弓亦相愈合，但神经棘保持游离状；肱骨有肱骨孔；髂骨侧视低矮；髂骨髋臼前支相对短；耻骨骨干切面圆，远端无靴状突。

中国已知种 仅模式种。

分布与时代 四川，中侏罗世。

建设气龙 *Gasosaurus constructus* Dong et Tang, 1985

(图 16)

正模 IVPP V 7264，一具缺失头骨的不完整骨架，脊柱包括 4 个颈椎、7 个背椎、5 个荐椎、7 个尾椎，前肢仅保留一对完整的肱骨，腰带保存左侧髂骨、耻骨和坐骨，左侧后肢保存完整。发现于四川自贡大山铺。

归入标本 IVPP V 7265，包括 3 枚完整的牙齿。

鉴别特征 同属。

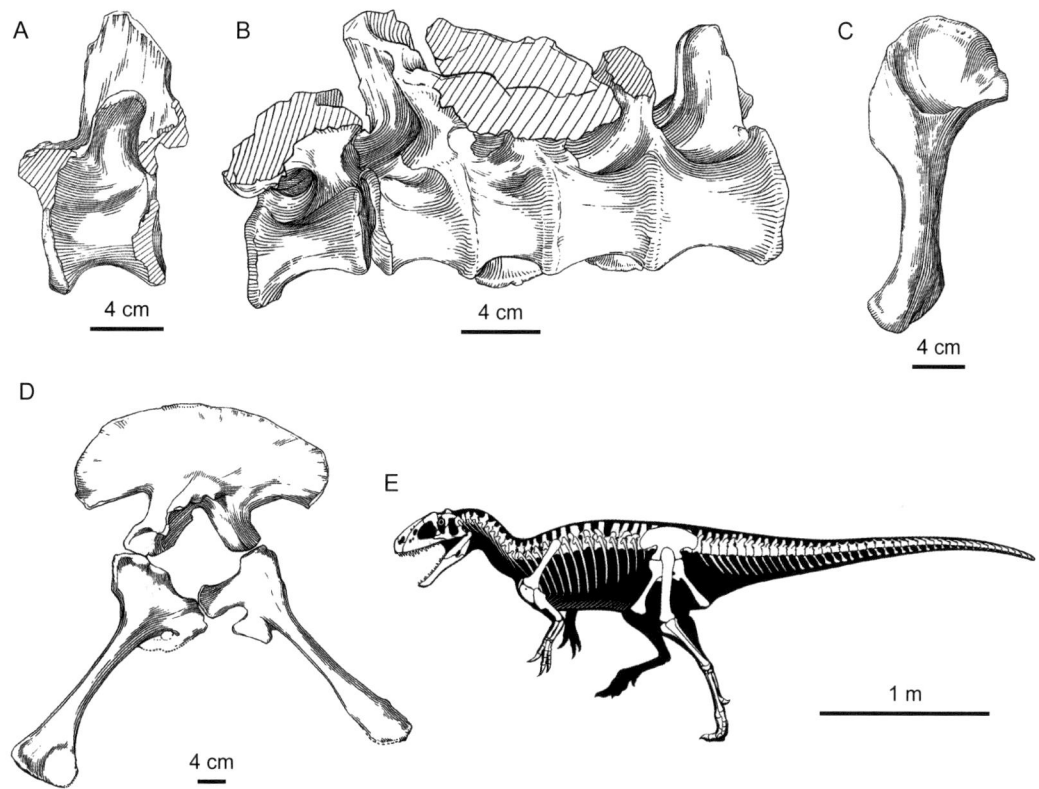

图 16 建设气龙 *Gasosaurus constructus* 正模（IVPP V 7264）
A. 中部背椎左侧视；B. 荐椎侧视；C. 左肱骨后侧视；D. 左侧腰带外侧视；E. 骨架复原图（A–D 改自董枝明、唐治路，1985）

产地与层位 四川自贡，中侏罗统沙溪庙组下部。

评注 建设气龙为中等大小的兽脚类，体长估计 3.6 m。董枝明和唐治路（1985）认为建设气龙是巨龙超科的一种小型代表。基于股骨头向近端倾、小转子接近股骨头的高度以及腓骨近端宽度大于胫骨近端的75%等特征，Holtz（2000）认为它代表一种早期虚骨龙类，但随后Holtz等（2004）认为其代表一种早期肉食龙类。Carrano等（2012）把建设气龙置于非虚骨龙类的僵尾龙类，但具体的位置不确定。Hartman等（2019）的分析把它归入了皮亚尼兹基龙科，本书暂时采用这一观点，但认为还需要更多证据。

棘龙科 Family Spinosauridae Stromer, 1915

定义与分类 包含 *Spinosaurus aegyptiacus* Stromer, 1915，但不包含 *Megalosaurus bucklandii* Mantell, 1827 和 *Piatnitzkysaurus floresi* Bonaparte, 1979 的包容性最大的演化支。棘龙科主要包含两个演化支：棘龙亚科（Spinosaurinae）和重爪龙亚科（Baryonychinae）。

形态特征 前上颌骨前后向长，形成一个玫瑰形吻端；前上颌骨腹缘强烈凹进；上颌骨前部分支极端加长；泪骨前支和腹支夹角小于45°；齿骨前端强烈膨胀，齿槽内边界和外边界等高，由齿骨上延形成的片状骨壁组成，而非齿间小板；7颗前上颌齿；前部下颌齿远大于紧密排列的后部牙齿，牙齿齿冠几乎不弯曲，基部横截面近圆形；背椎神经棘加长，背椎有多个垂直向小板连接椎弓横突和神经棘；肱骨极其粗壮，内侧块突和远端髁强烈膨大；尺骨有宽大的鹰嘴突；坐骨有一矮长的闭孔耳突。

中国已知属 暹罗龙属（*Siamosaurus*）。

分布与时代 几乎分布于所有大陆，晚侏罗世至晚白垩世中期。

评注 棘龙科代表巨龙超科的一个演化支，代表性物种有 *Spinosaurus aegyptiacus* 和 *Baryonyx walkeri*。棘龙科是一类大型到巨型的猎食性动物，体长8–17 m，有证据显示它们食鱼。

我国的棘龙科化石稀少，主要是一些牙齿化石，像发现于河南西峡上白垩统马家村组的重爪龙类牙齿化石（Hone et al., 2010）和发现于广西那派盆地下白垩统新隆组的棘龙亚科的牙齿化石（Buffetaut et al., 2008；Mo et al., 2014a）。

暹罗龙属 Genus *Siamosaurus* Buffetaut et Ingavat, 1986

模式种 *Siamosaurus suteethorni* Buffetaut et Ingavat, 1986

鉴别特征 齿冠前后缘无锯齿；卵形横截面；齿冠唇侧和舌侧面有约15个褶边。

中国已知种 *Siamosaurus* sp.。

分布与时代 泰国和中国，早白垩世。

暹罗龙（未定种） *Siamosaurus* sp.

（图 17）

Sinopliosaurus fusuiensis：侯连海等，1975，26 页

标本 IVPP V 4793，5 颗牙齿；无编号的零散牙齿化石（Dong, 1992）。发现于广西扶绥那派盆地。

鉴别特征 总体形态类似 *Siamosaurus suteethorni*，但齿冠肋纹极发育。

产地与层位 广西扶绥，下白垩统新隆组（= 那派组）（Mo et al., 2015）。

评注 侯连海等于1975年基于发现于那派组的牙齿化石建立了上龙类 *Sinopliosaurus* 的一个新种 *Sinopliosaurus fusuiensis*。Buffetaut 等（2008）重新描述了这些牙齿，并认为它们属于棘龙科，并注意到它们兼具棘龙亚科（牙齿没有锯齿）和重爪龙类（牙齿上有肋纹）的特征，总体形态类似 *Siamosaurus suteethorni* 的牙齿，比 *Baryonyx* 牙齿肋纹更发育。本书将这些牙齿归入 *Siamosaurus*，这些牙齿虽然形态与 *Siamosaurus suteethorni* 有一定差别，有可能代表一个不同种，但鉴于材料有限，暂时定为暹罗龙未定种。

图 17 暹罗龙（未定种）*Siamosaurus* sp. 标本（IVPP V 4793）
牙齿唇侧视（改自侯连海等，1975）

巨龙科 Family Megalosauridae Huxley, 1869

定义与分类 包含 *Megalosaurus bucklandii* Mantell, 1827，但不包含 *Spinosaurus aegyptiacus* Stromer, 1915 和 *Piatnitzkysaurus floresi* Bonaparte, 1979 的包容性最大的演化支。

形态特征 头骨矮长（高度为长度的三分之一）；前上颌骨鼻前部分前后向长度大于鼻下部分，前缘和腹缘夹角小于 70°；方骨内侧面接近腹端有小孔；荐椎椎体有气腔化窝；股骨头向前方转 45°，股骨头后面的斜韧带槽浅，限于后侧面。

中国已知属 乐山龙属（*Leshansaurus*）。

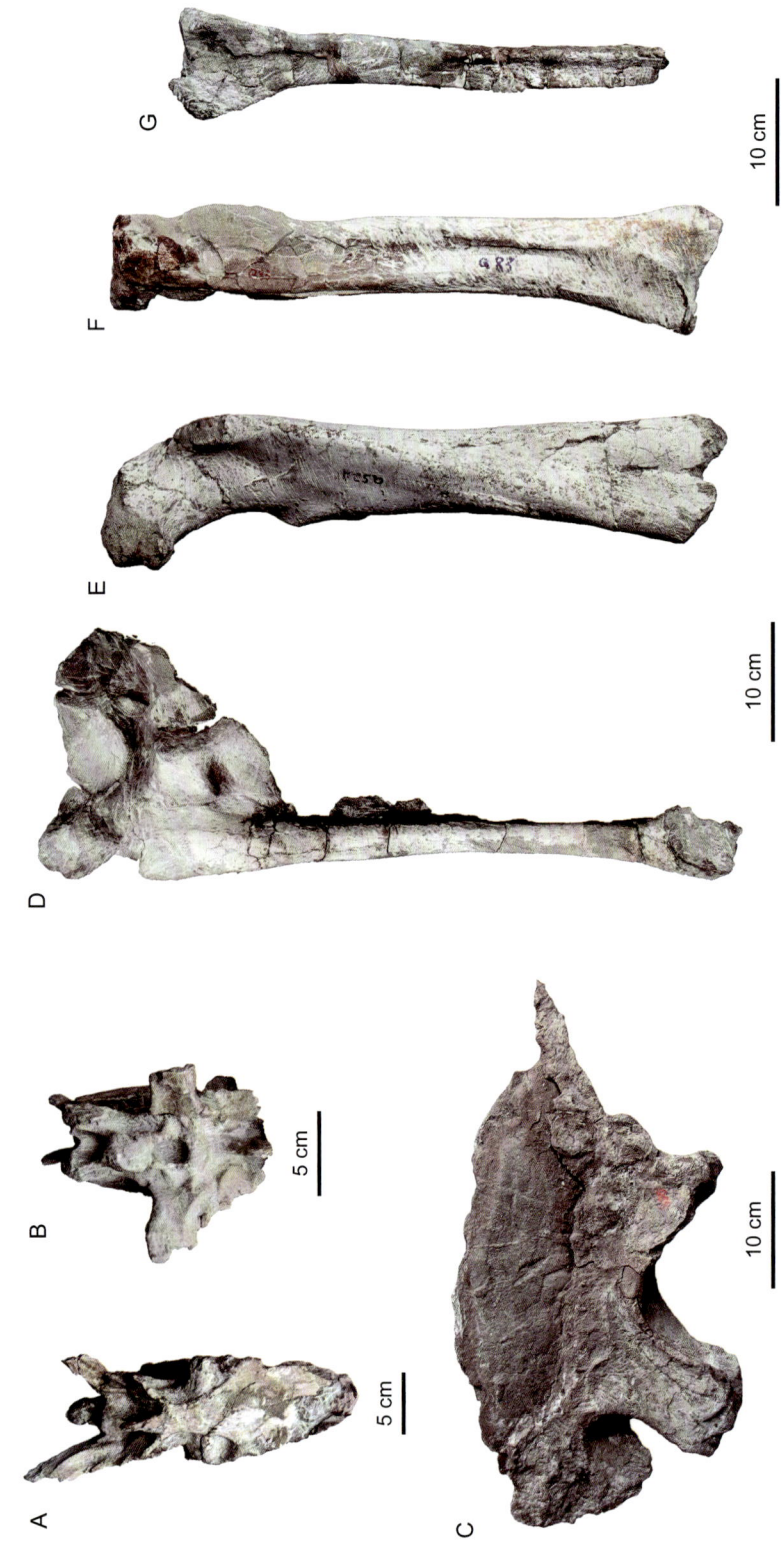

图 18 犍为乐山龙 Leshansaurus qianweiensis 正模 (LSDFM QW200701)

A, B. 颈椎背侧视 (A) 和后侧视 (B); C. 右髂骨内侧视; D. 左耻骨外侧视; E. 左股骨前侧视; F. 左胫骨前侧视; G. 左腓骨内侧视

分布与时代　欧洲、北美洲、南美洲和非洲等地，侏罗纪中晚期。

评注　巨龙科代表巨龙超科的一个演化支，这类恐龙全部为大型的肉食性动物，代表性成员有 *Megalosaurus bucklandii* 和 *Torvosaurus tanneri*。

乐山龙属　Genus *Leshansaurus* Li, Peng, Ye, Jiang et Huang, 2009

模式种　犍为乐山龙 *Leshansaurus qianweiensis* Li, Peng, Ye, Jiang et Huang, 2009

鉴别特征　以下列特征组合区别于其他巨龙超科属种：上枕骨有尖锐的中脊；额骨长度约为宽度的2.4倍；基翼骨突纤细；马蹄形寰椎间椎体；背椎横突纤细，神经棘横向薄；荐椎神经棘横向薄，椎体腹脊明显；髂骨髋臼内侧发育有明显的脊。

中国已知种　仅模式种。

分布与时代　四川，晚侏罗世。

犍为乐山龙　*Leshansaurus qianweiensis* Li, Peng, Ye, Jiang et Huang, 2009

(图18)

正模　LSDFM QW200701，一个不完整骨架，包括部分头骨，下颌后部，3颗牙齿，近完整荐前椎和荐椎系列，2个中部尾椎，部分手部骨骼，部分腰带，后肢大部。发现于四川犍为同益村。

副模　LSDFM QW200702，股骨（幼年个体）。

鉴别特征　同属。

产地与层位　四川犍为，上侏罗统沙溪庙组上部（= 上沙溪庙组）。

评注　犍为乐山龙为一中大型的兽脚类，体长估计约6 m。李飞等（2009）最初把乐山龙归入中国盗龙科（Sinraptoridae），但乐山龙的许多特征明显不同于中国盗龙科，比如它有加长的上颌骨前部分支，额骨长，副枕突微弱弯曲以及背椎椎体长等。Carrano 等（2012）把它归入了巨龙科，这一观点得到了一些后期研究的支持（Dai et al., 2020）。

新僵尾龙类　NEOTETANURAE Sereno, Wilson, Larsson, Dutheil et Sues, 1994

定义与分类　包含 *Passer domesticus* (Linnaeus, 1758)，但不包含 *Megalosaurus bucklandii* Buckland, 1824 的包容性最大的演化支。这一类群主要包括肉食龙类（Carnosauria）和虚骨龙类（Coelurosauria）。

形态特征 眶后骨腹支短；脉弧强烈弯曲；髂骨内侧面接近耻骨支处有脊；耻骨闭孔卵圆形，尺寸大；股骨头近端表面有一斜沟槽，股骨副转子三角形，骨骼远端有前后向延伸的沟槽；蹠骨III近端有方形深缺口；趾爪骨III-4和IV-5横截面椭圆形。

分布与时代 几乎所有大陆，中侏罗世至白垩纪末期。

评注 鸟兽脚类（Avetheropoda）和新僵尾龙类（Neotetanurae）是两个在目前包含有相同属种的分类单元。前者是由Paul于1988年提出的一个分类单元，指代一个包含异特龙类和虚骨龙类的最小演化支。不过，这一分类单元一直没有受到同行关注，以至于Sereno等于1994年建立了包含同样物种的新僵尾龙类。从命名法则上，鸟兽脚类（Avetheropoda）有优先权，因此，本书采用鸟兽脚类（Avetheropoda），其系统发育分类学定义为：包含*Passer domesticus* (Linnaeus, 1758)和*Allosaurus fragilis* Marsh, 1877的包容性最小的演化支。本书对新僵尾龙类采用干支型定义（见上文），代表一个比鸟兽脚类包容性更大的演化支。

鸟兽脚类的姐妹群巨龙超科是一个干支型定义的分类单元，与节点型定义的鸟兽脚类不能完全对应。另外，异特龙类的系统关系也存在不稳定性，有研究认为中棘龙科有可能并不属于异特龙类。鉴于以上原因，本书重新定义新僵尾龙类（Neotetanurae）（见定义与分类）。

肉食龙类 CARNOSAURIA von Huene, 1920

定义与分类 包含*Allosaurus fragilis* Marsh, 1877但不包含*Passer domesticus* (Linnaeus, 1758)的包容性最大的演化支。肉食龙类一般包括4个亚类群：中棘龙科（Metriacanthosauridae）、异特龙科（Allosauridae）、鲨齿龙科（Carcharodontosauridae）以及大盗龙类（Megaraptora）。

形态特征 头骨长而狭窄；有装饰性的棘冠或者角；方骨短；脑颅和腭部关联有限；外下颌窗小；脉弧近端向前后方扩展；手指III和IV长度相近；耻骨靴状突三角形；股骨长于胫骨。

中国已知属 克拉玛依龙属（*Kelmayisaurus*）、中国盗龙属（*Sinraptor*）、永川龙属（*Yangchuanosaurus*）、时代龙属（*Shidaisaurus*）、鲨鱼齿龙属（*Shaochilong*）、吉兰泰龙属（*Chilantaisaurus*）以及大塘龙属（*Datanglong*）。

分布与时代 几乎所有大陆，中侏罗世早期到晚白垩世早期。

评注 肉食龙类代表新僵尾龙类的一个灭绝演化支，所有已知肉食龙类属种都为肉食性，体型一般较大，甚至巨型。

与肉食龙类密切相关的一个分类单元是异特龙超科（Allosauroidea）。这一分类单元建立于1993年（Currie et Zhao, 1993），后于1998年给出一个干支型定义，即所有亲缘关系和 *Allosaurus* 比鸟类更近的物种形成的一个演化支（Sereno, 1998）。但Holtz和Padia（1995）定义的肉食龙类和Sereno（1998）定义的异特龙类有着同样的定义，但优先于异特龙类，因此Padian和Hutchinson（1997）把异特龙类改为了一个基于节点的定义：包含 *Allosaurus fragilis* Marsh, 1877 和 *Sinraptor dongi* Currie et Zhao, 1993 的最小演化支，得到了广泛采纳。

但异特龙类这一节点型定义的分类单元也存在问题，原因在于：一些研究认为，相对于中棘龙科，鲨齿龙科与异特龙科的系统关系更远，因此基于 *Allosaurus fragilis* 和 *Sinraptor dongi* 的定义将会把鲨齿龙科排除在异特龙类之外（Currie et Carpenter, 2000）；最近有研究甚至认为，异特龙科和虚骨龙类的亲缘关系比中棘龙科和后者的更近，这样基于 *Allosaurus fragilis* 和 *Sinraptor dongi* 定义的异特龙类将等同于鸟兽脚类。

在肉食龙类的四个亚类群中，我国的中棘龙科化石最为丰富，其他类群化石很少，甚至可能没有（如异特龙科）。尽管如此，中国中侏罗世早期的金时代龙和晚白垩世早期的鲨鱼齿龙分别代表肉食龙类最早期和最晚期的确切化石记录之一。

中棘龙科 Family Metriacanthosauridae Paul, 1988

定义与分类 包含 *Metriacanthosaurus parkeri* von Huene, 1923，但不包含 *Allosaurus fragilis* Marsh, 1877，*Carcharodontosaurus saharicus* Depéret et Savornin, 1925 和 *Passer domesticus* (Linnaeus, 1758) 的最大演化支。

形态特征 上颌骨前部分支短或者缺失；原上颌窗大于上颌窗；侧蝶骨和额骨与眶后骨关联；下颞窗未被鳞骨挤占；鳞骨凸缘从侧面覆盖方骨头；齿骨外侧面有一个边界明显的包含神经滋养孔的前后向延伸的沟槽；枢椎有极其发育的神经棘-后关节突板；中部尾椎神经棘片状，近方形；手部短于前臂；手部没有第五指或者第四指上没有指节骨；髂骨成对的中部横截面心形；坐骨远端愈合。

分布与时代 亚洲、欧洲，中侏罗世到早白垩世。

评注 中棘龙科代表肉食龙类的一个演化支，这类恐龙体型大，头骨特化，代表性物种有 *Metriacanthosaurus parkeri* 和 *Sinraptor dongi*。

中国盗龙科（Sinraptoridae）是一个和中棘龙科相同的分类单元，二者的系统发育分类学定义指代一样的包含物种，但中国盗龙科建立于1993年，中棘龙科建立于1988年，后者具有命名优先权，本书采用后者。

中国盗龙属 Genus *Sinraptor* Currie et Zhao, 1993

模式种 董氏中国盗龙 *Sinraptor dongi* Currie et Zhao, 1993

鉴别特征 以下列特征区别于其他中棘龙科：头骨相对长而低矮；轭骨的方轭骨支三分叉，具大的气腔孔；眶后骨皱明显，近三角形；下颞窗大；具长而直的颞间隔；后眶骨颞间支/突侧向出露短；外枕骨腹侧延伸至基部结节下；枕骨骨节后腹侧定向；腭骨在内鼻孔和腭骨后孔间具气腔化孔，轭骨分支向腹侧延伸至上颌骨缝合线下部，形成一明显突起；外翼骨内部空洞部分与轭骨内侧的前腹侧气腔孔接触；寰椎-枢椎组合转折部使脊椎主干位于头骨后下部；背椎神经棘高。

中国已知种 仅模式种。

分布与时代 新疆，晚侏罗世。

董氏中国盗龙 *Sinraptor dongi* Currie et Zhao, 1993
（图 19）

Yangchuanosaurus sp.：Dong, 1992, p. 92

Sinraptoridae indet.：Xu et Clark, 2008, p. 157

Sinraptor sp.：He et al., 2013, p. 30

正模 IVPP V 10600，一关联保存的骨架，包括近完整的头骨及大部分头后骨骼，缺失大部分前肢和部分尾部。发现于新疆准噶尔盆地将军庙。

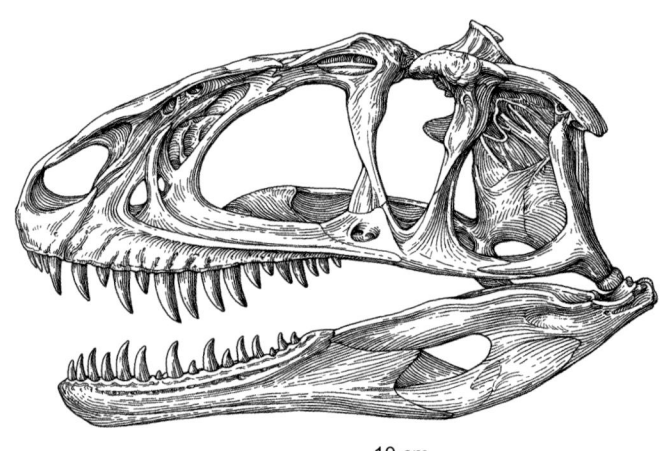

图 19 董氏中国盗龙 *Sinraptor dongi* 正模（IVPP 10600）
头骨侧视（改自 Currie et Zhao, 1993）

归入标本 IVPP V 87001，9颗分离脱落的牙齿；IVPP V 15310，一颗牙齿（Xu et Clark, 2008）；IVPP V 18060，一完整第四蹠骨（He et al., 2013）。

鉴别特征 同属。

产地与层位 新疆准噶尔盆地，上侏罗统石树沟组。

评注 董氏中国盗龙为一种大型兽脚类，成体长约7.2 m。种名"董氏"献给化石采集的组织者董枝明先生，他同样参与了对与该物种有密切关系的永川龙的描述工作。中国科学院古脊椎动物与古人类研究所技术人员王海军在野外工作午间休息期间，在新疆准噶尔盆地将军庙化石点意外发现了董氏中国盗龙正模的趾爪骨，随后发掘揭示了一具精美保存的骨架化石。在准噶尔盆地五彩湾化石点，也发现了类似董氏中国盗龙的化石，其中 IVPP V 15310 是一颗牙齿，最初被归入中国盗龙科（Xu et Clark, 2008），IVPP V 18060 是一第四蹠骨，被鉴定为 *Sinraptor* sp.（He et al., 2013）。虽然这两件标本与董氏中国盗龙有一些形态差异，但本书认为，这些差异有可能代表个体差异或者性别差异，暂时把它们归入董氏中国盗龙。

永川龙属 Genus *Yangchuanosaurus* Dong, Zhang, Li et Zhou, 1978

模式种 上游永川龙 *Yangchuanosaurus shangyouensis* Dong, Zhang, Li et Zhou, 1978

鉴别特征 以下列特征组合区别于其他中棘龙科成员：头骨较高（高度与长度比大于0.5）；背椎椎体相对长，神经棘相对低（约为椎体高度的1.8倍）；眶前窝由轭骨形成的部分边界明显。

中国已知种 *Yangchuanosaurus shangyouensis* Dong, Zhang, Li et Zhou, 1978，*Y. magnus* Dong, Zhou et Zhang, 1983 和 *Y. hepingensis* Gao, 1992。

分布与时代 四川，晚侏罗世。

上游永川龙 *Yangchuanosaurus shangyouensis* Dong, Zhang, Li et Zhou, 1978

（图20）

正模 CQMNH (CHM) CV 215，一具近乎完整的骨架，缺少前肢和尾椎。发现于四川永川县上游水库。

鉴别特征 眶前窝成倒三角形；上颌窗三角形；上颌骨在外鼻孔后方有窝；方骨向后略倾；外下颌窗大；上颌齿14–15颗；颈椎10个，后凹型；背椎13个，双平型；荐椎5个，前四个神经棘愈合成板状；耻骨腹端靴状突不甚发育。

产地与层位 四川永川，上侏罗统沙溪庙组上部（＝上沙溪庙组）。

评注 上游永川龙为一大型兽脚类，体长估计8 m左右。属名来源于化石的发现

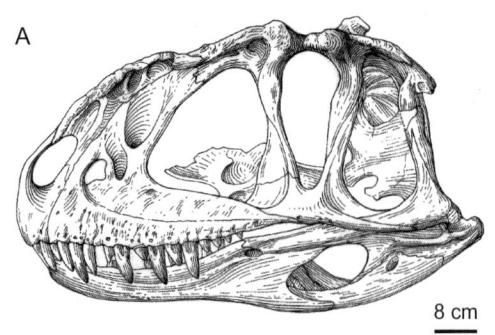

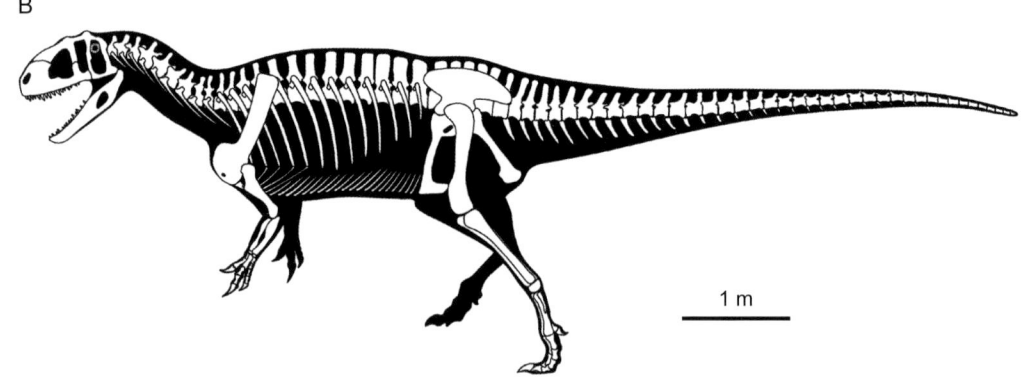

图 20　上游永川龙 *Yangchuanosaurus shangyouensis* 正模 [CQMNH (CHM) CV 215]
A. 头骨侧视；B. 骨架复原图（A 改自董枝明等，1978）

地区永川县，种名来源于化石出露的上游水库大坝工地。

巨型永川龙 *Yangchuanosaurus magnus* Dong, Zhou et Zhang, 1983

（图 21）

正模　CQMNH (CHM) CV00216，一具不完整的骨架，包括一个不完整的头骨，4 个颈椎，6 个背椎，完整的荐部，4 个前部尾椎和 4 个中部尾椎，右侧髂骨和坐骨，右股骨和两个趾骨。发现于四川永川县红江机械厂。

鉴别特征　以下列特征组合区别于上游永川龙和和平永川龙：体型更大；头骨笨重，相对更高；上颌窗有内壁。

产地与层位　四川永川，上侏罗统沙溪庙组上部（= 上沙溪庙组）。

评注　巨型永川龙为一巨型兽脚类，体长估计 11 m 左右。许多研究认为，巨型永川龙是上游永川龙的晚出同物异名，二者不同之处主要归于个体发育，前者正模代表一个更成年的个体（Carrano et al., 2012）。本书暂时承认这一物种的有效性，但认为需要更深入研究。

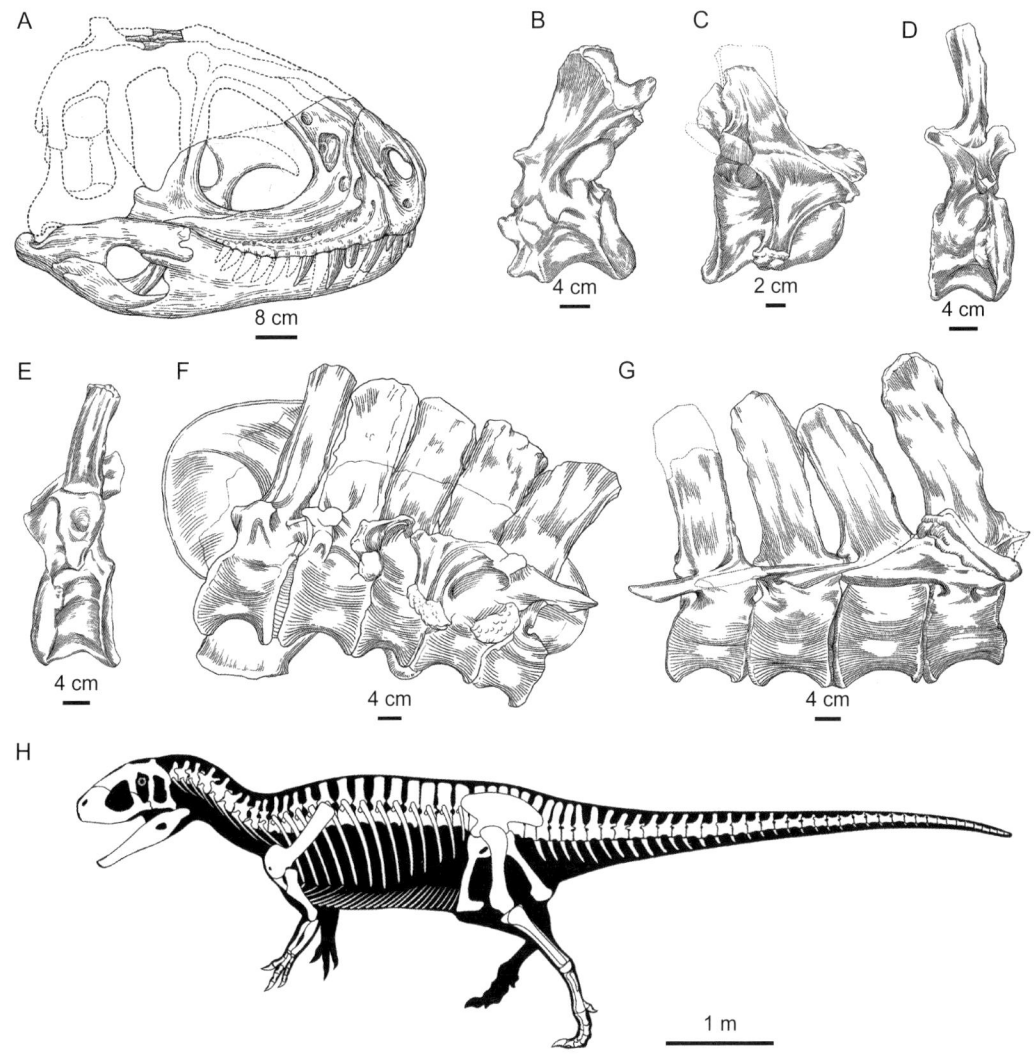

图 21 巨型永川龙 *Yangchuanosaurus magnus* 正模 [CQMNH (CHM) CV00216]
A. 头骨右侧视；B. 枢椎左侧视；C. 前部颈椎右侧视；D. 后部颈椎右侧视；E. 前部背椎左侧视；F. 荐椎左侧视和右髂骨内侧视；G. 前部尾椎右侧视；H. 骨架复原图（A–G 改自董枝明等，1983）

和平永川龙 *Yangchuanosaurus hepingensis* Gao, 1992

（图 22）

Sinraptor hepingensis：Currie et Zhao, 1993, p. 2039

'*Yangchuanosaurus hepingensis*'：Carrano et al., 2012, p. 245

正模 ZDM0024，一具相当完整关联保存的骨架，包括完整的头骨，9 个颈椎，14 个背椎，5 个荐椎，35 个尾椎以及较完整的附肢骨骼。发现于四川自贡市和平乡田湾村。

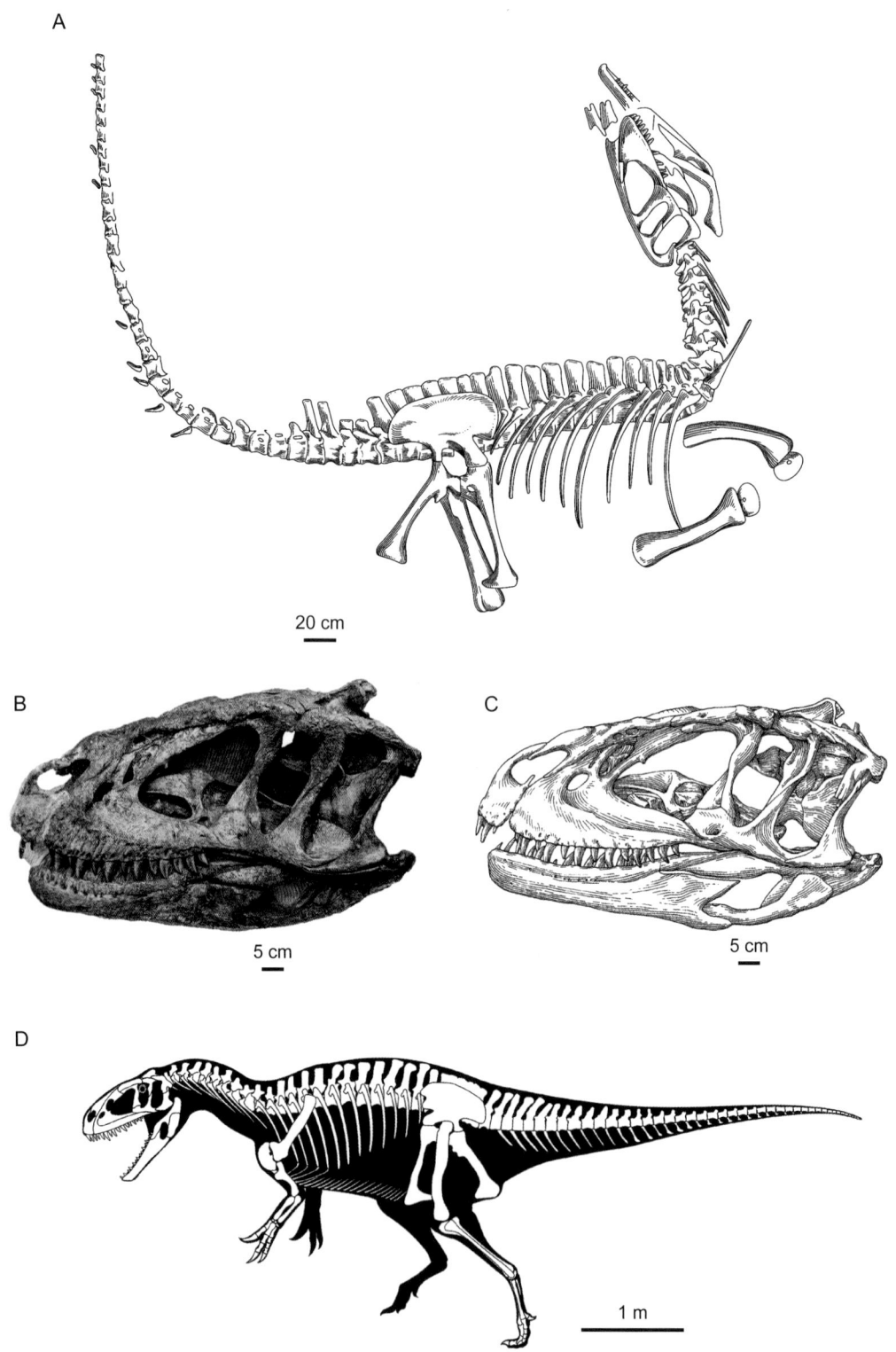

图 22 和平永川龙 *Yangchuanosaurus hepingensis* 正模（ZDM0024）
A. 骨架埋藏图；B, C. 头骨侧视照片（B）和线描图（C）；D. 骨架复原图（A–C 引自高玉辉，1992）

鉴别特征　以下列特征组合区别于永川龙属其他种：头骨相对长（约为荐前椎长度的 40%）；头骨吻部长，头骨长度与高度比约为 1.8；鼻骨嵴冠折曲，多皱；眶前窝轭骨形成的边界明显；眶前窝内壁气腔化结构简单；眶前窗侧视近等腰三角形，前后向加长；上颌窗近四边形；后眶骨颞间支外侧出露相对多；颞下隔相对短；牙齿相对扁平；髂骨背腹向高；耻骨具小的耻骨孔，耻骨腹端靴状突水平伸展，短宽。

产地与层位　四川自贡，上侏罗统沙溪庙组上部（= 上沙溪庙组）。

评注　和平永川龙为一大型兽脚类，体长估计近 8 m。高玉辉（1992）基于 ZDM0024 建立了和平永川龙，但 Currie 和 Zhao（1993）把 ZDM0024 归入了中国盗龙属，提出了 *Sinraptor hepingensis* 这一新组合名，这一分类意见得到了一些后期研究的支持（Carrano et al., 2012），不过，也有研究反对这一分类意见（彭光照等，2005）。近年的一个兽脚类系统发育研究认为和平永川龙与上游永川龙的亲缘关系要近于董氏中国盗龙，因此，不需要和平中国盗龙这一组合名（Stiegler, 2019），本书采纳这一意见。

时代龙属　Genus *Shidaisaurus* Wu, Currie, Dong, Pan et Wang, 2009

模式种　金时代龙 *Shidaisaurus jinae* Wu, Currie, Dong, Pan et Wang, 2009

鉴别特征　以下列特征组合区别于其他中棘龙科成员：上枕骨与枕骨大孔被外枕骨隔开；副枕骨突些微向下（与水平面成 110° 夹角）；枢椎有一个大且尖锐的上关节突，且有大而薄的后关节突-神经棘板；髂骨和耻骨等长；坐骨相对长（超过髂骨长度的 96%）；坐骨闭孔缺失。

中国已知种　仅模式种。

分布与时代　云南，早侏罗世。

金时代龙　*Shidaisaurus jinae* Wu, Currie, Dong, Pan et Wang, 2009

（图 23）

正模　LFGT (LDM-LCA) 9701-IV，一个关联保存的不完整骨架，缺失大部分尾椎、肋骨、胸带骨骼与肢骨。发现于云南禄丰川街乡。

鉴别特征　同属。

产地与层位　云南禄丰，中侏罗统川街组（= 上禄丰组）。

评注　金时代龙为一中型兽脚类，体长估计为 5.5 m 左右。Wu 等（2009）认为金时代龙代表一种非鸟兽脚类的僵尾龙类，但 Carrano 等（2012）认为它是中棘龙科的一种，本书采纳后一观点。

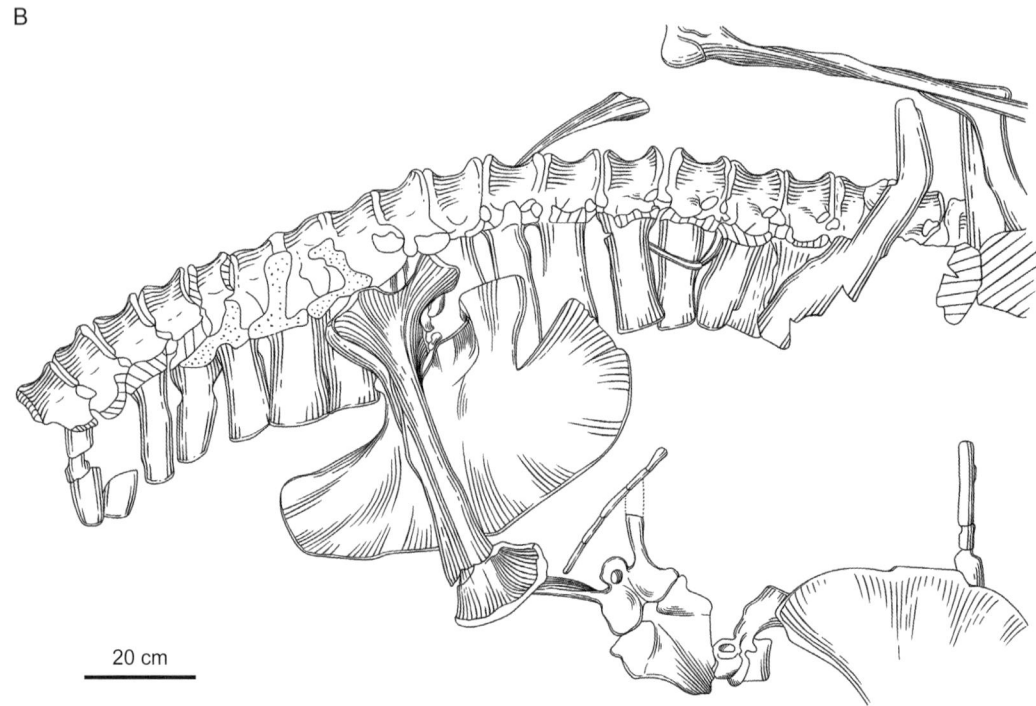

图 23 金时代龙 *Shidaisaurus jinae* 正模 [LFGT (LDM-LCA) 9701-IV]
部分头后骨架照片（A）和线描图（B）（改自 Wu et al., 2009）

鲨齿龙科 Family Carcharodontosauridae Stromer, 1931

定义与分类 包含 *Carcharodontosaurus saharicus* Deperet et Savornin, 1925，但不包含 *Allosaurus fragilis* Marsh, 1877，*Sinraptor dongi* Currie et Zhao, 1993，*Monolophosaurus* Zhao et Currie, 1993 和 *Cryolophosaurus ellioti* Hammer et Hickerson, 1994 的最大演化支。

形态特征 前部的上颌齿间板背腹向高度是前后向长度的两倍；齿骨前部侧视近方形；齿冠釉质表面皱纹状；前上颌骨主体背腹向高度大于前后向长度；颈椎后凹型，颈椎神经棘高度约为椎体高度的 1.9 倍；泪骨和眶后骨有织纹状的大型粗糙面形成眼眶平台；股骨头向近端倾斜。

分布与时代 欧洲、非洲、北美洲、南美洲和亚洲，早白垩世中期（巴雷姆期）到晚白垩世早期（土伦期）；疑似化石也发现于巴西白垩纪晚期。

评注 鲨齿龙科是肉食龙类的一个演化支，常见于南方大陆，但北方大陆也有分布。这类恐龙以体型巨大和特化的牙齿出名，最大的鲨齿龙科体长达 14 m (Hendrickx, 2015)，最小的体长也有 6 m，与棘龙科一起代表白垩纪早中期陆地上最大的猎食性动物，代表成员除了南方大陆上的 *Giganotosaurus*、*Carcharodontosaurus* 和 *Tyrannotitan* 外，还有北美的 *Acrocanthosaurus*、欧洲的 *Concavenator* 以及发现于中国内蒙古西部的鲨鱼齿龙（*Shaochilong*）。

中国南方鲨齿龙科化石以发现于广西扶绥下白垩统新隆组（= 那派组）的牙齿化石为代表（Mo et al., 2014a）。侯连海等于 1975 年把发现于这一地层中的一些牙齿化石归入 *Prodeinodon* 属，并建立了一个新种，即广西原恐齿龙（*Prodeinodon kwangshiensis*）。现在一般认为，*Prodeinodon* 是一个无效分类单元。Okazaki（1992）认为广西原恐齿龙化石可归入巨龙科的 *Wakinosaurus*；Mo 等（2014a）认为广西原恐齿龙化石可能属于鲨齿龙科，但与新隆组中的鲨齿龙科牙齿 NHMG 10858 不同：更小，更长，后缘小锯齿角状，缺失沿后缘的纵脊。基于牙齿特征建立的广西原恐齿龙的有效性，还有待更多化石材料的发现来确认。

鲨鱼齿龙属 Genus *Shaochilong* Brusatte, Benson, Chure, Xu, Sullivan et Hone, 2009

'*Alashansaurus*'：Chure, 2000, p. 334

模式种 毛儿图鲨鱼齿龙 *Shaochilong maortuensis* (Hu, 1964) Brusatte, Benson, Chure, Xu, Sullivan et Hone, 2009

鉴别特征 以下列特征组合区别于其他鲨齿龙科：头骨相对小；相对于枕骨大孔，枕髁大；上颌骨内侧面副齿沟缺失；鼻骨后部有大型圆柱形的气腔；额骨和顶骨上的矢向嵴高；上颌骨无腭架；眶前窝的上颌骨部分几乎完全缺失；上颌齿间小板上半部有背腹向延伸的深沟；前耳骨背鼓隐窝前背角落有大的气腔化孔；上颌齿间小板愈合；上颞窝位置靠后；副枕突下倾，颅底短，高度气腔化。

中国已知种 仅模式种。

分布与时代 内蒙古，晚白垩世早期。

毛儿图鲨鱼齿龙 *Shaochilong maortuensis* (Hu, 1964) Brusatte, Benson, Chure, Xu, Sullivan et Hone, 2009

（图 24）

Chilantaisaurus maortuensis：胡寿永，1964，50 页
'*Alashansaurus*' *maortuensis*：Chure, 2000, p. 334

选模 IVPP V 2885，一部分保存的骨架，包括不完整头骨、枢椎和 6 个尾椎。发现于内蒙古阿拉善左旗吉兰泰毛儿图。

鉴别特征 同属。

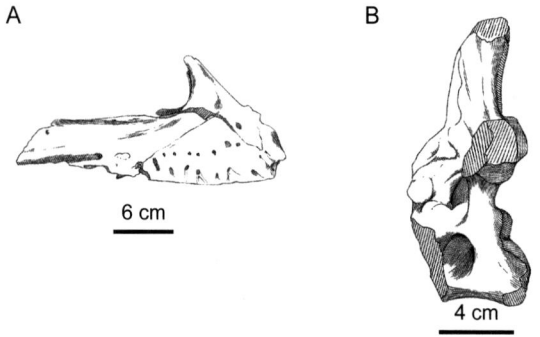

图 24 毛儿图鲨鱼齿龙 *Shaochilong maortuensis* 正模（IVPP V 2885）
A. 右上颌骨外侧视；B. 枢椎左外侧视；C. 骨架复原图（A 和 B 改自胡寿永，1964）

产地与层位 内蒙古阿拉善，阿尔布阶—土伦阶苏红图组。

评注 毛儿图鲨齿龙为一中等体型的兽脚类，体长估计 5.5 m 左右。基于牙齿和尾椎特征，IVPP V 2885 最初被归入吉兰泰龙属（*Chilantaisaurus*）（胡寿永，1964），但 Chure（1998）认为 IVPP V 2885 归入吉兰泰龙属的证据不足，于 2000 年在其博士论文中把 *Chilantaisaurus maortuensis* 改名为 '*Alashansaurus*' *maortuensis*（Chure, 2000），并最终于 2009 年与 Brusatte 等一起把 *Chilantaisaurus maortuensis* 正式更名为 *Shaochilong maortuensis*（Brusatte et al., 2009）。

克拉玛依龙属 Genus *Kelmayisaurus* Dong, 1973

模式种 石油克拉玛依龙 *Kelmayisaurus petrolicus* Dong, 1973

鉴别特征 以下列特征组合区别于其他鲨齿龙科成员：上颌骨呈手斧状，腹缘平直；齿骨前部的外侧面有一后背向延伸的深切辅助沟槽*；齿间板背腹向高，相互愈合。

中国已知种 仅模式种。

分布与时代 新疆，早白垩世。

石油克拉玛依龙 *Kelmayisaurus petrolicus* Dong, 1973

（图 25）

正模 IVPP V 4022，破碎的头骨化石，包括右上颌骨，疑似右方骨以及部分右下颌。发现于新疆准噶尔盆地乌尔禾。

鉴别特征 同属。

产地与层位 新疆准噶尔盆地，下白垩统吐谷鲁组。

评注 石油克拉玛依龙为一巨型兽脚类，体长估计约 11 m。石油克拉玛依龙曾被认为是一个分类位置不确定的僵尾龙类，或者是一无效属种（Holtz et al., 2004），但 Brusatte 等（2012）发现了这一属种有效性成立的形态学证据，并认为它代表鲨齿龙科的一个早期分异的属种。

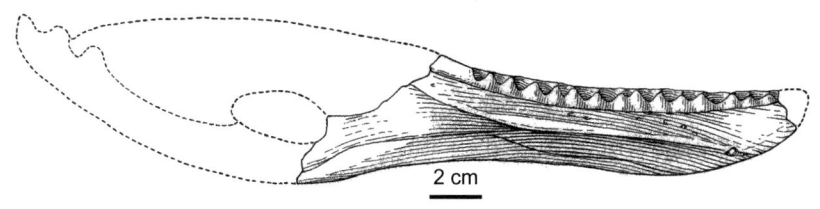

图 25 石油克拉玛依龙 *Kelmayisaurus petrolicus* 正模（IVPP V 4022）
左齿骨内侧视（改自董枝明，1973）

大盗龙类 MEGARAPTORA Benson, Carrano et Brusatte, 2010

定义与分类 包含 *Megaraptor namunhuaiquii* Novas, 1998，但不包含 *Baryonyx walkeri* Charig et Milner, 1986，*Chilantaisaurus tashuikouensis* Hu, 1964，*Neovenator salerii* Hutt, Martill et Barker, 1996，*Carcharodontosaurus saharicus* Depéret et Savornin, 1925，*Allosaurus fragilis* Marsh, 1877，*Tyrannosaurus rex* Osborn, 1905 和 *Passer domesticus*（Linnaeus, 1758）的最大演化支。

形态特征 肱骨近端和远端长轴夹角明显；尺骨后侧面有一嵴从鹰嘴突开始向远端延伸；掌骨 II 粗壮，长度与宽度比为 1.4–1.9；手指爪大，侧向扁平；股骨的小转子位置相对高，达到股骨头的近端关节面；距骨上升支背缘角高而斜，距骨上升支细长，约为距骨主体高的 1.6 倍；蹠骨 III 细长，长度约为宽度的 12 倍。

分布与时代 南美洲、亚洲和大洋洲，白垩纪。

评注 大盗龙类是肉食龙类的一个演化支，最早由 Benson 等（2010）正式提出，指代一个包含 *Australovenator*、*Fukuiraptor*、*Allosaurus? robustus*、*Aerosteon*、*Orkoraptor* 和 *Megaraptor* 的类群，化石记录地理分布广泛，包括南美、澳大利亚和亚洲等地。

早期研究一般认为大盗龙类属于鲨齿龙科的一个分支，但后期一些研究认为大盗龙类是独立于鲨齿龙科的一个演化支，有可能属于虚骨龙类。本书暂时把大盗龙类排除在鲨齿龙科外，但置于肉食龙类当中。

大塘龙属 Genus *Datanglong* Mo, Zhou, Li, Huang et Cao, 2014

模式种 广西大塘龙 *Datanglong guangxiensis* Mo, Zhou, Li, Huang et Cao, 2014

鉴别特征 以下列特征组合区别于其他大盗龙类：后部背椎有眼泪状的气腔构造，由加大的椎体-横突后板、椎体-副突前板与椎体包围；后部背椎有发育良好的水平向前关节突-副突板；后部背椎的副突比横突侧向延伸幅度更大；髂骨短肌窝浅，且有短、呈脊状内侧锋；髂骨的耻骨柄有着向后腹侧延伸的边缘；髂骨有气腔化现象。

中国已知种 仅模式种。

分布与时代 广西，早白垩世。

广西大塘龙 *Datanglong guangxiensis* Mo, Zhou, Li, Huang et Cao, 2014

（图 26）

正模 GMG 00001，一个部分关联的头后骨架，其中包括 1 个后部背椎，5 个荐椎，第一与第二尾椎，第一人字骨，不完整的左与右髂骨，不完整的左耻骨与左坐骨。发现于广西南宁大塘镇。

鉴别特征 同属。

产地与层位 广西南宁，下白垩统新隆组。

评注 属种名用以纪念化石发现地广西大塘镇。广西大塘龙为一巨型兽脚类，体长估计约 8.5 m，最初被归入鲨齿龙科（Mo et al., 2014b）；Samathi 等（2017）认为广西大塘龙属于大盗龙类，本书采用后一观点。

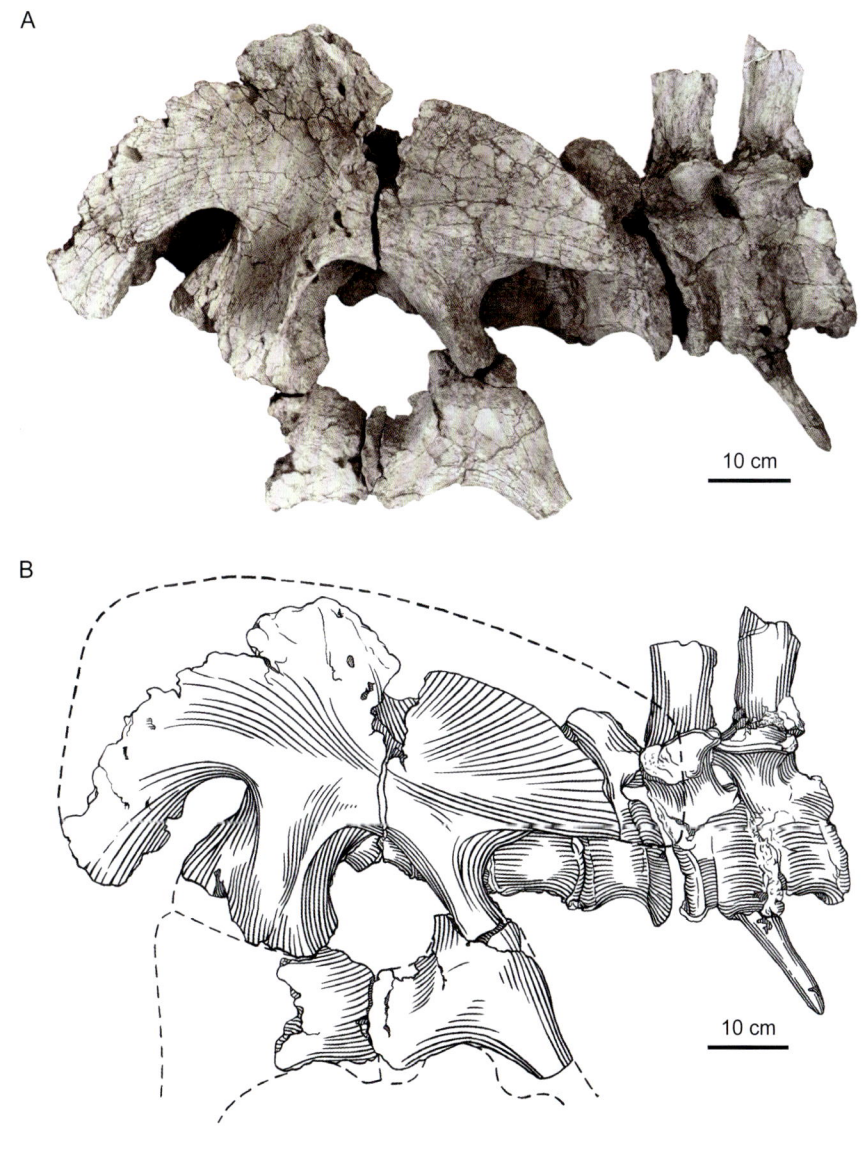

图 26　广西大塘龙 *Datanglong guangxiensis* 正模（GMG 00001）
腰带和荐椎化石照片（A）及线描图（B）（改自 Mo et al., 2014b）

吉兰泰龙属 Genus *Chilantaisaurus* Hu, 1964

模式种 大水沟吉兰泰龙 *Chilantaisaurus tashuikouensis* Hu, 1964

鉴别特征 以下列特征组合区别于其他大盗龙类：肱骨粗壮，长度为股骨的一半；肱骨三角肌嵴方形，前内侧弯曲，向前延伸长度接近其近端到远端的长度；三角肌嵴前侧面有一个发育麻点的疤面；肱骨的尺骨髁斜向膨出；指爪骨 II-2 特别强壮，侧扁且强烈弯曲；胫骨比股骨短；蹠骨短，近端未愈合。

中国已知种 仅模式种。

分布与时代 内蒙古，早白垩世。

评注 胡寿永（1964）在建立大水沟吉兰泰龙的文章中，还建立了吉兰泰龙的另外

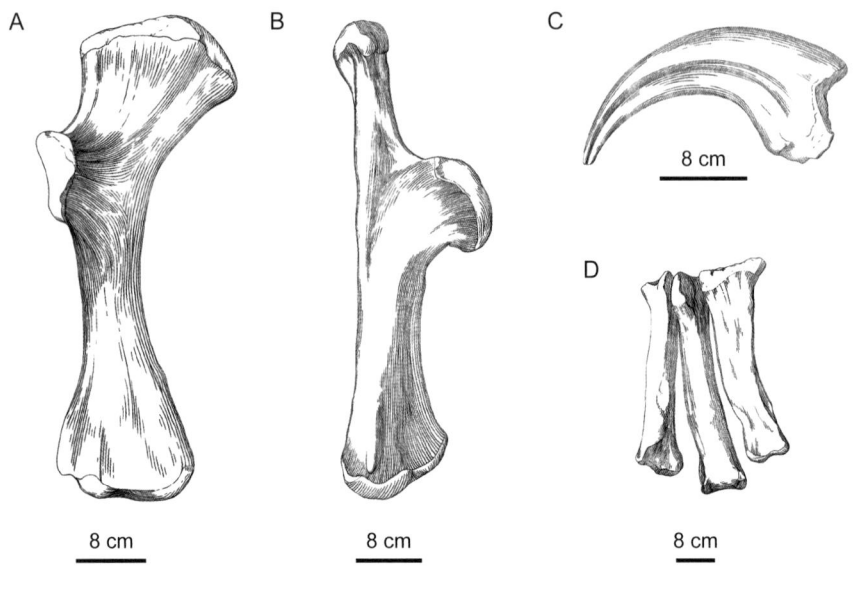

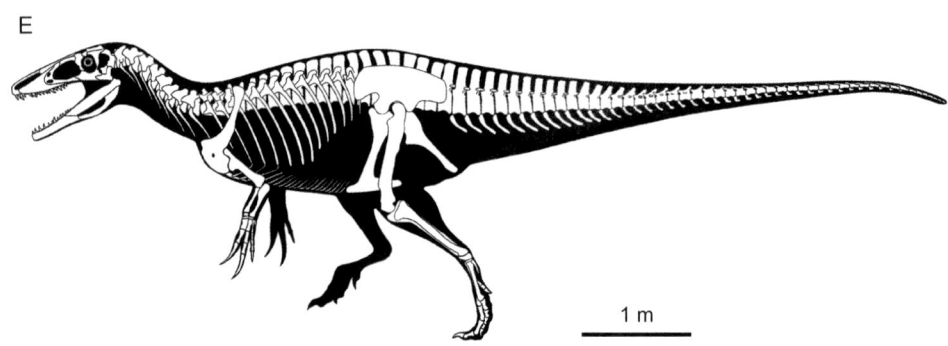

图 27 大水沟吉兰泰龙 *Chilantaisaurus tashuikouensis* 正模（IVPP V 2884）

A, B. 右肱骨的前侧视（A）和外侧视（B）；C. 指爪骨 II-2 外侧视；D. 右蹠部背侧视；E. 骨架复原图（A–D 改自胡寿永，1964）

一个种，即毛儿图"吉兰泰龙"（"Chilantaisaurus" maortuensis），但这一分类依据并不充分，后者形态明显不同于前者。后期研究发现后者属于鲨齿龙科，因此被移出了吉兰泰龙属（Brusatte et al., 2009）。

大水沟吉兰泰龙 *Chilantaisaurus tashuikouensis* Hu, 1964

（图 27）

正模 IVPP V 2884，一右肱骨，指爪骨 II-2，破碎的左髂骨，左右股骨各一，左右胫骨各一，右腓骨，右蹠骨 II–IV 和左蹠骨 III、IV。发现于内蒙古阿拉善左旗吉兰泰大水沟。

鉴别特征 同属。

产地与层位 内蒙古阿拉善左旗，阿尔布阶—土伦阶苏红图组。

评注 大水沟吉兰泰龙为一巨型兽脚类，体长估计约 12 m。胡寿永（1964）最初把吉兰泰龙归入巨龙超科，得到了 Chure（2000）和 Rauhut（2003）的支持，证据是其肱骨直，指爪骨 II-2 加长，但 Paul（1988）和 Molnar（1990）等认为它与暴龙超科的亲缘关系较近，证据是蹠骨 III 近端侧扁。Benson 和 Xu（2008）认为大水沟吉兰泰龙有一些鸟兽脚类的特征，比如髂骨的前臼窝深，蹠骨 III 近端楔状，与异特龙类共享发育的尺骨上髁，这一观点得到了 Novas 等（2013）的支持。Porfiri 等（2014）注意到大水沟吉兰泰龙和虚骨龙类共享髂骨髋臼前支微弱腹向弯曲，认为它属于虚骨龙类。Carrano 等（2012）认为大水沟吉兰泰龙属于大盗龙类，本书采纳这一观点。

虚骨龙类 COELUROSAURIA von Huene, 1914

定义与分类 包含 *Passer domesticus* (Linnaeus, 1758)，但不包含 *Allosaurus fragilis* Marsh, 1877, *Sinraptor dongi* Currie et Zhao, 1993 和 *Carcharodontosaurus saharicus* Depéret et Savornin, 1925 的包容性最大的演化支。目前已经发现的虚骨龙类主要包含暴龙超科、似鸟龙类、美颌龙科、阿尔瓦雷兹龙超科、镰刀龙类、窃蛋龙类、驰龙科、伤齿龙科和鸟翼类九个亚类群，另外有半鸟龙亚科、擅攀鸟龙科和近鸟龙亚科这三个新近发现的亚类群，它们的分类位置存在争议，一些研究把它们归入虚骨龙类已知主要亚类群之中，也有研究认为，它们代表虚骨龙类当中相对独立的亚类群。

形态特征 眶后骨仅有前支参与上颞窝的形成；上隅骨在下颌关节处之下的外侧面水平向脊显著；牙齿微弱弯曲或者不弯曲；颈椎前关节突关节面突起；背椎的椎弓下突板席状，平行；最后部背椎椎体和椎弓横突在同一水平位置；荐部加长；尾椎系列转折点靠前；前部和中部脉弧的远端不膨大，腹向尖灭；肱骨三角肌嵴低矮；尺骨弯曲；尺骨鹰嘴突缺失；髂骨短肌窝后部宽度与前部宽度相近，内外缘近平行；髂骨耻骨柄横向凹进；耻骨远端靴状突腹视狭窄，左右边缘近平行；股骨远端内侧上髁圆形；胫骨加长。

分布与时代 几乎所有大陆，中侏罗世到白垩纪末期。

评注 虚骨龙类这一分类单元最早由 Friedrich von Huene 于1914年建立，用于指代小型兽脚类，但小型兽脚类显然不是一个单系类群；后来的研究用虚骨龙类指代晚期分异的一个僵尾龙类演化支，也包括霸王龙这样的巨型动物。

从地理分布上看，虚骨龙类化石主要发现于劳亚大陆，冈瓦纳大陆的虚骨龙类化石非常贫乏；从地层分布上看，虚骨龙类化石记录未见于三叠纪地层，侏罗纪地层中较少，主要见于白垩纪地层中。确切无疑的最早虚骨龙类是中侏罗世晚期的暴龙超科的 *Proceratosaurus* 和 *Kileskus*。虚骨龙类在体型、食性、运动方式和栖息地等诸多方面出现明显分异，代表兽脚类多样性最高的一个演化支，体型大小从体长十几米的霸王龙到体长几十厘米的近鸟龙和小驰龙，食性从肉食性、杂食性到植食性，运动方式从奔跑型到滑翔，乃至扑翼飞行，栖息地从陆地到水域乃至天空。

我国的虚骨龙类化石非常丰富，有着世界上最好的早期虚骨龙类化石记录，化石保存质量也绝无仅有。我国的虚骨龙类从分类上涵盖了几乎所有虚骨龙类亚类群，在许多亚类群当中，也涵盖了这些亚类群从早期到晚期的演化历史。

基于四川广元上侏罗统广元组产出的牙齿化石（IVPP V 232–234）建立的破碎中国虚骨龙（*Sinocoelurus fragilis*）最初被归入虚骨龙科（Coeluridae）（Young, 1942b）。现在一般认为，破碎中国虚骨龙是一个无效属种（Holtz et al., 2004），其系统分类位置也不确定：除了兽脚类外，还可能属于蛇颈龙类（Wu et al., 2009）或者鳄形类（Rozhdestvensky, 1977）。

左龙属 Genus *Zuolong* Choiniere, Clark, Forster et Xu, 2010

模式种 萨利氏左龙 *Zuolong salleei* Choiniere, Clark, Forster et Xu, 2010

鉴别特征 以下列特征组合区别于其他虚骨龙类：外鼻孔和水平方向呈45°夹角；前上颌骨主体呈正方形；上颌骨前部分支呈三角形；泪骨前支向腹侧延伸；眶后骨无前突，额骨突和轭骨突呈直角；方骨与深窝相关联的大型裂缝式方骨孔向内侧倾斜近45°*；颈椎侧面无成对的滋养孔，前后向短；背椎椎体侧面不发育气窝；第五荐椎椎体后关节面向前背方倾斜*；肱骨、尺骨和桡骨直；髂骨相对短高，髋臼后支短，耻骨柄小；股骨直，股骨头上的头凹很大，几乎占据了股骨头的整个后侧面*；胫骨胫嵴上发育一侧脊；蹠骨III远端髁较其他蹠骨远端髁大，且其前内侧边缘具一向前内侧伸展的耳突*。

中国已知种 仅模式种。

分布与时代 新疆，晚侏罗世。

萨利氏左龙 *Zuolong salleei* Choiniere, Clark, Forster et Xu, 2010

(图 28)

正模 IVPP V 15912，一保存不完整的骨架，估计为亚成年个体，保存有左侧前上颌骨、上颌骨、方骨、鳞骨、翼骨、泪骨、眶后骨，成对的方轭骨和外翼骨，部分额骨和顶骨，1 颗前上颌齿，2 颗上颌齿或下颌齿，5 个颈椎，4 个背椎，5 个荐椎，8 个尾椎，右侧肱骨，左侧的桡骨和尺骨，一个完整指爪骨，左侧髂骨，两侧的耻骨和股骨，右侧胫骨，右侧腓骨近端，右侧蹠骨 II–IV，3 个趾节骨和趾爪骨。发现于新疆准噶尔盆地五彩湾。

鉴别特征 同属。

产地与层位 新疆准噶尔盆地，上侏罗统石树沟组上部。

评注 萨利氏左龙为一中小型兽脚类，体长估计约 3 m，最初被归入虚骨龙类 (Choiniere et al., 2010a)，并得到了一些后期研究的支持 (Brusatte et al., 2014；Hartman et al., 2019)，但也有研究认为，萨利氏左龙代表早期分异的僵尾龙类 (Cau, 2018)。本书认同前一种观点，即萨利氏左龙是一种早期分异的虚骨龙类。

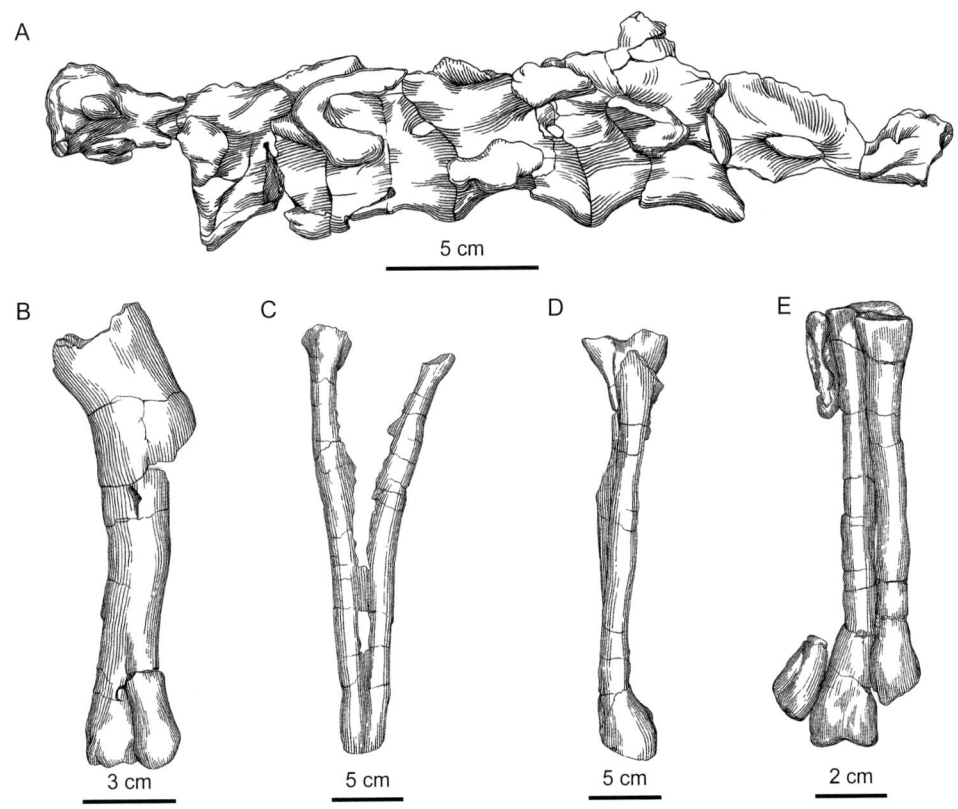

图 28 萨利氏左龙 *Zuolong salleei* 正模 (IVPP V 15912)
A. 荐椎左侧视；B. 右肱骨外侧视；C, D. 耻骨前侧视 (C) 和外侧视 (D)；E. 右蹠部前侧视 (改自 Choiniere et al., 2010a)

暴龙超科 Superfamily Tyrannosauroidea Osborn, 1905

定义与分类 本书采用的暴龙超科的系统发育分类学定义为：包含 *Tyrannosaurus rex* Osborn, 1905，但不包含 *Ornithomimus edmontonicus* Sternberg, 1933，*Troodon formosus* Leidy, 1856 和 *Dromaeosaurus albertensis* Matthew et Brown, 1922 的包容性最大的演化支。暴龙超科主要包含两个类群：原角鼻龙科（Proceratosauridae）和泛暴龙类（Pantyrannosauria），著名的暴龙科（Tyrannosauridae）是后者的一个分支。

形态特征 吻部前端钝；前上颌骨前后向短；鼻骨愈合；轭骨腹缘明显折向腹侧；下颌反关节突前后向短，横向宽；前上颌齿明显小于其他牙齿，齿冠切齿状；肩胛骨带状骨锋；前肢相对短；髂骨相对长，后缘有凹缺，外侧面有垂直棱脊。

中国已知属 冠龙属（*Guanlong*）、中国暴龙属（*Sinotyrannus*）、羽王龙属（*Yutyrannus*）、帝龙属（*Dilong*）、雄关龙属（*Xiongguanlong*）、盗王龙属（*Raptorex*）、独龙属（*Alectrosaurus*）、特暴龙属（*Tarbosaurus*）、诸城暴龙属（*Zhuchengtyrannus*）以及虔州龙属（*Qianzhousaurus*）。

分布与时代 欧洲、北美洲和亚洲，可能还分布于南美洲和大洋洲，中侏罗世到白垩纪末期。

评注 暴龙超科代表虚骨龙类的一个早期演化支，是典型的肉食性动物，从小型到巨型属种，代表性物种包括侏罗纪的五彩冠龙（*Guanlong wucaii*）、早白垩世的奇异帝龙（*Dilong paradoxus*）和白垩纪末期的 *Tyrannosaurus rex* 和 *Tarbosaurus bataar*。

暴龙超科的侏罗纪化石记录相对贫乏，且化石保存质量差，最早化石记录为英国中侏罗世的 *Proceratosaurus*，化石保存最好的是中国新疆晚侏罗世（牛津期）的冠龙；暴龙超科在白垩纪早期的最好化石记录也来自中国，包括帝龙和羽王龙；暴龙超科在白垩纪晚期的最好化石记录来自北美和蒙古国，中国也有零星化石记录，总体保存质量欠佳。

原角鼻龙科 Family Proceratosauridae Rauhut, Milner et Moore-Fay, 2010

定义与分类 本书采用的原角鼻龙科的系统发育分类定义为：包含 *Proceratosaurus bradleyi* (Woodward, 1910)，但不包含 *Tyrannosaurus rex* Osborn, 1905，*Coelurus fragilis* Marsh, 1879 和 *Compsognathus longipes* Wagner, 1859 的包容性最大的演化支。

形态特征 外鼻孔大，后延超过上颌窗前缘；前上颌骨鼻窝明显，前缘有深沟；上颌骨前部分支前后向短，方形；耻骨前缘靠近背端有凸起的结节；坐骨干弯曲，前腹缘凹进。

分布与时代 欧洲和亚洲，中侏罗世到早白垩世。

评注 原角鼻龙科代表暴龙超科的一个早期演化支，代表成员有 *Proceratosaurus*、冠龙和羽王龙。

冠龙属 Genus *Guanlong* Xu, Clark, Forster, Norell, Erickson, Eberth, Jia et Zhao, 2006

模式种 五彩冠龙 *Guanlong wucaii* Xu, Clark, Forster, Norell, Erickson, Eberth, Jia et Zhao, 2006

鉴别特征 以下列特征组合区别于其他暴龙超科属种：在上颌骨接近与前上颌骨连接位置有一明显开口*；具一复杂且高度气腔化的鼻部嵴冠*；沿额骨中线具一低的且多皱的脊*；顶骨背面扁平，具两平行矢状嵴*；上颞窝中具一横向脊*；颈-背过渡处脊椎有椎体-后关节突板，板背端向外侧膨展*；尾椎背面和腹面均有深的纵向沟*；肩胛骨锋的腹侧部分横截面呈近等边三角形，后缘厚*；掌骨 III 近端有显著的内腹侧突和外背侧突*；指节骨 III-2 近端具显著的内腹侧突*；股骨大转子在前后向上比小转子窄很多；距骨和跟骨后远端面有明显的窝*；趾节骨 II-2 近端具成对腹侧突。

中国已知种 仅模式种。

分布与时代 新疆，晚侏罗世。

五彩冠龙 *Guanlong wucaii* Xu, Clark, Forster, Norell, Erickson, Eberth, Jia et Zhao, 2006

（图 29）

正模 IVPP V 14531，一具半关联的不完整骨架，缺失下颌、部分脊椎。发现于新疆准噶尔盆地五彩湾。

归入标本 IVPP V 14532，一具近完整骨架，明显小于正模，保存近完整头骨。

鉴别特征 同属。

产地与层位 新疆准噶尔盆地，上侏罗统（牛津阶）石树沟组上部。

评注 五彩冠龙为一中等体型的兽脚类，体长估计 3.3 m。有研究认为五彩冠龙是江氏单嵴龙的晚出同物异名，已有标本代表后者的幼年个体（Carr, 2006），但五彩冠龙和江氏单嵴龙除了都有头部嵴冠外，其他形态特征差别很大，而且五彩冠龙正模代表一成年个体，但远远小于江氏单嵴龙正模，因此，对五彩冠龙有效性的质疑并不成立。属名来源于汉语"冠"和"龙"；种名来源于中文"五彩"，表示产出这些标本的围岩颜色丰富。正模与归入标本均发现于黄褐色凝灰质泥岩中，代表了沼泽相沉积。它们的保存特征表明，IVPP V 14532 原地死亡，后来可能被 IVPP V 14531 踩踏过，并在地表分解前被掩埋；而 IVPP V 14531 死后则经历了明显的地表暴露。

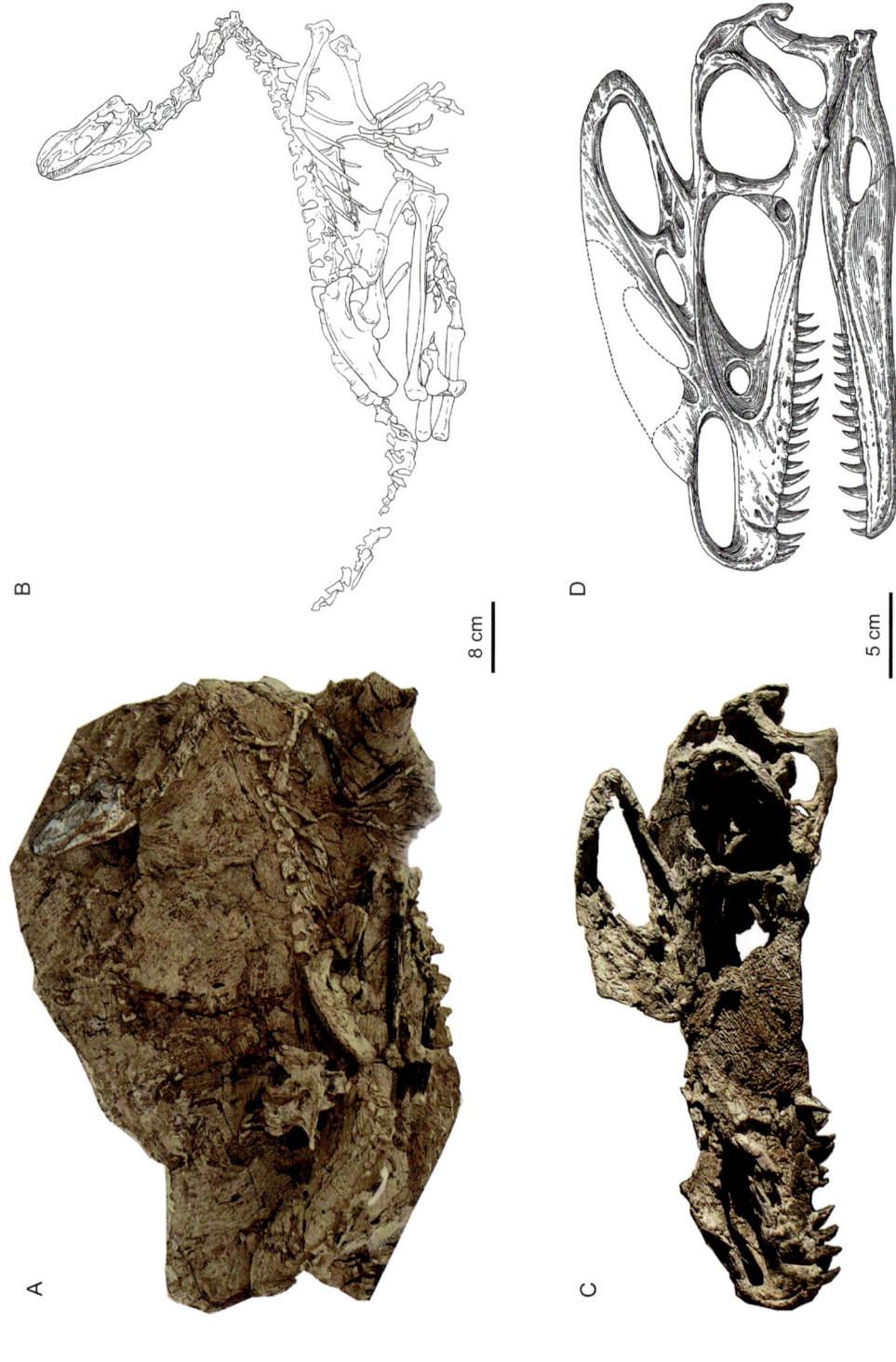

图 29 五彩冠龙 *Guanlong wucaii*

A, B. 归入标本(IVPP V 14532)化石照片(A)和线描图(B); C, D. 正模(IVPP V 14531)头骨化石照片(C)和素描图(D)(改自 Xu et al., 2006a)

中国暴龙属 Genus *Sinotyrannus* Ji, Ji et Zhang, 2009

模式种 喀左中国暴龙 *Sinotyrannus kazuoensis* Ji, Ji et Zhang, 2009

鉴别特征 以下列特征组合区别于其他暴龙超科属种：相对大的外鼻孔；上颌骨前部分支接近方形；上颌窗前缘达眶前窝前缘，但未与眶前窝腹缘接触；髂骨髋臼前支相对短，且缺少腹向延展的前腹沟。

中国已知种 仅模式种。

分布与时代 辽宁，早白垩世。

喀左中国暴龙 *Sinotyrannus kazuoensis* Ji, Ji et Zhang, 2009

（图 30）

正模 KZV-001，一具不完整的骨架，部分关联保存，包括头骨前半部，三个相关联的背椎，多条背肋，不完整的髂骨，部分指节以及若干骨骼碎片。发现于辽宁喀左大城子。

鉴别特征 同属。

产地与层位 辽宁喀左，下白垩统九佛堂组。

评注 喀左中国暴龙为一大型兽脚类，体长估计超过 9 m。由于体型巨大，喀左中国暴龙最初被归入暴龙科（Ji et al., 2009），但其他形态特征明显不同于暴龙科其他成员；后期研究认为，它属于原角鼻龙科（Brusatte et al., 2010）。

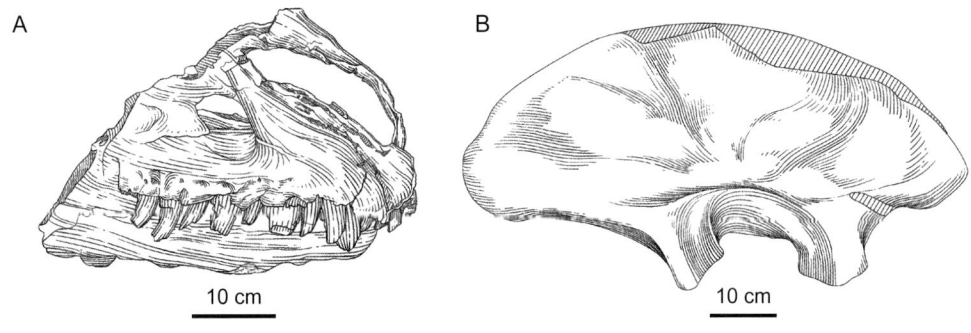

图 30 喀左中国暴龙 *Sinotyrannus kazuoensis* 正模（KZV-001）
A. 头骨吻部侧视；B. 右髂骨外侧视（改自 Ji et al., 2009）

羽王龙属 Genus *Yutyrannus* Xu, Wang, Zhang, Ma, Xing, Sullivan, Hu, Cheng et Wang, 2012

模式种 华丽羽王龙 *Yutyrannus huali* Xu, Wang, Zhang, Ma, Xing, Sullivan, Hu, Cheng et Wang, 2012

鉴别特征 以下列特征组合区别于其他暴龙超科属种：头骨吻部上有一嵴冠，由上颌骨和鼻骨形成，有皱纹、高度气腔化；前上颌骨上颌骨支的外侧面朝向背侧；上颌骨缺失前部分支；上颌窗位置靠后；眶前窝具后腹侧倾斜的腹缘；在眶后骨额骨支与轭骨支结合处具一前腹方延伸的眶内突；眶后骨的主体外表面具大的凹面；外下颌窗大部分位于上隅骨上；髂骨背缘侧视平直，髋臼后支腹缘具肺叶状耳突。

中国已知种 仅模式种。

分布与时代 辽宁，早白垩世。

华丽羽王龙 *Yutyrannus huali* Xu, Wang, Zhang, Ma, Xing, Sullivan, Hu, Cheng et Wang, 2012

（图 31）

正模 ZCDM V 5000，一具部分关联的近完整的骨架，包括几乎完整的头骨。发现于辽宁北票巴图营子。

归入标本 ZCDM V 5001，一具近完整的关联的骨架；ELDM V1001，一具关联的骨架，缺失尾部。

鉴别特征 同属。

产地与层位 辽宁北票，下白垩统义县组。

评注 华丽羽王龙为一大型兽脚类，体长约 8 m。最初研究认为，华丽羽王龙的系统位置介于原角鼻龙科和暴龙科之间；Brusatte 和 Carr（2016）的分析显示，华丽羽王龙属于原角鼻龙科。本书采用后一观点。属名由汉语"羽毛"和拉丁语"暴君"组成，种名为汉语"华丽"，用以表示该生物所具有的漂亮的羽衣。

泛暴龙类 Pantyrannosauria Delcourt et Grillo, 2018

定义与分类 Pantyrannosauria 的系统发育分类定义为：包含 *Tyrannosaurus rex* Osborn, 1905，但不包含 *Proceratosaurus bradleyi* (Woodward, 1910) 的最大演化支。

形态特征 髂骨侧视近卵形，前后向长度约为髋臼处背腹向高度的 2.8 倍；髂骨外侧面位于髋臼背侧的纵脊相对短，未达髂骨背缘；坐骨闭孔突尖端位置靠背侧。

分布与时代 亚洲、北美洲和欧洲，可能还分布于南美洲和大洋洲，晚侏罗世到晚白垩世。

评注 泛暴龙类代表暴龙类的一个演化支，指代相对晚期分异的暴龙类的一个演化支，包含了大多数暴龙物种，像帝龙和霸王龙等。

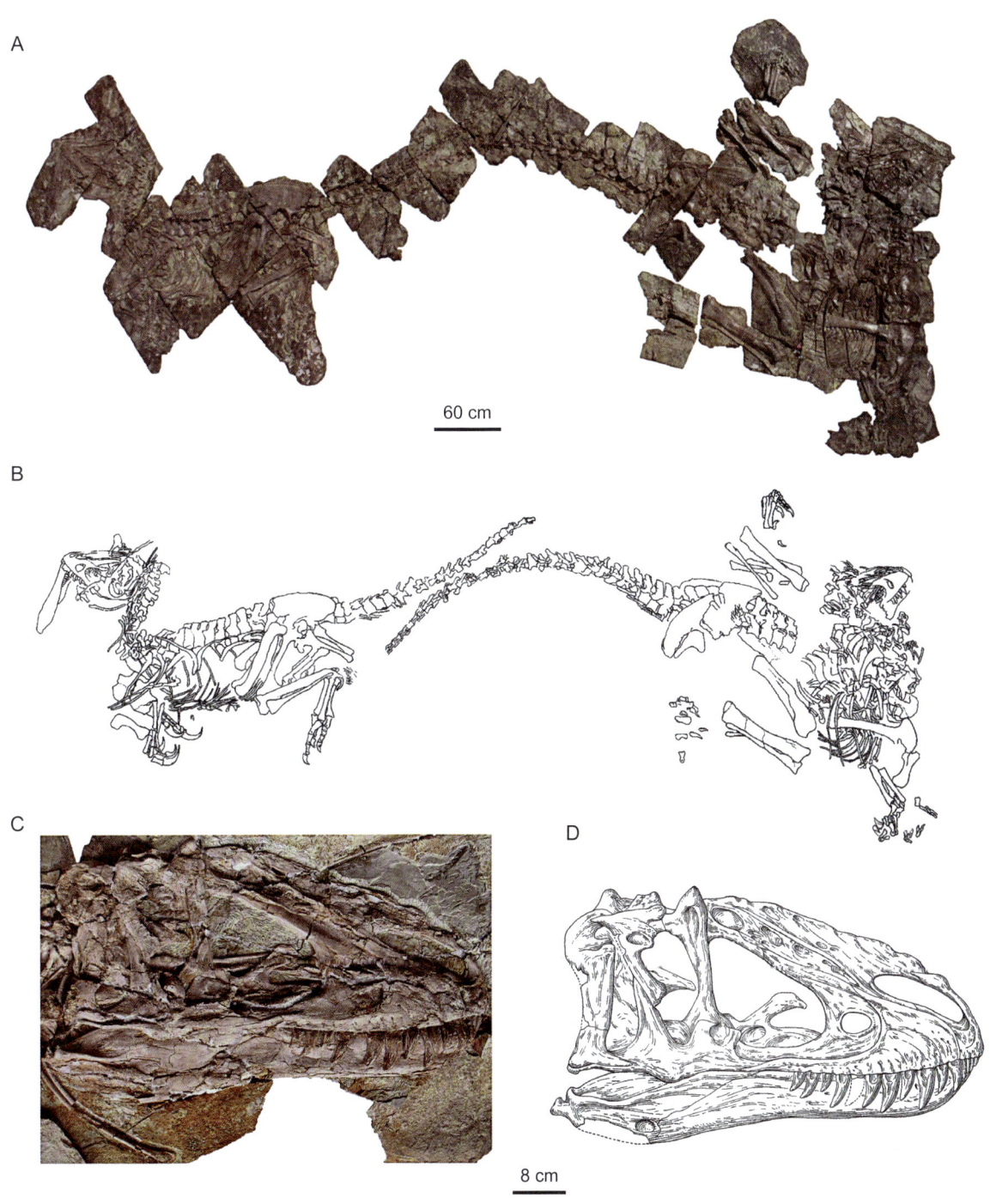

图 31 华丽羽王龙 *Yutyrannus huali*

ZCDM V 5000（左，正模）和 5001（右）化石照片（A）和线描图（B）；ELDM V1001 头骨照片（C）和素描图（D）（改自 Xu et al., 2012a）

帝龙属 Genus *Dilong* Xu, Norell, Kuang, Wang, Zhao et Jia, 2004

模式种 奇异帝龙 *Dilong paradoxus* Xu, Norell, Kuang, Wang, Zhao et Jia, 2004

鉴别特征 以下列特征组合区别于其他暴龙超科属种：上颌骨眶前窝背部具两个大的气腔化凹陷；由鼻骨和泪骨形成一个Y形嵴冠；鳞骨下降支极长，延伸到方骨与下颌的连接处；基蝶骨在基突前有一侧突；颈椎间韧带窝深，近圆形；肩胛骨坚实，末端宽阔（两倍于肩胛骨锋宽度）；乌喙骨增大（背腹侧长度达肩胛骨长度的70%）。

中国已知种 仅模式种。

分布与时代 辽宁，早白垩世。

奇异帝龙 *Dilong paradoxus* Xu, Norell, Kuang, Wang, Zhao et Jia, 2004

（图32）

正模 IVPP V 14243，一具半关联的骨架，包括一个近乎完整的头骨。发现于辽宁北票上园陆家屯。

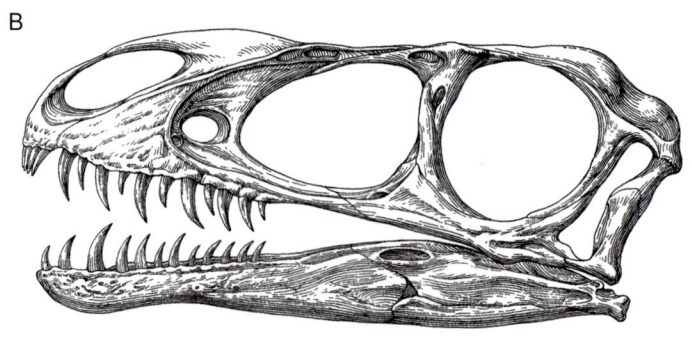

图32 奇异帝龙 *Dilong paradoxus* 正模（IVPP V 14243）
A. 头骨照片；B. 头骨复原图（改自 Xu et al., 2004）

归入标本 IVPP V 14242,一个近乎完整的头骨和部分脊椎;TMNH (TNP01109),一个部分保存的头骨;IVPP V 11579,一个破碎保存的骨架,包括头骨和头后骨骼。

鉴别特征 同属。

产地与层位 辽宁北票上园陆家屯和四合屯,下白垩统义县组。

评注 奇异帝龙为一小型兽脚类,体长估计为 1.6 m 左右。属名来源于汉语的"皇帝"和"龙"。种名用以表示这种生物具有奇异的特征。

雄关龙属 Genus *Xiongguanlong* Li, Norell, Gao, Smith et Makovicky, 2010

模式种 白魔雄关龙 *Xiongguanlong baimoensis* Li, Norell, Gao, Smith et Makovicky, 2010

鉴别特征 以下列特征组合区别于其他暴龙超科属种:吻部明显延长,占头骨超过三分之二的部分;愈合的鼻骨上具褶皱结构;泪骨上具明显的角突;气腔化的方骨;颈椎椎体有两对侧凹。

中国已知种 仅模式种。

分布与时代 甘肃,早白垩世。

白魔雄关龙 *Xiongguanlong baimoensis* Li, Norell, Gao, Smith et Makovicky, 2010

(图 33)

正模 GSGM FRDC-GS JB16-2-1,一个完整颅骨,完好的荐前椎系列,部分右髂骨和右股骨。发现于甘肃酒泉俞井子盆地。

鉴别特征 同属。

产地与层位 甘肃酒泉,下白垩统新民堡群下沟组。

评注 白魔雄关龙为一中等体型的兽脚类,体长估计 4.3 m 左右。属名"雄关"来源于嘉峪关,种名"白魔"来源于此地在地形上的绰号——白魔堡。

盗王龙属 Genus *Raptorex* Sereno, Tan, Brusatte, Kriegstein, Zhao et Cloward, 2009

模式种 克氏盗王龙 *Raptorex kriegsteini* Sereno, Tan, Brusatte, Kriegstein, Zhao et Cloward, 2009

鉴别特征 以下列特征组合区别于其他暴龙超科属种:头骨大,是躯干部长度的40%;上颌窗背方的眶前窝内具窄的附属气腔化窝*;泪骨和额骨缝合线式关联;轭骨眶

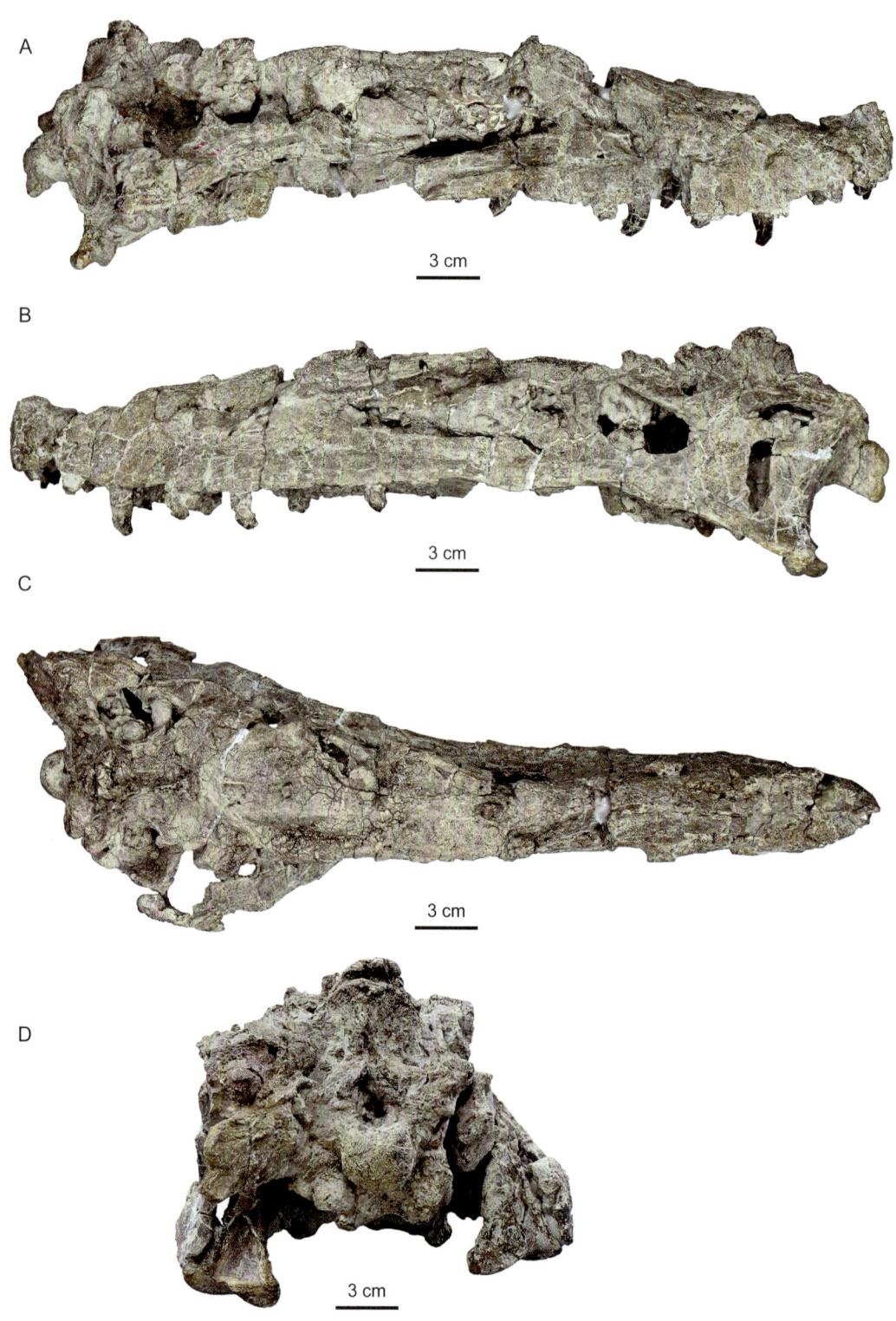

图 33 白魔雄关龙 *Xiongguanlong baimoensis* 正模（GSGM FRDC-GS JB16-2-1）
颅骨右侧视（A）、左侧视（B）、背视（C）和后视（D）（引自 Li D. Q. et al., 2010）

下部极浅（横向宽度近深度的 60%）*；上隅孔大；髂骨外侧面在髋臼背方缺失垂直向嵴*。

中国已知种　仅模式种。

分布与时代　辽宁，早白垩世。

克氏盗王龙 *Raptorex kriegsteini* Sereno, Tan, Brusatte, Kriegstein, Zhao et Cloward, 2009

（图 34）

正模　LHGPI (LH) PV18，一具部分关联的骨架，缺失部分前肢和缺失第十一尾椎之后的部分。发现于辽宁建平张家湾。

鉴别特征　同属。

产地与层位　辽宁建平，下白垩统义县组。

评注　克氏盗王龙为一中小型兽脚类，体长不足 3 m。有研究认为，克氏盗王龙正模是一个幼年标本，因此成体个体要远远大于 3 m，甚至可能是 *Tarbosaurus* 的幼年个体；化石标本也并非产自中国辽宁，很可能产自蒙古国南戈壁上白垩统（Fowler et al., 2011）。本书暂时收录这一属种，等待未来研究对其分类地位和产地信息达成共识。属名由希腊语的"盗贼"和"王"组成；种名献给 Roman Kriegstein 先生，化石的捐赠者。

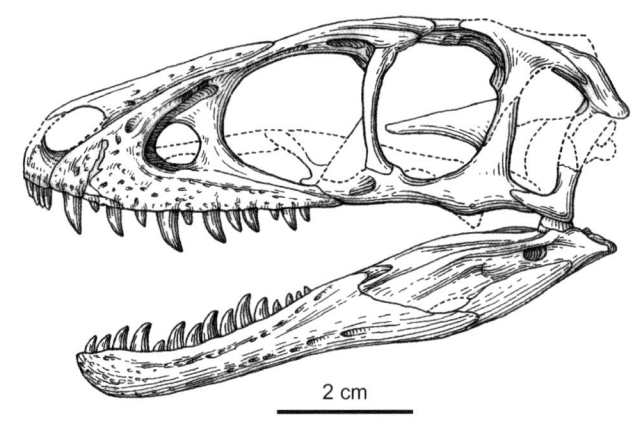

图 34　克氏盗王龙 *Raptorex kriegsteini* 正模 [LHGPI (LH) PV18]
头骨素描图（改自 Sereno et al., 2009）

独龙属 Genus *Alectrosaurus* Gilmore, 1933

Albertosaurus：Paul, 1988, p. 102

模式种　奥氏独龙 *Alectrosaurus olseni* Gilmore, 1933

鉴别特征 股骨后侧面有一卵形疤痕，远端内髁后侧面有一尖刺状突起；关节距骨的胫骨前侧面靠内缘平直；腓骨靠近端的内侧凹陷向后延伸，形成浅的附着肌肉的窝；蹠骨 I 前后向窄，外耳突基部三角形，远端关节头偏向内缘；趾节骨 I-1 外髁显著，内侧副韧带窝小；蹠骨 II 外髁有刺状突起；趾节骨 II-2 近端关节面背缘尖锐，远端内外髁间沟槽深而窄；趾爪骨曲肌结节大，到达近端关节面；脚趾 III 相对短；蹠骨 IV 远端关节面茎状（Carr, 2005）。

中国已知种 仅模式种。

分布与时代 我国内蒙古二连盆地和蒙古国南戈壁，晚白垩世。

奥氏独龙 *Alectrosaurus olseni* Gilmore, 1933

（图 35）

Albertosaurus olseni: Paul, 1988, p. 102

正模 AMNH 6368，右肱骨，指节骨 II-1 和 III-1；AMNH 6554，指爪骨，右股骨，

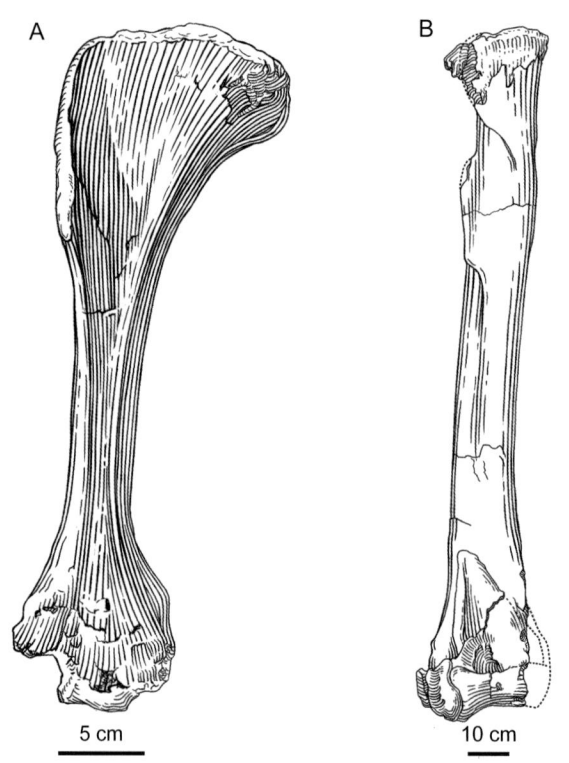

图 35 奥氏独龙 *Alectrosaurus olseni* 正模（AMNH 6368, 6554）
A. 肱骨前侧视；B. 胫骨和近端跗骨前侧视（改自 Gilmore, 1933b）

胫骨，腓骨，距骨，跟骨，蹠骨等。发现于内蒙古二连盆地电报站营地。

鉴别特征 同属。

产地与层位 内蒙古二连盆地，上白垩统二连组。

评注 奥氏独龙为一中等体型的兽脚类，体长估计 5 m 左右。标本 AMNH No.6368 与 No.6554 的发现地距离约 30 m，这二者被认为是属于同一个个体的。奥氏独龙的系统发育位置有待进一步工作的确认；一些早期研究认为它属于暴龙科，但近期研究倾向于认为，奥氏独龙代表一个更早期分异的暴龙超科属种。

暴龙科 Family Tyrannosauridae Osborn, 1905

定义与分类 暴龙科是一个包含 *Gorgosaurus libratus* Lambe, 1914，*Albertosaurus sarcophagus* Osborn, 1905，*Daspletosaurus torosus* Russell, 1970，*Tarbosaurus bataar* Maleev, 1955 和 *Tyrannosaurus rex* Osborn, 1905 的最小演化支。

形态特征 外鼻孔后缘位置介于眶前窝前缘和上颌窗前缘之间；头骨宽度与长度之比为 0.40–0.58；上颌骨在眶前窗前缘转折点高度为总高度的 45%–55%；上颌骨腹缘侧视强烈凸起；上颌骨腭架在间齿板背方有深窝，接受下颌齿；额骨前后向长度与额骨中部的横向宽度之比小于 2；左右上颞窝在额骨部分的内侧边界相连；眶后骨前支粗壮，宽度与腹支中部宽度相似；眶后骨眶下突向眼眶内延展；眶后骨有带皱纹的角状结构；鳞骨下降支几乎垂直于方骨柄；鳞骨的方轭骨支伸入下颞窗，分割深度大于下颞窗宽度的 90%；腭骨背支颈部垂直向延伸，轭骨支与泪骨关节处的位置靠前；齿骨后端无位于外下颌窗的后背支；上隅骨外侧面的上隅骨架显著，背腹向宽度大；前关节骨侧视近圆形；枢椎神经棘前缘的背部皱纹状，发育小沟槽和脊，上关节突大，呈皱纹状耳突状，向后延展超出了后关节突；颈椎 3–5 的上关节突类似枢椎，椎体后部 - 椎弓横突板向后腹方伸展；颈椎椎体前后向长度小于椎体后关节面的背腹向高度，神经棘背腹向高度与椎体后关节面高度相似；背椎神经棘前后缘粗糙；髂骨侧视半卵形；坐骨闭孔突顶尖到坐骨背端长度为坐骨长度的 25%–30%；蹠骨 III 和 IV 之间距离大于 II 和 III 之间距离；蹠骨 III 在紧邻远端髁的腹面有升起的近三角形平台。

分布与时代 亚洲、北美洲，晚白垩世。

评注 我国上白垩统产出的一些暴龙超科化石曾被归入暴龙科。基于发现于山东莱阳金刚口上白垩统王氏群的一个肩胛骨化石（IVPP V 836），杨钟健（1958）建立了破碎金刚口龙（*Chingkankousaurus fragilis*）。这一肩胛骨长而纤细，骨干平直，末端加宽，总体形态与较晚期分异的暴龙超科属种相似（Brusatte et al., 2013）。发现于上白垩统山东王氏群辛格庄组的一些牙齿（NGMC V286, V288, V1174, V1773）和蹠骨（NGMC V1777）化石曾被归入到 cf. *Tyrannosaurus rex*（胡承志，1973；董枝明，1979），但胡承志等（2001）

基于这些材料建立了诸城暴龙（*Tyrannosaurus zhuchengensis*）这一属种。基于发现于河南栾川上白垩统潭头群的5颗牙齿化石（IVPP V 4733），董枝明（1979）建立了栾川暴龙（*Tyrannosaurus luanchuanensis*）。这些牙齿粗大厚实，弯曲程度小；最大一颗牙齿保存长110 mm；其中的前上颌齿的锯齿在舌面平行。以上发现的化石能够归入暴龙科，但这些命名属种成立的形态学证据不足，因此，本书同意前期研究，即这些属种是无效命名。一些被归入 *Tyrannosaurus* 的化石也没有形态学依据，中国（和其他亚洲国家）尚未发现 *Tyrannosaurus* 化石。

除此之外，在新疆、内蒙古等地上白垩统中还有一些暴龙科化石的发现，其中一些化石还保存有虫迹，并且能够归入暴龙科中更低阶的演化支中（Li et al., 2016）。

特暴龙属 Genus *Tarbosaurus* Maleev, 1955

模式种 勇士特暴龙 *Tarbosaurus bataar* Maleev, 1955

鉴别特征 以下列特征组合区别于其他暴龙科属种：吻部较窄；上颌骨主体向背侧伸展，形成皮下耳突，从侧面挡住眶前窝；前肢比例在暴龙科里最短；趾节骨 II-2 近端关节面中部垂直脊明显；趾节骨 IV-2 近端关节面内缘凹进。

中国已知种 仅模式种。

分布与时代 中国和蒙古国，晚白垩世。

勇士特暴龙 *Tarbosaurus bataar* Maleev, 1955

（图36）

Shanshanosaurus huoyanshanensis：董枝明，1977，59页

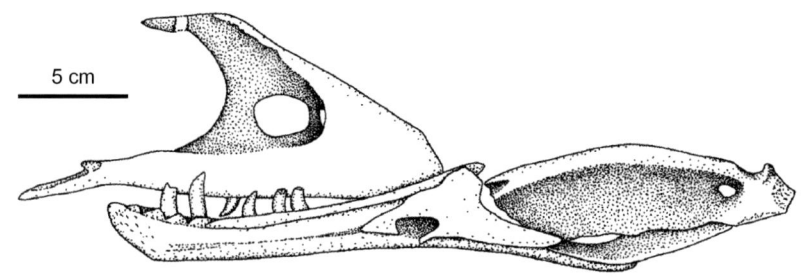

图36 勇士特暴龙 *Tarbosaurus bataar* 标本（IVPP V 4878）
上颌骨和下颌（改自 Currie et Dong, 2001）

正模 PIN 551-1，头骨和颈椎。发现于蒙古南戈壁。

归入标本 IVPP V 4878，部分头骨、荐前椎、肩带，部分前肢、腰带和后肢。

鉴别特征 同属。

产地与层位 蒙古南戈壁，上白垩统耐梅盖特组；中国新疆鄯善，上白垩统苏巴什组。

评注 基于 IVPP V 4878，董枝明（1977）建立了火焰山鄯善龙（*Shanshanosaurus huoyanshanensis*）这一暴龙超科属种，但 Currie 和 Dong（2001）认为 IVPP V 4878 为勇士特暴龙幼年个体。除了 IVPP V 4878，在内蒙古和新疆上白垩统发现的一些暴龙化石也被归入了特暴龙属。本书认为，这些归类的形态学依据需加强，中国是否存在特暴龙属还需要更多工作确认。

诸城暴龙属 Genus *Zhuchengtyrannus* Hone, Wang, Sullivan, Zhao, Chen, Li, Ji, Ji et Xu, 2011

模式种 巨型诸城暴龙 *Zhuchengtyrannus magnus* Hone, Wang, Sullivan, Zhao, Chen, Li, Ji, Ji et Xu, 2011

鉴别特征 以下列特征组合区别于其他暴龙科属种：上颌骨上升支的基部外侧面有一个水平架*；上颌窗前缘有一圆形切口*；缺失上颌骨轭骨支后背缘上的一个耳突；覆盖后部牙齿着生区的腹向鼓起的腭架缺失。

中国已知种 仅模式种。

分布与时代 山东，晚白垩世。

巨型诸城暴龙 *Zhuchengtyrannus magnus* Hone, Wang, Sullivan, Zhao, Chen, Li, Ji, Ji et Xu, 2011

（图 37）

正模 ZCDMV031，一个近完整的右上颌骨及相关联的左侧齿骨，二者上的牙齿均保留在原位。发现于山东诸城臧家庄。

鉴别特征 同属。

产地与层位 山东诸城，上白垩统王氏群。

评注 巨型诸城暴龙为一巨型兽脚类，体长估计为 11 m 左右。属名来源于其发现地诸城。种名 *magnus* 来源于拉丁语，意为巨大的，以形容该生物的体型。

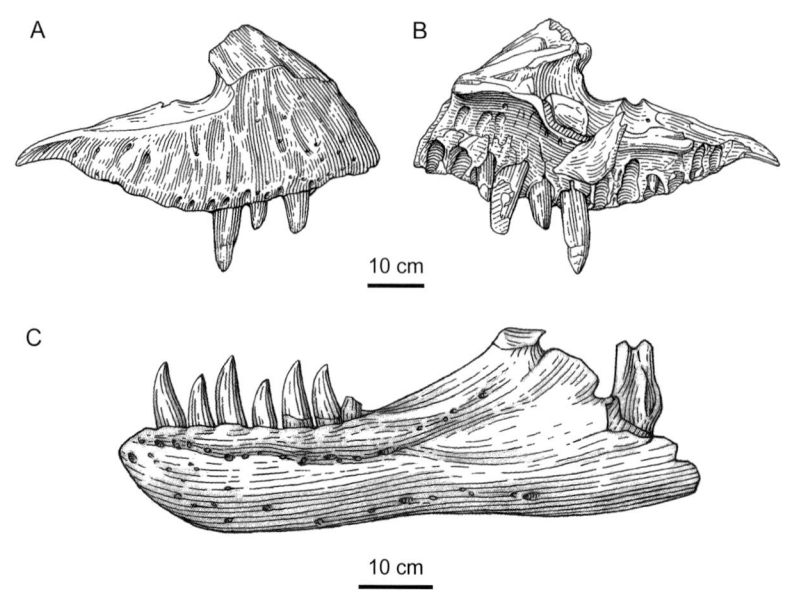

图 37 巨型诸城暴龙 *Zhuchengtyrannus magnus* 正模（ZCDMV031）
A, B. 上颌骨外侧视（A）和内侧视（B）；C. 下颌外侧视（改自 Hone et al., 2011）

虔州龙属 Genus *Qianzhousaurus* Lü, Yi, Brusatte, Yang, Li et Chen, 2014

模式种 中国虔州龙 *Qianzhousaurus sinensis* Lü, Yi, Brusatte, Yang, Li et Chen, 2014

鉴别特征 以下列特征组合区别于其他暴龙科属种：上颌骨上升支有多个分散的大型气腔化窝；前后向极短的前上颌骨（主体的最大前后长度为颅底长度的 2.2%，而其他暴龙超科属种为 4.3%–4.6%）；髂骨侧面没有明显的垂直脊。

中国已知种 仅模式种。

分布与时代 江西，晚白垩世。

中国虔州龙 *Qianzhousaurus sinensis* Lü, Yi, Brusatte, Yang, Li et Chen, 2014

（图 38）

Alioramus sinensis：Carr et al., 2017, p. 3

正模 GM F10004，一个几乎完整的头骨，9 个颈椎，3 个前部背椎，18 个尾椎，一个完整的右肩胛乌喙骨和部分左肩胛乌喙骨，部分髂骨，左边股骨、胫骨和部分腓骨，左距骨、跟骨和蹠骨。发现于江西赣州南康龙陵镇。

鉴别特征 同属。

产地与层位　江西赣州，上白垩统南雄组。

评注　中国虔州龙为一大型兽脚类，体长估计为 9 m 左右。Lü 等（2014）认为中国虔州龙和 *Alioramus* 的两个种构成一个演化支；Carr 等（2017）认为，中国虔州龙应该归入 *Alioramus* 属，提出新组合名 *Alioramus sinensis*。本书采纳前者观点。

图 38　中国虔州龙 *Qianzhousaurus sinensis* 正模（GM F10004）
头骨左侧视（A）和背视（B）

美颌龙科 Family Compsognathidae Cope, 1871

定义与分类　本书采用的美颌龙科系统发育分类学定义为：包含 *Compsognathus longipes* Wagner, 1861，但不包含 *Passer domesticus* (Linnaeus, 1758) 的包容性最大的演化支。

形态特征　头骨相对大；外下颌窗小；背椎神经棘侧视扇形；尾椎数量多，横突不发育；前肢极短；大拇指短粗，掌骨 II 有明显发育的伸肌结节，其长度不足掌骨 III 长度的 35%；耻骨远端靴状突仅有前支；坐骨闭孔突大；第一脚趾相对小。

中国已知属　中华鸟龙属（*Sinosauropteryx*）、华夏颌龙属（*Huaxiagnathus*）、中华

丽羽龙属（*Sinocalliopteryx*）和北票颌龙属（*Beipiaognathus*）。

分布与时代　主要分布于欧洲、亚洲和南美洲，晚侏罗世晚期到早白垩世。疑似化石也见于晚白垩世早期。

评注　美颌龙科代表虚骨龙类的一个早期演化支，这类恐龙一般为小型动物，肉食性，除了前肢短外，总体形态不特化，代表性成员包括 *Compsognathus* 和 *Sinosauropteryx*。

美颌龙科的系统位置和组成分子存在较大争议。早期研究认为美颌龙科属于虚骨龙类最早分异的支系（Sereno, 1999b），但后期研究一般认为美颌龙科比暴龙超科更晚分异，但不同研究给出不同的系统位置。美颌龙科的组成分子也存在很大争议，一些归入美颌龙科的物种缺乏典型的美颌龙科的特征。

我国的美颌龙科化石仅见于下白垩统热河群，包括世界上首次发现的保存有羽毛的恐龙化石——中华鸟龙的正模。

中华鸟龙属　Genus *Sinosauropteryx* Ji et Ji, 1996

模式种　原始中华鸟龙 *Sinosauropteryx prima* Ji et Ji, 1996

鉴别特征　以下列特征组合区别于其他美颌龙科成员：头骨侧视中等高度，吻端钝；前上颌骨略高；眶前窗长圆形；上隅骨窄长；超过 50 个尾椎，尾部占身体全长的 60%；前肢很短；肱骨短粗；第一手指（手指 II）长（长度大于肱骨长度）*；掌骨 II 靠近端有巨大的内侧耳突*；胫骨仅略长于股骨。

中国已知种　仅模式种。

分布与时代　辽宁，早白垩世。

原始中华鸟龙　*Sinosauropteryx prima* Ji et Ji, 1996

（图 39）

正模　GMV2123 和 NIGP 127568，一几乎完整的关联保存的骨架，以及覆盖几乎整个骨架的羽毛和其他软体组织。发现于辽宁北票。

归入标本　NIGP 127568，一近完整骨架；IVPP V 12415，一近完整骨架；IVPP V 14202，一部分头后骨架。

鉴别特征　同属。

产地与层位　辽宁北票、凌源，下白垩统义县组。

评注　原始中华鸟龙为一小型兽脚类，体长不足 1 m。原始中华鸟龙最初被归入鸟类，中文属名为"中华龙鸟"（季强、姬书安，1996），后期研究一致认为，它属于美颌龙科，为避免中文读者对其分类位置的误解，现将其中文属名改为"中华鸟龙"。一件产自

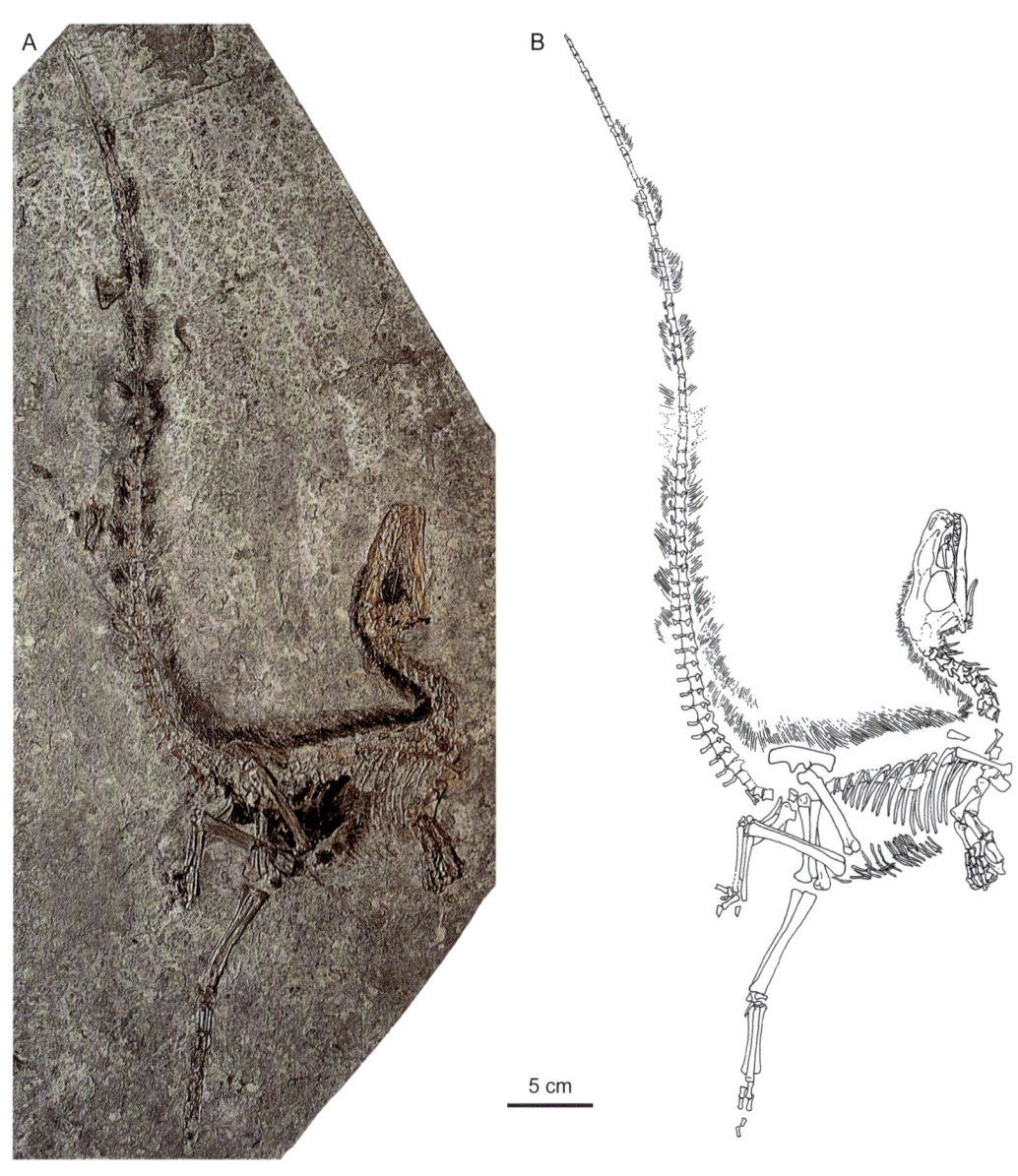

图 39 原始中华鸟龙 Sinosauropteryx prima 标本 (NIGP 127568)
化石照片 (A) 和线描图 (B) (B 改自 Currie et Chen, 2001)

辽宁北票四合屯义县组的近完整骨架化石（GMV2141）最早被归入原始中华鸟龙（季强、姬书安，1997），有研究认为这一分类位置有疑问（Longrich, 2002），并得到一些后期研究的支持（Gishlick et Gauthier, 2007；Ji et al., 2007a），但没有提出具体分类方案。

华夏颌龙属 Genus *Huaxiagnathus* Hwang, Norell, Ji et Gao, 2004

模式种 东方华夏颌龙 *Huaxiagnathus orientalis* Hwang, Norell, Ji et Gao, 2004

鉴别特征 以下列特征组合区别于其他美颌龙科属种：前上颌骨上颌支长，形成外鼻孔后腹缘；手部长，为肱骨和桡骨长度之和；指爪骨 II-2 和 III-3 大，长度相等，为指爪骨 IV 长度的 167%；掌骨 II 近端横向宽度小于掌骨 III；尺骨相对短，为肱骨长度的约 60%；尺骨鹰嘴突缩小。

中国已知种 仅模式种。

分布与时代 辽宁，早白垩世。

东方华夏颌龙 *Huaxiagnathus orientalis* Hwang, Norell, Ji et Gao, 2004
（图 40）

正模 IGCAGS CAGS-IG02-301，一个几乎完整的骨架，只缺少尾巴的末端。发现于辽宁北票。

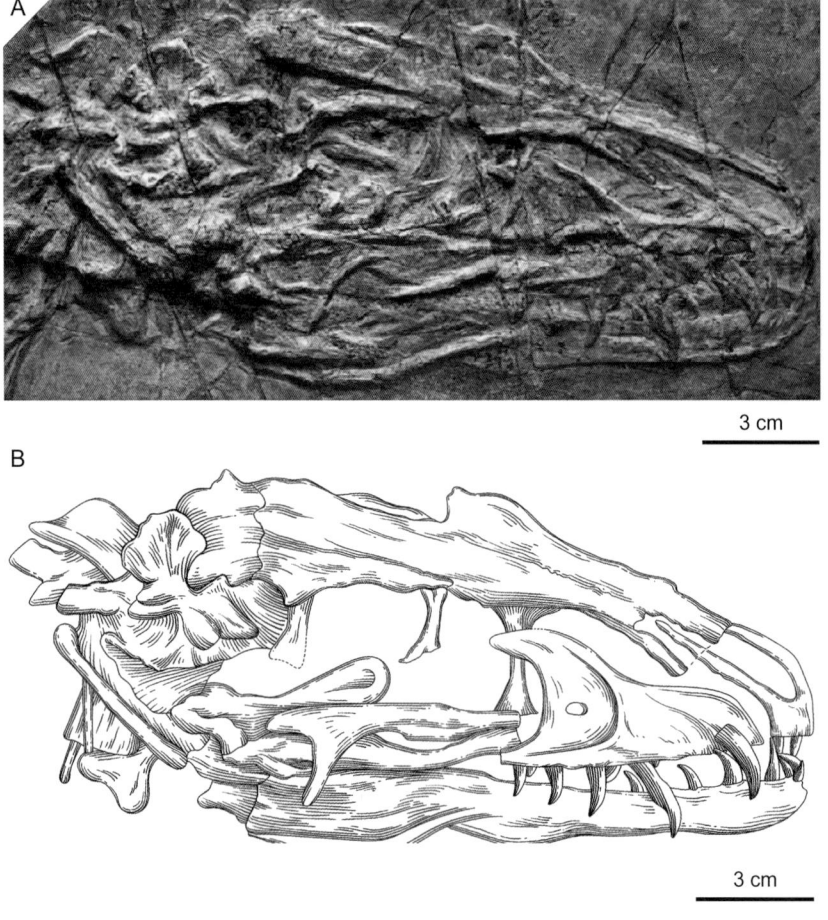

图 40 东方华夏颌龙 *Huaxiagnathus orientalis* 正模（IGCAGS CAGS-IG02-301）
头骨照片（A）和线描图（B）（改自 Hwang et al., 2004）

鉴别特征 同属。

产地与层位 辽宁北票大板沟，下白垩统义县组。

评注 东方华夏颌龙为一中小型兽脚类，体长约1.8 m。东方华夏颌龙一般被归入美颌龙科，但它缺乏典型的美颌龙科特征，如前肢相对较长，大拇指粗壮程度低。从总体形态上看，东方华夏颌龙更接近早期暴龙超科属种，有一些暴龙超科的形态特征，如髂骨前背缘有凹缺，外侧面有纵脊，等等，东方华夏颌龙有可能代表暴龙超科的一个早期成员。

中华丽羽龙属 Genus *Sinocalliopteryx* Ji, Ji, Lü et Yuan, 2007

模式种 巨型中华丽羽龙 *Sinocalliopteryx gigas* Ji, Ji, Lü et Yuan, 2007

鉴别特征 以下列特征组合区别于其他美颌龙科属种：前上颌骨上颌骨支细长，但未延伸到眶前窝的前缘；尾椎数量多（49个）；肩胛骨约为肱骨长度的1.3倍；前肢短而结实，约为后肢长度的一半；尺骨相对长，为肱骨长度的近90%，鹰嘴突退化；手部同肱骨和桡骨的总长度相等；掌骨Ⅱ的近端横向宽度更小；极大且近乎等长的指爪骨Ⅱ和Ⅲ；髂骨髋臼前支向腹侧弯曲；坐骨末端未愈合。

中国已知种 仅模式种。

分布与时代 辽宁，早白垩世。

巨型中华丽羽龙 *Sinocalliopteryx gigas* Ji, Ji, Lü et Yuan, 2007

（图41）

正模 JZMP (JMP)-V-05-8-01，一具极完好保存的完整骨架，一侧石板上保存有长的纤维状皮肤衍生物。发现于辽宁北票上园横道子。

归入标本 IGCAGS CAGS-IG-T1，一部分保存的骨架。

鉴别特征 同属。

产地与层位 辽宁北票，下白垩统义县组。

评注 巨型中华丽羽龙为一中小型兽脚类，体长约2.4 m。属名由希腊语的"中国"（Sin）、"美丽"（callio）、"羽翼"（pteryx）组成，种名由希腊语"巨大"（gigas）组成。巨型中华丽羽龙正模和归入标本在它们的腹内分别保存有驰龙科和孔子鸟及鸟臀类恐龙骨骼，表明这一物种食性广，是一个灵巧的猎食者（Xing et al., 2012）。

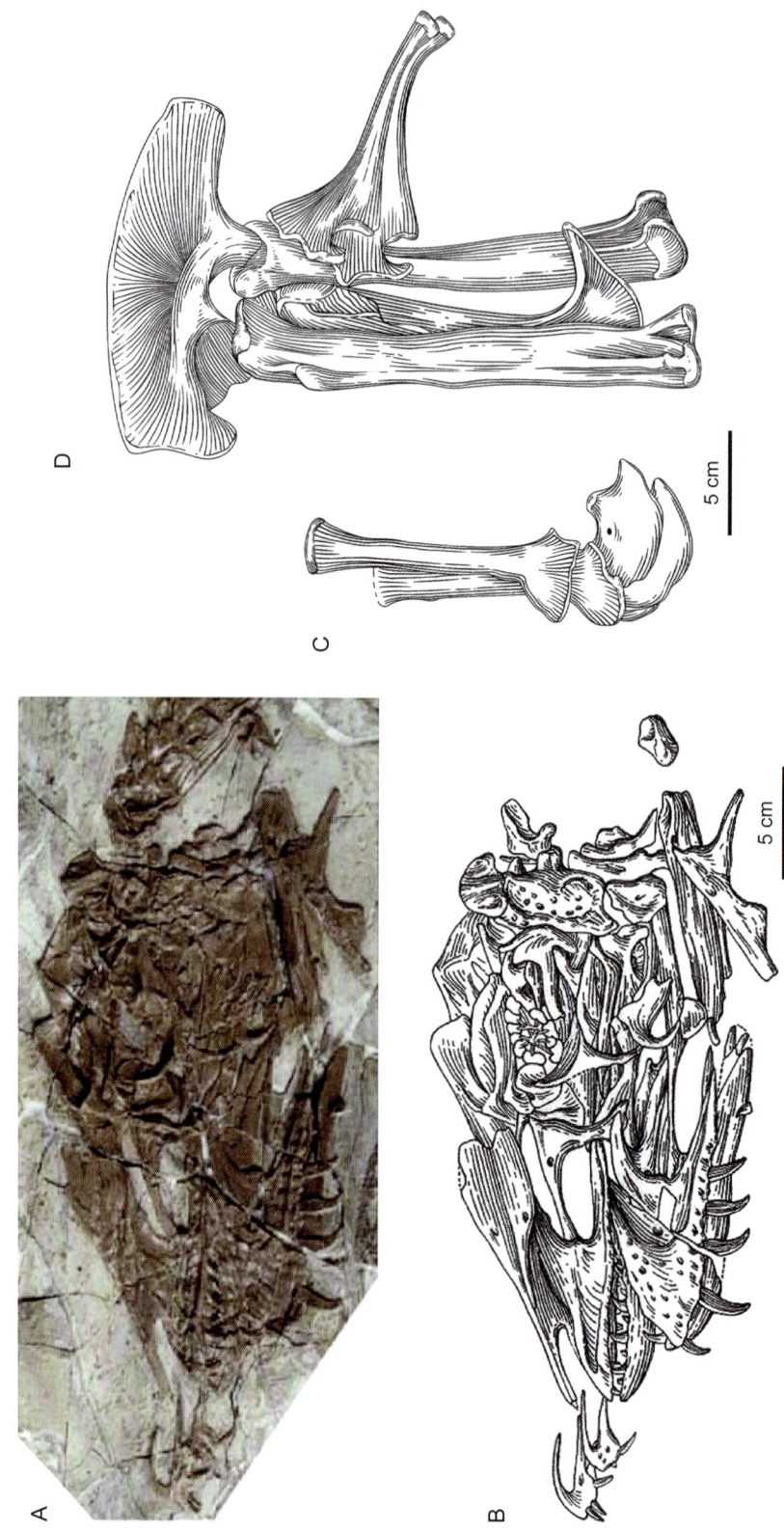

图 41 巨型中华丽羽龙 Sinocalliopteryx gigas 正模 [JZMP (JMP)-V-05-8-01]
A, B. 头骨化石照片 (A) 和线描图 (B); C. 肩胛乌喙骨; D. 腰带和股骨 (改自 Ji et al., 2007b)

北票颌龙属 Genus *Beipiaognathus* Hu, Wang et Huang, 2016

模式种 季氏北票颌龙 *Beipiaognathus jii* Hu, Wang et Huang, 2016

鉴别特征 牙齿不侧弯，锥形，不具小锯齿；背椎神经棘扇形；尾椎相对少（不到40个尾椎）；前肢相对长（为后肢长度的55%）；尺骨长（为肱骨长度的92%）；掌骨 II 短（为掌骨 III 长度的24%），背视长方形；指节骨 III-1 是所有指节骨中最长和最粗壮的指节骨。

中国已知种 仅模式种。

分布与时代 辽宁，早白垩世。

季氏北票颌龙 *Beipiaognathus jii* Hu, Wang et Huang, 2016
（图42）

正模 AGM (AGB) 4997，一较完整个体。发现于辽宁北票（具体产地不详）。

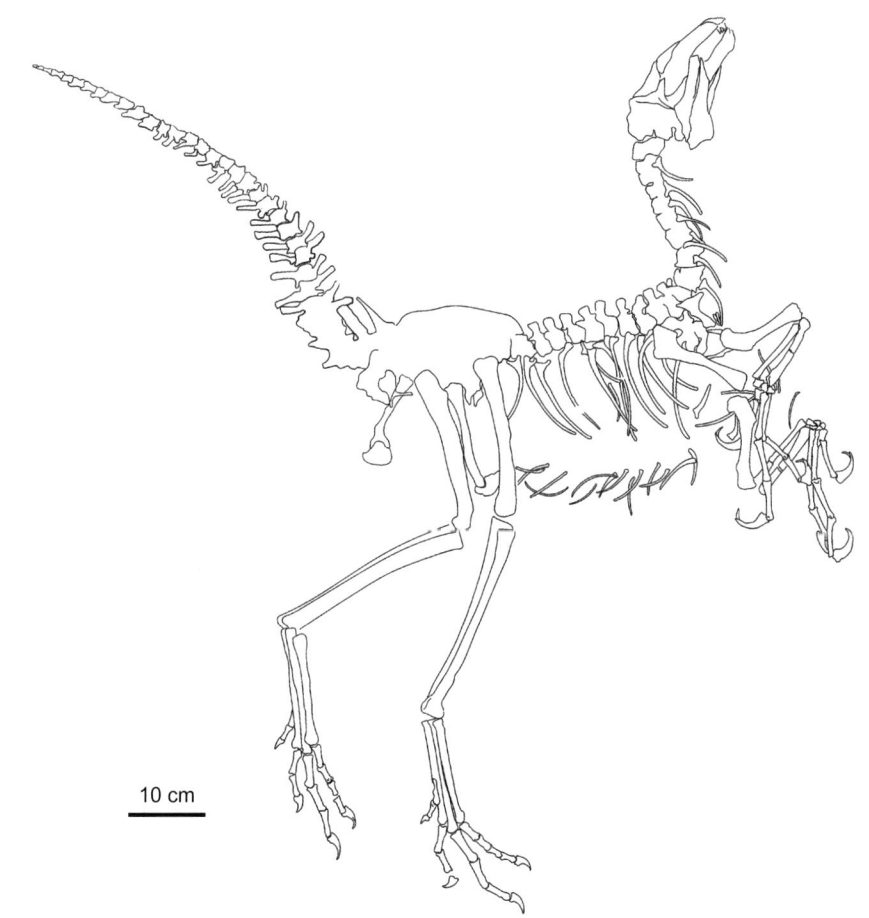

图42 季氏北票颌龙 *Beipiaognathus jii* 正模 [AGM (AGB) 4997] 线描图（改自 Hu et al., 2016）

鉴别特征 同属。

产地与层位 辽宁北票，下白垩统义县组。

评注 季氏北票颌龙为一小型兽脚类。标本保存质量差，有拼接痕迹（Hu et al., 2016），无法判断是否代表一个有效属种，有待进一步确认。

似鸟龙类 ORNITHOMIMOSAURIA Barsbold, 1983

定义与分类 本书采用的似鸟龙类的系统发育分类学定义为：包含 *Ornithomimus edmontonicus* Sternberg, 1933，但不包含 *Tyrannosaurus rex* Osborn, 1905，*Shuvuuia deserti* Chiappe et al., 1998，*Therizinosaurus cheloniformis* Maleev, 1954，*Oviraptor philoceratops* Osborn, 1924，*Troodon formosus* Leidy, 1856，*Passer domesticus* (Linnaeus, 1758) 的包容性最大的演化支。似鸟龙类包含两个主要演化支：恐手龙科（Deinocheiridae）和似鸟龙科（Ornithomimidae）；有研究认为，除了这两个演化支外，还有另外两个演化支，即似金翅鸟龙科（Garudimimidae）和似鸟身女妖龙科（Harpymimidae），但证据不足。

形态特征 脑颅刀状突膨大，形成一个球根状的中空结构；前上颌骨的上颌支（即鼻下支）极度加长，向后远远超过外鼻孔后缘；齿骨侧视细长，后部变宽，总体呈近三角形；上隅骨沿背缘发育一外倾的耳突，连接方骨远端向外扩展的外髁；后部下颌齿缺失；尺骨和桡骨远端紧密关联；指节 II-1 不到指节 III-1 长度的一半。

中国已知属 神州龙属（*Shenzhousaurus*）、鹤形龙属（*Hexing*）、北山龙属（*Beishanlong*）、古似鸟龙属（*Archaeornithomimus*）、中国似鸟龙属（*Sinornithomimus*）以及秋扒龙属（*Qiupalong*）。

分布与时代 亚洲、欧洲、北美洲、非洲，早白垩世中期到白垩纪末期。疑似化石也发现于澳大利亚。

评注 似鸟龙类代表虚骨龙类的一个早期分支，杂食性或植食性动物，代表性物种包括 *Pelecanimimus polyodont*、*Ornithomimus edmontonicus* 和 *Deinocheirus mirificus*。

我国的似鸟龙类化石记录主要来自白垩纪早期，我国是世界上早白垩世似鸟龙类化石最为丰富的国家；我国白垩纪晚期的似鸟龙类分类多样性低，但化石保存精美，有保存行为学信息的化石（Varricchio et al., 2008）。

神州龙属 Genus *Shenzhousaurus* Ji, Norell, Makovicky, Gao, Ji et Yuan, 2003

模式种 东方神州龙 *Shenzhousaurus orientalis* Ji, Norell, Makovicky, Gao, Ji et Yuan, 2003

鉴别特征 以下列特征组合区别于其他似鸟龙类：前上颌骨腹缘侧视凸起；上颌窗

大，前缘抵达眶前窝前缘*；牙齿局限于齿骨前部，牙齿间距大；牙齿圆锥形，无前后缘，无锯齿；最内侧手指远短于外侧两指；髂骨髋臼后支平滑过渡到腹缘；耻骨干侧视稍向前方鼓起，靴状突前支小；坐骨直。

中国已知种　仅模式种。

分布与时代　辽宁，早白垩世。

东方神州龙 *Shenzhousaurus orientalis* Ji, Norell, Makovicky, Gao, Ji et Yuan, 2003

（图43）

正模　GMC (NGMC) 97-4-002，一关联保存的包括头骨的部分骨架，后肢下部，后部尾椎和前肢（除了部分右手）缺失。发现于辽宁北票四合屯。

鉴别特征　同属。

产地与层位　辽宁北票，下白垩统义县组。

评注　东方神州龙为一小型兽脚类，体长估计1.6 m左右（Ji et al., 2003）。属名来源于中国的古称，种名表示东方。

图43　东方神州龙 *Shenzhousaurus orientalis* 正模 [GMC (NGMC) 97-4-002]

鹤形龙属 Genus *Hexing* Jin, Chen et Godefroit, 2012

模式种　轻翼鹤形龙 *Hexing qingyi* Jin, Chen et Godefroit, 2012

鉴别特征　以下列特征组合区别于其他似鸟龙类：头骨相对大（长于股骨）；前上颌骨吻部折向腹侧，腹缘与齿骨腹缘相平齐；齿骨腹缘侧视平直；眶前窝深，占据几乎整个上颌骨外侧面*；顶骨有矢状嵴；副枕突下垂，向腹侧延伸至枕骨大孔之下；齿骨有穿窗；手部指式为 0-(1 或 2)-3-3-0；手指 III 和 IV 的近端指节骨加长（超过对应掌骨长度的 75%）；胫跗骨长，长度为股骨长度的 1.37 倍。

中国已知种　仅模式种。

分布与时代　辽宁，早白垩世。

轻翼鹤形龙 *Hexing qingyi* Jin, Chen et Godefroit, 2012

（图 44）

正模　JLUM-JZ07b1，一大部保存的骨架，包括头骨。发现于辽宁北票陆家屯。

鉴别特征　同属。

产地与层位　辽宁北票，下白垩统义县组。

评注　轻翼鹤形龙为一小型兽脚类恐龙，体长估计为 1.1 m 左右。属名来源于中文，意为"像鹤一样"；种名亦来源于中文，意为"轻盈的翅膀"。轻翼鹤形龙正模保存较差，包括手部在内的骨骼形态存在明显异常（Jin et al., 2012），因此，这一属种一些已描述形态特征存疑，分类有效性还有待确认。

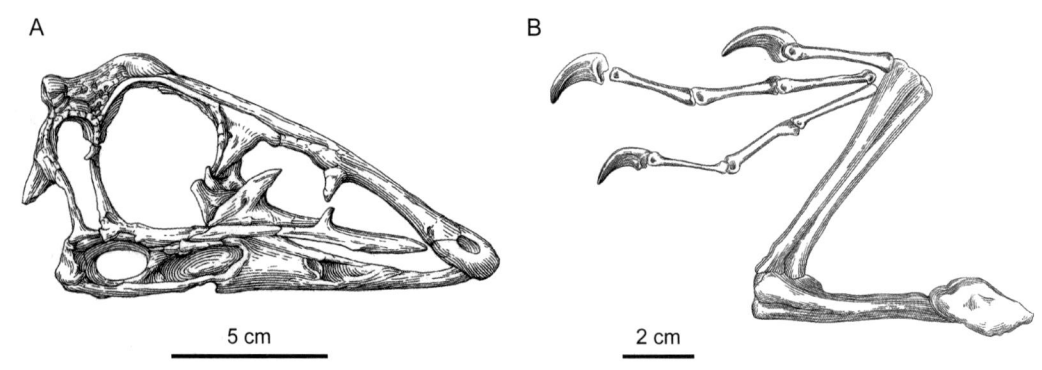

图 44　轻翼鹤形龙 *Hexing qingyi* 正模（JLUM-JZ07b1）
A. 头骨右外侧视；B. 前肢（改自 Jin et al., 2012）

恐手龙科 Family Deinocheiridae Osmólska et Roniewicz, 1970

定义与分类 包含 *Deinocheirus mirificus* Osmólska et Roniewicz, 1970，但不包含 *Ornithomimus velox* Marsh, 1890 的最大演化支。

形态特征 尺骨和桡骨间距大；指爪骨曲肌结节位置靠近端；胫骨胫嵴膨大，朝向前背方。

分布与时代 亚洲，白垩纪。

评注 有关恐手龙科的组成分子存在争议：Lee Y. N. 等（2014）认为 *Garudimimus* 属于恐手龙科，但 Cau（2018）认为 *Garudimimus* 与 *Ornithomimus* 亲缘关系更近，因此不属于恐手龙科。

北山龙属 Genus *Beishanlong* Makovicky, Li, Gao, Lewin, Erickson et Norell, 2010

模式种 巨大北山龙 *Beishanlong grandis* Makovicky, Li, Gao, Lewin, Erickson et Norell, 2010

鉴别特征 以下列特征组合区别于其他似鸟龙类：前部尾椎神经棘具凹口；中部尾椎椎体具龙骨突，神经棘分叉，前、后关节突间有显著的脊相联；肩胛骨的肩臼窝上扶壁前端具明显的窝；乌喙骨窄且具一突出的从乌喙骨结节伸出的外侧嵴以及一个在肩臼窝和肩臼窝后支之间的深凹；弯曲的拇指爪骨；指爪骨 III-3 和 IV-4 直；坐骨柄弯曲；第三蹠骨近端部分侧扁，但前视可见；趾爪骨弯曲。

中国已知种 仅模式种。

分布与时代 甘肃，早白垩世。

巨大北山龙 *Beishanlong grandis* Makovicky, Li, Gao, Lewin, Erickson et Norell, 2010

（图 45）

正模 GSGM FRDC-GS GJ (06) 01-18，一关联保存的头后骨架。发现于甘肃酒泉俞井子盆地。

归入标本 GSGM FRDC-GS GJ (05) 18-1，部分后肢；FRDC-GS JB (07) 01-01，耻骨；IVPP V 12756，部分后肢材料。

鉴别特征 同属。

产地与层位 甘肃酒泉，下白垩统新民堡群。

评注 巨大北山龙为一大型兽脚类，亚成年的正模体长估计 8 m 左右，因此完全成年个体体型更大。属名来源于汉语的"北部山区",种名来源于拉丁语"巨大"。巨大北山龙最初被认为代表一种过渡类型的似鸟龙类(Makovicky et al., 2010),但后续研究把它归入恐手龙科(Lee Y. N. et al., 2014;Hartman et al., 2019)。

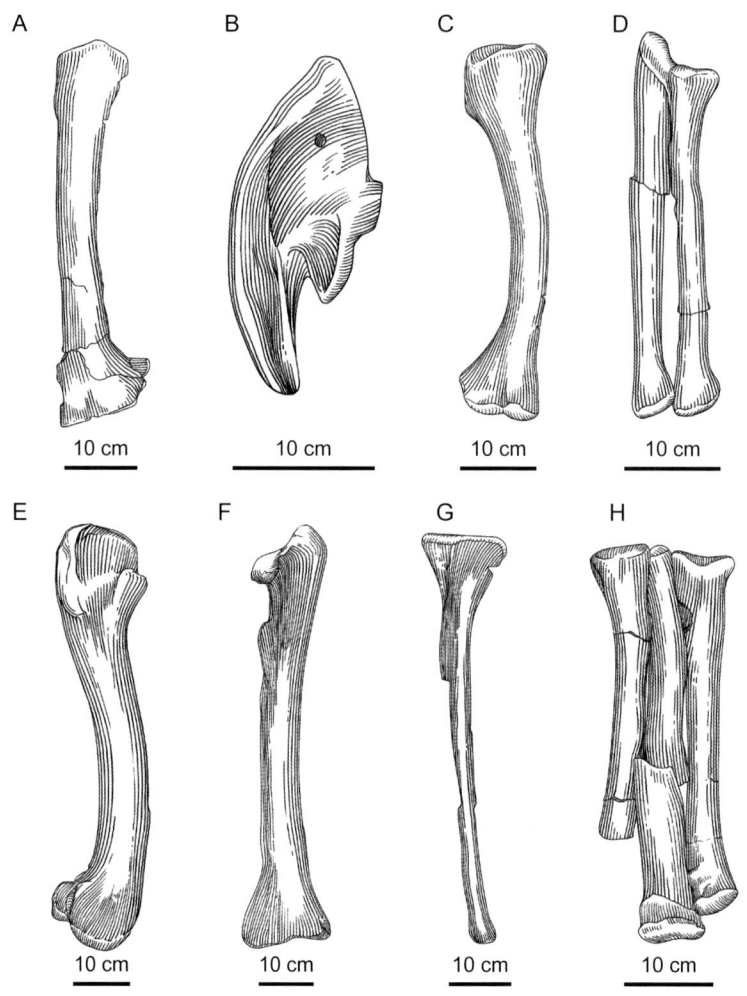

图 45 巨大北山龙 *Beishanlong grandis* 正模 [GSGM FRDC-GS GJ (06) 01-18]
A. 左肩胛骨外侧视;B. 左乌喙骨外侧视;C. 左肱骨前侧视;D. 左尺骨和桡骨内侧视;E. 右股骨外侧视;
F. 右胫骨后侧视;G. 右腓骨外侧视;H. 右侧蹠骨背侧视(改自 Makovicky et al., 2010)

似鸟龙科 Family Ornithomimidae Marsh, 1890

定义与分类 一个包含 *Ornithomimus velox* Marsh, 1890, 但不包含 *Deinocheirus mirificus* Osmólska et Roniewicz, 1970 和 *Garudimimus brevipes* Barsbold, 1981 的最大演化支。

形态特征 胫腓骨和蹠骨相对长;第一脚趾缺失;蹠骨 III 近端退化,形成窄足型蹠部;趾爪骨侧视平直,腹侧面宽。

分布与时代 亚洲和北美洲，晚白垩世。

古似鸟龙属 Genus *Archaeornithomimus* Russell, 1972

模式种 亚洲古似鸟龙 *Archaeornithomimus asiaticus* (Gilmore, 1933) Russell, 1972

鉴别特征 以下列特征组合区别于其他似鸟龙类：背椎椎弓和神经棘相对低，荐椎5个，尾椎神经棘相对低，前关节突相对短；乌喙骨前缘圆，具显著的乌喙结节；掌骨 II 长度接近掌骨 III；髂骨侧视低，髋臼上嵴后部膨大明显，耻骨靴状突腹侧表面平坦，后支相对大；股骨相对直，股骨头背腹向高度相对小，副转子相对小，远端后部的髁间沟浅；胫骨胫嵴小，后沟缺失；蹠骨 III 近端部分侧向压扁，前侧面被蹠骨 II 和 IV 掩盖；蹠骨 II 远端内偏，蹠骨 III 靠近远端有大的内侧耳突。

中国已知种 仅模式种。

分布与时代 内蒙古，晚白垩世。

亚洲古似鸟龙 *Archaeornithomimus asiaticus* (Gilmore, 1933) Russell, 1972

（图46）

Ornithomimus asiaticus：Gilmore, 1933b, p. 27

正模 AMNH 6565，部分足部，包括远端跗骨 III 和 IV，蹠骨 II–IV，趾节骨 IV-1。发现于内蒙古二连盆地。

副模 AMNH 6569，部分头后骨骼，包括桡骨、尺骨、掌骨 II–IV，指节骨 II-1、II-2、III-2 和 IV-2。

归入标本 AMNH 21786，第五颈椎？；AMNH 21787，第八颈椎？；AMNH 21788，第十颈椎，第一至四背椎；AMNH 21789，第五至十背椎？；AMNH 21790，坐骨，第一至五荐椎，第一至五尾椎；AMNH 21791，第三至十一尾椎？；AMNH 21802，第十一至十五尾椎；AMNH 21889，前部尾椎的神经棘；AMNH 21792，后部尾椎；AMNH 21793，7个后部尾椎；AMNH 21794，8个后部尾椎（之前全部归属于 AMNH 6576）；AMNH 21795，肩胛乌喙骨和肱骨（之前归属于 AMNH 6566）；AMNH 21796，肱骨、桡骨和尺骨（之前归属于 AMNH 6567）；AMNH 6569，桡骨、尺骨、掌骨 II–IV，部分指节骨；AMNH 21889，掌骨 II（之前归属于 AMNH 6570）；AMNH 21888，掌骨 III（之前归属于 AMNH 6570）；AMNH 21798，髂骨（之前归属于 AMNH 6558）；AMNH 21799，耻骨（之前归属于 AMNH 6570）；AMNH 21800，股骨（之前归属于 AMNH 6570）；AMNH 21801，胫骨、距骨（之前归属于 AMNH 6576）；AMNH 21797，距骨（之前

归属于 AMNH 6570); AMNH 21803, 足爪骨; AMNH 21884, 21885, 21886, 21887, 指爪骨 (之前归属于 AMNH 6570)。

鉴别特征　同属。

产地与层位　内蒙古二连盆地，上白垩统二连组。

评注　亚洲古似鸟龙为一中小型兽脚类恐龙，估计体长为 3 m 左右。Gilmore 在 1933 年把二连盆地发现的似鸟龙类化石命名为 Ornithomimus asiaticus；之后，Russell (1972) 认为二连材料不属于 Ornithomimus，代表一个新属，将 Ornithomimus asiaticus 改名为 Archaeornithomimus asiaticus。

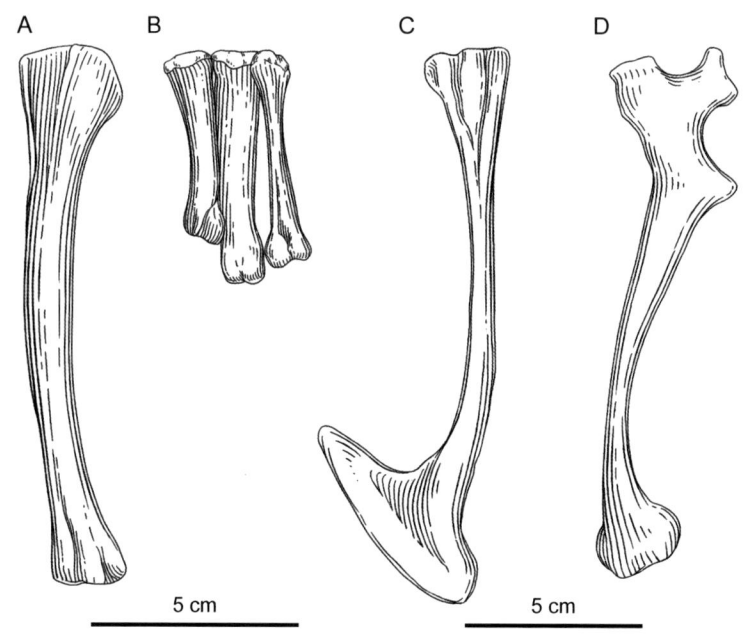

图 46　亚洲古似鸟龙 Archaeornithomimus asiaticus
A. AMNH 21796, 右肱骨前侧视; B. AMNH 6569, 右侧掌骨腹侧视; C. AMNH 21799, 右耻骨外侧视;
D. AMNH 21790, 右坐骨外侧视 (改自 Smith et Galton, 1990)

中国似鸟龙属　Genus *Sinornithomimus* Kobayashi et Lü, 2003

模式种　董氏中国似鸟龙 *Sinornithomimus dongi* Kobayashi et Lü, 2003

鉴别特征　以下列特征组合区别于其他似鸟龙类：顶骨后支背外侧表面下陷[*]；方骨窝中的窗孔被垂直板分成两部分[*]；副蝶骨囊泡突腹侧面具低的脊[*]；前寰椎不向后外侧延伸[*]。

中国已知种　仅模式种。

分布与时代　内蒙古，晚白垩世。

董氏中国似鸟龙 *Sinornithomimus dongi* Kobayashi et Lü, 2003

(图 47)

正模 IVPP V 11797-10，一具近完整的未成年个体骨架，股骨 32 cm（估测身体全长 2.5 m），缺少后部尾椎。发现于阿拉善左旗苏红图。

归入标本 八具完整或近完整骨架（IVPP V 11797-1, IVPP V 11797-2, IVPP V 11797-3, IVPP V 11797-11, IVPP V 11797-12, IVPP V 11797-13, IVPP V 11797-14, IVPP V 11797-15）；IVPP V 11797-9，缺失头骨和后部尾椎；IVPP V 11797-16，颈椎、肩带、前肢和胃石；IVPP V 11797-17，头骨前部和颈椎；IVPP V 11797-18，右尺骨、桡骨、掌骨和手指；IVPP V 11797-19，左尺骨；IVPP V 11797-20，乌喙骨；IVPP V 11797-21，荐椎、坐骨和部分股骨；IVPP V 11797-22，右股骨；IVPP V 11797-23，左后肢；IVPP V 11797-24，左胫骨、腓骨和部分股骨；IVPP V 11797-25，右股骨近端；IVPP V 11797-26，左蹠骨、足部趾和部分距骨及胫骨；IVPP V 11797-27，尾椎；IVPP V 11797-28，尾椎近端；IVPP V 11797-29，股骨、胫骨、腓骨、蹠骨和趾；IVPP V 11797-30，三块尾椎；IVPP V 11797-31，头骨的枕骨区域；IVPP V 11797-32，尾椎；IVPP V 11797-33，荐椎；IVPP V 11797-34，左髂骨和荐椎。

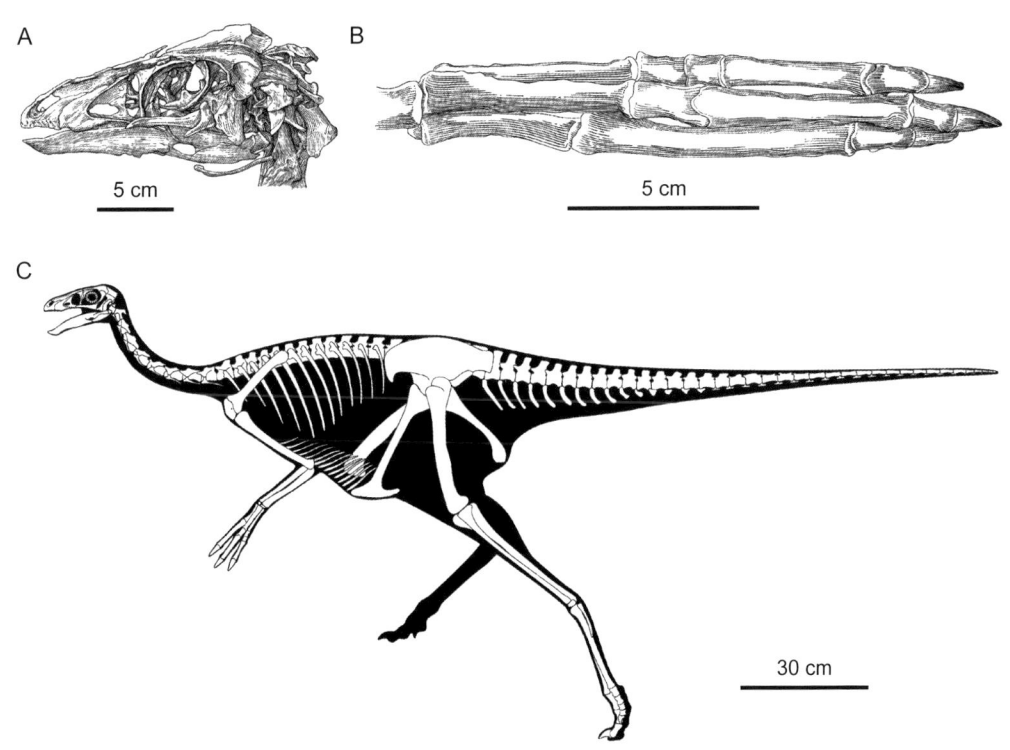

图 47 董氏中国似鸟龙 *Sinornithomimus dongi* 正模（IVPP V 11797-10）
A. 头骨左侧视；B. 左侧手部背侧视；C. 骨架复原图（A 和 B 改自 Kobayashi et Lü, 2003）

鉴别特征 同属。

产地与层位 内蒙古阿拉善左旗，上白垩统乌兰苏海组。

评注 董氏中国似鸟龙为一中小型兽脚类恐龙，体长估计为 2.2 m。属名由希腊语 Sin（中国）、ornith（鸟）和 mimus（模仿者）组成；种名献给在蒙古高原国际恐龙项目（the Mongol Highland International Dinosaur Project）中做出巨大贡献的董枝明先生——化石的发现者。目前在一个狭小区域已经发现了超过 20 具董氏中国似鸟龙骨架化石，这些化石代表从幼年到亚成年不同发育阶段的个体，指示董氏中国似鸟龙具有幼年群居行为，这可能和成年个体处在繁殖期，与未成年个体分离居住有关（Varricchio et al., 2008）。

秋扒龙属 Genus *Qiupalong* Xu, Kobayashi, Lü, Lee, Liu, Tanaka, Zhang, Jia et Zhang, 2011

模式种 河南秋扒龙 *Qiupalong henanensis* Xu, Kobayashi, Lü, Lee, Liu, Tanaka, Zhang, Jia et Zhang, 2011

鉴别特征 以下列特征组合区别于其他似鸟龙类：耻骨干平直，与靴状突之间锐角大，靴状突前支短；胫骨近端后内侧突的外表面有缺口*；跟骨和距骨连接处有小窝*；窄足型后足。

中国已知种 仅模式种。

分布与时代 河南，晚白垩世。

河南秋扒龙 *Qiupalong henanensis* Xu, Kobayashi, Lü, Lee, Liu, Tanaka, Zhang, Jia et Zhang, 2011

（图 48）

正模 HNGM (HGM) 41HIII-0106，一不完整头后骨架，包括髂骨、耻骨、部分坐骨、胫骨、跟骨、距骨、蹠骨 II–IV。发现于河南栾川秋扒。

鉴别特征 同属。

产地与层位 河南栾川，上白垩统秋扒组。

评注 河南秋扒龙为一小型兽脚类恐龙，估计体长为 1.5 m 左右。

手盗龙类 MANIRAPTORA Gauthier, 1986

定义与分类 包含 *Passer domesticus* (Linnaeus, 1758)，但不包含 *Ornithomimus velox* Marsh, 1890 的包容性最大的演化支。手盗龙类包含的主要亚类群有阿尔瓦雷兹龙超

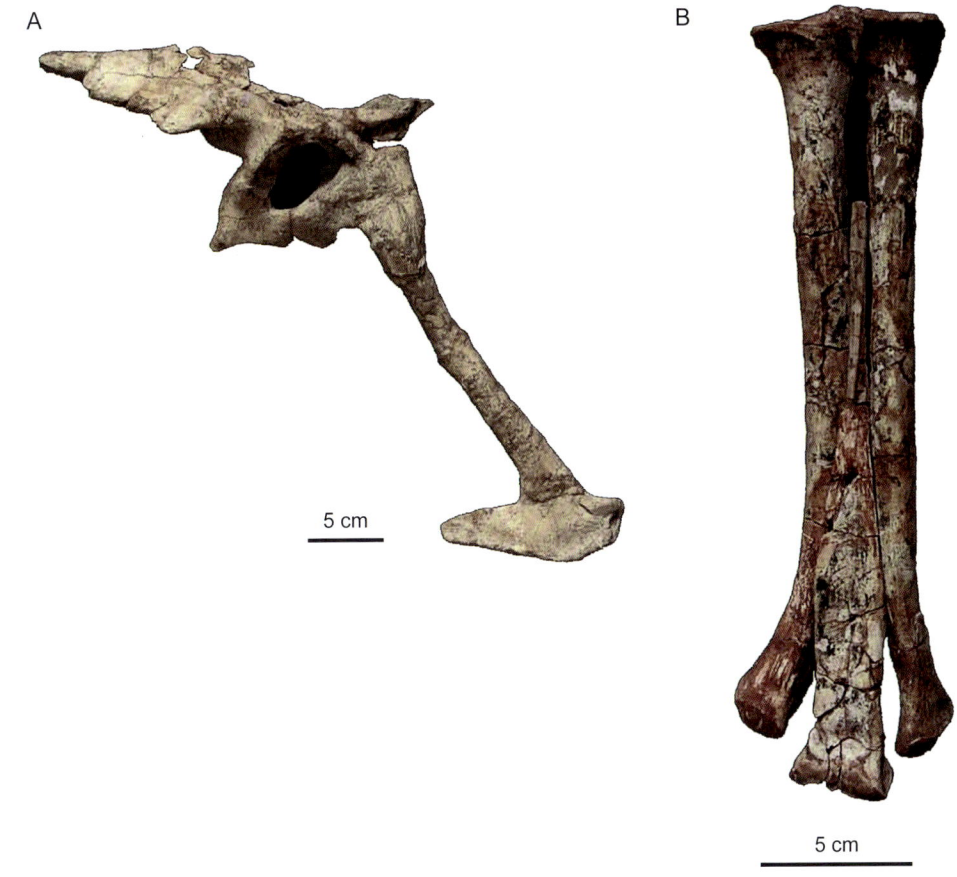

图 48 河南秋扒龙 *Qiupalong henanensis* 正模 [HNGM (HGM) 41HIII-0106]
A. 右侧腰带外侧视；B. 左侧蹠骨背侧视

科、镰刀龙类、窃蛋龙类、驰龙科、伤齿龙科和鸟翼类。除了这些主要亚类群外，还有一些重要物种属于手盗龙类，但很难归入已知亚类群，比如发现于北美晚侏罗世的 *Ornitholestes* 和发现于日本早白垩世的 *Fukuivenator*（Azuma et al., 2016）。

形态特征 轭骨前端仅伸及眶前窗后缘；泪骨关联额骨；副枕突内外向短，背腹向高，远端鼓起；背椎后关节突位于椎管两侧；后部尾椎神经棘缺失；尺骨后弯，尺骨鹰嘴突小；半月形腕骨更明显；耻骨近垂直向延伸；蹠骨Ⅱ后侧面外缘有向后或者向内延展的耳突。

分布与时代 几乎所有大陆，中侏罗世至今。

评注 手盗龙类是由 Jacques Gauthier 于 1986 年建立的一个虚骨龙类的分类单元，用于指代一类前肢具有很强抓握能力的兽脚类恐龙。大部分的手盗龙类是杂食性动物，以植物、昆虫以及其他动物为食。手盗龙类在北方大陆繁盛，但南方大陆也有发现，如阿尔瓦雷兹龙超科和半鸟龙亚科。

中国具有手盗龙类主要亚类群的最好早期化石记录，是研究这些亚类群起源和早期演化的核心地区。已知最早的手盗龙类是中国北方中晚侏罗世过渡期的近鸟龙亚科（如足羽龙）和擅攀鸟龙科（如耀龙）。

新疆猎龙属 Genus *Xinjiangovenator* Rauhut et Xu, 2005

模式种 小新疆猎龙 *Xinjiangovenator parvus* Rauhut et Xu, 2005

鉴别特征 以下列特征组合区别于其他手盗龙类：胫骨的腓骨髁向后延伸远于该骨骼近端外侧*；胫骨远端内侧扩展大于外侧扩展；腓骨近端前侧具纵向槽*；距骨横向髁间沟缺失；距骨上升支与距骨主体等宽，高度为宽度的 3 倍。

中国已知种 仅模式种。

分布与时代 新疆，早白垩世。

小新疆猎龙 *Xinjiangovenator parvus* Rauhut et Xu, 2005

（图 49）

Phaedrolosaurus ilikensis：董枝明，1973，46 页

图 49 小新疆猎龙 *Xinjiangovenator parvus* 正模（IVPP V 4024-2）
A, B. 右胫跗骨前侧视（A）和外侧视（B）；C. 右腓骨内侧视（引自 Rauhut et Xu, 2005）

正模 IVPP V 4024-2，关联的部分右后肢。发现于新疆准噶尔盆地乌尔禾。

鉴别特征 同属。

产地与层位 新疆准噶尔盆地，下白垩统吐谷鲁组。

评注 小型兽脚类，体长估计为 1–1.5 m。IVPP V 4024-2 最初被归入艾里克敏捷龙（*Phaedrolosaurus ilikensis*）（董枝明，1973），但证据不足。Rauhut 和 Xu（2005）认为 IVPP V 4024-2 不同于已知其他兽脚类，于是建立了小新疆猎龙这一属种。属名来源于化石产地中国新疆和希腊语中的男性猎人，种名来源于拉丁语中的"小"，以表示该属种体型小的特征。

阿尔瓦雷兹龙超科 Superfamily Alvarezsauroidea Bonaparte, 1991

定义与分类 包含 *Shuvuuia deserti* Chiappe et al., 1998，但不包含 *Ornithomimus edmontonicus* Sternberg, 1933，*Tyrannosaurus rex* Osborn, 1905，*Therizinosaurus cheloniformis* Maleev, 1954，*Oviraptor philoceratops* Osborn, 1924，*Troodon formosus* Leidy, 1856，*Passer domesticus* (Linnaeus, 1758) 的包容性最大的演化支。在阿尔瓦雷兹龙超科当中，还有两个重要的分类单元，阿尔瓦雷兹龙科（Alvarezsauridae）和小驰龙亚科（Parvicursorinae），后者是阿尔瓦雷兹龙科中的一个演化支。

形态特征 鼻间隔背腹向扁平；基翼骨突长，远端尖灭；基蝶骨垂直向延伸；关节骨有加长的内侧突；隅骨后缘折向腹侧；后部背椎副突突起显著；最后部背椎副突和椎弓横突在同一水平位置；肱骨远端的外上髁大，关节面圆；肱骨远端的内上髁大，向内侧膨展；尺骨远端髁鼓起，半圆形，关节面膨大，扩展到尺骨背侧面；指节骨 II-1 内外侧面分别面朝内背向和外背向，侧视腹向弯曲，腹侧面发育纵向沟槽；指爪骨 II-2 远远大于指爪骨 III-3 和 IV-4；指爪骨 II-2 腹面近端有半闭合或者完全闭合的小孔；股骨远端外髁圆锥形。

中国已知属 吐谷鲁龙属（*Tugulusaurus*）、简手龙属（*Haplocheirus*）、敖闰龙属（*Aorun*）、半爪龙属（*Bannykus*）、西域爪龙属（*Xiyunykus*）、秋扒爪龙属（*Qiupanykus*）、临河爪龙属（*Linhenykus*）以及西峡爪龙属（*Xixianykus*）。

分布与时代 亚洲、北美洲、南美洲和欧洲，晚侏罗世（牛津期）到晚白垩世。

评注 阿尔瓦雷兹龙超科代表手盗龙类的一个灭绝演化支，代表性物种包括灵巧简手龙（*Haplocheirus sollers*）、乌拉特半爪龙（*Bannykus wulatensis*）、*Alvarezsaurus calvoi* 和 *Mononykus olecranus*。大多数阿尔瓦雷兹龙超科属种体型小，前肢短而粗壮，仅有一个功能指，后肢长。前肢适合挖掘或撕裂，可能以白蚁等昆虫为食。

一个有着和 Alvarezsauroidea 同样系统发育分类定义的分类单元是 Alvarezsauria，由 Agnolín 等（2012）提出，但 Alvarezsauroidea 的正式定义提出于 2009 年（Hu et al., 2009），因此有优先权，本书采用 Alvarezsauroidea 这一名称。

阿尔瓦雷兹龙超科化石的地层分布非常不均匀，已知属种几乎都来自晚白垩世，近年来才陆续发现了侏罗纪晚期（牛津期）和白垩纪早期的属种，都来自中国西北地区。阿尔瓦雷兹龙超科的晚期分子小驰龙亚科具有许多似鸟特征，因此曾经被归入鸟类，后来基于它们与阿根廷发现的早期分异的阿尔瓦雷兹龙超科属种的相似性，被归入阿尔瓦雷兹龙超科。

吐谷鲁龙属 Genus *Tugulusaurus* Dong, 1973

模式种 小巧吐谷鲁龙 *Tugulusaurus faciles* Dong, 1973

鉴别特征 以下列特征组合区别于其他阿尔瓦雷兹龙超科属种：中部尾椎椎体宽度明显大于高度（比值为1.5）*，椎弓位于椎体前三分之二处；后部尾椎椎体长度增加幅度大；掌骨II的最小长度小于掌骨宽度；胫骨远端外踝有明显的半圆形侧向膨大。

中国已知种 仅模式种。

分布与时代 新疆，早白垩世。

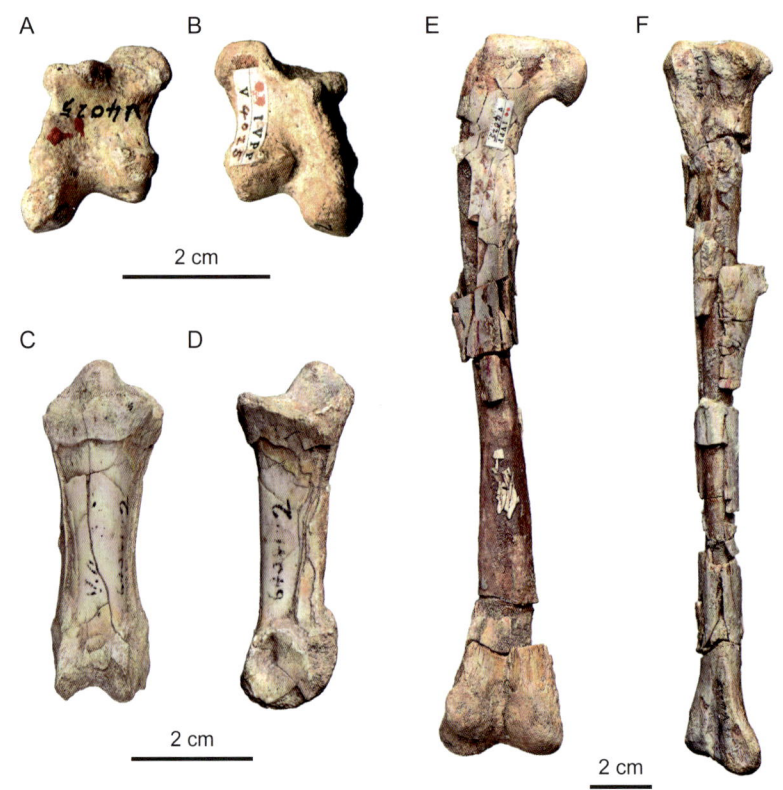

图 50 小巧吐谷鲁龙 *Tugulusaurus faciles* 正模（IVPP V 4025）
A, B. 掌骨II背侧视（A）和腹侧视（B）；C, D. 指节骨II-1腹侧视（C）和内侧视（D）；E. 左股骨后侧视；F. 左胫骨外侧视

小巧吐谷鲁龙 *Tugulusaurus faciles* Dong, 1973

(图 50)

正模 IVPP V 4025，不关联的部分头后骨骼，包括背肋、4 个不完整的中部尾椎、掌骨 II、指节骨 II-1 和 II-2、股骨、胫骨、跟骨、距骨、蹠骨 III 和 IV 以及部分趾节骨。发现于新疆准噶尔盆地乌尔禾。

鉴别特征 同属。

产地与层位 新疆准噶尔盆地，下白垩统吐谷鲁组中部（= 吐谷鲁群连木沁组）。

评注 小巧吐谷鲁龙是一个小型兽脚类，体长估计 1.9 m 左右。吐谷鲁龙的系统位置有争议：董枝明（1973）最初把这一属种归入似鸟龙科，但一些研究认为这一分类位置证据不足，只能归入分类位置未定的早期分异的虚骨龙类（Rauhut et Xu, 2005；Choiniere et al., 2010a）。Choiniere 等（2013）认为吐谷鲁龙属于手盗龙类，Hartman 等（2019）认为吐谷鲁龙属于美颌龙科，Xu 等（2018a）认为吐谷鲁龙属于阿尔瓦雷兹龙超科，本书采用最后一种分类观点。

简手龙属 Genus *Haplocheirus* Choiniere, Xu, Clark, Forster, Guo et Han, 2010

模式种 灵巧简手龙 *Haplocheirus sollers* Choiniere, Xu, Clark, Forster, Guo et Han, 2010

鉴别特征 以下列特征组合区别于其他阿尔瓦雷兹龙超科的属种：基翼突较长；基蝶骨垂向伸展；牙齿呈异齿型，第四齿大[*]；齿骨前部的齿槽边缘背向凸起；上颌齿和下颌齿具有后侧锯齿；肱骨内侧结节增大，近端向与肱骨头相平[*]；肱骨外上髁巨大；指节 II-1 腹侧面具有明显的轴向沟槽；掌骨 IV 长度为掌骨 III 长度的一半；股骨外侧髁圆锥型。

中国已知种 仅模式种。

分布与时代 新疆，晚侏罗世。

灵巧简手龙 *Haplocheirus sollers* Choiniere, Xu, Clark, Forster, Guo et Han, 2010

(图 51)

正模 IVPP V 15988，一近完整的关联保存的骨架，包括完整的头骨。发现于新疆准噶尔盆地五彩湾。

鉴别特征 同属。

产地与层位 新疆准噶尔盆地，上侏罗统石树沟组上部。

评注 灵巧简手龙是一种小型兽脚类，体长约 1.5 m（Choiniere et al., 2010b）。也有研究认为灵巧简手龙属于美颌龙科（Hartman et al., 2019）或者似鸟龙类（Lee et Worthy,

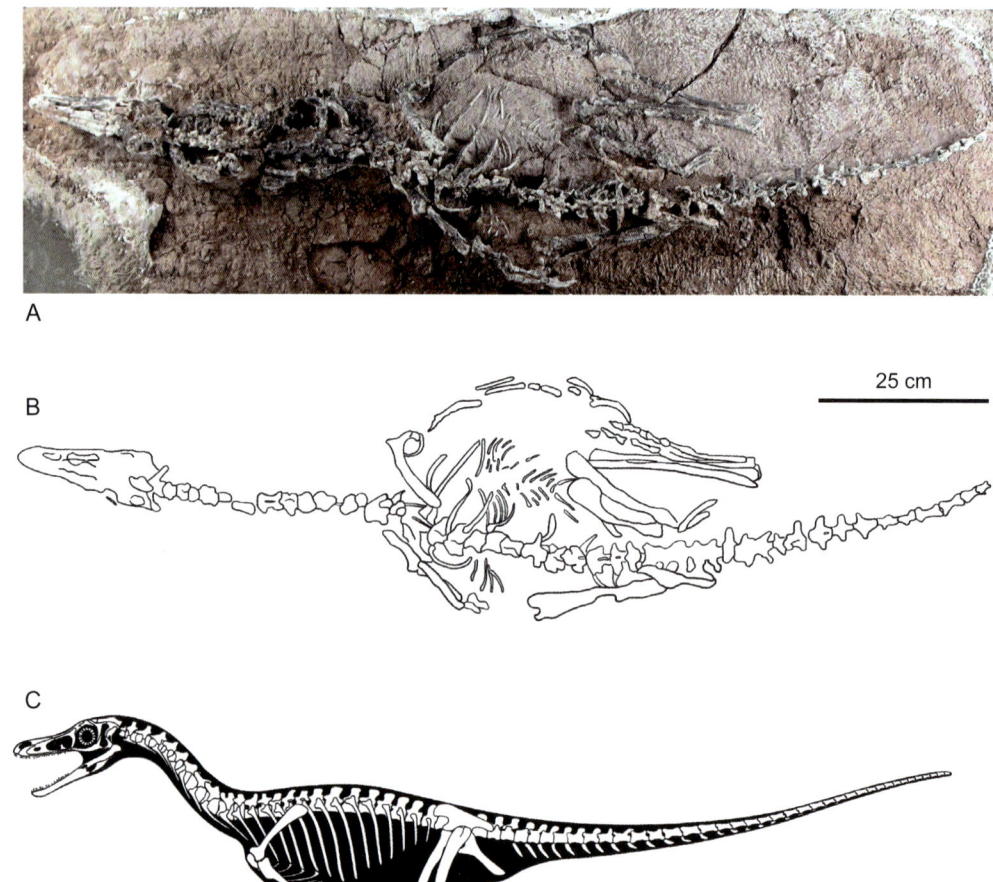

图51 灵巧简手龙 *Haplocheirus sollers* 正模（IVPP V 15988）
A, B. 骨架化石照片（A）和线描图（B）；C. 骨架复原图（A 和 B 引自 Choiniere et al., 2010b）

2012），但本书认为这些观点证据不足。

敖闰龙属 Genus *Aorun* Choiniere, Clark, Forster, Norell, Eberth, Erickson, Chu et Xu, 2013

模式种 赵氏敖闰龙 *Aorun zhaoi* Choiniere, Clark, Forster, Norell, Eberth, Erickson, Chu et Xu, 2013

鉴别特征 以下列特征组合区别于其他阿尔瓦雷兹龙超科属种：上颌窗大，占据眶前窝大部*；上颌齿后缘有倾向齿尖的锯齿；颈椎微弱后凹型；指爪骨分化明显，II-2 巨大，弯曲，III-3 和 IV-4 小而平直；胫骨远端有横向狭窄、纵向较长的关节面，接受距骨上升支；距骨上升支纵向较低，仅在外侧发育。

中国已知种 仅模式种。

分布与时代 新疆，晚侏罗世（牛津期）。

赵氏敖闰龙 *Aorun zhaoi* Choiniere, Clark, Forster, Norell, Eberth, Erickson, Chu et Xu, 2013

（图 52）

正模 IVPP V 15709，一个半关联的部分骨架，幼年个体，包括部分头骨，前部颈椎，后部背椎，前部尾椎，部分尺骨，桡腕骨，远端腕骨，掌骨 II–IV，指节骨 II-1, II-2, III-1, III-2, III-3, IV-3, IV-4，部分耻骨，左右胫骨，部分腓骨，距骨，几乎完整足部。发现于新疆准噶尔盆地五彩湾。

鉴别特征 同属。

产地与层位 新疆准噶尔盆地，中 - 上侏罗统石树沟组下部。

评注 赵氏敖闰龙为一小型兽脚类，正模体长估计约 75 cm，但属于一个幼年个体，因此成体应明显更大。有关赵氏敖闰龙的系统发育位置争议很大：从早期分异的虚骨龙类（Cau, 2018），到早期分异的手盗龙形类（Choiniere et al., 2013），到美颌龙科（Hartman et al., 2019），以及阿尔瓦雷兹龙超科（Xu et al., 2018a）。本书采用最后一种观点。赵氏敖闰龙属名源自西海龙王敖闰，种名纪念赵喜进先生。

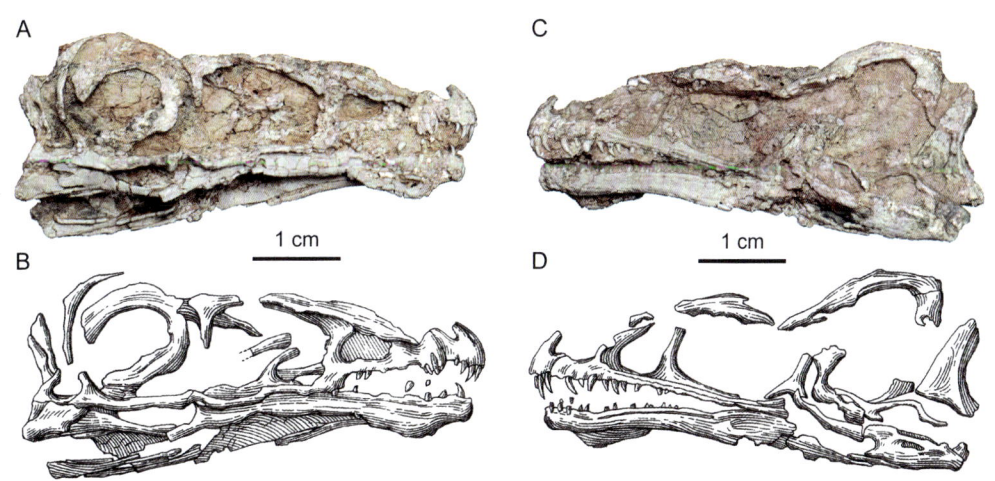

图 52 赵氏敖闰龙 *Aorun zhaoi* 正模（IVPP V 15709）
A, B. 头骨右侧化石照片（A）和线描图（B）；C, D. 头骨左侧化石照片（C）和线描图（D）（改自 Choiniere et al., 2013）

半爪龙属 Genus *Bannykus* Xu, Choiniere, Tan, Benson, Clark, Sullivan, Zhao, Han, Ma, He, Wang, Xing et Tan, 2018

模式种 乌拉特半爪龙 *Bannykus wulatensis* Xu, Choiniere, Tan, Benson, Clark, Sullivan, Zhao, Han, Ma, He, Wang, Xing et Tan, 2018

鉴别特征 以下列特征组合区别于其他阿尔瓦雷兹龙超科的属种：颅底基突间的缺口极小*；上隅骨孔大*；后部背椎横突远端向后侧强烈扩展*；肱骨内侧块突折向后侧*；掌骨 II 外侧关联掌骨 III 的关节面发育；掌骨 III 向内侧弯曲；指节骨 III-1 近端具有明显的腹侧跟；指节骨 III-2 内外侧表面靠近近端腹缘的结节，远端关节头由三个平行髁形成两个沟槽*；指爪骨 III-3 在近端关节面上的中脊缺失；胫骨的腓骨髁后外侧面具有金字塔型的突起；腓骨嵴近端部分的后侧面具有一深沟。

中国已知种 仅模式种。

分布与时代 内蒙古，早白垩世。

乌拉特半爪龙 *Bannykus wulatensis* Xu, Choiniere, Tan, Benson, Clark, Sullivan, Zhao, Han, Ma, He, Wang, Xing et Tan, 2018

（图 53）

正模 IVPP V 25026，一半关联的大部保存的骨架，包括少量头部骨骼，脊椎大部，近完整肩带和前肢，部分腰带和近完整后肢。发现于内蒙古乌拉特后旗楚鲁庙。

鉴别特征 同属。

产地与层位 内蒙古乌拉特后旗，下白垩统巴音戈壁组。

评注 乌拉特半爪龙为一中小型兽脚类，未完全成年的正模体长估计约 2.5 m，因此成年个体体型更大。

西域爪龙属 Genus *Xiyunykus* Xu, Choiniere, Tan, Benson, Clark, Sullivan, Zhao, Han, Ma, He, Wang, Xing et Tan, 2018

模式种 彭氏西域爪龙 *Xiyunykus pengi* Xu, Choiniere, Tan, Benson, Clark, Sullivan, Zhao, Han, Ma, He, Wang, Xing et Tan, 2018

鉴别特征 以下列特征组合区别于其他阿尔瓦雷兹龙超科的属种：基突完全由基枕骨构成*；基蝶骨隐窝有基枕骨参与构成，并具有较多深的小窝*；副蝶骨吻突背侧骨化较弱，侧视背缘平行于腹缘*；前部和中部颈椎椎体外侧面具有两个水平分布的气腔孔；前部颈椎椎体腹外侧都具有明显的结节；后部颈椎上突内侧具有沟；颈椎和背椎椎弓后

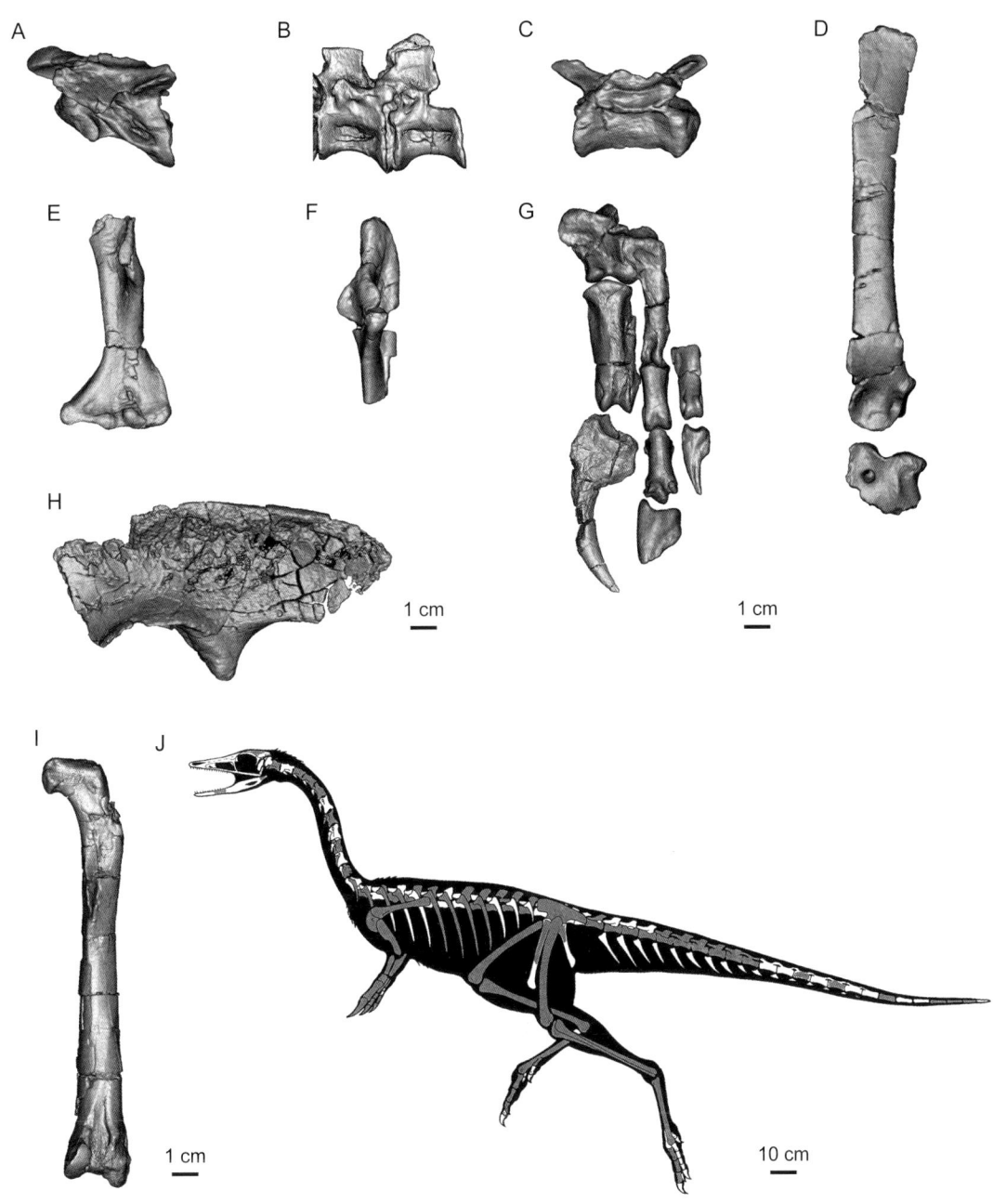

图 53 乌拉特半爪龙 Bannykus wulatensis 正模（IVPP V 25026）
A. 中部颈椎左侧视；B. 中前部背椎右侧视；C. 中部尾椎左侧视；D. 左侧肩胛乌喙骨外侧视；E. 左肱骨前侧视；F. 尺骨前侧视；G. 左侧手部背侧视；H. 左髂骨外侧视；I. 右股骨后侧视；J. 骨架复原图（改自 Xu et al., 2018a）

侧面在椎管上方有多个深窝*；弯曲的深沟位于肩臼窝前方的肩胛骨外侧面*；肩胛骨锋后缘近端二分之一部分具有一个深沟*；股骨远端部分外侧面具有一个深的短沟*；胫骨近端后髁具有一深沟。

中国已知种 仅模式种。

分布与时代 新疆,早白垩世。

彭氏西域爪龙 *Xiyunykus pengi* Xu, Choiniere, Tan, Benson, Clark, Sullivan, Zhao, Han, Ma, He, Wang, Xing et Tan, 2018

(图 54)

正模 IVPP V 22783,一半关联的大部保存的骨架,包括少量头部骨骼,脊椎大部,近完整肩带和前肢,部分腰带和近完整后肢。发现于新疆准噶尔盆地黄泥滩。

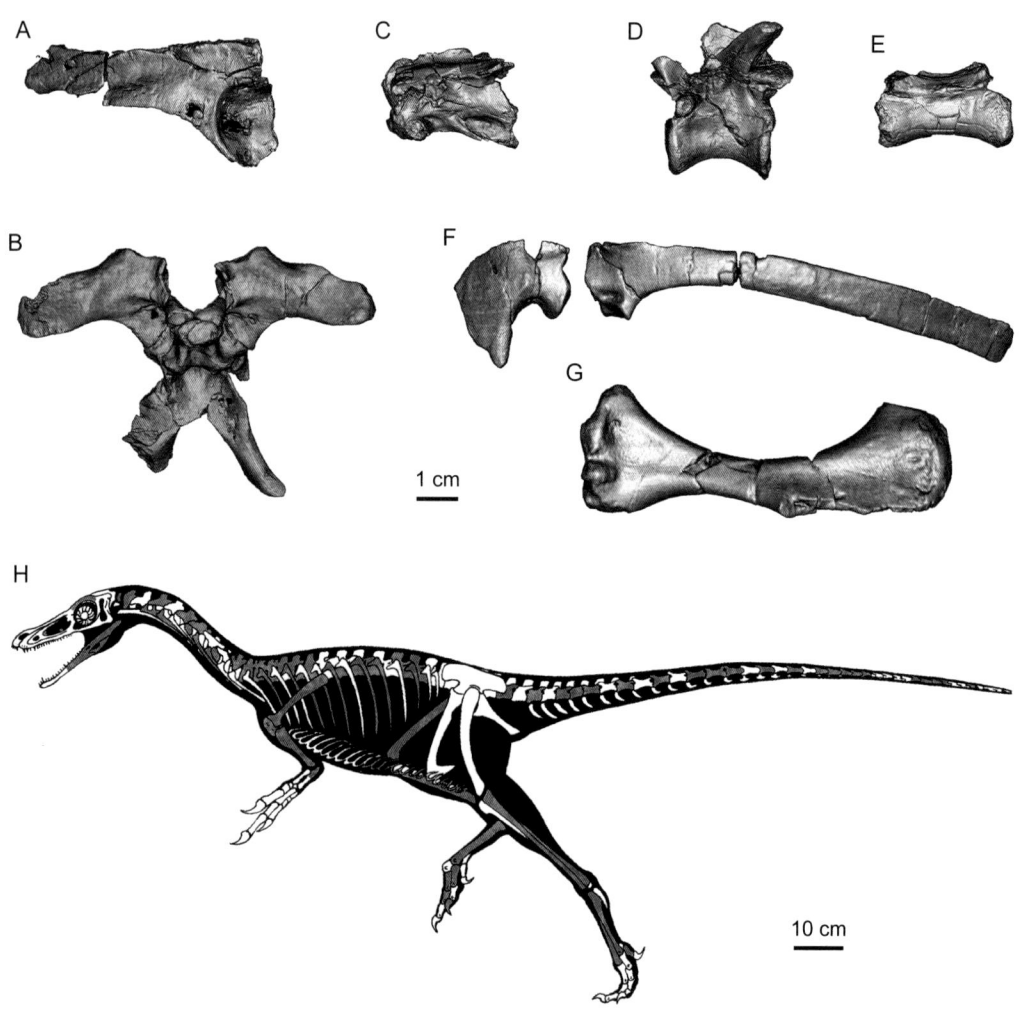

图 54 彭氏西域爪龙 *Xiyunykus pengi* 正模(IVPP V 22783)
A. 额骨背侧视;B. 脑颅后侧视;C. 中部颈椎左外侧视;D. 中部背椎左外侧视;E. 中部尾椎左外侧视;
F. 左肩胛乌喙骨外侧视;G. 左肱骨前侧视;H. 骨架复原图(改自 Xu et al., 2018a)

鉴别特征 同属。

产地与层位 新疆准噶尔盆地，下白垩统吐谷鲁组（=吐谷鲁群）。

评注 彭氏西域爪龙为一中小型兽脚类，未完全成年的正模个体体长估计约 2 m，因此成年个体体型更大。

阿尔瓦雷兹龙科 Family Alvarezsauridae Bonaparte, 1991

定义与分类 一个包含 *Alvarezsaurus alvoi* Bonaparte, 1991 和 *Mononykus olecranus* Perle et al., 1993 的最小演化支。由于南美洲的一些阿尔瓦雷兹龙超科属种的系统位置有不确定性，比如 *Patagonykus puertai* Novas, 1997，因此阿尔瓦雷兹龙科包含属种有一定的不确定性。

形态特征 最后一个荐椎椎体腹侧有龙骨突，后关节面凸；尾椎有侧凹；指爪骨 II-2 近端关节面横向宽度等于背腹向高度，侧视微弱弯曲；指爪骨曲肌结节位置靠远端；髂骨前臼窝缺失；趾节骨伸肌小窝深，向近端延展。

分布与时代 亚洲、南美洲和北美洲，晚白垩世。

评注 阿尔瓦雷兹龙科是阿尔瓦雷兹龙超科的一个演化支，这类恐龙体型小，可能为食虫性动物（食白蚁）。

小驰龙亚科 Subfamily Parvicursorinae Karhu et Rautian, 1996

定义与分类 本书采用的小驰龙亚科的系统发育分类定义为：一个包含 *Mononykus olecranus* Perle et al., 1993 和 *Parvicursor remotus* Karkhu et Rautian, 1996 的最小演化支。

形态特征 背椎后凹型，下椎弓突和下椎弓凹缺失；前部尾椎的横突位置靠后；乌喙骨宽，乌喙结节缺失；胸骨粗大，横截面近三角形；肱骨远端单髁；尺骨鹰嘴突巨大，单关节窝；桡骨有向近端膨大的腕关节面；远端腕骨和掌骨愈合；耻骨强烈向后延展；股骨的大转子和小转子完全愈合，第四转子缺失，腘窝远端封闭；胫骨有内侧胫嵴；腓骨近端的内侧面平滑；距骨上升支有凹缺；距骨-跟骨髁之间有垂向沟。

分布与时代 亚洲和北美洲，晚白垩世。

评注 小驰龙亚科代表阿尔瓦雷兹龙科的一个演化支，这类恐龙体型小，极端特化，有许多独立演化的鸟类特征，因此曾被认为是白垩纪的次生失去飞行能力的一类鸟类。

小驰龙亚科和另外一个分类单元——单爪龙亚科（Mononykinae）有着同样的系统分类定义（Chiappe et al., 1998），但前者定义年代更早，因此小驰龙亚科有优先权，本书采用小驰龙亚科这一分类名称。

秋扒爪龙属 Genus *Qiupanykus* Lü, Xu, Chang, Jia, Zhang, Gao, Zhang, Zhang et Ding, 2018

模式种 张氏秋扒爪龙 *Qiupanykus zhangi* Lü, Xu, Chang, Jia, Zhang, Gao, Zhang, Zhang et Ding, 2018

鉴别特征 以下列特征组合区别于其他阿尔瓦雷兹龙超科属种：后部荐椎有极其发育的腹部龙骨突；综荐骨由6个荐椎和2个前部尾椎形成；尾椎有小型气腔化孔*；前部尾椎的横突位于椎体中部；髂骨耻骨柄的关节面小，旋钮状；胫骨的腓骨嵴显著，四边形*。

中国已知种 仅模式种。

分布与时代 河南，晚白垩世。

张氏秋扒爪龙 *Qiupanykus zhangi* Lü, Xu, Chang, Jia, Zhang, Gao, Zhang, Zhang et Ding, 2018

（图55）

正模 HNGM (HGM) 41HIII-0101，部分头后骨骼，包括4个颈椎，6个荐椎，25个尾椎，脉弧，部分髂骨、耻骨和坐骨，股骨，胫骨，部分腓骨，距骨跟骨联合，远端跗骨

图55 张氏秋扒爪龙 *Qiupanykus zhangi* 正模 [HNGM (HGM) 41HIII-0101]

III 和 IV，蹠骨 II–IV 以及部分趾骨。发现于河南栾川潭头。

鉴别特征　同属。

产地与层位　河南栾川，上白垩统秋扒组。

评注　张氏秋扒爪龙为一小型兽脚类，体长估计为 52 cm 左右。Lü 等（2018）认为张氏秋扒爪龙代表一个介于 *Patagonykus* 和小驰龙亚科之间的物种，以窃蛋龙的蛋为食。Hartman 等（2019）认为张氏秋扒爪龙属于小驰龙亚科。

临河爪龙属 Genus *Linhenykus* Xu, Sullivan, Pittman, Choiniere, Hone, Upchurch, Tan, Xiao, Tan et Han, 2011

模式种　单指临河爪龙 *Linhenykus monodactylus* Xu, Sullivan, Pittman, Choiniere, Hone, Upchurch, Tan, Xiao, Tan et Han, 2011

鉴别特征　以下列特征组合区别于其他小驰龙亚科：掌骨 III 横向扁，远端尖灭，关节面不发育*；掌骨 IV 缺失*；颈椎椎体腹侧面具有一个纵向与椎体等长的沟槽；颈椎横突脊延伸到椎体后背缘；中部颈椎的后关节突上有脊状上关节突；中部背椎有较大的气腔孔；最前部尾椎椎体双平型，神经棘完全位于椎弓根之后。

中国已知种　仅模式种。

分布与时代　内蒙古，晚白垩世。

单指临河爪龙 *Linhenykus monodactylus* Xu, Sullivan, Pittman, Choiniere, Hone, Upchurch, Tan, Xiao, Tan et Han, 2011

（图 56）

正模　IVPP V 17608，一不关联保存的部分头后骨架。发现于内蒙古乌拉特后旗巴音满都呼。

鉴别特征　同属。

产地与层位　内蒙古乌拉特后旗，上白垩统乌兰苏海组。

评注　单指临河爪龙为一小型兽脚类恐龙，体长估计约 50 cm。单指临河爪龙是已知恐龙当中，唯一只有一个手指的物种（Xu X. et al., 2011a）。

西峡爪龙属 Genus *Xixianykus* Xu, Wang, Sullivan, Hone, Han, Yan et Du, 2010

模式种　张氏西峡爪龙 *Xixianykus zhangi* Xu, Wang, Sullivan, Hone, Han, Yan et Du, 2010

鉴别特征　以下列特征组合区别于其他小驰龙亚科属种：荐肋横突复合体与前后

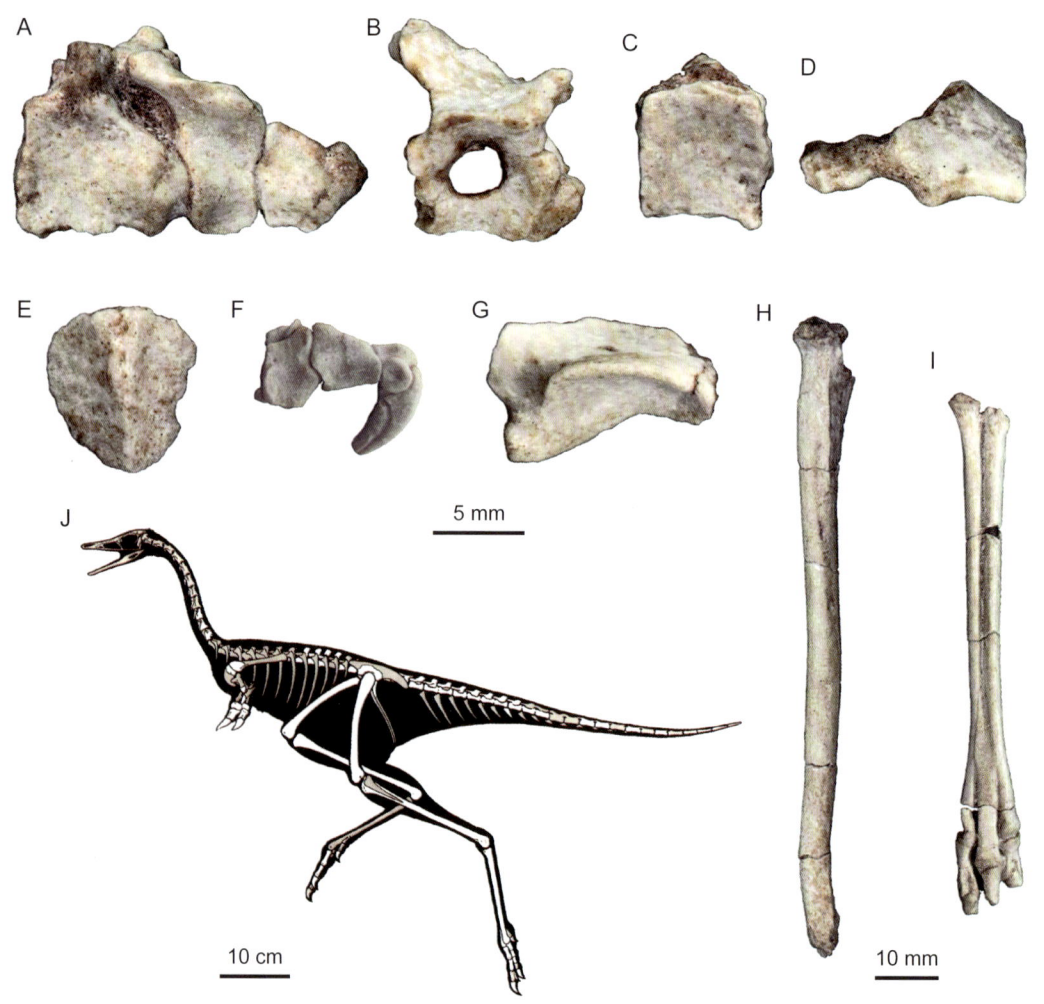

图 56 单指临河爪龙 *Linhenykus monodactylus* 正模（IVPP V 17608）
A. 中部颈椎右外侧视；B. 中部背椎右外侧视；C. 前部尾椎左外侧视；D. 左侧肩胛乌喙骨外侧视；
E. 左胸骨腹侧视；F. 左侧手部内背侧视；G. 左髂骨外侧视；H. 右胫跗骨外侧视；I. 左侧足部前侧视；
J. 骨架复原图（改自 Xu X. et al., 2011a）

关节突愈合形成分离的前侧和后侧薄板*；髂骨外侧面反转子背方有一个明显的小窝*；耻骨骨干远端后侧面具有一个短脊*；坐骨外侧面靠近近端有一明显的凹陷；坐骨后侧面具有一个深沟；股骨远端具有狭窄的外髁结节，并向近端延伸形成一个脊；胫骨胫嵴横向狭窄，远端部分成尖锐脊状；胫跗骨外侧缘在靠近远端处呈阶梯状；腓骨的近端关节面向后侧面扩展，骨干向后侧弯曲；远端跗骨和蹠骨愈合形成跗蹠骨；蹠骨 IV 前内缘靠近近端有一个尖锐耳突*。

中国已知种 仅模式种。

分布与时代 河南，晚白垩世。

张氏西峡爪龙 *Xixianykus zhangi* Xu, Wang, Sullivan, Hone, Han, Yan et Du, 2010

（图 57）

正模 XXDEM (XMDFEC) V0011，部分保存的头后骨架，包括背椎、荐椎和尾椎，近完整腰带和大部保存的后肢。发现于河南西峡杨城周家沟。

鉴别特征 同属。

产地与层位 河南西峡，上白垩统马家村组。

评注 张氏西峡爪龙为一小型兽脚类，体长估计约 50 cm。

图 57 张氏西峡爪龙 *Xixianykus zhangi* 正模 [XXDEM (XMDFEC) V0011]
A, B. 背侧视化石照片（A）和线描图（B）；C, D. 腹侧视化石照片（C）和线描图（D）；E. 骨架复原图
（改自 Xu et al., 2010c）

镰刀龙类 THERIZINOSAURIA Russell, 1997

定义与分类 包含 *Therizinosaurus cheloniformis* Maleev, 1954，但不包含 *Ornithomimus edmontonicus* Sternberg, 1933，*Tyrannosaurus rex* Osborn, 1905，*Shuvuuia deserti* Chiappe et al., 1998，*Oviraptor philoceratops* Osborn, 1924，*Troodon formosus* Leidy, 1856 的包容性最大的演化支。镰刀龙类（Therizinosauria）还包含镰刀龙超科（Therizinosauroidea）和

镰刀龙科（Therizinosauridae）两个分类单元，分别代表包容性依次更小的两个演化支。

形态特征 前上颌骨未着生牙齿；下颌联合部下弯；齿骨大部背缘和腹缘侧视近平行，后部加深；齿骨背缘有侧脊，形成齿骨架；颈椎椎体有显著的腹侧凹陷，在椎体腹侧面后部边缘有嵴；前部尾椎神经棘侧视分裂为前翼和后翼；肱骨远端强烈膨大；掌骨II腹外缘靠近近端有长方形支墩，关联掌骨III腹内缘；耻骨在耻骨联合近端处自骨干中部向内侧延伸；耻骨远端靴状突后突大于前突；蹠骨骨干横截面圆形。

中国已知属 峨山龙属（*Eshanosaurus*）、建昌龙属（*Jianchangosaurus*）、阿拉善龙属（*Alxasaurus*）、北票龙属（*Beipiaosaurus*）、吉兰泰龙属？（*Chilantaisaurus*?）、南雄龙属（*Nanshiungosaurus*）、肃州龙属（*Suzhousaurus*）、二连龙属（*Erliansaurus*）和内蒙古龙属（*Neimongosaurus*）。

分布与时代 亚洲、北美洲，白垩纪，有可能早至早侏罗世（见峨山龙）。具争议化石还发现于澳大利亚。

评注 镰刀龙类代表手盗龙类的一个灭绝演化支，代表性物种有 *Falcarius utahensis*、意外北票龙（*Beipiaosaurus inexpectus*）和 *Therizinosaurus cheloniformis*。镰刀龙类是一类体型相对笨重的兽脚类，奔跑速度慢，可能为植食。镰刀龙类化石主要发现于蒙古高原白垩纪晚期地层中，但在中国和美国下白垩统也有不少发现。

Evgeny A. Maleev 在 1954 年描述镰刀龙属（*Therizinosaurus*）时，建立了镰刀龙科（Therizinosauridae），并将其归入龟鳖类（Maleev, 1954）。蒙古古生物学家 Rinchen Barsbold 与 Altangerel Perle 于 1980 年建立了慢龙类（Segnosauria），用以包含当时发现的一系列形态奇特的恐龙，包括 *Segnosaurus*、*Erlikosaurus* 和 *Nanshiungosaurus*，并将这类恐龙归入兽脚类，同时也意识到慢龙类和镰刀龙科可能有亲缘关系（Barsbold et Perle, 1980）。但一些后期研究认为慢龙类代表一个单独支系，比如代表介于"原蜥脚类"和鸟臀类之间的一个分支（Paul, 1984），或者代表恐龙当中的第三支系，提出 Segnosaurischia 这一名称（Dong, 1992）。阿拉善龙的发现和研究证明，慢龙类和镰刀龙科是一类恐龙，它们都属于兽脚类恐龙，这一结论进一步得到北票龙发现的支持。因为镰刀龙类建立年代远早于慢龙类，具有命名优先权，因此镰刀龙类成为广泛采用的分类名称。

峨山龙属 Genus *Eshanosaurus* Xu, Zhao et Clark, 2001

模式种 出口氏峨山龙 *Eshanosaurus deguchiianus* Xu, Zhao et Clark, 2001

鉴别特征 以下列特征组合区别于其他镰刀龙类：齿骨后部具一圆形孔[*]；牙齿锯齿小，垂直于齿冠前后缘。

中国已知种 仅模式种。

分布与时代 云南，早侏罗世。

出口氏峨山龙 *Eshanosaurus deguchiianus* Xu, Zhao et Clark, 2001

(图 58)

正模 IVPP V 11579，不完整的带有齿系的左侧下颌。发现于云南峨山甸中。

鉴别特征 同属。

产地与层位 云南峨山，下侏罗统禄丰组下部（= 下禄丰组）。

评注 出口氏峨山龙为一中型兽脚类，体长估计 5 m 左右。出口氏峨山龙来自侏罗纪最早期，远远早于其他虚骨龙类，更是远远早于其他镰刀龙类（Zhao et Xu, 1998；Xu et al., 2001），因此其镰刀龙类的分类地位受到了一些研究的质疑，但也得到了另外一些研究的支持（Clark et al., 2004；Barrett, 2009）。本书暂时把出口氏峨山龙置于镰刀龙类，期望未来更多化石发现解决这一问题。

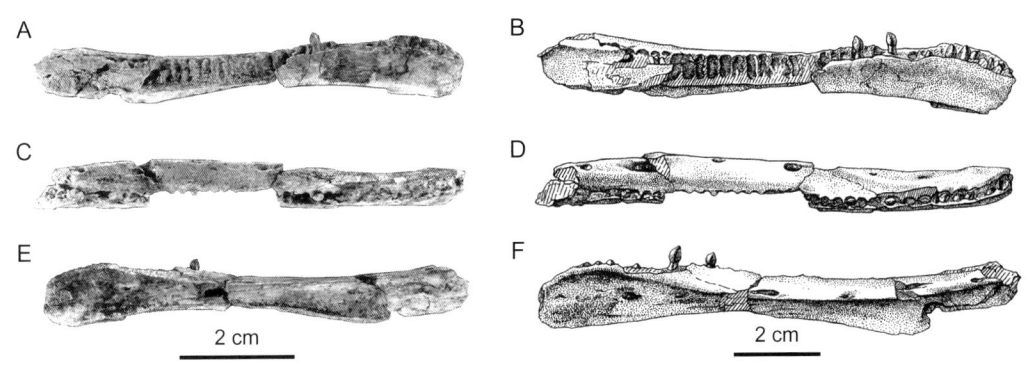

图 58 出口氏峨山龙 *Eshanosaurus deguchiianus* 正模（IVPP V 11579）
下颌内侧视照片（A）和素描图（B）、背侧视照片（C）和素描图（D）、外侧视照片（E）和素描图（F）
（改自 Xu et al., 2001）

建昌龙属 Genus *Jianchangosaurus* Pu, Kobayashi, Lü, Xu, Wu, Chang, Zhang et Jia, 2013

模式种 义县建昌龙 *Jianchangosaurus yixianensis* Pu, Kobayashi, Lü, Xu, Wu, Chang, Zhang et Jia, 2013

鉴别特征 以下列特征组合区别于其他镰刀龙类：头骨长于股骨；27 颗上颌齿，排列紧密；眶前窗背缘由前上颌骨、鼻骨和泪骨组成，其中以鼻骨贡献最大；轭骨不参与眶前窗边缘形成；齿骨前部齿缺部分短；下颌齿唇侧面凹陷，舌侧面凸起（前六颗牙除外）；前部背椎无显著的椎下突；前部尾椎椎体横截面为卵形，关节面长宽相等；指爪骨弯曲程度低，屈肌结节小；髂骨侧视细长；形成前臼窝边界的脊延伸到髋臼沿；左右耻骨裙接触面大。

中国已知种 仅模式种。

分布与时代 辽宁，早白垩世。

义县建昌龙 *Jianchangosaurus yixianensis* Pu, Kobayashi, Lü, Xu, Wu, Chang, Zhang et Jia, 2013

（图59）

正模 HNGM (HGM) 41HIII-0308A，近完整幼体骨架，含有颅骨及下颌。发现于辽宁建昌牛角沟。

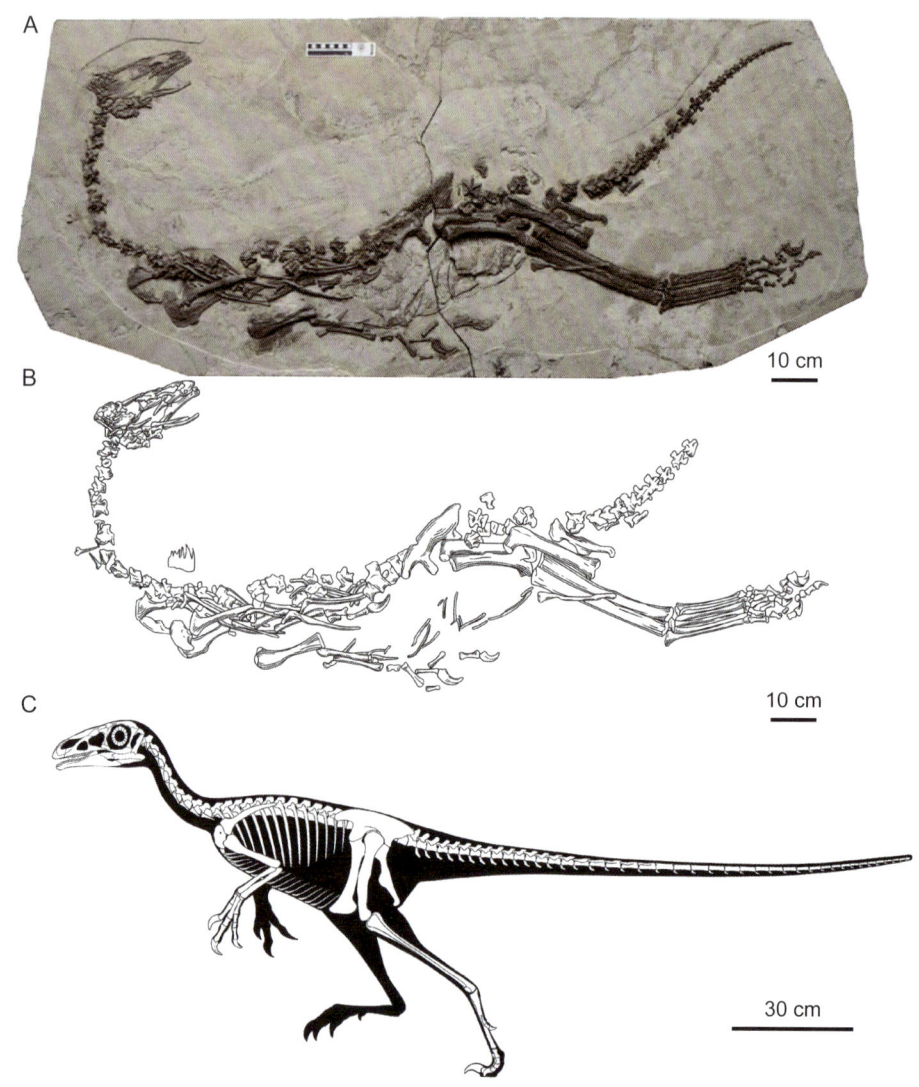

图59 义县建昌龙 *Jianchangosaurus yixianensis* 正模 [HNGM (HGM) 41HIII-0308A]
A. 化石照片；B. 线描图；C. 骨架复原图（A 和 B 改自 Pu et al., 2013）

鉴别特征 同属。

产位与地层 辽宁建昌，下白垩统义县组。

评注 义县建昌龙为一中小型兽脚类，体长约 2 m。"建昌"为辽宁省的一个县名，该地为化石发现地；"义县"则指化石发现的岩石地层单位。

镰刀龙超科 Superfamily Therizinosauroidea Maleev, 1954

定义与分类 一个包含 *Beipiaosaurus inexpectus* Xu, Tang et Wang, 1999 和 *Therizinosaurus cheloniformis* Maleev, 1954 的最小演化支。

形态特征 上颌齿和下颌齿侧视近对称，锯齿大，锯齿尖钩状；髂骨背缘强烈升起，至少为水平轴向上 30°，耻骨柄显著加长；坐骨干外侧面有一个纵向伸展的脊；股骨大转子和股骨头前视下倾；胫骨的腓骨嵴长，延伸到股骨中部。

分布与时代 亚洲和北美洲，白垩纪。

阿拉善龙属 Genus *Alxasaurus* Russell et Dong, 1993

模式种 阿乐斯台阿拉善龙 *Alxasaurus elesitaiensis* Russell et Dong, 1993

鉴别特征 以下列特征组合区别于其他镰刀龙类：下颌齿约 40 颗；下颌联合处有牙齿；颈肋与颈椎不愈合；指节骨副韧带窝发育；髂骨前后长度未明显缩短，髂骨髋臼前支中度膨大；趾爪骨比对应脚趾 II–IV 的第一趾节骨短或近等长。

中国已知种 仅模式种。

分布与时代 内蒙古，早白垩世。

阿乐斯台阿拉善龙 *Alxasaurus elesitaiensis* Russell et Dong, 1993

(图 60)

正模 IVPP RV 93001（野外号 88402），较大的一具不完整骨架。发现于内蒙古阿拉善沙漠阿乐斯台村附近。

归入标本 IVPP RV 93002（野外号 88402），较小的一具不完整骨架；IVPP RV 93003（野外号 88501），部分脊椎和肢骨。

鉴别特征 同属。

产地与层位 内蒙古阿拉善，下白垩统（岩石地层单位未知）。

评注 阿乐斯台阿拉善龙为一中型兽脚类，体长估计 3.8 m 左右。属名来源于内蒙古阿拉善沙漠，种名来源于正模材料发现地附近的阿乐斯台村。

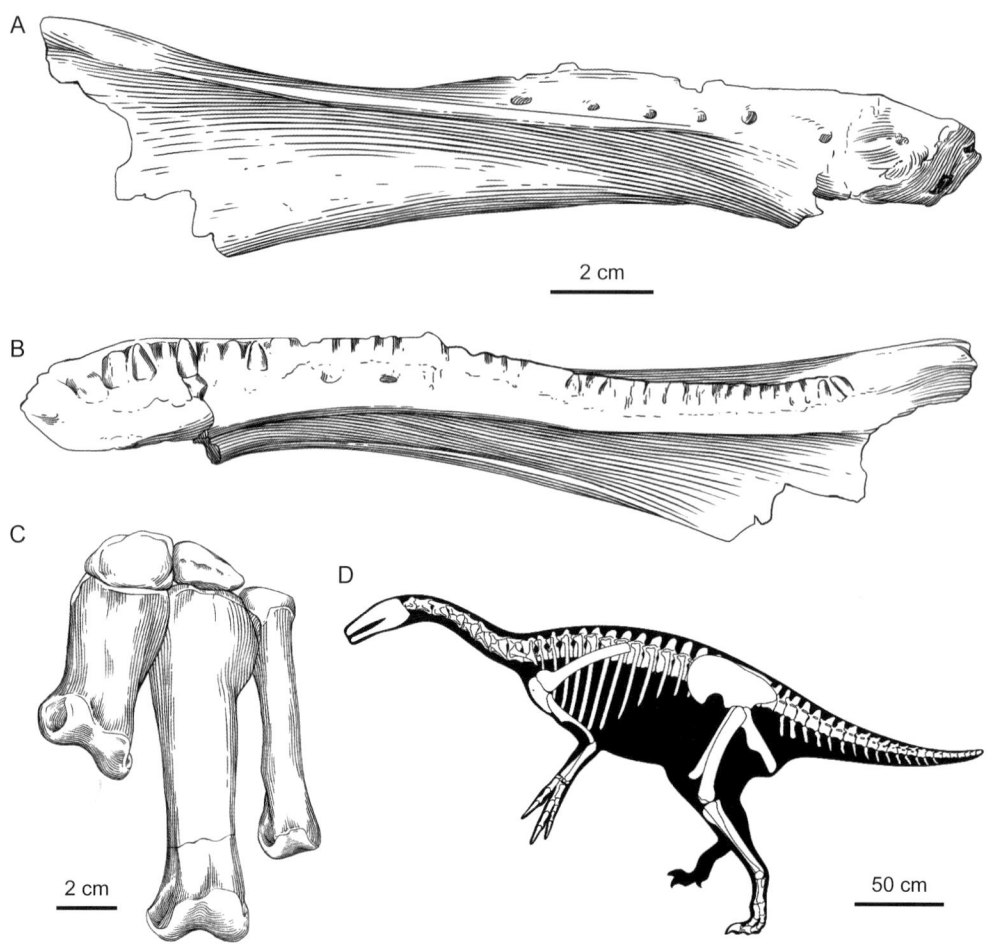

图 60 阿乐斯台阿拉善龙 *Alxasaurus elesitaiensis*
A–C. 正模（IVPP RV 93001）右侧下颌外侧视（A）和内侧视（B）、左侧手部背侧视（C）；D. 骨架复原图
（A–C 改自 Russell et Dong, 1993a）

北票龙属 Genus *Beipiaosaurus* Xu, Tang et Wang, 1999

模式种 意外北票龙 *Beipiaosaurus inexpectus* Xu, Tang et Wang, 1999

鉴别特征 以下列特征组合区别于其他镰刀龙类：头骨相对大；牙齿齿冠短，近球形；功能性三趾；蹠骨 I 近端夹板状；髂骨髋臼前支背腹向相对浅；手部相对长（比股骨长 10%）；胫骨长（长于股骨）；指节骨 II-1 掌侧面有一加长的侧关节面*；蹠骨 III 和 IV 近端侧扁*。

中国已知种 仅模式种。

分布与时代 辽宁，早白垩世。

意外北票龙 *Beipiaosaurus inexpectus* Xu, Tang et Wang, 1999

(图 61)

正模 IVPP V 11559，一不完整骨架，保存部分头骨，部分颈椎，背椎，荐椎和超过 30 个尾椎，肋骨，部分肩胛骨、乌喙骨和叉骨，部分肱骨、桡骨和尺骨，近乎完整的手部，部分左髂骨，近完整右髂骨，部分耻骨和近完整两侧坐骨，完整的右股骨、右胫骨和右腓骨，不完整的左股骨、左胫骨和左腓骨，不完整的右足。发现于辽宁北票四合屯。

归入标本 STM 31-1，关联保存的前半身骨架。

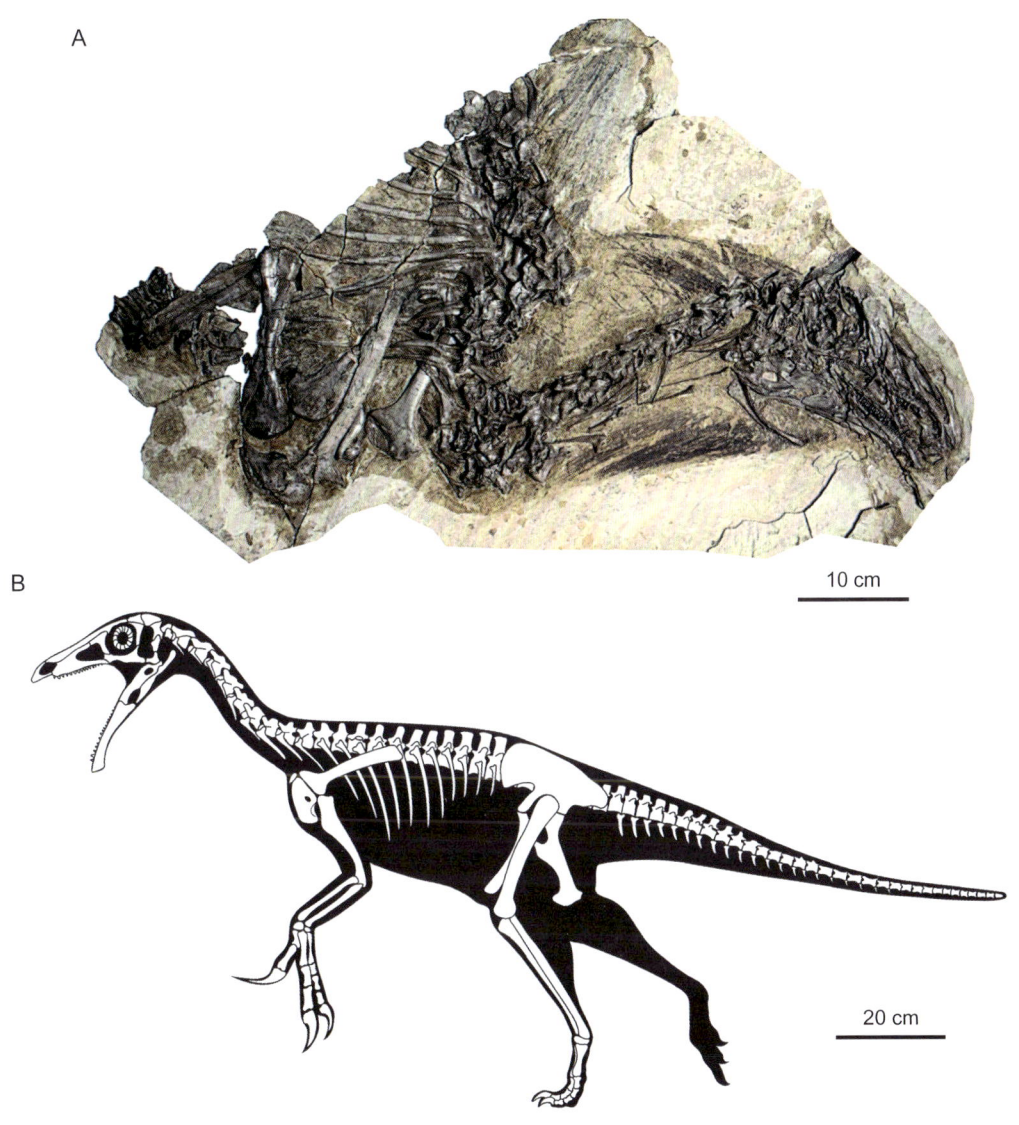

图 61 意外北票龙 *Beipiaosaurus inexpectus*
A. 归入标本（STM 31-1）照片；B. 骨架复原图

鉴别特征 同属。

产地与层位 辽宁北票，下白垩统义县组。

评注 意外北票龙为一中小型兽脚类，正模体长估计约 2.2 m，但正模未完全成年，因此这一属种的成年体型应更大。正模先后两次完成采集（Xu et al., 1999a；Xu et al., 2003a），后一次采集的正模尾部保存了类似尾综骨的结构。属名"北票"来源于标本发现地；种名"意外"用于表示该生物令人惊奇的特征。

浙江吉兰泰龙？ *Chilantaisaurus? zhejiangensis* Dong, 1979

（图 62）

正模 ZMNH (ZhM) V001，一破碎的右胫骨和一较完好的后足。发现于浙江汤溪原中戴公社。

鉴别特征 以下列特征组合区别于其他镰刀龙类：长骨骨壁厚；胫骨胫嵴向外突出，使胫骨近端关节面呈三角形；蹠骨粗壮；趾节骨短粗；趾爪骨侧扁，强烈弯曲，侧沟明显。

产地与层位 浙江汤溪，下白垩统方岩组。

评注 ZMNH (ZhM) V001 代表一个中等体型的兽脚类，体长估计约 5.5 m。ZMNH (ZhM) V001 最早归入吉兰泰龙属（董枝明，1979），后期研究认为这一标本不属于吉兰泰龙属，应该归入镰刀龙类（Zanno, 2010）。近期的一个系统发育分析把它置于一个和 *Alxasaurus*、*Enigmosaurus* 以及镰刀龙科形成多分支的位置（Hartman et al., 2019）。

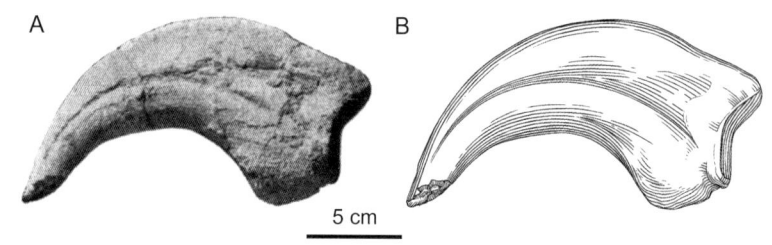

图 62 浙江吉兰泰龙？ *Chilantaisaurus? zhejiangensis* 正模 [ZMNH (ZhM) V001]
指爪照片（A）和线描图（B）（改自董枝明，1979）

镰刀龙科 Family Therizinosauridae Maleev, 1954

定义与分类 一个包含 *Therizinosaurus cheloniformis* Maleev, 1954，*Segnosaurus galbinensis* Perle, 1979，*Erlikosaurus andrewsi* Perle, 1981 + *Nanshiungosaurus brevispinus* Dong, 1979 的最小演化支。

形态特征 脑颅高度气腔化；副蝶骨吻突膨大；耳蜗加长；齿骨联合处牙齿缺失；

齿列内移显著；下颌齿数量少（少于31颗）；乌喙骨内折明显；肱骨骨干后内侧有大型结节；指节远端副韧带窝浅或者缺失；髂骨髋臼后支短，后缘有球形鼓起；综荐骨有骨化的神经棘间韧带；髂骨髋臼前支侧卷明显；耻骨远端靴状突前支长于后支；坐骨闭孔突位置靠腹端；胫骨明显短于股骨；蹠骨粗壮，蹠骨间距大；蹠骨I近端粗壮。

分布与时代 亚洲和北美洲，晚白垩世。

评注 镰刀龙类一个晚期演化支，体型一般较大，以巨大的镰刀状指爪骨，特化的腰带和粗壮的后肢为特征。

南雄龙属 Genus *Nanshiungosaurus* Dong, 1979

模式种 短棘南雄龙 *Nanshiungosaurus brevispinus* Dong, 1979

鉴别特征 以下列特征组合区别于其他镰刀龙类：颈椎12个，椎体长为背椎长的2.5倍；前部颈椎双平型，后部颈椎后凹型，侧凹均不发育；颈椎神经棘低，后部颈椎神经棘无明显的分叉现象；10个背椎，双平型，其椎体高长近乎相等，侧凹浅，神经棘低，横向宽，神经棘顶端扩大；荐椎5个，荐椎神经棘愈合在一起，顶端膨大，有一马鞍状凹坑；髂骨低，前突十分发育，狭窄而伸长，耻骨柄直而粗壮；耻骨直，外缘加厚，闭孔封闭；坐骨薄板状，远端扩大而愈合。

中国已知种 *Nanshiungosaurus brevispinus* Dong, 1979 和 *Nanshiungosaurus*? *bohlini* Dong et Yu, 1997。

分布与时代 广东和甘肃，白垩纪。

短棘南雄龙 *Nanshiungosaurus brevispinus* Dong, 1979

（图63）

正模 IVPP V 4731，一串相连的颈椎、背椎和荐椎；腰带除右髂骨和耻骨不全外，其余各骨基本完好。发现于广东南雄原水口公社大坪村。

鉴别特征 同属。

产地与层位 广东南雄，上白垩统南雄组。

评注 短棘南雄龙为一中等体型的兽脚类，体长估计5 m左右。

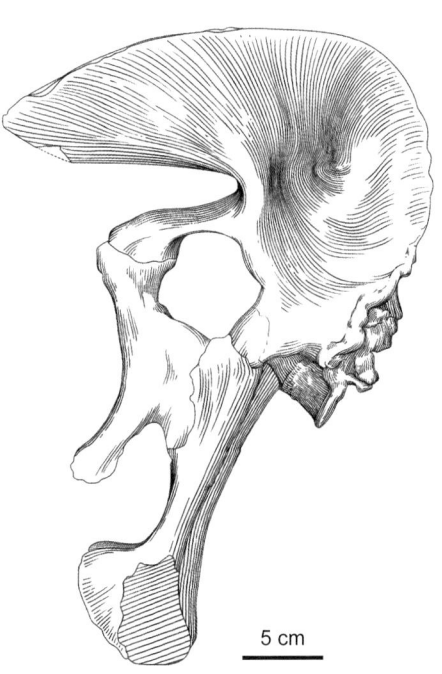

图63 短棘南雄龙 *Nanshiungosaurus brevispinus* 正模（IVPP V 4731）腰带（改自董枝明，1979）

布林氏南雄龙？ *Nanshiungosaurus? bohlini* Dong et Yu, 1997

（图 64）

正模 IVPP V 11116，包括 11 个颈椎的几乎完整颈椎系列，前部背椎以及背肋。

鉴别特征 以下列特征组合区别于其他镰刀龙类：颈椎数量少（11 个）；颈椎平凹型，腹嵴缺失；颈椎前后关节突明显高于椎管；颈椎神经棘前后向长；枢椎神经棘前部高；中后部颈椎（7–10）长于中部颈椎（5–6）；颈肋愈合于颈椎；背椎双平型；前部背椎有侧凹，神经棘侧视低矮，横向狭窄。

产地与层位 甘肃酒泉马鬃山，下白垩统中沟组。

评注 布林氏南雄龙？为一大中型兽脚类。布林氏南雄龙？正模 IVPP V 11116 采自早白垩世地层，与短棘南雄龙地质时代相差很远，Dong 和 Yu（1997）把它归入南雄龙属，但没有给出这一归类的形态证据。一些研究认为，IVPP V 11116 不应归入南雄龙属，原因在于二者的形态差异和时代差异都很大（Zanno, 2010）。Li 等（2007）认为，发现于同一套地层的布林氏南雄龙？和似大地懒肃州龙（*Suzhousaurus megatherioides*）有可能是同一属种，但后者已知化石和前者没有重叠部分，难以对比。如果未来发现重叠材料证实二者形态一样，*Nanshiungosaurus? bohlini* 则应改名为 *Suzhousaurus bohlini*（Li et al., 2007）。

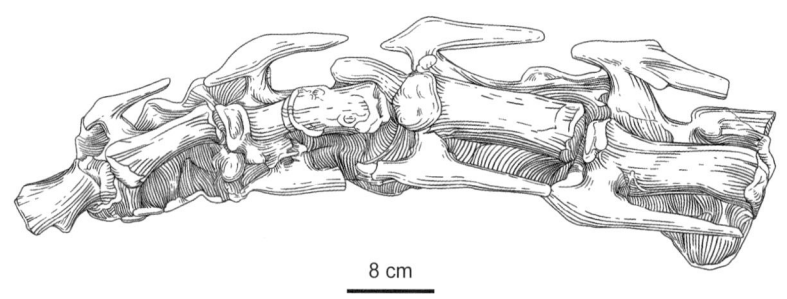

图 64 布林氏南雄龙？*Nanshiungosaurus? bohlini* 正模（IVPP V 11116）
颈椎腹侧视（改自 Dong et Yu, 1997）

肃州龙属 Genus *Suzhousaurus* Li, Peng, You, Lamanna, Harris, Lacovara et Zhang, 2007

模式种 似大地懒肃州龙 *Suzhousaurus megatherioides* Li, Peng, You, Lamanna, Harris, Lacovara et Zhang, 2007

鉴别特征 以下列特征组合区别于其他镰刀龙类：背椎椎体有侧凹，前部背椎侧凹深，后部背椎侧凹浅；后部背椎椎体腹侧面圆，无龙骨突；肩臼窝浅，边界不清楚*；肩臼窝肩胛骨部分背内侧具突出的圆形的有纹路的肿块*；肱骨相对纤细，骨干强烈扭转，近端和远端长轴方向夹角大，三角肌嵴短（小于肱骨长度的三分之一），后转子缺失；耻骨前缘强烈凹进*，外缘明显凸出。

中国已知种　仅模式种。

分布与时代　甘肃，早白垩世。

似大地懒肃州龙 *Suzhousaurus megatherioides* Li, Peng, You, Lamanna, Harris, Lacovara et Zhang, 2007

（图 65）

正模　GSGM FRDC-GSJB-99，一具关联保存的部分头后骨架，包括 10 个背椎，部分背肋，近完整的右肩胛乌喙骨，完整的右肱骨，部分腰带骨和后肢骨骼。发现于甘肃

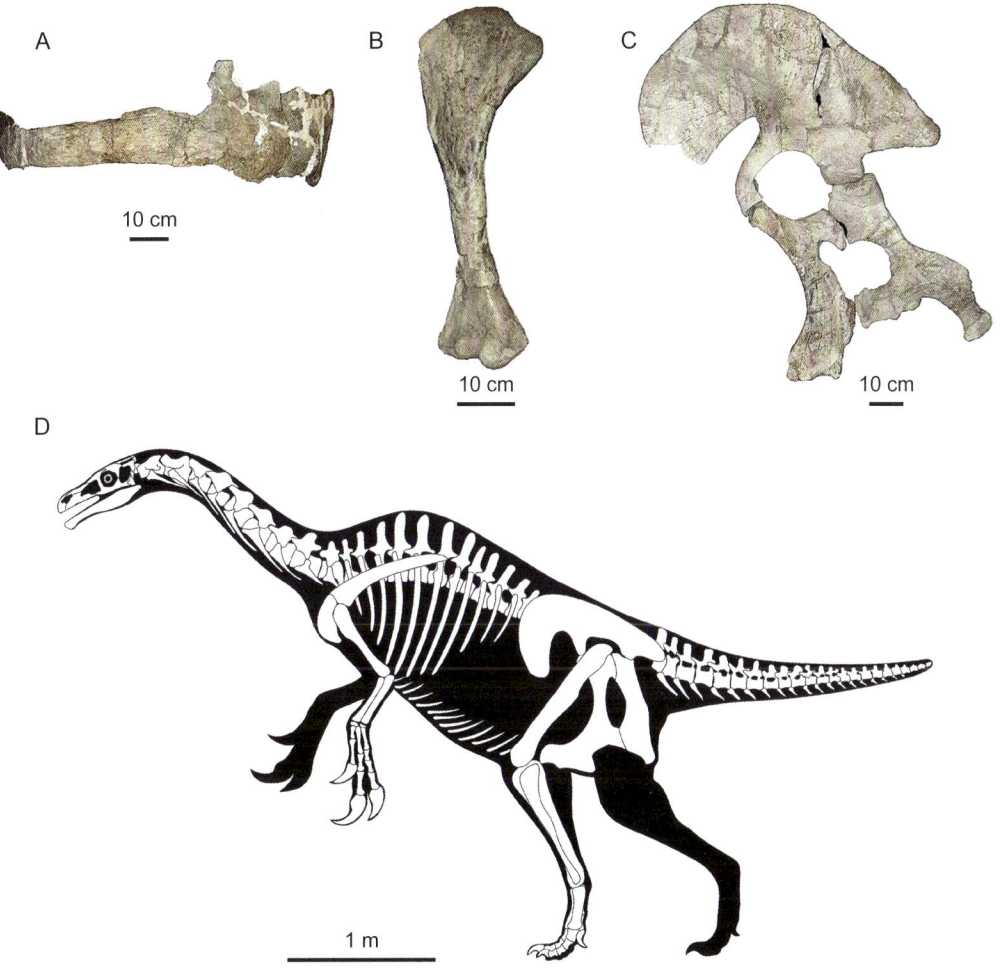

图 65　似大地懒肃州龙 *Suzhousaurus megatherioides* 正模（GSGM FRDC-GSJB-99）
A. 右侧肩胛乌喙骨外侧视；B. 右肱骨前侧视；C. 左侧腰带外侧视；D. 骨架复原图

酒泉俞井子盆地。

归入标本 GSGM FRDC-GSJB-2004-001，一部分保存的骨架，包含最后3个背椎、荐椎、前6个尾椎、7个背肋、6个人字骨、近完整左侧腰带、近完整左股骨和右股骨远端。

鉴别特征 同属。

产地与层位 甘肃酒泉，下白垩统新民堡群。

评注 似大地懒肃州龙为一大中型兽脚类，体长估计约6.2 m。属名"肃州"来源于汉语中对酒泉地区的古称，种名由希腊语"相似"和大地懒组成。似大地懒肃州龙和布林氏南雄龙？都发现于新民堡群，有可能属于同物异名，但目前化石材料没有相同部位的，因此无法直接对比。

二连龙属 Genus *Erliansaurus* Xu, Zhang, Sereno, Zhao, Kuang, Han et Tan, 2002

模式种 美掌二连龙 *Erliansaurus bellamanus* Xu, Zhang, Sereno, Zhao, Kuang, Han et Tan, 2002

鉴别特征 以下列特征组合区别于其他镰刀龙类：前部尾椎具加大的滋养孔；肱骨后转子嵴状；肱骨后转子内侧有一卵形凹陷；髂骨外侧面坐骨柄上方有一多皱的肿状突起；腓骨近端后缘明显高于前缘；腓骨前转子大，位置靠远端。

中国已知种 仅模式种。

分布与时代 内蒙古，晚白垩世。

美掌二连龙 *Erliansaurus bellamanus* Xu, Zhang, Sereno, Zhao, Kuang, Han et Tan, 2002

（图66）

正模 LHGPI (LH) V0002，一具部分头后骨架，包括5个脊椎，缺少腕部的左前肢，部分右髂骨和坐骨、耻骨的碎片，右股骨，左右胫骨，右腓骨以及部分蹠骨。发现于内蒙古苏尼特左旗赛罕高毕。

鉴别特征 同属。

产地与层位 内蒙古苏尼特左旗，上白垩统二连组。

评注 美掌二连龙正模体长估计2.5 m，其成年个体体型更大。属名来源于标本产地二连盆地；种名来源于拉丁语"美丽的手"，用以表示正模标本中保存良好的手部。

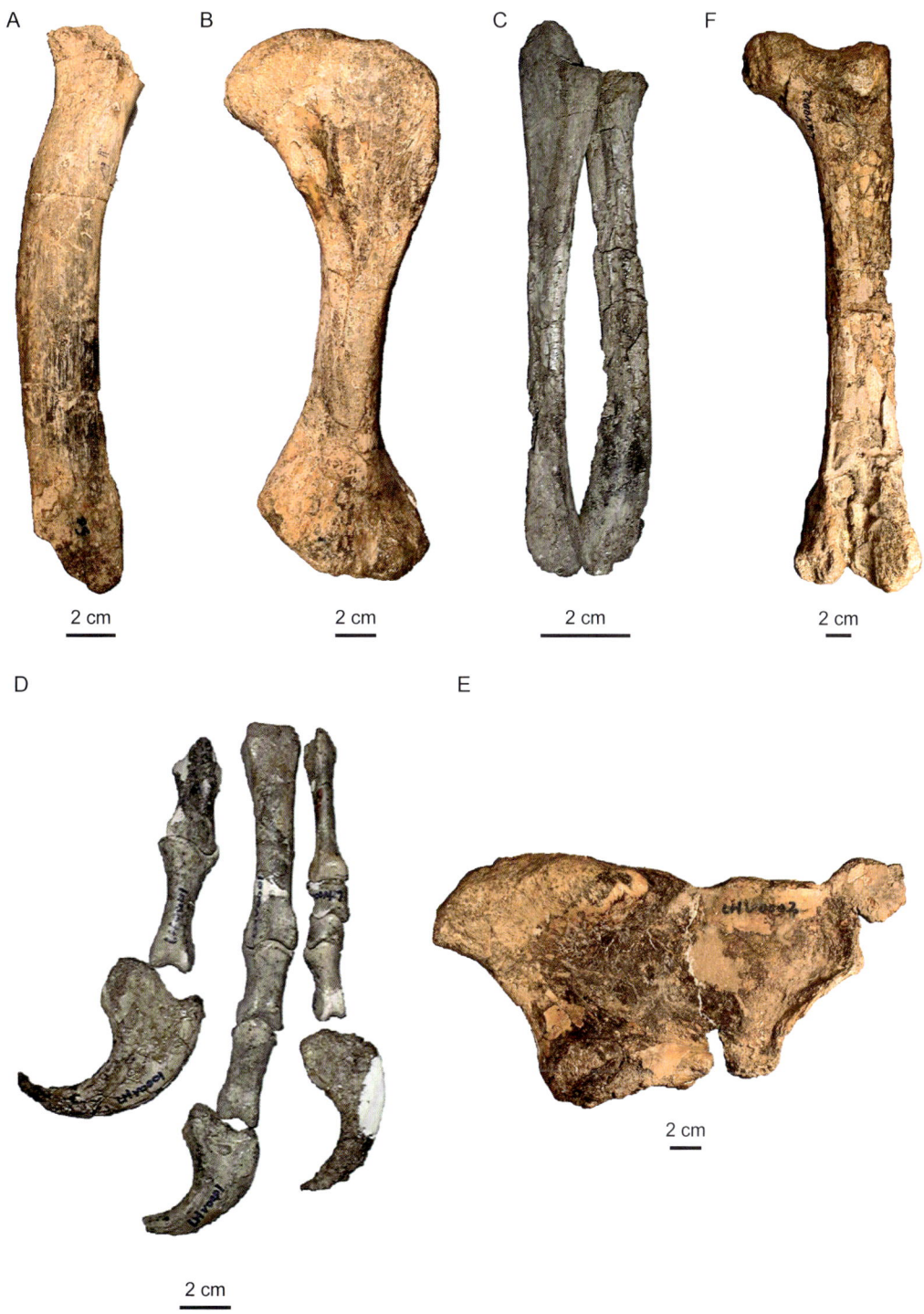

图66 美掌二连龙 *Erliansaurus bellamanus* 正模 [LHGPI (LH) V0002]
A. 右肩胛骨外侧视；B. 右肱骨前侧视；C. 右尺骨和桡骨外侧视；D. 左侧手部背侧视；E. 左髂骨外侧视；
F. 右股骨后侧视

内蒙古龙属 Genus *Neimongosaurus* Zhang, Xu, Zhao, Sereno, Kuang et Tang, 2001

模式种 杨氏内蒙古龙 *Neimongosaurus yangi* Zhang, Xu, Zhao, Sereno, Kuang et Tang, 2001

鉴别特征 以下列特征组合区别于其他镰刀龙类：前部尾椎的横突下部有一圆形的窝；尾椎前关节突向两侧侧伸明显。桡骨二头肌结节非常发育；髂骨髋臼前支扭曲，外侧面转向背方；胫骨的腓骨嵴长，明显超过胫骨长度的一半；趾节骨近端跟部非常发育。

中国已知种 仅模式种。

分布与时代 内蒙古，晚白垩世。

杨氏内蒙古龙 *Neimongosaurus yangi* Zhang, Xu, Zhao, Sereno, Kuang et Tang, 2001

（图 67）

正模 LHGPI (LH) V0001，包括部分头骨，近完整的脊椎系列，部分肩胛乌喙骨，叉骨，左右肱骨及左桡骨，左右髂骨、腓骨和胫骨，以及左足部大部。发现于内蒙古苏尼特左旗赛罕高毕。

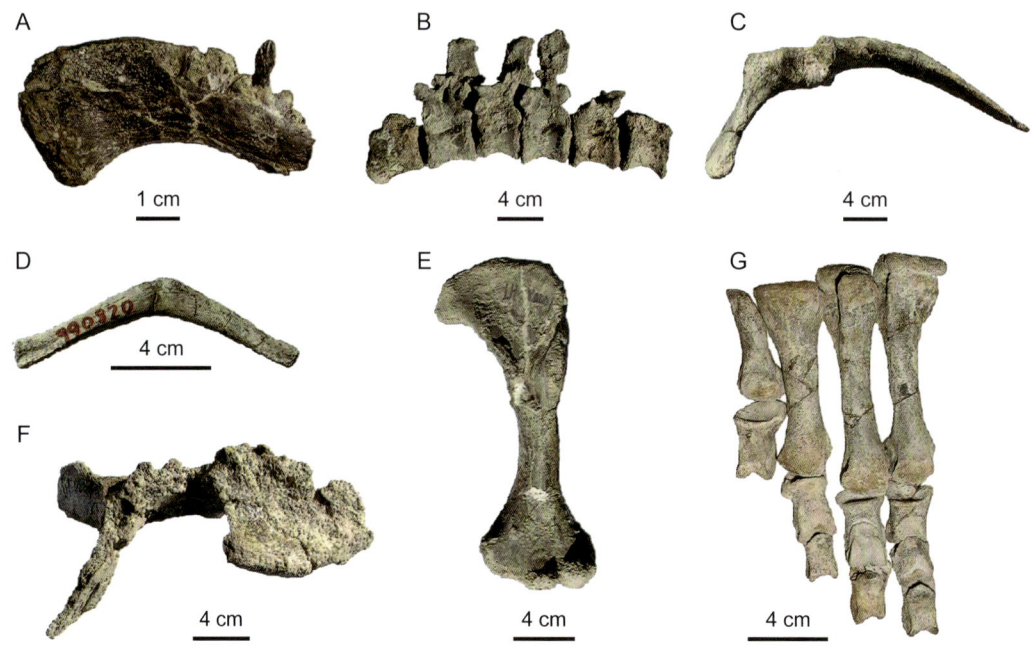

图 67 杨氏内蒙古龙 *Neimongosaurus yangi* 正模 [LHGPI (LH) V0001]
A. 下颌前部内侧视；B. 背椎左外侧视；C. 左侧肩胛乌喙骨腹侧视；D. 叉骨；E. 左肱骨前侧视；F. 髂骨背侧视；G. 左侧足部背侧视

归入标本 LHGPI (LH) V0008，综荐骨和左右髂骨。

鉴别特征 同属。

产地与层位 内蒙古苏尼特左旗，上白垩统二连组。

评注 杨氏内蒙古龙为一小型兽脚类，体长估计约 2.4 m。属名来源于标本发现地，内蒙古；种名用以纪念中国古生物事业的奠基人——杨钟健。

窃蛋龙类 OVIRAPTOROSAURIA Barsbold, 1976

定义与分类 包含 *Oviraptor philoceratops* Osborn, 1924，但不包含 *Therizinosaurus cheloniformis* Maleev, 1954，*Ornithomimus edmontonicus* Sternberg, 1933，*Troodon formosus* Leidy, 1856，*Tyrannosaurus rex* Osborn, 1905，*Epidendrosaurus ninchengensis* Zhang et al., 2002 以及 *Passer domesticus* (Linnaeus, 1758) 的包容性最大的演化支。除了早期分异的窃蛋龙类，其余窃蛋龙类由两个演化支组成：近颌龙科（Caenagnathidae）和窃蛋龙科（Oviraptoridae）。

形态特征 头骨相对短高；吻部短；前上颌骨高大；顶骨长；齿骨前端下弯，后端分叉形成的后背支和后腹支长；外下颌窗大，位置靠前；夹板骨背腹向狭窄；前关节骨长，至少为下颌总长度的一半；脊椎气腔化明显；多数物种荐椎数目超过 5 个；尾部短，尾椎数目少（少于 25 个）；尾椎系列没有明显转折点（即后部尾椎也保留横突和神经棘）；胸骨宽度大于长度；第三手指相对较长；指爪骨近端背缘明显翘起；耻骨前弯；坐骨闭突大，近三角形。

中国已知属 原始祖鸟龙属（*Protarchaeopteryx*）、似尾羽龙属（*Similicaudipteryx*）、尾羽龙属（*Caudipteryx*）、切齿龙属（*Incisivosaurus*）、宁远龙属（*Ningyuansaurus*）、始兴龙属（*Shixinggia*）、巨盗龙属（*Gigantoraptor*）、洛阳龙属（*Luoyanggia*）、贝贝龙属（*Beibeilong*）、怪脚龙属（*Anomalipes*）、窃蛋龙属（*Oviraptor*）、山阳龙属（*Shanyangosaurus*）、河源龙属（*Heyuannia*）、斑嵴属（*Banji*）、曲剑龙属（*Machairasaurus*）、乌拉特龙属（*Wulatelong*）、江西龙属（*Jiangxisaurus*）、赣州龙属（*Ganzhousaurus*）、豫龙属（*Yulong*）、南康龙属（*Nankangia*）、华南龙属（*Huanansaurus*）、冠盗龙属（*Corythoraptor*）和通天龙属（*Tongtianlong*）。

分布与时代 亚洲和北美洲，白垩纪。疑似化石也发现于欧洲早白垩世早期。

评注 窃蛋龙类代表手盗龙类的一个灭绝演化支，代表性物种包括 *Caudipteryx zoui*、*Gigantoraptor erlianensis* 和 *Oviraptor philoceratops*。窃蛋龙类是一类地栖性动物，一般为小型，不超过 2 m，像体长几十厘米的尾羽龙，但个别物种体型巨大，如体长近 8 m 的巨盗龙，食性有植食、杂食和肉食。

近颌龙科更多见于北美，也见于亚洲，窃蛋龙科仅见于亚洲。近颌龙科和窃蛋龙科一起形成近颌龙超科（Caenagnathoidea）。中国的窃蛋龙类以早期分异的窃蛋龙类和窃蛋龙科的属种最多，尤其是早期窃蛋龙类，为了解窃蛋龙的系统位置和特征演化提供了关键信息。

原始祖鸟龙属 Genus *Protarchaeopteryx* Ji et Ji, 1997

模式种 粗壮原始祖鸟龙 *Protarchaeopteryx robusta* Ji et Ji, 1997

鉴别特征 以下列特征组合区别于其他窃蛋龙类：前上颌齿大，侧视直，前后缘有锯齿*；上颌与下颌齿短，膨大*；所有牙齿均带锯齿；中部尾椎明显长于前部尾椎；胸骨小；手部长（手部长度大于肱骨长度）；髂骨髋臼前支背腹向浅，前缘尖灭*；髋臼后支与前支等长，后缘尖灭；髂骨耻骨柄前后向宽度明显大于坐骨柄；耻骨靴状突向后膨展；蹠骨 III 近端横向中度压缩；舵羽在尾部形成扇形。

中国已知种 仅模式种。

分布与时代 辽宁，早白垩世。

粗壮原始祖鸟龙 *Protarchaeopteryx robusta* Ji et Ji, 1997

（图 68）

正模 GMC (NGMC) 2125，一具几乎完整的骨架。发现于辽宁北票四合屯。

鉴别特征 同属。

产地与层位 辽宁北票，下白垩统义县组。

评注 粗壮原始祖鸟龙为一小型兽脚类，体长约 75 cm。这一属种最初被归入鸟类（季强、姬书安，1997），但后期研究认为它属于窃蛋龙类。

尾羽龙属 Genus *Caudipteryx* Ji, Currie, Norell et Ji, 1998

模式种 邹氏尾羽龙 *Caudipteryx zoui* Ji, Currie, Norell et Ji, 1998

鉴别特征 以下列特征组合区别于其他窃蛋龙类：头骨短于股骨；4 个前上颌齿，齿冠细长，齿根远粗壮于齿冠；上颌齿和下颌齿缺失；10 个颈椎；5 个荐椎；尾部短，为体长四分之一；尾椎数目少，少于 23 个尾椎；中后部尾椎未加长；肋骨有钩状突；前肢相对短，为后肢长度的 40%；指爪骨短；髂骨耻骨柄腹缘平直；蹠骨 III 近端横向侧扁；远端趾节比近端趾节明显缩短；中间手指着生初级飞羽，初级飞羽最长超过股骨。

中国已知种 *Caudipteryx zoui* Ji, Currie, Norell et Ji, 1998 和 *C. dongi* Zhou et Wang, 2000。

分布与时代 辽宁，早白垩世。

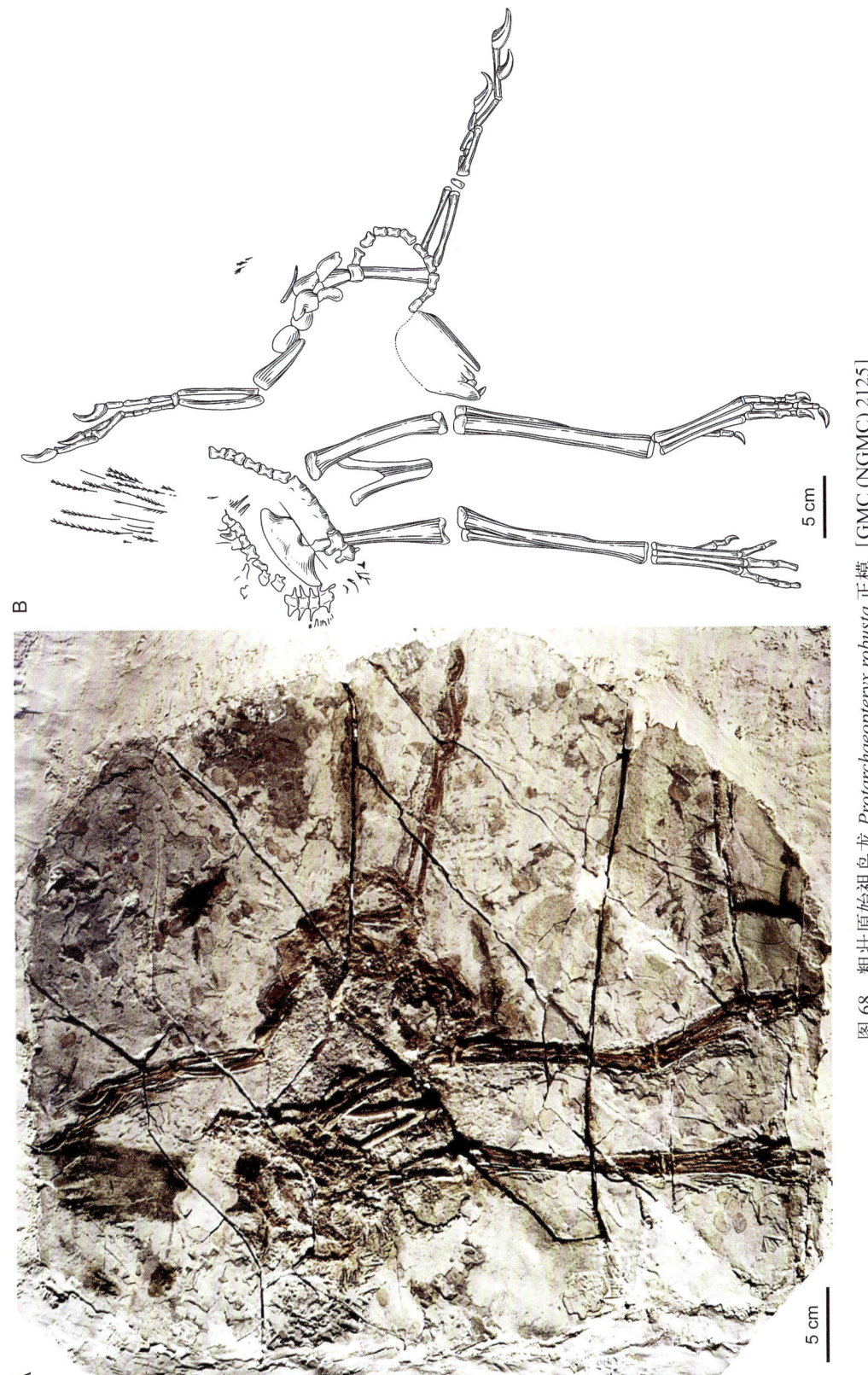

图 68 粗壮原始祖鸟龙 *Protarchaeopteryx robusta* 正模 [GMC (NGMC) 2125]
A. 化石照片；B. 线描图

评注 属名源自拉丁语"尾羽"。

邹氏尾羽龙 *Caudipteryx zoui* Ji, Currie, Norell et Ji, 1998

（图 69）

Caudipteryx sp.：Zhou et al., 2000, p. 242

正模 GMC (NGMC) 97-4-A，一具完整骨架。发现于辽宁北票四合屯。

归入标本 GMC (NGMC) 97-9-A，一近完整骨架；BPM 0001，一近完整骨架；IVPP V 12430，一近完整骨架（Zhou et al., 2000）。

鉴别特征 以下列特征区别于董氏尾羽龙：胸骨相对更大，长度为股骨长度的 24%（董氏尾羽龙为 17%）；掌骨 II 相对更短，长度为掌骨 III 的 40%（董氏尾羽龙为 45%）；坐骨相对更长；髂骨相对更短。

产地与层位 辽宁北票，下白垩统义县组。

评注 邹氏尾羽龙为一小型兽脚类，体长约 75 cm。Zhou 等（2000）还报道过一件编号为 IVPP V 12430 的尾羽龙属未定种标本，本书将其归入邹氏尾羽龙。

董氏尾羽龙 *Caudipteryx dongi* Zhou et Wang, 2000

（图 70）

正模 IVPP V 12344，一具近完整的头后骨架。发现于辽宁北票四合屯张家沟。

鉴别特征 以下列特征区别于邹氏尾羽龙：胸骨相对更小，长度为股骨长度 17%（邹氏尾羽龙为 24%）；掌骨 II 相对更长，长度为掌骨 III 的 45%（邹氏尾羽龙为 40%）；坐骨相对更短；髂骨相对更长。

产地与层位 辽宁北票，下白垩统义县组。

评注 董氏尾羽龙为一小型兽脚类，体长估计约 80 cm。

切齿龙属 Genus *Incisivosaurus* Xu, Cheng, Wang et Chang, 2002

模式种 高蒂尔氏切齿龙 *Incisivosaurus gauthieri* Xu, Cheng, Wang et Chang, 2002

鉴别特征 以下列特征组合区别于其他窃蛋龙类：上颌齿列高度异型（第一前上颌齿大且呈切齿状，第二至四前上颌齿较第一齿小很多且近圆锥状，上颌齿极小且呈披针状）[*]；齿冠中央边缘具大的高角度磨蚀面[*]；基蝶骨腹面具径向脊[*]；左右翼骨附腹耳突接触[*]；具附外翼骨窗[*]；具短上颌突的三射型腭骨。

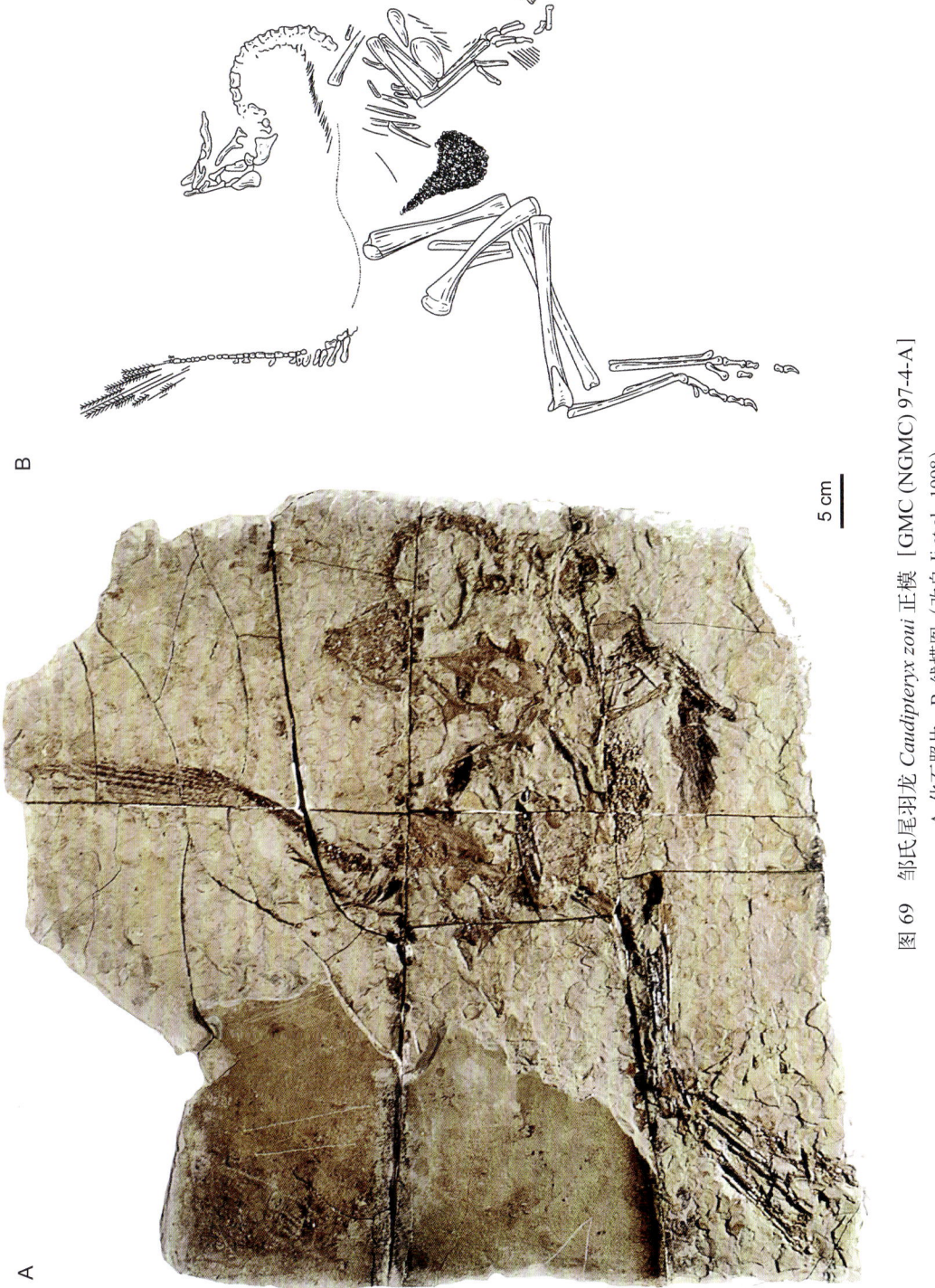

图 69 邹氏尾羽龙 Caudipteryx zoui 正模 [GMC (NGMC) 97-4-A]
A. 化石照片；B. 线描图（改自 Ji et al., 1998）

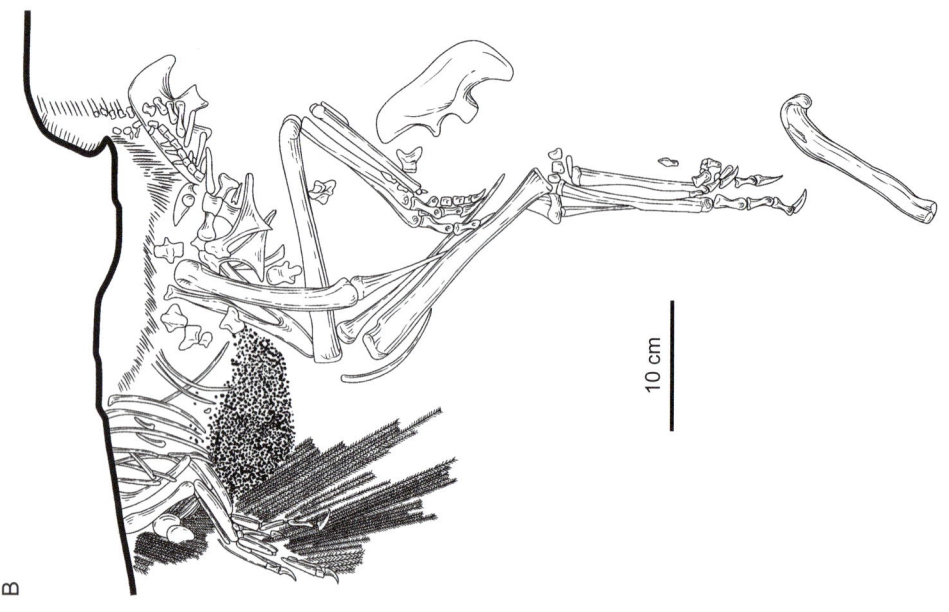

图 70 董氏尾羽龙 *Caudipteryx dongi* 正模（IVPP V 12344）
A. 化石照片；B. 线描图（改自 Zhou et Wang, 2000）

中国已知种 仅模式种。

分布与时代 辽宁，早白垩世。

高蒂尔氏切齿龙 *Incisivosaurus gauthieri* Xu, Cheng, Wang et Chang, 2002

（图 71）

正模 IVPP V 13326，一个近完整的头骨和一颈椎。发现于辽宁北票陆家屯。

鉴别特征 同属。

产地与层位 辽宁北票，下白垩统义县组。

评注 高蒂尔氏切齿龙为一小型兽脚类恐龙，体长估计约 1 m。属名来源于该生物切齿状的前上颌齿；种名"高蒂尔氏"用以纪念美国古脊椎动物学家 Jacques Gauthier，以及他在兽脚类系统分类中所做的贡献。高蒂尔氏切齿龙是已知唯一的牙齿磨蚀面复杂程度和磨蚀程度可以与植食性恐龙相对比的兽脚类恐龙，为这种恐龙的植食习性提供了有力证据（Xu et al., 2002a）。

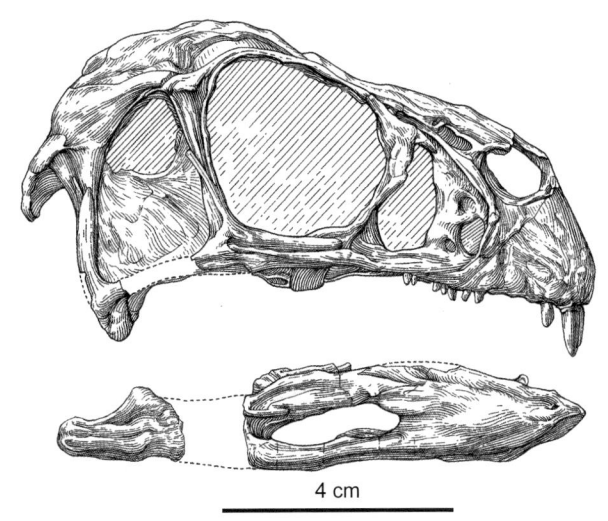

图 71 高蒂尔氏切齿龙 *Incisivosaurus gauthieri* 正模（IVPP V 13326）
头骨（改自 Xu et al., 2002a）

似尾羽龙属 Genus *Similicaudipteryx* He, Wang et Zhou, 2008

模式种 义县似尾羽龙 *Similicaudipteryx yixianensis* He, Wang et Zhou, 2008

鉴别特征 以下列特征组合区别于其他窃蛋龙类：14 个背椎，椎体侧凹发育；最前部背椎有显著的椎体下突；荐椎数目少（5 个）；尾椎少（少于 26 个）；尾椎侧视短粗；最后部尾椎愈合，形成匕首状尾综骨；髂骨髋臼前支前腹缘腹侧延展，形成前腹突；髂骨耻骨柄前后向长，远远宽于坐骨柄；髂骨髋臼后支相对长，后缘尖灭；耻骨长，与髂骨的长度比为 1.5。

中国已知种 仅模式种。

分布与时代 辽宁，早白垩世。

义县似尾羽龙 *Similicaudipteryx yixianensis* He, Wang et Zhou, 2008
（图 72）

正模 IVPP V 12556，一具保存近完整后肢和腰带的头后骨架。发现于辽宁义县西二虎桥。

归入标本 STM4-1，一具近完整骨架，推断为早期幼年个体；STM22-6，一具近完整骨架，推断为晚期幼年个体。

鉴别特征 同属。

产地与层位 辽宁义县，下白垩统九佛堂组。

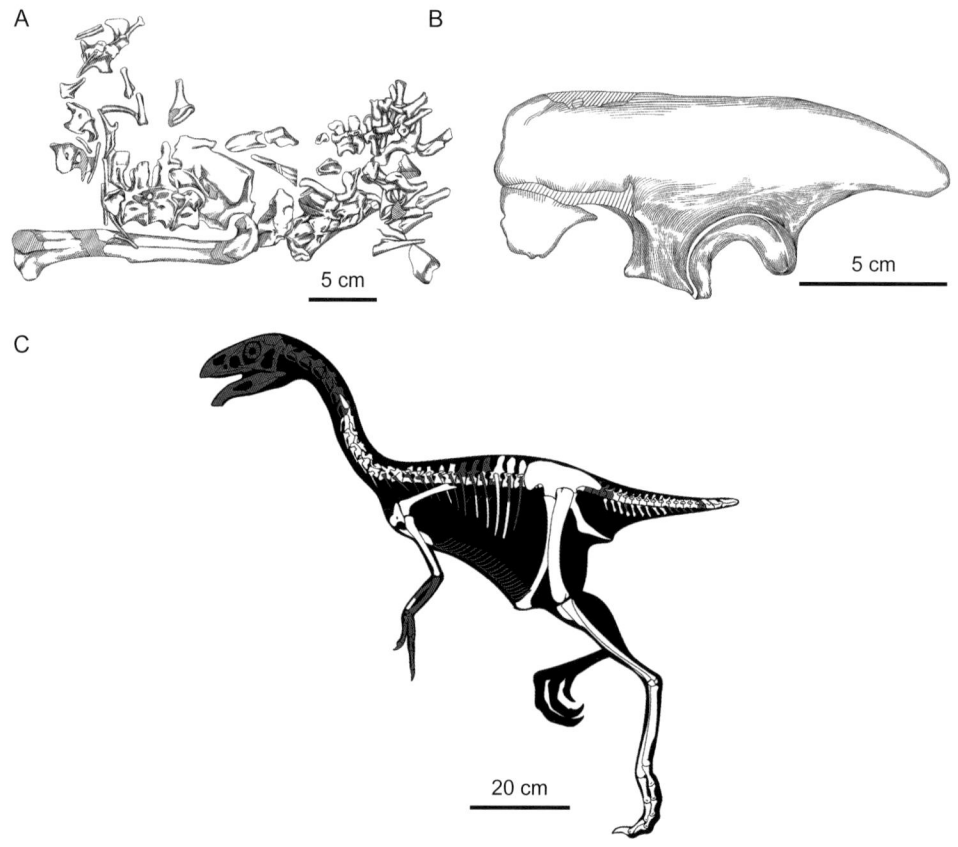

图 72 义县似尾羽龙 *Similicaudipteryx yixianensis* 正模（IVPP V 12556）
A. 部分头后骨骼；B. 左髂骨；C. 骨架复原图（A 和 B 改自 He et al., 2008）

评注 义县似尾羽龙为一小型兽脚类恐龙,体长估计约 115 cm。

宁远龙属 Genus *Ningyuansaurus* Ji, Lü, Wei et Wang, 2012

模式种 王氏宁远龙 *Ningyuansaurus wangi* Ji, Lü, Wei et Wang, 2012

鉴别特征 以下列特征组合区别于其他窃蛋龙类:头骨侧视三角形,前后向相对长[*];齿骨前端平直[*];牙齿数量多(4个前上颌齿,至少6个上颌齿,至少14个下颌齿);尾椎数目少(约22个);中部尾椎明显加长;肩胛骨微长于肱骨;髂骨髋臼后支后缘钝;股骨远长于髂骨。

中国已知种 仅模式种。

分布与时代 辽宁,早白垩世。

王氏宁远龙 *Ningyuansaurus wangi* Ji, Lü, Wei et Wang, 2012

(图 73)

正模 一几乎完整骨架,包括头骨(收藏于辽宁兴城孔子鸟博物馆,无标本号)。发现于辽宁建昌喇嘛洞。

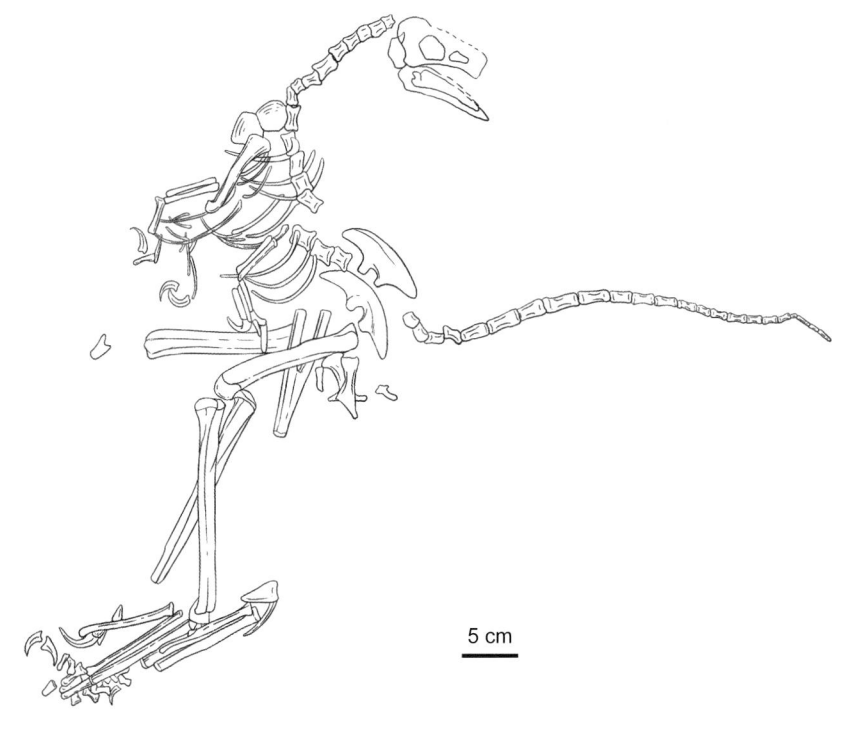

图 73 王氏宁远龙 *Ningyuansaurus wangi* 正模
骨架线描图(改自 Ji et al., 2012)

鉴别特征 同属。

产地与层位 辽宁建昌，下白垩统义县组。

评注 王氏宁远龙为一小型兽脚类。属名宁远指发现地兴城的古地名，代表正模标本保存的地方；种名为了纪念提供标本的王秋武先生。无编号的正模保存状况差，头骨特征难以识别，特征组合明显异常（Ji et al., 2012），属种是否有效以及是否归入窃蛋龙类有待进一步工作的确认。

近颌龙科 Family Caenagnathidae Sternberg, 1940

定义与分类 包含 *Caenagnathus collinsi* Sternberg, 1940，但不包含 *Oviraptor philoceratops* Osborn, 1924 的最大演化支。

形态特征 下颌相对细长；下颌联合部前后向长，背侧面沿着齿骨背缘边沿有浅沟；下颌前部的背缘侧视明显凹陷；外下颌窗前后向长，背腹向低；手指 IV 相对长；髂骨髋臼后支短于髋臼前支；远端跗骨常愈合于蹠骨；蹠骨 III 近端侧扁，夹于蹠骨 II 和 IV 之间；跖部后侧面有纵向凹陷。

分布与时代 亚洲和北美洲，晚白垩世。

评注 近颌龙科是窃蛋龙类的一个演化支，近颌龙科恐龙体型差异大，从小型到巨型都有代表。因为近颌龙科的化石材料保存相对破碎，所以这一类群的组成分子争议很大，一些属种也常常被归入早期分异的窃蛋龙类。*Caenagnathus collinsi* 的有效性是一个重要问题，因为这涉及 Caenagnathidae 和 Caenagnathoidea 这两个高阶分类单元的定义。自 Sternberg (1940) 命名 *Caenagnathus* 以来，一直有研究认为 *Caenagnathus* 是 *Chirostenotes* 的晚出异名（Sues, 1997），但也有一些研究支持它们代表不同的属种（Senter, 2007；Funston et al., 2015）。本书采用后一观点，依然使用 *Caenagnathus collinsi* Sternberg, 1940 来定义 Caenagnathidae。

始兴龙属 Genus *Shixinggia* Lü et Zhang, 2005

模式种 遗忘始兴龙 *Shixinggia oblita* Lü et Zhang, 2005

鉴别特征 以下列特征组合区别于其他近颌龙科属种：髂骨高与长之比率 0.32；髂骨髋臼前支和后支相似，末端钝；髂骨髋臼前支腹边缘均高于髋臼的背边缘；股骨近端前内侧面具有一大的气孔；胫骨近端有一相对小的气孔。

中国已知种 仅模式种。

分布与时代 广东，晚白垩世。

遗忘始兴龙 *Shixinggia oblita* Lü et Zhang, 2005
(图 74)

正模 BMNH BPV-112,一不完整的头后骨架,包括 3 个后部背椎,完整的荐椎系列以及 3 个前部尾椎,部分肋骨,两侧髂骨,部分股骨、胫骨、腓骨以及趾节骨。发现于广东始兴县陆源。

鉴别特征 同属。

产地与层位 广东始兴,上白垩统坪岭组。

评注 遗忘始兴龙为一小型兽脚类恐龙,体长估计约 1.8 m。始兴指化石产地中国广东省始兴县,种名来自拉丁语"oblita",意为遗忘。正模标本发现于 1995 年,但直到 2005 年才被描述(吕君昌、张宝堃,2005)。

图 74 遗忘始兴龙 *Shixinggia oblita* 正模(BMNH BPV-112)
部分脊椎和腰带(引自吕君昌、张宝堃,2005)

巨盗龙属 Genus *Gigantoraptor* Xu, Tan, Wang, Zhao et Tan, 2007

模式种 二连巨盗龙 *Gigantoraptor erlianensis* Xu, Tan, Wang, Zhao et Tan, 2007

鉴别特征 以下列特征组合区别于其他近颌龙科属种:下颌短,小于股骨长度的 45%;齿骨侧面靠前端有一窝,外下颌窗前背方有一个窝,其背缘为一侧向耳突形成;齿骨后腹突长,延伸至下颌关节窝;反关节突小,向后尖灭,深度远大于宽度;前部尾椎后凹型,中部尾椎双凹型,后部尾椎前凹型;大部分尾椎有侧凹;前部尾椎椎体侧面具一对垂直排布的气腔化孔;前部和中部尾椎椎体腹面具大的气腔化孔;前部尾椎神经棘高(高约为宽的 3 倍),粗壮的棒状横突位置靠后;前部尾椎椎体后腹侧显著腹向延伸;前部尾椎板状系统发育(有棘前板、棘后板、棘 - 后关节突板、前部椎体 - 横突板、后部椎体-横突板及关节横突板）；中部尾椎具垂直的前关节突关节面，关节面远离关节突末端；肩胛骨外侧面有一明显凸起，位于肩峰突腹方；肱骨向外侧鼓起，具球面状肱骨头和向内侧强烈弯曲的三角肌嵴；肱骨后侧面的前半部具一中部收缩的宽脊；尺骨直，具近圆形的凹进的近端关节面；桡骨远端近球形；掌骨 II 近端内侧缘轻微凸起，远端内髁高度是外髁的 3 倍，向远端延伸长度也是外髁的 3 倍；掌骨 III 近端具一外背侧突，靠近端三分之一处的腹侧面具径向沟槽；指爪骨具近三角形的外侧沟系统；耻骨侧扁；股骨骨干直，在股骨头与转子嵴间具一收缩的颈，股骨头球状，朝向内后侧，转子嵴前后向宽，前缘较后侧更高、更粗壮；股骨后侧面有一明显窄槽，在转子嵴内侧方，向下延伸；股骨前侧面靠远端具一髌骨沟；跟骨小，前视被宽大的距骨遮挡；远端跗骨 IV 外缘具突起；蹠骨 III 具屈戌状远端关节面；趾爪骨每侧有两个侧沟，近端关节面中部横向收缩。

中国已知种 仅模式种。

分布与时代 内蒙古，晚白垩世。

二连巨盗龙 *Gigantoraptor erlianensis* Xu, Tan, Wang, Zhao et Tan, 2007

（图 75）

正模 LHGPI (LH) V0011，一具不完整骨架，包括下颌，脊椎系列，近完整的右肩胛骨，大部分前肢，部分髂骨，近完整耻骨和后肢。发现于内蒙古苏尼特左旗赛罕高毕。

鉴别特征 同属。

产地与层位 内蒙古苏尼特左旗，上白垩统二连组。

评注 二连巨盗龙为一大型兽脚类，体长估计 8 m 左右。属名来源于这种恐龙巨大的体型和弯曲锐利的指爪骨；种名来源于正模发现地，二连盆地（Xu et al., 2007）。

洛阳龙属 Genus *Luoyanggia* Lü, Xu, Jiang, Jia, Li, Yuan, Zhang et Ji, 2009

模式种 刘店洛阳龙 *Luoyanggia liudianensis* Lü, Xu, Jiang, Jia, Li, Yuan, Zhang et Ji, 2009

鉴别特征 以下列特征组合区别于其他近颌龙科属种：下颌前端平直，不下弯；下颌联合腹视 V 型，下颌左右支向后外侧延伸*；髂骨背缘侧视平直；髂骨髋臼前支前端腹缘和耻骨柄腹缘侧视同一水平面；髂骨耻骨柄腹向延伸显著，远低于坐骨柄；坐骨骨干侧视微后弯。

中国已知种 仅模式种。

分布与时代 河南，晚白垩世。

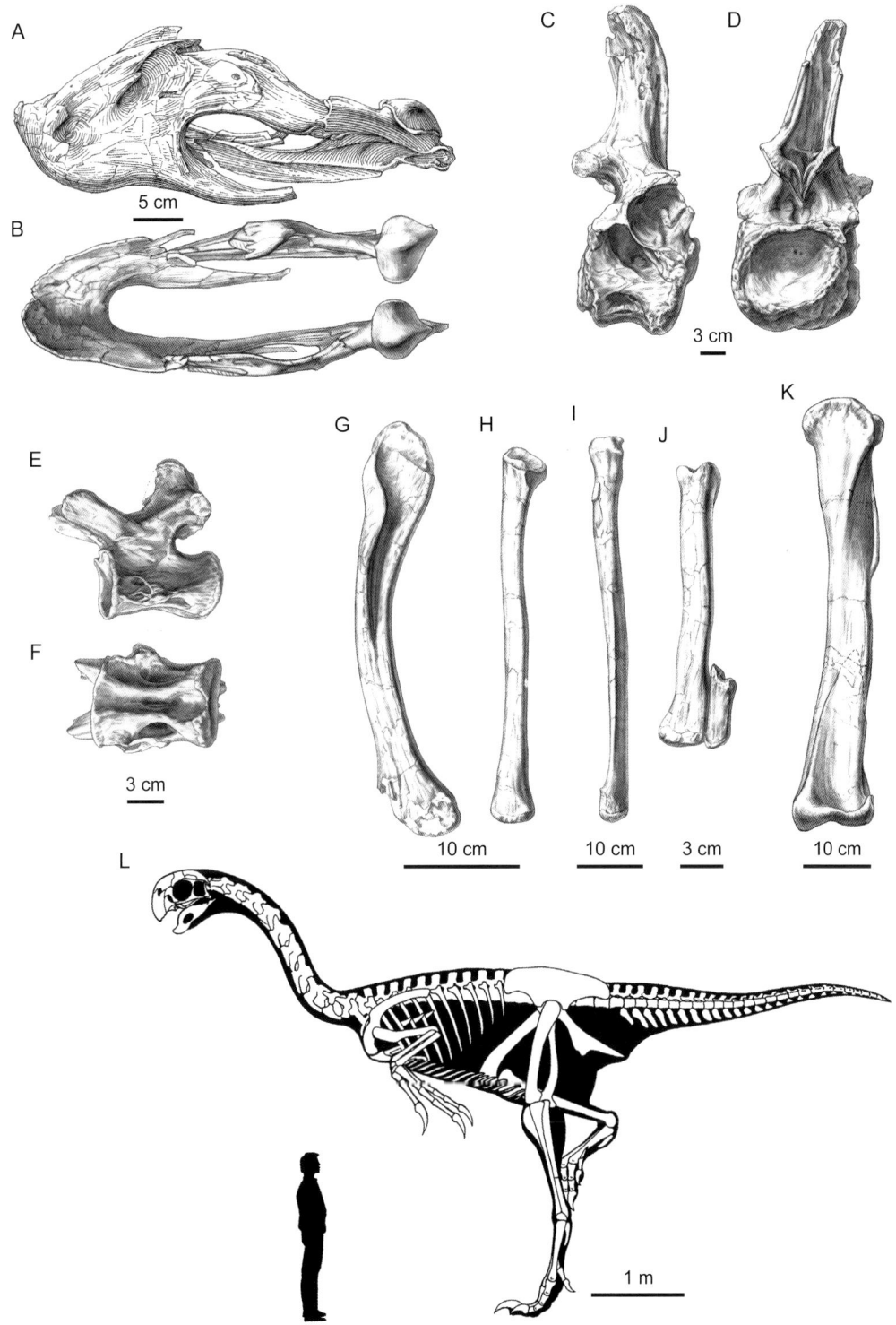

图 75 二连巨盗龙 *Gigantoraptor erlianensis* 正模 [LHGPI (LH) V0011]

A, B. 下颌外侧视（A）和腹侧视?（B）; C, D. 前部尾椎侧视（C）和后侧视（D）; E, F. 中部尾椎侧视（E）和腹视（F）; G. 左肱骨前侧视; H. 左尺骨前侧视; I. 左桡骨前侧视; J. 左掌骨 II 和 III 背侧视; K. 左胫跗骨; L. 骨架复原图（改自 Xu et al., 2007）

刘店洛阳龙 *Luoyanggia liudianensis* Lü, Xu, Jiang, Jia, Li, Yuan, Zhang et Ji, 2009

（图76）

群模 HNGM (HGM) 41HIII-00010，不完整下颌；HNGM (HGM) KLR07-62-49-1，右髂骨、坐骨与近完整的耻骨；HNGM (HGM) 41HIII-00011，部分腰带；HNGM (HGM) KLR07-62-28a-16，右跖部。发现于河南洛阳刘店。

鉴别特征 同属。

产地与层位 河南洛阳，下白垩统郝岭组（原归为上白垩统莽川组）。

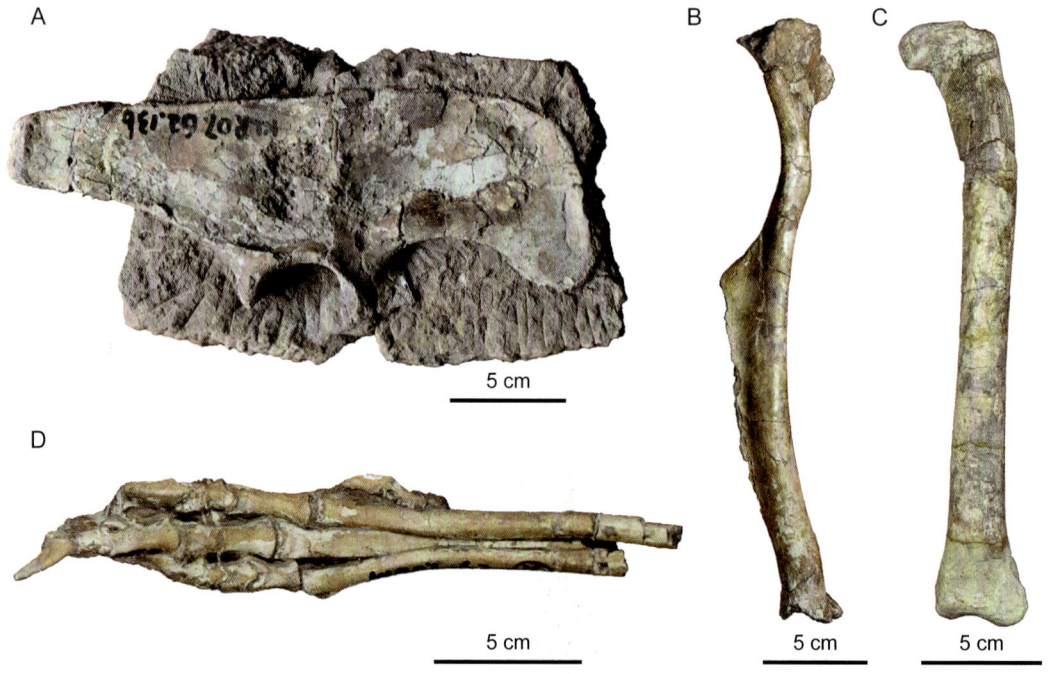

图76 刘店洛阳龙 *Luoyanggia liudianensis* 群模 [HNGM (HGM) KLR07-62-49-1, KLR07-62-28a-16]
A. 右髂骨外侧视；B. 左耻骨前侧视；C. 左股骨前侧视；D. 左足部背侧视

评注 刘店洛阳龙为一小型兽脚类，体长估计约1.2 m。命名文章指定的正模显然来自多个个体，并有多个标本号，本书注为群模。刘店洛阳龙的系统发育位置有较多争议：Lü等（2009b）最初把刘店洛阳龙归入窃蛋龙科，但又认为刘店洛阳龙和尾羽龙亲缘关系近；Funston等（2016）的系统发育分析显示刘店洛阳龙是似尾羽龙的姐妹群属种；Hartman等（2019）的分析把刘店洛阳龙置于近颌龙科。本书暂时采用Hartman等（2019）的观点，但认为该种系统位置的确认需要进一步的工作。属名用以表示化石产地所属的城市，洛阳；种名用以表示正模标本的发现地——刘店镇。

贝贝龙属 Genus *Beibeilong* Pu, Zelenitsky, Lü, Currie, Carpenter, Xu, Koppelhus, Jia, Xiao, Chuang, Li, Kundrat et Shen, 2017

模式种 中华贝贝龙 *Beibeilong sinensis* Pu, Zelenitsky, Lü, Currie, Carpenter, Xu, Koppelhus, Jia, Xiao, Chuang, Li, Kundrat et Shen, 2017

鉴别特征 以下列特征组合区别于其他近颌龙科属种：眶前窝腹缘有尖锐的齿槽脊和向背后侧延伸的脊；泪骨后背缘被额骨覆盖；上颌骨的眶前窝下部分折向内侧；反关节突显著，具一明显凹陷的后侧面（基部高度与宽度相近）；髂骨髋臼前支长于髋臼后支；髋臼后支后缘平直或宽圆形；股骨副转子小。

中国已知种 仅模式种。

分布与时代 河南，晚白垩世。

中华贝贝龙 *Beibeilong sinensis* Pu, Zelenitsky, Lü, Currie, Carpenter, Xu, Koppelhus, Jia, Xiao, Chuang, Li, Kundrat et Shen, 2017

（图 77）

正模 HNGM (HGM) 41HIII-1219，一关联保存的骨架和含有 6-8 个恐龙蛋的蛋窝。

图 77 中华贝贝龙 *Beibeilong sinensis* 正模 [HNGM (HGM) 41HIII-1219]

发现于河南西峡赵营。

鉴别特征 同属。

产地与层位 河南西峡，上白垩统高沟组。

评注 中华贝贝龙是基于一个幼雏个体标本建立的窃蛋龙类属种，其形态学基础相对薄弱，但由于标本和巨型长形蛋一起保存，代表一种巨型窃蛋龙类，因此依然建立了这一属种（Pu et al., 2017）。

怪脚龙属 Genus *Anomalipes* Yu, Wang, Chen, Sullivan, Wang, Wang et Xu, 2018

模式种 赵氏怪脚龙 *Anomalipes zhaoi* Yu, Wang, Chen, Sullivan, Wang, Wang et Xu, 2018

鉴别特征 以下列特征组合区别于其他近颌龙科属种：股骨头前后方向较窄，向后偏转，副转子位置靠下；股骨外侧面有侧脊；有微小的第四转子；蹠骨III有近三角形的近端关节面，靠近端有一突出的前耳突，远端内侧半髁远窄于外侧半髁，远端关节面具纵沟；趾爪骨II-3外侧副韧带沟比内侧沟深，位置更靠背部。

中国已知种 仅模式种。

分布与时代 山东，晚白垩世。

赵氏怪脚龙 *Anomalipes zhaoi* Yu, Wang, Chen, Sullivan, Wang, Wang et Xu, 2018

(图78)

正模 ZCDM V0020，不完整的左侧后肢，左股骨远端缺失，左胫骨近端缺失，腓骨近端远端均缺失，保存第三蹠骨与两个趾骨。发现于山东诸城库沟。

鉴别特征 同属。

产地与层位 山东诸城，上白垩统王氏群。

评注 赵氏怪脚龙为一中小型兽脚类，体长估计2 m左右。赵氏怪脚龙和发现于内蒙古二连的二连巨盗龙非常相似，共享一些独特特征，有可能构成一个演化支，代表白垩纪晚期的一个独特的窃蛋龙类演化支系（Yu et al., 2018）。属名意为该属形状特异的后肢足部；种名为了纪念中国古生物学家赵喜进，他为中国山东诸城地区的恐龙化石研究做出了巨大贡献。

图 78 赵氏怪脚龙 Anomalipes zhaoi 正模（ZCDM V0020）
A. 左股骨前侧视；B. 左胫骨前侧视；C. 左腓骨内侧视；D. 左侧蹠骨 III 背侧视；E. 骨架复原图

窃蛋龙科 Family Oviraptoridae Barsbold, 1976

定义与分类 本书采用的窃蛋龙科的系统发育分类定义为：包含 *Oviraptor philoceratops* Osborn, 1924，但不包含 *Caenagnathus collinsi* Sternberg, 1940 的最大演化支。

形态特征 颅骨气腔化显著，包括前上颌骨、方骨、颅顶和脑颅区；吻部短而高；外鼻孔与眶前窝重叠区域大；下颞窗近方形，前后向长度接近眼眶长度；前上颌骨高大；上颌骨腹缘侧视向前腹方倾斜，与轭骨长轴成 120° 夹角，眶前窝下区域内偏；泪骨下降支向内侧扩展，在眼眶前形成一横向很宽、前后向扁平的眶前隔；方骨翼骨支宽大，连接鳞骨和脑颅外壁，有副外侧突和臼窝连接方轭骨；横向颈嵴退化；基翼突缺失；翼骨的方骨支叠覆在脑颅外壁；翼骨有一个基部突连接基蝶骨；外翼骨位于翼骨前方，关联上颌骨和泪骨，长棒状，无外侧钩状突；腭部下延至颊部下方，有一对齿状突起；腭骨的翼骨支位于翼骨腹侧；犁骨长，后端接近或者关联到副蝶骨吻支；下颌高（高度为长度的30%–40%）；齿骨短，后背支和后腹支分别形成外下颌窗的背缘和腹缘；外下颌窗背腹向高（高度为长度的70%–100%），后部被上隅骨伸出的棘状突起分隔；耻骨干侧视向前凹进；蹠骨III近端粗壮，未横向压缩。

分布与时代　亚洲和北美洲，晚白垩世。

评注　窃蛋龙科是窃蛋龙类的一个演化支，确切无疑的化石分布于亚洲和北美的上白垩统。虽然窃蛋龙科常常被划分为几个次一级的分类单元，如窃蛋龙亚科（Oviraptorinae）和河源龙亚科（Heyuanninae），但这两个亚类群的包含属种在不同系统发育中差别很大，尚不稳定，因此本书暂且不采用这些更低阶的分类单元。

窃蛋龙属 Genus *Oviraptor* Osborn, 1924

模式种　嗜角龙窃蛋龙 *Oviraptor philoceratops* Osborn, 1924

鉴别特征　以下列特征组合区别于其他窃蛋龙科属种：头骨具嵴；吻部短；前上颌骨腹缘有齿状骨质突起；下颌高；外下颌窗后部被上隅骨突分为上下两个部分；肩胛骨极度拉长；肱骨、尺骨和桡骨长度接近。

中国已知种　仅模式种。

分布与时代　蒙古国和中国，晚白垩世。

嗜角龙窃蛋龙 *Oviraptor philoceratops* Osborn, 1924

（图 79）

正模　AMNH 6517，头骨、部分脊椎、部分肩带、前肢和髂骨。发现于蒙古南戈壁地区。

归入标本　AMNH 33092，胚胎期或者雏幼期的不完整后肢（Norell et al., 2018）；IVPP V 9608，一不完整骨架（Dong et Currie, 1996）。

鉴别特征　同属。

产地与层位　蒙古国沙巴拉乌苏德火焰崖，上白垩统德加多克塔组（Djadokhta Formation）；中国内蒙古乌拉特后旗巴音满都呼，上白垩统乌兰苏海组。

评注　许多在蒙古戈壁发现的窃蛋龙类化石都曾经被归入嗜角龙窃蛋龙，但后期研究证实这些归类并不成立（Osmólska et al., 2004）。中加恐龙科考项目在内蒙古乌拉特后旗巴音满都呼采集到的窃蛋龙类化石也被归入嗜角龙窃蛋龙，包括 IVPP V 9608（Dong et Currie, 1996）。但这些归类也有疑问，本书暂时采用原研究者分类观点，但认为这一观点还需要更多证据来支持。属名来自对于其偷窃恐龙蛋行为的推测，现已被否定；种名来自对其食性的推测，可能以原角龙类蛋为食，也未得到证实。

图 79　嗜角龙窃蛋龙 *Oviraptor philoceratops* 标本（IVPP V 9608）

山阳龙属 Genus *Shanyangosaurus* Xue, Zhang et Bi, 1996

模式种　牛旁沟山阳龙 *Shanyangosaurus niupanggouensis* Xue, Zhang et Bi, 1996

鉴别特征　一小型兽脚类恐龙，肩胛骨肩峰突低矮；股骨头向上倾，股骨第四转子缺失；第四蹠骨宽度大于深度。

中国已知种　仅模式种。

分布与时代　陕西，晚白垩世。

牛旁沟山阳龙 *Shanyangosaurus niupanggouensis* Xue, Zhang et Bi, 1996

（图 80）

正模　NWU NWUV 1111，一部分头后骨架。发现于陕西黔江山阳岭。

鉴别特征　同属。

产地与层位　陕西黔江，上白垩统山阳组。

评注　薛祥煦等（1996）最初把山阳龙归入似鸟龙类，但一些研究认为山阳龙有可能属于窃蛋龙科（Holtz et al., 2004），也有研究把它归入尾羽龙科（Caudipteridae），本书认为归入窃蛋龙科的观点更可信，但需要进一步研究工作。

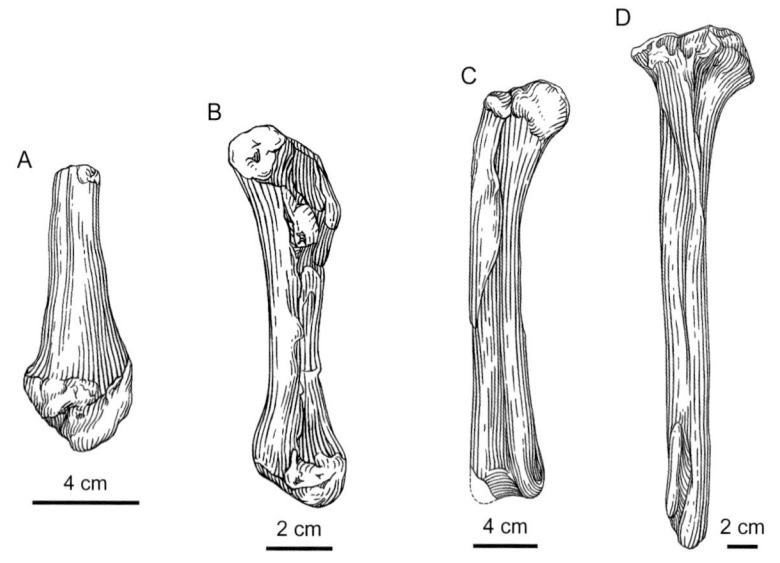

图 80 牛旁沟山阳龙 Shanyangosaurus niupanggouensis 正模 （NWU NWUV 1111）
A. 左肩胛骨外侧视；B. 右肱骨前侧视；C. 右股骨前侧视；D. 右胫骨外侧视（改自薛祥煦等，1996）

河源龙属 Genus *Heyuannia* Lü, 2002

模式种 黄氏河源龙 *Heyuannia huangi* Lü, 2002

鉴别特征 以下列特征组合区别于其他窃蛋龙科属种：颈椎与荐椎数目多，背椎数目少；方骨的方轭骨关节面呈沟槽状；方骨憩室位于方骨的前侧方；颈椎椎弓与颈肋上有气腔化孔；腹视掌骨 II 近端包裹掌骨 III 近端；耻骨与髂骨等长。

中国已知种 仅模式种。

分布与时代 广东，晚白垩世。

黄氏河源龙 *Heyuannia huangi* Lü, 2002

（图 81）

正模 HYM V1-1，一骨架大部，包括部分头骨，缺失后部尾椎与前肢。发现于广东河源黄沙村。

归入标本 HYM V1-2，一部分头后骨架，包括叉骨、乌喙骨、肩胛骨和近完整的前肢；HYM V1-3，部分右手部；HYM V1-4，部分后肢；HYM V1-5，一个近完整的左手部。

鉴别特征 同属。

产地与层位 广东河源，上白垩统大狼山组。

评注 黄氏河源龙是一种小型兽脚类，正模体长估计 1.5 m 左右。

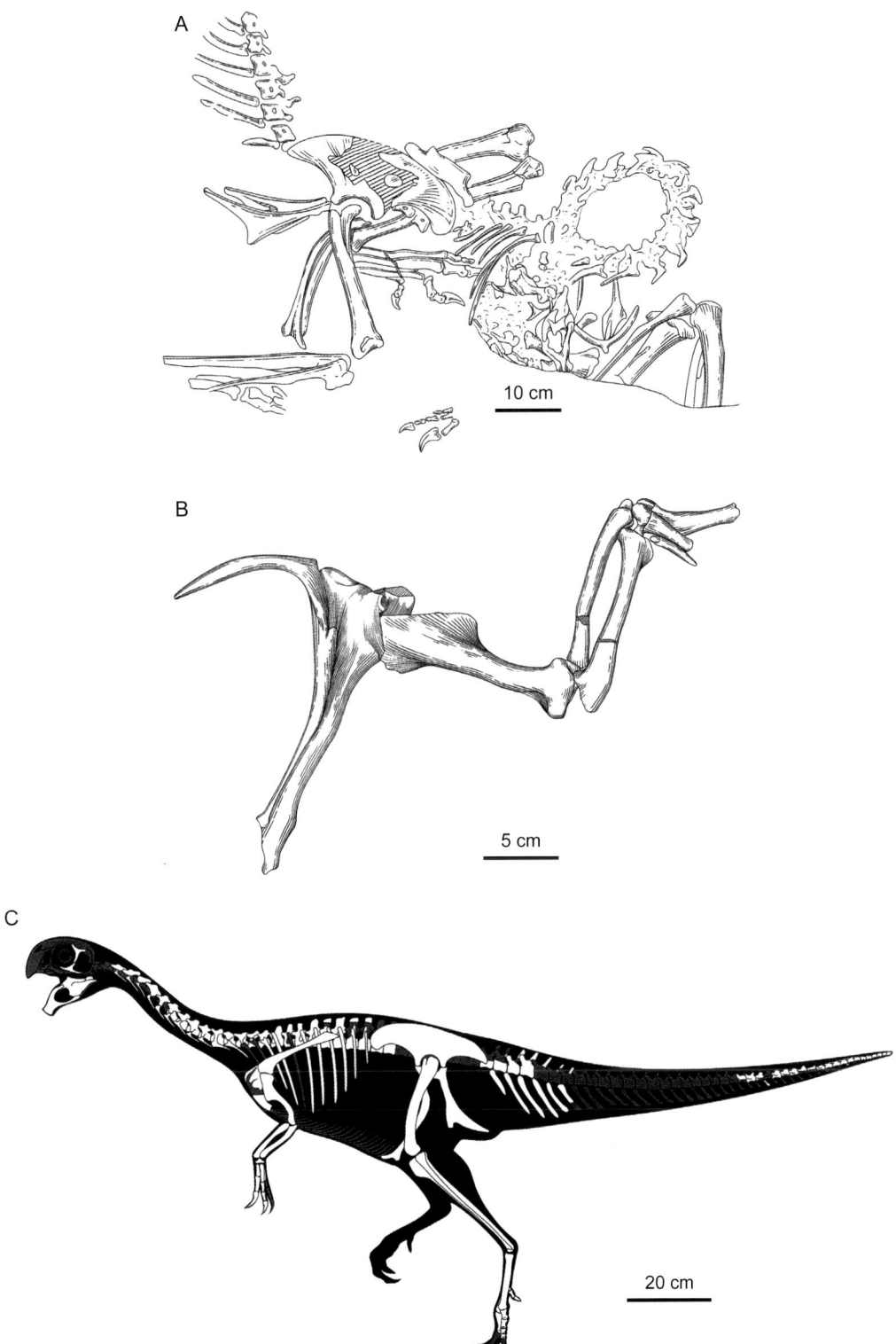

图 81 黄氏河源龙 *Heyuannia huangi* 正模 (HYM V1-1)
A. 头骨骨架; B. 右侧肩胛乌喙骨和前肢; C. 骨架复原图 (A 和 B 改自 Lü, 2002)

斑嵴属 Genus *Banji* Xu et Han, 2010

模式种 斑嵴龙 *Banji long* Xu et Han, 2010

鉴别特征 以下列特征组合区别于其他窃蛋龙科属种：由前上颌骨和鼻骨形成的嵴冠具有阶梯状的后端，嵴冠表面有两个纵向的沟槽和许多倾斜的条痕；外鼻孔延长，其后缘接近眼眶；翼骨腭骨支背侧有一深窝；齿骨后背侧有纵向沟槽；上隅骨前背侧有小结节。

中国已知种 仅模式种。

分布与时代 江西，晚白垩世。

斑嵴龙 *Banji long* Xu et Han, 2010

（图 82）

正模 IVPP V 16896，一个几乎完整的头骨。发现于江西赣州洪城盆地。

鉴别特征 同属。

产地与层位 江西赣州，上白垩统南雄组。

评注 斑嵴龙是一种小型兽脚类，正模体长估计 70 cm 左右，但正模代表一个幼年或者亚成年个体，因此斑嵴龙成年体型应更大。属名指该动物具有显著条纹的头冠，种名为汉字"龙"拼音。

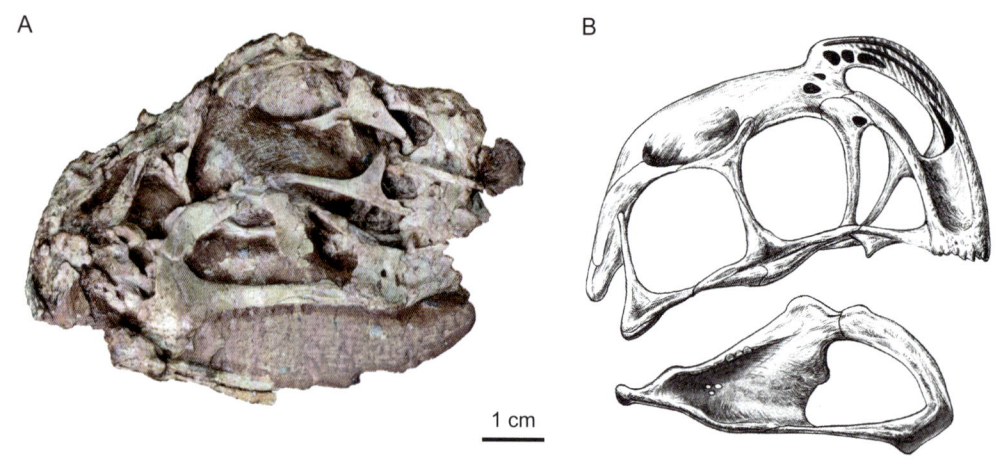

图 82 斑嵴龙 *Banji long* 正模（IVPP V 16896）
头骨照片（A）和素描图（B）

曲剑龙属 Genus *Machairasaurus* Longrich, Currie et Dong, 2010

模式种 细爪曲剑龙 *Machairasaurus leptonychus* Longrich, Currie et Dong, 2010

鉴别特征 以下列特征组合区别于其他窃蛋龙科属种：手指相对短粗；次末端指节骨和近端指节骨长度相近（指节骨 III-2 和 III-1 长度相近，IV-3 和 IV-2 长度相近）；指爪骨纤细，侧视微弱弯曲，曲肌结节小，加长，侧视刀片状（长度是高度的 4 倍）*。

中国已知种 仅模式种。

分布与时代 内蒙古，晚白垩世。

细爪曲剑龙 *Machairasaurus leptonychus* Longrich, Currie et Dong, 2010

（图 83）

正模 IVPP V 15979，一不完整的前肢以及部分趾节骨。发现于内蒙古乌拉特后旗巴音满都呼。

归入标本 IVPP V 15980 背肋，部分尾椎，脉弧，掌骨 II，部分指节骨，部分后肢骨骼。

鉴别特征 同属。

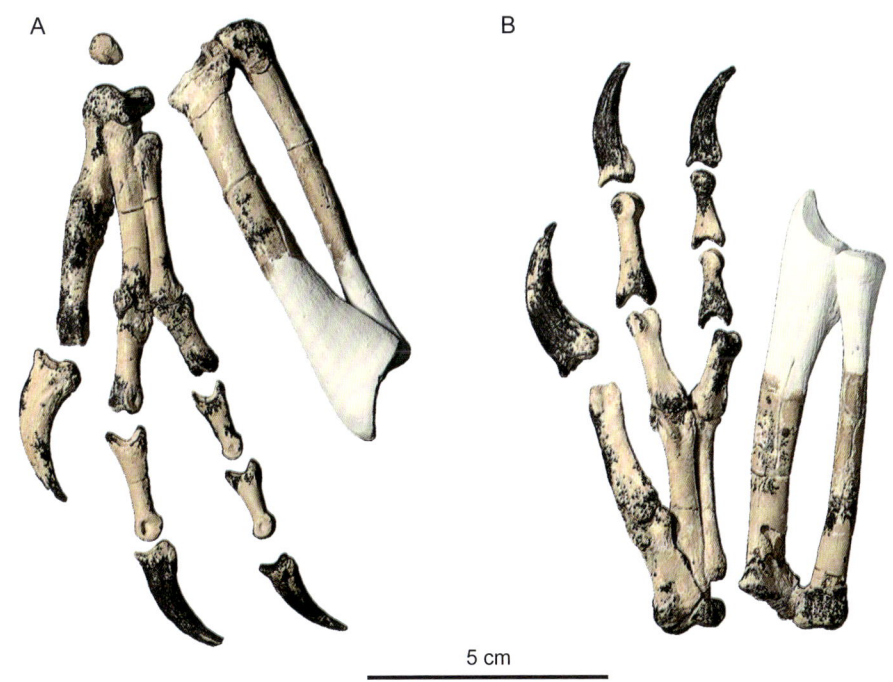

图 83 细爪曲剑龙 *Machairasaurus leptonychus* 正模（IVPP V 15979）
右前肢背侧视（A）和腹侧视（B）

产地与层位 内蒙古乌拉特后旗，上白垩统乌兰苏海组。

评注 细爪曲剑龙为一小型兽脚类，体长估计约 1.5 m。Longrich 等（2010）认为细爪曲剑龙属于河源龙亚科（Heyuanninae），得到一些后期研究的支持（Funston et al., 2016）。

乌拉特龙属 Genus *Wulatelong* Xu, Tan, Wang, Sullivan, Horn, Han, Ma, Tan et Xiao, 2013

模式种 戈壁乌拉特龙 *Wulatelong gobiensis* Xu, Tan, Wang, Sullivan, Horn, Han, Ma, Tan et Xiao, 2013

鉴别特征 以下列特征组合区别于其他窃蛋龙科属种：外鼻孔大而细长，腹缘最低处低于前上颌骨中部；上颌骨的轭骨支呈带状，并向后延伸至眶前隔之后，叠覆于轭骨外侧面；外侧视，上隅骨的前背突基部收缩。

中国已知种 仅模式种。

分布与时代 内蒙古，晚白垩世。

戈壁乌拉特龙 *Wulatelong gobiensis* Xu, Tan, Wang, Sullivan, Hone, Han, Ma, Tan et Xiao, 2013

（图 84）

正模 IVPP V 18409，一具关联保存的骨架，保存有头骨大部，11 个背椎，16 个尾椎，左右肩胛乌喙骨，部分胸骨，部分左肱骨，大部分左手部，一个近完整的右侧腰带和右后肢。发现于内蒙古乌拉特后旗巴音满都呼。

鉴别特征 同属。

产地与层位 内蒙古乌拉特后旗，上白垩统乌兰苏海组。

评注 属名来源于标本发现地乌拉特，种名来源于戈壁沙漠。

江西龙属 Genus *Jiangxisaurus* Wei, Pu, Xu, Liu et Lü, 2013

模式种 赣州江西龙 *Jiangxisaurus ganzhouensis* Wei, Pu, Xu, Liu et Lü, 2013

鉴别特征 以下列特征组合区别于其他窃蛋龙科属种：下颌吻端轻微下延；下颌高度加长，高度与长度比为 0.2 左右；上隅骨外侧面延长且凹陷；桡骨短，长度为肱骨长度的 70% 左右。

中国已知种 仅模式种。

分布与时代 江西，晚白垩世。

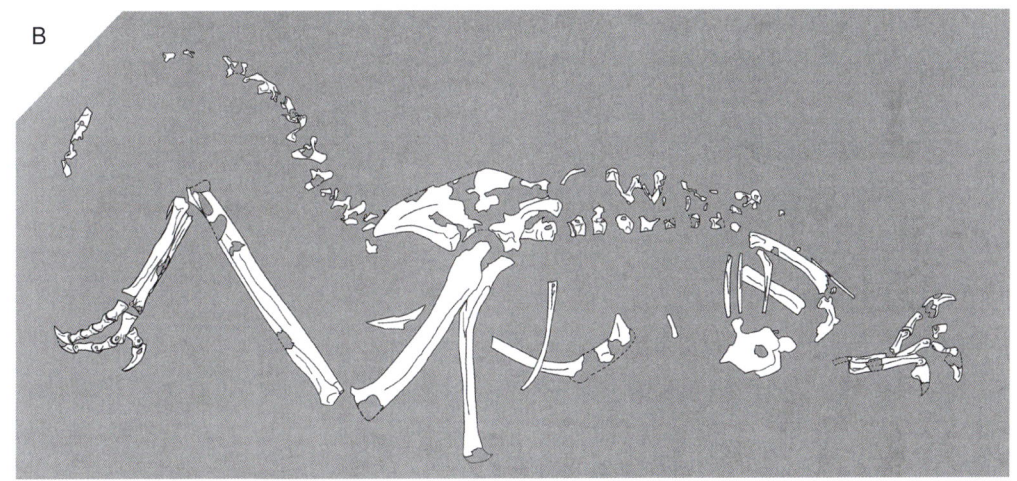

图 84　戈壁乌拉特龙 *Wulatelong gobiensis* 正模（IVPP V 18409）
A. 化石照片；B. 线描图（改自 Xu et al., 2013b）

赣州江西龙 *Jiangxisaurus ganzhouensis* Wei, Pu, Xu, Liu et Lü, 2013

（图 85）

正模　HNGM (HGM) 41HIII-0421，一不完整骨架，包括部分头骨，8个颈椎，3个背椎和9个尾椎，几乎完整的肩带和左前肢，胸骨，部分胸肋和背肋，部分腰带。发现于江西赣州南康区龙岭。

鉴别特征　同属。

产地与层位　江西赣州，上白垩统南雄组。

评注　属名江西指江西省，种名赣州指正模发现地——江西赣州。

图 85　赣州江西龙 *Jiangxisaurus ganzhouensis* 正模 [HNGM (HGM) 41HIII-0421]

赣州龙属 Genus *Ganzhousaurus* Wang, Sun, Sullivan et Xu, 2013

模式种　南康赣州龙 *Ganzhousaurus nankangensis* Wang, Sun, Sullivan et Xu, 2013

鉴别特征　以下列特征组合区别于其他窃蛋龙科属种：齿骨相对细长（最大前后长度与最大背腹长度之比为 1.9）；齿骨外侧面小窝或气腔化孔缺失；下颌前端轻微下弯；外下颌窗前部区域轻微下凹；齿骨后腹支轻微扭转，移至下颌外腹侧，后腹支内侧面有径向浅沟；隅骨前支横向宽度大于背腹向深度；外下颌窗腹缘边界主要由隅骨形成；蹠骨 II 远端二分之一发育腹侧耳突；蹠骨 III 未侧扁。

中国已知种　仅模式种。

分布与时代　江西，晚白垩世。

南康赣州龙 *Ganzhousaurus nankangensis* Wang, Sun, Sullivan et Xu, 2013

（图 86）

正模　SDM 20090302，一具半关联的骨架，包括部分下颌，3 个尾椎，部分左髂骨，右胫骨中部，右足部（包括蹠骨 I–III，趾节骨 I-1、I-2、II-1、II-2、III-1 和 IV-1，趾节骨 II-3、III-2 和 IV-2 的一部分）。发现于江西赣州南康县（具体产地不详）。

鉴别特征 同属。

产地与层位 江西赣州，上白垩统南雄组。

评注 属名与种名均来源于化石发现地。

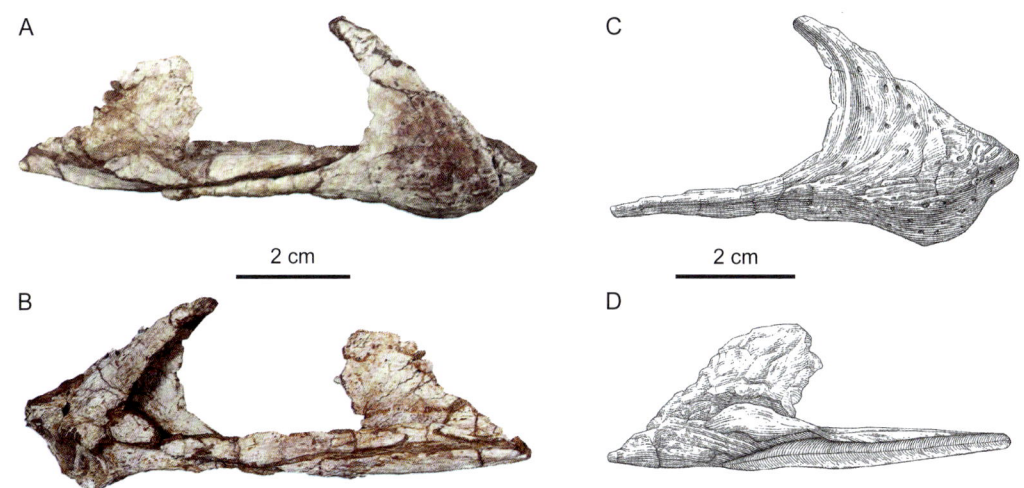

图 86 南康赣州龙 *Ganzhousaurus nankangensis* 正模（SDM 20090302）
A, B. 右下颌外侧视（A）和内侧视（B）；C. 右齿骨外侧视；D. 右上隅骨和夹板骨内侧视（改自 Wang et al., 2013）

豫龙属 Genus *Yulong* Lü, Currie, Xu, Zhang, Pu et Jia, 2013

模式种 迷你豫龙 *Yulong mini* Lü, Currie, Xu, Zhang, Pu et Jia, 2013

鉴别特征 以下列特征组合区别于其他窃蛋龙科属种：眶前窗后背缘与外鼻孔前腹缘同高；前上颌骨在外鼻孔前腹方有明显开口；前上颌骨构成眶前窝前背侧边界的一部分；前上颌骨的泪骨支与泪骨前背支不接触；顶骨与额骨几乎等长；第四和第五颈椎后缘在后关节突间背视形成一条直线；股骨长于髂骨。

中国已知种 仅模式种。

分布与时代 河南，晚白垩世。

迷你豫龙 *Yulong mini* Lü, Currie, Xu, Zhang, Pu et Jia, 2013
（图 87）

正模 HNGM (HGM) 41HIII-0107，一具保存完好的骨架，包括头骨。发现于河南栾川秋扒。

归入标本 HNGM (HGM) 41HIII-0108，近完整的头骨；HNGM (HGM) 41HIII-0109，

保存完好的头骨和部分头后骨骼；HNGM (HGM) 41HIII-0110，部分头骨和部分颈椎；HNGM (HGM) 41HIII-0111，完整左髂骨。

鉴别特征 同属。

产地与层位 河南栾川，上白垩统秋扒组。

评注 属名"豫"来源于河南的简称，种名"迷你"用以表示该生物体型小的特征。迷你豫龙为一小型兽脚类恐龙，正模体长估计 50 cm 左右，但正模代表一幼年个体，因此这一属种的成体体长明显应该更大。

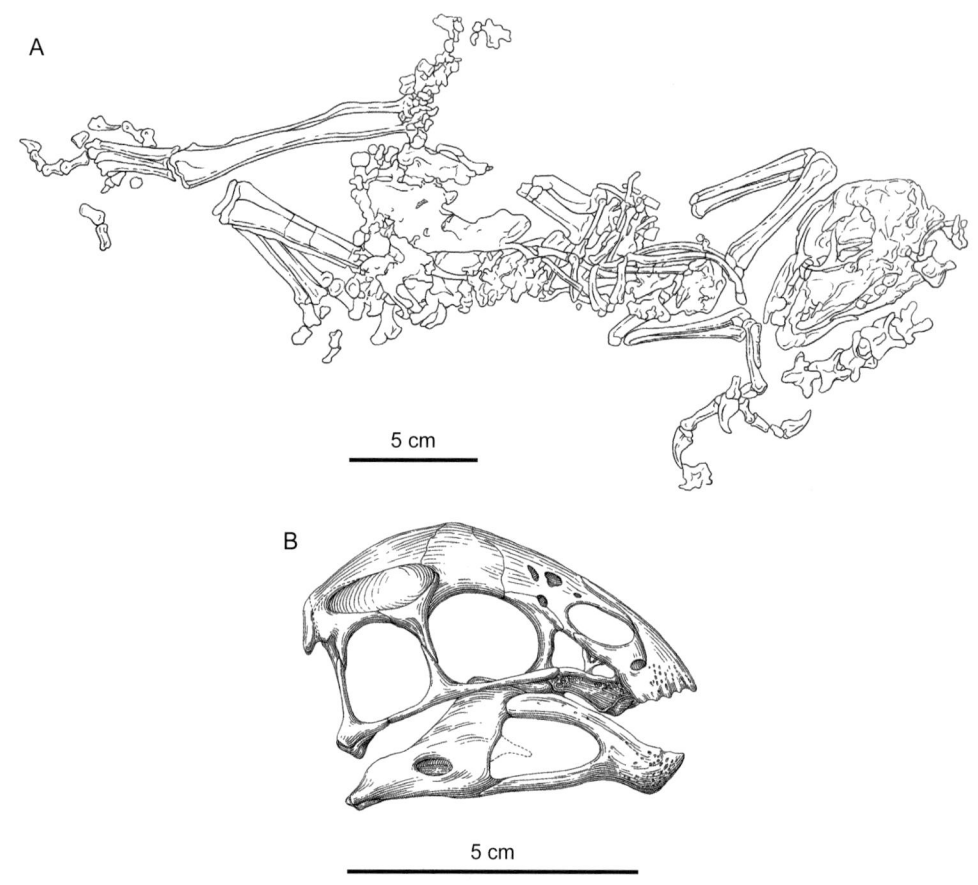

图 87　迷你豫龙 *Yulong mini* 正模 [HNGM (HGM) 41HIII-0107]
A. 骨架线描图；B. 头骨复原图（改自 Lü et al., 2013a）

南康龙属　Genus *Nankangia* Lü, Yi, Zhong et Wei, 2013

模式种　江西南康龙 *Nankangia jiangxiensis* Lü, Yi, Zhong et Wei, 2013

鉴别特征　以下列特征组合区别于其他窃蛋龙科属种：下颌联合前端没有向下偏转；背椎横突腹侧面靠近基部处有两个横突下窝；荐椎气腔化窝裂缝状；前部尾椎的神

经棘横向宽度大于前后向长度，形成一个大后窝，窝中央粗糙；前部尾椎横突基部前侧面有前关节突下窝，腹侧面有横突下窝；股骨长于髂骨；髂骨高度与长度之比为 0.36；股骨颈向背内侧延伸，与股骨骨干形成 90° 夹角；股骨与胫骨长度相仿。

中国已知种 仅模式种。

分布与时代 江西，晚白垩世。

江西南康龙 *Nankangia jiangxiensis* Lü, Yi, Zhong et Wei, 2013

（图 88）

正模 GM (GMNH) F10003，一部分保存的骨架，包含下颌，5 个背椎和背肋，部分荐椎，左右肩胛乌喙骨，部分叉骨，几乎完整的右肱骨，完整的右髂骨和左髂骨大部，完整的右耻骨和左耻骨大部，完整的右坐骨和部分左坐骨，左右股骨和右胫骨。发现于江西赣州南康区龙岭。

鉴别特征 同属。

产地与层位 江西赣州，上白垩统南雄组。

评注 属名指化石发现地南康区，种名指江西省。

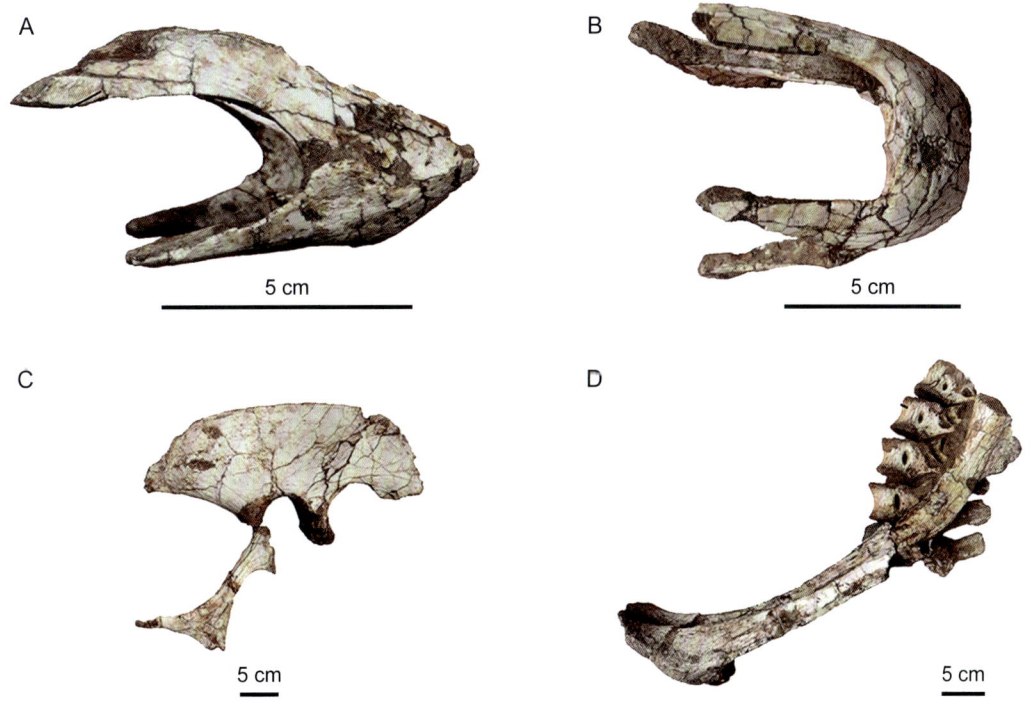

图 88 江西南康龙 *Nankangia jiangxiensis* 正模 [GM (GMNH) F10003]
A, B. 下颌外侧视（A）和腹侧视（B）；C. 右侧腰带外侧视；D. 后部背椎和耻骨外侧视

华南龙属 Genus *Huanansaurus* Lü, Pu, Kobayashi, Xu, Chang, Shang, Liu, Lee, Kundrát et Shen, 2015

模式种 赣州华南龙 *Huanansaurus ganzhouensis* Lü, Pu, Kobayashi, Xu, Chang, Shang, Liu, Lee, Kundrát et Shen, 2015

鉴别特征 以下列特征组合区别于其他窃蛋龙科属种：方骨下颌髁突较枕骨髁靠后*；颈横嵴显著*；隅骨形成外下颌窗边界大部*；齿骨形成向前背方突出的喙前背尖，与齿骨联合腹缘形成略小于45°的角*；齿骨气腔化*；掌骨II长而纤细，宽度为长度的20%*；齿骨后腹支扭曲造成分支侧面转向腹侧*；下颌联合架发育适中，下颌联合长度占下颌总长度的20%–25%*；指爪骨近端背缘的伸肌"唇"显著*；圆形上颞窗远小于下颞窗；前上颌骨后背支与泪骨接触，在其远端后腹部有一明显开口；齿骨在外下颌窗上方的背缘强烈向腹侧凹陷。

中国已知种 仅模式种。

分布与时代 江西，晚白垩世。

赣州华南龙 *Huanansaurus ganzhouensis* Lü, Pu, Kobayashi, Xu, Chang, Shang, Liu, Lee, Kundrát et Shen, 2015

（图89）

正模 HNGM (HGM) 41HIII-0443，一关联骨架，包括几乎完整的头骨与部分头后

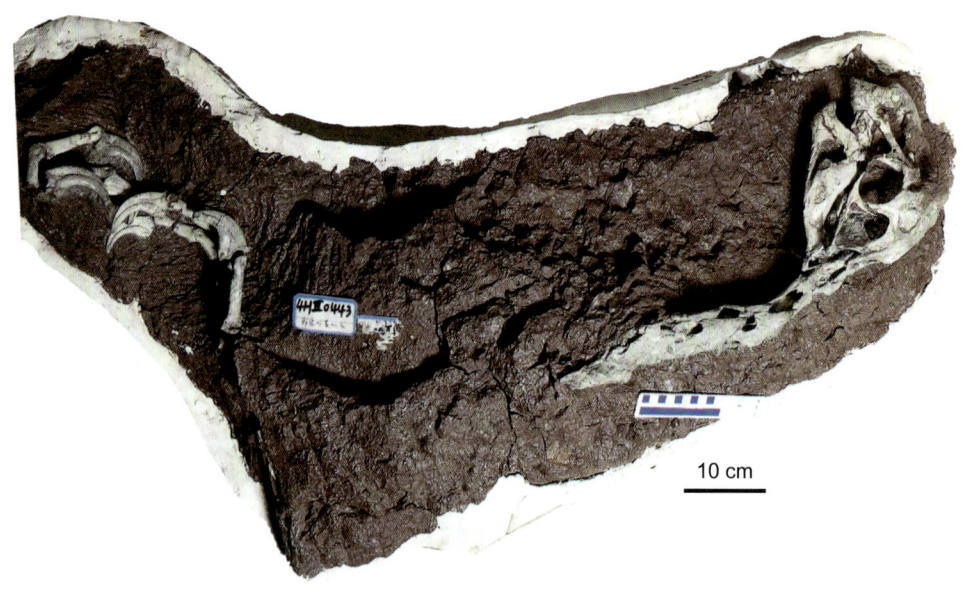

图89 赣州华南龙 *Huanansaurus ganzhouensis* 正模 [HNGM (HGM) 41HIII-0443]

骨骼。发现于江西赣州市火车站。

鉴别特征 同属。

产地与层位 江西赣州，上白垩统南雄组。

评注 属名指我国华南地区，种名指化石发现地赣州。

冠盗龙属 Genus *Corythoraptor* Lü, Li, Kundrát, Lee, Sun, Kobayashi, Shen, Teng et Liu, 2017

模式种 杰氏冠盗龙 *Corythoraptor jacobsi* Lü, Li, Kundrát, Lee, Sun, Kobayashi, Shen, Teng et Liu, 2017

鉴别特征 以下列特征组合区别于其他窃蛋龙科属种：前上颌骨啮喙边缘长度与前上颌骨高度（腹缘到外鼻孔）比例为1.0–1.4；前上颌骨前腹缘相对水平位置的轭骨向后背方倾斜；眶前窝前缘边界由上颌骨形成；外鼻孔长度远大于宽度；下颞窗背腹向长，前后向窄；前上颌骨鼻孔上支分叉，较短的后背支形成外鼻孔前背缘，较长支形成前上颌骨前背支大部分；头上有类似鹤鸵头盔状头饰结构；外鼻孔长轴与眶前窝背缘平行；齿骨前背缘侧视平直；齿骨外侧面有深窝，有时包含气腔小孔；第二到第四颈椎椎体缺乏侧凹；颈椎系列是背椎系列长度的2倍，比前肢（包括手部）稍长；肱骨三角肌嵴不明显，弧形而不是四边形；手部长度与肱骨加桡骨长度之比为0.50–0.65；指爪骨IV-4较其他指爪骨弯曲程度小；大小转子完全愈合；蹠骨II远端直，蹠骨IV远端折向外侧。

中国已知种 仅模式种。

分布与时代 江西，晚白垩世。

杰氏冠盗龙 *Corythoraptor jacobsi* Lü, Li, Kundrát, Lee, Sun, Kobayashi, Shen, Teng et Liu, 2017

（图90）

正模 JZMP JPM-2015-001，一关联保存的几乎完整的骨架，包括头骨。发现于江西赣州市火车站。

鉴别特征 同属。

产地与层位 江西赣州，上白垩统南雄组。

评注 属名来自恐龙头部与今天鹤鸵一样的冠状结构，种名为了纪念古生物学教授路易斯·杰格布斯（L. Jacobs），杰氏冠盗龙命名论文的作者中有三位曾在美国得克萨斯州南卫理公会大学攻读博士，路易斯·杰格布斯是他们的导师。

图 90 杰氏冠盗龙 *Corythoraptor jacobsi*
A. 正模（JZMP JPM-2015-001）素描图；B. 骨架复原图（改自 Lü et al., 2017）

通天龙属 Genus *Tongtianlong* Lü, Chen, Brusatte, Zhu et Shen, 2016

模式种 泥潭通天龙 *Tongtianlong limosus* Lü, Chen, Brusatte, Zhu et Shen, 2016

鉴别特征 以下列特征组合区别于其他窃蛋龙科属种：颅顶成穹顶状，最高点位于眼眶后背角上方*；前上颌骨前缘侧视显著凸出*；颅顶的顶骨前缘中部有一显著突起*；板状泪骨柄侧视前后向长，外侧面平坦*；枕骨大孔小于枕髁*；齿骨联合腹突缺失；胸骨在关节肋骨区域之后无明显的侧向剑突*。

中国已知种 仅模式种。

分布与时代 江西，晚白垩世。

泥潭通天龙 *Tongtianlong limosus* Lü, Chen, Brusatte, Zhu et Shen, 2016

(图 91)

正模 DYM-2013-8，一几乎完整的骨架，保存头骨。发现于江西赣县第三高中。

鉴别特征 同属。

产地与层位 江西赣县，上白垩统南雄组。

评注 属名通天指赣州市通天苑地区，也指通向天堂的道路，是伸出前肢挣扎中的正模化石的墓志铭；种名指发现地的泥岩。

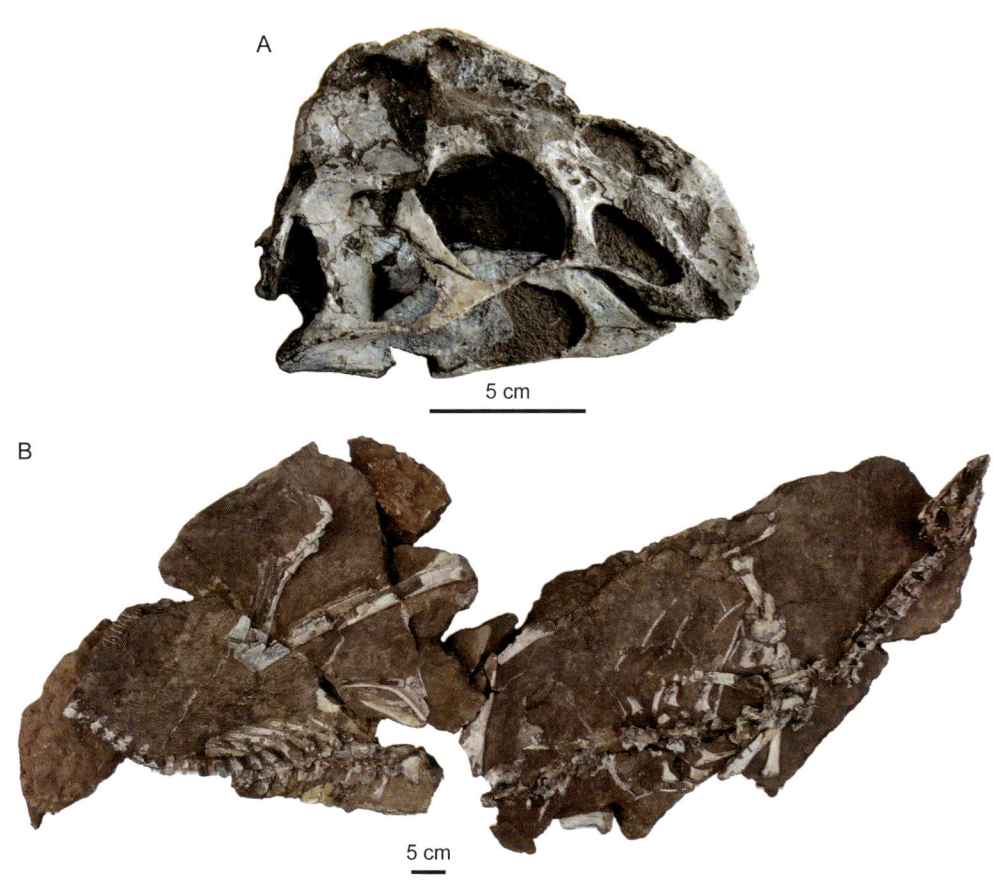

图 91 泥潭通天龙 *Tongtianlong limosus* 正模 (DYM-2013-8)
A. 头骨照片；B. 完整骨架

擅攀鸟龙科 Family Scansoriopterygidae Czerkas et Yuan, 2002

定义与分类 包含 *Epidendrosaurus ninchengensis* Zhang, Zhou, Xu et Wang, 2002，但不包含 *Oviraptor philoceratops* Osborn, 1924，*Therizinosaurus cheloniformis* Maleev, 1954，

Ornithomimus edmontonicus Sternberg, 1933，*Troodon formosus* Leidy, 1856，*Tyrannosaurus rex* Osborn, 1905，*Passer domesticus* (Linnaeus, 1758) 的包容性最大的演化支。

形态特征 头骨短而高；下颌前端下弯；前部牙齿大；前肢长于后肢；第三手指明显加长；髂骨耻骨柄前后向窄；坐骨相对长，后弯；第一、二和四脚趾相对长。在奇翼龙当中发现腕部棒状骨和翼膜，指示它们具有皮膜翼，具有滑翔能力，这可能是擅攀鸟龙科的一个共有衍征。

中国已知属 树息龙属（*Epidendrosaurus*）、耀龙属（*Epidexipteryx*）和翼属（*Yi*）。

分布与时代 中国，中侏罗世晚期到晚侏罗世早期。

评注 擅攀鸟龙科代表近鸟类的一个灭绝演化支，代表性物种包括宁城树息龙、胡氏耀龙和奇翼龙。这类恐龙体型小，可能树栖，杂食或者食昆虫。擅攀鸟龙科是基于"*Scansoriopteryx heilmanni*"的发现建立的一个演化支，但"*Scansoriopteryx heilmanni* Czerkas et Yuan 2002"是 *Epidendrosaurus ninchengensis* Zhang et al., 2002 的晚出异名，因此，擅攀鸟龙科并不包含"*Scansoriopteryx heilmanni*"这一属种。擅攀鸟龙科的系统位置和包含物种存在争议：这一演化支先后被归入手盗龙类、鸟翼类、近鸟类以及窃蛋龙类，本书暂把该科归入手盗龙类；有研究认为中鸟（*Zhongornis*）可能属于擅攀鸟龙科（O'Connor et Sullivan, 2014），但尚缺乏有力证据，从已知形态来看，中鸟正模代表孔子鸟幼年个体的可能性更大。

树息龙属 Genus *Epidendrosaurus* Zhang, Zhou, Xu et Wang, 2002

模式种 宁城树息龙 *Epidendrosaurus ninchengensis* Zhang, Zhou, Xu et Wang, 2002

鉴别特征 以下列特征组合区别于其他擅攀鸟龙科：尾部长（长度是股骨长度的6–7倍），尾椎数量多（至少40个）；手指 IV 细长，几乎是手指 III 长度的两倍；掌骨 III 与掌骨 IV 相对短粗，是肱骨长度的30%；指节骨 III-2 很长，是指节骨 III-1 长度的1.7倍；指节骨 IV-3 相对短，长度接近指节骨 IV-1 和 IV-2。

中国已知种 仅模式种。

分布与时代 内蒙古，中晚侏罗世。

宁城树息龙 *Epidendrosaurus ningchengensis* Zhang, Zhou, Xu et Wang, 2002

（图92）

Scansoriopteryx heilmanni：Czerkas et Yuan, 2002, p. 66

正模 IVPP V 12653，一保存不佳的半关联骨架，包括头骨。发现于内蒙古宁城道虎沟。

归入标本 IGCAGS CAGS02-IG-gausa-1/DM607，一近完整骨架。发现于内蒙古宁城道虎沟（Czerkas et Yuan, 2002）。

鉴别特征 同属。

产地与层位 内蒙古宁城，中上侏罗统海房沟组。

评注 宁城树息龙为一小型兽脚类，正模体长约16 cm，为一幼年个体，因此宁城树息龙成体显然大许多。

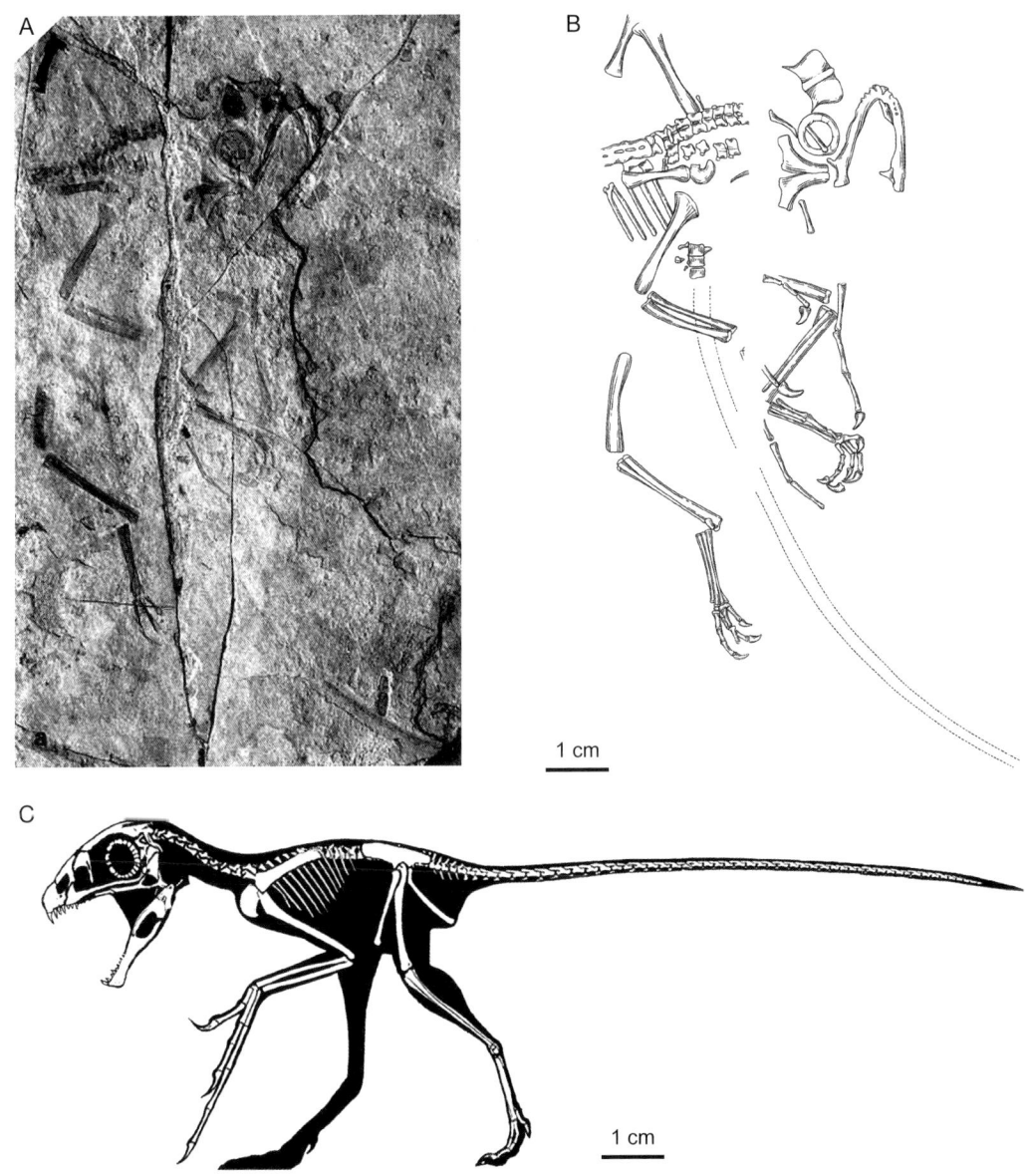

图92 宁城树息龙 *Epidendrosaurus ningchengensis* 正模（IVPP V 12653）
A, B. 化石照片（A）和线描图（B）；C. 骨架复原图（A 和 B 改自 Zhang et al., 2002）

耀龙属 Genus *Epidexipteryx* Zhang, Zhou, Xu, Wang et Sullivan, 2008

模式种 胡氏耀龙 *Epidexipteryx hui* Zhang, Zhou, Xu, Wang et Sullivan, 2008

鉴别特征 以下列特征组合区别于其他擅攀鸟龙科属种：前部牙齿大，强烈前倾；尾部短（为躯干长度的70%，树息龙尾部则约为躯干长度的300%）；尾椎数目少（16个尾椎，树息龙有超过40个尾椎）；尾椎前关节突退化（树息龙尾椎前关节突较长）；最后部尾椎形成似尾综骨的结构；尾部后端有4根条带状尾羽。

中国已知种 仅模式种。

分布与时代 内蒙古，中晚侏罗世。

胡氏耀龙 *Epidexipteryx hui* Zhang, Zhou, Xu, Wang et Sullivan, 2008

（图93）

正模 IVPP V 15471，一保存近完整的关联骨架，并有羽毛印痕。发现于内蒙古宁城道虎沟。

鉴别特征 同属。

产地与层位 内蒙古宁城，中上侏罗统海房沟组。

评注 胡氏耀龙为一小型兽脚类，体长约25 cm，代表一种恐龙当中体型最小的属种之一。胡氏耀龙尾部着生4根带状尾羽，用于展示，表明廓羽的展示功能在廓羽演化早期已经出现（Zhang et al., 2008）。

翼属 Genus *Yi* Xu, Zheng, Sullivan, Wang, Xing, Wang, Zhang, O'Connor, Zhang et Pan, 2015

模式种 奇翼龙 *Yi qi* Xu, Zheng, Sullivan, Wang, Xing, Wang, Zhang, O'Connor, Zhang et Pan, 2015

鉴别特征 以下列特征组合区别于其他擅攀鸟龙科属种：鼻骨具有一个较低的中嵴；外下颌窗小，位置靠后；齿冠侧视对称，相较齿根内外侧更宽；肱骨和尺骨都长于胫跗骨（肱骨为胫跗骨长度116%，尺骨是胫跗骨长度的108%）；肱骨三角肌嵴极短；手腕处具有一个长棒状骨质结构。

中国已知种 仅模式种。

分布与时代 河北，晚侏罗世。

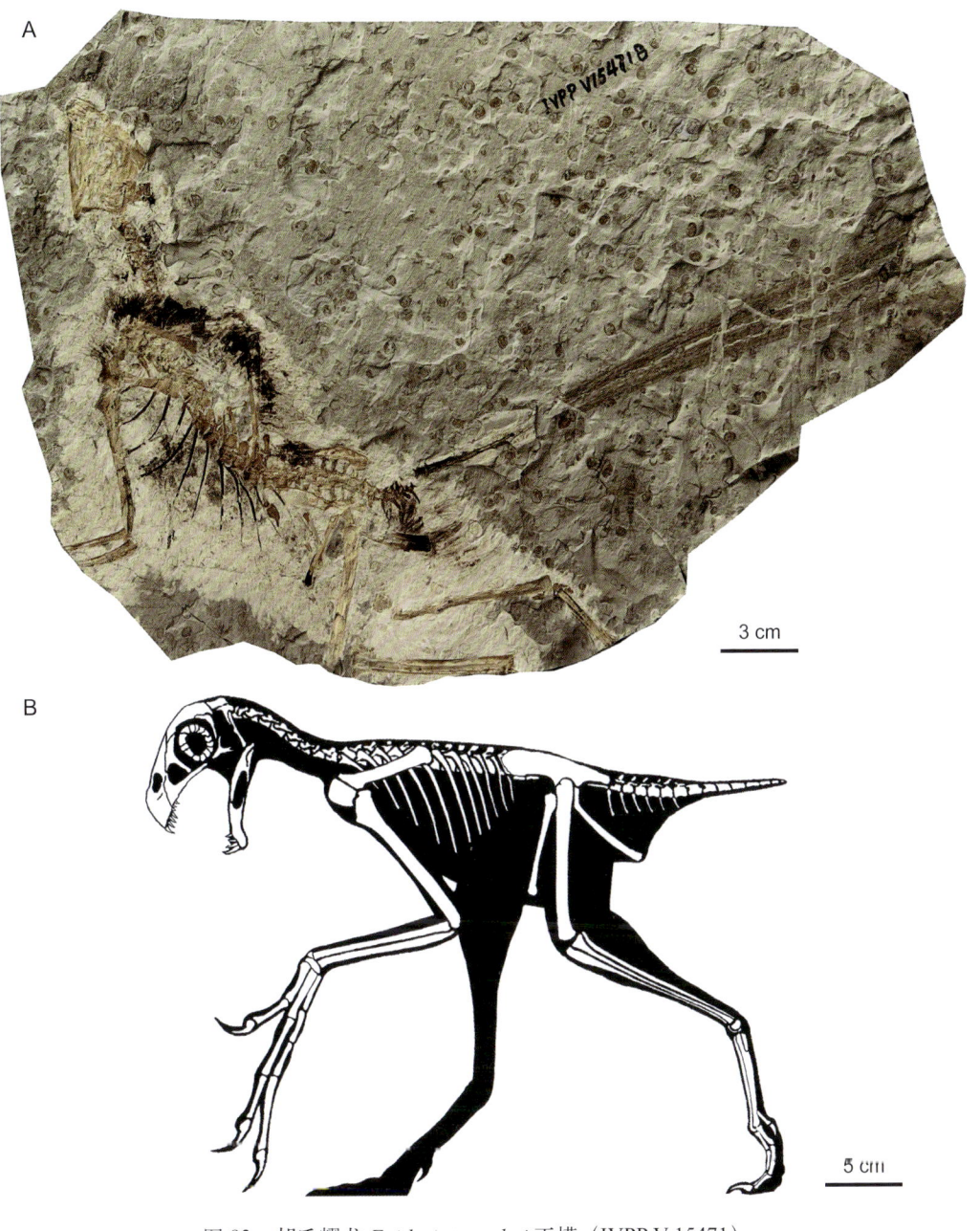

图 93 胡氏耀龙 *Epidexipteryx hui* 正模（IVPP V 15471）
A. 化石照片；B. 骨架复原图

奇翼龙 *Yi qi* Xu, Zheng, Sullivan, Wang, Xing, Wang, Zhang, O'Connor, Zhang et Pan, 2015

（图 94）

正模 STM31-2，一关联骨架大部，保存羽毛和翼膜印痕。发现于河北青龙南石门。

鉴别特征 同属。

产地与层位 河北青龙，上侏罗统髫髻山组。

评注 奇翼龙为一小型兽脚类，体长估计60 cm左右。不同于其他廓羽龙类，奇翼龙没有廓羽，前肢演化为皮膜翼，更接近翼龙和蝙蝠等具有飞行或者滑翔能力的四足动物，显示了早期飞行演化的实验性现象。

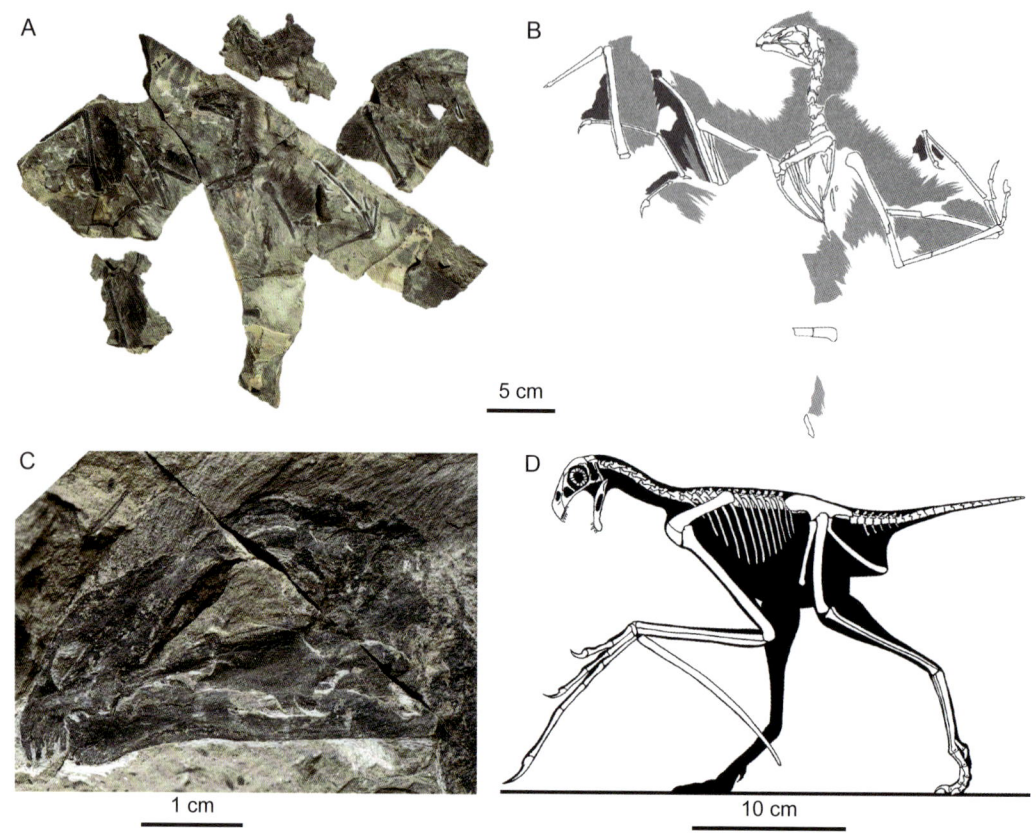

图94 奇翼龙 *Yi qi* 正模（STM31-2）
A, B. 化石照片（A）和线描图（B）；C. 头骨放大；D. 骨架复原图

近鸟类 PARAVES Sereno, 1997

定义与分类 本书采用的近鸟类系统发育分类定义为：包含 *Dromaeosaurus albertensis* Matthew et Brown, 1922 和 *Passer domesticus* (Linnaeus, 1758)，但不包含 *Oviraptor philoceratops* Osborn, 1924 和 *Epidendrosaurus ninchengensis* Zhang, Zhou, Xu et Wang, 2002 的包容性最大的演化支。近鸟类主要包含驰龙科、伤齿龙科和鸟翼类三大支系。此外，近鸟龙亚科和半鸟龙亚科也属于近鸟类，但它们在近鸟类当中的具体系统位置有争议；擅攀鸟龙科也被一些研究归入近鸟类。

形态特征 齿骨联合部和颌部咬合面同一水平位；肩胛骨的肩峰突外卷并前扩；乌喙骨内折，与肩胛骨一起形成一个侧视 L 形的肩胛乌喙骨；肩臼窝面朝外侧；叉骨对称；尺骨近端关节面分化为两个关节窝，中间有明显的脊；髂骨前缘强烈凸出，背缘有一明显的块状结构和在外侧面上相连的垂向脊；股骨有明显的后转子。

分布与时代 亚洲、北美洲、欧洲和南美洲，中侏罗世到白垩纪末期。

评注 Paul C. Sereno 于 1997 年首次提出近鸟类这一分类单元，用于指相对于窃蛋龙类，亲缘关系与鸟类更近的恐龙以及鸟类。与近鸟类很相近的一个分类单元是真手盗龙类（Eumaniraptora），后者是一个基于节点定义的分类单元，其系统发育分类学定义为：包含 *Dromaeosaurus albertensis* Matthew et Brown, 1922，*Troodon formosus* Leidy, 1856 以及 *Passer domesticus* (Linnaeus, 1758) 的包容性最小的演化支。

已知最早的近鸟类都来自中国：发现于燕辽生物群的近鸟龙亚科和擅攀鸟龙科（如果后者也属于近鸟类）。

义县龙属 Genus *Yixianosaurus* Xu et Wang, 2003

模式种 长掌义县龙 *Yixianosaurus longimanus* Xu et Wang, 2003

鉴别特征 以下列特征区别于其他近鸟类：手掌长，其长度与肱骨长度之比高达 1.4；指节骨 III-2 极长（比掌骨 III 长）；指节骨 IV-3 是 IV-1 长度的 2.5 倍；指节骨 IV-2 近端腹侧有一个伸出的后跟。

中国已知种 仅模式种。

分布与时代 辽宁，早白垩世。

长掌义县龙 *Yixianosaurus longimanus* Xu et Wang, 2003

（图 95）

正模 IVPP V 12638，关联保存的近乎完整的肩带和前肢，以及一些肋骨，有皮肤衍生物保存。发现于辽宁义县王家沟。

鉴别特征 同属。

产地与层位 辽宁义县，下白垩统义县组。

评注 长掌义县龙为一小型兽脚类，体长估计为 80 cm 左右。Xu 和 Wang（2003）根据手部形态推断，长掌义县龙是手盗龙类晚期分异成员，但 Dececchi 等（2012）认为长掌义县龙属于手盗龙类的早期分异成员。后期研究显示，长掌义县龙属于近鸟类，有可能属于恐爪龙类（Xu et al., 2013a；Foth et Rauhut, 2017；Lefèvre et al., 2017）。

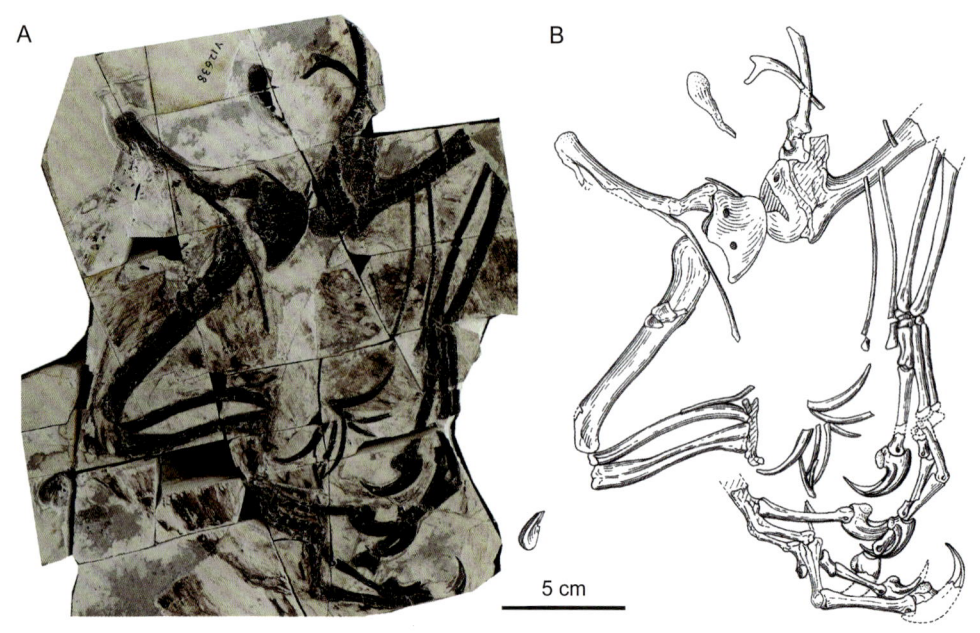

图 95　长掌义县龙 *Yixianosaurus longimanus* 正模（IVPP V 12638）
化石照片（A）和线描图（B）（改自 Xu et Wang, 2003）

驰龙科 Family Dromaeosauridae Matthew et Brown, 1922

定义与分类　驰龙科系统发育分类学定义为：包含 *Dromaeosaurus albertensis* Matthew et Brown, 1922，但不包含 *Troodon formosus* Leidy, 1856，*Ornithomimus edmontonicus* Sternberg, 1933 以及 *Passer domesticus* (Linnaeus, 1758) 的包容性最大的演化支。驰龙科主要包含 3 个亚类群，即半鸟龙亚科（Unenlagiinae）、小盗龙类（Microraptoria）和泛驰龙类（Pandromaeosauria），也有研究认为还有哈兹卡盗龙亚科（Halszkaraptorinae）这一演化支，但需要更多证据。

形态特征　头骨相对大，吻部狭窄；额骨短而呈 T 字形；上颞窝前缘 S 形弯曲，有一深坑；鳞骨后侧缘发育一平台；方骨有侧突与方轭骨关节；方轭骨 T 形；副枕突背腹缘后视平行，远端扭曲；翼骨细长；背椎椎体横突升起明显，呈梗状；脉弧与尾椎前关节突高度加长；耻骨后腹向伸展；指节 IV-1 明显长于 IV-2；指爪骨明显拱形；高度特化的第二脚趾（包括趾节骨 II-1 远端关节背侧膨大明显，趾节骨 II-2 近端腹侧有大的龙骨突以及趾爪骨显著加大和侧向扁平）。

中国已知属　中国鸟龙属（*Sinornithosaurus*）、小盗龙属（*Microraptor*）、纤细盗龙属（*Graciliraptor*）、长羽盗龙属（*Changyuraptor*）、钟健龙属（*Zhongjianosaurus*）、敏捷龙属（*Phaedrolosaurus*）、栾川盗龙属（*Luanchuanraptor*）、伶盗龙属（*Velociraptor*）、天宇盗龙属（*Tianyuraptor*）、临河盗龙属（*Linheraptor*）以及振元龙属（*Zhenyuanlong*）。

分布与时代　亚洲、北美洲和欧洲，早白垩世中期到白垩纪末；有争议的化石记录来自欧洲、南美洲、非洲和南极洲的中侏罗世到晚白垩世。

评注　驰龙科代表近鸟类的一个灭绝演化支，代表物种有赵氏小盗龙、*Ultaraptor*、*Deinonychus*、*Velociraptor mongoliensis*。驰龙科体型差异大，体长从几十厘米到六七米，*Ultaraptor* 的最大个体体长可能近 11 m。驰龙科一般为肉食，也可能有杂食性物种，从典型地栖到树栖，一些物种可能具有飞行能力。

驰龙科的系统位置和包含分子存在争议，传统上和伤齿龙科一起归入恐爪龙类，但也有研究认为恐爪龙类存疑，驰龙科代表伤齿龙科和鸟翼类组成的演化支的姐妹群。

小盗龙类 Microraptoria Senter, Barsbold, Britt et Burnham, 2004

定义与分类　本书采用的小盗龙类的系统发育分类定义为：一个包含 *Microraptor zhaoianus* Xu, Zhou et Wang, 2000，但不包含 *Velociraptor mongoliensis* Osborn, 1924 的最大演化支。

形态特征　外鼻孔大，后延至眶前窝前缘；前上颌骨鼻前部分大；原上颌窗明显加大；眶前窝前部有数量较多的短脊和小坑；牙齿异型，齿冠前缘无锯齿；前上颌齿无锯齿；背椎椎体无侧凹；尾部极长；有大型乌喙骨窗；前肢相对长；桡骨骨干直径不足尺骨一半；次末端指节骨相对短；指节骨 IV-1 长，指节骨 IV-2 长度不足 IV-1 的一半；指爪骨强烈拱形；股骨副转子发育；耻骨后弯，耻骨骨干中部外侧发育明显的结节；坐骨短，闭孔突位于远端，有两个后背缘突起；第三蹠骨近端侧扁，半窄足型；第二脚趾半特化。

分布与时代　亚洲和北美洲，白垩纪。

评注　小盗龙类是驰龙科的一个演化支，这类恐龙体型小，肉食为主。小盗龙类的包含分子存在一些争议，一些研究把所有发现于热河群中的驰龙科都归入小盗龙类，但其中一些属种，如天宇盗龙和振元龙缺乏小盗龙类的鉴别特征，本书暂时将这些属种归入泛驰龙类，其系统位置有待更深入研究来确定。

中国鸟龙属 Genus *Sinornithosaurus* Xu, Wang et Wu, 1999

模式种　千禧中国鸟龙 *Sinornithosaurus millenii* Xu, Wang et Wu, 1999

鉴别特征　以下列特征组合区别于其他小盗龙类：前上颌骨和上颌骨腹缘关联处有凹缺；眶前窝前部有短脊和小坑，脊粗，坑深，数量众多；顶骨的后外侧支强烈向后弯曲；齿骨向后分叉显著；牙齿具典型兽脚类牙齿形态，侧扁，隆脊发育，后弯；指节骨 IV-2 相对长，长度为指节骨 IV-1 长度的二分之一左右；耻骨骨干中部外侧结节圆柱状；坐骨闭孔突超大；第二脚趾相对特化，趾爪骨 II-3 相对其他小盗龙类更大。

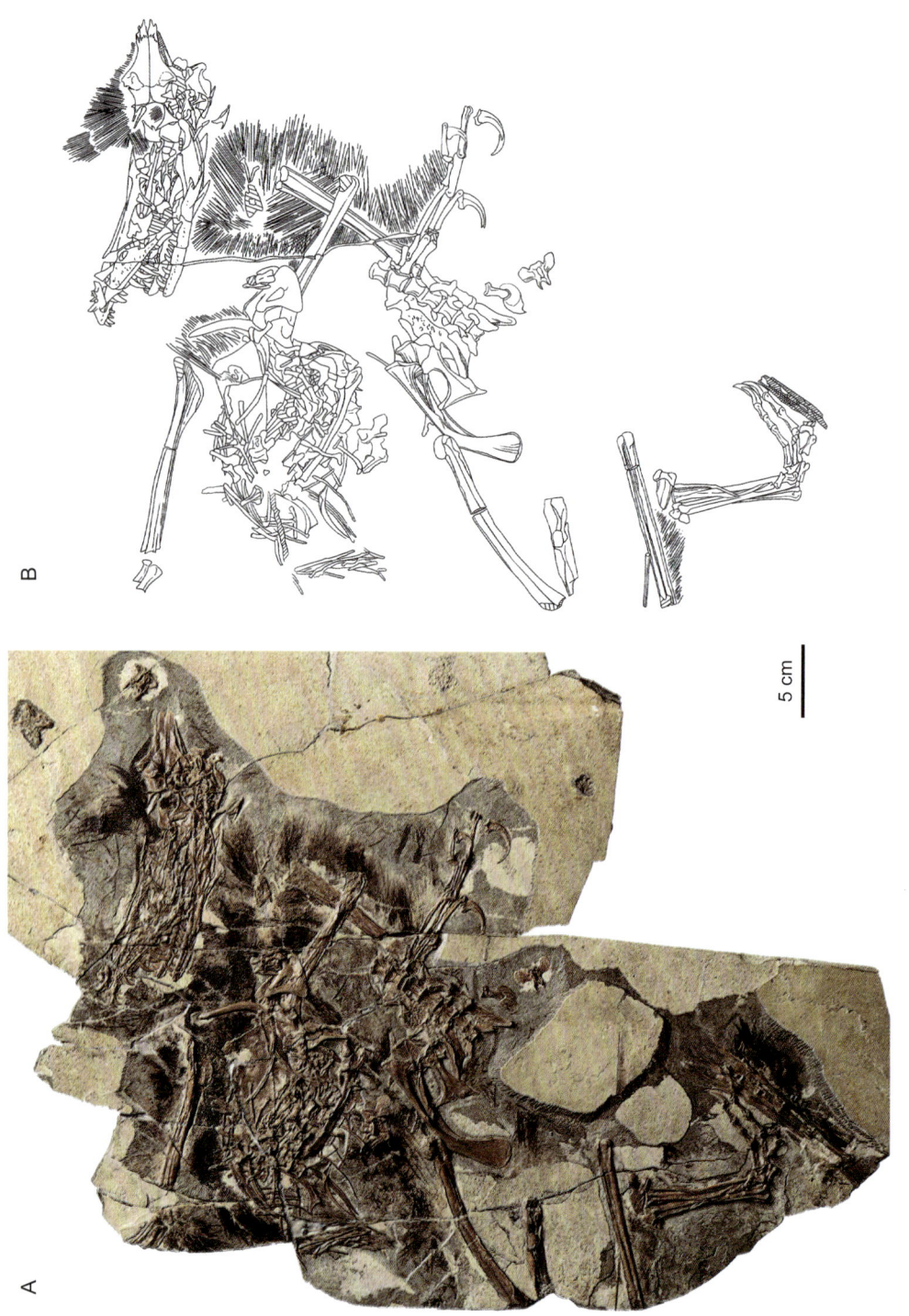

图 96 千禧中国鸟龙 *Sinornithosaurus millenii* 正模 (IVPP V 12811) 化石照片 (A) 和线描图 (B) (改自 Xu et al., 1999b)

中国已知种 *Sinornithosaurus millenii* Xu, Wang et Wu, 1999 和 *S. haoiana* Liu, Ji, Tang et Gao, 2004。

分布与时代 辽宁，早白垩世。

评注 一件保存有精美羽毛印痕的产自辽宁省凌源市下白垩统义县组的驰龙科标本（标本号 NGMC 91），形态非常接近中国鸟龙属（Ji et al., 2001），有可能归入这一属，但需要进一步研究。

千禧中国鸟龙 *Sinornithosaurus millenii* Xu, Wang et Wu, 1999

（图 96）

正模 IVPP V 12811，一具近乎完整的骨架。发现于辽宁北票四合屯。

鉴别特征 同属。

产地与层位 辽宁北票，下白垩统义县组。

评注 千禧中国鸟龙为一小型兽脚类恐龙，体长估计为 1.1 m 左右。属名用以表示在中国发现的像鸟一样的恐龙，种名来源于拉丁语"一千年"，用以表示该化石发现于 20 世纪末。

郝氏中国鸟龙 *Sinornithosaurus haoiana* Liu, Ji, Tang et Gao, 2004

（图 97）

正模 DMNH D2140，一具近于完整的骨架。发现于辽宁义县头台。

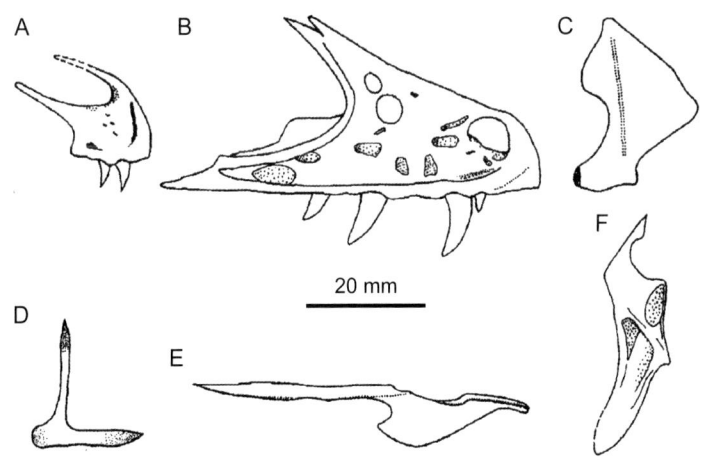

图 97 郝氏中国鸟龙 *Sinornithosaurus haoiana* 正模（DMNH D2140）
A. 左前上颌骨外侧视；B. 左上颌骨内侧视；C. 右方轭骨前视；D. 右方轭骨外侧视；E. 右翼骨内侧视；F. 右腭骨背侧视（改自 Liu et al., 2004）

鉴别特征 郝氏中国鸟龙与千禧中国鸟龙的主要区别特征包括：前上颌骨主体部分长仅稍大于其高（长高之比约1.2，后者约为2.9）；前上颌骨前缘和腹缘夹角大，上颌骨突很长，超过外鼻孔后缘，把上颌骨排除在外鼻孔之外；上颌窗相对小，圆形；方轭骨升支明显长于轭骨支；齿骨相对粗壮，长度和高度比例小，约为7（后者约为13）；髂骨耻骨柄相对窄，前后方向的宽度小于髋臼的宽度。

产地与层位 辽宁义县，下白垩统义县组。

评注 种名献给中国已故著名古生物学家郝诒纯教授，她对辽西中生代地层古生物学研究做出了重大贡献。

小盗龙属 Genus *Microraptor* Xu, Zhou et Wang, 2000

模式种 赵氏小盗龙 *Microraptor zhaoianus* Xu, Zhou et Wang, 2000

鉴别特征 以下列特征组合区别于其他小盗龙类：头骨侧视三角形，相对短高，吻部短；眶前窝前部短脊和小坑数量相对少，不明显；牙齿呈现一定异齿型；前部牙齿排列相对紧密，中后部相对疏松，牙齿齿冠相对粗壮，基部有收缩，锯齿粗糙，倾向齿尖；耻骨骨干中部外侧结节片状，坐骨长而纤细，闭孔突相对小；指节骨 III-2 短于 III-1；指节骨 IV-1 长于指节骨 IV-3；指节骨 IV-2 极短；蹠骨 V 弯曲，中部膨大明显，长度超过蹠骨 III 长度一半；第二脚趾特化程度低。

中国已知种 *Microraptor zhaoianus* Xu, Zhou et Wang, 2000，*M. gui* Xu, Zhou, Wang, Kuang, Zhang et Du, 2003 和 *M. hanqingi* Gong, Martin, Burnham, Falk et Hou, 2012。

分布与时代 辽宁，早白垩世。

评注 小盗龙属目前包含三个种，其中 *Microraptor gui* 和 *Microraptor hanqingi* 的有效性存在争议，本书暂时承认它们代表有效种，但认为需要更细致的研究。除了明确归入这三个种的标本外，还有一些标本也被归入了小盗龙属，其中包括 IVPP V 13351、IVPP V 13476、IVPP V 13477 和 TNP00996（Xu et al., 2003b），以及 IVPP V 13475（Xu, 2002）。

赵氏小盗龙 *Microraptor zhaoianus* Xu, Zhou et Wang, 2000

(图98)

正模 IVPP V 12330，一具部分保存的骨架。发现于辽宁朝阳。

归入标本 IGCAGS CAGS 20-7-004，一近完整骨架；IGCAGS CAGS 20-8-00，一近完整骨架；BMNHC PH881，一近完整骨架（Hwang et al., 2002）；STM5-32，一保存有蜥蜴胃容物的完整骨架（O'Connor et al., 2019）

鉴别特征 以下列特征区别于小盗龙属其他种：后部牙齿齿冠基部收缩显著；趾节

图 98 赵氏小盗龙 *Microraptor zhaoianus* 正模（IVPP V 12330）
A. 头后骨架照片；B. 骨架线描图（改自 Xu et al., 2000）

骨 III-1 和 IV-1 明显比同脚趾其他趾节骨粗壮。

产地与层位 辽宁朝阳、义县，下白垩统九佛堂组。

评注 属名用以表示这种动物小的特点，种名献予杰出的恐龙学家赵喜进先生。

顾氏小盗龙 *Microraptor gui* Xu, Zhou, Wang, Kuang, Zhang et Du, 2003

（图 99）

正模 IVPP V 13352，一具近完整的骨架。发现于辽宁朝阳大平房。

归入标本 IVPP V 13320，一具近完整的骨架；IVPP V 17972，一具近完整的骨架，腹内保存有鸟类骨骼（O'Connor et al., 2011）；QJGPM (QM) V1002，一具近完整的骨架，

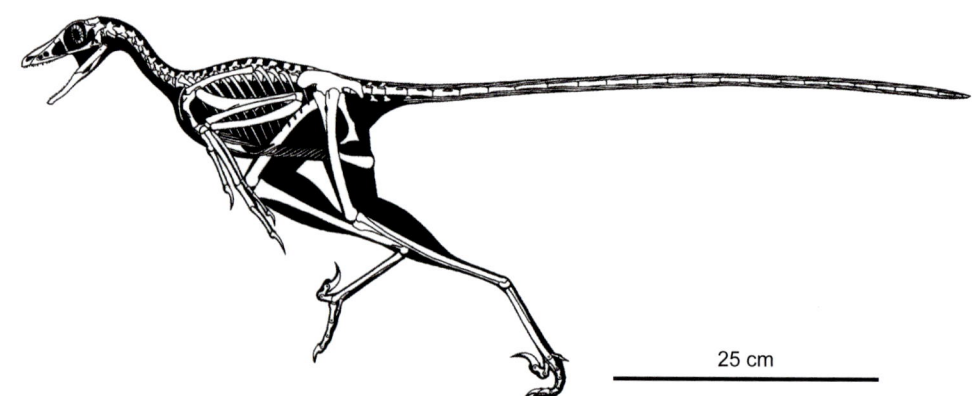

图 99 顾氏小盗龙 *Microraptor gui* 正模（IVPP V 13352）
A. 化石照片；B. 骨架复原图

腹内保存有鱼类骨骼（Xing et al., 2013b）。

鉴别特征 以下列特征区别于小盗龙属其他种：桡骨二头肌结节非常发育；手指II相对短（不同于赵氏小盗龙）；耻骨后弯强烈；胫骨微弱弓形。

产地与层位 辽宁朝阳，下白垩统九佛堂组。

评注 种名献予顾知微院士，以纪念他在热河生物群的研究中所做的巨大贡献。顾氏小盗龙的分类有效性受到一些研究的质疑，认为用以支持这一物种成立的形态学证据不足（Turner et al., 2012）。热河生物群当中的小盗龙类呈现明显的系列形态变化，这些形态变化是代表分类学信号，还是由于个体发育、性双型和个体变异造成的，还需要深入研究。本书暂时承认已经命名的小盗龙属各种的有效性，等待未来更深入研究来解决这一问题。

汉卿小盗龙 *Microraptor hanqingi* Gong, Martin, Burnham, Falk et Hou, 2012

（图100）

正模 LVH 0026，一具近乎完整的骨架（发现于辽西地区，但具体发现地未知）。

鉴别特征 以下列特征区别于小盗龙属其他种：个体大于小盗龙属其他种；胸骨不愈合；耻骨粗壮，未后弯转，末端方形；耻骨靴状突向后尖灭；坐骨后缘平直（无近端和远端突起），前缘侧视凹陷；手指II相对短（不同于赵氏小盗龙）；蹠骨II和IV几乎等长；尾椎数量相对少（23个，少于顾氏小盗龙）。

产地与层位 辽宁西部（无具体产地信息），下白垩统九佛堂组。

评注 汉卿小盗龙的分类有效性受到一些研究的质疑（Turner et al., 2012），如上所述，小盗龙属各种的有效性有待更深入工作的确认。种名献给张学良，爱国将领，1928–1937年曾兼任东北大学校长；汉卿是他的字。

纤细盗龙属 Genus *Graciliraptor* Xu et Wang, 2004

模式种 陆家屯纤细盗龙 *Graciliraptor lujiatunensis* Xu et Wang, 2004

鉴别特征 以下列特征组合区别于其他小盗龙类：中部尾椎有一板状结构连接左右后关节突；中部尾椎椎体极细长；指爪骨II-2明显小于指爪骨III-3；掌骨IV近端明显膨大；胫骨细长，靠近端骨干横截面方形；距骨内踝明显向后膨大；蹠骨II远端明显宽于其他蹠骨远端；趾节骨III-1细长。

中国已知种 仅模式种。

分布与时代 辽宁，早白垩世。

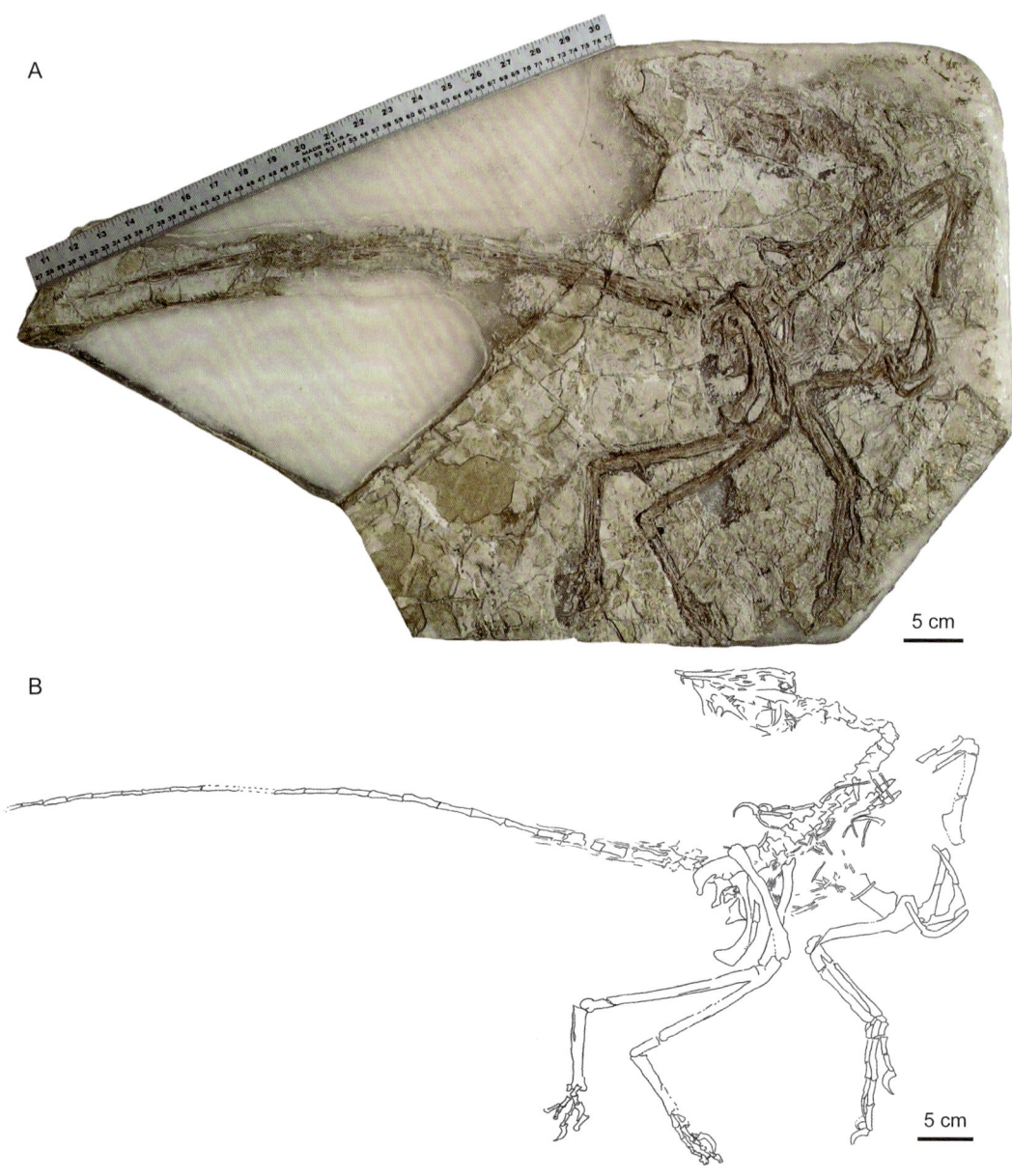

图 100 汉卿小盗龙 *Microraptor hanqingi* 正模（LVH 0026）
A. 化石照片；B. 线描图（改自 Gong et al., 2012）

陆家屯纤细盗龙 *Graciliraptor lujiatunensis* Xu et Wang, 2004

（图 101）

正模 IVPP V 13474，一部分保存的骨架，包括破碎头骨部分。发现于辽宁北票陆家屯。

鉴别特征 同属。

产地与层位 辽宁北票，下白垩统义县组。

评注 陆家屯纤细盗龙正模是义县组陆家屯层中产出的唯一已知的三维保存的驰龙科属种。属名由"纤细"和"盗龙"组成，前者用以表示该生物具纤细的附肢和尾部，后者表示其为驰龙科的一员。种名来源于正模发现地——陆家屯。

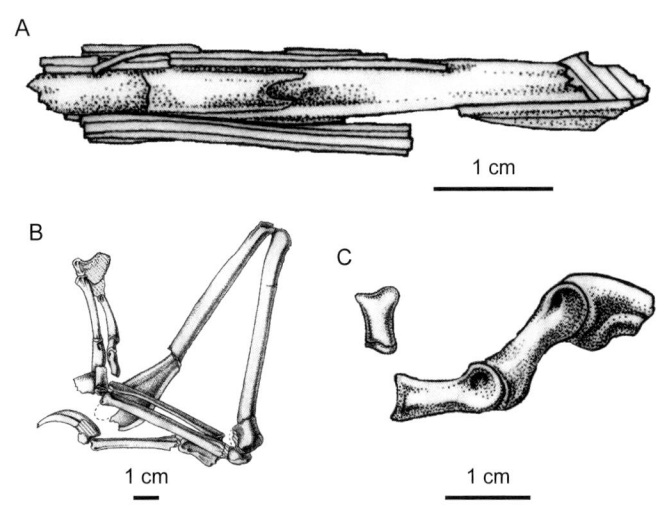

图 101 陆家屯纤细盗龙 *Graciliraptor lujiatunensis* 正模（IVPP V 13474）
A. 中部尾椎背侧视；B. 左前肢；C. 第二脚趾（改自 Xu et Wang, 2004a）

长羽盗龙属 Genus *Changyuraptor* Han, Chiappe, Ji, Habib, Turner, Chinsamy, Liu et Han, 2014

模式种 杨氏长羽盗龙 *Changyuraptor yangi* Han, Chiappe, Ji, Habib, Turner, Chinsamy, Liu et Han, 2014

鉴别特征 以下列特征组合区别于其他小盗龙类：中部尾椎长度约为背椎长度的 2 倍（赵氏小盗龙尾椎长度约为背椎长度的 3 倍）；尾椎数量少（22 个尾椎，少于赵氏小盗龙的 25–26 个和奥氏天宇盗龙的 28 个尾椎）；叉骨大而粗壮；前肢相对长（长度与后肢长度的比值大于其他小盗龙类）；肱骨明显长于尺骨（>20%）；掌骨 II 相对短（为掌骨长度的五分之一到四分之一，中国鸟龙这一比例为三分之一）；半月形腕骨大，覆盖掌骨 II 和 III 近端全部（大多数小盗龙类半月形腕骨较小，覆盖掌骨 II 和 III 近端的一半）；指爪骨 III-3 最大（陆家屯纤细盗龙指爪骨 II-2 非常小，千禧中国鸟龙和赵氏小盗龙指爪骨 II-2 和 III-3 大小相当）；坐骨短（比例上短于赵氏小盗龙）；蹠骨 IV 骨干中部明显宽于蹠骨 III 和蹠骨 II（陆家屯纤细盗龙的蹠骨 IV 最窄）；尾羽明显长于其他小盗龙类。

中国已知种 仅模式种。

分布与时代 辽宁，早白垩世。

杨氏长羽盗龙 *Changyuraptor yangi* Han, Chiappe, Ji, Habib, Turner, Chinsamy, Liu et Han, 2014

(图102)

正模 HG B016，一关联保存的完整骨架，保存羽毛印痕。发现于辽宁建昌西碱厂。

图102 杨氏长羽盗龙 *Changyuraptor yangi* 正模（HG B016）
A. 骨架化石照片；B. 吻部；C. 叉骨；D. 后足

鉴别特征 同属。

产地与层位 辽宁建昌，下白垩统义县组。

评注 长羽盗龙是第一种报道于义县组的"四翼"恐龙，也是体型最大的小盗龙类，其最大的特征是拥有极长的尾羽。

钟健龙属 Genus *Zhongjianosaurus* Xu et Qin, 2017

模式种 杨氏钟健龙 *Zhongjianosaurus yangi* Xu et Qin, 2017

鉴别特征 以下列特征组合区别于其他小盗龙类：相对长的钩状突愈合于背肋上；叉骨略弯曲，叉骨支较细，向后弯曲；肱骨近端强烈内倾；肱骨内侧结节短；肱骨三角肌嵴上有一窗孔；肱骨尺骨髁膨大；尺骨略长于肱骨；尺骨鹰嘴突后边缘内外向收缩；尺骨远端向前弯曲，侧面强烈膨大；掌骨II近端强烈向外腹侧延伸；掌骨III侧向弯曲，腹面发育纵向沟槽；股骨头粗壮，低于转子嵴；胫跗骨远端内髁明显向远端延伸；窄跖型的足；蹠骨II远端非屈戍关节。

中国已知种 仅模式种。

分布与时代 辽宁，早白垩世。

杨氏钟健龙 *Zhongjianosaurus yangi* Xu et Qin, 2017

(图 103)

正模 IVPP V 22775，半关联的头后骨架。发现于辽宁凌源四合当。

鉴别特征 同属。

产地与层位 辽宁凌源，下白垩统义县组。

评注 种属名献给中国古脊椎动物学的奠基人杨钟健先生。早白垩世热河生物群的驰龙科恐龙在分类和形态上多样化程度很高，其中的赵氏小盗龙曾被认为是已知体型最小的非鸟兽脚类恐龙之一。然而这个观点依据的标本都处于相对早期的生长发育阶段，因此热河生物群驰龙科恐龙的体型下限仍不明确。杨氏钟健龙正模为成年个体，估计体重约为 0.31 kg，证实了热河生物群的一些驰龙科恐龙属于已知体型最小的非鸟恐龙。初步分析显示热河生物群驰龙科恐龙有生态位分化的情况，这一现象在中生代恐龙动物群中报道很少（Xu et Qin, 2017）。有关凌源四合当化石产出地层有争议，一些研究认为这套地层应归入义县组，但另外一些研究认为应该归入九佛堂组，这一问题需要未来更细致的地层工作来解决。

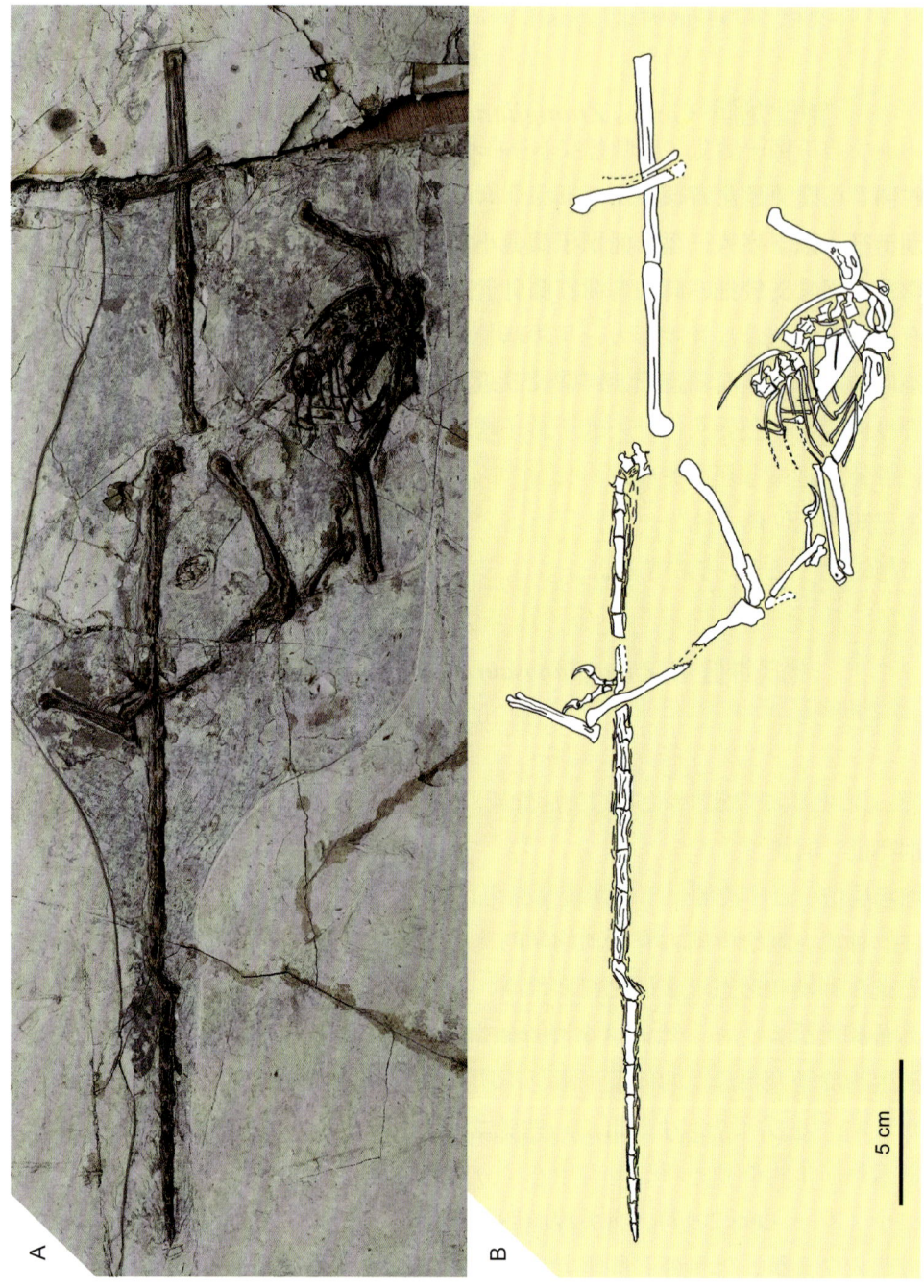

图 103 杨氏钟健龙 Zhongjianosaurus yangi 正模（IVPP V 22775）化石照片（A）和线描图（B）（引自 Xu et Qin, 2017）

泛驰龙类 Pandromaeosauria Xu, You et Mo, 2021

定义与分类 一个包含 *Velociraptor mongoliensis* Osborn, 1924，但不包含 *Microraptor zhaoianus* Xu, Zhou et Wang, 2000 的包容性最大的演化支。这一新命名的演化支和真驰龙类 Eudromaeosauria Longrich et Currie, 2009 包含物种几乎相同，但后者是一个基于节点定义的驰龙科演化支（其定义为：一个包含 *Saurornitholestes langstoni* Sues, 1978，*Velociraptor mongoliensis* Osborn, 1924，*Deinonychus antirrhopus* Ostrom, 1969 和 *Dromaeosaurus albertensis* Matthew et Brown, 1922 的最小演化支）。采用节点-干支三联体（node-stem triplet）的定义方式（即一个节点和两个干支的定义组合）更有利于分类的稳定性（Sereno, 1999a），但目前缺乏和小盗龙类这一干支型定义类群对应的演化支，因此，本书提出泛驰龙类（Pandromaeosauria）这一和小盗龙类对应的干支型分类单元。此外，从驰龙科系统发育研究的实际情况来看，一些研究将典型的真驰龙类属种排除于真驰龙类（Depalma et al., 2015），因此也需要一个干支型的分类单元。

一般认为，真驰龙类包含驰龙亚科（Dromaeosaurinae）、鸟龙亚科（Saurornitholestinae）和伶盗龙亚科（Velociraptorinae）这三个演化支，它们的系统发育分类学定义分别为：一个包含 *Dromaeosaurus albertensis* Matthew et Brown, 1922 但不包含 *Velociraptor mongoliensis* Osborn, 1924 和 *Saurornitholestes langstoni* Sues, 1978 的最大演化支，一个包含 *Saurornitholestes langstoni* Sues, 1978 但不包含 *Velociraptor mongoliensis* Osborn, 1924 和 *Dromaeosaurus albertensis* Matthew et Brown, 1922 的最大演化支，以及一个包含 *Velociraptor mongoliensis* Osborn, 1924 但不包含 *Dromaeosaurus albertensis* Matthew et Brown, 1922 和 *Saurornitholestes langstoni* Sues, 1978 的最大演化支。因为驰龙科系统发育关系争议很大，这三个演化支的支持证据也需要加强，所以对中国发现的泛驰龙类，本书不再进一步归入更低阶的演化支。

形态特征 趾节骨 II-1 远端髁背腹向膨大显著，与趾节骨干形成明显颈部；趾节骨 II-2 近端腹缘膨大，形成巨大脚跟状结构；趾爪骨 II-3 显著加大，远远长于其他趾节骨；趾爪骨 II-3 内外角质鞘槽不对称，内侧槽分为两支，靠向趾爪骨背缘，外侧槽位于中部。

分布与时代 亚洲、北美洲和欧洲，白垩纪。

评注 驰龙科的一个演化分支，主要为大中型动物，典型肉食性，繁盛于晚白垩世。

敏捷龙属 Genus *Phaedrolosaurus* Dong, 1973

模式种 艾里克敏捷龙 *Phaedrolosaurus ilikensis* Dong, 1973

鉴别特征 牙齿齿冠侧扁，但相对厚实，后弯；齿冠前后隆脊有锯齿，但前隆脊只有靠齿尖的一半隆脊有锯齿。

中国已知种 仅模式种。

分布与时代 新疆，早白垩世。

艾里克敏捷龙 *Phaedrolosaurus ilikensis* Dong, 1973
（图 104）

选模 IVPP V 4024-1，一颗牙齿。发现于新疆准噶尔盆地乌尔禾。

鉴别特征 同属。

产地与层位 新疆准噶尔盆地，下白垩统吐谷鲁组中部？（＝吐谷鲁群连木沁组）。

评注 董枝明于 1973 年基于采自不同化石点的牙齿和部分后肢骨骼建立了 *Phaedrolosaurus ilikensis*，但没有指定模式标本（董枝明，1973）。Sues（1977）基于 *Phaedrolosaurus ilikensis* 命名文章列举的鉴别特征全部基于牙齿，因此指定牙齿标本 IVPP V 4024-1 为选模，并同意原作者观点，即 *Phaedrolosaurus* 属于驰龙科。基于牙齿大小是 *Deinonychus* 牙齿的 2 倍，推测这一属种体长约 7 m。没有证据支持原先归入 *Phaedrolosaurus ilikensis* 的采自不同地点的部分后肢材料（IVPP V 4024-2）和一个单独保存的股骨靠近端部分（IVPP V 4024-3）属于 *Phaedrolosaurus ilikensis*，后者有翼状小转子，不属于手盗龙类（Barsbold et Osmólska 1999），前者被认为代表手盗龙类的一个新属种，即 *Xinjiangovenator parvus*（Rauhut et Xu, 2005）。Rauhut 和 Xu（2005）认为 *Phaedrolosaurus ilikensis* 是一个无效命名，但这一观点值得商榷：依据 IVPP V 4024-1 牙齿形态，这一标本可以归入驰龙科；尽管由于材料有限，建立这一属种的形态学证据薄弱，但考虑到其大体型明显不同于亚洲早白垩世已知驰龙科，因此有可能是驰龙科在亚洲早白垩世的一个大型代表，本书暂时承认这一属种的有效性。

1 cm

图 104 艾里克敏捷龙 *Phaedrolosaurus ilikensis* 选模（IVPP V 4024-1）

栾川盗龙属 Genus *Luanchuanraptor* Lü, Xu, Zhang, Ji, Jia, Hu, Zhang et Wu, 2007

模式种 河南栾川盗龙 *Luanchuanraptor henanensis* Lü, Xu, Zhang, Ji, Jia, Hu, Zhang et Wu, 2007

鉴别特征 以下列特征组合区别于其他驰龙科属种：最后部尾椎前关节突拉长，叠覆前部椎体；尾椎前关节突间有低矮的刀片状神经棘；部分尾椎神经棘位置存在明显沟槽；前部人字骨近端闭合，后部人字骨前后支末端三分叉；有深的乌喙骨窝；肱骨三角肌嵴延伸超过肱骨长度一半。

中国已知种 仅模式种。

分布与时代 河南，晚白垩世。

河南栾川盗龙 *Luanchuanraptor henanensis* Lü, Xu, Zhang, Ji, Jia, Hu, Zhang et Wu, 2007

（图 105）

正模 HNGM (HGM) 4HIII-0100，一部分保存的骨架，包括部分头骨，脊椎，肩带，前肢和腰带。发现于河南栾川秋扒。

鉴别特征 同属。

产地与层位 河南栾川，下白垩统秋扒组。

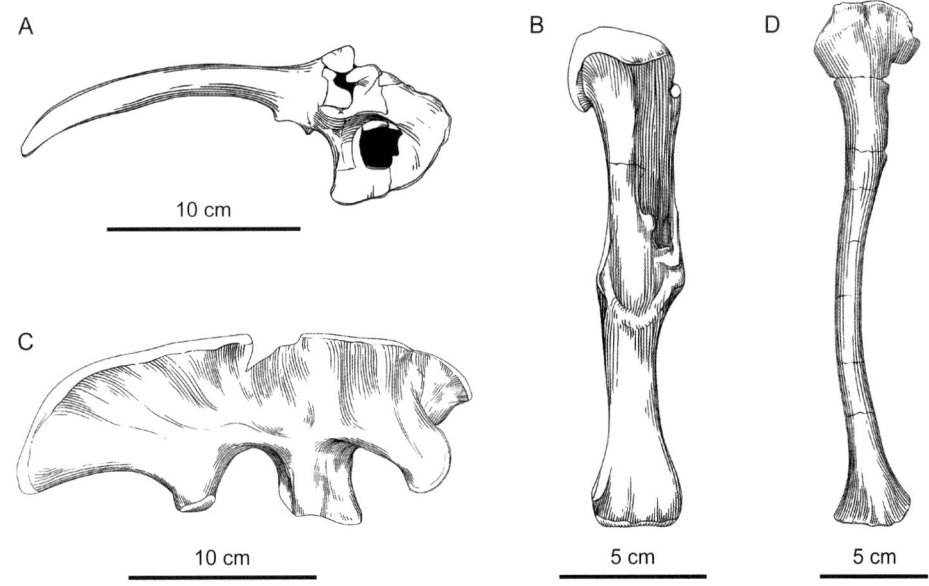

图 105 河南栾川盗龙 *Luanchuanraptor henanensis* 正模 [HNGM (HGM) 4HIII-0100]
A. 左侧肩胛乌喙骨内侧视；B. 右肱骨后侧视；C. 右髂骨外侧视；D. 左耻骨外侧视（改自 Lü et al., 2007c）

评注　属名由化石发现地栾川和拉丁语"盗贼"组成；种名则代表化石产地所在省份，河南。河南栾川盗龙代表除亚洲戈壁地区及中国东北地区之外发现的第一件驰龙科化石标本。

伶盗龙属 Genus *Velociraptor* Osborn, 1924

模式种　蒙古伶盗龙 *Velociraptor mongoliensis* Osborn, 1924

鉴别特征　以下列特征组合区别于其他驰龙科属种：前上颌骨的上颌支向后远超过外鼻孔后缘；第一和第二前上颌齿明显大于第三和第四前上颌齿；内眶前窗前缘宽圆形；上颌窗未位于一个后部开放的凹陷中；额骨长，前后向长度为眶间宽度的4倍，也是顶骨长度的4倍；上颞窝和上颞窗近圆形，外侧为向外凸起的颞间隔；脑颅外壁有一个深的前耳凹陷；齿骨细长，背腹向高度为前后向长度的八分之一到七分之一，腹缘凸起；叉骨V字形，有缩小和不对称的下突；耳突状栖肌结节位于耻骨前缘靠近近端处；闭孔块突发育；坐骨纵向脊近圆状。

中国已知种　*Velociraptor osmolskae* Godefroit, Currie, Li, Shang et Dong, 2008。

分布与时代　蒙古国南戈壁和中国内蒙古，晚白垩世。

奥氏伶盗龙 *Velociraptor osmolskae* Godefroit, Currie, Li, Shang et Dong, 2008
（图106）

正模　IMM 99NM-BYM-3/3，不完整上颌骨和泪骨。发现于内蒙古乌拉特后旗巴音满都呼。

鉴别特征　以下列特征组合区别于其他驰龙科属种：上颌骨前部分支加长（长度与高度比值约为1.4）；原上颌窗大，接近上颌窗的大小，泪滴形，长轴与上颌骨背缘垂直；

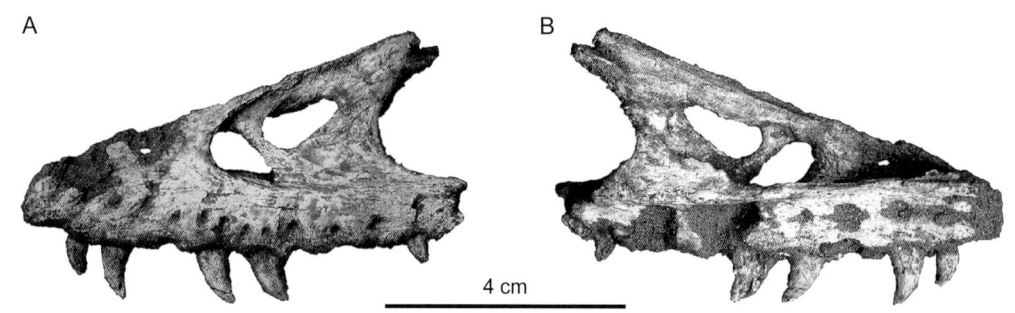

图106　奥氏伶盗龙 *Velociraptor osmolskae* 正模（IMM 99NM-BYM-3/3）
左上颌骨外侧视（A）和内侧视（B）

上颌窗长轴与上颌骨背缘平行；10颗上颌齿，前缘仅有很短的隆脊，无锯齿，后缘只有很小的锯齿。

产地与层位 内蒙古乌拉特后旗，上白垩统乌兰苏海组。

评注 *Velociraptor osmolskae* 的形态明显区别于 *Velociraptor mongoliensis*，其原上颌窗和上颌窗以及牙齿形态指示一个更加早期分异的系统发育位置，因此这一物种有可能并不归入 *Velociraptor* 属，但在其他正式修订工作发表之前，本书使用 *Velociraptor osmolskae* 这一名称。

天宇盗龙属 Genus *Tianyuraptor* Zheng, Xu, You, Zhao et Dong, 2010

模式种 奥氏天宇盗龙 *Tianyuraptor ostromi* Zheng, Xu, You, Zhao et Dong, 2010

鉴别特征 以下列特征组合区别于其他驰龙科属种：头骨大（长于股骨）；眶前窝前部有微弱发育的小脊和小坑；原上颌窗大，大小接近上颌窗；眶前窝腹缘边界不明显；中部尾椎长度是背椎长度的两倍多；叉骨小且极纤细；坐骨闭孔突位于坐骨骨干中部；后肢加长，约为背椎系列总长的三倍。

中国已知种 仅模式种。

分布与时代 辽宁，早白垩世。

奥氏天宇盗龙 *Tianyuraptor ostromi* Zheng, Xu, You, Zhao et Dong, 2010

（图 107）

正模 STM1-3，一具关联保存的近乎完整的骨架，仅缺失后部尾椎。发现于辽宁凌源大王杖子。

鉴别特征 同属。

产地与层位 辽宁凌源，下白垩统义县组。

评注 属名来源于收藏该标本的山东省天宇自然博物馆，种名献予 John Ostrom，以纪念他在研究驰龙科中做出的杰出贡献。

临河盗龙属 Genus *Linheraptor* Xu, Choiniere, Pittman, Tan, Xiao, Li, Tan, Clark, Norell, Hone et Sullivan, 2010

模式种 精美临河盗龙 *Linheraptor exquisitus* Xu, Choiniere, Pittman, Tan, Xiao, Li, Tan, Clark, Norell, Hone et Sullivan, 2010

鉴别特征 前上颌骨鼻突整体横向收缩；上颌骨窗与外鼻孔前后向长度接近相等；

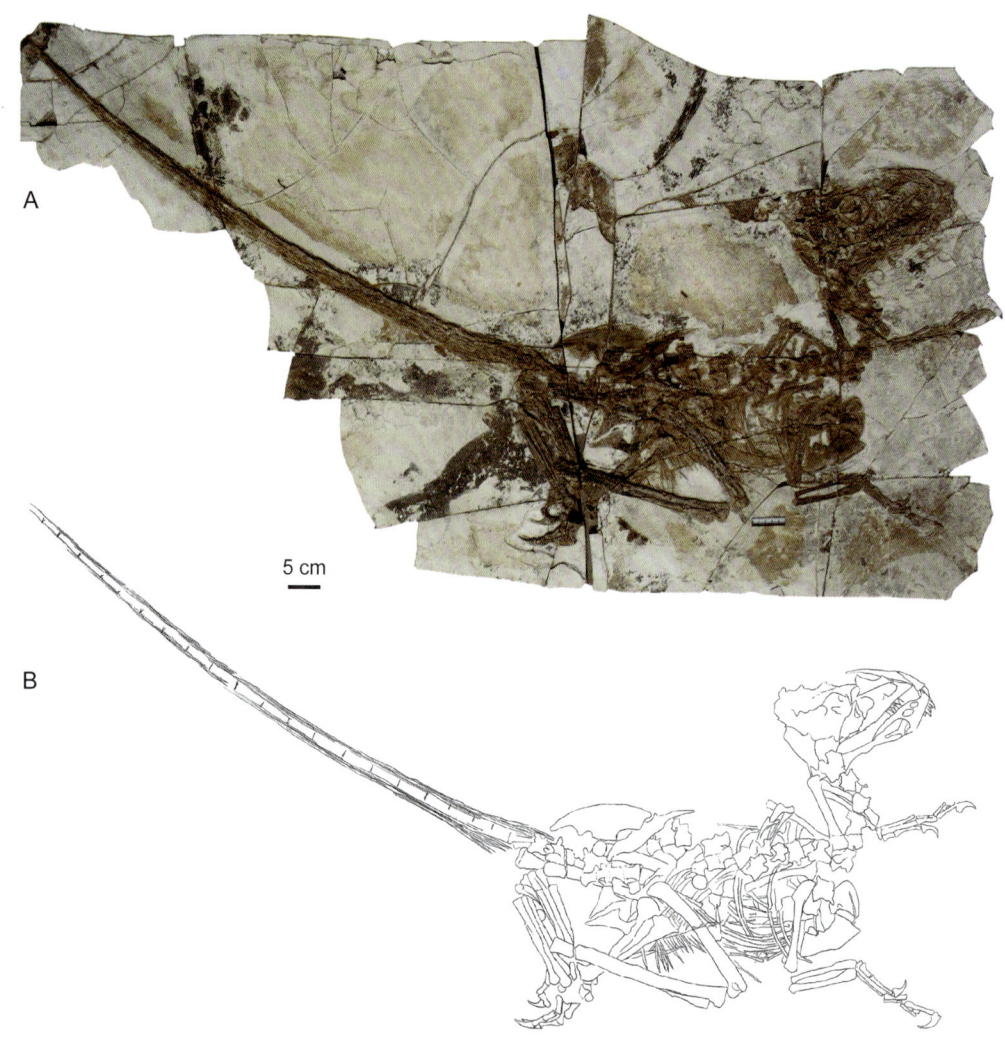

图 107　奥氏天宇盗龙 *Tianyuraptor ostromi* 正模（STM1-3）
化石照片（A）和线描图（B）（改自 Zheng et al., 2010）

鼻骨的前上颌骨突延伸至外鼻孔前边缘；上颞孔前边缘锥形突起；方轭骨鳞骨突背向膨大；基翼突不向前倾斜；上枕骨嵴短而锋利；泪骨背缘发育数枚向前的营养孔。

中国已知种　仅模式种。

分布与时代　内蒙古，早白垩世。

精美临河盗龙 *Linheraptor exquisitus* Xu, Choiniere, Pittman, Tan, Xiao, Li, Tan, Clark, Norell, Hone et Sullivan, 2010

（图 108）

Tsaagan mangas：Turner et al., 2012, p. 27

正模 IVPP V 16923,一具相互关联的近完整骨架。发现于内蒙古乌拉特后旗巴音满都呼。

鉴别特征 同属。

产地与层位 内蒙古乌拉特后旗,上白垩统乌兰苏海组。

评注 精美临河盗龙和发现于蒙古乌哈托喀上白垩统捷达克赫塔组的 *Tsaagan mangas* 形态相似,并共享一些独特特征(Xu et al., 2010a;Turner et al., 2012),因此,有研究认为前者是后者的晚出同物异名(Turner et al., 2012)。但精美临河盗龙不仅和 *Tsaagan mangas* 共享一些衍征,也具有 *Velociraptor mongoliensis* 在前上颌骨、颞区和枕区等区域的一些鉴别特征,因此展现了一套独特的特征组合(Xu et al., 2015a)。除此之外,精美临河盗龙和 *Tsaagan mangas* 从头骨到头后骨骼,存在许多不同特征,因此这一物种有效性证据确凿(Xu et al., 2015a)。

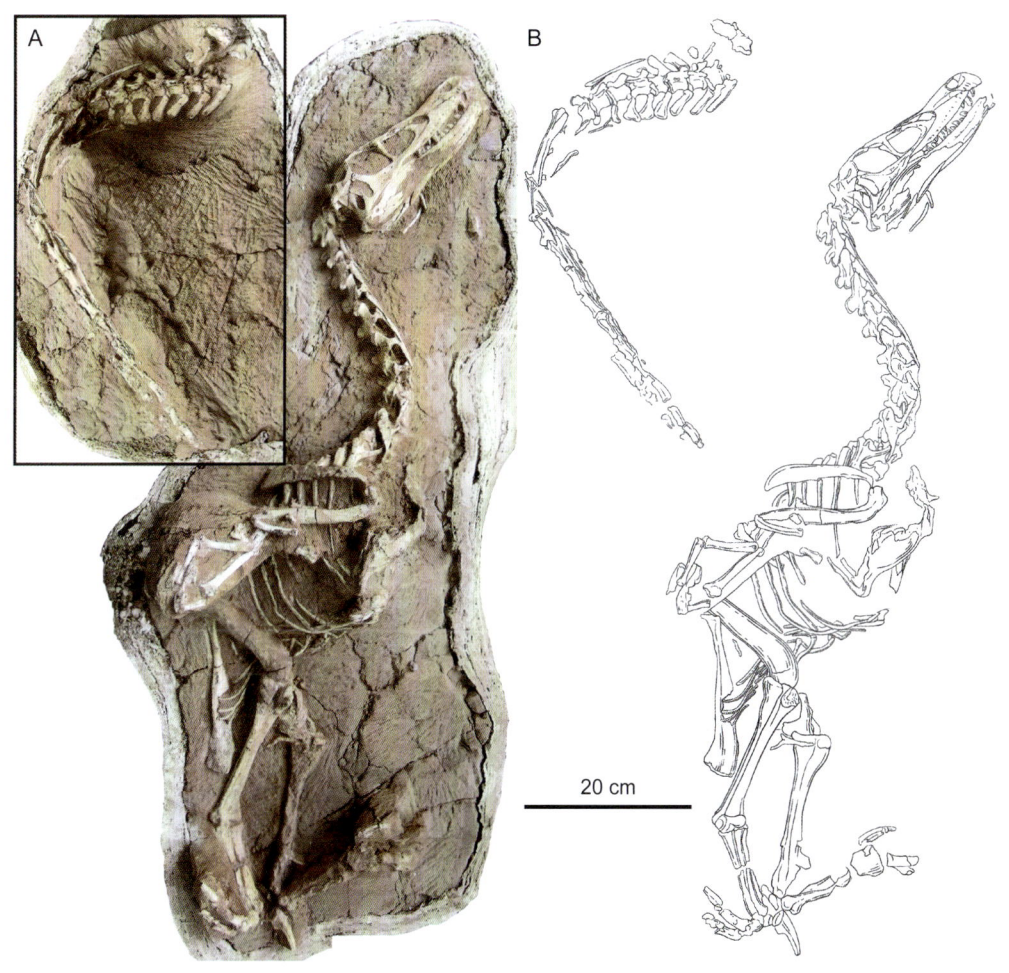

图 108 精美临河盗龙 *Linheraptor exquisitus* 正模(IVPP V 16923)
A. 化石照片;B. 线描图(改自 Xu et al., 2010a)

振元龙属 Genus *Zhenyuanlong* Lü et Brusatte, 2015

模式种 孙氏振元龙 *Zhenyuanlong suni* Lü et Brusatte, 2015

鉴别特征 以下列组合特征区别于其他驰龙科属种：桡骨极纤细，细于指节骨 II-1；掌骨 III 较短，指节骨 II-1 与掌骨 II 长度之和大于掌骨 III；荐椎数目多（6 个）；前肢短，仅为后肢长度一半；肱骨、尺骨和手部短（长度分别为股骨长度的 65%、55% 和 90%）；耻骨骨干中部无侧突；坐骨后缘靠末端无突起。

中国已知种 仅模式种。

分布与时代 辽宁，早白垩世。

孙氏振元龙 *Zhenyuanlong suni* Lü et Brusatte, 2015

（图 109）

正模 JZMP JPM-0008，一具近乎完整的关联骨架，仅缺失尾部末端。发现于辽宁凌源四合当。

鉴别特征 同属。

产地与层位 辽宁凌源，下白垩统义县组。

评注 种属名献给标本的持有者——孙振元先生（Lü et Brusatte, 2015）。

伤齿龙科 Family Troodontidae Gilmore, 1924

定义与分类 本书采用的伤齿龙系统发育分类学定义为：包含 *Troodon formosus* Leidy, 1856，但不包含 *Dromaeosaurus albertensis* Matthew et Brown, 1922，*Ornithomimus edmontonicus* Sternberg, 1933，*Passer domesticus* (Linnaeus, 1758) 的包容性最大的演化支。一些研究提出伤齿龙科存在至少三个演化分支，分别是中国猎龙亚科（Sinovenatorinae Shen, Lü, Liu, Kundrat, Brusatte et Gao, 2017）、金凤鸟龙亚科（Jinfengopteryginae Turner, Makovicky et Norell, 2012）以及伤齿龙亚科（Troodontinae Gilmore, 1924），但前两个演化支存在的证据不足，因此本书暂不采用这两个分类单元。

形态特征 伤齿龙科的主要鉴别特征包括：头骨长，吻部窄；外鼻孔后腹缘由上颌骨形成；上颌窗大；鼻骨有外边缘平台；泪骨有明显侧向板状突起；脑颅膨大，侧壁有凹陷；基翼突膨大，中空；副蝶吻支囊球状，齿骨侧视近三角形，齿骨外侧面有前窄后宽的沟槽；上隅骨孔大；牙齿数量多，前部牙齿密集，后部牙齿相对稀少；牙齿锯齿弯向齿尖；跟骨和距骨愈合，蹠骨相对长；第三距骨近端侧扁，远端有纵向沟槽，在后侧面向近端延伸形成舌状关节面；第四蹠骨粗壮，占据跗部宽度的一半；第二脚趾可高度

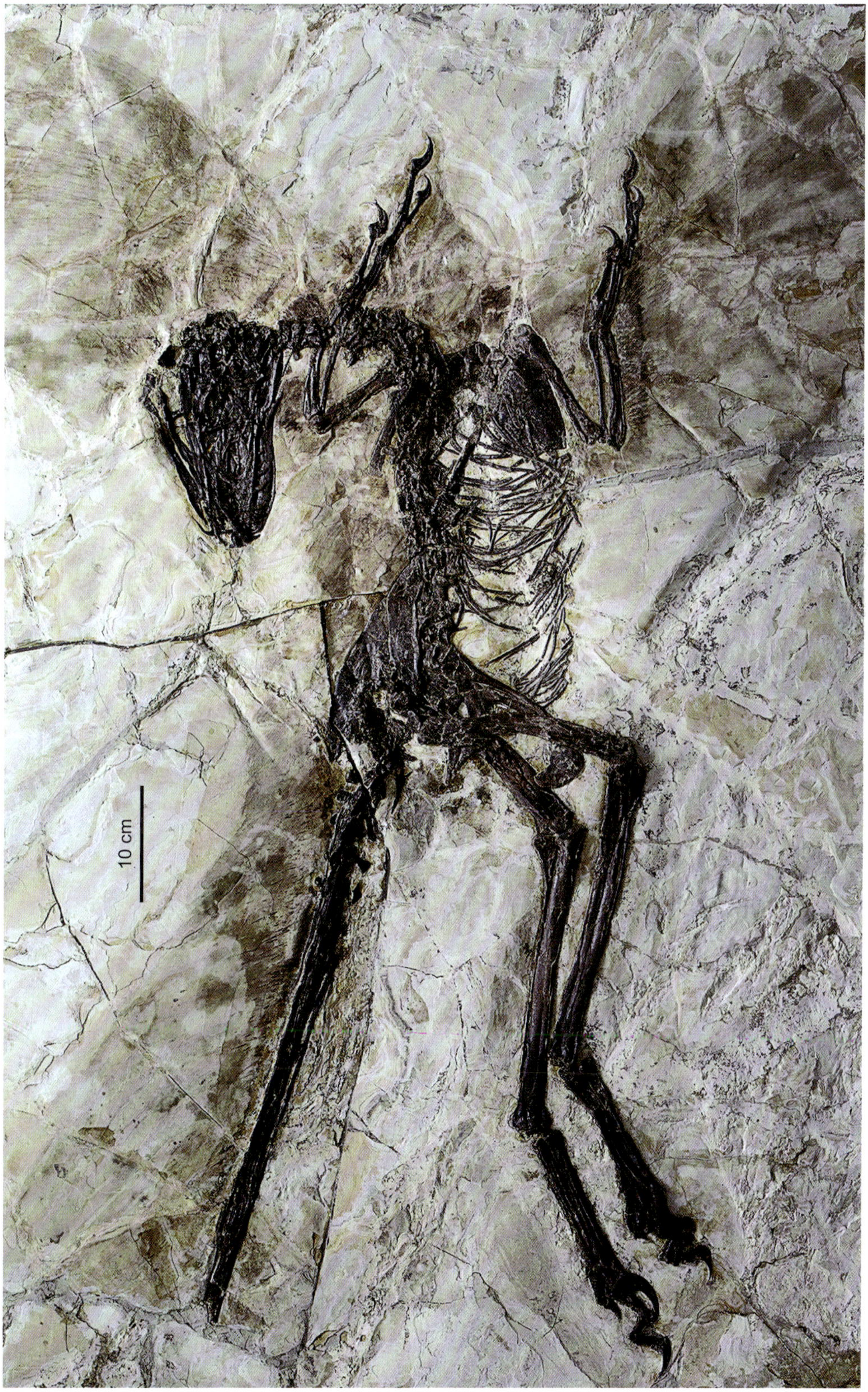

图 109 孙氏振元龙 *Zhenyuanlong suni* 正模（JZMP JPM-0008）

背展。

中国已知属 中国鸟形龙属（*Sinornithoides*）、中国猎龙属（*Sinovenator*）、寐属（*Mei*）、曲鼻龙属（*Sinusonasus*）、金凤鸟龙属（*Jinfengopteryx*）、西峡龙属（*Xixiasaurus*）、辽宁猎龙属（*Liaoningvenator*）、大连龙属（*Daliansaurus*）、嘉年华龙属（*Jianianhualong*）、临河猎龙属（*Linhevenator*）和菲利猎龙属（*Philovenator*）。

分布与时代 北美洲和亚洲，晚侏罗世中期到白垩纪末期。疑似化石也发现于印度（Goswami et al., 2013）。如果近鸟龙亚科属于伤齿龙科，那么伤齿龙科的化石记录将扩展到亚洲和欧洲中侏罗世晚期到晚侏罗世地层中。

评注 伤齿龙科是近鸟类的一个灭绝演化支，这类恐龙的代表性物种有寐龙、*Hesperornithoides miessleri* 和 *Troodon formosus*。伤齿龙科体型中小型，一般为肉食，也有杂食，后肢形态指示其奔跑能力强。伤齿龙科的系统位置存在争议，传统上和驰龙科一起归入恐爪龙类，但最近的一些研究认为伤齿龙科和鸟翼类的亲缘关系要近于驰龙科。

中国鸟形龙属 Genus *Sinornithoides* Russell et Dong, 1993

模式种 杨氏中国鸟形龙 *Sinornithoides youngi* Russell et Dong, 1993

鉴别特征 以下列特征组合区别于其他伤齿龙科属种：头骨相对短；方骨与颅腔壁关联处形成一个连接侧凹的通道*；鼻骨-上颌骨连接缝与上颌骨腹缘成约20°夹角*；颞部窄于眼眶部；前额骨缺失；棒状叉骨；胫骨与股骨的长度比为1.4；蹠骨III远端关节面腹侧舌形延伸不发育。

中国已知种 仅模式种。

分布与时代 内蒙古，早白垩世。

杨氏中国鸟形龙 *Sinornithoides youngi* Russell et Dong, 1993

（图110）

正模 IVPP V 9612，一具关联的骨架。发现于内蒙古鄂尔多斯盆地都桂加汉。

鉴别特征 同属。

产地与层位 内蒙古鄂尔多斯盆地，下白垩统伊金霍洛旗组。

评注 杨氏中国鸟形龙为一小型兽脚类，体长估计1.1 m。正模标本保存方式和寐龙正模极其相似，推测也是在睡眠过程中死亡并快速埋藏形成化石的。属名由拉丁语的"中国"和希腊语的"鸟类"、"模仿者"组成；种名用以纪念杨钟健先生，他为我们理解中国众多而广泛的恐龙化石做出了突出贡献。

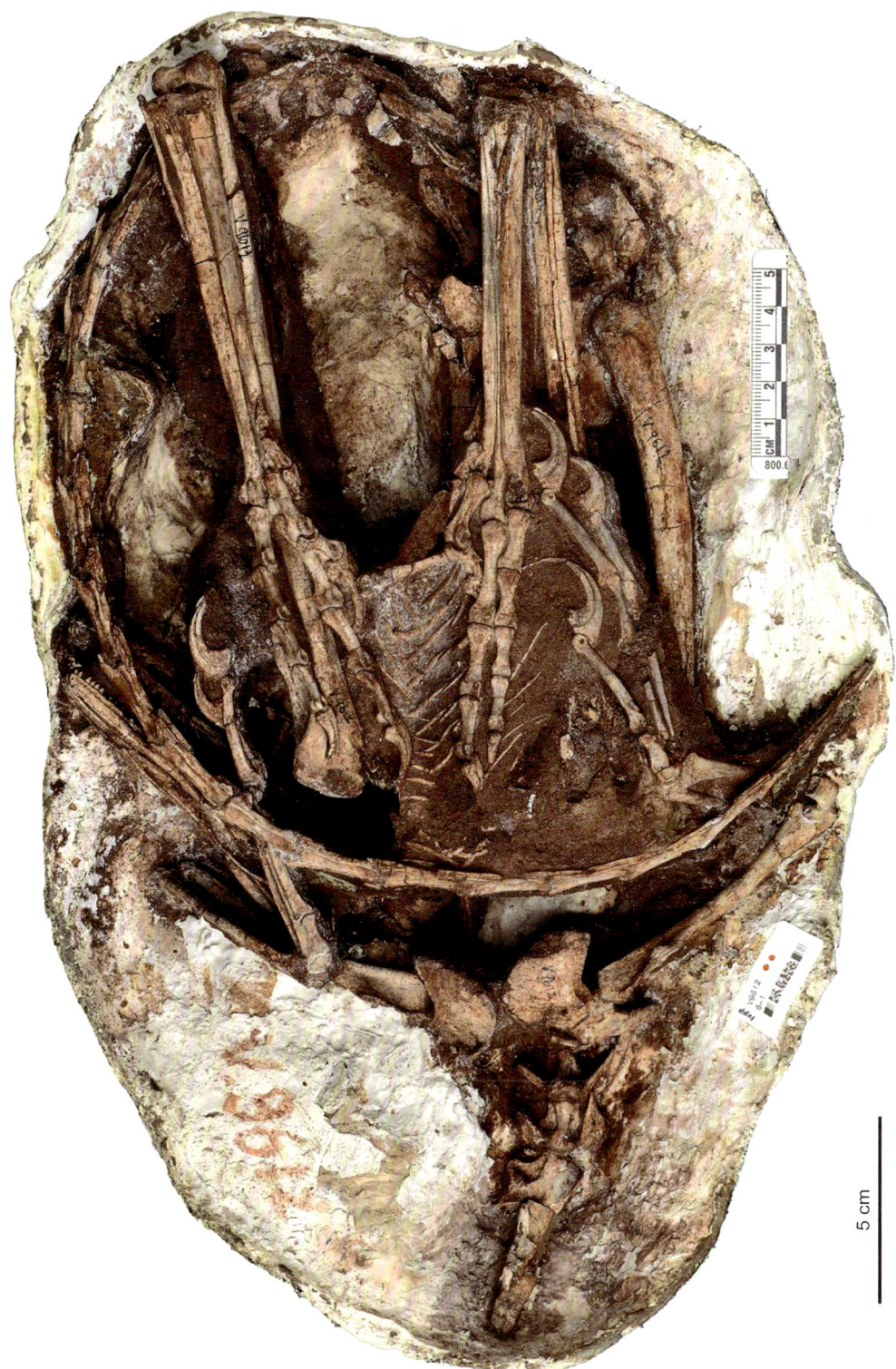

图 110 杨氏中国鸟形龙 *Sinornithoides youngi* 正模 (IVPP V 9612)

中国猎龙属 Genus *Sinovenator* Xu, Norell, Wang, Makovicky et Wu, 2002

模式种 张氏中国猎龙 *Sinovenator changii* Xu, Norell, Wang, Makovicky et Wu, 2002

鉴别特征 以下列特征组合区别于其他伤齿龙科属种：前上颌骨上颌支关联鼻骨，侧视隔断上颌骨和鼻孔；眶前窗前缘平直且垂直；原上颌窗大；额骨前侧缘具垂直的骨板，构成泪骨的边缘*；轭骨上升支长，向后偏；枕骨大孔远大于枕髁；翼骨后部有棒状副突；上隅骨横截面T型*，后部侧视大；齿列内移；前上颌齿无锯齿，上颌齿锯齿相对小；5个荐椎；髂骨短（约为股骨长度的60%）；坐骨闭孔突位于坐骨远端；坐骨背缘有两个突起；胫骨外侧胫嵴发育，延伸至腓骨嵴*；足部亚窄足型；第二脚趾部分特化。

中国已知种 仅模式种。

分布与时代 辽宁，早白垩世。

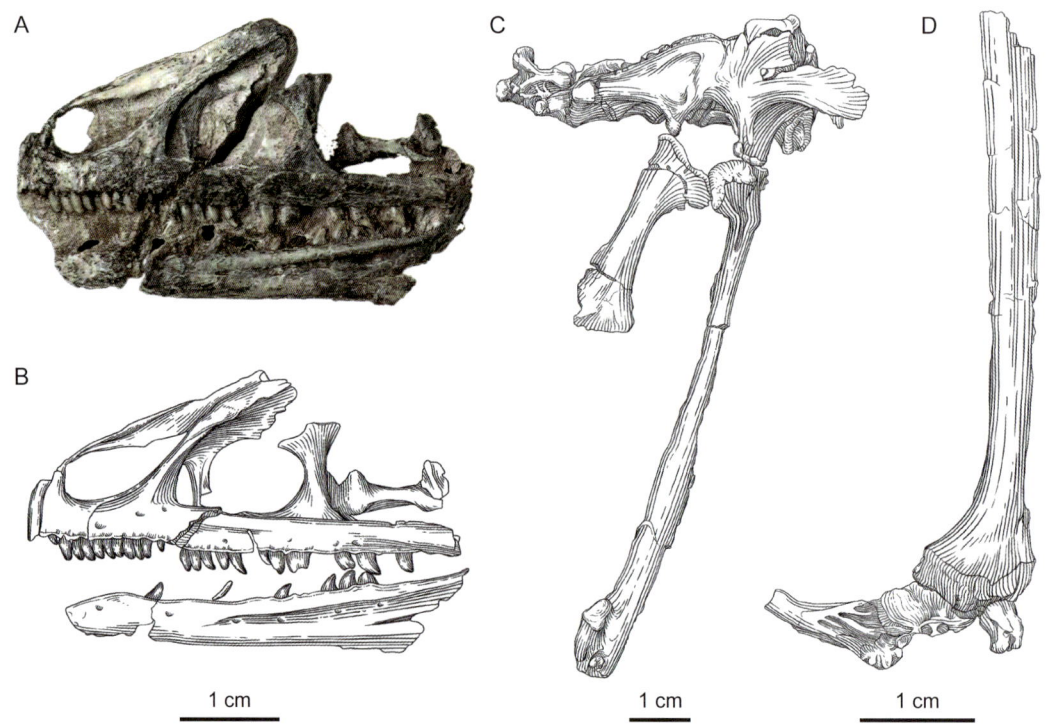

图111 张氏中国猎龙 *Sinovenator changii* 正模（IVPP V 12615）
A, B. 头骨吻部左侧面化石照片（A）和线条图（B）；C. 右侧腰带外侧视；D. 右侧肩胛乌喙骨外侧视
（改自 Xu et al., 2002b）

张氏中国猎龙 *Sinovenator changii* Xu, Norell, Wang, Makovicky et Wu, 2002

（图 111）

正模　IVPP V 12615，一具半关联保存的骨架，包括部分头骨。发现于辽宁北票陆家屯。

归入标本　IVPP V 12583，一具不完整的、关联的头后骨架；IVPP V 14009，一不完整骨架（Xu et al., 2014a）；PMOL-AD00102，一不完整骨架（Yin et al., 2018）。

鉴别特征　同属。

产地与层位　辽宁北票，下白垩统义县组。

评注　张氏中国猎龙为一小型兽脚类，体长估计 1.1 m 左右。属名由拉丁语的"中国"和"猎人"组成；种名献予中国科学院古脊椎动物与古人类研究所的张弥曼，以纪念她在热河生物群的研究中做出的突出贡献。

寐属 Genus *Mei* Xu et Norell, 2004

模式种　寐龙 *Mei long* Xu et Norell, 2004

鉴别特征　以下列特征组合区别于其他伤齿龙科属种：鼻孔极大，向后延伸超过上颌齿列的一半；鼻骨方形，前后相对短[*]；眶前窗有骨化内壁；原上颌窗侧视不明显；中部上颌齿排列紧密；上颌齿列向后延伸至眶前隔[*]；一个粗壮的近 U 形的叉骨；远端跖骨 IV 具侧突；耻骨干上部前后向显著压缩，并侧向扩展[*]。

中国已知种　仅模式种。

分布与时代　辽宁，早白垩世。

寐龙 *Mei long* Xu et Norell, 2004

（图 112）

正模　IVPP V 12733，一具近完整的、完全关联的骨架。发现于辽宁北票陆家屯。

归入标本　DLNHM (DNHM) D2514，一具近完整、关联保存的骨架（Gao et al., 2012）。

鉴别特征　同属。

产地与层位　辽宁北票，下白垩统义县组。

评注　小型兽脚类，体长估计 60–80 cm。正模保存类似鸟类睡眠姿态，即头后伸，吻部位于前肢和躯干之间，这种睡眠姿态一般认为与保存头部热量有关，为伤齿龙科的内温生理提供了证据（Xu et Norell, 2004）。属名来源于汉字"寐"，意为睡着的，指代化石保存的睡眠姿态。

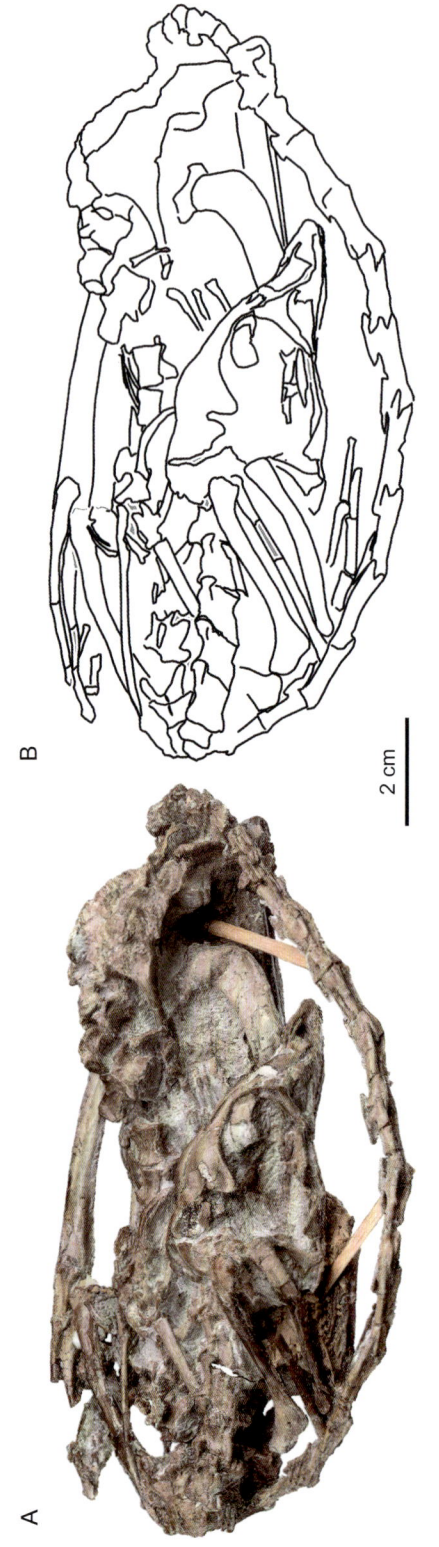

图 112 寐龙 *Mei long* 正模（IVPP V 12733）
化石照片（A）和线描图（B）（改自 Xu et Norell., 2004）

曲鼻龙属 Genus *Sinusonasus* Xu et Wang, 2004

模式种 巨齿曲鼻龙 *Sinusonasus magnodens* Xu et Wang, 2004

鉴别特征 以下列特征组合区别于其他伤齿龙科属种：从侧面看其鼻骨呈正弦曲线形；眶前窗与上颌窗间缺失连接通道；牙齿相对大；人字骨前后向长，背腹向扁平，沿整条尾部形成一带状结构[*]；耻骨前腹向延伸；坐骨相对长，闭孔突位于坐骨干中部，后缘未有远端突起；股骨头与股骨骨干间具一长颈[*]。

中国已知种 仅模式种。

分布与时代 辽宁，早白垩世。

巨齿曲鼻龙 *Sinusonasus magnodens* Xu et Wang, 2004

（图 113）

正模 IVPP V 11527，一具关联的骨架，缺失荐椎之前的脊椎、肩带和前肢。发现于辽宁北票陆家屯。

鉴别特征 同属。

产地与层位 辽宁北票，下白垩统义县组。

评注 小型兽脚类，体长估计 1.2 m。巨齿曲鼻龙既具有早期伤齿龙科属种的一些特征，也具有晚期伤齿龙科属种的特征，代表一种过渡类型（Xu et Wang, 2004b）。属名用以表示其正弦曲线般弯曲的鼻骨，种名用以表示其相对大的牙齿。

金凤鸟龙属 Genus *Jinfengopteryx* Ji, Ji, Lü, You, Chen, Liu et Liu, 2005

模式种 华美金凤鸟龙 *Jinfengopteryx elegans* Ji, Ji, Lü, You, Chen, Liu et Liu, 2005

鉴别特征 以下列特征组合区别于其他伤齿龙科属种：头骨的眶前部分短高；牙齿多（上下颌各 18 枚）；牙齿无锯齿；前肢相对短（前后肢长度比为 0.62）。

中国已知种 仅模式种。

分布与时代 河北，早白垩世。

华美金凤鸟龙 *Jinfengopteryx elegans* Ji, Ji, Lü, You, Chen, Liu et Liu, 2005

（图 114）

正模 IGCAGS CAGS-IG-04-0801，一具保存有头骨和羽毛印痕的完整骨架。发现于河北丰宁龙凤山。

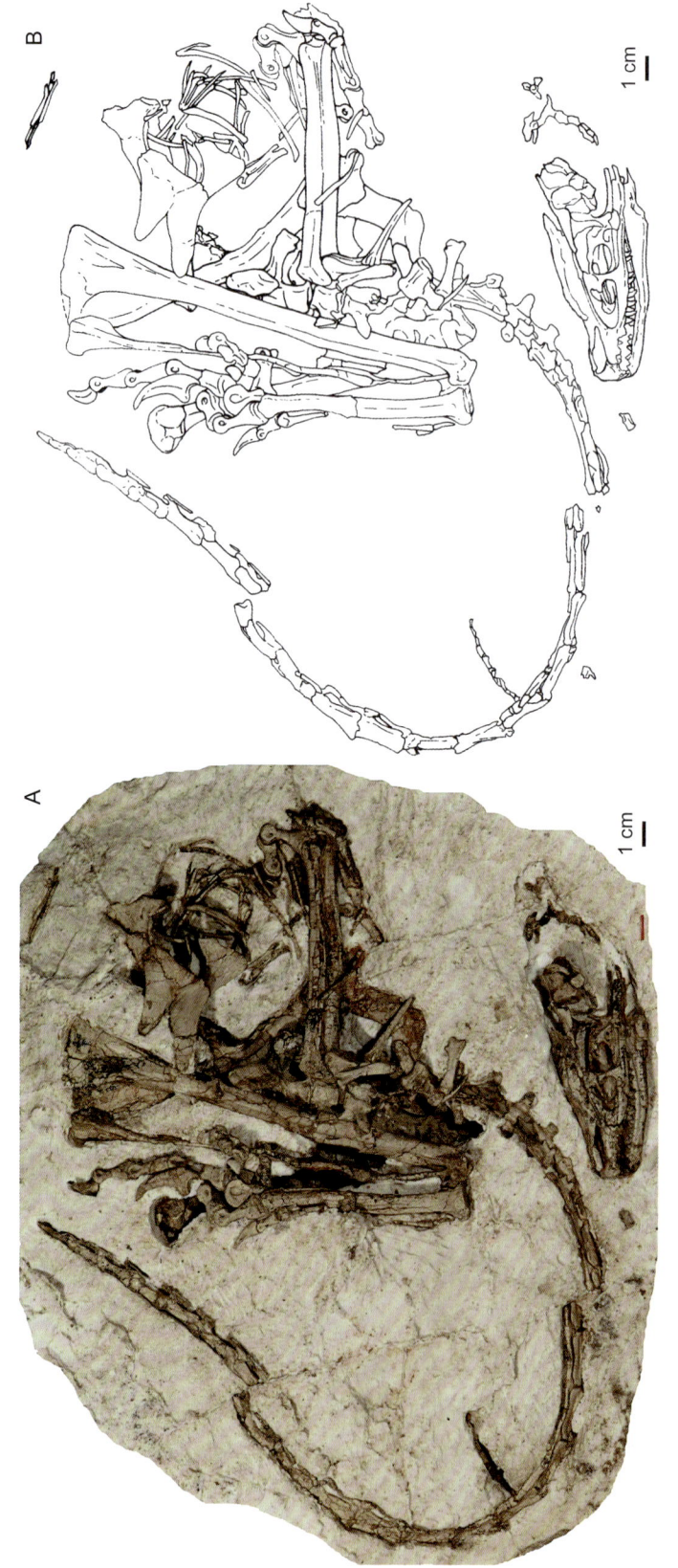

图 113 巨齿曲鼻龙 *Sinusonasus magnodens* 正模 (IVPP V 11527)
化石照片 (A) 和线描图 (B) (改自 Xu et Wang, 2004b)

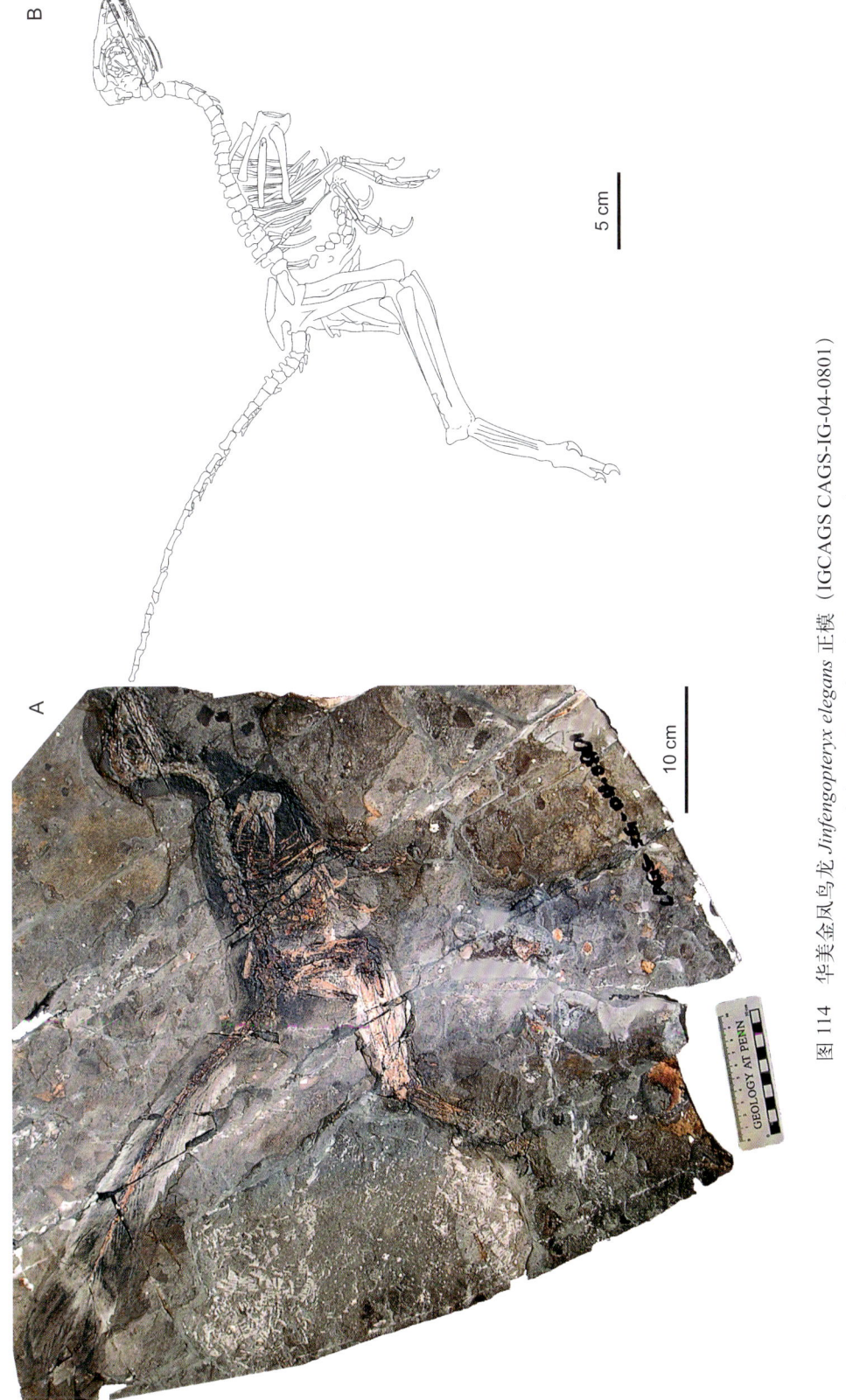

图 114 华美金凤鸟龙 *Jinfengopteryx elegans* 正模 (IGCAGS CAGS-IG-04-0801) 化石照片 (A) 和线描图 (B) (改自 Ji et al., 2005)

鉴别特征 同属。

产地与层位 河北丰宁，下白垩统桥头组。

评注 华美金凤鸟龙为一小型兽脚类，正模体长约 60 cm，保存有羽毛。华美金凤鸟龙最初被归入鸟类（Ji et al., 2005），但后期研究认为，它代表伤齿龙科的一个早期分异物种（Xu et Norell, 2006）。Turner 等（2012）认为华美金凤鸟龙与白垩纪晚期的一些伤齿龙科属种亲缘关系近，形成一个演化支，并命名这一演化支为金凤鸟龙亚科（Jinfengopteryginae），但这一分类发现的形态证据很弱，没有得到后期研究的支持。属名由拼音"金凤"和希腊语"羽翼"组成，种名为希腊语中的"华美"一词。

西峡龙属 Genus *Xixiasaurus* Lü, Xu, Liu, Zhang, Jia et Ji, 2010

模式种 河南西峡龙 *Xixiasaurus henanensis* Lü, Xu, Liu, Zhang, Jia et Ji, 2010

鉴别特征 以下列特征组合区别于其他伤齿龙科属种：具异型齿；上颌齿 22 颗；牙齿无锯齿；前上颌骨的鼻骨支基部外侧表面有一明显开口；上颌吻端明显 U 型；下颌联合轻微折向内侧；次生腭极其发育。

中国已知种 仅模式种。

分布与时代 河南，晚白垩世。

河南西峡龙 *Xixiasaurus henanensis* Lü, Xu, Liu, Zhang, Jia et Ji, 2010

（图 115）

正模 HNGM (HGM) 41HIII-0201，部分保存的骨架，包括部分头骨、尺骨和桡骨中部以及右手部。发现于河南西峡县五里桥宋沟。

鉴别特征 同属。

产地与层位 河南西峡，上白垩统马家村组。

评注 河南西峡龙为一小型兽脚类，体长估计 1.5 m 左右。属名来源于化石的发现地西峡，种名来源于化石产地所在的省份——河南。

辽宁猎龙属 Genus *Liaoningvenator* Shen, Gao, Zhao, Lü et Kundrat, 2017

模式种 柯氏辽宁猎龙 *Liaoningvenator curriei* Shen, Gao, Zhao, Lü et Kundrat, 2017

鉴别特征 以下列特征组合区别于其他伤齿龙科属种：突出的细长的三射眶后骨；三角肌嵴明显突出至肱骨干一半处；坐骨背缘近远端突起缺失；坐骨闭孔突纤细；指节骨 II-1 长于掌骨 III，为后者长度的 1.5 倍；蹠骨远端横向宽度明显减小；尾椎系列过渡

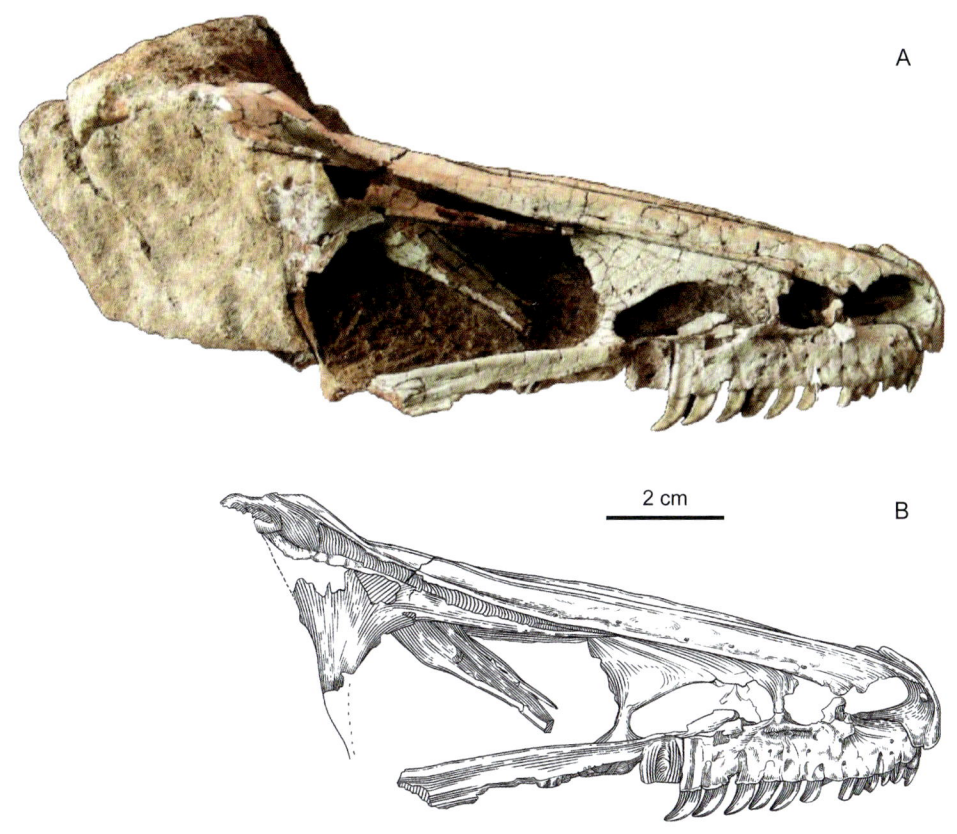

图 115 河南西峡龙 *Xixiasaurus henanensis* 正模 [HNGM (HGM) 41HIII-0201]
上颌照片（A）和线描图（B）（改自 Lü et al., 2010b）

点位于第七尾椎。

中国已知种 仅模式种。

分布与时代 辽宁，早白垩世。

柯氏辽宁猎龙 *Liaoningvenator curriei* Shen, Gao, Zhao, Lü et Kundrat, 2017

（图 116）

正模 DLNHM (DNHM) D3012，一个三维保存的近乎完整的骨架，包含头骨。发现于辽宁北票陆家屯。

鉴别特征 同属。

产地与层位 辽宁北票，下白垩统义县组。

评注 小型兽脚类，体长约 70 cm，形态与张氏中国猎龙极其相似。属名意为"中国辽宁的猎人"；种名送给加拿大古生物学家菲利普 J. 柯里（Philip J. Currie），以纪念他对小型兽脚类恐龙研究做出的贡献。

图 116 柯氏辽宁猎龙 *Liaoningvenator curriei* 正模 [DLNHM (DNHM) D3012]

大连龙属 Genus *Daliansaurus* Shen, Lü, Liu, Kundrat, Brusatte et Gao, 2017

模式种 辽宁大连龙 *Daliansaurus liaoningensis* Shen, Lü, Liu, Kundrat, Brusatte et Gao, 2017

鉴别特征 以下列特征组合区别于其他伤齿龙科属种：后肢第四趾粗壮，背腹向较深，与第二趾大小接近；背肋有钩状突；第四蹠骨缺乏明显的纵向耳突；髂骨髋臼后支侧视强烈凹陷；蹠骨 II 短于蹠骨 IV 滑车开始位置；掌骨 III 略短于掌骨 IV。

中国已知种 仅模式种。

分布与时代 辽宁，早白垩世。

辽宁大连龙 *Daliansaurus liaoningensis* Shen, Lü, Liu, Kundrat, Brusatte et Gao, 2017

（图 117）

正模 DLNHM (DNHM) D2885，一大部保存的骨架。发现于辽宁北票陆家屯。

鉴别特征 同属。

图 117　辽宁大连龙 *Daliansaurus liaoningensis* 正模　[DLNHM (DNHM) D2885]

产地与层位　辽宁北票，下白垩统义县组。

评注　小型兽脚类，体长约 1 m，形态与张氏中国猎龙极其相似。

嘉年华龙属 Genus *Jianianhualong* Xu, Currie, Pittman, Xing, Meng, Lü, Hu et Yu, 2017

模式种　滕氏嘉年华龙 *Jianianhualong tengi* Xu, Currie, Pittman, Xing, Meng, Lü, Hu et Yu, 2017

鉴别特征　以下列特征组合区别于其他伤齿龙科属种：上颌骨前部分支成三角形，背腹向较高；上颌骨升支大角度向后背侧延伸（与上颌骨腹缘成 45°）；泪骨前支长度与降支相近，降支侧面靠前缘有一明显的脊；上隅骨背侧面后部有一明显的凹陷；枢椎神经棘背缘突出，前缘横向增厚，背后侧强烈向后伸展；指节骨 II-1 长（略短于掌骨 III），近端腹侧有明显的跟，腹侧靠近端一半有巨大凹槽；指节骨 III-2 高度加长（略长于掌骨 IV）；趾节骨粗壮（趾爪骨近端关节面深度与长度比大于 0.5）；髂骨背缘侧视略凹陷；坐骨闭孔突背侧边缘有内侧小骨板；蹠骨 IV 缺乏明显的腹侧耳突。

中国已知种　仅模式种。

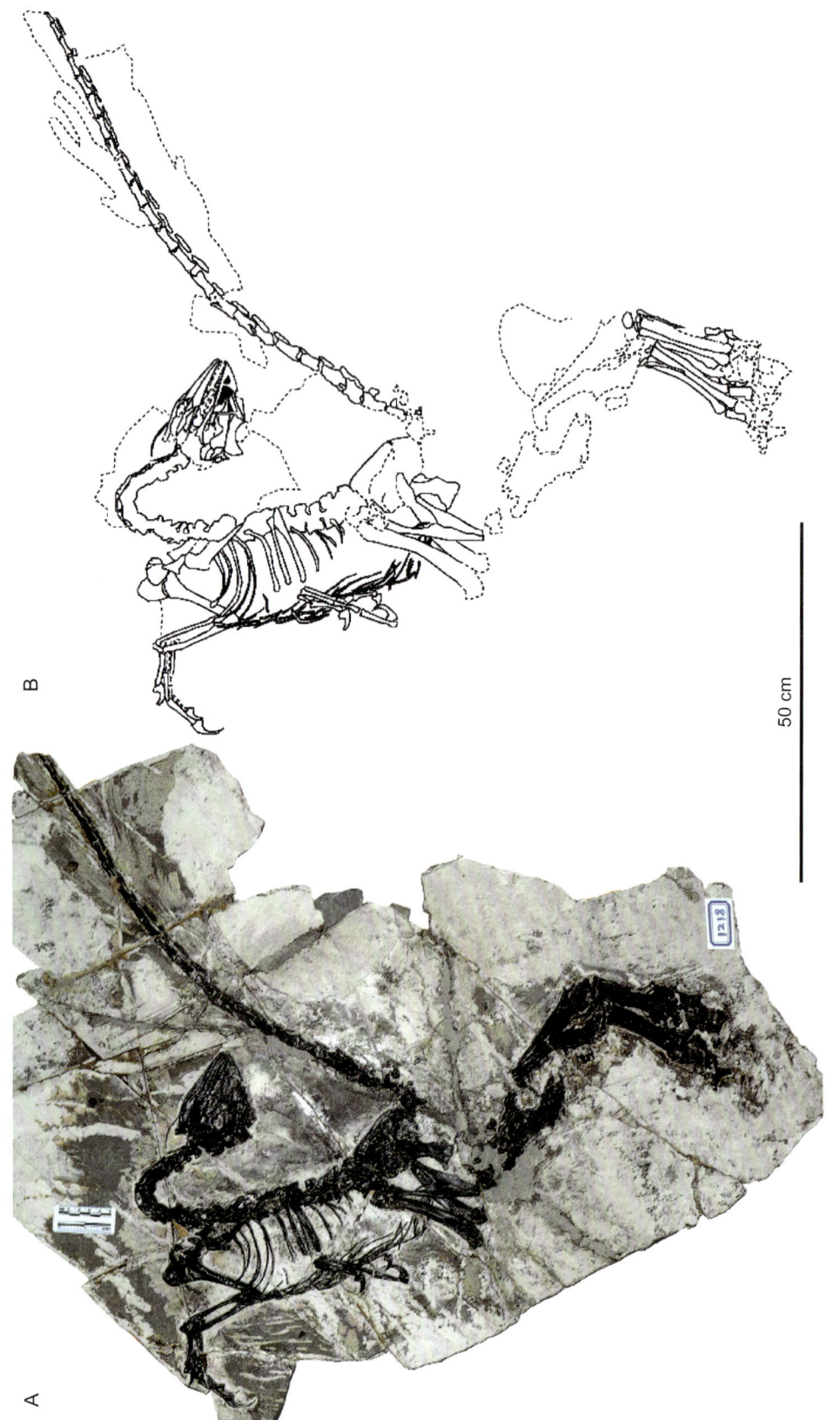

图 118 滕氏嘉年华龙 Jianianhualong tengi 正模（DLXH 1218）骨架化石照片（A）和线描图（B）（改自 Xu et al., 2017）

分布与时代　辽宁，早白垩世。

滕氏嘉年华龙 *Jianianhualong tengi* Xu, Currie, Pittman, Xing, Meng, Lü, Hu et Yu, 2017

（图 118）

正模　DLXH 1218，一具带有羽毛的几乎完整骨架。发现于辽宁义县白菜沟。
鉴别特征　同属。
产地与层位　辽宁义县，下白垩统义县组。
评注　小型兽脚类，体长估计 1.1 m。属名指赞助研究的中国嘉年华公司，种名献给提供正模的滕芳芳女士。滕氏嘉年华龙尾羽羽轴两侧羽片宽度差别明显，显示不对称飞羽在伤齿龙当中已经出现（Xu et al., 2017）。

伤齿龙亚科 Subfamily Troodontinae Gilmore, 1924

定义与分类　一个包含 *Troodon formosus* Leidy, 1856，*Saurornithoides mongoliensis* Osborn, 1924，*Gobivenator mongoliensis* Tsuihiji, Barsbold, Watabe, Tsogtbaatar, Chinzorig, Fujiyama et Suzuki, 2014 和 *Zanabazar junior* Norell, Makovicky, Bever, Balanoff, Clark, Barsbold et Rowe, 2009 的最小演化支。
形态特征　加长的栖肌突位于髂骨 - 耻骨联合前缘；蹠骨 III 前侧面在最宽处凹进。
分布与时代　亚洲和北美洲，晚白垩世。

临河猎龙属 Genus *Linhevenator* Xu, Tan, Sullivan, Han et Xiao, 2011

模式种　谭氏临河猎龙 *Linhevenator tani* Xu, Tan, Sullivan, Han et Xiao, 2011
鉴别特征　以下列特征组合区别于其他伤齿龙科属种：轭骨具外侧耳突；上隅骨嵴前腹向延伸；前肢相对短；股骨靠近末端的内侧面出现膨起；蹠骨 III 背侧面远端三分之一部分具宽的径向沟槽。
中国已知种　仅模式种。
分布与时代　内蒙古，晚白垩世。

谭氏临河猎龙 *Linhevenator tani* Xu, Tan, Sullivan, Han et Xiao, 2011

（图 119）

正模　LHGPI (LH) V 0021，一具部分关联的骨架，包括头骨、部分脊椎、部分前肢和后肢。发现于内蒙古乌拉特后旗巴音满都呼。

鉴别特征 同属。

产地与层位 内蒙古乌拉特后旗，上白垩统乌兰苏海组。

评注 小型兽脚类，体长估计 1.7–1.9 m。属名来源于化石发现地临河和拉丁语"猎人"；种名献予谭琳教授，以纪念他在内蒙古的古生物研究领域中做出的杰出贡献。谭氏临河猎龙是伤齿龙中唯一有明确证据支持前肢缩短现象存在的属种（Xu X. et al., 2011b）。

图 119 谭氏临河猎龙 Linhevenator tani 正模 [LHGPI (LH) V 0021]

菲利猎龙属 Genus *Philovenator* Xu, Zhao, Sullivan, Tan, Sander et Ma, 2012

模式种 柯里氏菲利猎龙 *Philovenator curriei* Xu, Zhao, Sullivan, Tan, Sander et Ma, 2012

鉴别特征 以下列特征组合区别于其他伤齿龙科属种：在股骨骨干内侧近远端上具一个明显的突起*；胫骨的胫肩峰片状，且明显向前延展*；距跟骨复合体半髁前后向深，且被一深而窄的沟槽分开；跗蹠骨极长且纤细（跗蹠骨与股骨的长度比为 1.25，跗蹠骨长度与宽度的比为 22.0）；跗蹠骨中部骨干的前后向长度远远大于横向的宽度*；蹠骨 IV 具一显著的嵴状凸突，近乎沿全长延伸，且几乎与蹠骨骨干一样深*。

中国已知种　仅模式种。

分布与时代　内蒙古，晚白垩世。

柯里氏菲利猎龙 *Philovenator curriei* Xu, Zhao, Sullivan, Tan, Sander et Ma, 2012

（图120）

Saurornithoides mongoliensis：Currie et Peng, 1994

正模　IVPP V 10597，一具近完整的左后肢。发现于内蒙古乌拉特后旗巴音满都呼。

鉴别特征　同属。

产地与层位　内蒙古乌拉特后旗，上白垩统乌兰苏海组。

评注　小型兽脚类，体长约50–70 cm。属种名献给菲利普 J. 柯里（Philip J. Currie）教授，以纪念他在手盗龙类的研究中做出的杰出贡献，包括对于正模 IVPP V 10597 最初

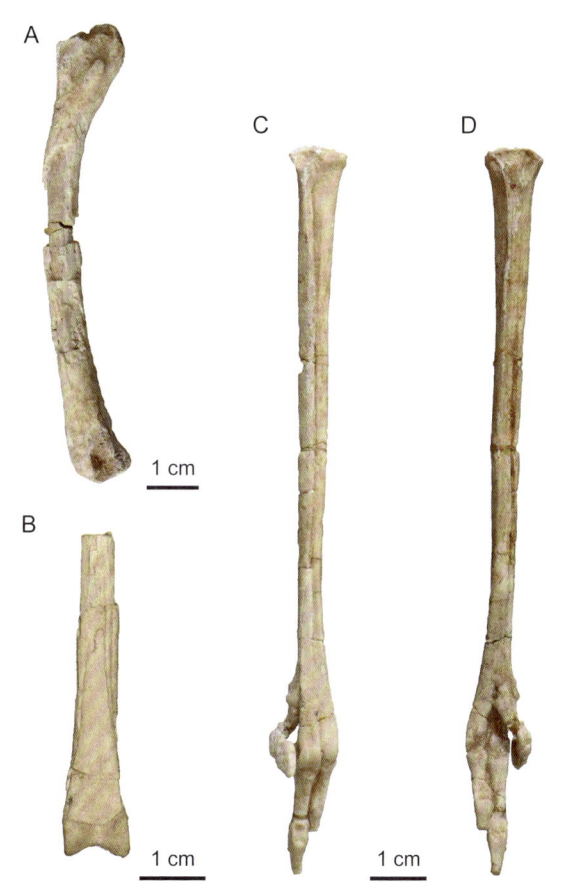

图120　柯里氏菲利猎龙 *Philovenator curriei* 正模（IVPP V 10597）
A. 左股骨外侧视；B. 左胫跗骨前侧视；C, D. 左后足前侧视（C）和后侧视（D）

的描述。IVPP V 10597 最初被鉴定为伤齿龙科属种 *Saurornithoides mongoliensis* 的幼年个体（Currie et Peng, 1994），但 Xu 等（2012b）等认为 IVPP V 10597 与 *Saurornithoides mongoliensis* 形态差距明显，而且这些形态特征的差异也不能归于个体发育，原因在于从骨骼愈合特征和骨组织学特征上判断，IVPP V 10597 代表一个近成年个体，并非 *Saurornithoides mongoliensis* 的幼年个体。

近鸟龙亚科 Subfamily Anchiornithinae Xu, Zhou, Sullivan, Wang et Ren, 2016

定义与分类 包含 *Anchiornis huxleyii* Xu, Zhao, Norell, Sullivan, Hone, Erickson, Wang, Han et Guo, 2009，但不包含 *Archaeopteryx lithographica* Meyer, 1861，*Passer domesticus* (Linnaeus, 1758)，*Troodon formosus* Leidy, 1856，*Dromaeosaurus albertensis* Matthew et Brown, 1922，*Unenlagia comahuensis* Novas et Puerta, 1997，*Epidendrosaurus ninchengensis* Zhang, Zhou, Xu et Wang, 2002 的包容性最大的演化支。

形态特征 主要鉴别特征包括：齿骨外侧面纵向深沟有滋养孔；齿骨内侧面麦克尔氏沟浅；下颌反关节突向后背方延伸；前部下颌齿小，数量多，排列紧密；肩胛骨肩峰突外卷；指节骨 III-1 有后耳突；髂骨髋臼上嵴平台状；耻骨杆前凸；坐骨极短，坐骨闭孔突方形；后肢细长，胫骨长度远大于股骨长度（前者是后者的近 1.5 倍）；腓骨内侧面靠近端处平直；后部背椎神经棘扇形；跖部有正羽。

中国已知属 足羽龙属（*Pedopenna*）、近鸟龙属（*Anchiornis*）、晓廷龙属（*Xiaotingia*）、始中国羽龙属（*Eosinopteryx*）、曙光鸟龙属（*Aurornis*）、丝鸟龙属（*Serikornis*）和彩虹龙属（*Caihong*）。

分布与时代 亚洲和欧洲，中侏罗世到晚侏罗世。

评注 近鸟龙亚科代表近鸟类的一个灭绝演化支，化石记录局限于中国北方中侏罗世晚期到晚侏罗世早期的地层以及德国晚侏罗世晚期的地层中，代表性物种包括赫氏近鸟龙（*Anchiornis huxleyi*）和巨嵴彩虹龙（*Caihong juji*）。近鸟龙亚科已知属种体型小，形态非常接近始祖鸟。

与近鸟龙亚科（Anchiornithinae）有着一样分类定义的是近鸟龙科（Anchiornithidae）。前者是在一篇综述论文中提出（Xu et al., 2016），后者是在命名 *Ostromia* 时提出（Foth et Rauhut, 2017）。尽管后者引用更广泛，但鉴于前者发表时间更早，具有优先权，本书采用 Anchiornithinae 这一名称。

近鸟龙亚科的系统位置存在争议：这一类群最初被归入鸟翼类（Xu et al., 2009b），并得到一些研究的支持（Godefroit et al., 2013b），但后来被归入伤齿龙科或恐爪龙类（Hu et al., 2009），也得到了一些研究的支持。一些物种是否属于近鸟龙亚科也存在争议或者疑问：足羽龙和曙光鸟龙等有可能属于近鸟龙亚科，但需要更细致的研究；*Ostromia* 被归入了近鸟龙亚科（Foth et Rauhut, 2017），但由于唯一标本非常残缺，这一结论有疑问。

足羽龙属 Genus *Pedopenna* Xu et Zhang, 2005

模式种 道虎沟足羽龙 *Pedopenna daohugouensis* Xu et Zhang, 2005

鉴别特征 以下列特征组合区别于其他近鸟龙亚科属种：脚趾部分较跖部短；第一脚趾未反转；足部趾骨 I-1 非常纤细（长度和中部骨干直径的比值约为 7.2）*；第二脚趾特化不显著；趾节骨 II-2 较 II-1 长；第四蹠骨后侧面靠内侧不发育嵴状突起；第五蹠骨短。

中国已知种 仅模式种。

分布与时代 辽宁，中晚侏罗世。

道虎沟足羽龙 *Pedopenna daohugouensis* Xu et Zhang, 2005

（图 121）

正模 IVPP V 12721，部分右侧后肢及相关的羽毛。发现于内蒙古宁城道虎沟。

鉴别特征 同属。

图 121 道虎沟足羽龙 *Pedopenna daohugouensis* 正模（IVPP V 12721）

产地与层位　内蒙古宁城，中上侏罗统海房沟组（道虎沟层）。

评注　道虎沟足羽龙为一小型兽脚类，估计体长为 70 cm 左右。Xu 和 Zhang（2005）命名了道虎沟足羽龙，认为它代表一种和鸟类关系非常近的真手盗龙类，但由于保存材料有限，无法归入真手盗龙类的更低阶的分类单元。Foth 和 Rauhut（2017）认为其属于近鸟龙亚科，Lefèvre 等（2017）认为其属于早期分异的近鸟类。基于足羽龙属的总体骨骼形态和足部羽毛形态，本书采纳道虎沟足羽龙属于近鸟龙亚科的观点。

近鸟龙属 Genus *Anchiornis* Xu, Zhao, Norell, Sullivan, Hone, Erickson, Wang, Han et Guo, 2009

模式种　赫氏近鸟龙 *Anchiornis huxleyi* Xu, Zhao, Norell, Sullivan, Hone, Erickson, Wang, Han et Guo, 2009

鉴别特征　以下列特征组合区别于其他近鸟龙亚科属种：前上颌骨鼻骨支平直；上颌骨的前部分支相对较短；原上颌窗偏向腹侧；齿骨的后腹支呈薄板状；上隅孔小；乌喙骨的腹面粗糙；肱骨的三角肌嵴短，不超过肱骨长度的四分之一；尺骨和桡骨直；坐骨极短，长度不到耻骨长度的四分之一；腓骨近端膨大，前后向和胫骨等宽（Pei et al., 2017）。

中国已知种　仅模式种。

分布与时代　辽宁，晚侏罗世。

赫氏近鸟龙 *Anchiornis huxleyi* Xu, Zhao, Norell, Sullivan, Hone, Erickson, Wang, Han et Guo, 2009

（图 122）

正模　IVPP V 14378，一具相互关联的骨架，缺失头骨、前部和中部颈椎以及后部尾椎，保存有模糊的羽毛印痕。发现于辽宁建昌要路沟。

归入标本　LPM-B00169，一具近乎完整的关联骨架且保存有羽毛（Hu et al., 2009）；BMNHC PH828，不完整骨架，包括关联的前肢，关联的后肢远端，以及不完整的头骨，保存有羽毛（Li Q. G. et al., 2010）；YFGP-T5199，一具近乎完整的关联骨架，保存有羽毛（Lindgren et al., 2015）；PKUP V1068，一具相互关联的完整骨架，尾部有羽毛印痕；BMNHC PH804，一具相互关联的完整骨架，尾部、前肢和后肢的部分保存有羽毛；BMNHC PH822，一具完整的骨架，头部部分骨骼破碎，头后骨骼除了左脚，其他完整关联；BMNHC PH823，一具近乎完整的骨架，头骨轻微破损，左侧下颌破损，耻骨缺失（Pei et al., 2017）。

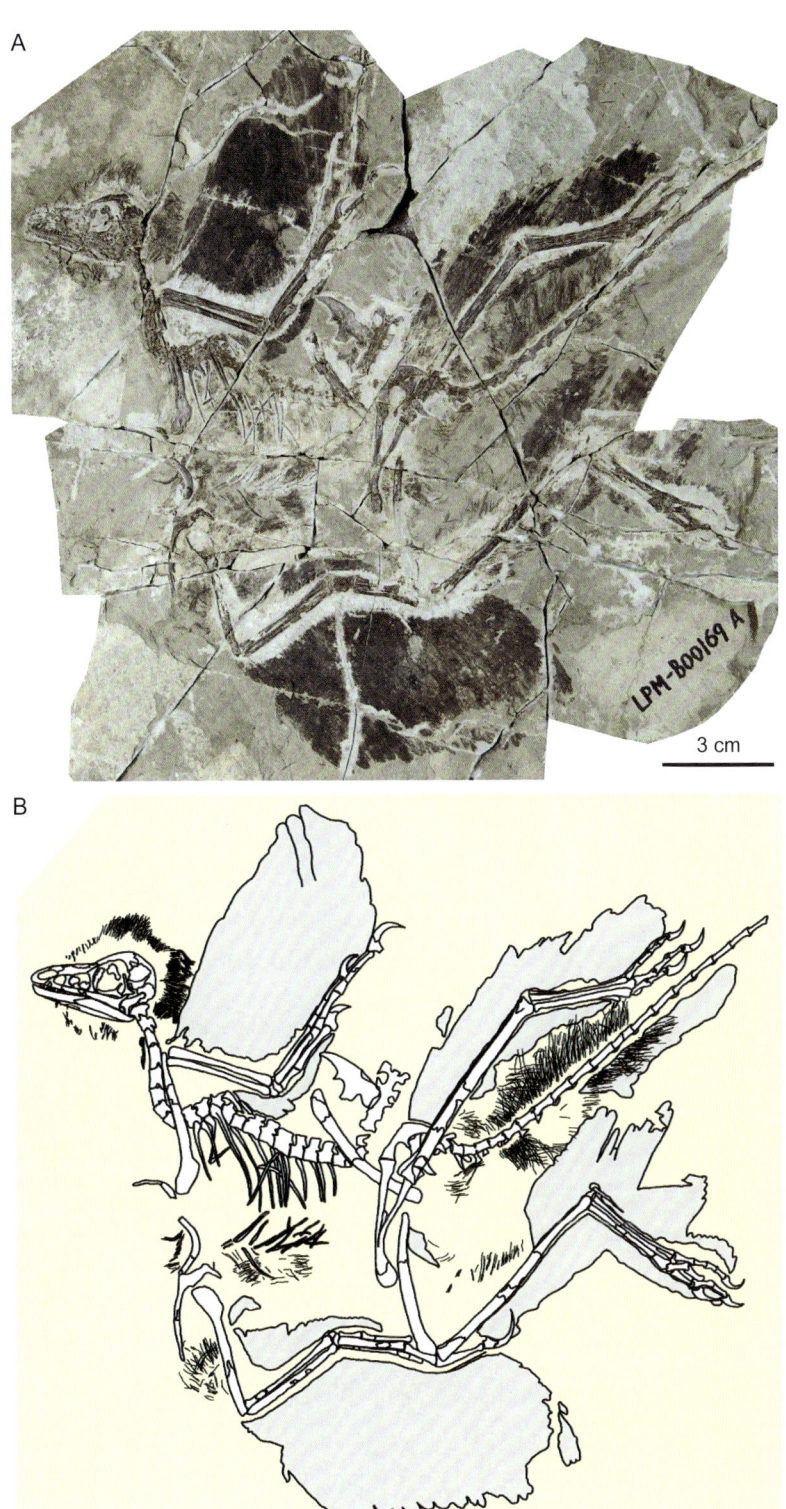

图 122 赫氏近鸟龙 *Anchiornis huxleyi*
LPM-B00169 化石照片（A）和线描图（B）（改自 Hu et al., 2009）

鉴别特征 同属。

产地与层位 辽宁建昌要路沟和玲珑塔大西山村，上侏罗统髫髻山组。

评注 小型兽脚类恐龙，成年体长 50–60 cm。赫氏近鸟龙的系统发育位置一直存在争论：Xu 等（2009b）认为赫氏近鸟龙是一种早期分异的鸟翼类，这一观点得到了一些研究的支持（Agnolín et Novas, 2013；Godefroit et al., 2013b）；但 Hu 等（2009）进行的系统发育分析显示它是伤齿龙科的一种，另外一项研究显示它属于恐爪龙类，这些观点也得到了一些研究的支持（Turner et al., 2012）。

晓廷龙属 Genus *Xiaotingia* Xu, You, Du et Han, 2011

模式种 郑氏晓廷龙 *Xiaotingia zhengi* Xu, You, Du et Han, 2011

鉴别特征 以下列特征组合区别于其他近鸟龙亚科属种：上颌骨后支中部的深度超过齿骨对应部分*；上隅骨外侧暴露很少，并在下颌后部形成一宽而平的背侧面；上隅孔极大，延伸长度超过了下颌总长的 6%*；下颌后端钝，背腹向扩展；最前部的尾椎长度不到最后背椎长度的一半；掌骨 IV 较掌骨 II 和 III 粗壮*；指节骨 III-2 较掌骨 III 长。

中国已知种 仅模式种。

分布与时代 辽宁，晚侏罗世。

郑氏晓廷龙 *Xiaotingia zhengi* Xu, You, Du et Han, 2011

（图 123）

正模 STM 27-2，一具相互关联的骨架，缺失部分腰带、后肢以及大部分尾椎，保存有羽毛。发现于辽宁建昌玲珑塔。

鉴别特征 同属。

产地与层位 辽宁建昌，上侏罗统髫髻山组。

评注 小型兽脚类恐龙，体长约 60–70 cm。进行的系统发育分析显示，郑氏晓廷龙和赫氏近鸟龙亲缘关系最近，并和 *Archaeopteryx* 一起被归入恐爪龙类，从而撼动了始祖鸟作为最早鸟类的地位（Xu X. et al., 2011c）。郑氏晓廷龙和近鸟龙形成一个单系类群的观点得到了后期研究的支持（Foth et Rauhut, 2017），但始祖鸟属于恐爪龙类的观点虽然也得到了一些研究的支持（Godefroit et al., 2013b），但更多研究还是把始祖鸟置于鸟翼类中（Senter et al., 2012；Foth et Rauhut, 2017）。属种名献给山东省天宇自然博物馆创始人郑晓廷，纪念他对保存中国脊椎动物化石做出的贡献。

图 123 郑氏晓廷龙 *Xiaotingia zhengi* 正模（STM 27-2）
化石照片（A）和线描图（B）（引自 Xu X. et al., 2011c）

始中国羽龙属 Genus *Eosinopteryx* Godefroit, Demuynck, Dyke, Hu, Escuillié et Claeys, 2013

模式种 短羽始中国羽龙 *Eosinopteryx brevipenna* Godefroit, Demuynck, Dyke, Hu, Escuillié et Claeys, 2013

鉴别特征 以下列特征组合区别于其他近鸟龙亚科属种：吻部短，约为眼眶长度的 82%；泪骨具长的后支，构成了眼眶背缘长度的一半，且具极小的前支；尾短，由 20 节尾椎组成，长度为股骨长度的 2.7 倍；第八、九节尾椎下的人字骨退化为杆状；髂骨髋臼后支较低长（长度和中间部分高度比为 5），末端变细；趾爪骨短于相对应的次末端趾

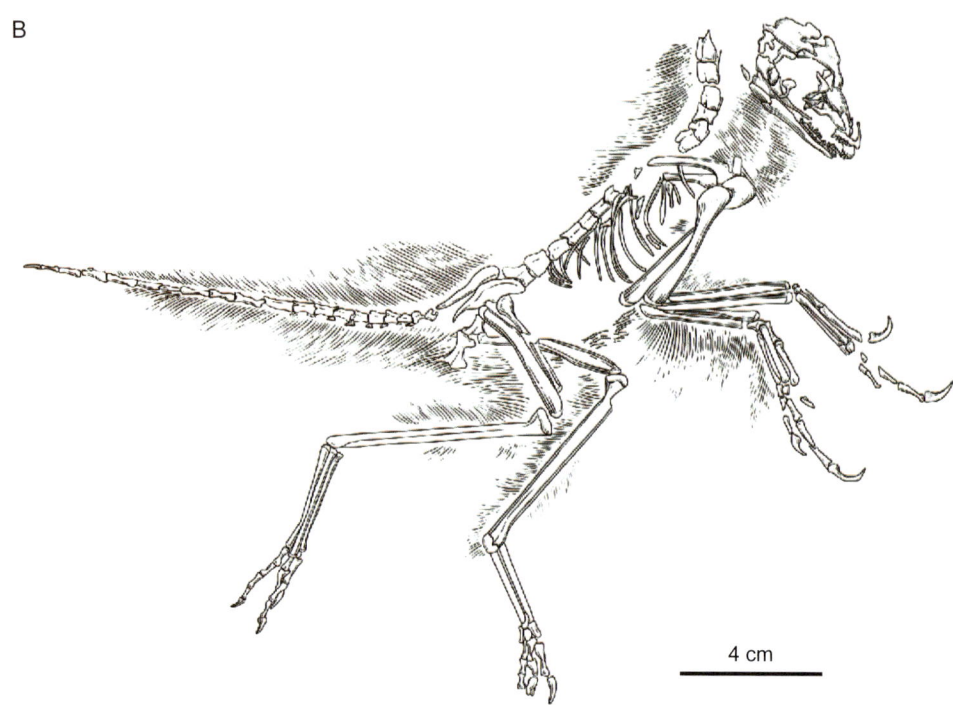

图 124 短羽始中国羽龙 *Eosinopteryx brevipenna* 正模（YFGP-T5197）化石照片（A）和线描图（B）（改自 Godefroit et al., 2013b）

节骨；缺少尾羽，足部无羽毛。

中国已知种 仅模式种。

分布与时代 辽宁，晚侏罗世。

短羽始中国羽龙 *Eosinopteryx brevipenna* Godefroit, Demuynck, Dyke, Hu, Escuillié et Claeys, 2013

（图 124）

正模 YFGP-T5197，一具关联的完整骨架，保存有羽毛。发现于辽宁建昌要路沟。

鉴别特征 同属。

产地与层位 辽宁建昌，上侏罗统髫髻山组。

评注 短羽始中国羽龙为一小型兽脚类，体长约 30–40 cm，形态与赫氏近鸟龙极其相似。Godefroit 等（2013b）的系统分析显示短羽始中国羽龙属于伤齿龙科，并与近鸟龙关系最近；Lefèvre 等（2014）的研究认为短羽始中国羽龙属于早期近鸟类或鸟翼类；也有研究认为，短羽始中国羽龙属于恐爪龙类，与徐氏曙光鸟龙（*Aurornis xui*）亲缘关系最近。

曙光鸟龙属 Genus *Aurornis* Godefroit, Cau, Hu, Escuillie, Wu et Dyke, 2013

模式种 徐氏曙光鸟龙 *Aurornis xui* Godefroit, Cau, Hu, Escuillie, Wu et Dyke, 2013

鉴别特征 以下列特征组合区别于其他近鸟龙亚科属种：指节 II-1 较桡骨粗壮；髂骨髋臼后支粗壮，未向腹侧延伸，背缘侧视水平；坐骨远端背腹向扩展，腹侧钩状突形成位置偏远端的显著的闭孔缺，背侧有一个更长的靠近远端的突起突；蹠骨 I 纤细并加长（大约是蹠骨 III 长度的 30%）。

中国已知种 仅模式种。

分布与时代 辽宁，晚侏罗世。

徐氏曙光鸟龙 *Aurornis xui* Godefroit, Cau, Hu, Escuillie, Wu et Dyke, 2013

（图 125）

正模 YFGP-T5198，一具关联的完整骨架，保存有羽毛。发现于辽宁建昌要路沟。

鉴别特征 同属。

产地与层位 辽宁建昌，上侏罗统髫髻山组。

评注 徐氏曙光鸟龙为一小型兽脚类，体长约 50 cm，形态与赫氏近鸟龙极其相似。Godefroit 等（2013a）认为徐氏曙光鸟龙是最早期分异的鸟翼类；Brusatte 等（2014）的

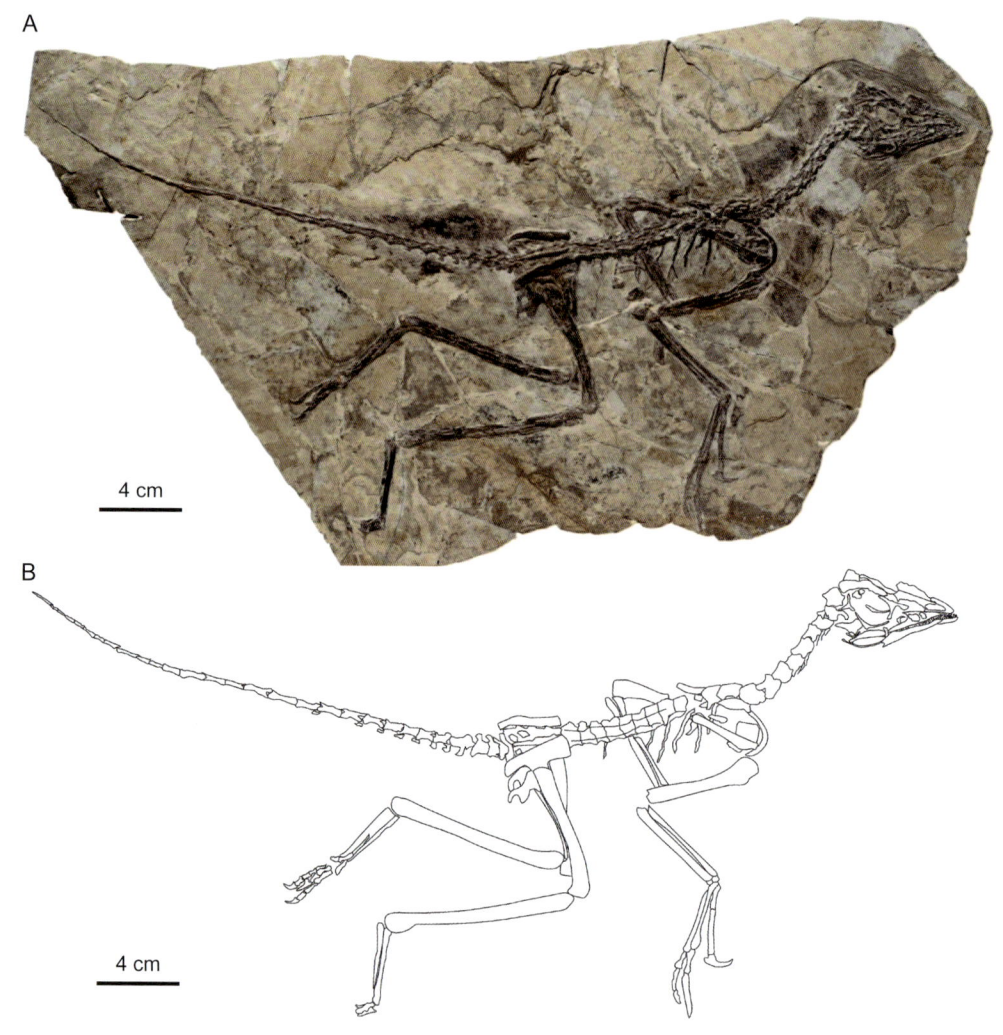

图 125 徐氏曙光鸟龙 *Aurornis xui* 正模 (YFGP-T5198)
化石照片 (A) 和线条图 (B) (改自 Godefroit et al., 2013a)

研究显示曙光鸟龙属于伤齿龙科；Foth 和 Rauhut (2017) 认为它属于近鸟龙亚科；Pei 等（2017）在研究赫氏近鸟龙时认为，徐氏曙光鸟龙可能是赫氏近鸟龙的晚出同物异名。

丝鸟龙属 Genus *Serikornis* Lefèvre, Cau, Cincotta, Hu, Chinsamy, Escuillié et Godefroit, 2017

模式种 孙氏丝鸟龙 *Serikornis sungei* Lefèvre, Cau, Cincotta, Hu, Chinsamy, Escuillié et Godefroit, 2017

鉴别特征 以下列特征组合区别于其他近鸟龙亚科属种：前部四个上颌齿齿冠是其他牙齿齿冠高度的两倍[*]；乌喙结节发育，且从乌喙骨侧缘侧伸，在后腹侧缘形成一个肩臼下窝平台；乌喙骨侧突远端较近端厚，形成一个腹侧的圆形隆起；乌喙骨的腹面无小坑；坐骨的腹远侧突狭窄，钩状，强烈偏向后背侧，位于坐骨的远端*。

中国已知种 仅模式种。

分布与时代 辽宁，晚侏罗世。

孙氏丝鸟龙 *Serikornis sungei* Lefèvre, Cau, Cincotta, Hu, Chinsamy, Escuillié et Godefroit, 2017

（图126）

正模 PMoL-AB00200，一具关联的完整骨架，保存有羽毛。发现于辽宁建昌玲珑塔

图126 孙氏丝鸟龙 *Serikornis sungei* 正模（PMoL-AB00200）

大西山村。

鉴别特征 同属。

产地与层位 辽宁建昌，上侏罗统（牛津阶）髫髻山组。

评注 孙氏丝鸟龙为一小型兽脚类，体长约50 cm，形态与赫氏近鸟龙极其相似。Lefèvre等（2017）认为孙氏丝鸟龙是一种早期近鸟类；Foth和Rauhut（2017）认为其属于近鸟龙亚科。

彩虹龙属 Genus *Caihong* Hu, Clarke, Eliason, Qiu, Li, Shawkey, Zhao, D'Alba, Jiang et Xu, 2018

模式种 巨嵴彩虹龙 *Caihong juji* Hu, Clarke, Eliason, Qiu, Li, Shawkey, Zhao, D'Alba, Jiang et Xu, 2018

鉴别特征 以下列特征组合区别于其他近鸟龙亚科属种：头骨侧视细长，吻部长（大约为头骨长度的60%）；外鼻孔大，卵形；眶前窗长度远大于高度；原上颌窗后腹侧有副窗*；泪骨具明显的向背侧方延伸的嵴冠*；眶后骨的鳞骨支极短，轭骨支极长；齿骨粗壮，且其前部背腹向较中间部分深*；尾部短（长度为股骨长度的2.5倍）；前肢短（约为后肢长度的60%）；前臂长（尺骨和桡骨长于肱骨）；指爪骨相对小（III-3与III-2长度比约0.5）；髂骨短（不到股骨长度的一半）*。

中国已知种 仅模式种。

分布与时代 河北，晚侏罗世。

巨嵴彩虹龙 *Caihong juji* Hu, Clarke, Eliason, Qiu, Li, Shawkey, Zhao, D'Alba, Jiang et Xu, 2018

（图127）

正模 PMoL-B00175，一具关联的完整骨架，保存有羽毛。发现于河北青龙县干沟。

鉴别特征 同属。

产地与层位 河北青龙，上侏罗统髫髻山组。

评注 巨嵴彩虹龙为一小型兽脚类，体长大约40 cm。巨嵴彩虹龙与其他近鸟龙亚科属种形态差别明显，头骨细长，更接近一些驰龙科属种；另外，它有骨质头饰，这在早期近鸟类中很少见。正模保存了一种特殊的近铁饼状黑素体，这种黑素体仅在少数鸟类（如一些蜂鸟）中见到，一般与色彩鲜艳的羽毛相关（Hu et al., 2018）。

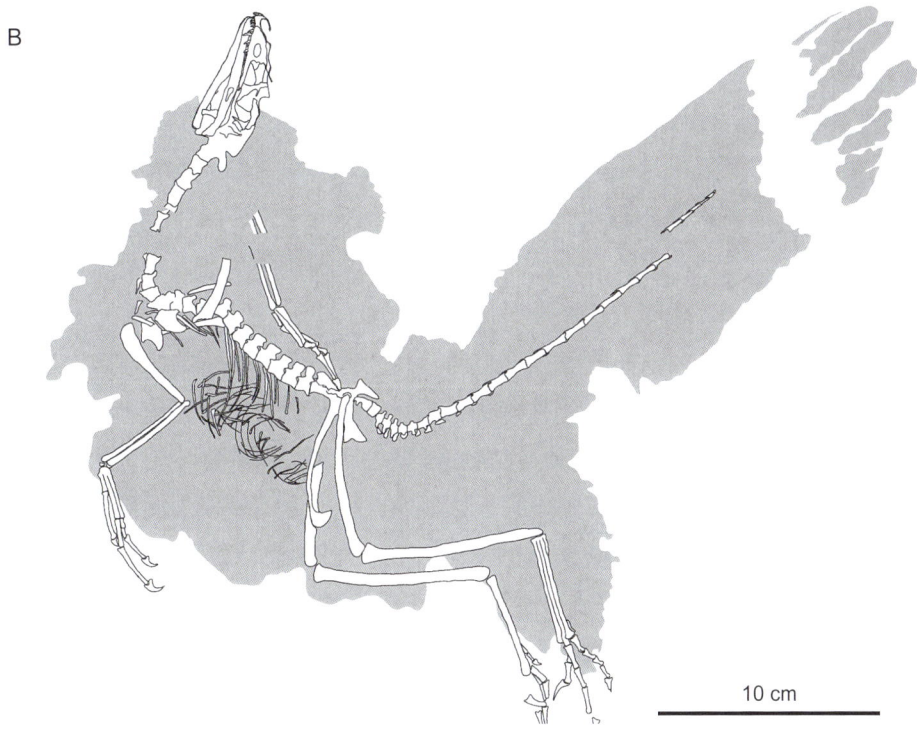

图 127 巨嵴彩虹龙 *Caihong juji* 正模（PMoL-B00175）
化石照片（A）和线描图（B）（改自 Hu et al., 2018）

蜥脚型类 SAUROPODOMORPHA von Huene, 1932

定义与分类 蜥脚型类是包含 *Saltasaurus loricatus* Bonaparte et Powell, 1980 而非 *Triceratops horridus* Marsh, 1889，*Passer domesticus* (Linnaeus, 1758)，或者 *Herrerasaurus ischigualastensis* Reig, 1963 的包容性最大分支（董枝明等，2015）。蜥脚型类长期被认为是兽脚类的姊妹群，它们构成蜥臀类。不过 Baron 等（2017）认为鸟臀类才是兽脚类的姐妹群，而蜥脚型类和黑瑞龙科是姐妹群。蜥脚型类包含早期分异的蜥脚型类（early-diverging sauropodomorphs）和蜥脚类（Sauropoda）。这些早期分异的蜥脚型类曾长期被归入"原蜥脚类"（"Prosauropoda"），但现在认为尽管它们中的某些类群可以构成若干小的单系类群，整个"原蜥脚类"却并非单系，因此这一分类术语也渐被遗弃。

早期分异蜥脚型类各类群间的关系并无定论，较一致的观点认为除若干最早期分异的类群和板龙科（Plateosauridae）外，其他都属于大足龙类（Massopoda）。大足龙类是包含护甲萨尔塔龙（*Saltasaurus loricatus* Bonaparte et Powell, 1980）而非恩氏板龙（*Plateosaurus engelhardti* Meyer, 1837）的包容性最大分支（Yates, 2007a, b）。大足龙类除少数早期分异类群外，包括互为姐妹群的大椎龙科（Massospondylidae）和蜥脚形类（Sauropodiformes）两个分支。

形态特征 头骨不及股骨长度的 60%；上颌骨主体的背缘和腹缘大部分相互平行，上颌外侧神经血管孔系列中最后一个孔明显大于其他各孔；鳞骨方轭骨支的长度与其基部宽度的比值大于 4，并围成下颞孔后缘的一半以上；上枕骨半月形，上枕骨和顶骨之间存在顶骨后孔。第三至五节颈椎椎体长度为其相应椎体前关节面高度的 2.5–4 倍；第四至八节颈椎椎弓的脊板构造不发育，不存在后关节突-横突板。肱骨远端面的长度约为其全长的 33%；第一指第一指节的远端面向腹外侧扭曲，但扭曲度远小于 60°；髂骨的耻骨柄的长度约为其远端面前后向长度的两倍；胫骨近端关节面上腓骨髁的末端位于该关节面后缘之前。

大足龙类特征包括：鼻下孔槽状；眶前凹（窝）长度小于眼眶的长度，眶前凹在上颌骨上升支上印迹较弱，被一个圆缓或不规则的倾斜边缘限定；泪骨前支的长度不及腹支长度的一半；侧视，眶后骨在其前背突和后背突之间具有明显凹陷；下颞孔前腹端延伸至眼眶后半侧之下；锯齿局限在齿冠的上半部分。第一个原生荐肋的髂骨关节面被一间隙分为背腹两面。肱骨头前、后视凸出呈半球形，其外侧向肱骨体侵入；第 I 掌骨近端宽度为其长度的 80%–100%；第 I 掌骨体的最小横向宽度约为第 II 掌骨体的最小横向宽度的两倍；第 V 掌骨长度和近端宽度接近且近端关节面强烈凸起；第二指爪的长度约为第一指爪长度的 75%。坐骨闭孔板的后腹侧端与坐骨体之间有一凹口；后肢长度大于躯干（背椎）长度；股骨小转子近端与股骨头齐平；股骨远端前面存在伸肌凹；跟骨内侧不存在钉状突穿入距骨；第 V 蹠骨近端的横向宽度大于第 V 蹠骨长度的 50%。

分布与时代 全球，晚三叠世（卡尼期）—白垩纪。

评注 脊椎的脊板（vertebral laminae）是恐龙脊椎上常见的一类结构，一般认为与容纳气囊和支撑有关，在蜥脚类当中尤其发育。这些脊板主要是连接横突、前后关节突、棘突以及副突。连接横突的主要有五个：前椎体 - 横突脊板（anterior centrodiapophyseal lamina: acdl）、后椎体 - 横突脊板（posterior centrodiapophyseal lamina: pcdl）、前关节突 - 横突脊板（prezygodiapophyseal lamina: prdl）、后关节突 - 横突脊板（postzygodiapophyseal lamina: podl）和棘突 - 横突脊板（spinodiapophyseal lamina: spdl）。连接前关节突的主要有三个：椎体 - 前关节突脊板（centroprezygapophyseal lamina: cprl）、棘突 - 前关节突脊板（spinoprezygapophyseal lamina: sprl）和前关节突间脊板（interprezygapophyseal lamina: tprl）。相似地连接后关节突的也主要有三个：椎体 - 后关节突脊板（centropostzygapophyseal lamina: cpol）、棘突 - 后关节突脊板（spinopostzygapophyseal lamina: spol）和后关节突间脊板（interpostzygapophyseal lamina: tpol）。另外，沿棘突前后面的中垂线还分别有前棘突脊板（prespinal lamina: prsl）和后棘突脊板（postspinal lamina: posl）。副突在背椎中逐步从椎体向上移至椎弓，这样围绕它又可发育副突 - 横突脊板（paradiapophyseal lamina: ppdl）、前关节突 - 副突脊板（prezygoparapophyseal lamina: prpl）、前椎体 - 副突脊板（anterior centroparapophyseal lamina: acpl）和后椎体 - 副突脊板（posterior centroparapophyseal lamina: pcpl）；需要注意的是副突 - 横突脊板和前椎体 - 副突脊板实际上是将副突移至椎弓之前的前椎体 - 横突脊板分为上下两段（见图128）。

尤其需要注意的是这些脊板形态千差万别，不仅在同一脊椎的左右两侧会有差异，同一个体的不同部位也差异明显，更何况在不同的物种之间。再者，有的脊板会分叉，有的会和其他脊板相交，各脊板之间的凹区内还会有次级构造发育。一般认为在蜥臀类中若干脊板已经存在，如连接横突的除棘突 - 横突脊板外的各脊板，以及连接前后关节突的各脊板。但在蜥脚类中这些脊板更加发育，而且演化出了若干新的脊板，越来越复杂。我们以没有发育脊板的扬子鳄的第一胸椎为例，图示这些脊板的名称、起始位置和相互关系（图128）。

我国目前有11属早期分异蜥脚型类，且都属于大足龙类（图129），其中7个属发现在禄丰县域内下侏罗统的禄丰组。禄丰组的恐龙最早于1938年由地质调查所卞美年和技工王存义在禄丰县城北禄丰盆地内发现。次年，时任中央地质调查所昆明办事处主任的杨钟健和卞美年再赴禄丰，工作一月有余获得大批脊椎动物化石；这批化石成为杨钟健之后十余年的研究重点。自杨钟健1939年对这一发现的首次报道至1951年在《中国古生物志》上发表综述《禄丰蜥龙动物群》，他研究了包括禄丰龙在内的以早期分异蜥脚型类恐龙为代表的一个完整脊椎动物化石群（杨钟健，1951）。禄丰蜥龙动物群或禄丰恐龙动物群是迄今我国发现的时代最早保存最好的恐龙化石群（唯一例外是晚三叠世晚期四川的一处兽脚类恐龙足迹报道）（甄朔南等，1996），禄丰也是世界上最重要的恐龙

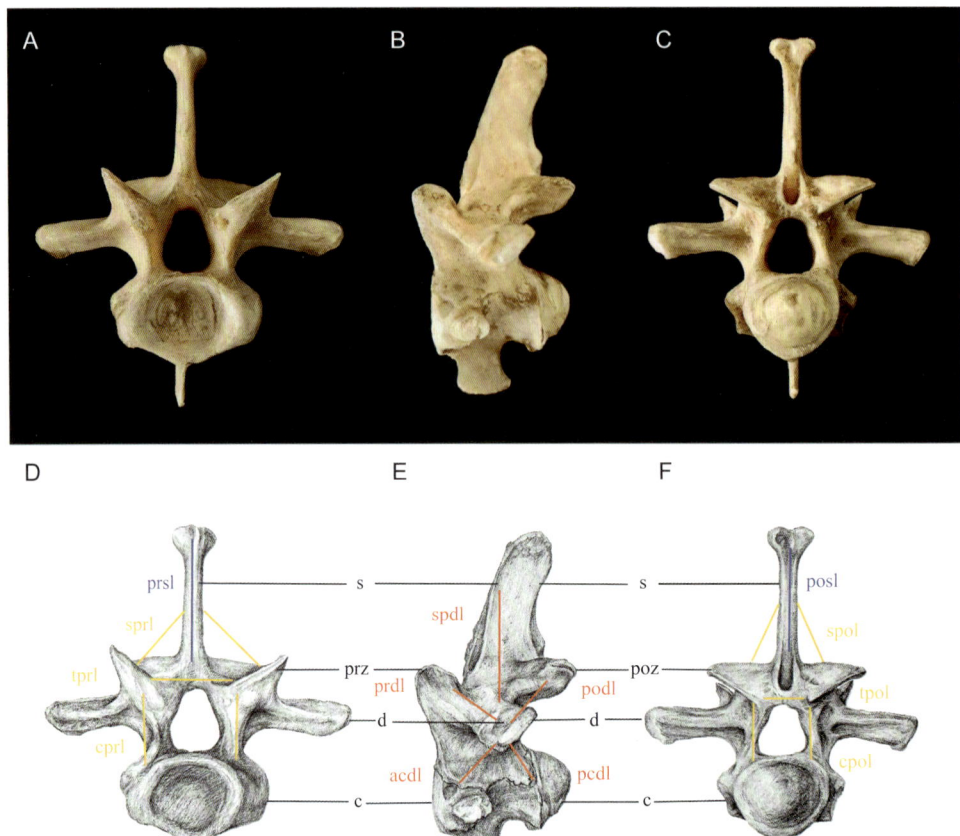

图 128　以扬子鳄第一胸椎为例图示蜥脚类脊板构造定义、起始位置和相互关系
A, D. 前视；B, E. 左侧视；C, F. 后视。

acdl. anterior centrodiapophyseal lamina 前椎体 - 横突脊板，c. centrum 椎体，cpol. centropostzygapophyseal lamina 椎体 - 后关节突脊板，cprl. centroprezygapophyseal lamina 椎体 - 前关节突脊板，d. diapophysis 椎弓横突，pcdl. posterior centrodiapophyseal lamina 后椎体 - 横突脊板，poz. postzygapophysis 后关节突，podl. postzygodiapophyseal lamina 后关节突 - 横突脊板，posl. postspinal lamina 后棘突脊板，prz. prezygapophysis 前关节突，prdl. prezygodiapophyseal lamina 前关节突 - 横突脊板，prsl. prespinal lamina 前棘突脊板，s. spine 棘突，spdl. spinodiapophyseal lamina 棘突 - 横突脊板，spol. spinopostzygapophyseal lamina 棘突 - 后关节突脊板，sprl. spinoprezygapophyseal lamina 棘突 - 前关节突脊板，tpol. interpostzygapophyseal lamina 后关节突间脊板，tprl. interprezygapophyseal lamina 前关节突间脊板

化石产地之一，对研究恐龙的早期演化具有重要意义。

　　禄丰恐龙是中国恐龙发现研究史中极为重要的一章，是恐龙化石从发现、发掘、研究到装架展示完全由中国科研机构和研究人员完成的开始。杨钟健研究的这批禄丰标本随他于1940年秋迁至重庆北碚中央地质调查所总部，其中的禄丰龙并于1941年初对外展示；1946年这批标本又迁至南京并于1948年对禄丰龙进行装架；新中国成立后部分标本迁至北京并主要保存在中国科学院古脊椎动物与古人类研究所，誉为"中国第一龙"的禄丰龙现在该所古动物馆装架展示，还有一部分标本保存在中国地质博物馆；而留在南京的标本现保存在南京地质博物馆，其中部分标本装架展出。

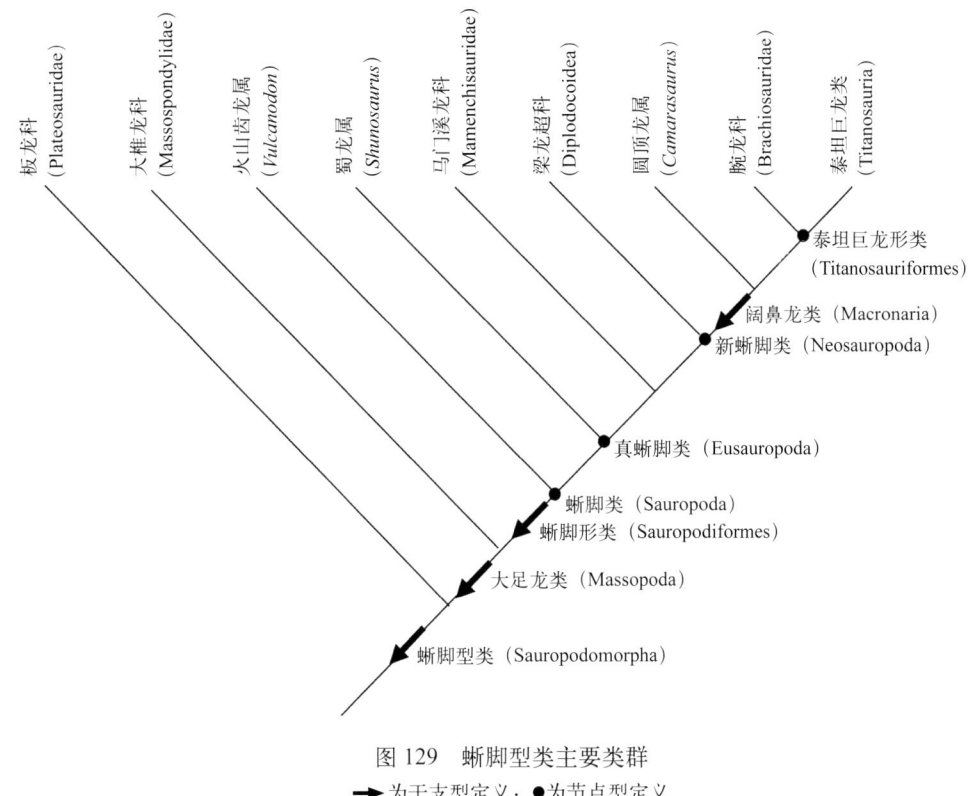

图 129　蜥脚型类主要类群
➡为干支型定义；●为节点型定义

杨钟健研究的禄丰早期分异蜥脚型类都发现于禄丰县城北禄丰盆地内，除了禄丰龙、云南龙和兀龙？三属外，在他去世后出版的《杨钟健文集》(《杨钟健文集》编辑委员会，1982)遗作中命名的两个新属种也和早期分异蜥脚型类有关。赵喜进整理的"云南禄丰一新鸟脚类"一文中将保存在中国地质博物馆的两件较小头部骨骼化石命名为 Tawasaurus minor（弱小大洼龙）(《杨钟健文集》编辑委员会，1982)。孙艾玲等（1985）对此标本的来龙去脉做了介绍，并根据与董枝明的交流认为大洼龙应属蜥臀类，因为标本中下颌齿列一直延伸到最前端也即说明了鸟臀类的重要特征前齿骨并不存在。Evans 和 Milner（1989）进一步指出大洼龙实为早期分异蜥脚类一幼年个体，并很可能与禄丰龙或"兀龙"关系密切。之后 Galton（1990）更将其归入许氏禄丰龙；Sereno（1991）、Galton 和 Upchurch（2004）将其作为早期分异蜥脚型类无效种。赵喜进整理的"云南禄丰恐龙一新属"一文中根据保存在中国科学院古脊椎动物与古人类研究所的一段上颌和一段下颌命名了 Dianchongosaurus lufengensis（禄丰滇中龙），并将其归入鸟臀类中的异齿龙科（《杨钟健文集》编辑委员会，1982)。但是该标本材料太少，孙艾玲等（1985）对此鉴定表示怀疑；Weishampel 和 Witmer（1990）、Norman 等（2004）在综述异齿龙科时也将其作为无效种。Evans 和 Milner（1989）在讨论大洼龙时提及应将其归为早期分异蜥脚类幼年个体。Barrett 和 Xu（2005）重新研究了该标本，认为上颌标本（IVPP V

4735a）代表中真鳄类一有效属种，而下颌标本（IVPP V 4735b）应归入早期分异蜥脚型类，但属种不能确定。

禄丰城北"经典"的禄丰盆地内发现的恐龙还有 1965 年 Simmons 研究的保存在芝加哥 Field Museum 的分别被归入禄丰龙、云南龙和兀龙？的若干标本。1995 年张奕宏和杨兆龙研究命名了大洼金山龙。2010 年 Lü 等命名的禄丰楚雄龙经最新研究被归入大洼金山龙（Zhang et al., 2019）。近年来在禄丰盆地的南缘还报道了星宿龙（Wang Y. M. et al., 2017），在禄丰县域内的川街盆地报道了细细坡龙（Sekiya et Dong, 2010）和彝州龙（Zhang et al., 2018）。禄丰县域内这 7 属早期分异蜥脚型类较禄丰周边地区发现的其他属种（易门龙、金沙江龙、昆明龙和珙县龙）从演化上看处于更早期分异的位置，对其研究也相对较充分，下面先行介绍。

大椎龙科 Family Massospondylidae von Huene, 1914

模式属 大椎龙属 *Massospondylus* Owen, 1854

定义与分类 大椎龙科是包含 *Massospondylus carinatus* Owen, 1854 而非 *Plateosaurus engelhardti* Meyer, 1837 和 *Saltasaurus loricatus* Bonaparte et Powell, 1980 的包容性最大分支（Sereno, 2007）。

鉴别特征 外鼻孔窝不发育，吻部背缘侧视在鼻孔后方具一凹陷，上颌骨前支的长度小于其背腹向深度，轭骨参与眶前窗构成，方轭骨轭骨支长于鳞骨支，方骨孔在方骨-方轭骨缝合线间，上枕骨板强烈向前倾斜以致其顶端垂向上与基翼突相齐，外翼骨腹面不存在气窝；齿骨联合末端向腹侧强烈弯曲，反关节突的长度大于关节窝处下颌深度。枢椎后关节突的后缘垂向上未后延至椎体后关节面之上，至少第四至五节颈椎椎体的长度约为其相应前关节面高度的 4 倍。第一指第一指节的长度大于第 I 掌骨的长度；髋臼后突后缘圆，呈钝角，前视耻骨裙的外缘内凹，耻骨远端前后向膨大大于耻骨长度的 15%，股骨第四转子不对称，具有一个钩状或半下垂的远端角；股骨胫腓嵴远端面的内外向宽度大于其前后向宽度；距骨内后侧角上存在锥形突；第 I 蹠骨近端最大宽度小于其近远向长度的 2/5；第 II 蹠骨腹外侧近端与相应远列跗骨内侧具较发育关节面；第 III 蹠骨近端面近梯形。

中国已知属 禄丰龙属（*Lufengosaurus*）和兀龙属？（*Gyposaurus*?）

分布与时代 非洲、南美洲、欧洲、北美洲和亚洲，晚三叠世—早侏罗世。

禄丰龙属 Genus *Lufengosaurus* Young, 1941

模式种 许氏禄丰龙 *Lufengosaurus huenei* Young, 1941

鉴别特征　上颌骨上升支外侧面具一明显结节,上颌骨外侧面后部发育一纵嵴;轭骨的三个支交汇处具一低的圆形凸起;泪骨孔大,置于泪骨的上半段;眼眶后缘最高处和眶后骨鳞骨支齐平;顶骨的前外侧支的背面具有明显的圆形凸起。禄丰龙齿冠呈矛状,边缘有锯齿,不像金山龙那样近中端(前端)的上颌齿冠向后弯曲,也不同于云南龙齿冠呈近圆柱状且不带锯齿。

中国已知种　*Lufengosaurus huenei* Young, 1941 和 *L. magnus* Young, 1947。

分布与时代　云南,早侏罗世。

许氏禄丰龙 *Lufengosaurus huenei* Young, 1941

(图 130)

Yunnanosaurus huangi:Simmons, 1965, p. 63
Fulgenia youngi:Carroll et Galton, 1977, p. 252
Massospondylus huenei:Cooper, 1981, p. 804

正模　IVPP V 15,一较完整骨架,包括基本完整的头骨带下颌,基本完整的各部椎骨,部分肋骨和人字骨,较完整的肩带和前肢,完整的腰带和后肢(现在中国古动物馆装架展出)。发现于云南禄丰沙湾。

归入标本　IVPP V 44(禄丰黄家田),一个后部颈椎;IVPP V 49(禄丰大冲),左侧第四跖骨;IVPP V 74(禄丰大冲),一个后部背椎;IVPP V 81(禄丰二钻山附近),右侧第 V 蹠骨和部分趾节;IVPP V 22(禄丰大冲),左股骨近端;IVPP V 265(禄丰大冲),一个后部背椎,一个人字骨,左肩胛骨近端,右髂骨,右胫骨,右股骨近端和左股骨远端;IVPP V 275(禄丰沙湾),一个中部背椎,两节荐椎,5 节尾椎和髂骨远端;IVPP V 273(禄丰黄家田),一个后部背椎;IVPP V 278(禄丰大冲),部分上颌带 3 枚牙齿[以上标本见 Young (1947)]。IVPP V 50(禄丰黄家田),一段左上颌骨和 IVPP V 86(禄丰大冲、沙湾一带),一节背椎;IVPP V 86 为 cf. *Lufengosaurus huenei*(杨钟健,1951)。

FMNH CUP 2037,一基本完整幼年个体头骨及一个关联的椎体(头骨长近 4 cm)(禄丰大地,深红层);FMNH CUP 2038,两个结核(a、b)中散乱骨骼,其中 a 为舌骨和一个椎体及不可鉴定部分,b 为包含部分上颌骨、外枕骨和齿骨的至少两个个体;FMNH CUP 2059–2071,零散保存的各部骨骼(Simmons, 1965)。

LFGT ZLJ0112,一基本完整幼年个体头骨带下颌及关联的枢椎和第三、第四颈椎(禄丰大洼西北约 1 km,深红层;Sekiya et Dong, 2010)。

鉴别特征　中等大小(正模左股骨长 560 mm,右股骨长 550 mm)。牙齿微微勺状,齿冠相对较短,锯齿在近中和远中缘都较发育。颈部约为背部长的 88%,10 节颈椎,14

节背椎,3 节荐椎,不少于 45 节尾椎。前肢短;胫骨相对较短(正模左胫骨? 长 350 mm,右胫骨? 长 365 mm),为股骨长的 63%–66%。

产地与层位 云南禄丰沙湾、黄家田和大冲等地,下侏罗统禄丰组沙湾段暗紫色层。

评注 许氏禄丰龙是我国第一个自己独立发掘、研究并装架的恐龙,具有非常重要的历史意义。杨钟健研究的标本为卞美年和杨钟健等在 1938–1939 年期间采集;Young(1941a)根据 IVPP V 15 命名了许氏禄丰龙,之后他(Young, 1947;杨钟健,1951)又研究了其他归入标本。Carroll 和 Galton(1977)研究了 FMNH CUP 2037,认为它是一个蜥蜴类并建新属种 *Fulgenia youngi*,但 Evans 和 Milner(1989)认为 *Fulgenia youngi* 实为许氏禄丰龙一幼年个体,同时也将 FMNH CUP 2038 归入该种。Barrett 等(2005)对正模头部骨骼进行了详细记述并修订头部鉴别特征;Sekiya 和 Dong(2010)报道了该种一幼年个体。

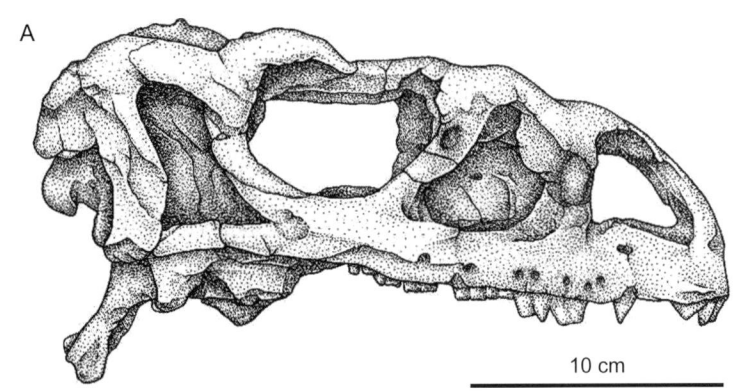

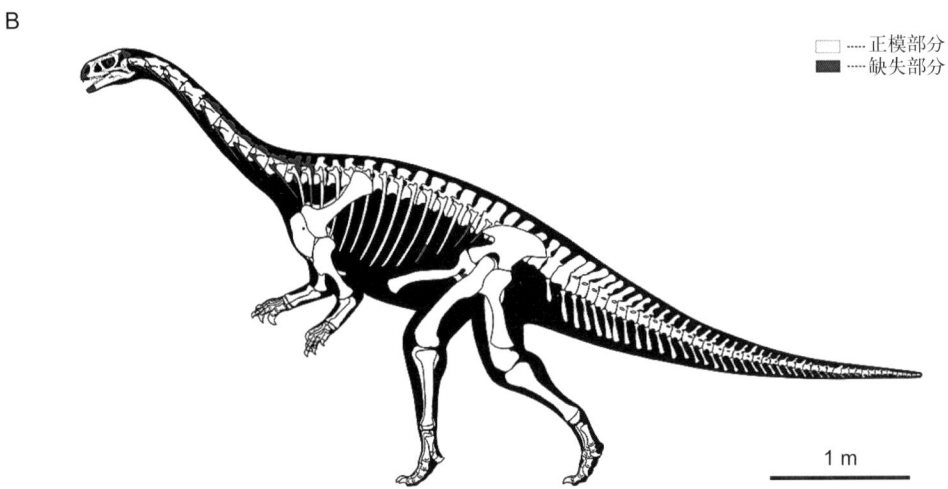

图 130 许氏禄丰龙 *Lufengosaurus huenei* 正模(IVPP V 15)
A. 头骨右侧视(引自 Barrett et al., 2005);B. 骨架复原图

巨型禄丰龙 *Lufengosaurus magnus* Young, 1947

（图 131）

Pachysuchus imperfectus：杨钟健，1951，25 页，图 5
Lufengosaurus huenei：Rozhdestvensky, 1965, p. 97；Galton, 1990, p. 336；Galton et Upchurch, 2004, p. 234
Massospondylus huenei：Cooper, 1981, p. 804

正模 IVPP V 82，一较完整的头后骨骼，包括 3 节后部颈椎，6 节前部背椎，1 节后部背椎，3 节荐椎，8 节前部尾椎和人字骨。几乎完整的肩带、腰带和前后肢（现存南京地质博物馆并装架展出）。发现于云南禄丰大冲。

副模 IVPP V 29，第二和第三节荐椎，两节前部尾椎和腰带。

归入标本 IVPP V 40（禄丰黄家田），头骨吻部一段，包括部分前上颌骨、上颌骨和鼻骨；IVPP V 41（禄丰大冲），两前上颌骨和两下颌的部分骨骼带牙齿；IVPP V 51（禄丰黄家田），一枚牙齿；IVPP V 52（禄丰大冲），一枚牙齿；IVPP V 53（禄丰二钻山），一枚牙齿；IVPP V 56a（禄丰黄家田），一枚牙齿；IVPP V 78（禄丰二钻山），8 个后部尾椎；IVPP V 79（禄丰黑龙潭），一个前部颈椎，一个前部背椎，右坐骨的近端；

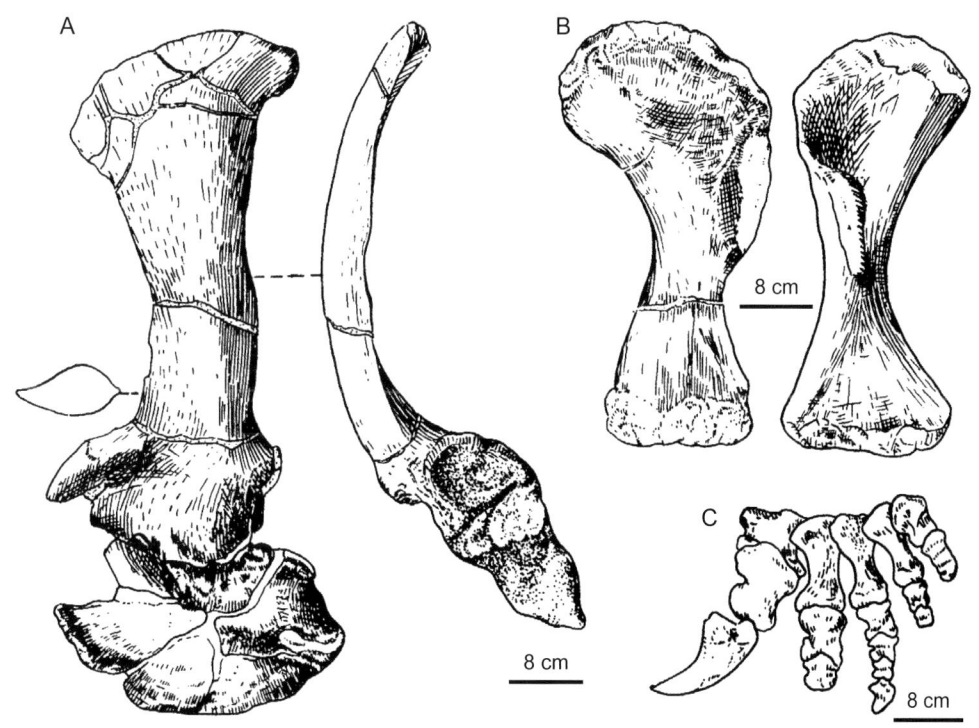

图 131 巨型禄丰龙 *Lufengosaurus magnus* 正模（IVPP V 82）
A. 左肩胛骨和乌喙骨外侧视和后视；B. 左右肱骨前视；C. 右前足腹视（改自 Li et al., 2008）

IVPP V 80（禄丰二钻山附近"Kaochiahoutou"），右侧第三指第一指节；IVPP V 83（禄丰沙湾），左侧前肢；IVPP V 85（禄丰二钻山），4 个后部尾椎和部分左侧手指；IVPP V 98（禄丰大冲），3 个脊椎，右侧肩胛骨、乌喙骨和肱骨，左髂骨，两侧耻骨和坐骨，右股骨；IVPP V 99（禄丰大冲），一节荐椎，两个前部尾椎和部分左髂骨；IVPP V 266（禄丰大冲；Young, 1951, p. 55），左髂骨；IVPP V 267（禄丰沙湾），部分荐椎，前部和后部尾椎，左侧肩胛骨和乌喙骨，一对不完整胸骨，部分腰带，右股骨远端，右胫骨近、远端，部分趾骨；IVPP V 268（禄丰沙湾），左乌喙骨和髂骨；IVPP V 269（禄丰沙湾），髂骨和耻骨碎片；IVPP V 274（禄丰大冲），左肱骨近端和左坐骨；IVPP V 276（禄丰大冲和沙湾之间），左足第二趾的爪子；IVPP V 30-31（舍资附近；Young, 1948a, p. 99），一背椎。

FMNH CUP 2052，部分颌骨带牙齿；FMNH CUP 2053，部分颌骨带牙齿；FMNH CUP 2054，左侧腓骨近端；FMNH CUP 2055，部分颌骨带牙齿；FMNH CUP 2107，右侧尺骨近端；FMNH CUP 2056，一个齿冠；FMNH CUP 2057，一节尾椎棘突；FMNH CUP 2058，部分颌骨（禄丰；Simmons, 1965）。

鉴别特征 与许氏种相比约大三分之一（股骨长 740 mm）。椎体较粗壮且短。肩胛骨前后视强烈弯曲，肱骨和桡骨粗短，手部短。髂骨较长，耻骨细长末端增厚，坐骨相对不甚发育，胫骨较长，为股骨长的 76%，第 III 蹠骨为胫骨一半长。

产地与层位 云南禄丰大冲、沙湾、黑龙潭、黄家田和二钻山等地。大冲和沙湾为下侏罗统禄丰组沙湾段暗紫色层，其余为下侏罗统禄丰组张家凹段深红层（杨钟健，1951；孙艾玲等，1985；方晓思等，2000）。

评注 关于巨型禄丰龙是否成立，学界一直存在争议，Rozhdestvensky（1965）认为巨型禄丰龙是许氏禄丰龙的晚出异名，其差别应为个体差异而非种间差异；Cooper（1981）认为禄丰龙属应等同于 *Massospondylus*，禄丰龙属的两个种可视为大椎龙的许氏种；Galton（1990）认为巨型禄丰龙是许氏禄丰龙的晚出异名。王娅明（2017）认为巨型禄丰龙有可能归入金山龙属中。

杨钟健（1951）将归入标本中的 IVPP V 40 命名为植龙类一新属种：*Pachysuchus imperfectus*（不完美硕鳄）。Barrett 和 Xu（2012）重新研究了这一标本，认为其应归入蜥脚型类，但属种未定。杨钟健（1951）还同时将 IVPP V 56 两枚牙齿中的一枚 V 56a（Young, 1947, fig. 14-9）归入不完美硕鳄，但 Barrett 和 Xu（2012）认为这枚牙齿太破碎仅保存了齿冠一段，也不能归入植龙类。我们根据 Young（1947）的描述，还是暂将这两件标本归入巨型禄丰龙中。

兀龙属？ Genus *Gyposaurus*? Young, 1941

模式种 中国兀龙？ *Gyposaurus*? *sinensis* Young, 1941

鉴别特征 个体较小（长约 2 m）。齿冠在近中和远中缘锯齿都较发育。颈椎相对较短，IVPP V 26 中第五颈椎椎体的长度为其前面高度的 2.56 倍。肱骨三角肌嵴的长度不到肱骨长度的一半；耻骨和坐骨长度相当。

中国已知种 仅模式种。

分布与时代 云南、贵州，早侏罗世。

评注 *Gyposaurus capensis* 是 Broom（1911）建立的一个新属种，但 Galton 和 Cluver (1976) 认为该种可归入 *Anchisaurus* Marsh, 1885，因此 '*Gyposaurus*' 是 *Anchisaurus* 的晚出异名。这样 *Gyposaurus sinensis* 或可被作为 *Anchisaurus* 的一种（Dong, 1992）。然而，*Gyposaurus sinensis* 自发表后多被认为或者是许氏禄丰龙的晚出异名（Rozhdestvensky, 1965；Galton, 1976, 1990；Galton et Cluver, 1976），或者是个有效的独立属种（Sereno, 1997, 1999b；Galton et Upchurch, 2004；Upchurch et al., 2007a）；究其原因主要是这些评论都未基于对该种标本的深入研究。包括 *Gyposaurus sinensis* 的若干分支系统分析发现它和禄丰龙关系密切（Smith et Pol, 2007；Pol et al., 2011；王娅明，2017）。在此我们将 *Gyposaurus sinensis* 作为和禄丰龙同属大椎龙科的一个可能的独立属种，但属名待定。

中国兀龙？ *Gyposaurus? sinensis* Young, 1941

（图 132）

Lufengosaurus huenei：Rozhdestvensky, 1965, p. 97；Galton et Cluver, 1976, p. 147；Galton, 1990, p. 336

Massospondylus huenei：Cooper, 1981, p. 804

Anchisaurus sinensis：Dong, 1992, p. 35

Gyposaurus cf. *sinensis*：Young, 1948b, p. 98

群模 IVPP V 24，带 8 枚牙齿的部分上下颌骨（？左侧）；IVPP V 25，部分右侧上颌骨带牙齿；IVPP V 26，一较小个体包括一串脊椎，肩带和部分前后肢骨；IVPP V 27，一较完整的略大于 V 26 的头后骨骼；发现于云南禄丰。Young（1948a）认为 V 24 和 V 25 有可能属于 V 27 这一个体。V 25 和 V 27 现保存在中国地质博物馆并展出。

归入标本 IVPP V 43（禄丰黄家田），一关联保存的基本完整个体（现保存在南京地质博物馆并展出）；IVPP V 45, 46（禄丰黄家田），两个体部分头后骨骼，保存不好，Young（1948b）认为可归入 *Gyposaurus* cf. *sinensis*；IVPP V 55（禄丰黄家田），部分头骨吻端带牙齿；IVPP V 58（禄丰舍资西北约 5 km），一节背椎体；IVPP V 59（禄丰腰站），一左侧股骨近端；IVPP V 64（禄丰大冲），第一指爪和一个脊椎；IVPP V 72（禄丰？二钻山），左侧乌喙骨；IVPP V 270（禄丰大冲），一个前部尾椎；IVPP V 95（禄丰黄家田），一个体部分头后骨骼。

FMNH CUP 2006–2021, 2023–2029（禄丰），零散保存的各部骨骼（Simmons, 1965）。

鉴别特征　同属。

产地与层位　云南禄丰，下侏罗统禄丰组沙湾段暗紫色层和张家凹段深红层。

评注　Young（1948b）将产自下侏罗统禄丰组张家凹段深红层的一件保存较好的标本（IVPP V 43）归入该种。Dong（1992, p. 50, fig. 33）将产自贵州大方下侏罗统珍珠冲组的一件标本也归入该种。

图 132　中国兀龙？*Gyposaurus*? *sinensis* 群模（IVPP V 26）
第三至十颈椎左外侧视

蜥脚形类 SAUROPODIFORMES Sereno, 2007 sensu McPhee, Yates, Choiniere, 2014

定义与分类　蜥脚形类是包含 *Saltasaurus loricatus* Bonaparte et Powell, 1980 而非 *Massospondylus carinatus* Owen, 1854 的包容性最大分支（McPhee et al., 2014）。蜥脚形类包括若干早期分异类群以及蜥脚类。

形态特征　鼻骨中央不存在延长的凹陷；没有连接泪骨前支和腹支间的遮蔽眶前凹外侧面的骨壁；外下颌孔的长度小于下颌长度的 10%；牙釉质部分表面具有细小的褶皱。枢椎之后的前部颈椎的上关节突后端始终与后关节突相连；背视，荐肋较长，没有远窄于第一个原生荐椎的横突（以及背荐椎，如果存在的话）。前足的长度小于肱骨+桡骨长度的 38%；坐骨柄远端没有向后延伸的"后跟"；跟骨的横向宽度小于距骨横向宽度的 30%；跟骨外侧面为一简单的平面，其上没有窝；近端视，第四远列跗骨腹内侧突圆而不尖；第 I 蹠骨的近端宽度至少和第 II 蹠骨的近端宽度一样。

分布与时代　全球，晚三叠世—白垩纪。

评注　我国云南和四川早侏罗世地层中发现了大量的早期分异蜥脚形类，不仅包括如云南龙等较早期分异的一些类群，还有与蜥脚类关系密切的珙县龙等。

云南龙属　Genus *Yunnanosaurus* Young, 1942

模式种　黄氏云南龙 *Yunnanosaurus huangi* Young, 1942

鉴别特征 外鼻孔小，约为头骨长度的10%，前上颌骨鼻骨支发育，上颌骨上升支后缘有一向下凸起，上颌骨侧面没有滋养孔，泪骨腹端外侧有一浅的近圆形凹陷，额骨前端中部和顶骨中部各有个隆突，顶骨前外侧突的前后向宽度大于其后外侧突的；上颌齿近中-远中向窄使齿冠呈近圆柱状。后部颈椎神经棘远端膨大呈半球状。

中国已知种 *Yunnanosaurus huangi* Young, 1942，*Y. robustus* Young, 1951 和 *Y. youngi* Lü, Li, Zhong, Azuma, Fujita, Dong et Ji, 2007。

分布与时代 云南，早侏罗世。

黄氏云南龙 *Yunnanosaurus huangi* Young, 1942
（图133）

Lufengosaurus huenei：Rozhdestvensky, 1965, p. 103
Massospondylus huenei：Cooper, 1981, p. 804

正模 IVPP V 20（现存南京地质博物馆并装架展出，编号为 NGMJ 004546），一具较完整的骨架，包括基本完整的头骨带下颌，寰椎、枢椎和另外3节颈椎，9节背椎，3节荐椎，8节尾椎，部分背肋和6个人字骨；左肩胛骨，胸骨，两侧肱骨，右尺骨，部分左前足；两侧髂骨、耻骨、坐骨、股骨、胫骨、腓骨、距骨和跟骨以及两块蹠骨。发现于云南禄丰。

归入标本 IVPP V 54（禄丰黄家田），一破碎右前上颌骨和下颌；IVPP V 32（禄丰沙湾），一左股骨；IVPP V 47（禄丰黄家田），一破碎背椎，右侧第II掌骨，一个指爪，右侧第三和第四跗骨，左侧第IV蹠骨近端，两个足趾和两个足爪；IVPP V 57（禄丰大冲），一坐骨远端和一左侧距骨；IVPP V 60（禄丰大冲），一对坐骨；IVPP V 61（禄丰

图133 黄氏云南龙 *Yunnanosaurus huangi* 正模（IVPP V 30 = NGMJ 004546）
左上颌齿侧视

黄家田），左侧部分手部骨骼和两个足爪；IVPP V 62（禄丰黄家田），左侧第 III 掌骨；IVPP V 63（禄丰黄家田），右侧第 IV 掌骨远端（Young, 1942）。IVPP V 96（禄丰黄家田），6 节背椎和一个前部尾椎；IVPP V 264（？禄丰黄家田），一左侧肱骨近端；IVPP V 272（禄丰大冲），一左侧肱骨近端和一右侧股骨远端；IVPP V 91（禄丰腰站），右侧第一荐肋（杨钟健，1951）。

FMNH CUP 2030–2036, 2039, 2101，零散保存的各部骨骼。Simmons（1965）将采自禄丰的上述标本以及 FMNH CUP 2037, 2038 归入该种，但 2037 和 2038 后被 Evans 和 Milner（1989）归入许氏禄丰龙。

鉴别特征 上颌齿冠边缘无锯齿。正模约比许氏禄丰龙小四分之一。

产地与层位 云南禄丰，下侏罗统禄丰组张家凹段深红层。

巨硕云南龙 *Yunnanosaurus robutus* Young, 1951

（图 134）

Lufengosaurus huenei：Rozhdestvensky, 1965, p. 103
Massospondylus huenei：Cooper, 1981, p. 804
Yunnanosaurus huangi：Galton et Upchurch, 2004, p. 236
Yunnanosaurus cf. *robutus*：杨钟健，1951，74 页

正模 IVPP V 93，一具包括部分头骨带下颌的较完整的骨架。发现于云南禄丰。

归入标本 IVPP V 94（禄丰黄家田，与正模保存在一起），一个体，包括右侧前上颌骨和部分上颌骨，？左上颌骨，基枕骨，部分下颌骨骼，26 枚孤立保存的牙齿，3 节颈椎，9 节背椎，荐椎，22 节尾椎，及部分前后肢骨；IVPP V 505（禄丰大冲附近），吻部前端带牙齿。杨钟健（1951）归入 *Yunnanosaurus* cf. *robutus* 的四件标本在此也归入该种：IVPP V 39（禄丰黄家田），一枚牙齿；IVPP V 42（禄丰沙湾），三块下颌碎片带牙齿（之前归入巨型禄丰龙，Young, 1947, p. 43）；IVPP V 56b（禄丰黄家田），一枚牙齿（之前归入巨型禄丰龙，Young, 1947, p. 43）；IVPP V 69（禄丰二钻山，与 cf. *Sinosaurus triassicus* IVPP V100 保存在一起），一桡骨近端，一坐骨及第 IV 蹠骨。

Simmons（1965）将菲尔德博物馆收藏的若干标本（FMNH CUP2040–2043, 2102, 2044–2051, 2099, 2100）归入该种。ZMNH-M8739（禄丰双柏安龙堡青香树），包括部分头骨的一基本完整幼年个体。

鉴别特征 约模式种的两倍大。牙齿较模式种更呈勺状，髂骨低，胫骨略短于股骨。

产地与层位 云南禄丰，下侏罗统禄丰组张家凹段深红色层和冯家河组。

评注 Sekiya 等（2013）将 ZMNH-M8739 的产出层位归为下侏罗统冯家河组—中侏罗统张河组，任鑫鑫等 2017 年野外观察认为应归入冯家河组。以前报道的具磨蚀面的归入云南龙的孤立牙齿（Simmons, 1965；Galton, 1985, 1986）被认为不是云南龙的（Salgado et Calvo, 1997；Wilson et Sereno, 1998；Barrett, 1999, 2000；Galton et Upchurch, 2004）。但 ZMNH-M8739 近中端上下颌牙齿间有磨蚀面，而远中端上颌齿具粗糙的锯齿，这与已知云南龙其他标本不同。

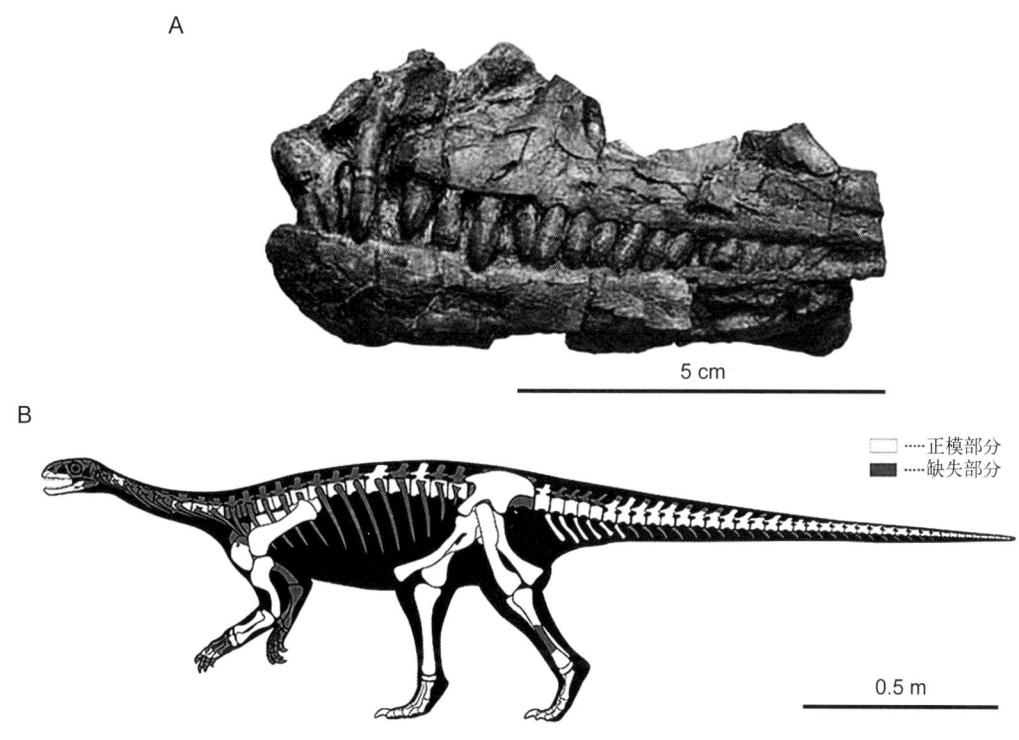

图 134 巨硕云南龙 *Yunnanosaurus robutus*
A. ZMNH-M8739 吻部左侧视（改自 Sekiya et al., 2013）；B. 正模骨架复原图

杨氏云南龙 *Yunnanosaurus youngi* Lü, Li, Zhong, Azuma, Fujita, Dong et Ji, 2007
（图 135）

正模 CXM VZA 185，一包括基本完整的脊柱和腰带的骨架。发现于云南元谋姜驿乡半箐后山梁子。

鉴别特征 长约 13 m。第六节颈椎最长，后部颈椎神经棘较短且具有横向宽度大于前后向长度的末端膨大，后部背椎和前部尾椎椎体高大于其宽和长，3 节荐椎，荐肋末端膨大形成荐肋轭。髂骨后突腹面微凹，耻骨末端圆，耻骨长度小于坐骨长。

产地与层位 云南元谋，下侏罗统冯家河组。

评注 原命名作者认为化石产出层位是中侏罗统张河组，但早期分异蜥脚型类在全球范围内还未在晚于早侏罗世地层中发现过。鉴于对化石产地的年代地层工作尚需深入，我们暂将其归入下侏罗统冯家河组。

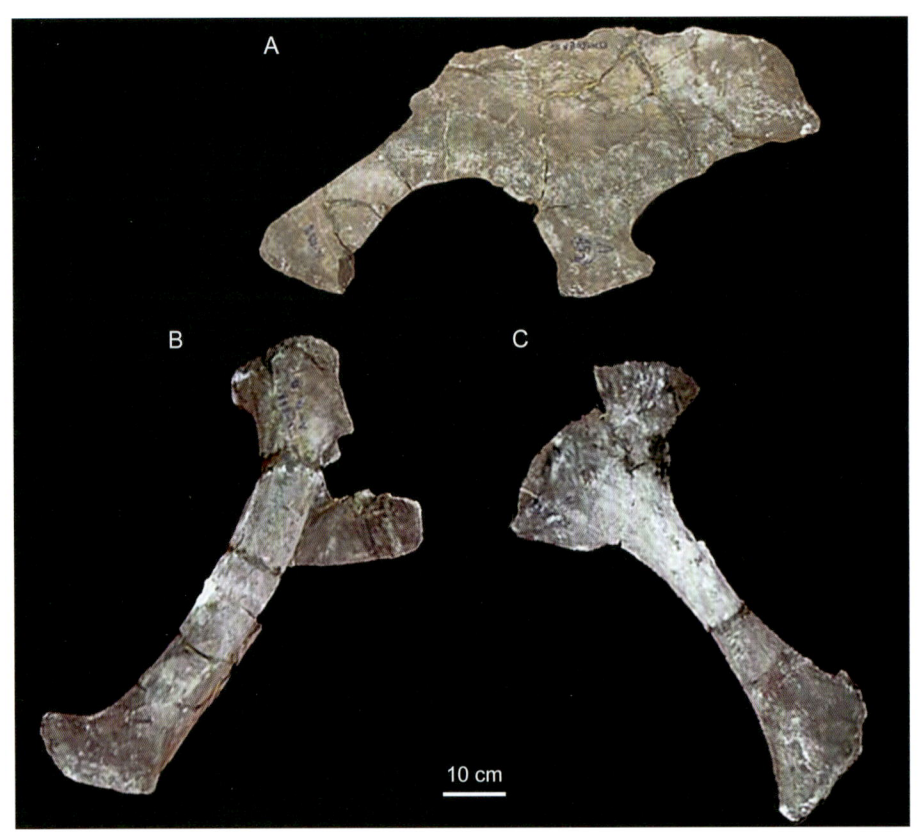

图 135　杨氏云南龙 *Yunnanosaurus youngi* 正模（CXM VZA 185）
A. 右髂骨内侧视；B. 左耻骨外侧视；C. 左坐骨外侧视

金山龙属 Genus *Jingshanosaurus* Zhang et Yang, 1995

模式种　新洼金山龙 *Jingshanosaurus xinwaensis* Zhang et Yang, 1995

鉴别特征　体型较大，体长近 9 m。头骨较高，约为头长的一半；外鼻孔较大，约与眼眶大小相当。前上颌骨背突外缘基部有一凹陷，外鼻孔后缘处于上颌齿列中点和眶前窗前缘之后，眼眶近三角形向腹端收缩。下颌较粗壮，齿骨高长比大于 0.2，下颌反关节突长度大于关节窝处高度。牙齿近中和远中缘都有锯齿保存，前上颌齿和前部上颌齿齿冠中轴略偏向远中方。10 节颈椎，14 节背椎，3 节荐椎，约 38 节尾椎。前肢短，约为后肢长的 3/5，肱骨长约为股骨长的 55%，桡骨长约为胫骨长的 40%；髂骨较高，股骨 S 形弯曲不明显。

中国已知种 仅模式种。

分布与时代 云南，早侏罗世。

新洼金山龙 *Jingshanosaurus xinwaensis* Zhang et Yang, 1995

（图 136）

Jingshanosaurus cf. *xinwaensis*：王国富，2004，77 页

Chuxiongosaurus lufengensis：Lü et al., 2010a, p. 1336, fig. 133

正模 LFGT (BLRLF) ZLJ0113，一近于完整骨架，包括头骨带下颌及头后骨骼，仅第四至十节颈椎风化破损。发现于云南禄丰金山镇新洼。

归入标本 CXM LT9401，一基本完整头骨带下颌。

鉴别特征 同属。

产地与层位 云南禄丰，下侏罗统禄丰组沙湾段暗紫色层，距下伏底砾岩约 210 m。

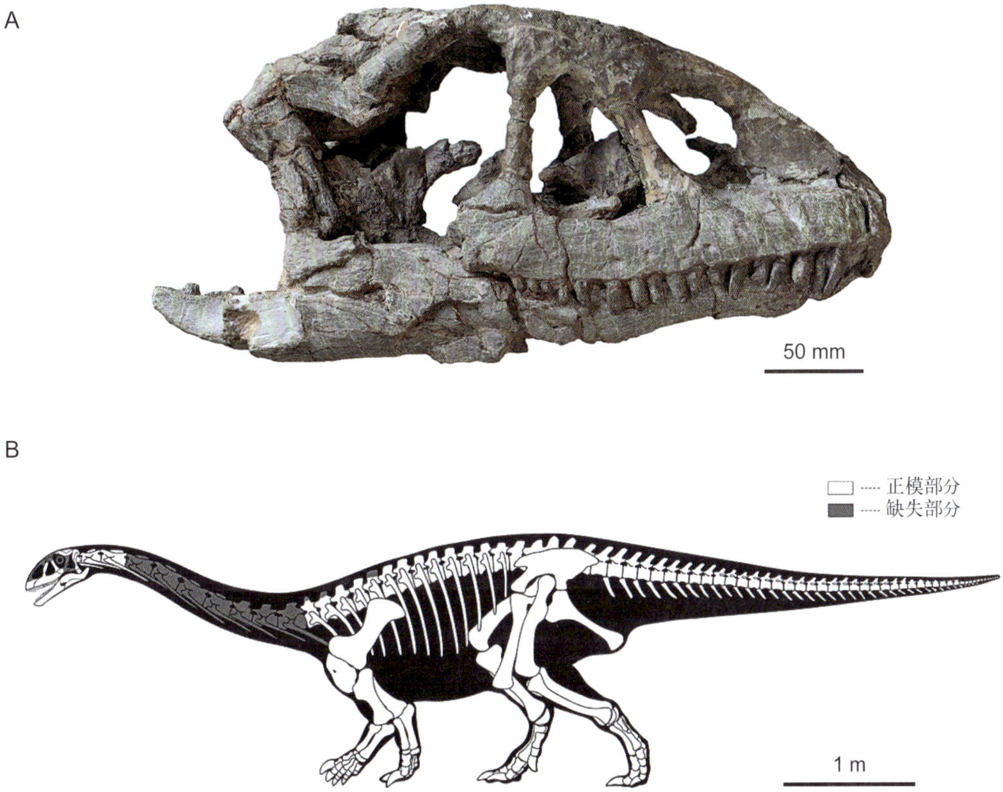

图 136 新洼金山龙 *Jingshanosaurus xinwaensis*
A. 正模 [LFGT (BLRLF) ZLJ0113] 头骨带下颌右侧视；B. 骨架复原图

评注 张奕宏和杨兆龙（1995）记述了这具发现于1988年的保存相当完整的恐龙，属名献给化石产地禄丰县金山镇，但误作"Jingshan"。通过对金山龙的研究他们也指出杨钟健（1951）归入三叠中国龙的IVPP V 100, V 88和V 97也应归入金山龙。

王国富（2004）记述了发现于金山镇棠海的一头骨带下颌标本CXM LT9401（头骨长330 mm），将其归入新洼金山龙相似种。Lü等（2010a）将其作为一个新属种（*Chuxiongosaurus lufengensis*）。Zhang等（2019）对再修理过的新洼金山龙正模头骨带下颌进行了再研究，厘定其特征，并认为王国富（2004）和Lü等（2010a）所研究标本可以归入新洼金山龙。

细细坡龙属 Genus *Xixiposaurus* Sekiya, 2010

模式种 孙氏细细坡龙 *Xixiposaurus suni* Sekiya, 2010

鉴别特征 侧视头骨背缘向前下方强烈倾斜；下颌最大高度约为齿骨最小高度的两倍；颈椎中第四节颈椎椎体最长；股骨第四转子侧视具有V形切口。

中国已知种 仅模式种。

分布与时代 云南，早侏罗世。

孙氏细细坡龙 *Xixiposaurus suni* Sekiya, 2010

（图137）

正模 LFGT ZLJ0108，一幼年个体，包括头骨带下颌，8节颈椎，12节背椎，1节荐椎和5节前部尾椎及部分肢带骨和肢骨。发现于云南禄丰川街乡细细坡。

图137 孙氏细细坡龙 *Xixiposaurus suni* 正模（LFGT ZLJ0108）
头骨带下颌左侧视

鉴别特征 同属。

产地与层位 云南禄丰，下侏罗统禄丰组张家凹段顶部鲜红色层。

星宿龙属 Genus *Xingxiulong* Wang, You et Wang, 2017

模式种 程氏星宿龙 *Xingxiulong chengi* Wang, You et Wang, 2017

鉴别特征 中等大小的早期分异蜥脚形类。上隅骨和隅骨向前延伸超过外下颌孔。4 节荐椎，包括 1 节背荐椎、2 节原生荐椎和 1 节尾荐椎。肩胛骨粗壮，近、远端膨大；髋臼后突的腹缘强烈上凹；耻骨的耻骨板相对于耻骨裙延长（约占耻骨总长的40%），胫骨远端的后外侧突相对于前外侧突更窄且更向外侧和远端延伸，距骨的背后缘具一个中央凸起，第 V 蹠骨具有强烈膨大的近端（宽度达长度的85%）。

中国已知种 仅模式种。

分布与时代 云南，早侏罗世。

程氏星宿龙 *Xingxiulong chengi* Wang, You et Wang, 2017

（图 138）

正模 LFGT LGFT-D0002，部分头骨和下颌，头后骨骼包括寰椎-枢椎，3 节颈椎（可能为第七—九节颈椎），9 节背椎（可能为第六—十四节背椎），完整的荐椎序列，35 节尾椎，部分肋骨和人字骨碎片，左髂骨，左耻骨裙和右耻骨的末端，左坐骨的近端，相连两个坐骨的末端部分，两侧股骨，两侧胫骨和腓骨近端，左距骨和跟骨，可能的远端第 III、IV 跗骨，完整的左脚趾和近乎完整的右脚趾。发现于云南禄丰金山镇三棵树。

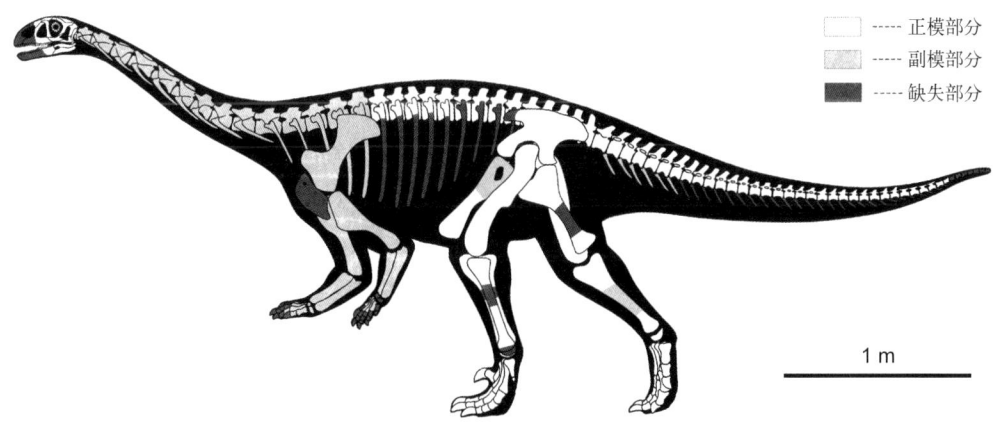

图 138 程氏星宿龙 *Xingxiulong chengi*
骨架复原图

副模 LFGT LGFT-D0001，主要为头后骨骼，包括枢椎，完整的颈椎（第三—十节颈椎）、背椎（第一—十四节背椎）和荐椎，前部19节尾椎（可能为第三—二十一尾椎），部分颈肋和背肋碎片，9个人字骨，右肩胛骨，右髂骨，右耻骨和右坐骨的近端，两侧股骨的远端部分，左胫骨的近端和远端，左距骨；LFGT LGFT-D0003，部分头骨和下颌，头后骨骼包括8节颈椎（可能为第三—十节颈椎），12节背椎（可能为第一—十二节背椎），较完整的荐椎，部分肋骨和人字骨碎片，两侧肩胛骨，两侧较破损的肱骨、尺骨和桡骨，部分腕骨和指骨，右髂骨和左髂骨的碎片，左耻骨和右耻骨裙，断开的左股骨，右胫骨和腓骨，左胫骨和左腓骨的近端，破损的右距骨和远端跗骨，部分趾骨。

鉴别特征 同属。

产地与层位 云南禄丰，下侏罗统禄丰组沙湾段暗紫色层底部。

评注 正模和两副模个体发现于同一个化石坑。

彝州龙属 Genus *Yizhousaurus* Zhang, You, Wang et Chatterjee, 2018

模式种 孙氏彝州龙 *Yizhousaurus sunae* Zhang, You, Wang et Chatterjee, 2018

鉴别特征 体长约7 m。上颌骨上升支末端前后向扩展，眶前窗窄呈管状，泪骨垂直，眶后骨腹支中部横向宽度大于其前后向宽度。齿骨前端向前上方弯曲，外下颌孔小，直径不到下颌长度的5%。前上颌齿和上颌齿唇侧较舌侧更向腹侧延伸从而侧视上更加遮蔽牙齿，而在齿骨唇舌两侧遮蔽牙齿的程度相当。枢椎间椎体宽于其椎体，第三—六节背椎椎体侧面具深凹，前部背椎后面附属关节的高度与其下椎孔高度相当。股骨中部横截面近椭圆形。

中国已知种 仅模式种。

分布与时代 云南，早侏罗世。

孙氏彝州龙 *Yizhousaurus sunae* Zhang, You, Wang et Chatterjee, 2018

（图139）

正模 LFGT ZLJ0033，一基本完整个体，包括完整的头骨带下颌，9节颈椎，14节背椎，3节荐椎和5节前部尾椎，肩带和腰带，前肢（缺失腕骨）和两侧股骨。发现于云南禄丰川街盆地杜瓦房。

鉴别特征 同属。

产地与层位 云南禄丰，下侏罗统禄丰组张家凹顶部鲜红色层。

评注 彝州龙是禄丰盆地下侏罗统禄丰组中发现的最晚期分异也是层位最高的早期分异蜥脚形类。与禄丰其他早期分异蜥脚形类相比，它具有许多和蜥脚类更接近的特征，

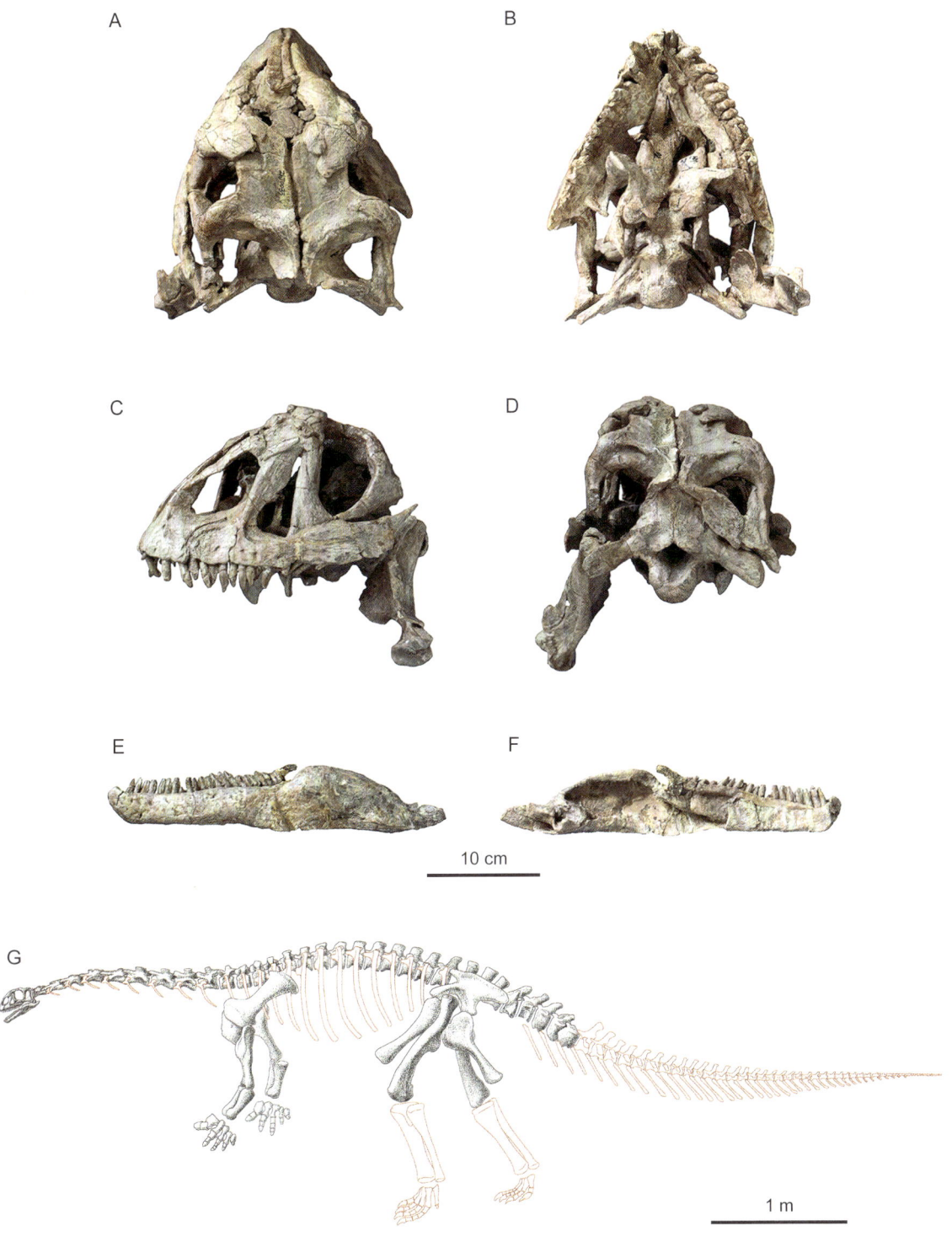

图 139 孙氏彝州龙 *Yizhousaurus sunae* 正模（LFGT ZLJ0033）
头骨背视（A）、腹视（B）、左侧视（C）、后视（D）、左下颌外侧视（E）、内侧视（F）；G. 骨架复原图

如头部若干骨骼相对粗壮，相对较高的头骨，眶前窗和外下颌孔小，护齿板在上颌发育及相对较短的手部（如第 I 掌骨近端宽度为长度的 90%，非末端指骨长宽相近）以及较直且前后向较扁的股骨。

易门龙属 Genus *Yimenosaurus* Bai, Yang et Wang, 1990

模式种 杨氏易门龙 *Yimenosaurus youngi* Bai, Yang et Wang, 1990

鉴别特征 体长可达 9 m，头骨较高，约为头骨长度的 1/2，构造较轻巧，外鼻孔较眶前窗大，呈椭圆形，外下颌孔较大；齿式为 Pm4M17–18/D21–22，齿冠较高，略呈勺状，表面具明显的条纹，近中和远中缘都具锯齿。颈椎椎体腹面具中嵴，3 节荐椎，肱骨约为股骨长的 3/5，股骨具 S 形弯曲，胫骨为股骨长的 2/3。

中国已知种 仅模式种。

分布与时代 云南，早侏罗世。

杨氏易门龙 *Yimenosaurus youngi* Bai, Yang et Wang, 1990

（图 140）

正模 YXV 8701，一个体包括部分头骨带下颌，各部脊椎的部分及部分肋骨，一髂骨，两侧坐骨，右侧股骨。发现于云南易门脚家店。

副模 YXV 8702（野外编号 2087），一不完整个体，包括 5 节中后部颈椎，5 节连续背椎，3 节荐椎，6 节连续前部尾椎，一侧肩胛骨和乌喙骨，一侧较完整的髂骨、坐骨和耻骨，两侧股骨、胫骨、腓骨、距骨和跟骨，完整的左侧足部骨骼。

鉴别特征 同属。

产地与层位 云南易门，下侏罗统冯家河组。

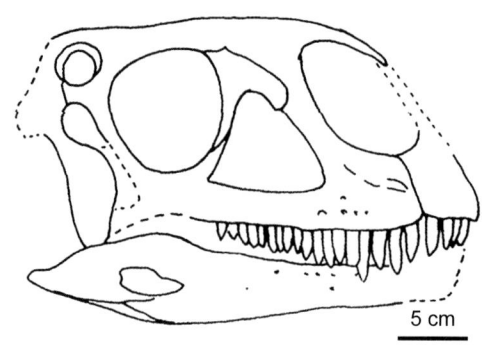

图 140 杨氏易门龙 *Yimenosaurus youngi* 正模（YXV 8701）
头骨带下颌右侧视线描图

评注 杨氏易门龙发现于 1987 年。白子麒等文中提到同时发掘的共有 10 余个恐龙个体，但尚未见研究报道。现在这批材料部分保存在玉溪市博物馆。

金沙江龙属 Genus *Chinshakiangosaurus* Dong, 1992

模式种 中和金沙江龙 *Chinshakiangosaurus chunghoensis* Dong, 1992

鉴别特征 体长可达 12–13 m，齿骨高长比大于 0.2，齿骨侧面中后部有一纵脊（形成一凹颊），齿列侧面有一向吻端渐高的护齿板支撑，约 19 个齿槽，牙齿向吻端渐大，吻端第一枚牙齿和齿骨吻末端间没有间隙，顶视两齿骨吻端围成近 U 形，齿根和齿冠间没有明显收缩带，边缘锯齿至少在齿冠顶部三分之一存在，齿冠釉质表面皱褶发育，齿冠舌侧面近中部靠近基部有一较宽的顶基向延伸的凹槽。

中国已知种 仅模式种。

分布与时代 云南，早侏罗世。

中和金沙江龙 *Chinshakiangosaurus chunghoensis* Dong, 1992

（图 141）

正模 IVPP V 14474，一不完整个体，包括基本完整的左齿骨，至少一节颈椎，若干背椎，几节前部尾椎，两侧肩胛骨，不完整的腰带和后肢。发现于云南永仁中和。

鉴别特征 同属。

产地与层位 云南永仁，下侏罗统冯家河组下部，或与禄丰盆地暗紫色层相当。

评注 这件标本由赵喜进等 1970 年采集，1975 年在《云南中生代红层》中仅给出名称但未作记述。之后赵喜进（1985）提及这件标本，但种本名是"*zhonghonensis*"。Dong（1992）认为 1975 年的命名无效，但沿用这一属种名简单记述了这件标本。Upchurch 等（2007b）对这件标本的齿骨进行了详细研究，认为该属种有效，代表一较晚期分异的蜥脚形类。

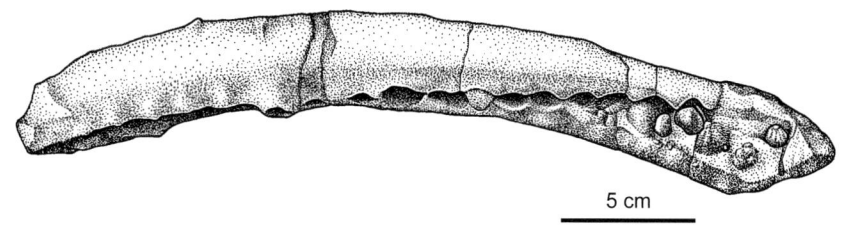

图 141 中和金沙江龙 *Chinshakiangosaurus chunghoensis* 正模（IVPP V 14474）
左齿骨背视（改自 Upchurch et al., 2007b）

昆明龙属 Genus *Kunmingosaurus* Zhao vide Dong, 1992

模式种 武定昆明龙 *Kunmingosaurus wudingensis* Zhao vide Dong, 1992

鉴别特征 齿骨前端缝合线处深而厚，约 20 个齿槽，牙齿排列紧密，齿冠呈勺形，近中和远中缘具较粗锯齿。

中国已知种 仅模式种。

分布与时代 云南，早侏罗世。

武定昆明龙 *Kunmingosaurus wudingensis* Zhao vide Dong, 1992

（图 142）

Lufengosaurus magnus：杨钟健，1966，64 页

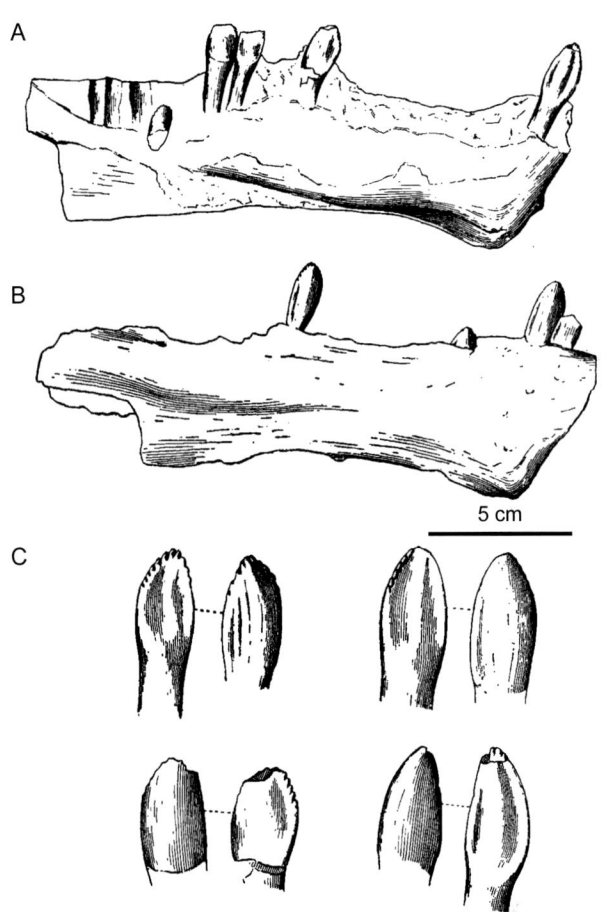

图 142 武定昆明龙 *Kunmingosaurus wudingensis* 正模（BNHM PZGR 74, 75）
A. 左齿骨内侧视；B. 右齿骨外侧视；C. 四枚牙齿舌侧和唇侧视（不按比例）（改自杨钟健，1966）

正模 BMNH PZGR 74, 75，一对左右齿骨的前部及若干孤立保存的牙齿。发现于云南武定火烧房。

归入标本 ZDM 0011（野外标号 ZV.2），部分左下颌骨并带有一枚牙齿。发现于四川自贡。

鉴别特征 同属。

产地与层位 云南武定、四川自贡，下侏罗统禄丰组。

评注 杨钟健（1966）研究了北京自然博物馆 1960 年采自云南武定的一个包括左右齿骨和若干牙齿标本，并将其归入巨型禄丰龙，其文中提到中国科学院古脊椎动物研究室 1956 年也在该地发掘出两个不完整骨架。赵喜进（1985）根据中国科学院古脊椎动物与古人类研究所的标本给出武定昆明龙这一名称。Dong（1992）认为杨钟健和赵喜进所述化石出自同一化石坑，实为同一属种，并根据齿骨对昆明龙进行了简短记述，而中国科学院古脊椎动物与古人类研究所标本尚未研究。董枝明（1984b）还研究了四川自贡下侏罗统自流井组中发现的一破碎左下颌（ZDM 0011），并认为它与杨钟健（1966）记述的下颌相似而作为巨型禄丰龙相似种，在此将自贡标本亦归入武定昆明龙。

珙县龙属 Genus *Gongxianosaurus* He, Wang, Liu, Zhou, Liu, Cai et Dai, 1998

模式种 石碑珙县龙 *Gongxianosaurus shibeiensis* He, Wang, Liu, Zhou, Liu, Cai et Dai, 1998

鉴别特征 长 14 m 左右。牙齿勺形，齿冠近中远中缘均无锯齿。椎体无侧凹，脊板构造不发育；颈椎平凹型，神经棘较小，侧视略呈直立的长方形；背椎平凹至微弱双凹型，中部强烈收缩，神经棘呈简单的长方形；荐椎可能 3 节；近端尾椎平凹型，整个尾椎系列均不具分叉人字骨。前肢约为后肢长度的 70%–75%，尺骨为肱骨长度的 60%；股骨相对较短且粗壮，股骨头和骨干之间没有明显的分界线；趾式为 2-3-4-5-1。

中国已知种 仅模式种。

分布与时代 四川，早侏罗世。

评注 尽管珙县龙和蜥脚类已经很接近，但根据蜥脚类的定义它还不属于蜥脚类。

石碑珙县龙 *Gongxianosaurus shibeiensis* He, Wang, Liu, Zhou, Liu, Cai et Dai, 1998

（图 143）

群模 标本保存地不详，包括三个个体的标本，两个成年个体大小、形态都非常相似，另一个体稍小，仅有肩带、前肢和后足；这些标本包括两个右前上颌骨，近完整的左右下颌齿列，大量零散牙齿，不完全而又分别关节的颈、背、荐、尾椎系列及分散的胸骨、背肋和腹肋，完整的肩带、前肢、腰带、后肢和后足。发现于四川珙县石碑乡红沙村下侏罗统自流井组东岳庙段中上部。

鉴别特征 同属。

评注 四川地勘局202地质队于1997年5月发现这一化石点，随后四川省地矿厅和珙县人民政府进行了保护性发掘。最初的报道文章发表时标本还在原地保存，文中并未提及标本收藏机构和标本号。但这一化石点随后并未得到有效保护，化石现也不知去向。

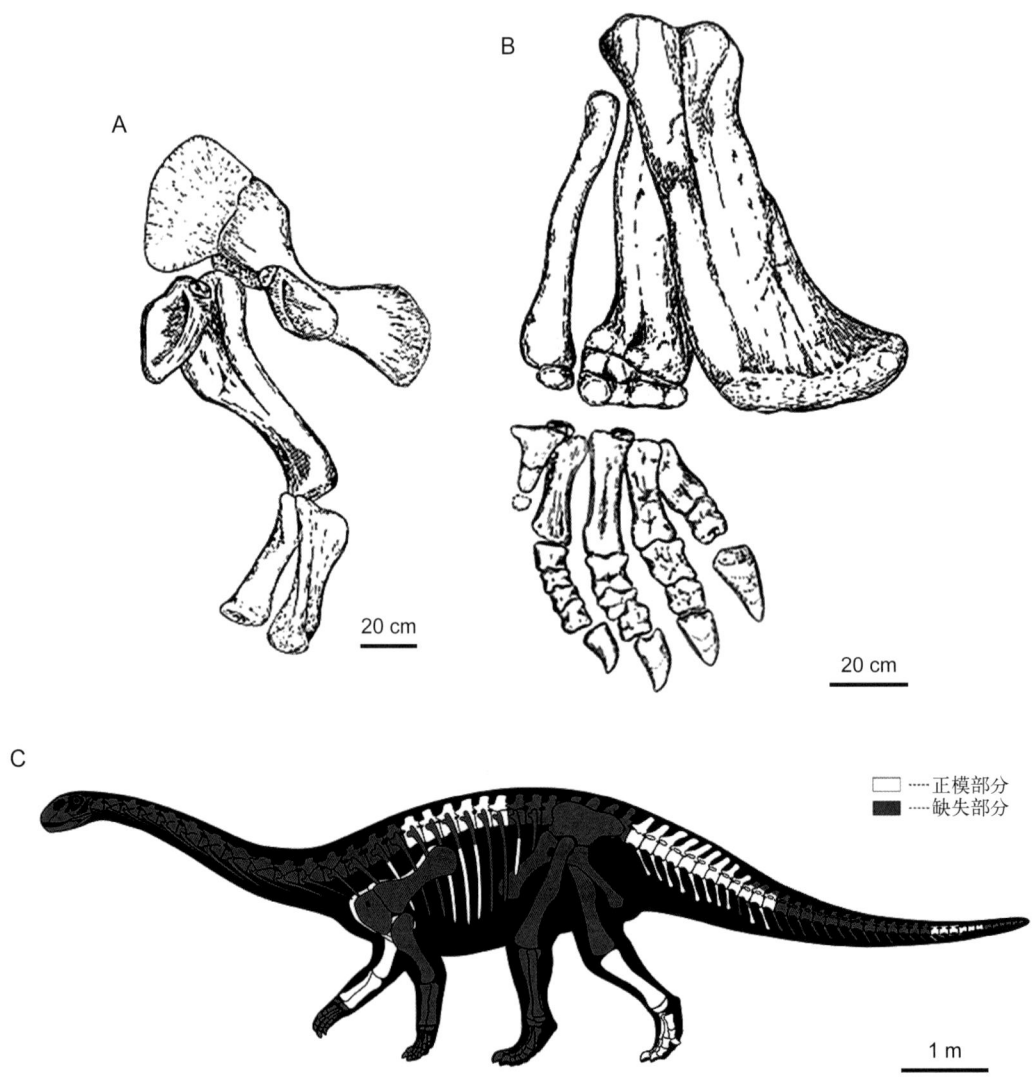

图143 石碑珙县龙 *Gongxianosaurus shibeiensis* 群模
A. 一对胸骨背视，右肩带内侧视，右肱骨、尺骨和桡骨前视；B. 左后肢，股骨前视，其余后视（改自何信禄等，1998）；C. 骨架复原图

蜥脚类 SAUROPODA Marsh, 1878 sensu Salgado, Coria et Calvo, 1997

定义与分类 蜥脚类是包含 *Vulcanodon karibaensis* Raath, 1972 和 *Saltasaurus loricatus* Bonaparte et Powell, 1980 的包容性最小分支。蜥脚类包括若干早期分异类群以及真蜥脚类。

形态特征 上颌腹视呈 U 形；牙釉质表面具粗糙的褶皱。颈椎椎体双平型；前部颈椎椎体高度约为宽度的 1.25 倍；中部颈椎椎弓的高度超过椎体后关节面的高度；背椎神经棘截面三角形；中部背椎神经棘的高度约为基部长度的 1.5 倍；背椎中存在椎体 - 副突前板；近端尾椎横突基部深，从椎体延伸至椎弓。尺骨近端桡骨窝较深；第一指的长度大于第二指的长度。髋臼前突前端延伸超过耻骨柄的前端；耻骨裙内侧向后内侧扭曲；坐骨体横切面的厚度远小于其横向宽度。股骨长轴略弯曲或直；胫脊最高点的位置大约在胫脊长度的一半处，形成一个向背前方倾斜的近端边缘；距骨远端关节面强烈凸出，呈滚筒状；非末端趾节宽度至少和长度相当；第 I 趾爪深，两侧平，腹面窄，长度大于第 I 蹠骨长度。

分布与时代 全球，早侏罗世—白垩纪。

评注 Fabrègues 等（2015）对比讨论了关于蜥脚类定义的四种不同观点，认为上述节点型定义最为合理，我们在此沿用。在《鸟臀类恐龙》一册志书中曾依据 Yates（2007a）将蜥脚类定义为包含护甲萨尔塔龙（*Saltasaurus loricatus*）（属蜥脚类中的泰坦巨龙类）而非理德黑丘龙（*Melanorosaurus readi*）的包容性最大分支。我国发现的早期分异蜥脚类（非真蜥脚类蜥脚类）非常少，只有发现于四川盆地下侏罗统自流井组的三巴龙和资中龙。另外发现于四川会理下侏罗统益门组中上部的通安龙，尽管李奎等（2010）将其归入马门溪龙科，但尚需纳入分支系统分析以获得更多的支持。我们将这些发现于我国西南早侏罗世晚期的类群一并归入早期分异蜥脚类，以示其与禄丰盆地早侏罗世早中期以早期分异大足龙类为代表的蜥脚型类和以自贡大山铺中侏罗世中晚期沙溪庙组下部保存的以真蜥脚类为主的蜥脚型类的不同。李奎等（1997）曾将四川侏罗纪恐龙划分为四个恐龙动物群，其中的早侏罗世资中龙动物群分布于自流井组中，出现了早期分异的蜥脚类。李奎等（1999）又将珙县龙纳入该动物群，称作珙县龙 - 资中龙动物群。

三巴龙属 Genus *Sanpasaurus* Young, 1944

模式种 岳氏三巴龙 *Sanpasaurus yaoi* Young, 1944

鉴别特征 中后部背椎椎弓侧面具背腹向延伸的嵴；肱骨的尺骨髁和桡骨髁中间有一结节。

中国已知种 仅模式种。

分布与时代 四川，早侏罗世晚期。

岳氏三巴龙 *Sanpasaurus yaoi* Young, 1944

（图 144）

正模 IVPP V 156A，三节互不相连的带有部分椎弓的中后部背椎椎体。发现于四川威远长山岭。

归入标本 IVPP V 156B，部分头后骨骼，包括：两节背椎椎体；两节来自较小个体的荐椎椎体；一节基本完整的前中部尾椎；几节远端尾椎椎体；若干肋骨骨干碎片；一人字骨近端；至少来自三个个体的肩胛骨残余；一左前肢，包括肱骨远端的一半，完整尺桡骨和一掌骨近半段；一较小个体股骨头；？一较小胫骨远端部分；一腓骨近端部分；一非第一趾趾爪。

鉴别特征 同属。

产地与层位 四川威远，下侏罗统自流井组马鞍山段。

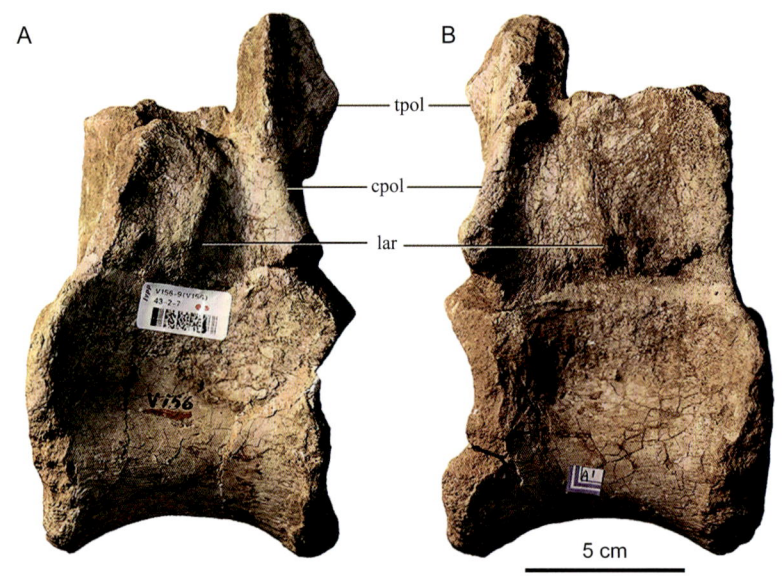

图 144　岳氏三巴龙 *Sanpasaurus yaoi* 正模（IVPP V 156A）
背椎左侧视（A）和右侧视（B）。
cpol. centropostzygapophyseal lamina 椎体 - 后关节突脊板，lar. lateral ridge 外脊，tpol. intrapostzygapophyseal lamina 后关节突内脊板

评注 Young（1944）最初将三巴龙记述为中国最早发现的禽龙类，与北美的弯龙属（*Camptosaurus*）亲缘关系较近。Rozhdestvensky（1966）认为三巴龙可能属于一个蜥脚类的幼年个体，后续文章也多认为三巴龙可能属于蜥脚类（Upchurch, 1995）。根据 Young（1944）记载三巴龙材料来自至少两个产地。McPhee 等（2016）对这些标本进行了重新研究，将三巴龙正模限定于 IVPP V 156A，其余作为归入标本 IVPP V 156B。

资中龙属 Genus *Zizhongosaurus* Dong, Zhou et Zhang, 1983

模式种 船城资中龙 *Zizhongosaurus chuanchengensis* Dong, Zhou et Zhang, 1983

鉴别特征 背椎神经棘高，顶端扩展成横板状，前面略隆起并具放射形纵纹向上延伸，后面内凹；横突发育，始于神经棘基部并水平向延伸。肱骨直，肱骨干截面圆；耻骨较扁平。

中国已知种 仅模式种。

分布与时代 四川，早侏罗世晚期。

评注 李奎等（1997）曾提到在四川威远黄石板发现的恐龙可归入资中龙，并给出种本名黄石板，但一直未见文章发表记述这一标本。

船城资中龙 *Zizhongosaurus chuanchengensis* Dong, Zhou et Zhang, 1983

（图 145）

正模 IVPP V 9067-1, 2, 3，一完整的背椎神经棘，一右肱骨，一耻骨和一些残破骨片。发现于四川资中罗泉井。

鉴别特征 同属。

产地与层位 四川资中，下侏罗统自流井组大安寨段大安寨灰岩之上约 15–20 m 的紫红色泥岩中。

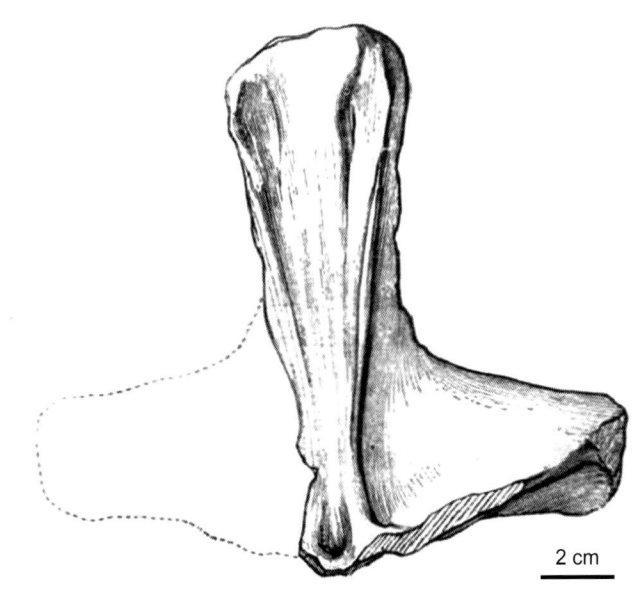

图 145 船城资中龙 *Zizhongosaurus chuanchengensis* 正模 （IVPP V 9067-1）
背椎神经棘后视（引自董枝明等，1983）

通安龙属 Genus *Tonganosaurus* Li, Yang, Liu et Wang, 2010

模式种 何氏通安龙 *Tonganosaurus hei* Li, Yang, Liu et Wang, 2010

鉴别特征 长约 12 m。荐前椎均发育大而深但中间无脊板的侧凹；颈椎细长，椎弓和神经棘低矮；后部颈椎及背椎的脊板构造发育；前部背椎后凹型，中部背椎平凹型，后部背椎双凹型；前部尾椎双凹型，椎弓低，神经棘高。前后肢长度比 0.80；肱骨直而粗壮，长度为股骨长的 3/4，三角肌嵴发育；股骨直而粗壮，第四转子发育。

中国已知种 仅模式种。

分布与时代 四川，早侏罗世。

何氏通安龙 *Tonganosaurus hei* Li, Yang, Liu et Wang, 2010
（图 146）

正模 MCDUT 14454，一不太完整的成年个体头后骨架。发现于四川会理通安镇。

鉴别特征 同属。

产地与层位 四川会理，下侏罗统益门组中上部紫红色粉砂质泥岩中。

真蜥脚类 EUSAUROPODA Upchurch, 1995

定义与分类 真蜥脚类是包含 *Shunosaurus lii* Dong, Zhou et Zhang, 1983 和 *Saltasaurus loricatus* Bonaparte et Powell, 1980 的包容性最小分支。它包括若干早期分异类群，以及马门溪龙科和新蜥脚类（Neosauropoda）。

形态特征 荐前椎椎体侧凹不甚发育，背椎神经棘出现三角形翼状突，但其横向扩展不超过后关节突。肩峰突沿其背缘向背后方扩展，肩胛骨长度至少为其最小宽度的 5.5 倍。

分布与时代 全球，早侏罗世—晚白垩世。

评注 我国保存了世界上最好的早期分异真蜥脚类，尤其是四川盆地自贡大山铺恐龙动物群中的多种蜥脚类。通常马门溪龙属和与其亲缘关系密切的若干其他属种被归入马门溪龙科，但也有系统发育分析表明峨眉龙属并非属于该科。

蜀龙属 Genus *Shunosaurus* Dong, Zhou et Zhang, 1983

模式种 李氏蜀龙 *Shunosaurus lii* Dong, Zhou et Zhang, 1983

鉴别特征 中等大小蜥脚类，体长可达 12 m。头骨厚实，长约为高的两倍。外鼻孔

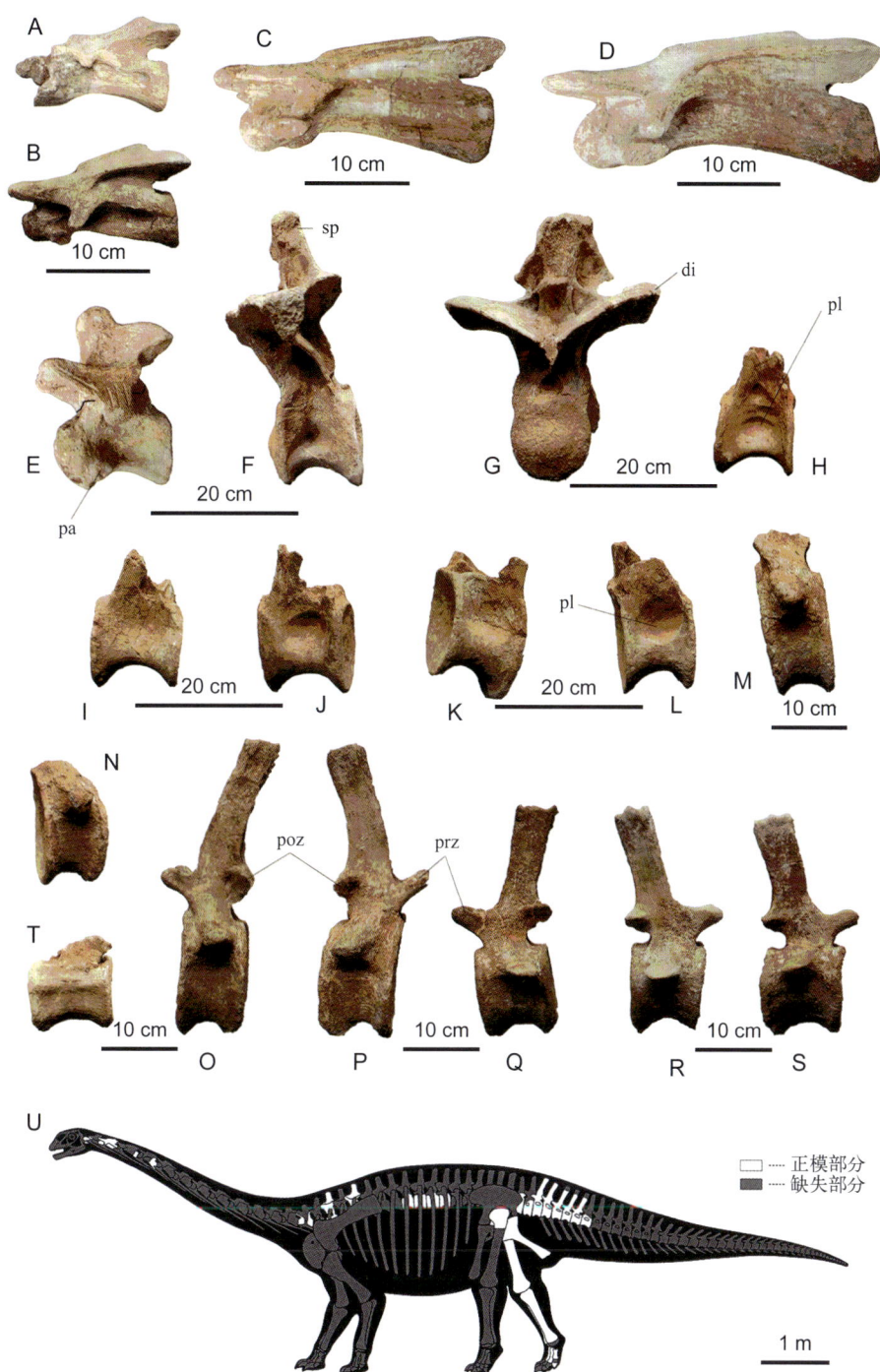

图 146 何氏通安龙 *Tonganosaurus hei* 正模（MCDUT 14454）

A–E. 颈椎左侧视：A. 枢椎, B. 第三颈椎, C. 第四颈椎, D. 第五颈椎, E. 第十七颈椎；F, G. 第二背椎：F. 左侧视, G. 前视；H–J. 背椎右侧视：H. 第四背椎, I. 第八背椎, J. 第九背椎；K, L. 背椎左侧视：K. 第十背椎, L. 第十一背椎；M, N, P, R–T. 尾椎右侧视：M. 第一尾椎, N. 第二尾椎, P. 第四尾椎, R. 第六尾椎, S. 第七尾椎, T. 第八尾椎；O, Q. 尾椎左侧视：O. 第三尾椎, Q. 第五尾椎；U. 骨架复原图。

di. diapophysis 横突, pa. parapophysis 副突, pl. pleurocoel 侧凹, poz. postzygapophysis 后关节突, prz. prezygapophysis 前关节突, sp. neural spine 神经棘

• 251 •

大，位于吻端后上部。外下颌孔存在。牙齿细长略呈勺状，前后缘具少量小锯齿，齿式：Pm4–5 + M17–19/D18–21。颈椎12节，后凹型；椎体短，具侧凹和腹嵴。背椎13节，平凹型或微双凹型，前部背椎神经棘横向扩展，中部背椎神经棘呈棒状，后部背椎神经棘呈纵板状。4节荐椎。44节尾椎，平凹型或双凹型，末端愈合、膨大形成骨质尾锤。肱骨长为股骨长的2/3，桡骨长为肱骨长的3/5，指式为2-2-2-2-2?，第一指爪非常发达，趾式为2-3-3-3-2。

中国已知种 仅模式种。

分布与时代 四川，中侏罗世。

李氏蜀龙 *Shunosaurus lii* Dong, Zhou et Zhang, 1983

（图 147）

正模 IVPP V 9065，一不完整头后骨架，包括5节颈椎，13节关联背椎，一残破荐椎和两节尾椎，左侧尺桡骨，一块腕骨，不完整腰带各部，缺失多数趾骨的左后肢。发现于四川自贡大山铺。

归入标本 IVPP V 7261，一些头骨碎片和较完整的头后骨骼；ZDM 5003，一具完整成年个体骨架；ZDM 5006，一具完整幼年个体骨架；ZDM 5008，一具较完整头后骨架；ZDM 5009，一完整头骨带下颌；ZDM 65430，一基本完整头骨带下颌（现下落不明）；另有 ZDM 5007、ZDM 5013-a、ZDM 5035、ZDM 5047、ZDM 5051、ZDM 5053、IVPP V 7661 和 IVPP V 7662 有尾锤保存，但其他部位保存情况不明。

鉴别特征 同属。

产地与层位 四川自贡，中侏罗统沙溪庙组下部。

评注 李氏蜀龙是董枝明等（1983）根据四川自贡大山铺发现的一具不完整的蜥脚类骨架而命名的。随后，董枝明和唐治路（1984）又根据 IVPP V 7261 作了补充记述。张奕宏等（1984）简要报道了四川自贡大山铺恐龙博物馆化石发掘队1981年7月以后所采集到的两具完整的骨架和一完整头骨标本（ZDM 5006, ZDM 5008, ZDM 5009）。张奕宏（1988）对这批新发现的基本完整标本材料进行了较为深入的详细记述。董枝明等（1989）对李氏蜀龙（ZDM 5006, ZDM 5007, ZDM 5013-a, ZDM 5035, ZDM 5047, ZDM 5051, ZDM 5053, IVPP V 7661, IVPP V 7662）骨质尾锤作了报道。郑钟（1991）、Chatterjee 和 Zheng（2002）根据 ZDM 65430 标本对蜀龙头骨及脑颅进行了研究。

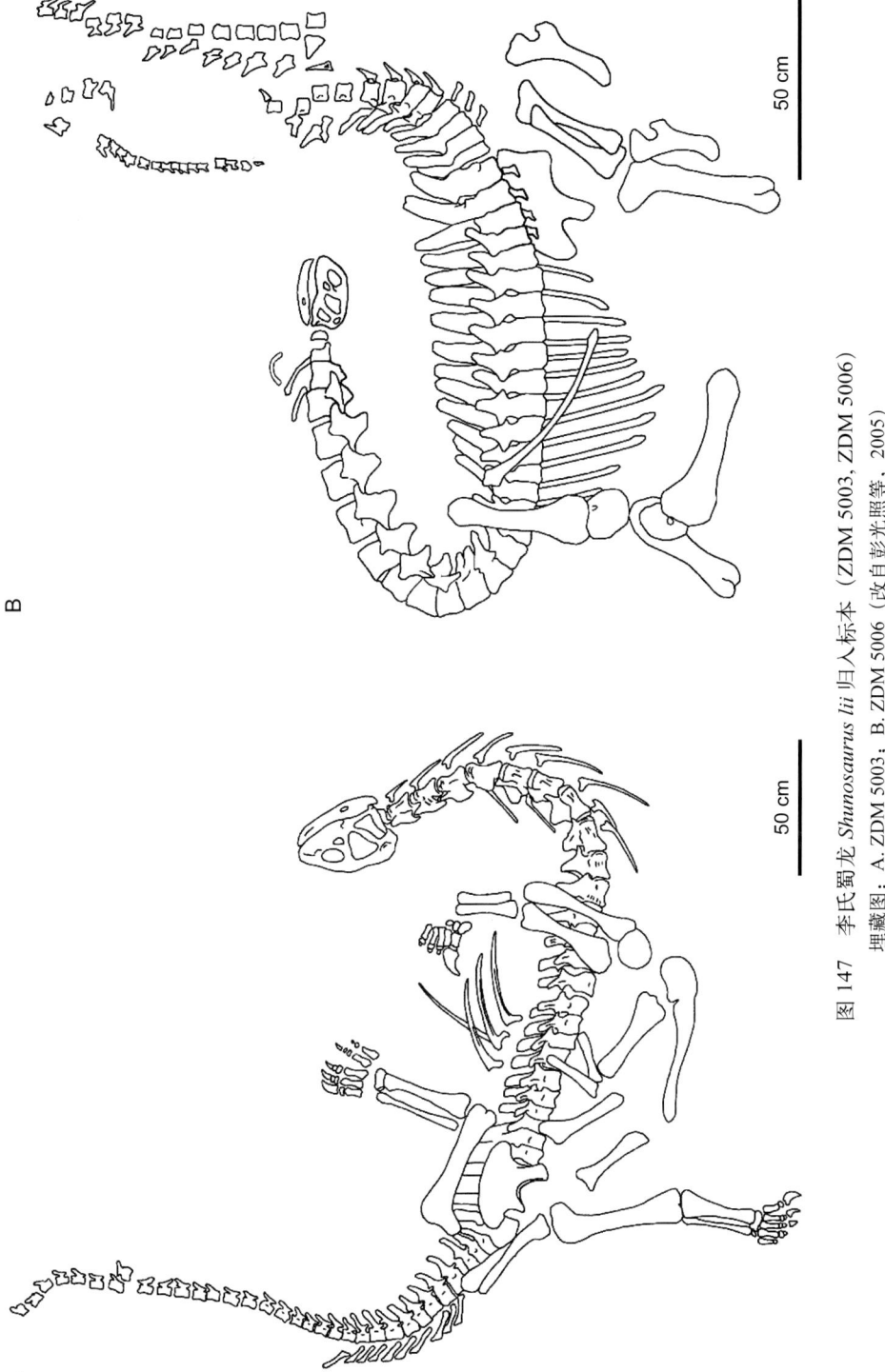

图 147 李氏蜀龙 *Shunosaurus lii* 归入标本（ZDM 5003, ZDM 5006）埋藏图：A. ZDM 5003；B. ZDM 5006（改自彭光照等，2005）

姜驿蜀龙？ *Shunosaurus? jiangyiensis* Fu et Zhang, 2004

（图 148）

正模 YMM（野外编号 YJ2001），一不完整骨架，包括 24 节荐前椎，3 节荐椎，部分尾椎，较完整的右侧肩带、前肢和后肢。发现于云南元谋姜驿。

鉴别特征 同属。

产地与层位 云南元谋，中侏罗统张河组。

评注 姜驿蜀龙？由付丽娅和张加华（2004）研究命名。尽管他们将该标本归入蜀龙属，但据其文中记述与蜀龙还是差别较大，比如在蜀龙模式种中有 4 节荐椎，而该标本为 3 节。我们认为其可能代表与蜀龙不同的一个新属，目前暂存疑置于蜀龙属下。

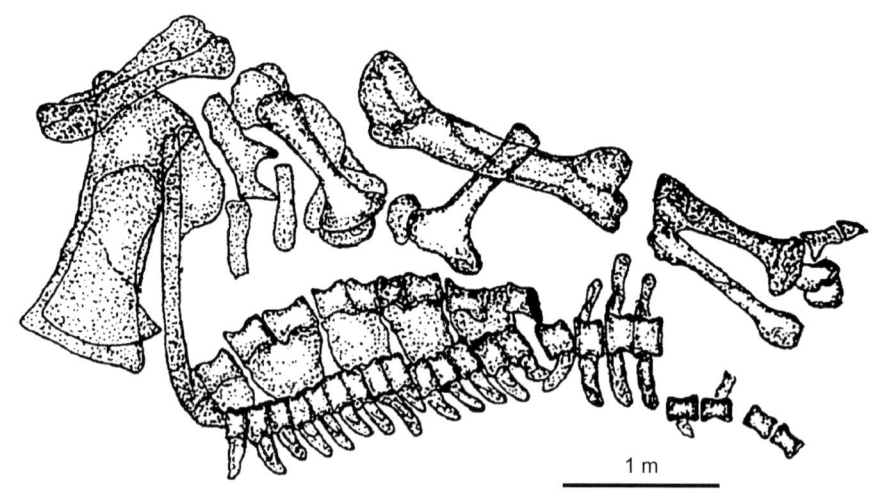

图 148 姜驿蜀龙？*Shunosaurus? jiangyiensis* 正模（YMM，野外编号 YJ2001）
埋藏图（引自付丽娅、张加华，2004）

酋龙属 Genus *Datousaurus* Dong et Tang, 1984

模式种 巴山酋龙 *Datousaurus bashanensis* Dong et Tang, 1984

鉴别特征 上下颌骨厚重，面部短高。牙齿粗大，齿冠高，勺状；齿式：Pm4 + M14/D12。颈椎 12 个，最长颈椎为背椎平均长度的 2.5 倍；颈椎体前凸后凹型，具发育的腹嵴和侧凹；神经弓低，存在脊板构造；神经棘低，颈后部颈神经棘和前部背椎神经棘呈横宽的薄板状，顶端不分叉。13 节背椎，平凹型。5 节荐椎，前四节神经棘愈合。

中国已知种 仅模式种。

分布与时代 四川，中侏罗世。

巴山酋龙 *Datousaurus bashanensis* Dong et Tang, 1984

（图 149）

正模 IVPP V 7262，一不完整的头后骨架；IVPP V 7263，头骨碎片。发现于四川自贡大山铺。

归入标本 ZDM 5021，一不完整个体骨架；ZDM 5004-J，上下颌骨；CQMNH CV 00740，上下颌骨带部分牙齿。

鉴别特征 同属。

产地与层位 四川自贡，中侏罗统沙溪庙组下部。

评注 Cao 和 You（2000）对 CQMNH CV 00740 颌骨材料进行了记述。彭光照等（2005）和叶勇[①] 根据 ZDM 5004-J 和 5021 对该种特征作了进一步补充。

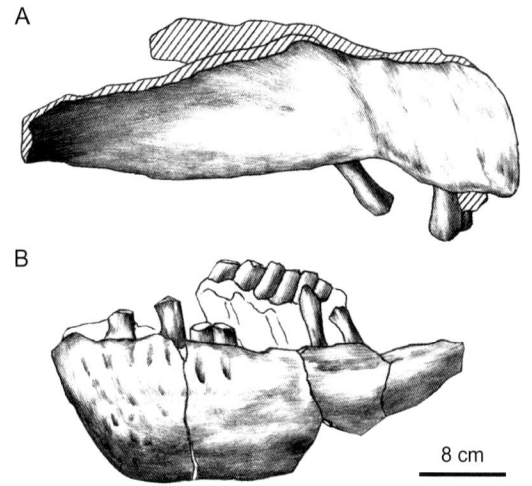

图 149 巴山酋龙 *Datousaurus bashanensis* 归入标本（CQMNH CV 00740）
A. 上颌骨；B. 下颌骨（改自彭光照等，2005）

原颌龙属 Genus *Protognathosaurus* Olshevsky, 1991 (=*Protognathus* Zhang, 1988)

模式种 尖齿原颌龙 *Protognathosaurus oxyodon* (Zhang, 1988)

鉴别特征 齿骨前端背腹向扩张，护齿板发育。齿列较长，不少于 19 个齿槽。齿冠矛状，边缘锯齿发育。

中国已知种 仅模式种。

分布与时代 四川，中侏罗世。

尖齿原颌龙 *Protognathosaurus oxyodon* (Zhang, 1988)

（图 150）

正模 CQMNH CV 00732，一较完整左齿骨。发现于四川自贡大山铺。

鉴别特征 同属。

---

① 叶勇 (Ye Y). 2005. 四川自贡大山铺发现巴山酋龙新材料. 中国古生物学会第九届全国会员代表大会暨中国古生物学会第二十三次学术年会论文摘要集. 59

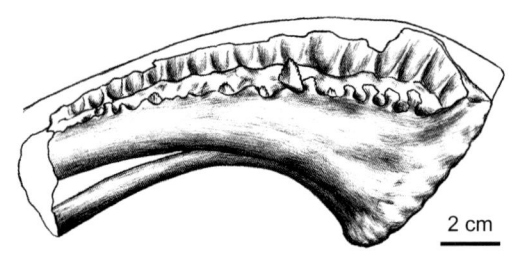

图 150 尖齿原颌龙 *Protognathosaurus oxyodon*
正模（CQMNH CV 00732）
左齿骨内侧视（引自彭光照等，2005）

产地与层位 四川自贡，中侏罗统沙溪庙组下部。

评注 尖齿原颌龙矛状的齿冠等特征更似早期分异蜥脚型类的，与大山铺恐龙化石坑中其他蜥脚类都不同。由于材料少，McIntosh（1990）和 Upchurch 等（2004）等将其作为无效属种，但尚未有正式修订文章发表，故本书暂时将其视为一个有效属种。

巴蜀龙属 Genus *Bashunosaurus* Kuang, 2004

模式种 开江巴蜀龙 *Bashunosaurus kaijiangensis* Kuang, 2004

鉴别特征 颈椎 12–13 节，椎体侧凹纵长，最长颈椎长度为最长背椎的 1.6 倍；13 节背椎，前部神经棘顶端略分叉，前中部椎体后凹型；4 节荐椎；40–45 节尾椎，双凹型。

中国已知种 仅模式种。

分布与时代 四川，中侏罗世。

开江巴蜀龙 *Bashunosaurus kaijiangensis* Kuang, 2004

（图 151）

正模 MCDUT KM20100，一包括 6 节颈椎、8 节背椎、部分左肩胛骨、右肱骨和尺骨、部分右髂骨和右后肢的个体。发现于四川开江大山铺。

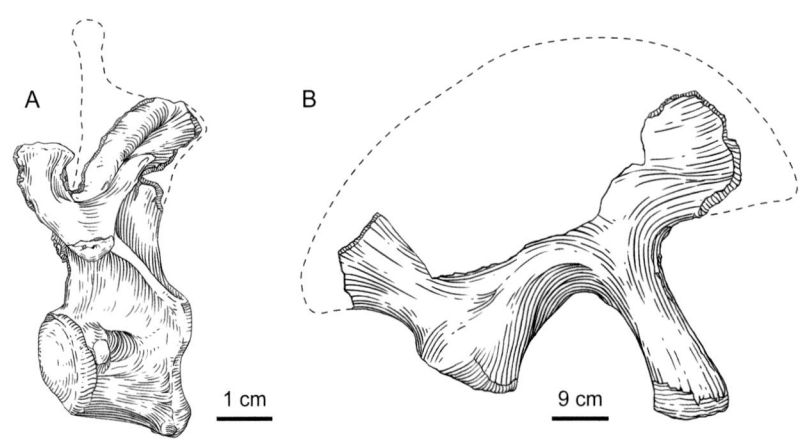

图 151 开江巴蜀龙 *Bashunosaurus kaijiangensis* 正模（MCDUT KM20100）
前部背椎侧视（A）；右髂骨侧视（B）（改自匡学文，2004）

归入标本 MCDUT KM20103，一段尾椎和右髂骨。

鉴别特征 同属。

产地与层位 四川开江，中侏罗统沙溪庙组下部。

云龙属 Genus *Nebulasaurus* Xing, Miyashita, Currie, You, Zhang et Dong, 2013

模式种 太东云龙 *Nebulasaurus taito* Xing, Miyashita, Currie, You, Zhang et Dong, 2013

鉴别特征 上枕骨对枕骨大孔贡献很少（不足总边缘长度的1/10），上枕骨侧向延伸很短没有插入顶骨和外枕骨之间，额骨-顶骨孔位于两者骨缝之间且大于顶骨后孔。

中国已知种 仅模式种。

分布与时代 云南，中侏罗世。

太东云龙 *Nebulasaurus taito* Xing, Miyashita, Currie, You, Zhang et Dong, 2013

（图152）

正模 LFGT v.d.1，一脑颅。发现于云南元谋姜驿。

鉴别特征 同属。

产地与层位 云南元谋，中侏罗统张河组。

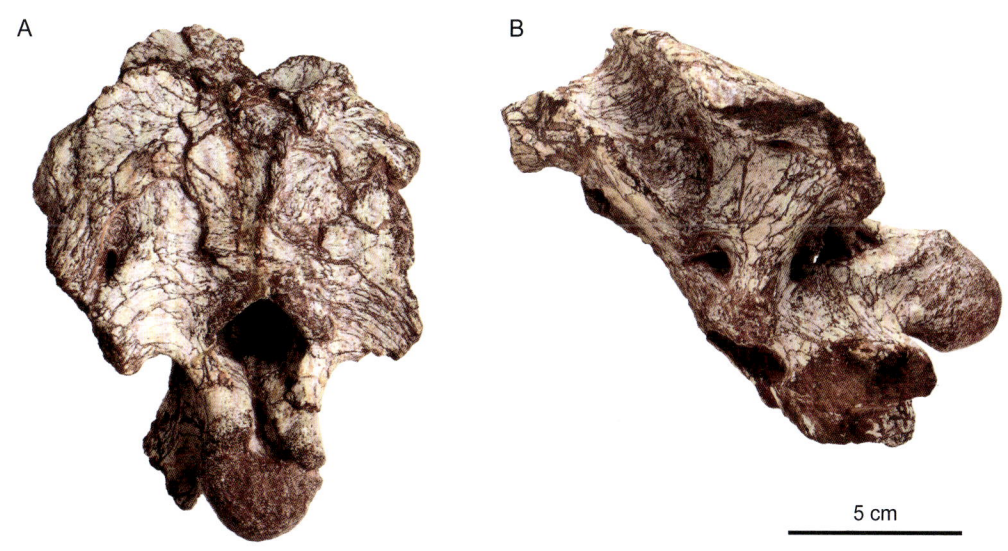

图152 太东云龙 *Nebulasaurus taito* 正模（LFGT v.d.1）
脑颅背后视（A）和左侧视（B）

马门溪龙科 Family Mamenchisauridae Young et Chao, 1972

定义与分类 马门溪龙科是包含 Mamenchisaurus hochuanensis Young et Chao, 1972 而非 Saltasaurus loricatus Bonaparte et Powell, 1980 的包容性最大分支。

形态特征 牙齿远中缘没有或很少锯齿。颈椎不少于16节,颈椎副突向侧下方延伸以至颈肋置于相应椎体至少一半高度之下,颈椎椎体腹面上凹,颈椎上关节突向后延伸超出后关节突,中部颈椎椎弓高度小于相应椎体后关节面高度。背椎椎体内部具有复杂多孔气腔构造,前部背椎神经棘较低较宽(宽度大于其高度),前部背椎神经棘略高于相应椎体高度,后部背椎附属关节不发育,仅为板槽状构造,后部背椎椎体后凹型。

中国已知属 峨眉龙属(Omeisaurus)、马门溪龙属(Mamenchisaurus)、自贡龙属(Zigongosaurus)、秀龙属(Abrosaurus)、綦江龙属(Qijianglong)、川街龙属(Chuanjiesaurus)、元谋龙属(Yuanmousaurus)、始马门溪龙属(Eomamenchisaurus)、天山龙属(Tienshanosaurus)、克拉美丽龙属(Klamelisaurus)、蝴蝶龙属(Hudiesaurus)、新疆巨龙属(Xinjiangtitan)、黄山龙属(Huangshanlong)和安徽龙属(Anhuilong)。

分布与时代 亚洲、非洲,中侏罗世—晚侏罗世。

峨眉龙属 Genus *Omeisaurus* Young, 1939

模式种 荣县峨眉龙 Omeisaurus junghsiensis Young, 1939

鉴别特征 大型蜥脚类。牙齿勺形,粗大,齿冠近中缘锯齿发育,远中缘锯齿数少,个别没有锯齿。大约17节颈椎,12节背椎,4节荐椎,超过50节尾椎。中部颈椎椎体长度与其后关节面高度之比大于4,颈椎神经棘低平,中后部颈椎副突前后向拉长,中后部颈椎横突后缘具一三角状突起,后部颈椎和前部背椎神经棘不分叉。前部尾椎椎体为微弱双凹型,第一尾椎尾肋扩大,略呈扇形。髂骨耻骨突发育,基部位于髂骨近中部,坐骨突不明显。

中国已知种 Omeisaurus junghsiensis Young, 1939, O. changshouensis Young, 1958, O. fuxiensis Dong, Zhou et Zhang, 1983, O. tianfuensis He, Li, Cai et Gao, 1984, O. luoquanensis Li, 1988, O. maoianus Tang, Jin, Kang et Zhang, 2001 和 O. jiaoi Jiang, Li, Peng et Ye, 2011。

分布与时代 四川、重庆,中侏罗世—晚侏罗世。

评注 除天府峨眉龙的材料较完整外,其余各种的材料均不好,特别是正型标本荣县峨眉龙保存不完整,为后来峨眉龙各种间的对比以及峨眉龙与马门溪龙等亲缘关系密切的属之间的对比带来了诸多困难。

荣县峨眉龙 *Omeisaurus junghsiensis* Young, 1939

（图 153）

正模 GMC V541，一不完整骨架，包括 4 节颈椎，3 节背椎，4 节荐椎和 9 节尾椎，8 根左侧肋骨，左肩胛骨近端和乌喙骨大部，左肱骨，左右髂骨和坐骨，左耻骨，左股骨近端和左腓骨。发现于四川自贡荣县西瓜山。

归入标本 IVPP V 240，6 枚牙齿；IVPP V 257，左肱骨；IVPP V 241，1 枚牙齿。

鉴别特征 颈椎后凹型，神经棘较低。背椎后凹型，侧凹发育。第一尾椎尾肋呈扇形。肱骨近端向内扩张。耻骨骨干板状。

产地与层位 四川自贡荣县、广元以及甘肃康县，中侏罗统沙溪庙组下部以及相当层位。

评注 Young（1939）还将一枚采自四川自贡荣县成佳的勺形牙齿也归入荣县峨眉龙中，但李奎（1988）认为该牙齿形态上与蜀龙的更相似而且层位为自流井组大安寨灰岩段，不大可能属于荣县峨眉龙。Young（1942b）将采自四川广元的六枚牙齿和一左肱骨及甘肃康县的一枚牙齿也归入该种。董枝明等（1983）认为四川自贡伍家坝沙溪庙组上部的蜥脚类有两种类型，大多可归入荣县峨眉龙，也包括之前命名的釜溪自贡龙（*Zigongosaurus fuxiensis* Hou et al., 1976）的大部分标本，而个体较小的一类可归入釜溪峨眉龙。我们根据彭光照等（2005）研究认为釜溪自贡龙有效，这样董枝明等（1983）记述的伍家坝的荣县种标本可归入釜溪种。彭光照等（2005）认为正模层位为沙溪庙组下部。

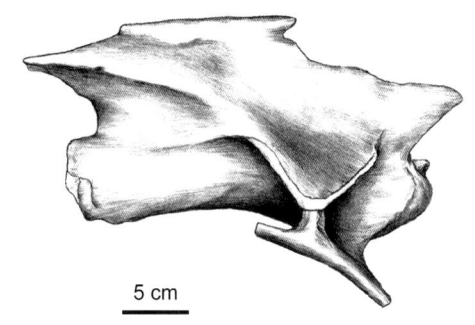

图 153 荣县峨眉龙 *Omeisaurus junghsiensis* 正模（GMC V541）
颈椎右侧视（引自彭光照等，2005）

长寿峨眉龙 *Omeisaurus changshouensis* Young, 1958

（图 154）

正模 IVPP V 930，一不完整骨架，包括若干脊椎，肩胛骨，乌喙骨，左肱骨，掌骨，坐骨，耻骨，股骨，胫骨，腓骨和距骨等。发现于重庆长寿狮子滩帽子山。

鉴别特征 较荣县种大，肢骨更扁平。

产地与层位 重庆长寿，上侏罗统沙溪庙组上部

评注 何信禄等（1988）认为长寿峨眉龙前端尾椎椎体有可能是前端凹而后端微凸，与马门溪龙或自贡龙的更相近，因此怀疑该种是否应归入峨眉龙属。Upchurch 等（2004）认为该种无效。

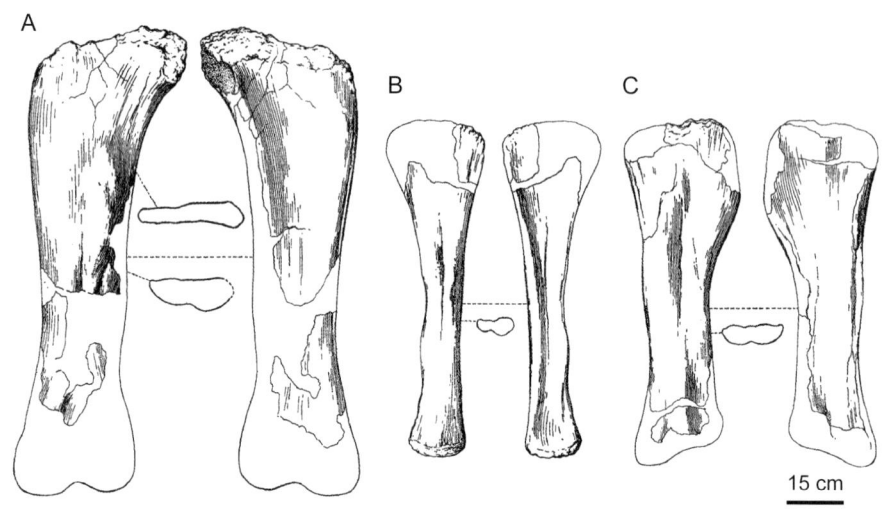

图 154 长寿峨眉龙 *Omeisaurus changshouensis* 正模（IVPP V 930）
A. 左股骨后视和前视；B. 左腓骨后视和前视；C. 左胫骨后视和前视（引自 Young, 1958）

釜溪峨眉龙 *Omeisaurus fuxiensis* Dong, Zhou et Zhang, 1983

（图 155）

正模 CQMNH CV 00267，一基枕骨，一上颌骨，一左齿骨和一枢椎。发现于四川自贡伍家坝。

鉴别特征 头骨较荣县种低，枕髁的关节面不是半球状而是其末端有一缓突，枕髁颈较长，其腹面纵沟较深。牙齿较小，齿冠低，齿骨有 17 个齿槽。

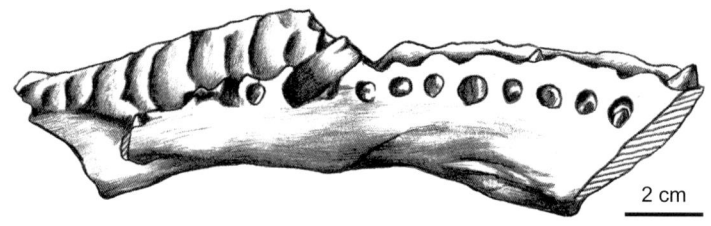

图 155 釜溪峨眉龙 *Omeisaurus fuxiensis* 正模（CQMNH CV 00267）
左下颌内侧视（引自彭光照等，2005）

产地与层位 四川自贡，上侏罗统沙溪庙组上部。

评注 董枝明等（1983）根据釜溪自贡龙（*Zigongosaurus fuxiensis* Hou et al., 1976）的一上颌骨和一下颌骨及伍家坝同一化石坑中的一基枕骨和一枢椎建立该种。彭光照等（2005）认为釜溪峨眉龙的标本比较少，再加上该标本又是一类个体较小的类型，标本上的一些特征差异可能是个体发育阶段的不同而造成的，因此认为该种是否成立还有待商榷。

天府峨眉龙 *Omeisaurus tianfuensis* He, Li, Cai et Gao, 1984

（图 156）

正模 ZDM 5002（四川自贡大山铺恐龙化石发掘队室内编号 T5701），一较完整骨架，包括 15 节颈椎，12 节背椎，4 节荐椎，25 节尾椎，左肩胛骨和乌喙骨，一对胸骨，左肱骨，左桡骨，完整腰带，基本完整的左后肢和后足。发现于四川自贡大山铺。

归入标本 ZDM 5004，一不完整骨架，包括不完整的头骨，1 节颈椎，10 节背椎，4 节荐椎，32 节尾椎，左肩胛骨，完整的左前肢骨骼，基本完整的腰带和后肢骨骼；

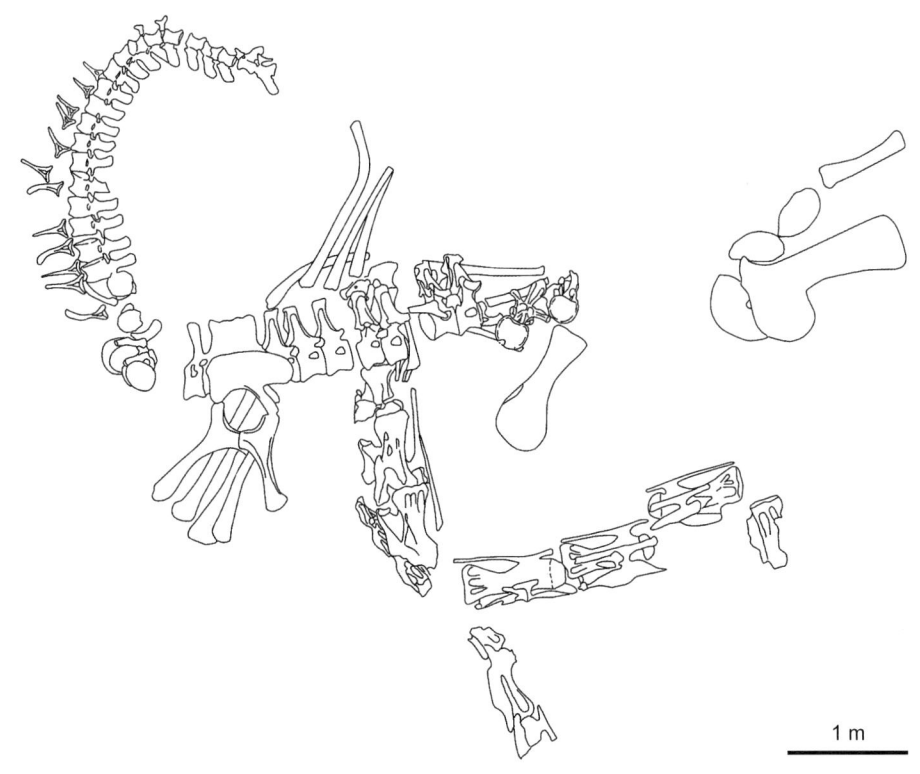

图 156 天府峨眉龙 *Omeisaurus tianfuensis* 正模（ZDM 5002）
埋藏图（引自彭光照等，2005）

ZDM 5005，一较完整骨架，包括 8 节颈椎，12 节背椎，4 节荐椎，36 节尾椎，比较完整的肩带和腰带骨骼，基本完整的前肢（缺右桡骨和尺骨）和完整的后肢；ZDM 5007，一不完整骨架，包括不太完整的头骨，13 节颈椎，左肩胛骨和乌喙骨，右肱骨，左右桡骨和尺骨，部分掌骨、指骨、蹠骨和趾骨；ZDM 5046，一不完整的幼年个体骨架，包括 1 节颈椎，5 节背椎，2 节荐椎，6 节尾椎，右肩胛骨，右肱骨，右桡骨，两侧髂骨，左耻骨，左坐骨和左股骨；四川自贡大山铺恐龙化石发掘队室内编号 T 5702，一近完整头骨，3 节中部颈椎，完整的左前肢和左、右后肢骨骼；四川自贡大山铺恐龙化石发掘队室内编号 T 5706，一不完整骨架，包括 5 节背椎，4 节荐椎，右髂骨和右趾骨；四川自贡大山铺恐龙化石发掘队室内编号 T 5707，一不完整骨架，包括 11 节背椎，11 节前部尾椎，胸骨，完整的腰带和部分肢骨；四川自贡大山铺恐龙化石发掘队室内编号 T 5708，一不完整骨架，包括 6 节颈椎和部分肢骨；四川自贡大山铺恐龙化石发掘队室内编号 T 5709，左上颌骨和 3 节中部颈椎。

鉴别特征 大型蜥脚类。17 节颈椎，12 节背椎，4 节荐椎，超过 50 节尾椎。荐前椎后凹型。颈椎长，最长颈椎为背椎平均长度的 3.7 倍，腹嵴和侧凹均较发育，神经棘低长，颈肋特别长，最长的颈肋约为其所关节的颈椎体长的 2.5 倍。背椎侧凹发育，神经棘不分叉。前部尾椎为微弱的双凹型，第一尾椎尾肋扩张，略呈扇形。中部尾椎人字骨分叉。前肢为后肢长度的 4/5 或更多。尺骨为肱骨长的 2/3 强。胫骨为股骨长的 2/3。指式为 2-2-2?-2?-1?；趾式为 2-3-3-3-2。前足仅第 I 指有爪，而后足第 I、II、III 趾有爪。

产地与层位 四川自贡大山铺，中侏罗统沙溪庙组下部。

评注 天府峨眉龙是大山铺恐龙化石群中的主要分子，有数十个个体发现。何信禄等（1984，1988）对其进行了详细研究。然而在所有标本中并没有和头骨及下颌相关联的头后骨骼标本，因此彭光照等（2005）认为欧阳辉（1989）记述的大山铺恐龙化石坑中孤立保存的东坡秀龙（*Abrosaurus dongpoi*）头骨很可能就是天府峨眉龙的头骨，而何信禄等（1988）认定的天府峨眉龙头骨很可能属于颈部比较粗短的巴山酋龙的头骨。

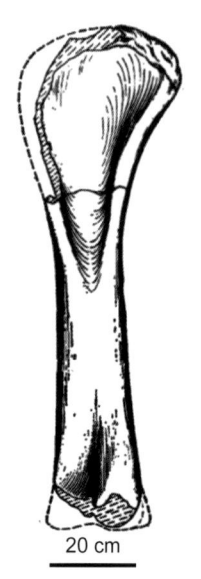

图 157 罗泉峨眉龙 *Omeisaurus luoquanensis* 正模（MCDUT V21501）右肱骨前视（改自李奎，1988）

罗泉峨眉龙 *Omeisaurus luoquanensis* Li, 1988

（图 157）

正模 MCDUT V21501，一不完整骨架，包括 1 节颈椎椎体，2 节颈椎神经棘，11 节背椎神经棘，

3节愈合荐椎神经棘，10节关联的前部尾椎，4节后部尾椎，7个前部尾椎人字骨，若干背肋和2根荐肋，不完整的右侧肩胛骨、肱骨、髂骨、耻骨和股骨。发现于四川自贡资中罗泉乡小河村。

归入标本 MCDUT V21502，右肩胛骨、左胫骨和右腓骨。

鉴别特征 背椎神经棘薄，前部尾椎神经棘低而前后向宽，肩胛骨骨干中间部分厚，肱骨近远端扩展程度均不如天府峨眉龙显著，肱骨骨干长，横截面近圆形。

产地与层位 四川自贡，中侏罗统沙溪庙组下部。

毛氏峨眉龙 *Omeisaurus maoianus* Tang, Jin, Kang et Zhang, 2001

（图158）

正模 ZMNH N8501，一不完整骨架，包括较完好的头骨带下颌，3节颈椎，4节背椎，22节尾椎和较完整的附肢骨骼。发现于四川井研研经黄石坎。

鉴别特征 头骨较轻巧，外鼻孔大于眶孔，外下颌孔长卵圆形，23枚下颌齿。最长颈椎椎体长度约为其后关节面高的4倍，后部颈椎和前部背椎神经棘不分叉，股骨外侧在近端1/3处扩展并向内倾斜。

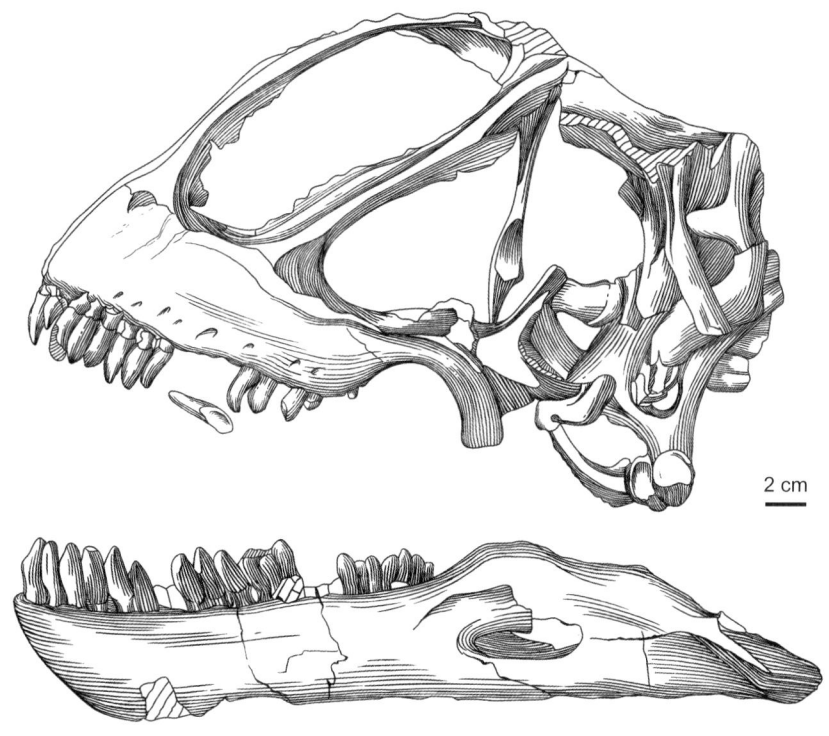

图158 毛氏峨眉龙 *Omeisaurus maoianus* 正模（ZMNH N8501）
头骨和左下颌左侧视（改自唐烽等，2001a）

产地与层位 四川井研，上侏罗统沙溪庙组上部。

评注 彭光照等（2005）认为该种和马门溪龙属更接近。

焦氏峨眉龙 *Omeisaurus jiaoi* Jiang, Li, Peng et Ye, 2011
（图 159）

正模 ZDM 5050，一除头部和颈椎外的基本完整骨架。发现于四川自贡大山铺。

鉴别特征 大型蜥脚类，前部和中部背椎后凹型，后部背椎双平型，背椎神经棘棒状不分叉，前部尾椎弱双凹型，第一尾椎不具扇形尾肋，第一人字骨短小并与第一尾椎关联，中后部尾椎人字骨分叉，肱骨和股骨长而圆实，肱骨和股骨长之比为 0.83，尺骨和肱骨长之比为 0.72，胫骨和股骨长之比为 0.63。

产地与层位 四川自贡大山铺，中侏罗统沙溪庙组下部。

图 159 焦氏峨眉龙 *Omeisaurus jiaoi* 正模（ZDM 5050）
前部尾椎左侧视（引自江山等，2011）

马门溪龙属 Genus *Mamenchisaurus* Young, 1954

模式种 建设马门溪龙 *Mamenchisaurus constructus* Young, 1954

鉴别特征 大型蜥脚类。头骨较轻巧，开孔大，具外下颌孔。颈椎 18–19 节，背椎 12 节，荐椎 4–5 节。荐前椎后凹型，颈椎椎体侧面凹陷内有小的开孔连接内部复杂的蜂窝状气腔构造，后部颈椎和前部背椎神经棘分叉，前部和中部背椎前后关节突关节面向后下方倾斜约 30°，中后部背椎没有椎体 - 副突后板，中后部背椎神经棘三角形翼状突发育，其横向宽度和后关节突相当，后部背椎内侧神经棘-后关节突板发育并参与神经棘后面中央脊板形成，前部尾椎前凹型，中后部尾椎双平型，尾椎神经棘更指向后方而不是上方。颈肋长，中后部尾椎人字骨分叉。股骨上关节髁不发育，胫骨近端髁横向扩展呈亚圆形，距骨上升突扩展到距骨后边缘。

中国已知种 *Mamenchisaurus constructus* Young, 1954，*M. hochuanensis* Young et Chao, 1972，*M. youngi* Pi, Ouyang et Ye, 1996，*M. anyuensis* He, Yang, Cai, Li et Liu, 1996，*M. jingyanensis* Zhang, Li et Zeng, 1998 和 *M. sinocanadorum* Russell et Zheng, 1993。

分布与时代 四川、重庆、新疆、甘肃，晚侏罗世。

评注 Young（1954）建立该属种，杨钟健和赵喜进（1972）命名该属第二个种合川种。由于建设种保存很不好，而合川种又较为完整，杨钟健和赵喜进（1972）曾将合川种指定为模式种。Young（1958）把甘肃红谷海石湾发现的一批材料归在建设种中；后来杨钟健和赵喜进（1972）又将这批标本归入到合川种中（标本现保存在中国科学院古脊椎动物与古人类研究所，标本号 IVPP V 456–458）。随后又有若干新种被命名，但其中的广元种（李奎、蔡开基，1997）和云南种（方晓思等，2004）无效（叶勇，2008）。王正新等（2003）报道了四川简阳上侏罗统蓬莱镇组顶部发现的马门溪龙属一未定种。

建设马门溪龙 *Mamenchisaurus constructus* Young, 1954

（图 160）

正模 IVPP V 790，一不完整骨架，包括 14 节颈椎，5 节背椎，30 节尾椎，若干肋骨和人字骨，部分右股骨，较完整的右侧胫腓骨和部分足部骨骼。发现于四川宜宾。

鉴别特征 长约 13 m。前部尾椎椎体前凹型，中部人字骨末端分叉。

产地与层位 四川宜宾，上侏罗统沙溪庙组上部。

评注 Young（1954）主要根据第一尾椎形态与当时已知的峨眉龙不同而建立该新属种，后来的发现证实了这一推断。但是该种材料残破，与其他种的关系很难推断。

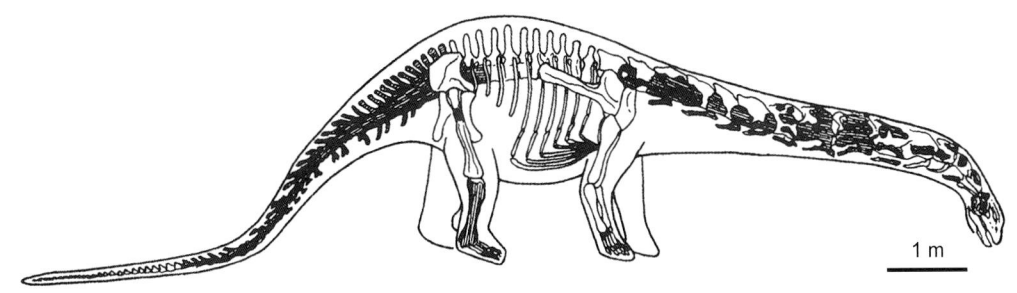

图 160 建设马门溪龙 *Mamenchisaurus constructus* 正模（IVPP V 790）
复原图（引自 Li et al., 2008）

合川马门溪龙 *Mamenchisaurus hochuanensis* Young et Chao, 1972

(图 161)

正模 MCDUT V20401,一较完整头后骨架,包括 19 节颈椎,12 节背椎,4 节荐椎和前部 35 节尾椎,较全的人字骨,以及腰带和后肢大部。发现于重庆合川。

归入标本 ZDM 0126,一基本完整骨架,包括一个较破碎的头骨带下颌,许多零散保存的牙齿,几乎连续保存的脊柱、完整的肩带、不完整的腰带以及完整的右前肢和右后肢。

鉴别特征 齿冠前后缘均发育锯齿,齿式为 Pm4 + M18/D19。19 节颈椎,最长颈椎为背椎平均长度的 3.3 倍,颈椎椎体侧凹不甚发育。后部颈椎和前部背椎神经棘微弱分叉。背椎侧凹发育。4 节荐椎。50 节以上尾椎,前部尾椎神经棘棒状,中后部尾椎微弱双凹型,神经棘板状,末端几节尾椎相互愈合,且神经弓以上部分明显膨大,形成侧扁的尾锤。肩胛骨长大,胸骨较小,锁骨短小。髂骨低长,耻骨突特别发育。肱骨长度为股骨长的 70%,尺骨长度为肱骨长的 70%,胫骨长度为股骨长的 60%。

产地与层位 重庆合川和四川自贡,上侏罗统沙溪庙组上部。

评注 叶勇等(2001)将 1995 年底在四川自贡汇东新区沙溪庙组上部发现的一具保存较完整的个体(ZDM 0126)归入该种,对该种特征进行了诸多补充记述。

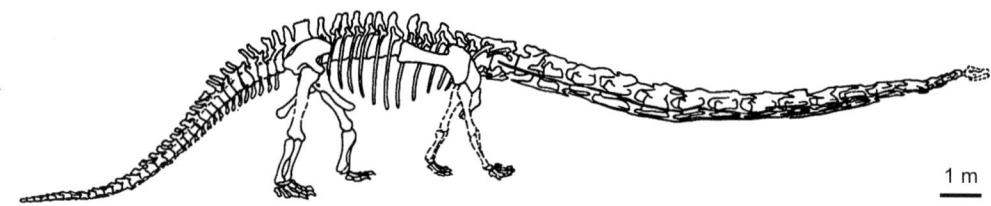

图 161 合川马门溪龙 *Mamenchisaurus hochuanensis* 正模(MCDUT V20401)
复原图(引自 Li et al., 2008)

杨氏马门溪龙 *Mamenchisaurus youngi* Pi, Ouyang et Ye, 1996

(图 162)

正模 ZDM 0083,一近完整骨架,包括基本完整的头骨带下颌,18 节颈椎,12 节背椎,5 节荐椎,14 节尾椎,若干肋骨和人字骨,近于完整的肩带、腰带和四肢以及一块皮肤印痕化石。发现于四川自贡新民九井坝。

鉴别特征 头骨轻巧,各开孔均很大,尤其外鼻孔。眼眶近圆形,方轭骨前端终于眼眶前缘之下。齿骨前端深。牙齿较小,排列紧密,齿式为 Pm4 + M18/D23–24,齿缘磨蚀沟迹显著,未磨蚀的牙齿前缘锯齿数多。荐前椎体中空性较大,脊板构造简单。18 节

图 162　杨氏马门溪龙 Mamenchisaurus youngi 正模（ZDM 0083）
头骨带下颌右侧视

颈椎，最长颈椎为最长背椎长度的 2.5 倍，椎体无腹嵴，侧凹不发育，前部背椎和后部颈椎神经棘分叉。5 节荐椎。前部尾椎强烈前凹型。髂骨耻骨突很长，坐、耻骨等长。肱骨与股骨长度比为 0.72，尺骨与肱骨长度比为 0.69，胫骨与股骨长度比为 0.57。前后足均较小。前足仅第 I 指具爪，指式为 2-2-1?-1?-1?。后足第 I、II 趾具爪，趾式为 2-3-3-2?-1?。

产地与层位　四川自贡，上侏罗统沙溪庙组上部。

评注　欧阳辉和叶勇（2002）对该标本作了详细研究。

安岳马门溪龙 Mamenchisaurus anyuensis He, Yang, Cai, Li et Liu, 1996

（图 163）

正模　AL001，一近完整头后骨架。发现于四川安岳龙桥马蹄寺。

归入标本　AL002–AL003，3 个个体；

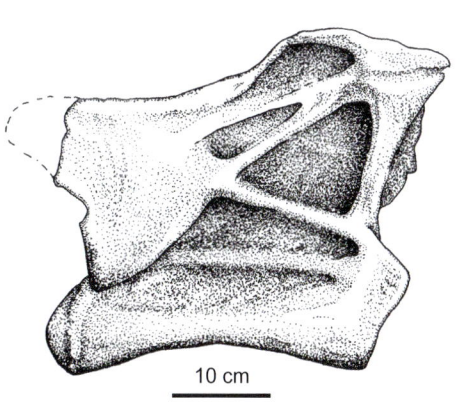

图 163　安岳马门溪龙 Mamenchisaurus anyuensis 正模（AL001）
后部颈椎左侧视（改自何信禄等，1996）

AL101–AL106，5–6个个体。收藏地不清。

鉴别特征 大型蜥脚类，全长约21 m。荐前椎椎体内部网格状中空非常发育，后部颈椎脊板构造发育，背椎椎体侧凹发育，5节荐椎，前部尾椎神经棘构造较简单。

产地与层位 四川安岳，上侏罗统蓬莱镇组。AL101–AL106产自四川安岳龙桥隆家崖上侏罗统遂宁组。

井研马门溪龙 *Mamenchisaurus jingyanensis* Zhang, Li et Zeng, 1998

（图164）

正模 CQMNH CV 00734，一较为完整的头骨带下颌及若干脱落在头骨围岩中的上颌齿，部分肩胛骨，右乌喙骨，部分肱骨，右尺骨，右桡骨和左坐骨。发现于四川井研梅旺乡，上侏罗统沙溪庙组上部。

归入标本 CQMNH CV JV0023，2枚牙齿，3节前部颈椎和几节风化严重的背椎，一串较连续的前部尾椎和中后部尾椎，以及较完整的前、后肢；CQMNH CV 00219，2枚牙齿，一串关节保存的中、后部颈椎和颈肋，4节愈合的荐椎和几节中、后部尾椎，一完整的右肩胛骨和右乌喙骨，两肱骨，一股骨远端和一完整的胫、腓骨；BMNH无编号，若干个体。

鉴别特征 大型蜥脚类。外鼻孔和眶前窗较小，牙齿前后缘均具锯齿。颈椎椎体侧凹发育，无腹嵴；背椎侧凹不发育；4节荐椎。肱骨直而粗壮。

产地与层位 四川井研梅旺乡、三江，荣县度佳，上侏罗统沙溪庙组上部。

评注 张玉光和李建军（2001, 2003）对北京自然博物馆收藏的部分产自四川井研三江的该种标本进行了补充研究，并认为井研马门溪龙是该属中较早期分异的类群，其产出层位和自贡伍家坝的釜溪自贡龙的相当。

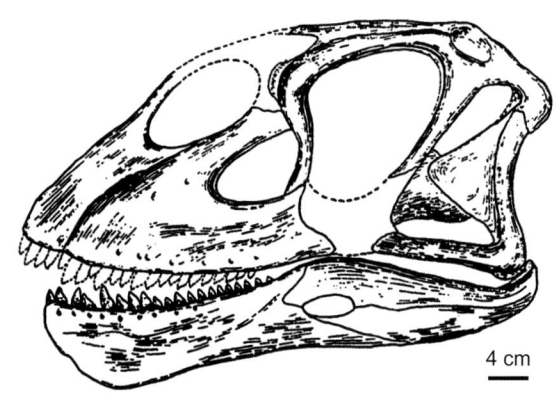

图164 井研马门溪龙 *Mamenchisaurus jingyanensis* 正模（CQMNH CV 00734）
头骨带下颌左侧视（引自张奕宏等，1998）

中加马门溪龙 *Mamenchisaurus sinocanadorum* Russell et Zheng, 1993

(图 165)

正模 IVPP V 10603，包括左梨骨，右翼骨，右方骨，左下颌骨，第一至第四颈椎。发现于新疆准噶尔盆地将军庙。

鉴别特征 枢椎和第三颈椎神经棘低，不超出前后关节突的高度；枢椎上关节突异常发育；枢椎不发育侧凹。

产地与层位 新疆准噶尔盆地，上侏罗统石树沟组上部。

评注 中加马门溪龙是马门溪龙属中个体最大的种，它的颈肋长达 4.1 m，估计身长可达 35 m。

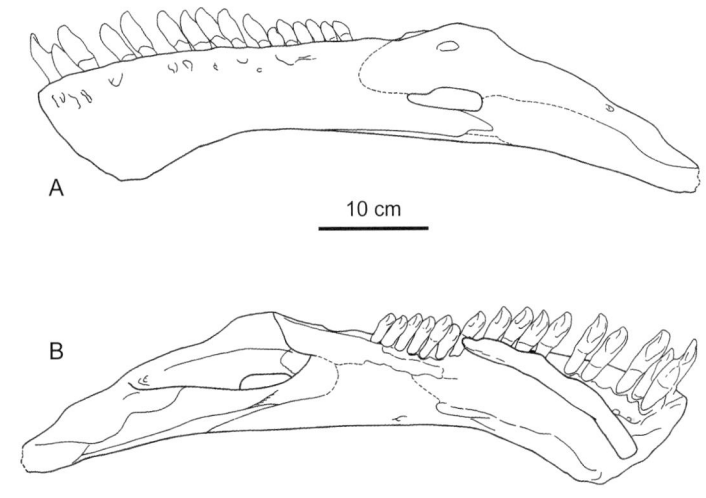

图 165 中加马门溪龙 *Mamenchisaurus sinocanadorum* 正模（IVPP V 10603）
A. 左下颌外侧视；B. 内侧视（改自 Russell et Zheng, 1993）

自贡龙属 Genus *Zigongosaurus* Hou, Zhou et Cao, 1976

模式种 釜溪自贡龙 *Zigongosaurus fuxiensis* Hou, Zhou et Cao, 1976

鉴别特征 大型蜥脚类。头骨较高，荐前椎后凹型，侧凹发育，后部颈椎神经棘和前部背椎神经棘微分叉，前部尾椎前凹型，具扇形的尾肋。

中国已知种 仅模式种。

分布与时代 四川，中侏罗世。

评注 董枝明等（1983）将大部分四川自贡伍家坝化石坑的蜥脚类归入荣县峨眉龙，也包括釜溪自贡龙的大部分标本。何信禄等（1984, 1988）认为自贡龙在形态特征上具有峨眉龙向马门溪龙过渡的性质，主张保留自贡龙这一属名。李奎和蔡开基（1997）认为自贡龙在主要特征上与马门溪龙完全相同，建议将釜溪自贡龙归入马门溪龙属中，作为马门溪龙属的一种。我们根据彭光照等（2005）研究认为釜溪自贡龙有效，但要注意由于该地发现的化石较多，当时又急于展出，侯连海等（1976）也仅对部分材料作了分析和观察，因此自贡龙属标本并非属于一个个体材料，可能有不同种类或个体材料混杂的现象。

釜溪自贡龙 *Zigongosaurus fuxiensis* Hou, Zhou et Cao, 1976

（图 166）

Omeisaurus junghsiensis：董枝明等，1983，29 页

Mamenchisaurus fuxiensis：李奎、蔡开基，1997，103 页

正模 CQMNH CV 02501，一具综合骨架，包括不完整的头骨。发现于四川自贡伍家坝。

归入标本 ZSM，未编号，一具综合骨架；重庆自然博物馆若干标本。

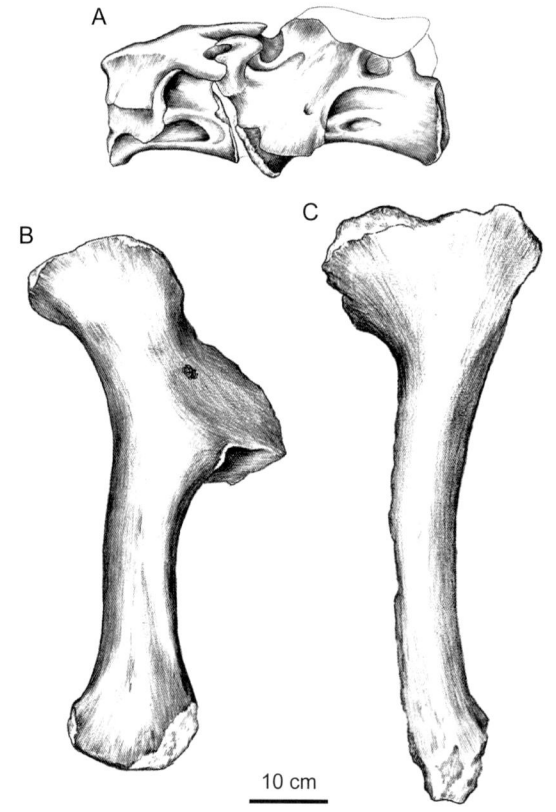

图 166 釜溪自贡龙 *Zigongosaurus fuxiensis* 正模（CQMNH CV 02501）
A. 颈椎左视；B. 左耻骨左侧视；C. 左坐骨侧视（引自彭光照等，2005）

产地与层位 四川自贡，中侏罗统沙溪庙组上部。

鉴别特征 同属。

秀龙属 Genus *Abrosaurus* Ouyang, 1989

模式种 东坡秀龙 *Abrosaurus dongpoi* Ouyang, 1989

鉴别特征 头骨结构轻巧，头上开孔很大，头骨长度是高度的2.5倍。前上颌骨上升突和上颌骨上升支非常纤细。眶前窗大，三角形。下颌低长，齿骨前端略加深，外下颌孔小。齿式为Pm5 + M15–17/D16–18。牙齿纤细，勺状。

中国已知种 仅模式种。

分布与时代 四川，中侏罗世。

东坡秀龙 *Abrosaurus dongpoi* (=*A. dongpoensis*) Ouyang, 1989

（图167）

正模 ZDM 5038，一完整保存头骨。发现于四川自贡大山铺。

归入标本 ZDM 5033，一头骨脑颅部分。

鉴别特征 同属。

图167 东坡秀龙 *Abrosaurus dongpoi* 正模（ZDM 5038）
头骨带下颌左侧视（引自彭光照等，2005）

产地与层位 四川自贡大山铺，中侏罗统沙溪庙组下部。

评注 欧阳辉（1989）命名时种本名为"*dongpoensis*"，但彭光照和舒纯康（1999）认为东坡乃一人名，用"*dongpoi*"才符合命名规则。彭光照等（2005）认为东坡秀龙头骨轻巧很可能是天府峨眉龙的。

綦江龙属 Genus *Qijianglong* Xing, Miyashita, Zhang, Li, Ye, Sekiya, Wang et Currie, 2015

模式种 果壳綦江龙 *Qijianglong guokr* Xing, Miyashita, Zhang, Li, Ye, Sekiya, Wang et Currie, 2015

鉴别特征 额骨和顶骨前后向长度接近，上颞孔前缘完全由顶骨围成，无额骨-顶骨孔，顶骨后孔存在，板状的指向前腹侧的基翼突基部有一向腹后侧的与基部结节平行

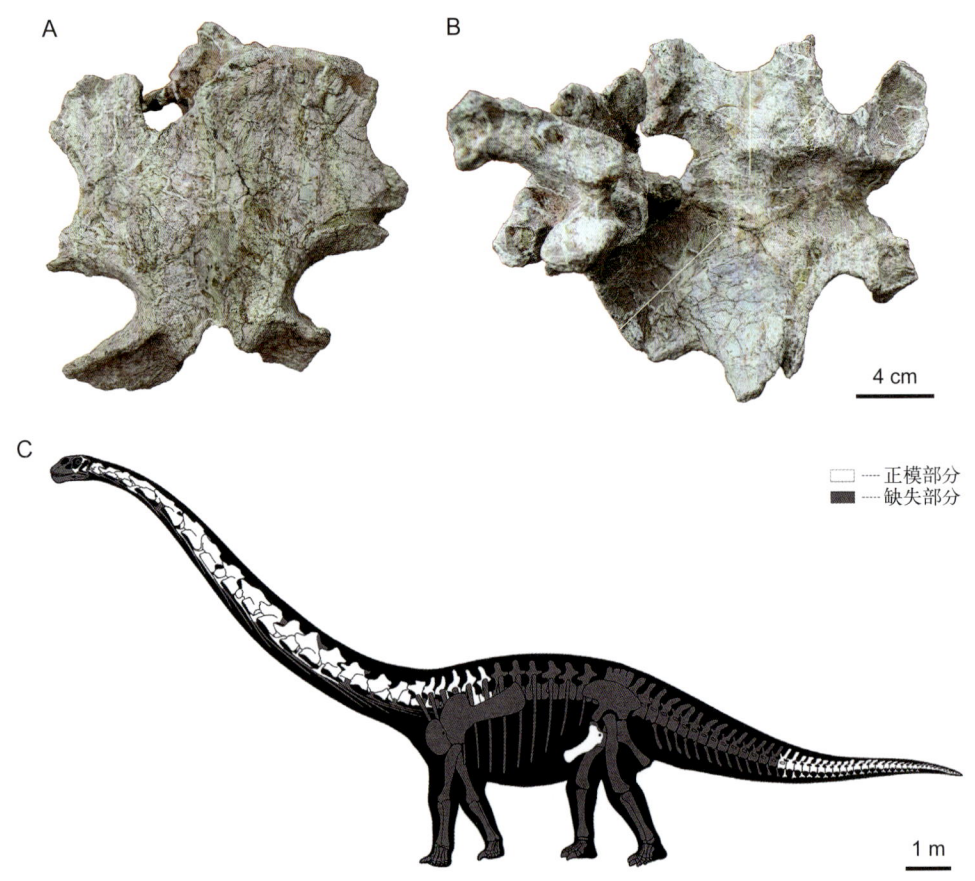

图168 果壳綦江龙 *Qijianglong guokr* 正模（QJGPM 1001）
A, B. 脑颅背视（A）和腹视（B）；C. 骨架复原图（改自 Xing et al., 2015）

的小突起。颈椎后关节突有一向后外侧延伸的指状突，后部颈椎神经棘-横突窝内气孔发育，中部尾椎神经棘前缘后缩至椎体后半部之上。耻骨前缘强烈内凹以致其末端更指向前侧而不是腹侧。

中国已知种 仅模式种。

分布与时代 重庆，晚侏罗世。

果壳綦江龙 *Qijianglong guokr* Xing, Miyashita, Zhang, Li, Ye, Sekiya, Wang et Currie, 2015

（图 168）

正模 QJGPM 1001，一不完整骨架，包括部分头骨，17 节颈椎，6 节前部背椎，28 节尾椎，若干肋骨和人字骨，左耻骨和两节趾骨。发现于重庆綦江。

鉴别特征 同属。

产地与层位 重庆綦江，上侏罗统遂宁组。

川街龙属 Genus *Chuanjiesaurus* Fang, Pang, Lu, Zhang, Pan, Wang, Li et Cheng, 2000

模式种 阿纳川街龙 *Chuangjiesaurus anaensis* Fang, Pang, Lu, Zhang, Pan, Wang, Li et Cheng, 2000

鉴别特征 后部背椎和荐椎神经棘末端膨大呈相互愈合的瘤状结节，前部尾肋前侧面上有一弱的横嵴，第 II 掌骨中部宽与长之比小于 0.2，股骨远端分隔的腓骨髁的内侧部分的宽度要宽于腓骨髁和胫骨髁之间的凹槽。

中国已知种 仅模式种。

分布与时代 云南，中侏罗世。

阿纳川街龙 *Chuanjiesaurus anaensis* Fang, Pang, Lu, Zhang, Pan, Wang, Li et Cheng, 2000

（图 169）

正模 LFGT Lfch1001 世界恐龙谷原地保存，一串尾椎，两侧肩胛骨、乌喙骨和肱骨，左侧尺骨和桡骨，右侧股骨、胫骨、腓骨和距骨。发现于云南禄丰川街老长箐。

归入标本 LFGT LCD9701-I 世界恐龙谷原地保存，11 节颈椎，6 节后部背椎，4 节荐椎，25 节尾椎，若干背肋和人字骨，左侧肱骨、尺骨、桡骨和掌骨，左髂骨，愈合的两耻骨，左股骨。

鉴别特征 同属。

产地与层位 云南禄丰，中侏罗统川街组。

评注 方晓思等（2000）命名该种。Sekiya（2011）对该种进行了详细研究，明确了正模和归入标本及鉴别特征。不过归入标本有可能代表了一个不同的属种。

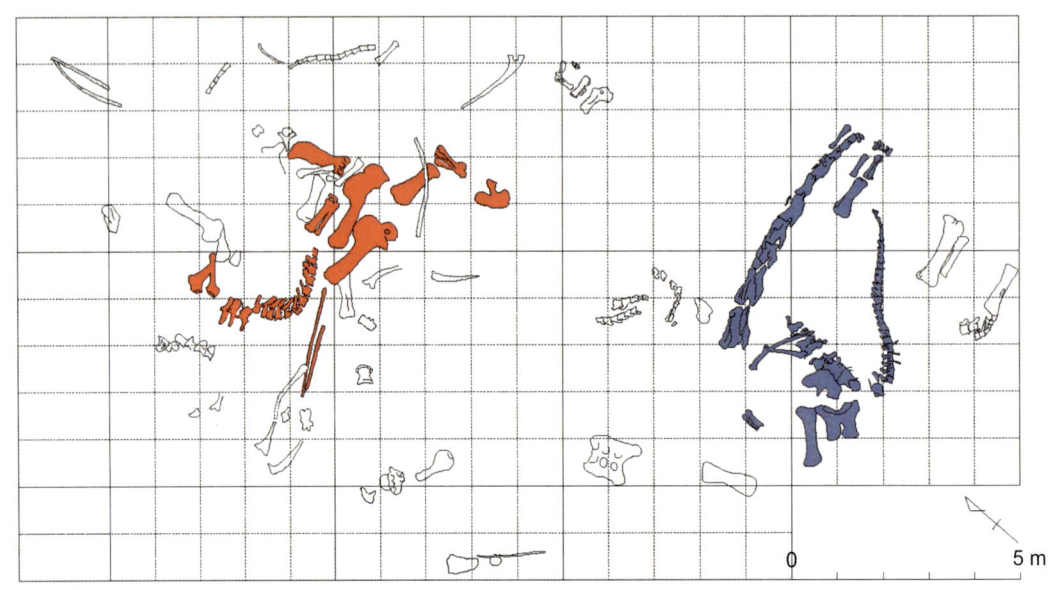

图 169 阿纳川街龙 *Chuanjiesaurus anaensis*
化石埋藏图，红色为正模，蓝色为归入标本（引自 Sekiya, 2011）

元谋龙属 Genus *Yuanmousaurus* Lü, Li, Ji, Wang, Zhang et Dong, 2006

模式种 姜驿元谋龙 *Yuanmousaurus jiangyiensis* Lü, Li, Ji, Wang, Zhang et Dong, 2006

鉴别特征 椎弓和神经棘侧面脊板构造发育，三角肌嵴窄，肱骨为股骨长的 0.72 倍。

中国已知种 仅模式种。

分布与时代 云南，中侏罗世。

姜驿元谋龙 *Yuanmousaurus jiangyiensis* Lü, Li, Ji, Wang, Zhang et Dong, 2006

（图 170）

正模 YMM 601，一个体包括前部颈椎，9节背椎，部分荐椎，7节尾椎，两侧肩胛骨，右侧肱骨、尺骨和桡骨，部分右髂骨，右侧股骨、胫骨和腓骨，一块距骨，一个爪骨及若干碎片。发现于云南元谋姜驿。

鉴别特征 同属。

产地与层位 云南元谋，中侏罗统张河组。

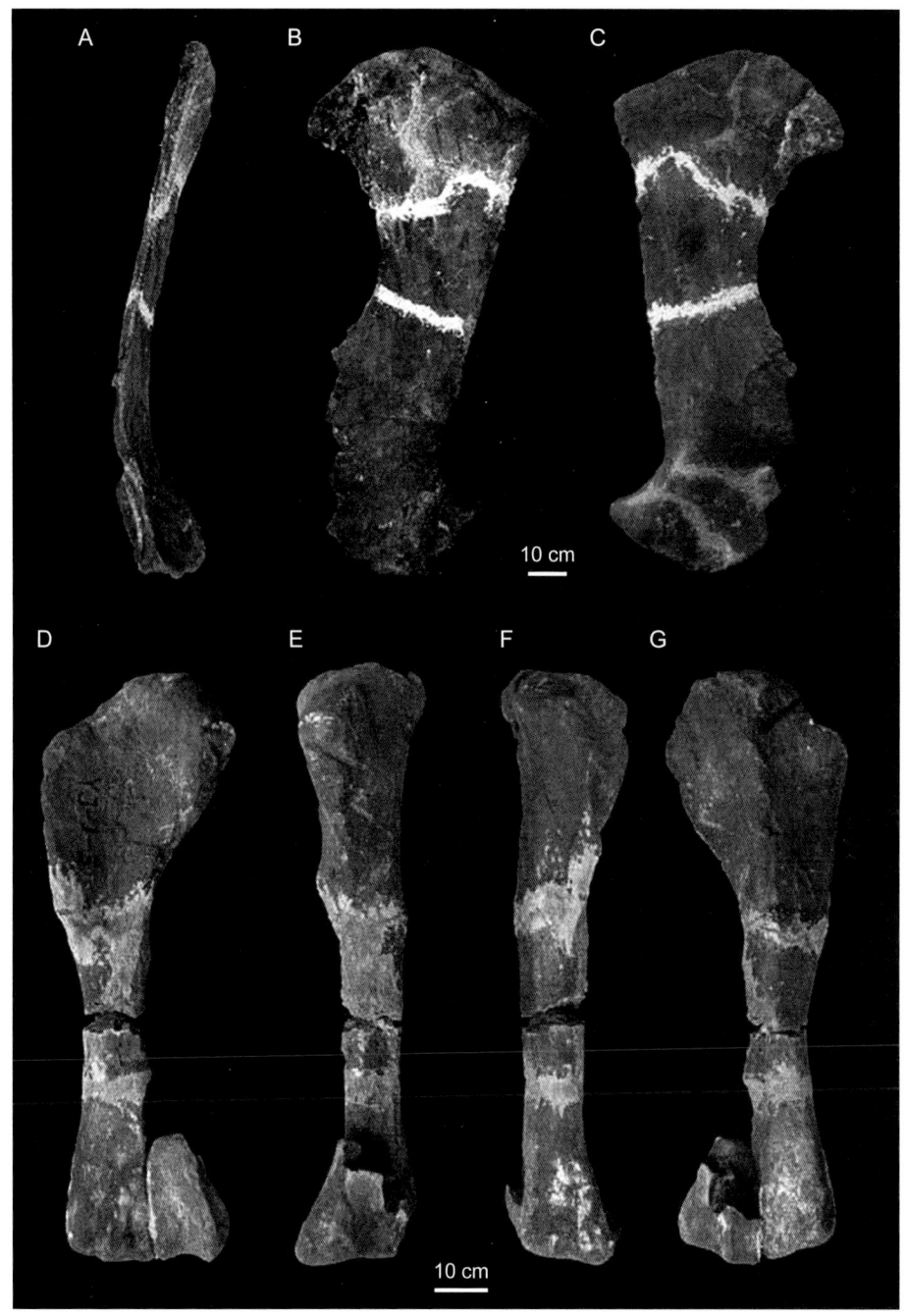

图 170 姜驿元谋龙 *Yuanmousaurus jiangyiensis* 正模（YMM 601）
右肩胛骨前侧视（A）、内侧视（B）和外侧视（C），右肱骨前侧视（D）、内侧视（E）、外侧视（F）和后侧视（G）（引自 Lü et al., 2006）

始马门溪龙属 Genus *Eomamenchisaurus* Lü, Li, Zhong, Ji et Li, 2008

模式种 元谋始马门溪龙 *Eomamenchisaurus yuanmouensis* Lü, Li, Zhong, Ji et Li, 2008

鉴别特征 背椎椎体无侧凹，髂骨后突存在，坐骨长于耻骨，坐骨骨干直且横截面亚椭圆形，股骨第四转子位于后内侧缘中部偏上，胫骨与股骨长之比为 0.64。

中国已知种 仅模式种。

分布与时代 云南，中侏罗世。

元谋始马门溪龙 *Eomamenchisaurus yuanmouensis* Lü, Li, Zhong, Ji et Li, 2008

（图 171）

正模 CXM VZA 165，8 节背椎，部分荐椎，右髂骨，右耻骨，两侧坐骨，两侧股骨，右胫骨。发现于云南元谋姜驿。

鉴别特征 同属。

产地与层位 云南元谋，中侏罗统张河组。

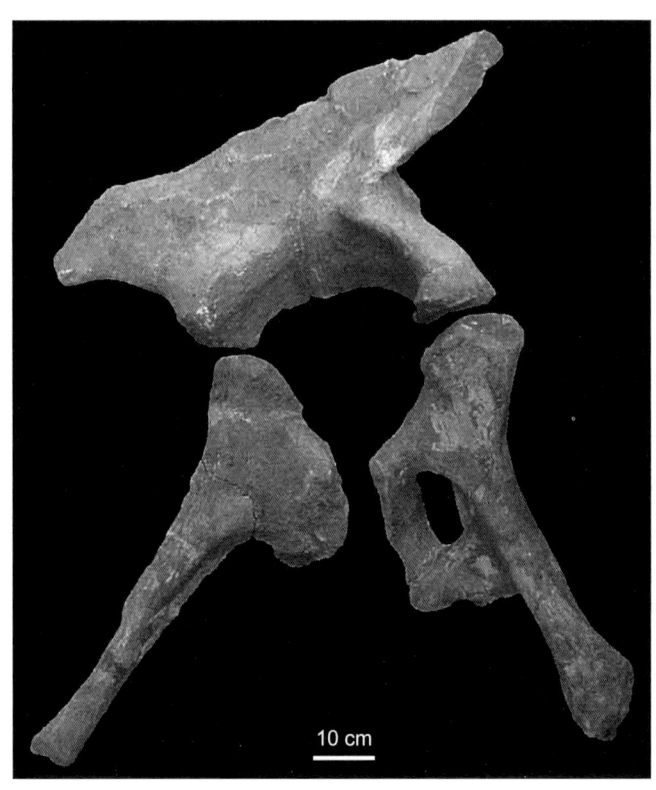

图 171 元谋始马门溪龙 *Eomamenchisaurus yuanmouensis* 正模（CXM VZA 165）
右侧腰带外侧视（引自 Lü et al., 2008b）

天山龙属 Genus *Tienshanosaurus* Young, 1937

模式种 奇台天山龙 *Tienshanosaurus chitaiensis* Young, 1937

鉴别特征 个体中等的蜥脚类恐龙。颈椎神经棘较低，背椎侧凹较浅，耻骨柄前缘和髂骨前突腹缘之间的夹角为115°，股骨第四转子不发育。

中国已知种 仅模式种。

分布与时代 新疆，晚侏罗世。

奇台天山龙 *Tienshanosaurus chitaiensis* Young, 1937

（图 172）

正模 IVPP RV 37089，一副不完整的骨架，包括2节颈椎，3节背椎，部分荐椎，26节尾椎，部分肋骨，左乌喙骨，关联的右肩胛乌喙骨，右肱骨，左右髂骨，左耻骨远端，左右坐骨，左股骨近端，胫骨近端和腓骨远端。发现于新疆奇台县以北125 km的白骨山（或乱山子）。

鉴别特征 同属。

产地与层位 新疆奇台，上侏罗统石树沟组上部。

评注 天山龙代表了准噶尔盆地发现的第一条恐龙。化石材料由袁复礼采集（Yuan et Young, 1934），后交给杨钟健描述（Young, 1937），但该属种是否成立尚存疑问。董枝明（1990）曾将产于准噶尔盆地五彩湾地区的部分化石（编号 IVPP V 8301，包括4个颈椎及附属的颈肋，17个相关联的尾椎及相应的脉弧）鉴定为天山龙属未定种，但这一分类意见目前无法确认。

克拉美丽龙属 Genus *Klamelisaurus* Zhao, 1993

模式种 戈壁克拉美丽龙 *Klamelisaurus gobiensis* Zhao, 1993

鉴别特征 较大型的蜥脚类。牙齿勺状、宽大，13节背椎，5节荐椎。颈椎神经棘低，颈肋略长于对应的颈椎椎体，后部颈椎和前部背椎神经棘分叉，背椎椎体侧凹较浅，后部背椎神经棘顶端向两侧膨大，前部尾椎椎体前凹型，尾椎神经棘呈棒状，人字骨分叉。

中国已知种 仅模式种。

分布与时代 新疆，中侏罗世晚期。

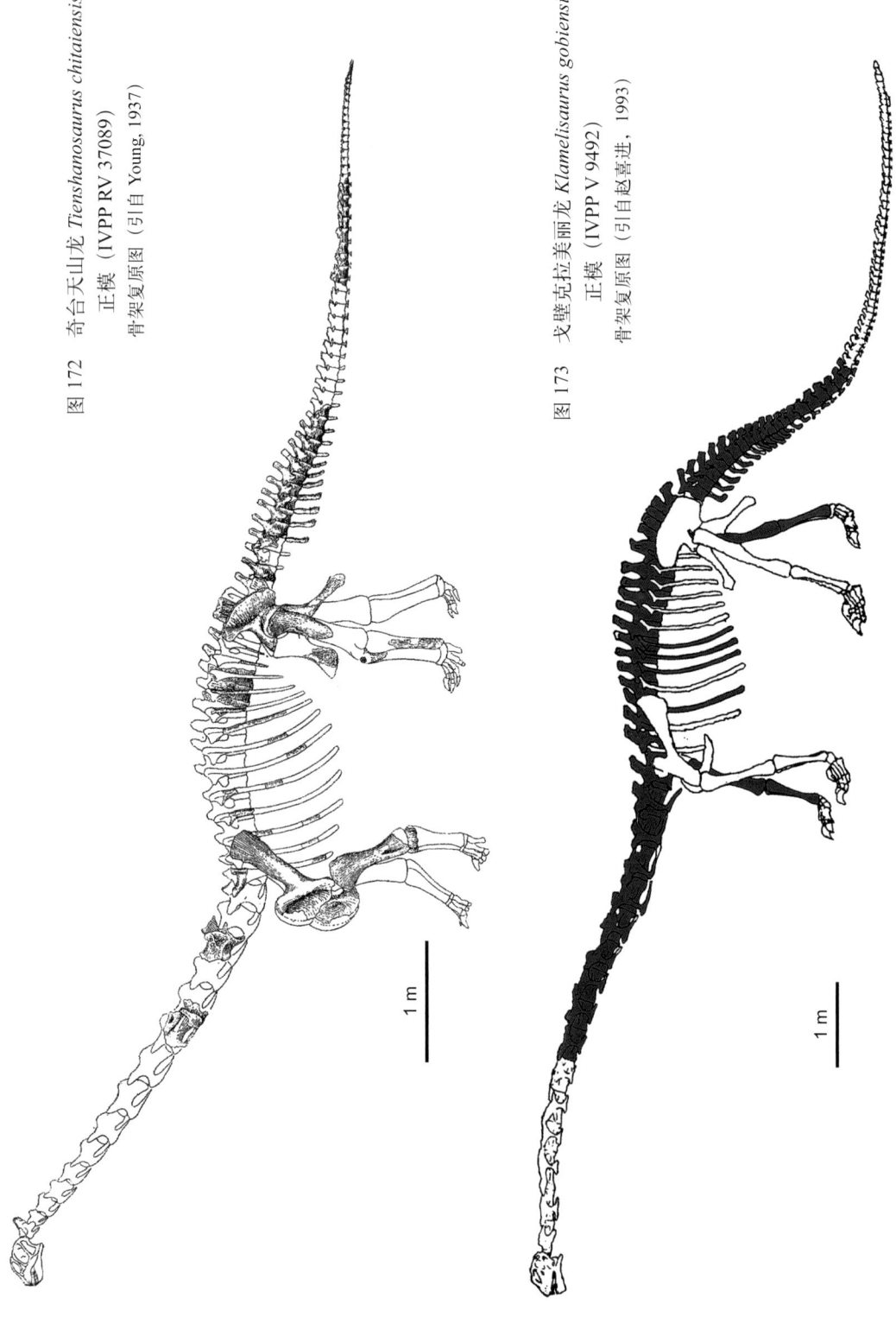

图 172　奇台天山龙 *Tienshanosaurus chitaiensis* 正模（IVPP RV 37089）骨架复原图（引自 Young, 1937）

图 173　戈壁克拉美丽龙 *Klamelisaurus gobiensis* 正模（IVPP V 9492）骨架复原图（引自赵喜进, 1993）

戈壁克拉美丽龙 *Klamelisaurus gobiensis* Zhao, 1993

（图 173）

正模 IVPP V 9492，一具不完整的骨架，包括不完整的牙齿，第八至第十六节颈椎，部分颈肋，13 节较完整的背椎，部分背肋，5 节荐椎，较完整的 2 节前部尾椎，10 节中部尾椎，右肩胛乌喙骨，右肱骨，右尺骨，右桡骨，2 个腕骨，7 节指骨，1 个爪子，右髂骨，右耻骨，右坐骨，右股骨，右胫骨，右腓骨，右距骨和右跟骨。发现于新疆准噶尔盆地将军庙。

鉴别特征 同属。

产地与层位 新疆准噶尔盆地，中侏罗统石树沟组下部。

评注 戈壁克拉美丽龙最初被归为腕龙科（赵喜进，1993），Upchurch 等（2004）根据它的一些骨骼形态特征，如大的勺状齿、16 节颈椎、5 节荐椎、人字骨分叉等，认为应归为真蜥脚类。属名来源于化石产地以北的克拉美丽山；种名源于化石产地将军戈壁。

蝴蝶龙属 Genus *Hudiesaurus* Dong, 1997

模式种 中日蝴蝶龙 *Hudiesaurus sinojapanorum* Dong, 1997

鉴别特征 大型蜥脚类。前部背椎具有以下形态特征组合：神经棘顶部发育 U 型缺口；神经棘侧缘与后关节突基部之间发育翼状突；神经棘前缘发育短的剑状突；椎体腹侧中部发育棱脊。

中国已知种 仅模式种。

分布与时代 新疆，晚侏罗世。

中日蝴蝶龙 *Hudiesaurus sinojapanorum* Dong, 1997

（图 174）

正模 IVPP V 11120，一节较完整的前部背椎。发现于新疆吐鲁番盆地。

归入标本 IVPP V 11121.1，较完整的右前肢，包括肱骨，尺骨，桡骨，一个腕骨，第一至第五掌骨，以及指节 I-2、II-2、III-2、IV-2 和 V-1；IVPP V 11121.2，4 颗牙齿。

鉴别特征 同属。

产地与层位 新疆鄯善七克台镇狼沟，上侏罗统喀拉扎组。

评注 属名"蝴蝶"来源于正型标本前部背椎神经棘所具有的翼状突；种名指中日科学家在 20 世纪 90 年代联合开展的"中日丝绸之路"恐龙考察活动。

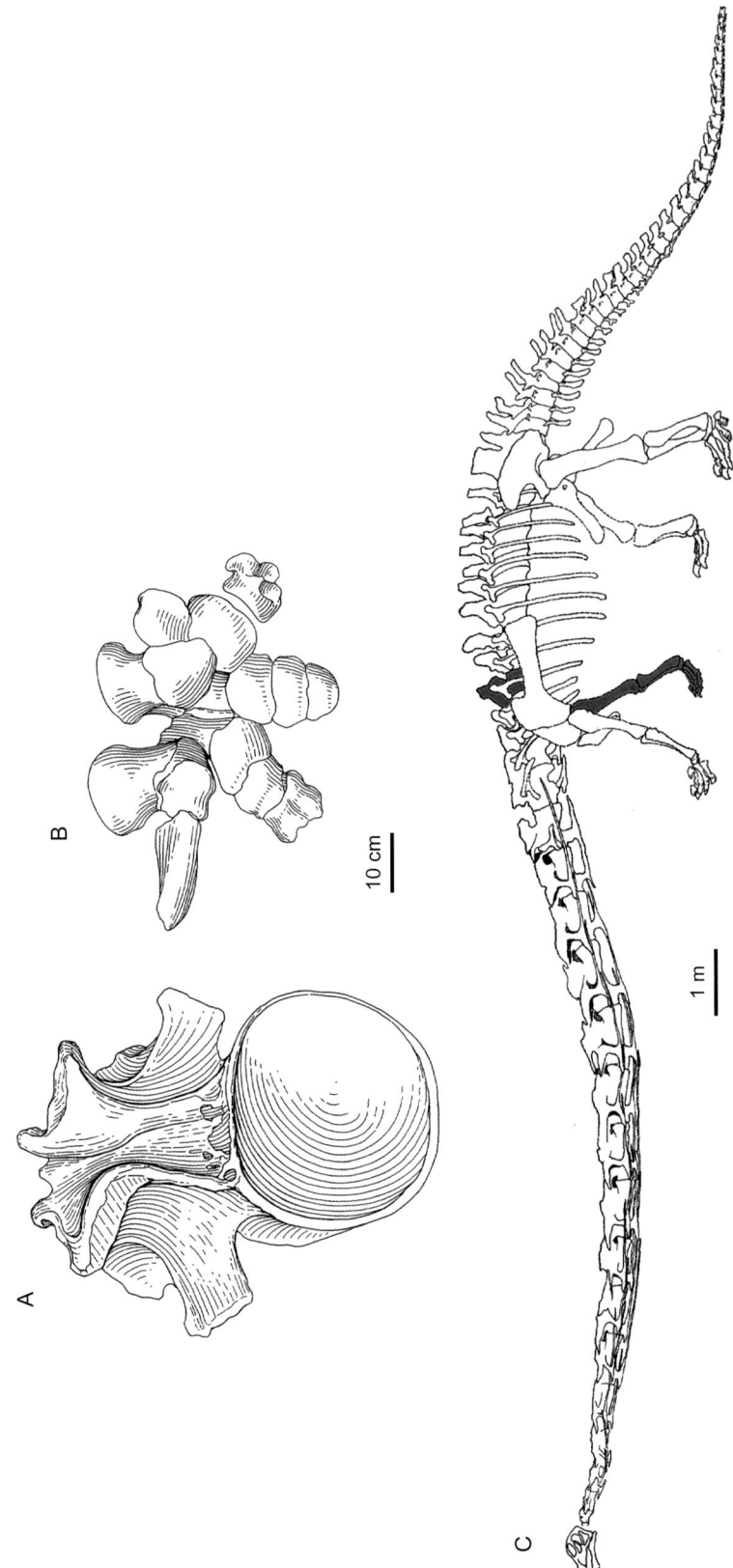

图 174 中日蝴蝶龙 *Huchiesaurus sinojapanorum*

A. 前部背椎后视（正模，IVPP V 11120）；B. 右掌腹视（IVPP V 11121.1）；C. 骨架复原图（改自 Li et al., 2008）

新疆巨龙属 Genus *Xinjiangtitan* Wu, Zhou, Wings, Sekiya et Dong, 2013

模式种 鄯善新疆巨龙 *Xinjiangtitan shanshanensis* Wu, Zhou, Wings, Sekiya et Dong, 2013

鉴别特征 体型巨大的真蜥脚类恐龙，体长约 30 m；倒数第二节颈椎在腹侧后 1/4 处向后发育一条脊板，并在后关节面下形成一小的半圆形突*；最后两节颈椎很长；第一荐肋不参与构成荐椎轭；荐椎轭侧视呈 S 形；股骨非常粗壮（远端最大宽度为股骨长度的 33%）。

中国已知种 仅模式种。

分布与时代 新疆，中侏罗世。

鄯善新疆巨龙 *Xinjiangtitan shanshanensis* Wu, Zhou, Wings, Sekiya et Dong, 2013

（图 175）

正模 SSV12001，一具较完整的骨架，包括最后两节颈椎，全部的背椎和荐椎，两节前部尾椎，左、右耻骨，左坐骨，左股骨、胫骨、腓骨和一蹠骨，部分不完整的颈肋和背肋。发现于新疆鄯善县七克台镇以南约 8 km 的戈壁滩。

鉴别特征 同属。

产地与层位 新疆鄯善，中侏罗统齐古组。

评注 鄯善新疆巨龙是我国发现的最大的侏罗纪中期真蜥脚类恐龙之一。它至少要经历两个发掘阶段，第一个阶段发现了正型标本并命名为鄯善新疆巨龙，但仍有部分化石被围岩包裹。从埋藏情况分析，新疆巨龙的骨骼可能比较完整，其他骨骼需要进一步发掘（吴文昊等，2013）。

黄山龙属 Genus *Huangshanlong* Huang, You, Yang et Ren, 2014

模式种 安徽黄山龙 *Huangshanlong anhuiensis* Huang, You, Yang et Ren, 2014

鉴别特征 肱骨近端宽为肱骨长的 36%，肱骨远端关节面前后视略向内侧翘起，远端指向前侧的附突位于中部。桡骨为肱骨长的 58%，近端视肾形。尺骨为肱骨长的 2/3，尺骨两臂突中内前突更长，尺骨远端前面、外后面和内后面上都有脊板发育。

中国已知种 仅模式种。

分布与时代 安徽，中侏罗世。

图 175 鄯善新疆巨龙 *Xinjiangtitan shanshanensis* 正模（SSV12001）骨架复原图（引自吴文昊等，2013）

安徽黄山龙 *Huangshanlong anhuiensis* Huang, You, Yang et Ren, 2014

（图 176）

正模 AGM AGB 5818，一个体的右侧肱骨、桡骨和尺骨。发现于安徽黄山屯溪。

鉴别特征 同属。

产地与层位 安徽黄山屯溪，中侏罗统洪琴组。

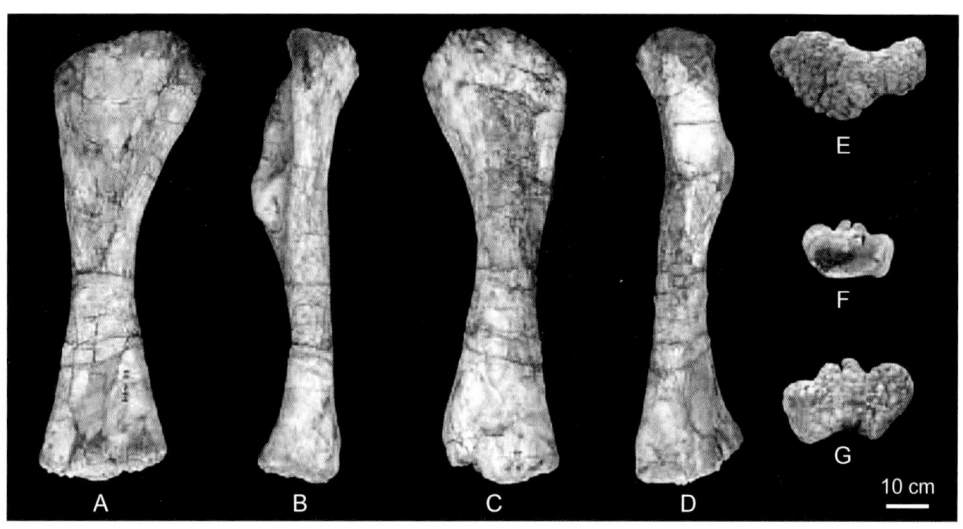

图 176 安徽黄山龙 *Huangshanlong anhuiensis* 正模（AGM AGB 5818）
右肱骨前视（A）、内侧视（B）、后侧视（C）、外侧视（D）和近端视（E），骨干中部截面近端视（F）和远端视（G）（引自黄建东等，2014）

安徽龙属 Genus *Anhuilong* Ren, Huang et You, 2018

模式种 地博安徽龙 *Anhuilong diboensis* Ren, Huang et You, 2018

鉴别特征 三角肌嵴外侧缘指向侧后方，肱骨远端前面两个副突中外侧突更发育，桡骨和尺骨短，长度分别为肱骨的50%和56%（黄山龙中分别为58%和67%），尺骨中部横截面为椭圆形（黄山龙中为圆形）。

中国已知种 仅模式种。

分布与时代 安徽，中侏罗世。

地博安徽龙 *Anhuilong diboensis* Ren, Huang et You, 2018

（图 177）

正模 AGM AGB 5822，一个体的左侧肱骨、桡骨和尺骨。发现于安徽黄山屯溪。

鉴别特征 同属。

产地与层位 安徽黄山屯溪，中侏罗统洪琴组。

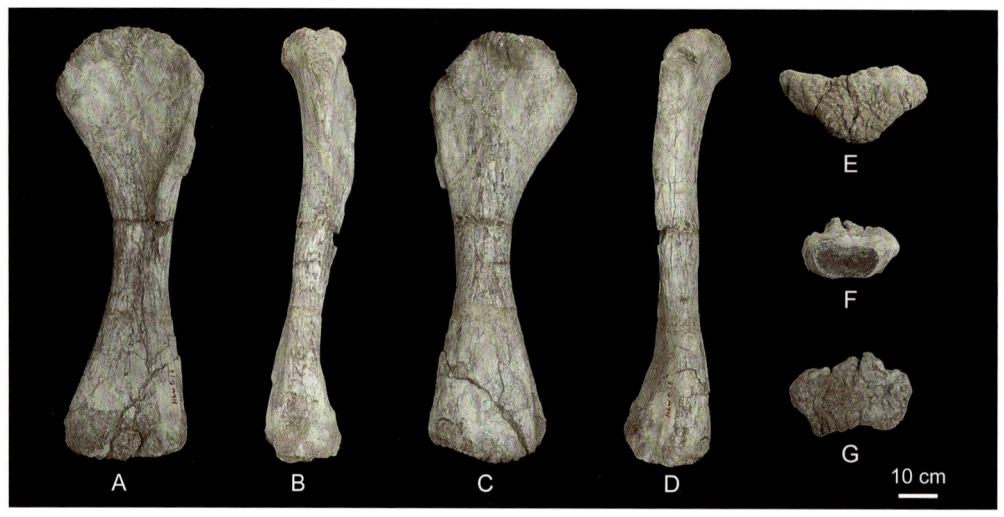

图 177 地博安徽龙 *Anhuilong diboensis* 正模（AGM AGB 5822）
左肱骨前视（A）、内侧视（B）、后视（C）、外侧视（D）和近端视（E），骨干中部截面近端视（F）和远端视（G）（引自 Ren et al., 2018）

新蜥脚类 NEOSAUROPODA Bonaparte, 1986

定义与分类 新蜥脚类是包含 *Diplodocus longus* Marsh, 1878 和 *Saltasaurus loricatus* Bonaparte et Powell, 1980 的包容性最小分支。向梁龙方向发展的一支称为梁龙超科（Diplodocoidea），向萨尔塔龙方向发展的一支称为阔鼻龙类（Macronaria），而绝大部分阔鼻龙类可归入泰坦巨龙形类（Titanosauriformes）。

形态特征 前上颌骨上升支外侧面凹进，末端发育，齿骨 10–17 枚牙齿，齿缘没有锯齿。中后部颈椎中椎体-前关节突板向上分叉，且分叉的内侧脊板与两前关节突间形成的前关节突间脊板相连，背椎椎体内部具有简单且较大的气腔构造，背椎横突指向背侧方，前部尾椎神经棘宽度大于长度。

分布与时代 全球，早侏罗世—白垩纪。

评注 梁龙超科直到 2018 年在我国才有了确切的报道，而非泰坦巨龙形类新蜥脚类在我国保存的也很少。

梁龙超科 Superfamily Diplodocoidea Marsh, 1884

定义与分类 梁龙超科是包含 *Diplodocus longus* Marsh, 1878 而非 *Saltasaurus loricatus*

Bonaparte et Powell, 1980 的包容性最大分支。

形态特征 前上颌骨上升支较直且指向背后方，眶前窗前还有一开孔，眶前窗直径大于眼眶直径的 85%，轭骨围成眶前窗约 1/3，方轭骨前端置于眼眶前缘之下或更靠前，方轭骨前突和背突间夹角约 130° 以致使方骨骨干向背后方倾斜，两上颞孔间顶骨宽度约为上颞孔长轴长度的 1.2 倍，方骨关节面腹视近三角形，有一向前的内侧突。下颌前端齿骨联合部内弯与下颌支主体呈近直角相交，齿列局限在鼻下孔（subnarial foramen）之前，每一齿槽不少于 4 枚替换齿，齿冠窄、没有偏斜齿且冠间没有叠置，齿冠中部横截面圆形或近圆形，齿冠长度至少为其宽度的两倍，齿冠唇侧或舌侧面具一简单的而不是 V 型磨蚀面。背椎神经棘分叉，中后部背椎神经棘没有三角形翼状突，后部背椎椎体双凹型，荐椎神经棘高度约为相应椎体高度的 4 倍，第一尾椎椎体双凹型，前部尾椎神经棘-前关节突板存在并延伸到神经棘侧面，中部尾椎椎体长高比大于 2，后部尾椎椎体长高比大于 5，末端尾椎椎体双凸型。颈肋短向后延伸不超出相应椎体。第 IV 蹠骨远端面向内上方倾斜。

分布与时代 全球，中侏罗世—白垩纪。

评注 我国只有灵武龙一属。

灵武龙属 Genus *Lingwulong* Xu, Upchurch, Mannion, Barrett, Regalado-Fernandez, Mo, Ma et Liu, 2018

模式种 神奇灵武龙 *Lingwulong shenqi* Xu, Upchurch, Mannion, Barrett, Regalado-Fernandez, Mo, Ma et Liu, 2018

鉴别特征 前额骨前突指向外侧，眼眶背缘发育多列沟槽和结节，基部结节游离末端长轴指向前内侧，侧蝶骨头状突（capitate process）内外向长度为其高度的 5 倍，枕髁关节面宽高比 1.54。颈椎前关节突外侧面具一由若干结节串成的嵴，中部颈椎-前部背椎椎体上突（metapophysis）顶端面呈亚圆形，前部背椎横突末端前缘具一指向背前方的小突，前部背椎椎体上突沿其纵长扭曲，前部尾椎神经棘从顶端到其一半高度间有一亚三角形似关节面状区域。

中国已知种 仅模式种。

分布与时代 宁夏，中侏罗世。

神奇灵武龙 *Lingwulong shenqi* Xu, Upchurch, Mannion, Barrett, Regalado-Fernandez, Mo, Ma et Liu, 2018

（图 178）

正模 LM V001a，大部颅骨，及一连带的部分下颌齿。发现于宁夏灵武地质公园。

副模 LGP V001b，基本关联的部分头后骨架，包括一些后部背椎，完整的荐骨，第一尾椎，部分腰带和不完整的右后肢，有可能和正模属于同一个体。

归入标本 IVPP V 23704，29 枚 U 型排列的下颌齿，有可能和正模同属一个体，但无法确认；LGP V002，一不完整头后骨骼，包括几个背椎和尾椎，两肩胛乌喙骨，部分前肢和部分腰带；LGP V003，部分头后骨架，包括几乎完整的背椎和荐椎，两个前部尾椎和两髂骨；LGP V004，一小个体的一前部颈椎、一前部背椎和右胫骨；LGP V005，一不完整头后骨骼，包括腰带和半关联的 25 个前部和中部尾椎；LGP V006，一不完整头后骨骼，包括几节颈椎，不完整的肩胛骨，完整的乌喙骨，部分前肢以及一些不关联的骨块。

鉴别特征 同属。

产地与层位 宁夏灵武地质公园，中侏罗统延安组。

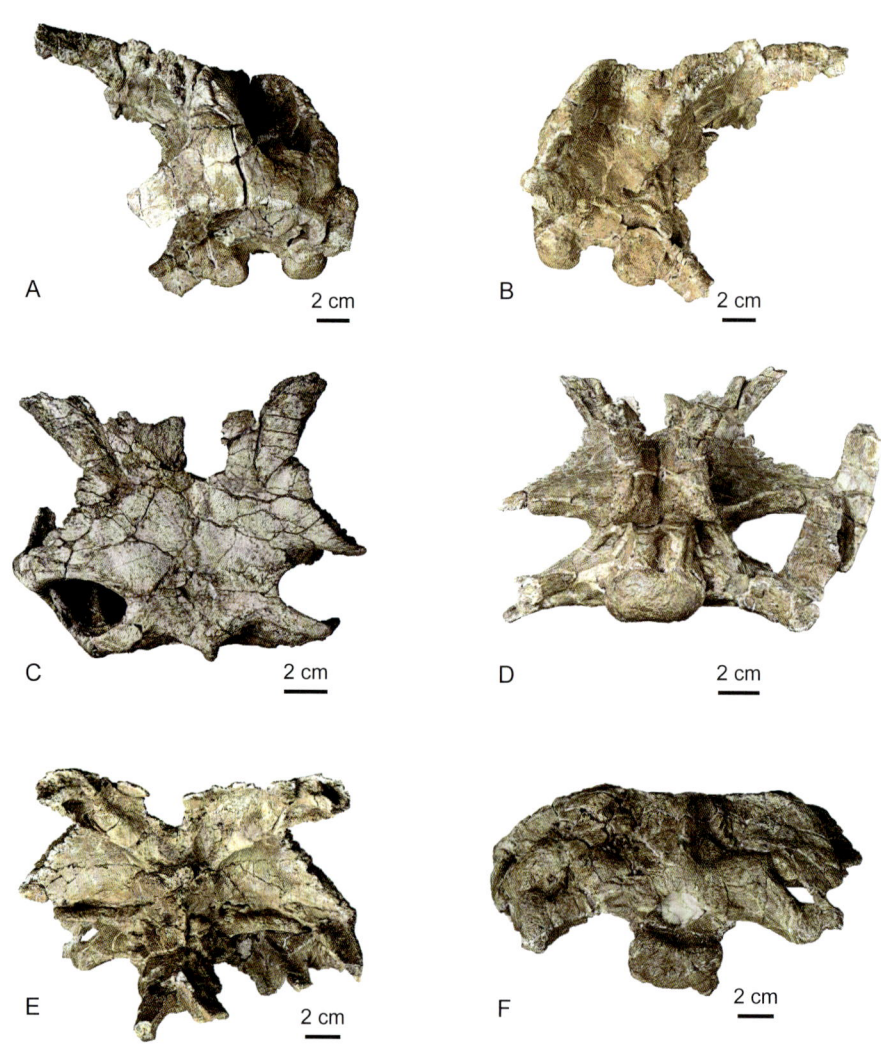

图 178 神奇灵武龙 *Lingwulong shenqi* 正模（LM V001a）
颅骨左（A）、右（B）、背（C）、腹（D）、前（E）和后（F）视（改自 Xu et al., 2018b）

评注　Xu 等（2018b）将延安组时代界定为早侏罗世晚期—中侏罗世早期。根据黄迪颖（2019）研究，现将延安组时代归入中侏罗世。

阔鼻龙类　MACRONARIA Wilson et Sereno, 1998

定义与分类　阔鼻龙类是包含 *Saltasaurus loricatus* Bonaparte et Powell, 1980 而非 *Diplodocus longus* Marsh, 1878 的包容性最大分支。

形态特征　颈椎椎体后关节面高宽比 0.7–0.9，背椎横突指向侧方或略向背上方，前部背椎神经棘高度略高于相应椎体高度，前部背椎神经棘宽度大于其高度的一半，中后部背椎没有椎体 - 副突后板，中后部背椎椎体横截面高宽比 0.8–1.0，后部背椎椎体后凹型。最长掌骨和桡骨长之比大于 0.45，第 I 掌骨比第 IV 掌骨长，耻骨和坐骨关节面长度为耻骨长度一半。

分布与时代　全球，中侏罗世—白垩纪。

评注　非泰坦巨龙形类新蜥脚类在我国保存的很少，而且这几个属种除巧龙外也基本没有纳入过分支系统学分析，因此它们的分类位置并不确定。

大山铺龙属　Genus *Dashanpusaurus* Peng, Ye, Gao, Shu et Jiang, 2005

模式种　董氏大山铺龙 *Dashanpusaurus dongi* Peng, Ye, Gao, Shu et Jiang, 2005

鉴别特征　颈椎短，后凹型，侧凹发育，后部颈椎神经棘和前部背椎神经棘呈横板状，顶端弱分叉。13 节背椎，平凹型或双凹型，中、后部背椎神经棘高，呈横宽的厚板状，顶端膨大。4 节荐椎，前三个神经棘愈合。肩胛骨短而粗壮，远端显著扩展。桡骨长为肱骨长的 66%，胫骨长为股骨长的 59%。

中国已知种　仅模式种。

分布与时代　四川，中侏罗世。

董氏大山铺龙　*Dashanpusaurus dongi* Peng, Ye, Gao, Shu et Jiang, 2005

（图 179）

正模　ZDM 5028，一不完整骨架，包括 6 节颈椎、12 节背椎、4 节荐椎、33 节尾椎、左尺骨以及腰带和后肢。发现于四川自贡大山铺。

归入标本　ZDM 5027，一不完整骨架，包括 12 节背椎、左肩带、左肱骨、左桡骨和部分肋骨。

鉴别特征　同属。

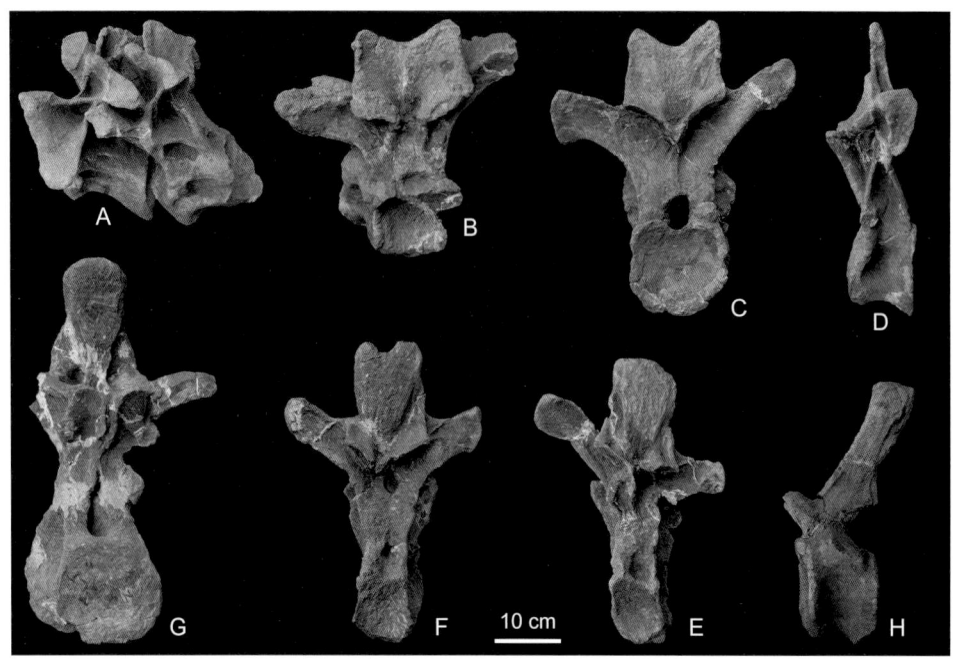

图 179　董氏大山铺龙 *Dashanpusaurus dongi* 正模（ZDM 5028）
颈椎 12–13 左视（A）、背椎 1 后视（B）、背椎 2 后视（C）和左视（D）、背椎 3 后视（E）、背椎 4 前视（F）、背椎 11 前视（G）和前部尾椎左视（H）（引自彭光照等，2005）

产地与层位　四川自贡大山铺，中侏罗统沙溪庙组下部。

大安龙属 Genus *Daanosaurus* Ye, Gao et Jiang, 2005

模式种　张氏大安龙 *Daanosaurus zhangi* Ye, Gao et Jiang, 2005

鉴别特征　枢椎极短而高，最长颈椎不到背椎平均长度的 2 倍，颈椎后凹型，侧凹发育，无腹嵴，神经弓上的脊板构造发育，神经棘低，上缘平直，前后延长，后部颈椎神经棘横向加宽，但不分叉，颈肋短。背椎后凹型，椎体短而高，侧凹发育，神经棘呈横宽的板状，不分叉。人字骨呈 Y 形，血管孔不封闭。

中国已知种　仅模式种。

分布与时代　四川，晚侏罗世。

张氏大安龙 *Daanosaurus zhangi* Ye, Gao et Jiang, 2005
（图 180）

正模　ZDM 0193，一不完整骨架，包括较破碎头骨，20 余节荐前椎，部分肋骨和右股骨。发现于四川自贡沿滩。

鉴别特征 同属。

产地与层位 四川自贡，上侏罗统沙溪庙组上部。

评注 该种为一幼年个体。

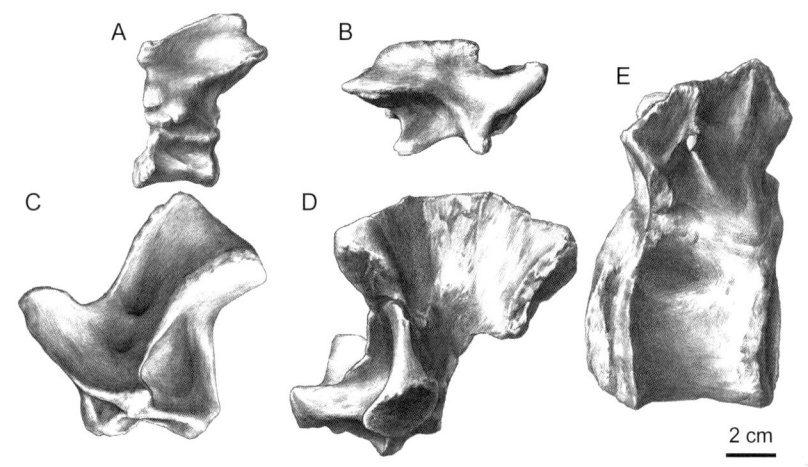

图 180 张氏大安龙 *Daanosaurus zhangi* 正模（ZDM 0193）
A. 枢椎左视；B. 中部颈椎椎弓右视；C, D. 第一背椎椎弓左视（C）和后视（D）；E. 后部背椎椎体和椎弓左视（引自彭光照等，2005）

巧龙属 Genus *Bellusaurus* Dong, 1990

模式种 苏氏巧龙 *Bellusaurus sui* Dong, 1990

鉴别特征 上颌骨上升突中部发育神经血管孔[*]；顶骨和额骨缝合线之间以及顶骨后面分别发育小孔；额骨前后向延长；鼻骨的额骨突向后延伸超出前额骨后缘[*]；鳞骨的方骨关节窝内外壁顶端发育 U 形缺口[*]；翼骨的犁骨突急剧抬升；翼骨的犁骨突、横突和方骨突连接处背缘发育凹槽结构[*]；中前部颈椎神经棘低而侧扁，神经棘顶部略微凸起；中前部背椎神经棘呈强烈的前后向板状；中部背椎神经棘 - 横突板分叉，分别与神经棘 - 前关节突板和神经棘 - 后关节突板连接[*]；中后部背椎前关节突 - 横突板大致平行于副突 - 横突板，两骨板之间形成纵长的凹槽；前部尾椎椎体前凹型。

中国已知种 仅模式种。

分布与时代 新疆，中侏罗世晚期。

苏氏巧龙 *Bellusaurus sui* Dong, 1990

（图 181）

正模 IVPP V 8299，包括不关联的上枕骨、外枕骨、基蝶骨、部分上颌骨（附有 7 颗上颌齿）和6颗散落的牙齿。发现于新疆准噶尔盆地卡拉麦里地区恐龙沟。

副模 IVPP V 8300，一具不完整的综合骨架。

归入标本 IVPP V 17768，头骨材料包括3个不完整的右上颌骨，1个较完整的右鼻骨，2个关联保存的较完整的左额骨和左顶骨，1个关联保存的右额骨和右顶骨，1个较完整的右鳞骨，1个右方骨，1个右翼骨，1个不完整的左齿骨，1个右隅骨，以及10颗单独保存的牙齿。头后骨骼包括28个颈椎椎体，20个颈椎椎弓，21个背椎椎体，18个背椎椎弓，关联保存的最后一个背椎椎弓、5个较为完整的荐椎和第一第二尾椎，7个荐肋，13个较完整的尾椎，46个尾椎椎体，18个尾椎椎弓，18根颈肋，十数根断裂的背肋，1个人字骨，7个左肩胛骨，5个右肩胛骨，1个左乌喙骨，1个右乌喙骨，4个左肱骨，4个右肱骨，4个左尺骨，1个右尺骨，3个左桡骨，1个右桡骨，20个手部指节，1个左髂骨，2个右髂骨，2个右耻骨，1个左坐骨，5个右坐骨，2个左股骨，1个左胫骨，4个右胫骨，2个左腓骨，1个右腓骨，2个左距骨，1个右距骨，以及25个足部趾节。所有标本不关联保存，代表了至少7个（根据左肩胛骨的数量）不关联的巧龙个体。

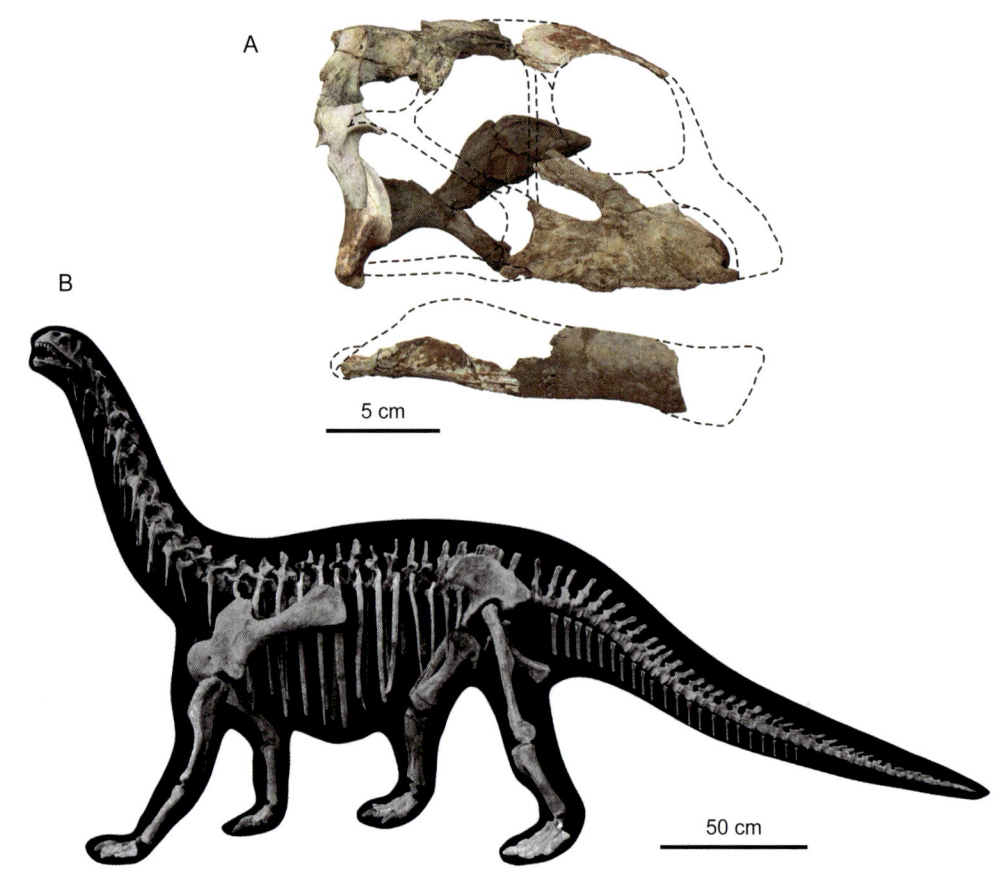

图 181 苏氏巧龙 *Bellusaurus sui*
A. 头部骨骼；B. 骨骼装架图

鉴别特征 同属。

产地与层位 新疆准噶尔盆地卡拉麦里地区恐龙沟，中侏罗统石树沟组下部。

评注 巧龙保存的绝大部分椎弓与椎体分离，表明其属于未成年个体，体长约 5 m。有关巧龙的系统位置，现在依然存在争议。董枝明（1990）最初将苏氏巧龙归为腕龙科中的巧龙亚科，叶勇等（2005）在描述同样是幼年个体的张氏大安龙时也将其归为巧龙亚科。Jacobs 等（1993）根据前凹型的前部尾椎认为巧龙应属于早期分异的泰坦巨龙类。Upchurch 等（2004）认为巧龙属于阔鼻龙类（早期分异的新蜥脚类），得到了一些后期研究的支持（Carballido et Sander, 2014）。不过，Wilson 和 Upchurch（2009）的系统分析结果显示巧龙属于真蜥脚类，也得到了一些研究的支持（Royo-Torres et al., 2006；莫进尤，2013）。Moore 等（2018）详细描述了巧龙的颅骨特征，并观察到了苏氏巧龙上颌骨存在的前眶前孔（preantorbital opening），认为苏氏巧龙很可能属于新蜥脚类。属名来源于小巧玲珑，意指该蜥脚类恐龙个体很小；种名献给该化石的第一位修复者苏有伶。

泰坦巨龙形类 TITANOSAURIFORMES Salgado, Coria et Calvo, 1997

定义与分类 泰坦巨龙形类是包含 *Brachiosaurus altithorax* Riggs, 1903 和 *Saltasaurus loricatus* Bonaparte et Powell, 1980 的包容性最小分支。向腕龙方向发展的一支称为腕龙科（Brachiosauridae），而向萨尔塔龙方向发展的一支称为海绵椎类（Somphospondyli）。海绵椎类内部可进一步分为泰坦巨龙类（Titanosauria：包含 *Andesaurus delgadoi* Calvo et Bonaparte, 1991 和 *Saltasaurus loricatus* Bonaparte et Powell, 1980 的包容性最小分支）和岩甲龙类（Lithostrotia：包含 *Malawisaurus dixeyi* Jacobs, Winkler, Downs et Gomani, 1993 和 *Saltasaurus loricatus* Bonaparte et Powell, 1980 的包容性最小分支）。

形态特征 齿列位于眶前窗之前，齿冠间没有叠置，齿冠高宽比 3.0–4.0。背椎神经棘顶端中央有一较宽的凹陷，背椎椎体内部具蜂窝状气腔构造，中后部背椎椎体腹面平，中后部背椎具椎体 - 副突后板，中后部背椎神经棘略倾斜，后部背椎椎体 - 横突后板腹端扩大或分叉，背肋近端具气腔构造。肱骨较纤细，宽长比约 0.27，肱骨侧缘下半段直，没有内偏，耻骨长度至少为坐骨长的 120%，股骨第四转子几近消失，股骨中段内外侧直径至少为前后向直径的 185%，第 IV 蹠骨近内端有一缺口。

分布与时代 全球，中侏罗世—白垩纪。

评注 我国尚未有确切腕龙类的记录。我国海绵椎类全部发现在白垩纪，有 20 余属，占了我国蜥脚类属的数量的一半左右。不过这些属种在海绵椎内的分类位置却很不稳定。与盘足龙关系密切的属种曾被归入盘足龙科，但具体到哪些属种并不确定，而且盘足龙科是早期分异的海绵椎类还是早期分异的泰坦巨龙类也不明确。我国是否有晚期分异的岩甲龙类，也没有定论，江山龙或岘山龙也许是。

另外，还有几个报道过的白垩纪的属种因为材料十分有限，也被认为是无效的。这些属种包括：①侯连海等（1975）报道的发现于广西扶绥下白垩统新隆组的广西亚洲龙（*Asiatosaurus kwangshiensis*）。该属模式种（*A. mongoliensis* Osborn, 1924）发现于蒙古，仅包括两枚牙齿，被认为是无效的；而广西种也仅包括了一枚牙齿、五节不完整的颈椎、部分颈肋和一个人字骨。②董枝明（1977）报道的发现于新疆吐鲁番盆地上白垩统苏巴什组的耙齿耐梅盖吐龙（*Nemegtosaurus pachi*）。该种仅保存四枚棒状牙齿。③ Bohlin（1953）报道的发现于甘肃嘉峪关下白垩统的湖泊嘉峪龙（*Chiayusaurus lacustris*）。该种仅保存了一枚勺状齿。

盘足龙属 Genus *Euhelopus* Wiman, 1929

模式种 师氏盘足龙 *Euhelopus zdanskyi* Wiman, 1929

鉴别特征 牙齿前倾，具有不对称的齿根和齿冠边缘；齿冠的舌侧基部发育凸起结构；枢椎神经棘后窝发育3个凹；第三节颈椎神经棘侧扁，形成三角形突起并向前伸出；枢后颈椎上关节突和相对纤细的前上关节突都有不同程度的发育；颈椎椎弓的上关节突-前关节突板将上下两个窝分隔开；颈椎神经棘前后向和背腹向缩小；前部颈肋头突和结突形成3个肋刺；中后部颈肋结突侧视呈之字形弯曲；由于副突和头突的延长，中部颈肋悬于椎体腹侧的下方；第十一至三十的荐前椎神经棘分叉；第十六至二十一的荐前椎神经棘顶端分成左、中、右三部分，中间的结节持平或大于两侧的中突；中后部背椎副突和横突脊板系列形成K型结构；包括髂骨在内的荐前椎气腔构造发育。

中国已知种 仅模式种。

分布与时代 山东，早白垩世。

师氏盘足龙 *Euhelopus zdanskyi* Wiman, 1929

（图182）

正模 PMU233，由部分颅骨、下颌骨及头后骨骼组成。头骨包括左右前上颌骨、下颌骨、泪骨、方轭骨和轭骨、左鼻骨、左眶后骨、左鳞骨、右方骨、右翼骨；下颌包括左右齿骨、上隅骨、隅骨、左前关节骨；头后骨骼包括28节关联的荐前椎、左肩胛骨、左乌喙骨、左股骨和左肱骨。发现于山东蒙阴宁家沟。

归入标本 PMU234，关联保存的9节背椎和1个荐椎，两根背肋，较完整的腰带，较完整的右后肢（第五蹠骨缺失），几根趾骨。

鉴别特征 同属。

产地与层位　山东蒙阴，下白垩统蒙阴组。

评注　体型中等的蜥脚类。师氏盘足龙是中国首次发现和描述的蜥脚类恐龙，它的系统位置曾经存在一些争议。Upchurch（1995，1998）和 Upchurch 等（2004）认为盘足龙属于真蜥脚类。Wilson 和 Sereno（1998）、Wilson（2002）、Wilson 和 Upchurch（2009）认为盘足龙应属于晚期分异的泰坦巨龙形类，与泰坦巨龙类形成姐妹群关系，两者组成了一个新的类群——海绵椎类。D'Emic（2012）支持将盘足龙归入泰坦巨龙形类，并认为盘足龙与 *Phuwiangosaurus*、*Tangvayosaurus*、*Daxiatitan*、*Erketu* 和 *Qiaowanlong* 等亚洲产出的白垩纪中期蜥脚类组成了一个单系类群——盘足龙科（Euhelopodidae），支持盘足龙科的单系性特征主要有：颈椎神经棘分叉，以及颈椎椎弓发育了厚的近乎水平分布的上关节突-前关节突板。

图 182　师氏盘足龙 *Euhelopus zdanskyi*

A，B. 正模（PMU233）：A. 右前上颌骨和上颌骨内侧视，B. 第三颈椎右侧视；C. 第五至十背椎右侧视（PMU234）；D. 骨架复原图（A–C 改自 Wilson et Upchurch，2009；D 改自 Paul，1997）

诸城巨龙属 Genus *Zhuchengtitan* Mo, Wang, Chen, Wang et Xu, 2017

模式种 臧家庄诸城巨龙 *Zhuchengtitan zangjiazhuangensis* Mo, Wang, Chen, Wang et Xu, 2017

鉴别特征 肱骨具有以下组合特征：近端横向强烈扩展，近端最大宽度与骨干长度之比为 0.55；骨干粗壮指数（骨干近端、中部和远端的最大宽度平均数与骨干长度之比）为 0.39；三角肌嵴向远端扩展；外侧近端 1/3 处发育隆凸。

中国已知种 仅模式种。

分布与时代 山东，晚白垩世。

臧家庄诸城巨龙 *Zhuchengtitan zangjiazhuangensis* Mo, Wang, Chen, Wang et Xu, 2017

（图 183）

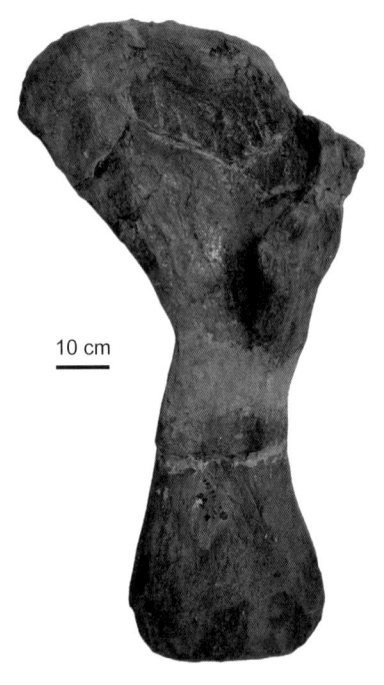

图 183 臧家庄诸城巨龙 *Zhuchengtitan zangjiazhuangensis* 正模（ZCDM ZJZ-57）左肱骨前视（改自莫进尤等，2017）

正模 ZCDM ZJZ-57，一个较完整的左肱骨。发现于山东诸城龙都街道见屯社区臧家庄村。

鉴别特征 同属。

产地与层位 山东诸城，上白垩统王氏群中上部。

蒙古龙属 Genus *Mongolosaurus* Gilmore, 1933

模式种 坦齿蒙古龙 *Mongolosaurus haplodon* Gilmore, 1933

鉴别特征 寰椎间椎体腹面长于背面，向腹前侧延伸；前部颈椎椎体后关节面背缘比腹缘更向后延伸[*]；枢后颈椎副突腹侧凹陷[*]；枢后颈椎上关节突膨大；枢椎和枢后颈椎腹侧中线发育纵嵴；颈椎神经棘高度低于上关节突[*]；枢后颈椎神经棘 - 前关节突板前视呈背腹向延长的 X 型[*]；神经棘 - 前关节突板上半段接近于水平[*]；指向里外侧的神经棘 - 后关节突板接近于水平[*]；第三颈椎神经棘远端分叉。

中国已知种 仅模式种。

分布与时代 内蒙古，早白垩世。

坦齿蒙古龙 *Mongolosaurus haplodon* Gilmore, 1933

(图 184)

正模 AMNH6710，颅骨基枕部（包括枕髁、基部结节、基翼骨突近端、副蝶骨基部），第一至第三颈椎，5 颗牙齿。发现于内蒙古胡孔乌兰（HuKhung Ulan）。

鉴别特征 同属。

产地与层位 内蒙古胡孔乌兰，下白垩统。

评注 坦齿蒙古龙发现于 1928 年，其有效性和系统位置一直存在争议。一些研究认为坦齿蒙古龙属于新蜥脚类（Upchurch, 1995；Wilson, 2002），另一些研究则认为可能与梁龙超科或泰坦巨龙类有关（Barrett et al., 2002）。McIntosh（1990）把坦齿蒙古龙列为有疑问的属种，但 Mannion（2011）根据详细的骨骼形态描述和系统分析，认为坦齿蒙古龙属于泰坦巨龙类，并且具有非常明显的鉴定特征，其有效性应不存在问题。

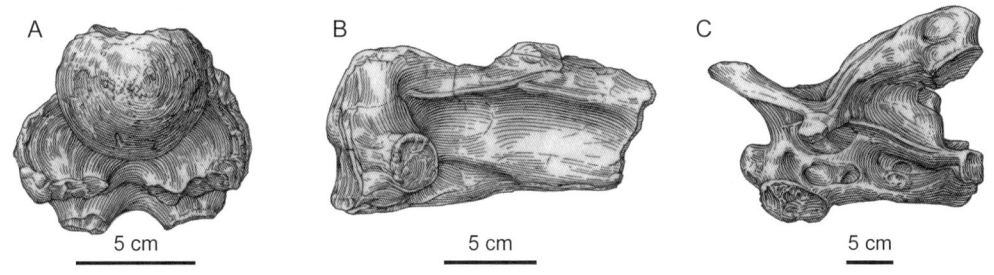

图 184 坦齿蒙古龙 *Mongolosaurus haplodon* 正模（AMNH6710）
A. 颅骨基枕部后视；B. 枢椎左侧视；C. 第三颈椎左侧视（改自 Gilmore, 1933a）

苏尼特龙属 Genus *Sonidosaurus* Xu, Zhang, Tan, Zhao et Tan, 2006

模式种 赛罕高毕苏尼特龙 *Sonidosaurus saihangaobiensis* Xu, Zhang, Tan, Zhao et Tan, 2006

鉴别特征 后部背椎椎弓外侧面有一条厚嵴从后关节突向腹侧延伸[*]；后部背椎的椎体-副突前板和椎体-前关节突外侧板之间有一条横向发育的副板[*]；前部尾肋长，指向腹前侧，尾肋后缘有两个明显的窝[*]；耻骨柄上方的髂骨内侧有一条明显的纵嵴[*]；背椎椎弓较高，与泰坦巨龙类相区别；椎体前关节突板分叉，与某些梁龙超科属种相似；中后部背椎神经棘横宽呈板状。

中国已知种 仅模式种。

分布与时代 内蒙古，晚白垩世。

赛罕高毕苏尼特龙 *Sonidosaurus saihangaobiensis* Xu, Zhang, Tan, Zhao et Tan, 2006

（图 185）

正模 LHGPI (LH) V0010，包括 5 节中后部背椎，最后一节荐椎，1 节前部尾椎，几根背肋，1 个前部人字骨，部分左右髂骨，部分左耻骨，左右坐骨。发现于内蒙古二连盆地。

鉴别特征 同属。

产地与层位 内蒙古苏尼特左旗赛罕高毕苏木，上白垩统二连组。

评注 体型中等的蜥脚类。苏尼特龙具有复杂的骨骼形态特征，最初被归为泰坦巨龙类（Xu et al., 2006b），得到了后期研究的支持（Ksepka et Norell, 2006），但也有研究认为苏尼特龙可能属于盘足龙类（D'Emic, 2012）。

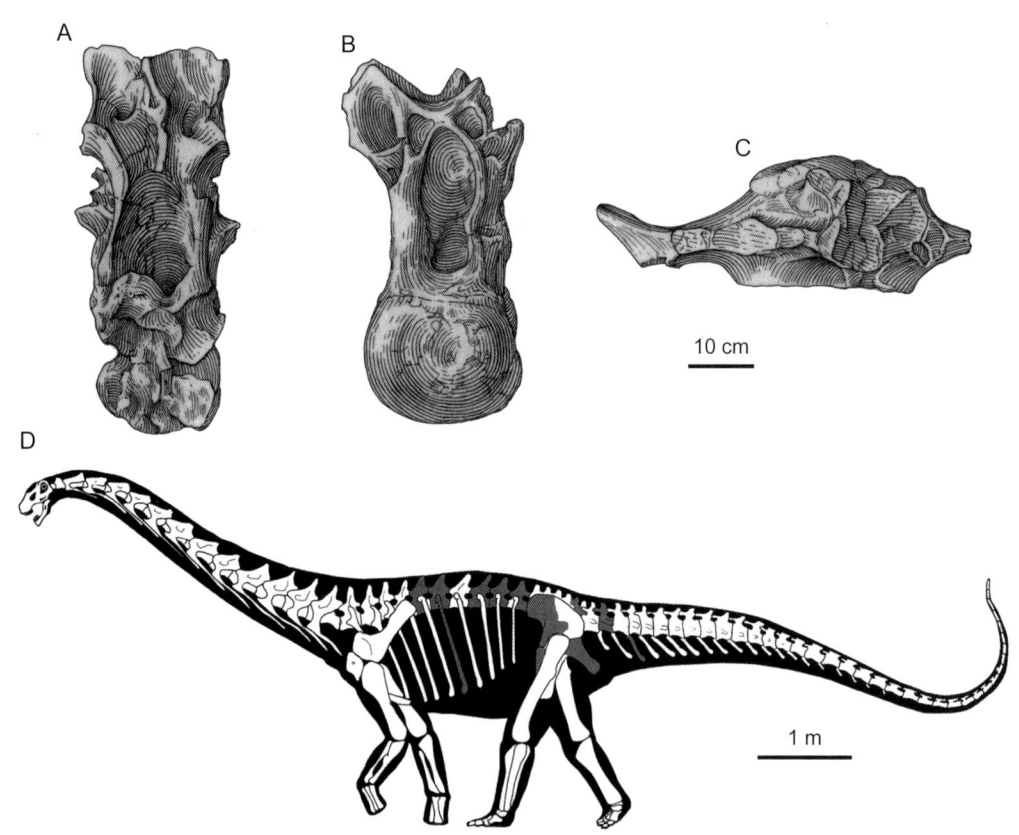

图 185 赛罕高毕苏尼特龙 *Sonidosaurus saihangaobiensis* 正模 [LHGPI (LH) V0010]
A. 中后部背椎前视；B. 后部背椎前视；C. 最前部尾椎背视；D. 骨架复原图（A–C 改自 Xu et al., 2006b；D 改自 González et al., 2016）

华北龙属 Genus *Huabeisaurus* Pang et Cheng, 2000

模式种 不寻常华北龙 *Huabeisaurus allocotus* Pang et Cheng, 2000

鉴别特征 后部颈椎的前关节突-横突板分叉；前部背椎神经棘-横突前板分叉；中前部尾椎后关节突-神经棘-横突窝大于后关节突-椎体横突窝；尾椎横突小，第八节后消失；中前部尾椎椎体腹侧三分之一向后侧膨大；中部尾椎椎体侧面发育两条纵向脊；乌喙骨侧面前背侧有结节；桡骨远端横向宽度是骨干中部的两倍；坐骨板后缘有结节；胫骨与股骨的长度比为 0.75。

中国已知种 仅模式种。

分布与时代 山西，晚白垩世。

不寻常华北龙 *Huabeisaurus allocotus* Pang et Cheng, 2000

（图 186）

正模 HBV-20001，一部分骨骼关联的个体，包括 2 颗牙齿，4 节颈椎，6 节不完整的背椎，6 节椎体组成的荐椎，30 节尾椎，4 根背肋，13 个人字骨，左右肩胛骨，左右

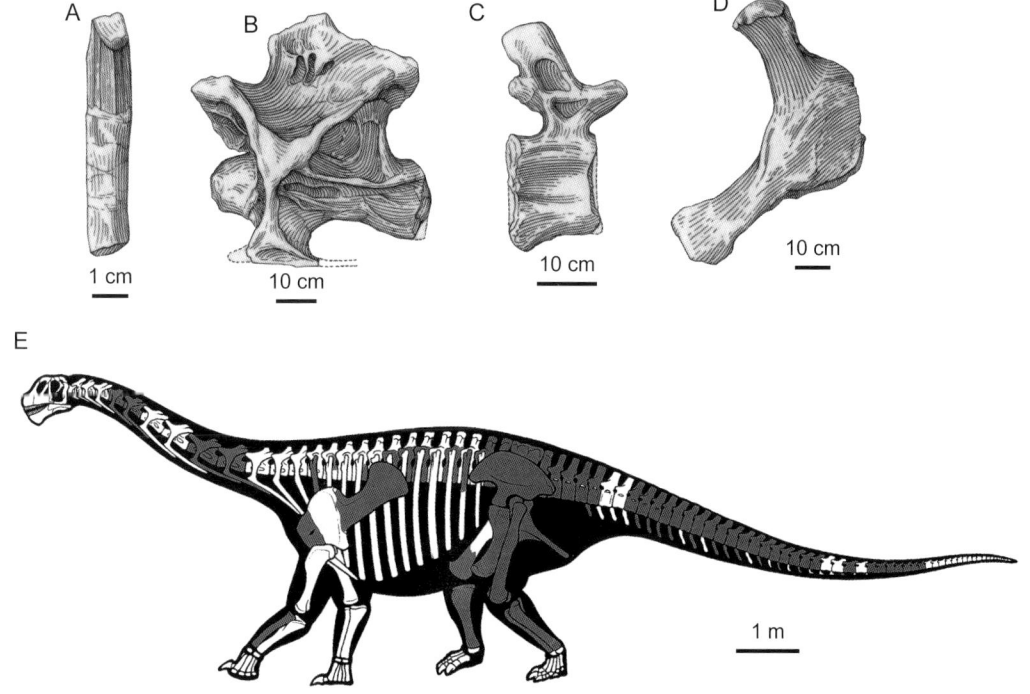

图 186 不寻常华北龙 *Huabeisaurus allocotus* 正模（HBV-20001）
A. 牙齿舌侧视；B. 后部颈椎左侧视；C. 中部尾椎右侧视；D. 右坐骨外侧视；E. 骨架复原图（A–D 改自 D'Emic et al., 2013；E 改自 Wilson et Sereno, 1998）

乌喙骨，左桡骨，右髂骨，左耻骨，左右坐骨，左右股骨，左右胫骨，左右腓骨。发现于山西天镇县赵家沟镇康代梁和后峪。

副模 HBV-20002，较为完整的左肱骨。

鉴别特征 同属。

产地与层位 山西天镇，上白垩统灰泉堡组。

评注 体型中等的蜥脚类。庞其清和程政武最初根据华北龙的描述建立了一个新科（华北龙科），但没有给出科的特征（Pang et Cheng, 2000）；D'Emic 等（2013）根据华北龙详细的骨骼形态特征描述，认为华北龙属于盘足龙科（早期分异的泰坦巨龙形类）。

北方龙属 Genus *Borealosaurus* You, Ji, Lamanna, Li et Li, 2004

模式种 维曼北方龙 *Borealosaurus wimani* You, Ji, Lamanna, Li et Li, 2004

鉴别特征 中后部尾椎后凹型。

中国已知种 仅模式种。

分布与时代 辽宁，晚白垩世。

维曼北方龙 *Borealosaurus wimani* You, Ji, Lamanna, Li et Li, 2004

（图 187）

正模 LPM 01687，一节中后部尾椎。发现于辽宁北票双庙。

归入标本 LPM 0169，一枚牙齿；LPM 0168，一节中部尾椎；LPM 0179，右肱骨。

鉴别特征 同属。

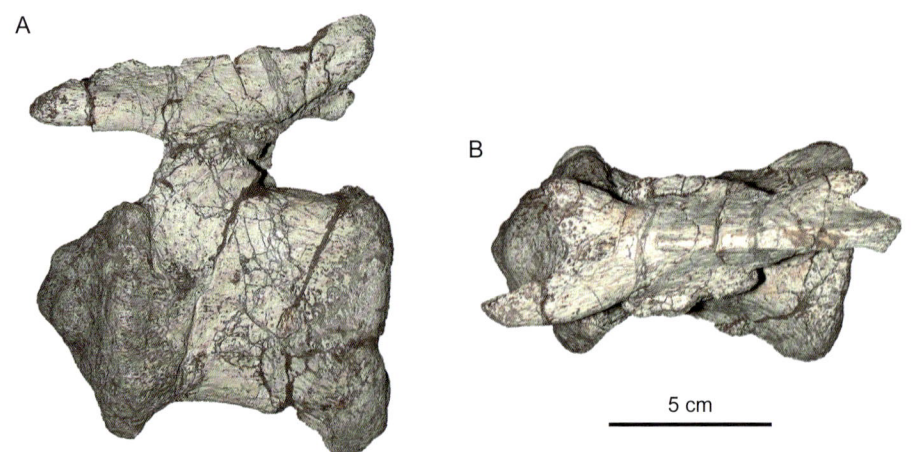

图 187 维曼北方龙 *Borealosaurus wimani* 正模（LPM 01687）
中后部尾椎左侧视（A）和背视（B）（引自 You et al., 2004）

产地与层位 辽宁北票，上白垩统孙家湾组。

东北巨龙属 Genus *Dongbeititan* Wang, You, Meng, Gao, Cheng et Liu, 2007

模式种 董氏东北巨龙 *Dongbeititan dongi* Wang, You, Meng, Gao, Cheng et Liu, 2007

鉴别特征 乌喙骨前后向延伸较长。耻骨的髋臼缘较长并略微凸起。

中国已知种 仅模式种。

分布与时代 辽宁，早白垩世。

董氏东北巨龙 *Dongbeititan dongi* Wang, You, Meng, Gao, Cheng et Liu, 2007
（图 188）

正模 DLNHM DMNH D2867，一不完整个体，包括 16 节颈椎，7 节背椎，3 节前部

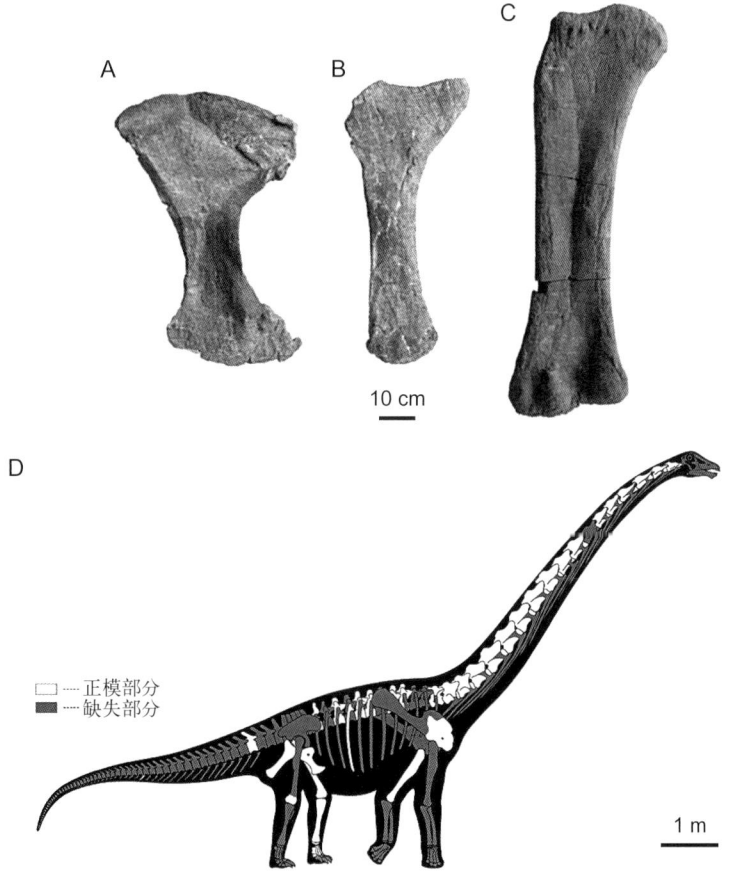

图 188 董氏东北巨龙 *Dongbeititan dongi* 正模（DLNHM DMNH D2867）
A. 右耻骨内侧视，B. 左坐骨外侧视，C. 左股骨后视，D. 骨架复原图（A–C 改自 Wang et al., 2007）

尾椎，1根背肋，1个人字骨，部分愈合的右侧肩胛乌喙骨，右耻骨，两侧坐骨，右股骨远端和基本完整的左后肢。发现于辽宁北票四合屯化石馆南西约 5 km。

鉴别特征　同属。

产地与层位　辽宁北票，下白垩统义县组。

辽宁巨龙属 Genus *Liaoningotitan* Zhou, Wu, Sekiya et Dong, 2018

模式种　中国辽宁巨龙 *Liaoningotitan sinensis* Zhou, Wu, Sekiya et Dong, 2018

鉴别特征　上颌骨腹缘上凹，轭骨前突止于眶前窗前端；上颌齿叠瓦状排列且仅在前部发育；上颌齿冠窄勺型，截面 D 型，无唇侧沟和边缘锯齿；下颌齿 9 枚，明显小于上颌齿，排列稀疏，齿冠不对称，截面椭圆形，舌侧面上沟和嵴发育，齿冠基部向舌侧膨大。肱骨近端扩展，宽度约为长度的 55%；髂骨前髋臼突前端较尖。

中国已知种　仅模式种。

分布与时代　辽宁，早白垩世。

中国辽宁巨龙 *Liaoningotitan sinensis* Zhou, Wu, Sekiya et Dong, 2018

（图 189）

正模　PMOL-AD00112，一包括头骨带下颌的近完整骨架。发现于辽宁北票上园小北沟。

鉴别特征　同属。

产地与层位　辽宁北票，下白垩统义县组尖山沟层。

图 189　中国辽宁巨龙 *Liaoningotitan sinensis* 正模（PMOL-AD00112）
左齿骨和夹板骨内侧视（改自周长付等，2018）

九台龙属 Genus *Jiutaisaurus* Wu, Dong, Sun, Li et Li, 2006

模式种 西地九台龙 *Jiutaisaurus xidiensis* Wu, Dong, Sun, Li et Li, 2006

鉴别特征 尾椎椎体发育蜂窝状构造；椎体两侧发育棱脊；椎弓位于椎体前半部；人字骨孔深度大于人字骨长度的一半。

中国已知种 仅模式种。

分布与时代 吉林，白垩纪。

西地九台龙 *Jiutaisaurus xidiensis* Wu, Dong, Sun, Li et Li, 2006

（图 190）

正模 JLUM CAD-02，18 个关联保存的尾椎，13 个人字骨。发现于吉林九台苇子沟镇西地村。

鉴别特征 同属。

产地与层位 吉林九台，上白垩统泉头组。

评注 吴文昊等（2006）在描述九台龙时根据地理分布的差异，建立了新属新种西地九台龙。Wilson 和 Upchurch（2009）以及 Mannion 和 Calvo（2011）认为九台龙的有效性存疑。有关九台龙的系统位置，吴文昊等（2006）认为可能属于泰坦巨龙类，得到了一些后期研究的支持（Mannion et Calvo, 2011；D'Emic, 2012；Mannion et al., 2013）。

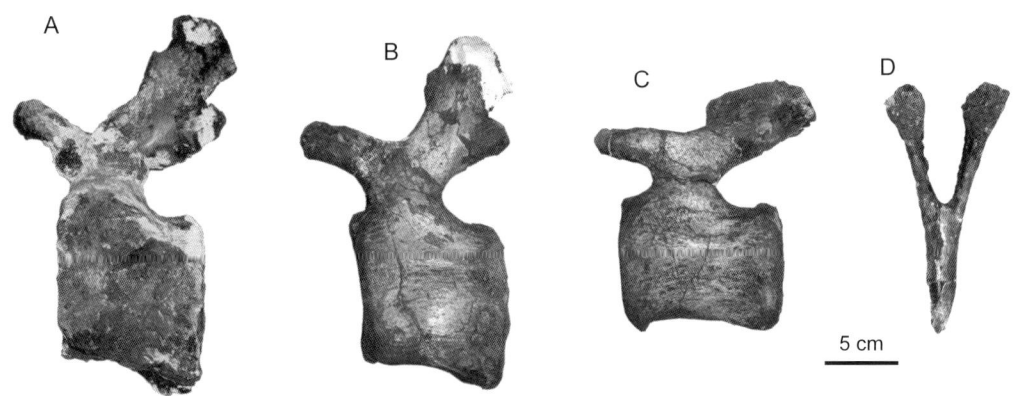

图 190 西地九台龙 *Jiutaisaurus xidiensis* 正模（JLUM CAD-02）
A. 前部尾椎侧视；B. 中部尾椎侧视；C. 中后部尾椎侧视；D. 前部人字骨前视（改自吴文昊等，2006）

戈壁巨龙属 Genus *Gobititan* You, Tang et Luo, 2003

模式种 神州戈壁巨龙 *Gobititan shenzhouensis* You, Tang et Luo, 2003

鉴别特征 早期分异泰坦巨龙形类。中部尾椎椎体前关节面比后关节面高；后部尾椎椎弓置于椎体偏后部之上；末端尾椎短棒状。

中国已知种 仅模式种。

分布与时代 甘肃，早白垩世。

神州戈壁巨龙 *Gobititan shenzhouensis* You, Tang et Luo, 2003

（图 191）

正模 IVPP V 12579，41 节关联保存的中后部尾椎和基本完整的左后肢。发现于甘肃酒泉马鬃山。

鉴别特征 同属。

产地与层位 甘肃酒泉，下白垩统中沟组。

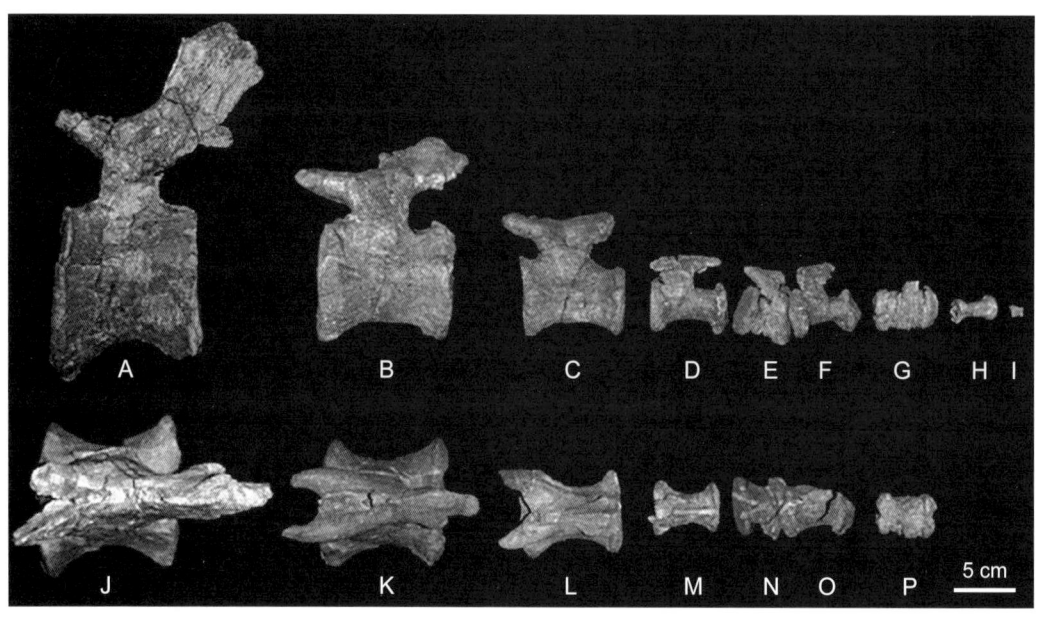

图 191 神州戈壁巨龙 *Gobititan shenzhouensis* 正模（IVPP V 12579）
第十五（A, J）、二十一（B, K）、二十八（C, L）、三十三（D, M）、三十四（E, N）、三十五（F, O）、三十七（G, P）、四十二（H）和五十三（I）尾椎：A–I. 左侧视，J–P. 背视（引自 You et al., 2003）

桥湾龙属 Genus *Qiaowanlong* You et Li, 2009

模式种 康熙桥湾龙 *Qiaowanlong kangxii* You et Li, 2009

鉴别特征 早期分异泰坦巨龙形类。颈椎椎体延长指数（椎体全长/关节面高）较小（在第六和第九节颈椎椎体分别为 3.6 和 3.0），颈椎椎体侧面浅凹区内发育三个深凹，颈椎神经棘分叉较深。坐骨短，坐骨耻骨柄背腹向长。

中国已知种　仅模式种。

分布与时代　甘肃，早白垩世。

评注　You 和 Li（2009）将桥湾龙归入腕龙类，主要依据是它的颈椎与北美的 *Sauroposeidon* 共有许多特征，而后者被认为是腕龙类（Wedel et al., 2000a, b），因此桥湾龙也应归入此类。但随后研究认为 *Sauroposeidon* 应属泰坦巨龙类而不是腕龙类（D'Emic, 2012）。Ksepka 和 Norell（2006）对蒙古发现的 *Erketu* 的研究中也发现 *Qiaowanlong* 或与 *Euhelopus* 及 *Erketu* 关系密切，因而桥湾龙应属泰坦巨龙类。

康熙桥湾龙 *Qiaowanlong kangxii* You et Li, 2009

（图 192）

正模　GSGM GJ 07-14，8 个关联中部颈椎和右侧腰带。发现于甘肃酒泉俞井子盆地。

鉴别特征　同属。

产地与层位　甘肃酒泉，下白垩统下沟组。

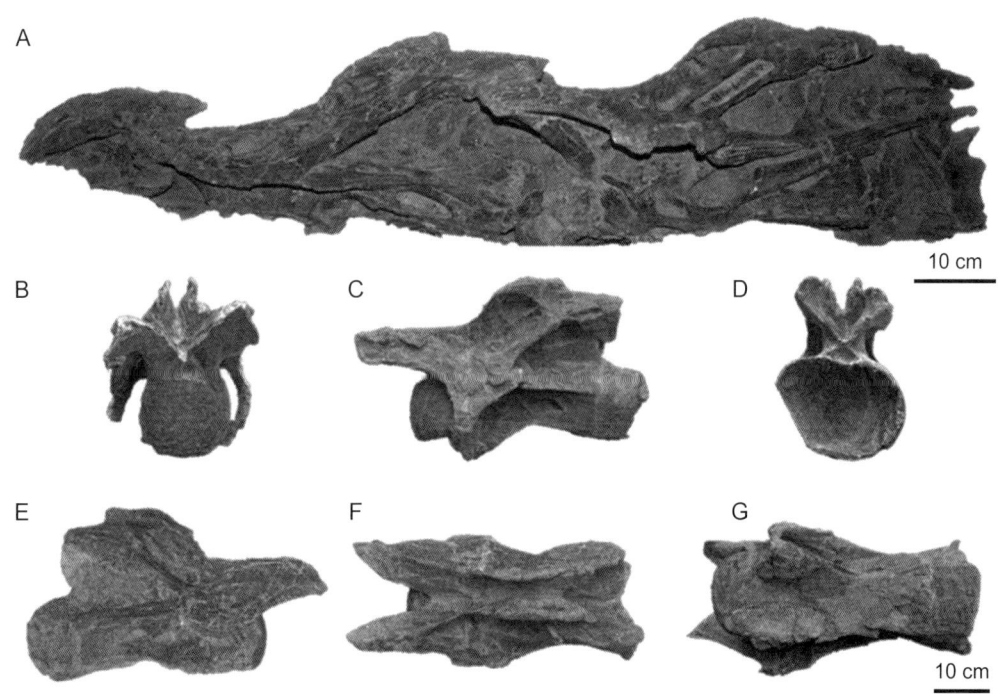

图 192　康熙桥湾龙 *Qiaowanlong kangxii* 正模（GSGM GJ 07-14）
A. 第四至七颈椎左侧视；B–G. 第九颈椎前视、左侧视、后视、右侧视、背视和腹视（引自 You et Li, 2009）

黄河巨龙属 Genus *Huanghetitan* You, Li, Zhou et Ji, 2006

模式种 刘家峡黄河巨龙 *Huanghetitan liujiaxiaensis* You, Li, Zhou et Ji, 2006

鉴别特征 早期分异泰坦巨龙形类。5–6节荐椎，荐椎神经棘非常低（低于椎体高度）并且神经棘顶端横向扩展（宽于神经棘高度）。

中国已知种 *Huanghetitan liujiaxiaensis* You, Li, Zhou et Ji, 2006 和 *Huanghetitan? ruyangensis* Lü, Xu, Zhang, Hu, Wu, Jia et Ji, 2007。

分布与时代 甘肃、河南，白垩纪。

评注 Lü 等（2007b）记述了发现于河南汝阳蟒川组中的黄河巨龙一新种：汝阳黄河巨龙（*H. ruyangensis*），并建一新科黄河巨龙科。汝阳种较刘家峡种大，有6节荐椎。对含汝阳种蟒川组的时代有争议，徐莉等（2010）认为应为早白垩世晚期到晚白垩世早期，而 Jiang 等（2011）认为是晚白垩世早期。

刘家峡黄河巨龙 *Huanghetitan liujiaxiaensis* You, Li, Zhou et Ji, 2006

（图193）

正模 IGCAGS（无编号），一具不完整骨架，包括近于完整的荐椎，一节前部尾椎，一节中部尾椎，若干不完整颈肋，一个远端缺失的人字骨，左侧肩胛骨和乌喙骨。发现于甘肃临洮。

鉴别特征 5节荐椎（汝阳种6节）。

产地与层位 甘肃临洮、兰州-民和盆地东南部，下白垩统河口群中下部。

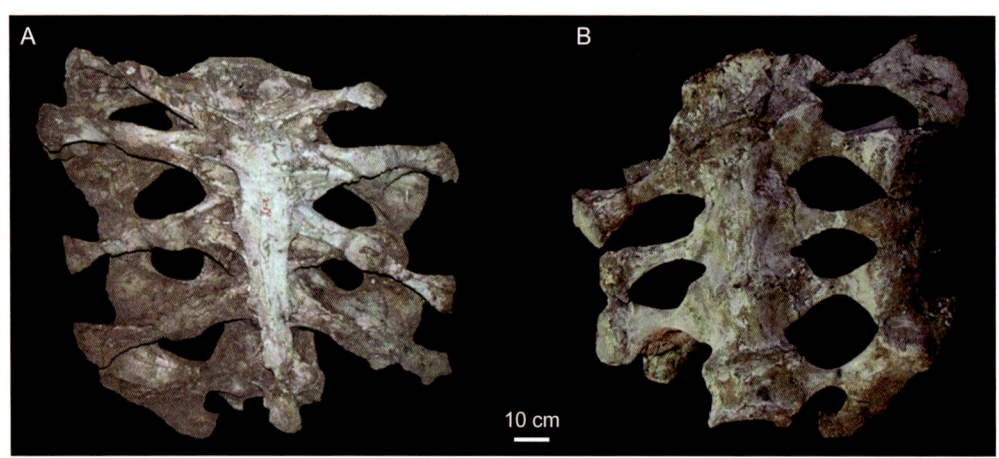

图193 刘家峡黄河巨龙 *Huanghetitan liujiaxiaensis* 正模（IGCAGS：无编号）
荐椎背视（A）和腹视（B）（引自尤海鲁等，2006）

汝阳黄河巨龙？ *Huanghetitan? ruyangensis* Lü, Xu, Zhang, Hu, Wu, Jia et Ji, 2007

（图194）

正模 HNGM (HGM) 41HIII-0001，6节荐椎，10节前部尾椎，部分背肋，部分人字骨，一个不完整的坐骨。发现于河南汝阳刘店乡。

鉴别特征 巨型蜥脚类恐龙，体腔巨大，一些背肋长达290 cm；荐椎6个，神经棘低矮，前五个神经棘愈合，末端向两侧扩张形成一个平台；前部五节尾椎微弱的前凹型，向后过渡为双平型，椎体腹面有纵向凹槽，神经棘低矮；人字骨近端没有骨桥相连。

产地与层位 河南汝阳，上白垩统郝岭组。

评注 Mannion等（2013）认为汝阳黄河巨龙和刘家峡黄河巨龙并非同属，前者属于安第斯龙超科，后者属于泰坦巨龙科，汝阳黄河巨龙需要建立一个新的属名。Lü等（2007b）描述汝阳黄河巨龙的时候还建立了一个新的黄河巨龙科（Huanghetitanidae），但Mannion等（2013）认为黄河巨龙科只是一个多系类群。

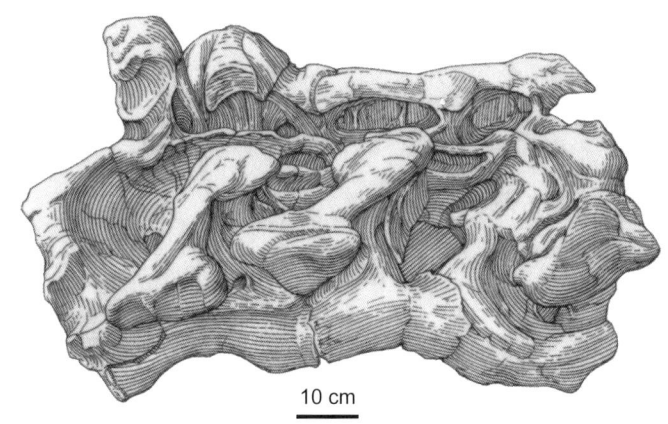

图194 汝阳黄河巨龙？*Huanghetitan? ruyangensis* 正模 [HNGM (HGM) 41HIII-0001] 荐椎右侧视（改自 Lü et al., 2007b）

大夏巨龙属 Genus *Daxiatitan* You, Li, Zhou et Ji, 2008

模式种 炳灵大夏巨龙 *Daxiatitan binglingi* You, Li, Zhou et Ji, 2008

鉴别特征 颈椎前关节突关节面并非位于前关节突最前端，而是略微置后。肩胛骨远端向腹侧扩展。股骨远端内侧髁向内下方突出，使股骨远端面和股骨干中轴有一约10°的夹角。远端视股骨的内外两侧髁都呈前外-后内指向。

中国已知种 仅模式种。

分布与时代 甘肃，早白垩世。

炳灵大夏巨龙 *Daxiatitan binglingi* You, Li, Zhou et Ji, 2008

(图 195)

正模 GSGM GSLTZP03-001，最后 10 节颈椎，10 节背椎，2 节近端尾椎，部分颈肋和背肋，一人字骨，右侧肩胛骨、乌喙骨和股骨。发现于甘肃临洮。

鉴别特征 同属。

产地与层位 甘肃临洮，兰州-民和盆地东南部，下白垩统河口群中下部。

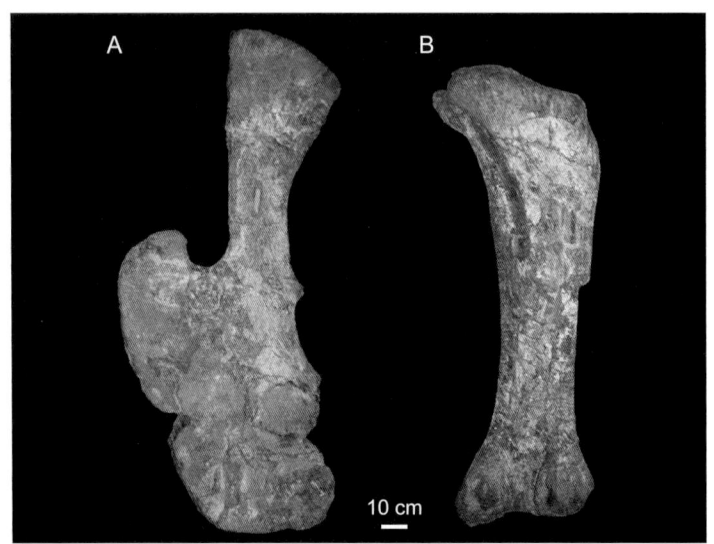

图 195 炳灵大夏巨龙 *Daxiatitan binglingi* 正模（GSGM GSLTZP03-001）
A. 右肩胛骨和乌喙骨内侧视；B. 右股骨后视；C. 骨架复原图（A 和 B 引自尤海鲁等，2008）

永靖龙属 Genus *Yongjinglong* Li, Li, You et Dodson, 2014

模式种 大唐永靖龙 *Yongjinglong datangi* Li, Li, You et Dodson, 2014

鉴别特征 前上颌齿齿冠长，勺型。后部颈椎椎体侧凹大而深，几乎占据整个椎体侧面。颈椎副突十分发育，其基部几乎占据了整个椎体的侧下缘。中部背椎椎体-副突后板伸向后下方，与向前下方伸展的椎体-横突前板呈 X 状斜交，并且止于椎体-横突后板的中下部。肩胛骨长而直，末端略有扩展。

中国已知种 仅模式种。

分布与时代 甘肃，早白垩世。

大唐永靖龙 *Yongjinglong datangi* Li, Li, You et Dodson, 2014

（图 196）

正模 GSGM ZH (08)-04，3 枚牙齿，1 节后部颈椎，4 节前部背椎，3 节关联的中部背椎，1 根背肋，左侧肩胛乌喙骨和右侧尺骨和桡骨。发现于甘肃临洮。

鉴别特征 同属。

产地与层位 甘肃临洮，兰州-民和盆地东南部，下白垩统河口群中下部。

图 196 大唐永靖龙 *Yongjinglong datangi* 正模 [GSGM ZH (08)-04]
骨骼保存图（引自 Li et al., 2014）

汝阳龙属 Genus *Ruyangosaurus* Lü, Xu, Jia, Zhang, Zhang, Yang, You et Ji, 2009

模式种 巨型汝阳龙 *Ruyangosaurus giganteus* Lü, Xu, Jia, Zhang, Zhang, Yang, You et

Ji, 2009

鉴别特征 后部背椎具有以下鉴定特征：神经棘低；缺少椎体-前关节突板；椎弓侧面具有大的、不规则的三角形凹；前关节突-横突板前后向伸展；横突与两条神经棘-横突板之间围成一个三角形凹，椎体-横突后板最为粗壮；椎体-后关节突板微弱发育，与椎体-横突板、后关节突-横突板一起围成一个三角形的凹。

中国已知种 仅模式种。

分布与时代 河南，晚白垩世早期。

巨型汝阳龙 *Ruyangosaurus giganteus* Lü, Xu, Jia, Zhang, Zhang, Yang, You et Ji, 2009

（图 197）

正模 HNGM (HGM) 41HIII-002，一不完整的头后骨架，包括9节颈椎椎体，14节背椎椎体，几根颈肋和背肋，一个完整的背荐椎椎体，完整的荐椎椎体，5个中后部尾椎椎体，不完整的右肱骨，较完整的左右髂骨，右股骨的近端，完整的右胫骨。发现于河南汝阳刘店乡沙坪村盛水沟[①]。

归入标本 HNGM (HGM) 41HIII-06850，不完整的右肱骨；HNGM (HGM) 41HIII-0686，完整的左肩胛乌喙骨。发现于河南汝阳三屯镇。

鉴别特征 同属。

产地与层位 河南汝阳刘店乡和三屯镇，上白垩统郝岭组。

评注 巨型蜥脚类恐龙。巨型汝阳龙正型标本产于刘店乡沙坪村盛水沟，归入标本中肱骨和肩胛乌喙骨则产于另一个地点三屯镇，与刘店乡相距约 10 km（吕君昌等，2014）。汝阳龙为早白垩世中晚期亚洲地区最大型的蜥脚类恐龙之一，它的最大背椎椎体直径达到了 61 cm，是目前确认的背椎椎体最大的蜥脚类恐龙。巨型汝阳龙最初被归为泰坦巨龙形类（Lü et al., 2009a），这一观点得到了后期研究的支持（D'Emic, 2012），但也有研究认为汝阳龙属于早期分异的泰坦巨龙类（Mannion et al., 2019）。

云梦龙属 Genus *Yunmenglong* Lü, Xu, Pu, Zhang, Zhang, Jia, Chang, Zhang et Wei, 2013

模式种 汝阳云梦龙 *Yunmenglong ruyangensis* Lü, Xu, Pu, Zhang, Zhang, Jia, Chang, Zhang et Wei, 2013

[①] 吕君昌等（2014）将与正模产自同一化石坑中属于同一骨架的部分标本放入"归入标本"一项。目前，经河南地质博物馆同意做了适当的调整，将它们移入"正模"，"归入标本"中只保留了产自三屯镇的少量标本，重新添加了标本号。

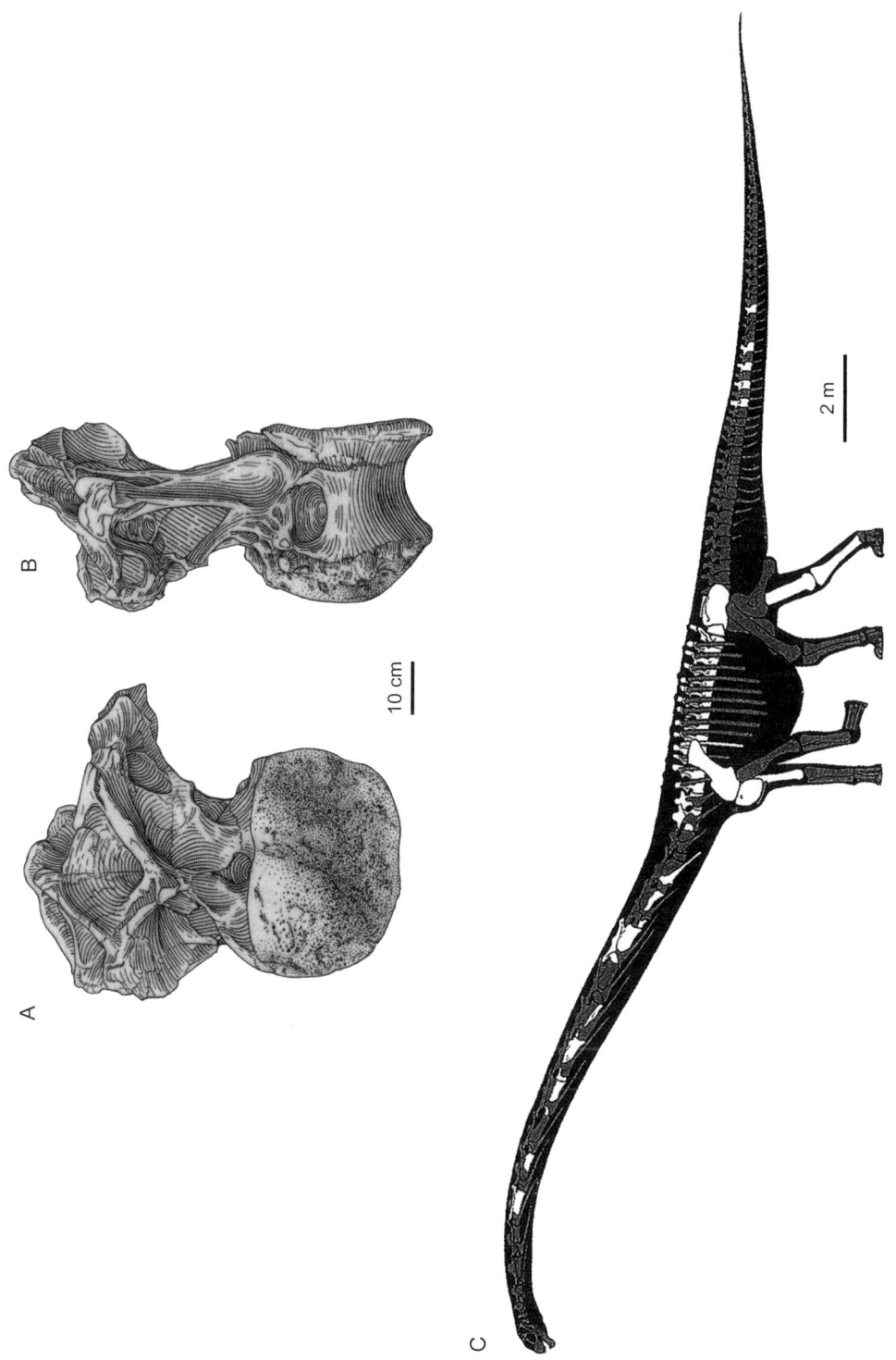

图 197 巨型汝阳龙 *Ruyangosaurus giganteus* 正模 [HNGM (HGM) 41HIII-002]
A、B. 后部背椎前视 (A) 和左侧视 (B); C. 骨架复原图 (A 和 B 改自 Lü et al., 2009a; C 改自吕君昌等, 2014)

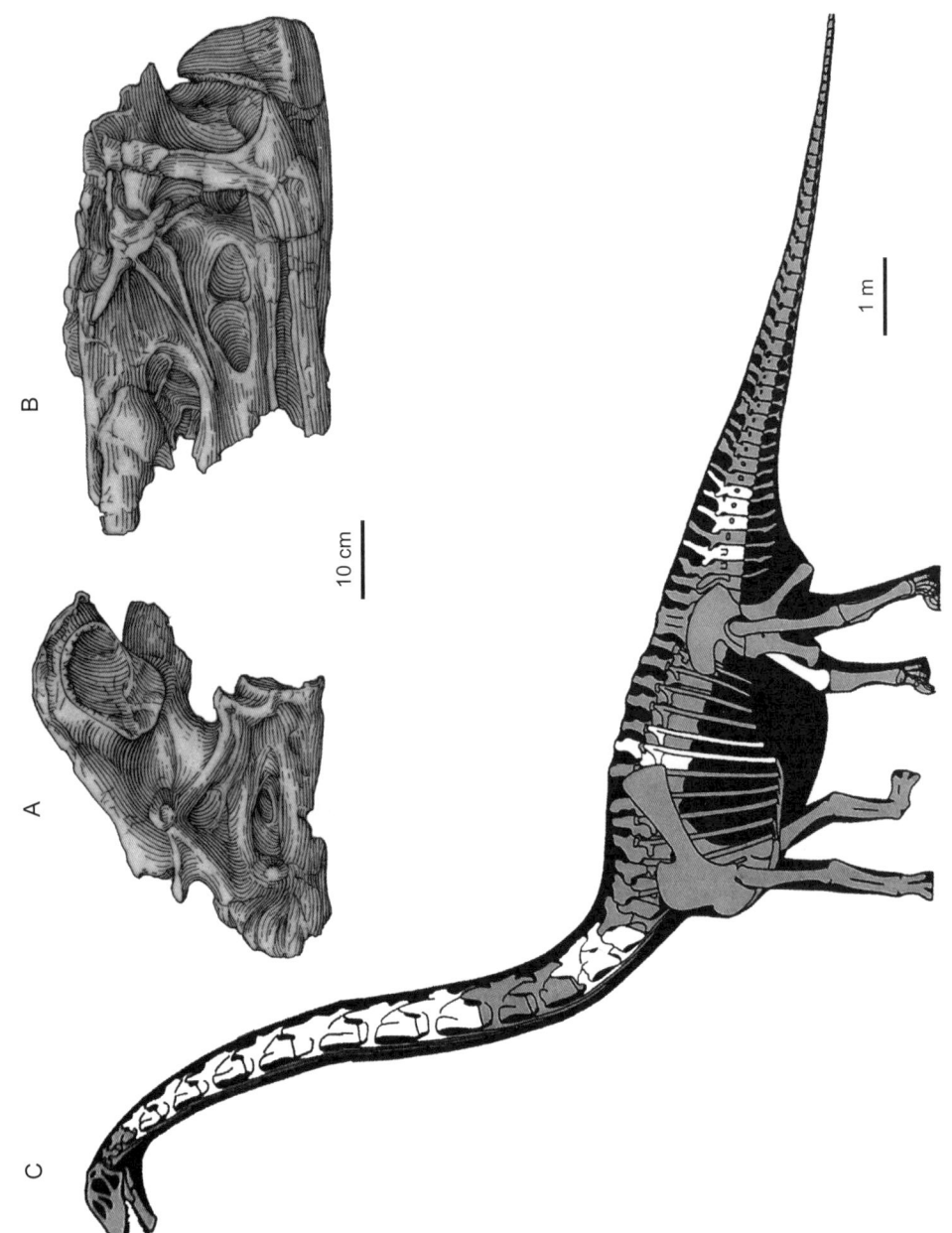

图 198 汝阳云梦龙 *Yunmenglong ruyangensis* 正模 [HNGM (HGM) 41HIII-0006]
A. 枢椎左侧视；B. 第五颈椎右侧视；C. 骨架复原图（A 和 B 改自 Lü et al., 2013b；C 改自 Paul, 1997）

鉴别特征 长颈蜥脚类恐龙；枢椎横突基部有窝；枢椎椎体-副突板平行于枢椎长轴；枢椎副突居于椎体中间高度；枢后颈椎上关节突延长呈棒状；颈椎侧凹有两个窝；背椎神经孔后视呈三角形；尾椎神经棘远端呈球状。

中国已知种 仅模式种。

分布与时代 河南，晚白垩世早期。

汝阳云梦龙 *Yunmenglong ruyangensis* Lü, Xu, Pu, Zhang, Zhang, Jia, Chang, Zhang et Wei, 2013

（图 198）

正模 HNGM (HGM) 41HIII-0006，7 节关联保存的前部颈椎，2 节后部颈椎，1 节背椎，4 节前部尾椎，以及完整的右股骨。发现于河南汝阳刘店乡。

鉴别特征 同属。

产地与层位 河南汝阳刘店乡，上白垩统郝岭组。

评注 大型蜥脚类。云梦龙属白垩纪长颈蜥脚类恐龙，与我国甘肃发现的康熙桥湾龙（*Qiaowanlong kangxii*）、蒙古国产出的 *Erketu ellisoni* 的亲缘关系非常接近，三者可能组成一个新的白垩纪亚洲长颈蜥脚类恐龙类群。属种名称来源于正型标本发现地——汝阳县云梦山。

岘山龙属 Genus *Xianshanosaurus* Lü, Xu, Jiang, Jia, Li, Yuan, Zhang et Ji, 2009

模式种 史家沟岘山龙 *Xianshanosaurus shijiagouensis* Lü, Xu, Jiang, Jia, Li, Yuan, Zhang et Ji, 2009

鉴别特征 牙齿细长，舌侧发育脊状结构；前部尾椎神经棘板状，神经棘前后缘中部粗糙；乌喙孔接近肩胛骨关联面。

中国已知种 仅模式种。

分布与时代 河南，晚白垩世早期。

史家沟岘山龙 *Xianshanosaurus shijiagouensis* Lü, Xu, Jiang, Jia, Li, Yuan, Zhang et Ji, 2009

（图 199）

正模 HNGM (HGM) KLR-07-62，1 颗牙齿，10 节关联的前部尾椎，一个人字骨，

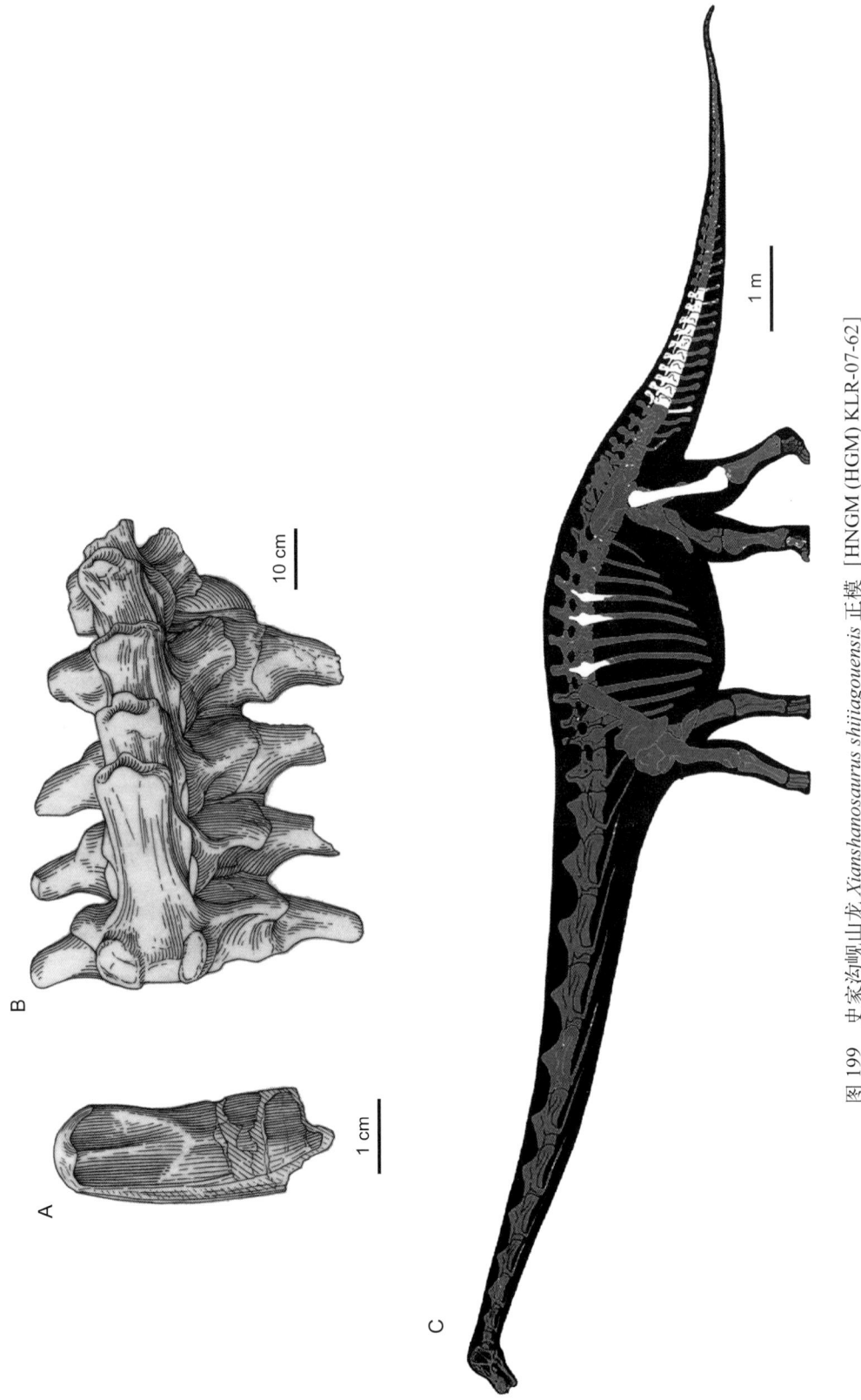

图 199 史家沟岘山龙 Xianshanosaurus shijiagouensis 正模 [HNGM (HGM) KLR-07-62]
A. 牙齿舌侧视；B. 前部尾椎背视；C. 骨架复原图（A 和 B 改自 Lü et al., 2009b；C 改自 Lacovara et al., 2014）

较完整的右乌喙骨，较完整的左股骨，部分完整及不完整的背肋。发现于河南汝阳刘店乡郝岭村史家沟。

鉴别特征 同属。

产地与层位 河南汝阳刘店乡，上白垩统郝岭组。

评注 体型中等的蜥脚类。史家沟岘山龙最初被归为新蜥脚类（Lü et al., 2009b），后期的研究认为应属于泰坦巨龙类（Mannion, 2011；D'Emic, 2012；Mannion et al., 2019）。属种名称来源于化石产地史家沟及附近的岘山（又名铁顶山）。

宝天曼龙属 Genus *Baotianmansaurus* Zhang, Lü, Xu, Li, Yang, Hu, Jia, Ji et Zhang, 2009

模式种 河南宝天曼龙 *Baotianmansaurus henanensis* Zhang, Lü, Xu, Li, Yang, Hu, Jia, Ji et Zhang, 2009

鉴别特征 荐前椎发育气腔构造；中部背椎神经棘短，有微弱的脊后板；背椎椎弓棱脊发育，棱脊数量多达11条；横突下面有4条棱脊支撑；椎体-副突前板分叉，其中小的分支延伸到前关节突的下方；椎体-横突后板较薄，垂直向下方延伸，末端不分叉；后关节突-横突板不发育；前部背肋发育气腔构造。

中国已知种 仅模式种。

分布与时代 河南，晚白垩世。

河南宝天曼龙 *Baotianmansaurus henanensis* Zhang, Lü, Xu, Li, Yang, Hu, Jia, Ji et Zhang, 2009

（图200）

正模 HNGM (HGM) 41HIII-0200，包括一个不完整的前部背椎，一个较完整的中部背椎，5根背肋，一个半荐椎椎体，一个不完整的前部尾椎，一段肩胛骨的远端。发现于河南南阳内乡。

鉴别特征 同属。

产地与层位 河南南阳，上白垩统高沟组。

评注 体型中等的蜥脚类。宝天曼龙最初被归为泰坦巨龙形类，并具有海绵椎类的特征（Zhang et al., 2009），这一观点得到了一些研究的支持（D'Emic, 2012；Mannion et al., 2019），但也有研究认为属于泰坦巨龙类（Mannion et al., 2013）。属种名称来源于正型标本发现地河南省宝天曼国家级自然保护区。

图 200　河南宝天曼龙 Baotianmansaurus henanensis 正模 [HNGM (HGM) 41HIII-0200]
中部背椎左侧视（改自 Zhang et al., 2009）

秦岭龙属 Genus *Qinlingosaurus* Xue, Zhang, Bi, Yue et Chen, 1996

模式种　洛南秦岭龙 *Qinlingosaurus luonanensis* Xue, Zhang, Bi, Yue et Chen, 1996

鉴别特征　髂骨具有以下组合特征：骨板薄，低矮，侧视呈长的菱形；前突强烈向外侧弯；内侧发育纵脊，从上至下延至耻骨柄；耻骨柄位置居中，坐骨柄不发育。

中国已知种　仅模式种。

分布与时代　陕西，晚白垩世。

洛南秦岭龙 *Qinlingosaurus luonanensis* Xue, Zhang, Bi, Yue et Chen, 1996

（图 201）

正模　NWU (NWUV) 1112，包括 3 个脊椎，完整的右髂骨，部分坐骨远端。发现于陕西洛南红土岭。

鉴别特征　同属。

产地与层位　陕西洛南，上白垩统红土岭组。

评注　洛南秦岭龙髂骨骨板薄、前突强烈向外侧弯、耻骨柄位置居中、坐骨柄不发

图 201 洛南秦岭龙 *Qinlingosaurus luonanensis* 正模 [NWU (NWUV) 1112]
右髂骨外侧视（A）和内侧视（B）（改自薛祥煦等，1996）

育等特征在许多蜥脚类恐龙中普遍存在。Upchurch 等（2004）认为洛南秦岭龙的建立有疑问。

扶绥龙属 Genus *Fusuisaurus* Mo, Wang, Huang, Huang et Xu, 2006

模式种 赵氏扶绥龙 *Fusuisaurus zhaoi* Mo, Wang, Huang, Huang et Xu, 2006

鉴别特征 前部背肋板状，近端缺失气腔构造；髂骨前突背腹向强烈扩张；髂骨前突前缘与腹缘锐角相交，指向腹前侧；前部尾椎横突背腹向平坦。

中国已知种 仅模式种。

分布与时代 广西，早白垩世（阿普特期）。

赵氏扶绥龙 *Fusuisaurus zhaoi* Mo, Wang, Huang, Huang et Xu, 2006

（图 202）

正模 NHMG 6729，较完整的左髂骨，完整的左耻骨，3 节关联保存的不完整的最前部尾椎，部分关联保存的背肋，左股骨的远端。发现于广西扶绥山圩镇平搞村。

鉴别特征 同属。

产地与层位 广西扶绥，下白垩统新隆组。

评注 巨型蜥脚类恐龙。赵氏扶绥龙是白垩纪早期最大型的蜥脚类恐龙之一，它的左髂骨长度达到 145 cm，在所有已经报道过的蜥脚类恐龙中是最大的。赵氏扶绥龙最初被认为是泰坦巨龙形类的早期分异类型（Mo et al., 2006），Mannion 等（2013）认为赵氏扶绥龙可能属于海绵椎类。属名"扶绥"来源于化石产地扶绥县，种名献给中国恐龙专家赵喜进研究员，他对广西恐龙的研究做出了重要贡献。

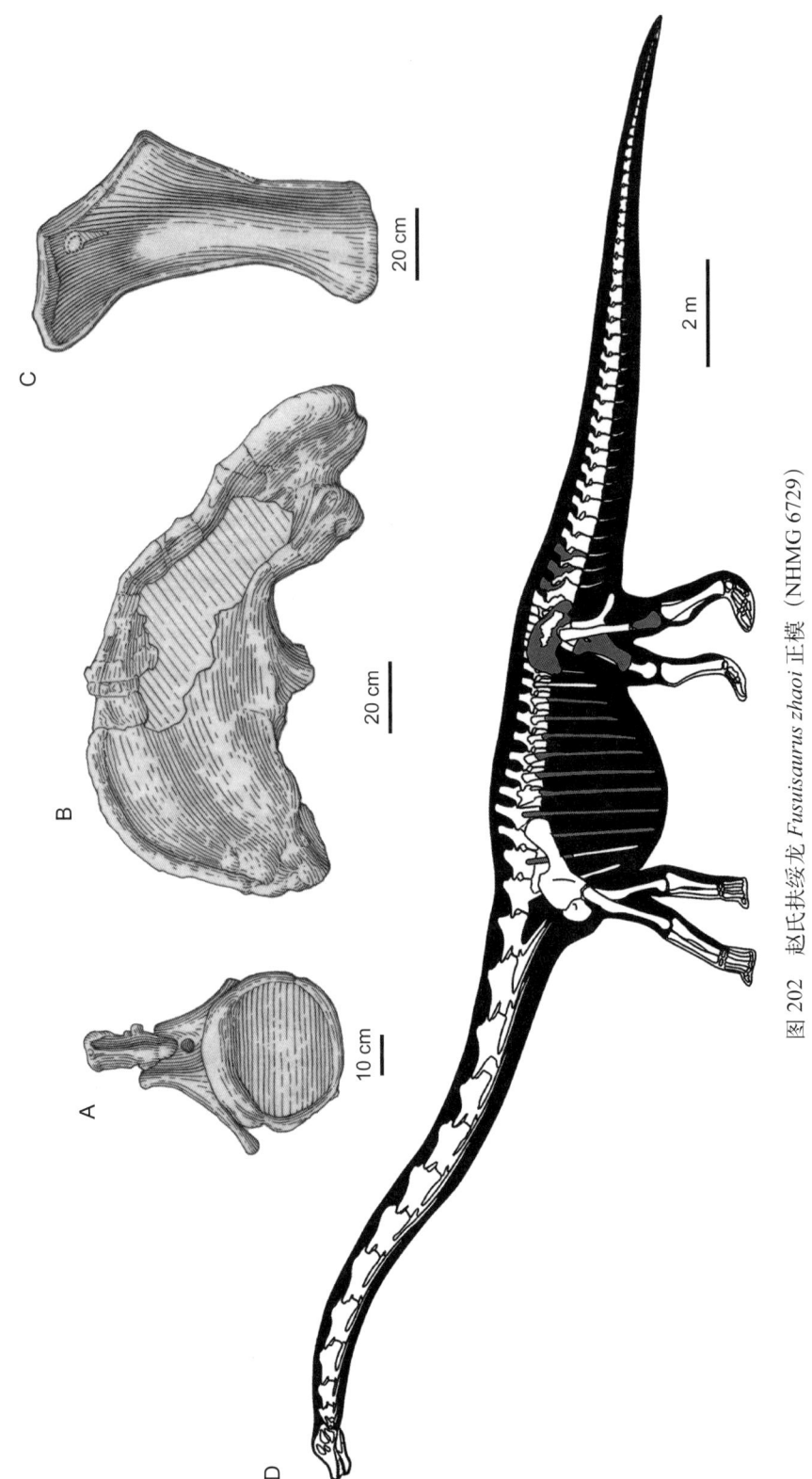

图 202 赵氏扶绥龙 Fusuisaurus zhaoi 正模（NHMG 6729）

A. 前部尾椎后视；B. 左髂骨外侧视；C. 左耻骨外侧视；D. 骨架复原图（A–C 改自 Mo et al., 2006）

六榜龙属 Genus *Liubangosaurus* Mo, Xu et Buffetaut, 2010

模式种 何氏六榜龙 *Liubangosaurus hei* Mo, Xu et Buffetaut, 2010

鉴别特征 背椎具有以下形态特征：椎弓较高，椎弓侧面无任何构造特征；神经棘极短，末端强烈膨大；前关节突与副突之间很近，以致前关节突-横突板和前关节突-副突板不发育；横突背面有窝；神经棘较低，其高度与横突几乎持平；下横突板与副突之间发育明显的窝；椎弓的高度约为椎体宽度的两倍；下横突板向腹侧垂直延伸，末端膨大或分叉成倒立的 Y 形；副突较高而大，呈泪滴状。

中国已知种 仅模式种。

分布与时代 广西，早白垩世（阿普特期）。

何氏六榜龙 *Liubangosaurus hei* Mo, Xu et Buffetaut, 2010
（图 203）

正模 NHMG 8152，5 节关联保存的中部背椎（可能属于第五至第九节）。发现于广西扶绥山圩镇平搞村六榜屯。

鉴别特征 同属。

产地与层位 广西扶绥，下白垩统新隆组。

评注 大型蜥脚类。Mo 等（2010）最初认为何氏六榜龙属于白垩纪早期真蜥脚类，但 Mannion 等（2013）认为属于海绵椎类。属名"六榜"为恐龙化石产出地点，种名献给化石发现者何文坚。

清秀龙属 Genus *Qingxiusaurus* Mo, Huang, Zhao, Wang et Xu, 2008

模式种 右江清秀龙 *Qingxiusaurus youjiangensis* Mo, Huang, Zhao, Wang et Xu, 2008

鉴别特征 前部尾椎神经棘板状结构不发育、相对较高并呈桨状*；胸骨与肱骨最大长之比值较低（约 0.65）。

中国已知种 仅模式种。

分布与时代 广西，晚白垩世。

右江清秀龙 *Qingxiusaurus youjiangensis* Mo, Huang, Zhao, Wang et Xu, 2008
（图 204）

正模 NHMG 8499，部分不关联的头后骨骼，包括一段较完整的前部尾椎神经棘，

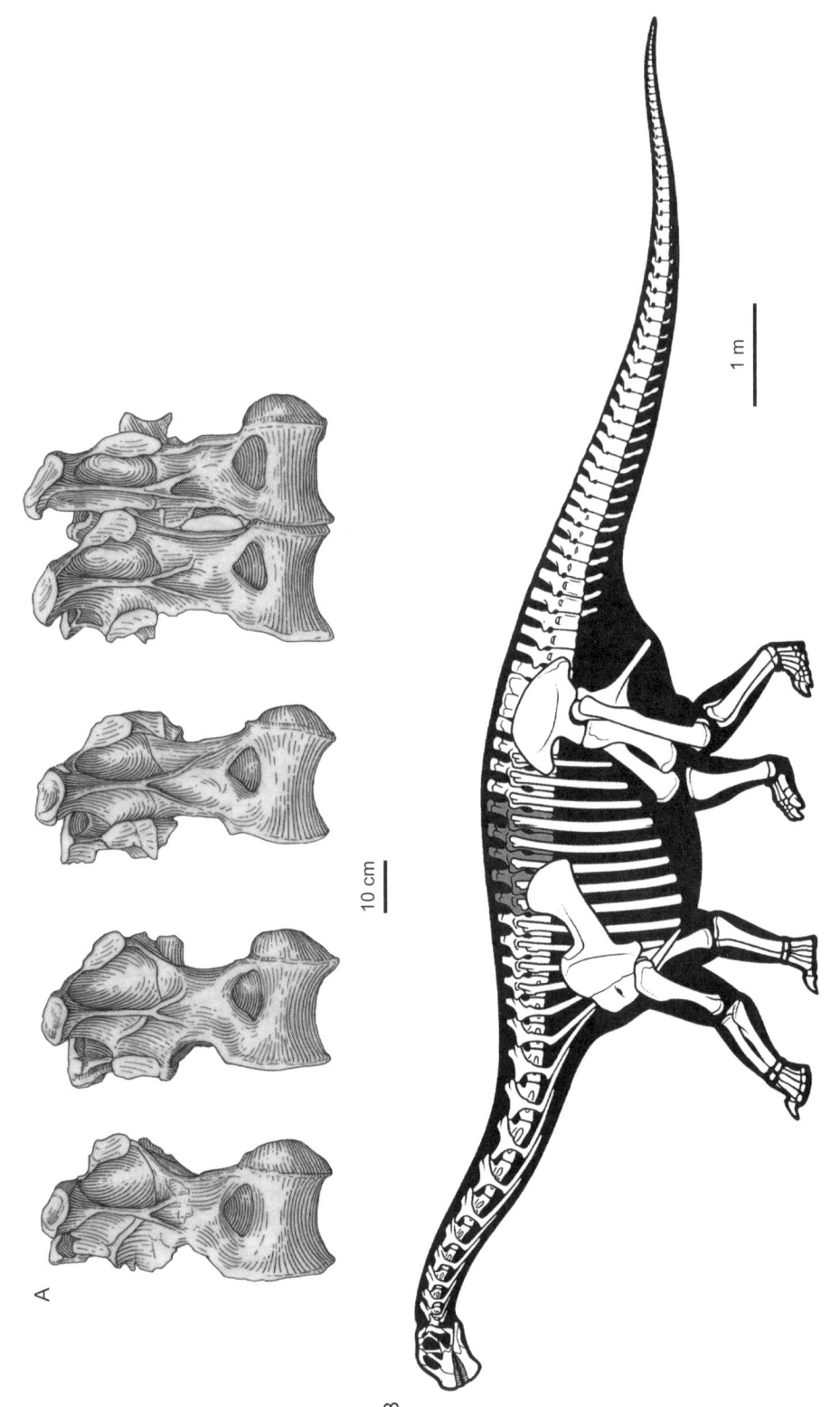

图 203 何氏六榜龙 *Liubangosaurus hei* 正模（NHMG 8152）
A. 关联保存的第五至第九背椎右侧视；B. 骨架复原图（A 改自 Mo et al., 2010；B 改自 Wilson et Sereno, 1998）

左右胸骨板，左右肱骨。发现于广西南宁那龙镇大石村。

鉴别特征 同属。

产地与层位 广西南宁，上白垩统红层。

评注 大型蜥脚类。清秀龙最初被归为泰坦巨龙类（莫进尤等，2008），这一观点得到了后期研究的支持（D'Emic, 2012）。属名来源于化石产地附近的右江河，种名"清秀"意为山清水秀，指美丽的广西山水。

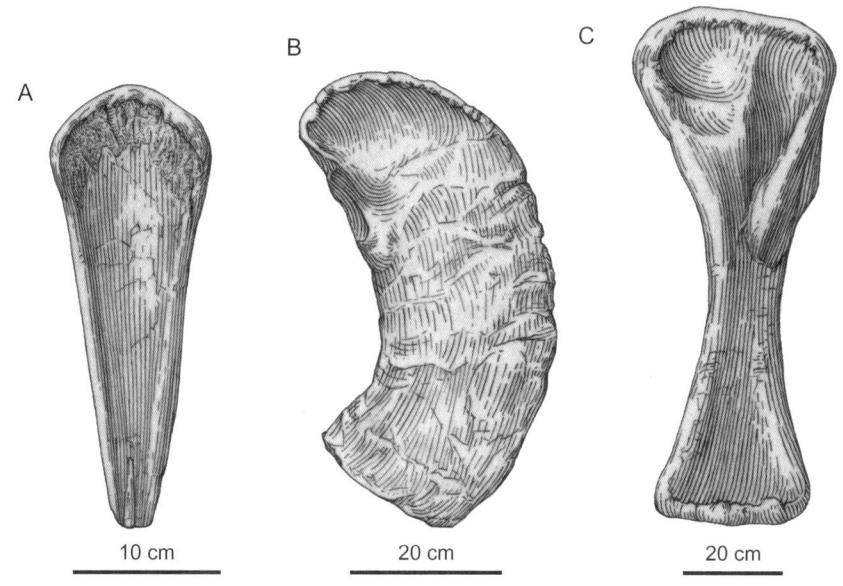

图204 右江清秀龙 *Qingxiusaurus youjiangensis* 正模（NHMG 8499）
A. 前部尾椎神经棘后视；B. 右胸骨腹视；C. 左肱骨前视（改自莫进尤等，2008）

江山龙属 Genus *Jiangshanosaurus* Tang, Kang, Jin, Wei et Wu, 2001

模式种 礼贤江山龙 *Jiangshanosaurus lixianensis* Tang, Kang, Jin, Wei et Wu, 2001

鉴别特征 背椎椎弓凹窝、棱脊结构发育；后部背椎神经棘-横突板不存在；最前部的尾椎椎体前凹型；最前部尾椎发育椎体前关节突窝；前部向中部过渡的尾椎神经棘-前关节突板的腹端位于前关节突的里侧（与前关节突不接触）*；中部尾椎略呈前凹型；肩胛骨的肩峰较为宽阔，前后的宽度约为骨干最小宽度的150%；肩胛骨的肩臼面略向内侧倾斜；肩胛骨和乌喙骨的背缘持同一水平，两者之间的V型缺口不存在；乌喙骨肩臼面不上卷，侧视看不到乌喙骨肩臼面；乌喙孔位于乌喙骨的中央；坐骨的胫骨内侧屈肌III附着脊与凹槽关联；坐骨远端发育一个小的背外侧勾状突*。

中国已知种 仅模式种。

分布与时代 浙江，晚白垩世早期。

礼贤江山龙 *Jiangshanosaurus lixianensis* Tang, Kang, Jin, Wei et Wu, 2001

(图 205)

正模 ZMNH M1322，5节中后部背椎，2节前部尾椎，1节中部尾椎，较完整的左肩胛乌喙骨，不完整的左右耻骨，左右坐骨，一段股骨。发现于浙江江山礼贤乡陈塘边。

鉴别特征 同属。

产地与层位 浙江江山，上白垩统金华组。

评注 大型蜥脚类。江山龙的系统位置存在一些争议。江山龙最初归于泰坦巨龙类（唐烽等，2001b），得到了一些后期研究的支持（Upchurch et al., 2004；Wilson et Upchurch, 2009；D'Emic, 2012）。Mannion等（2019）重新对江山龙进行了详细的描述，通过系统分析方法，认为江山龙属于早期分异的泰坦巨龙形类。

东阳龙属 Genus *Dongyangosaurus* Lü, Azuma, Chen, Zheng et Jin, 2008

模式种 中华东阳龙 *Dongyangosaurus sinensis* Lü, Azuma, Chen, Zheng et Jin, 2008

鉴别特征 背椎前关节突下方有凹窝，凹窝由两侧的前关节突间板和椎体-前关节突板合围而成；背椎神经棘低矮，分叉；神经棘两侧发育次生的神经棘-横突板，背椎和前部尾椎神经棘两侧发育三角形的窝；前部尾椎发育后关节突-横突板和神经棘-横突板，并在后关节突上方形成明显的凹窝；耻骨短于坐骨；耻骨孔小而长，近乎封闭。

中国已知种 仅模式种。

分布与时代 浙江，晚白垩世早期。

中华东阳龙 *Dongyangosaurus sinensis* Lü, Azuma, Chen, Zheng et Jin, 2008

(图 206)

正模 DYM04888，一关联保存的部分骨骼，包括10节中后部背椎，6节荐椎，第一和第二尾椎，部分背肋，左右髂骨、耻骨和坐骨。发现于浙江东阳白殿村。

鉴别特征 同属。

产地与层位 浙江东阳，上白垩统方岩组。

评注 体型中等的蜥脚类。中华东阳龙最初被归为泰坦巨龙形类（Lü et al., 2008a），这一观点得到了后期研究的支持（D'Emic, 2012；Mannion et al., 2019）。但也有研究认为属于索塔龙科（晚期分异的泰坦巨龙类）（Mannion et al., 2013）。

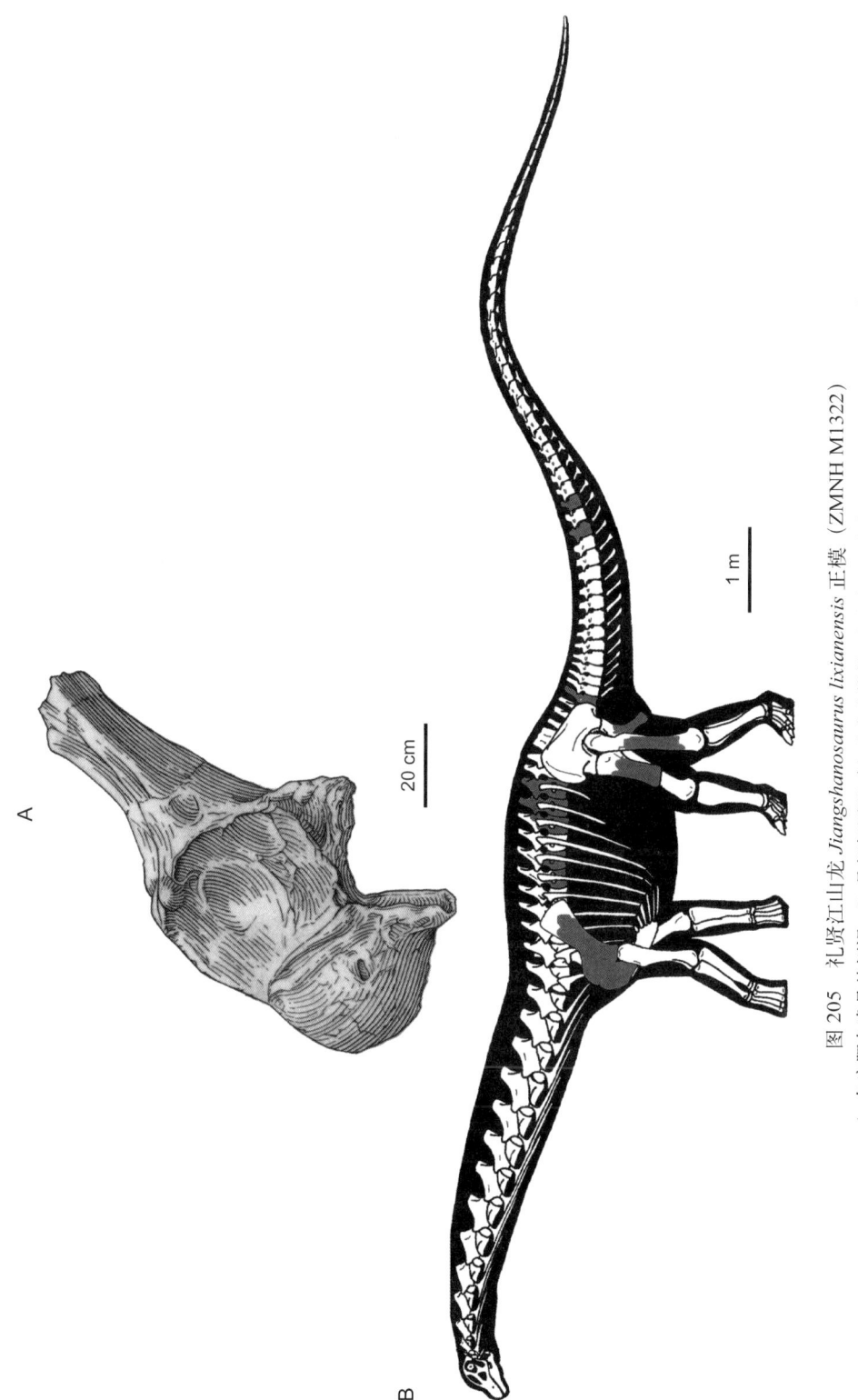

图 205 礼贤江山龙 *Jiangshanosaurus lixianensis* 正模（ZMNH M1322）
A. 左肩胛乌喙骨外侧视；B. 骨架复原图（A 改自唐烽等，2001b；B 改自 Hechenleitner et al., 2015）

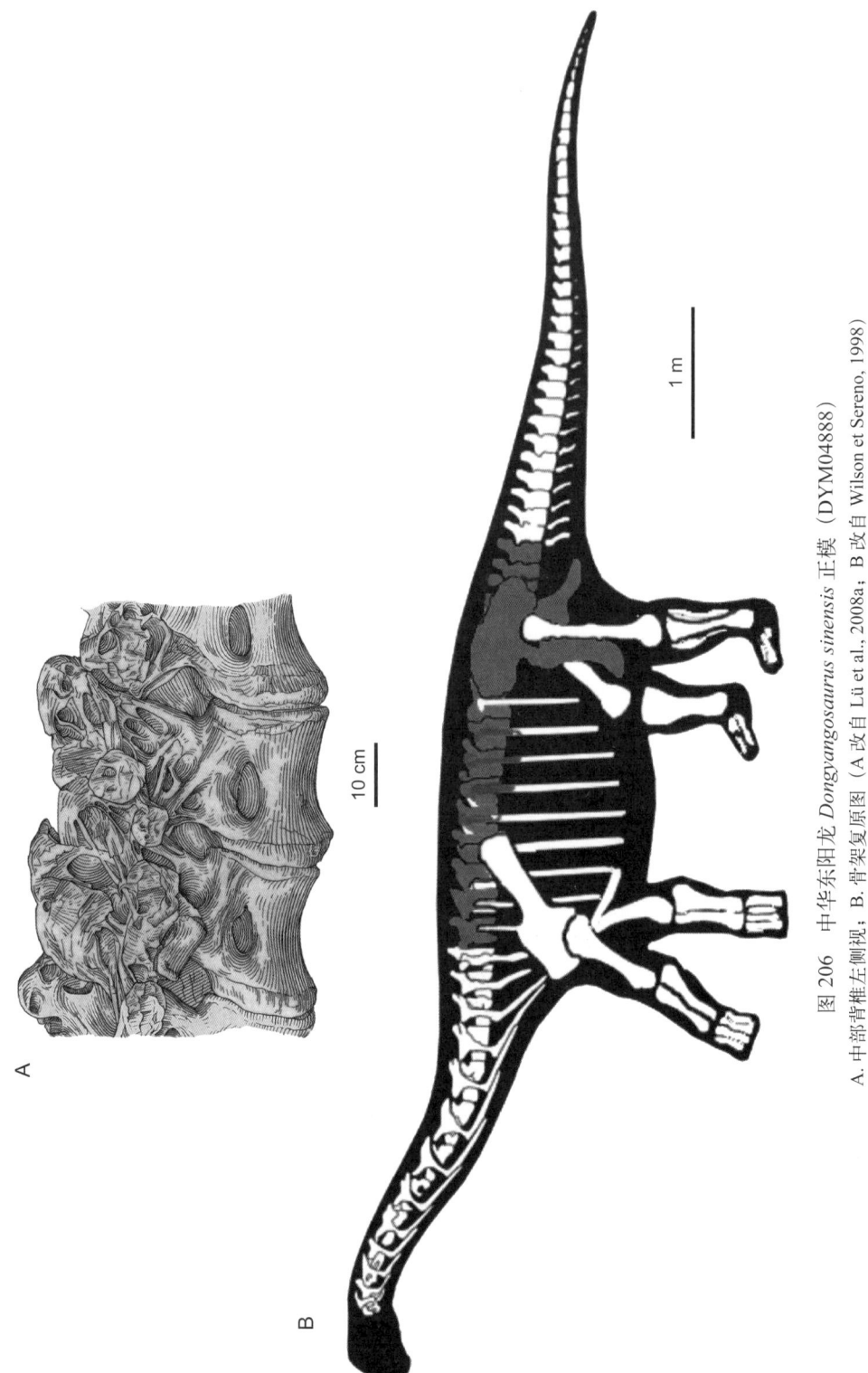

图 206 中华东阳龙 *Dongyangosaurus sinensis* 正模 (DYM04888)
A. 中部背椎左侧视;B. 骨架复原图(A 改自 Lü et al., 2008a,B 改自 Wilson et Sereno, 1998)

赣南龙属 Genus *Gannansaurus* Lü, Yi, Zhong et Wei, 2013

模式种 中国赣南龙 *Gannansaurus sinensis* Lü, Yi, Zhong et Wei, 2013

鉴别特征 后部背椎具有以下鉴别特征：椎体气腔构造发育，椎弓的窝和薄板发育；侧凹较大，约占椎体长度的 65%，侧凹内有三个窝；椎体-副突后板和椎体-副突前板较弱；副突板和横突板交叉形成 K 型结构；尾椎椎体腹面有较大的窝。

中国已知种 仅模式种。

分布与时代 江西，晚白垩世。

中国赣南龙 *Gannansaurus sinensis* Lü, Yi, Zhong et Wei, 2013

（图 207）

正模 GMNH F1001，一节较完整的后部背椎，一节中部尾椎。发现于江西赣州龙岭镇。

鉴别特征 同属。

产地与层位 江西赣州，上白垩统南雄组。

评注 体型中等的蜥脚类。属种名称来源于正型标本发现地——中国江西省（简称"赣"）南部地区的赣州市。

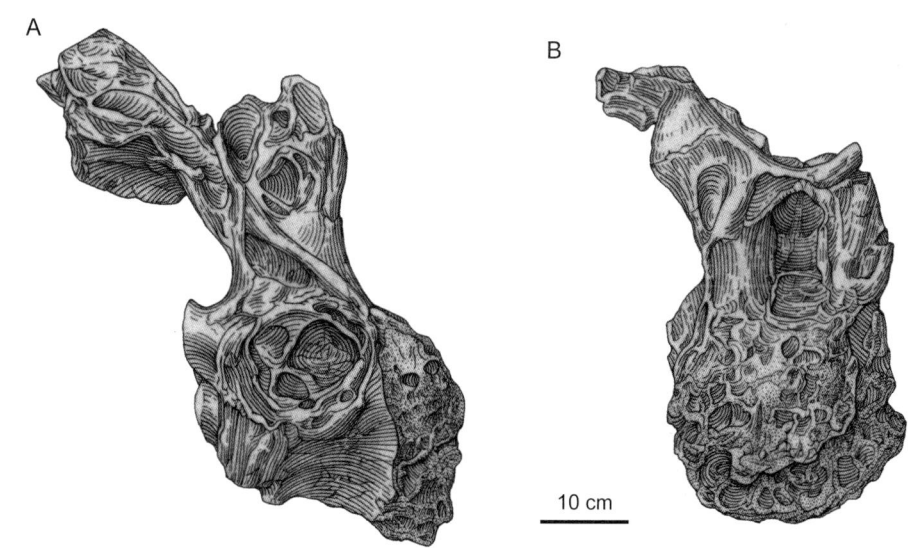

图 207　中国赣南龙 *Gannansaurus sinensis* 正模（GMNH F1001）
后部背椎右侧视（A）和前侧视（B）（改自 Lü et al., 2013c）

参 考 文 献

白子琪 (Bai Z Q), 杨杰 (Yang J), 王国辉 (Wang G H). 1990. 云南易门原蜥脚类一新属. 玉溪文博, 1: 14–23

董枝明 (Dong Z M). 1973. 新疆古生物考察报告 (二): 乌尔禾恐龙化石. 中国科学院古脊椎动物与古人类研究所甲种专刊, 11: 45–52

董枝明 (Dong Z M). 1977. 吐鲁番盆地的恐龙化石. 古脊椎动物与古人类, 15(1): 59–66

董枝明 (Dong Z M). 1979. 华南白垩系的恐龙化石. 见 : 中国科学院古脊椎动物与古人类研究所, 南京地质古生物研究所编辑. 华南中、新生代红层——广东南雄"华南白垩纪—早第三纪红层现场会议"论文选集. 北京 : 科学出版社. 342–350

董枝明 (Dong Z M). 1984a. 四川盆地中侏罗世一肉食龙. 古脊椎动物学报, 22(3): 213–218

董枝明 (Dong Z M). 1984b. 记四川盆地一禄丰蜥龙动物——兼谈自流井组的时代. 古脊椎动物学报, 22(4): 310–313

董枝明 (Dong Z M). 1990. 准噶尔盆地克拉美丽地区的蜥脚类. 古脊椎动物学报, 28(1): 43–58

董枝明 (Dong Z M), 唐治路 (Tang Z L). 1984. 四川自贡大山铺蜀龙动物群简报 III. 蜥脚类. 古脊椎动物学报, 22(1): 69–75

董枝明 (Dong Z M), 唐治路 (Tang Z L). 1985. 四川自贡大山铺蜀龙动物群简报 IV. 兽脚类. 古脊椎动物学报, 23(1): 79–83

董枝明 (Dong Z M), 张奕宏 (Zhang Y H), 李宣民 (Li X M), 周世武 (Zhou S W). 1978. 四川永川发现的新肉食龙. 科学通报, 23(5): 302–304

董枝明 (Dong Z M), 周世武 (Zhou S W), 张奕宏 (Zhang Y H). 1983. 四川盆地侏罗纪恐龙化石. 中国古生物志, 总号第 162 册, 新丙种第 23 号. 北京 : 科学出版社. 1–145

董枝明 (Dong Z M), 彭光照 (Peng G Z), 黄大喜 (Huang D X). 1989. 蜥脚类骨质尾锤之发现. 古脊椎动物学报, 27(3): 219–224

董枝明 (Dong Z M), 尤海鲁 (You H L), 彭光照 (Peng G Z). 2015. 鸟臀类恐龙. 北京 : 科学出版社. 1–179

方晓思 (Fang X S), 庞其清 (Pang Q Q), 卢立伍 (Lu L W), 张子雄 (Zhang Z X), 潘世刚 (Pan S G), 王育敏 (Wang Y M), 李锡康 (Li X K), 程政武 (Cheng Z W). 2000. 云南禄丰地区下、中、上侏罗统的划分. 见 :《第三届全国地层会议论文集》编委会编. 第三届全国地层会议论文集. 北京 : 地质出版社. 208–214

方晓思 (Fang X S), 赵喜进 (Zhao X J), 卢立伍 (Lu L W), 程政武 (Cheng Z W). 2004. 云南首次发现晚侏罗世马门溪龙化石. 地质通报, 23(2): 1005–1011

付丽娅 (Fu L Y), 张加华 (Zhang J H). 2004. 云南姜驿中侏罗世一蜥脚龙新种. 云南地质, 23(1): 73–76

高玉辉 (Gao Y H). 1992. 四川自贡肉食龙一新种. 古脊椎动物学报, 30(4): 313–324

高玉辉 (Gao Y H). 1993. 四川自贡大山铺中侏罗世肉食龙一新种. 古脊椎动物学报, 31(4): 308–314

关谷透 (Sekiya T). 2010. 云南禄丰早侏罗世一新的原蜥脚类恐龙. 世界地质, 29(1): 7–15

何信禄 (He X L). 1984. 四川脊椎动物化石. 成都 : 四川科学技术出版社. 1–168

何信禄 (He X L), 李奎 (Li K), 蔡开基 (Cai K J), 高玉辉 (Gao Y H). 1984. 四川自贡大山铺峨眉龙一新种. 成都理工大学学报 (自然科学版), 增刊 2: 13–32

何信禄 (He X L), 李奎 (Li K), 蔡开基 (Cai K J). 1988. 四川自贡大山铺中侏罗世恐龙动物群, 第四集, 蜥脚类 (二), 天府峨眉龙. 成都 : 四川科学技术出版社. 1–143

何信禄 (He X L), 杨绥华 (Yang S H), 蔡开基 (Cai K J), 李奎 (Li K), 刘宗文 (Liu Z W). 1996. 马门溪龙 (蜥脚类恐龙) 的新发现 . 见 : 国家计委国土司 , 地矿部科技司编 . 地质科学研究论文集 . 北京 : 中国经济出版社 . 83–86

何信禄 (He X L), 王长生 (Wang C S), 刘尚忠 (Liu S Z), 周凤云 (Zhou F Y), 刘图强 (Liu T Q), 蔡开基 (Cai K J), 代兵 (Dai B). 1998. 四川南部珙县早侏罗世一新蜥脚类恐龙 . 四川地质学报 , 18(1): 1–7

侯连海 (Hou L H), 叶祥奎 (Ye X K), 赵喜进 (Zhao X J). 1975. 广西扶绥爬行动物化石 . 古脊椎动物与古人类 , 13(1): 24–33

侯连海 (Hou L H), 周世武 (Zhou S W), 曹幼枢 (Cao Y S). 1976. 四川蜥脚类的新发现 . 古脊椎动物与古人类 , 14(3): 160–165

胡承志 (Hu C Z). 1973. 山东诸城巨型鸭嘴龙化石 . 地质学报 , (2): 179–206

胡承志 (Hu C Z), 程政武 (Cheng Z W), 庞其清 (Pang Q Q). 2001. 巨型山东龙 . 北京 : 地质出版社 . 1–139

胡绍锦 (Hu S J). 1993. 记云南晋宁发现的双嵴龙 (*Dilophosaurus*) 化石 . 古脊椎动物学报 , 31(1): 65–69

胡寿永 (Hu S Y). 1964. 内蒙古阿拉善旗肉食龙类化石 . 古脊椎动物与古人类 , 8(1): 42–63

黄迪颖 (Huang D Y). 2019. 中国侏罗纪综合地层和时间框架 . 中国科学 : 地球科学 , 49(1): 227–256

黄建东 (Huang J D), 尤海鲁 (You H L), 杨精涛 (Yang J T), 任鑫鑫 (Ren X X). 2014. 安徽黄山中侏罗世蜥脚类恐龙一新属种 . 古脊椎动物学报 , 52(4): 390–400

季强 (Ji Q), 姬书安 (Ji S A). 1996. 中国最早鸟类化石的发现及鸟类的起源 . 中国地质 , (10): 30–32

季强 (Ji Q), 姬书安 (Ji S A). 1997. 中华龙鸟 (*Sinosauropteryx*) 化石研究新进展 . 中国地质 , (7): 30–32

江山 (Jiang S), 李飞 (Li F), 彭光照 (Peng G Z), 叶勇 (Ye Y). 2011. 四川自贡中侏罗世峨眉龙一新种 . 古脊椎动物学报 , 49(2): 185–194

匡学文 (Kuang X W). 2004. 川东开江地区下沙溪庙组一新蜥脚类化石 . 见 : 孙景文 (Sun J W) 编 . 天津自然博物馆建馆 90 周年文集 . 天津 : 天津科学技术出版社 . 40–46

李飞 (Li F), 彭光照 (Peng G Z), 叶勇 (Ye Y), 江山 (Jiang S), 黄大喜 (Huang D X). 2009. 四川犍为晚侏罗世一新的肉食龙类 . 地质学报 , 83(9): 1203–1213

李奎 (Li K). 1988. 关于罗泉峨眉龙的研究 . 见 : 何信禄 (He X L), 李奎 (Li K), 蔡开基 (Cai K J) 编 . 四川自贡大山铺中侏罗世恐龙动物群 , 第四集 , 蜥脚类 (二), 天府峨眉龙 . 成都 : 四川科学技术出版社 . 94–105

李奎 (Li K), 蔡开基 (Cai K J). 1997. 马门溪龙属 (*Mamenchisaurus*) 的分类位置及演化 . 成都理工学院学报 , (2): 102–107

李奎 (Li K), 谢卫 (Xie W), 张玉光 (Zhang Y G). 1997. 四川侏罗纪恐龙化石 . 大自然探索 , 16(59): 66–70

李奎 (Li K), 蔡开基 (Cai K J), 张玉光 (Zhang Y G). 1999. 四川盆地侏罗纪恐龙骨骼及红层的微量元素组合特征 . 北京 : 地质出版社 . 1–155

李奎 (Li K), 杨春燕 (Yang C Y), 刘建 (Liu J), 王正新 (Wang Z X). 2010. 四川会理早侏罗世一新的蜥脚类恐龙 . 古脊椎动物学报 , 48(3): 185–202

吕君昌 (Lü J C), 张宝堃 (Zhang B K). 2005. 记中国南方广东省南雄盆地晚白垩世一新的窃蛋龙类化石 . 古生物学报 , 44(3): 412–422

吕君昌 (Lü J C) 等 . 2014. 巨型蜥脚类恐龙 - 巨型汝阳龙 Lü et al., 2009 的骨骼学研究 . 北京 : 地质出版社 . 1–211

莫进尤 (Mo J Y). 2013. 苏氏巧龙 . 郑州 : 河南科学技术出版社 . 1–155

莫进尤 (Mo J Y), 黄超林 (Huang C L), 赵仲如 (Zhao Z R), 王颁 (Wang W), 徐星 (Xu X). 2008. 中国广西晚白垩世一新的巨龙类恐龙 . 古脊椎动物学报 , 46(2): 147–156

莫进尤 (Mo J Y), 王克柏 (Wang K B), 陈树清 (Chen S Q), 王培业 (Wang P Y), 徐星 (Xu X). 2017. 山东晚白垩世一新的巨龙类恐龙 . 地质通报 , 36(9): 1501–1505

欧阳辉 (Ouyang H). 1989. 四川自贡大山铺蜥脚类一新属. 自贡恐龙博物馆通讯, 2: 10–14

欧阳辉 (Ouyang H), 叶勇 (Ye Y). 2002. 第一具保存完整头骨的马门溪龙——杨氏马门溪龙. 成都: 四川科学技术出版社. 1–111

彭光照 (Peng G Z), 舒纯康 (Shu C K). 1999. 四川盆地下沙溪庙组脊椎动物组合. 见: 王元青 (Wang Y Q), 邓涛 (Deng T) 编. 第七届中国古脊椎动物学会年会论文集. 北京: 海洋出版社. 27–35

彭光照 (Peng G Z), 叶勇 (Ye Y), 高玉辉 (Gao Y H), 舒纯康 (Shu C K), 江山 (Jiang S). 2005. 自贡地区侏罗纪恐龙动物群. 成都: 四川人民出版社. 1–236

皮孝忠 (Pi X Z), 欧阳辉 (Ouyang H), 叶勇 (Ye Y). 1996. 四川自贡蜥脚类一新种. 见: 国家计委国土司, 地矿部科技司编. 地质科学研究论文集. 北京: 中国经济出版社. 87–91

孙艾玲 (Sun A L), 崔贵海 (Cui G H), 李雨和 (Li Y H), 吴肖春 (Wu X C). 1985. 禄丰蜥龙动物群的组成及初步分析. 古脊椎动物学报, 23(1): 1–12

唐烽 (Tang F), 金幸生 (Jin X S), 康熙民 (Kang X M), 张国俊 (Zhang G J). 2001a. 四川井研一完整的蜥脚类恐龙: 毛氏峨眉龙. 北京: 海洋出版社. 1–128

唐烽 (Tang F), 康熙民 (Kang X M), 金幸生 (Jin X S), 魏丰 (Wei F), 吴维棠 (Wu W T). 2001b. 浙江江山白垩系一新的蜥脚类恐龙. 古脊椎动物学报, 39(4): 272–281

王国富 (Wang G F). 2004. 禄丰棠海发现金山龙. 云南地质, 23(1): 77–82

王娅明 (Wang Y M). 2017. 云南禄丰盆地早侏罗世基干蜥脚型类恐龙研究. 中国地质大学(北京)博士学位论文. 1–218

王正新 (Wang Z X), 李奎 (Li K), 刘建 (Liu J). 2003. 四川简阳晚侏罗世马门溪龙. 成都理工大学学报: 自然科学版, 30(5): 485–490

吴文昊 (Wu W H), 董枝明 (Dong Z M), 孙跃武 (Sun Y W), 李春田 (Li C T), 李涛 (Li T). 2006. 吉林九台白垩系一新的蜥脚类恐龙. 世界地质, 25(1): 6–8

吴文昊 (Wu W H), 周长付 (Zhou C F), Wings O, 关谷透 (Sekiya T), 董枝明 (Dong Z M). 2013. 新疆鄯善中侏罗世巨型蜥脚类恐龙的发现. 世界地质, 32(3): 437–446

徐莉 (Xu L), 张兴辽 (Zhang X L), 吕君昌 (Lü J C), 贾松海 (Jia S H), 潘泽成 (Pan Z C), 秦爽 (Qin S), 朱红卫 (Zhu H W), 曾光艳 (Zeng G Y). 2010. 河南省汝阳巨型蜥脚类恐龙动物群及含化石地层时代讨论. 地质论评, 56(6): 761–768

薛祥煦 (Xue X X), 张云翔 (Zhang Y X), 毕延 (Bi Y), 岳乐平 (Yue L P), 陈丹玲 (Chen D L). 1996. 秦岭东段山间盆地的发育及自然环境变迁. 北京: 地质出版社. 1–181

杨钟健 (Young C C). 1951. 禄丰蜥龙动物群. 中国古生物志, 总号第134册, 新丙种第13号. 北京: 科学出版社. 1–96

杨钟健 (Young C C). 1954. 四川宜宾的一种新蜥脚类. 古生物学报, 2(4): 355–369

杨钟健 (Young C C). 1958. 山东莱阳恐龙化石. 中国古生物志, 总号第142册, 新丙种第16号. 北京: 科学出版社. 1–138

杨钟健 (Young C C). 1966. 云南的另一禄丰龙产地. 古脊椎动物与古人类, 10(1): 64–67

杨钟健 (Young C C), 赵喜进 (Zhao X J). 1972. 合川马门溪龙. 中国科学院古脊椎动物与古人类研究所甲种专刊, 8: 1–45

《杨钟健文集》编辑委员会. 1982. 杨钟健文集. 北京: 科学出版社. 1–219

叶勇 (Ye Y). 2008. 马门溪龙化石研究综述. 第十一届中国古脊椎动物学学术年会论文集. 北京: 海洋出版社. 1–7

叶勇 (Ye Y), 欧阳辉 (Ouyang H), 傅乾明 (Fu Q M). 2001. 四川自贡发现合川马门溪龙新材料. 古脊椎动物学报, 39(4): 266–271

叶勇 (Ye Y), 高玉辉 (Gao Y H), 江山 (Jiang S). 2005. 四川自贡蜥脚类一新属. 古脊椎动物学报, 43(3): 175–181

尤海鲁 (You H L), 李大庆 (Li D Q), 周玲琦 (Zhou L Q), 季强 (Ji Q). 2006. 刘家峡黄河巨龙: 中国甘肃兰州盆地下白垩统河口群一新蜥脚类恐龙化石. 地质论评, 52: 668–674

尤海鲁 (You H L), 李大庆 (Li D Q), 周伶琦 (Zhou L Q), 季强 (Ji Q). 2008. 炳灵大夏巨龙: 中国早白垩世一新巨型蜥脚

类恐龙. 甘肃地质, 17(4): 1–10

张奕宏 (Zhang Y H). 1988. 四川自贡大山铺中侏罗世恐龙动物群 蜥脚类（一）蜀龙. 成都：四川科学技术出版社. 1–67

张奕宏 (Zhang Y H), 杨兆龙 (Yang Z L). 1995. 中国禄丰盆地一新的完整原蜥脚类恐龙化石——金山龙. 昆明：云南科技出版社. 1–100

张奕宏 (Zhang Y H), 杨代环 (Yang D H), 彭光照 (Peng G Z). 1984. 四川自贡大山铺蜀龙新材料. 成都理工大学学报：自然科学版, 2: 1–12

张奕宏 (Zhang Y H), 李奎 (Li K), 曾清华 (Zeng Q H). 1998. 四川盆地晚侏罗世蜥脚类一新种. 成都理工学院学报, 1: 61–70

张玉光 (Zhang Y G), 李建军 (Li J J). 2001. 井研马门溪龙 (*Mamenchisaurus jingyanensis*) 新材料的补充研究. 见：邓涛 (Deng T), 王原 (Wang Y) 编. 第八届中国古脊椎动物学学术年会论文集. 北京：海洋出版社. 35–39

张玉光 (Zhang Y G), 李建军 (Li J J). 2003. 四川井研马门溪龙动物群地层学对比研究. 地层学杂志, 27(1): 50–53

赵喜进 (Zhao X J). 1980. 新疆北部中生代脊椎动物化石地层. 中国科学院古脊椎动物与古人类研究所甲种专刊, 15: 1–120

赵喜进 (Zhao X J). 1985. 侏罗纪的爬行动物. 见：王思恩 (Wang S E) 等编. 中国的侏罗系. 北京：地质出版社. 286–289

赵喜进 (Zhao X J). 1993. 新疆一新蜥脚类. 古脊椎动物学报, 31: 132–138

甄朔南 (Zhen S N), 李建军 (Li J J), 韩兆宽 (Han Z K), 杨兴隆 (Yang X L). 1996. 中国恐龙足迹研究. 成都：四川科技出版社. 1–107

郑钟 (Zheng Z). 1991. 蜀龙头骨及脑颅的解剖. 古脊椎动物学报, 29(2): 108–118

周长付 (Zhou C F), 吴文昊 (Wu W H), 关谷透 (Sekiya T), 董枝明 (Dong Z M). 2018. 辽西热河生物群一新的巨龙型类恐龙. 世界地质, 37(2): 327–333

Agnolín F L, Novas F E. 2013. Avian ancestors: A review of the phylogenetic relationship of the theropods Unenlagiidae, Microraptoria, *Anchiornis* and Scansoriopterygidae. New York: Springer Dordrecht Heidelberg. 96

Agnolín F L, Powell J E, Novas F E, Kundrát M. 2012. New alvarezsaurid (Dinosauria, Theropoda) from uppermost Cretaceous of north-western Patagonia with associated eggs. Cretaceous Research, 35: 33–56

Allain R. 2002. Discovery of megalosaur (Dinosauria, Theropoda) in the middle Bathonian of Normandy (France) and its implications for the phylogeny of basal Tetanurae. Journal of Vertebrate Paleontology, 22(3): 548–563

Allain R, Taquet P. 2000. A new genus of Dromaeosauridae (Dinosauria, Theropoda) from the Upper Cretaceous of France. Journal of Vertebrate Paleontology, 20: 404–407

Azuma Y, Xu X, Shibata M, Kawabe S, Miyata K, Imai T. 2016. A bizarre theropod from the Early Cretaceous of Japan highlighting mosaic evolution among coelurosaurians. Scientific Report, 6: 20478

Bakker R T. 1971. Dinosaur physiology and the origin of mammals. Evolution, 25(4): 636–658

Bakker R T. 1986. The Dinosaur Heresies. New York: William Morrow. 481

Bakker R T, Galton P M. 1974. Dinosaur monophyly and a new class of vertebrates. Nature, 248(5444): 168–172

Baron M G, Norman D B, Barrett P M. 2017. A new hypothesis of dinosaur relationships and early dinosaur evolution. Nature, 543: 501–506

Barrett P M. 1999. A sauropod dinosaur from the Lower Lufeng Formation (Lower Jurassic) of Yunnan Province, People's Republic of China. Journal of Vertebrate Paleontology, 19(4): 785–787

Barrett P M. 2000. Prosauropod dinosaurs and iguanas: speculations on the diets of extinct reptiles. In: Sues H-D ed. Evolution of Herbivory in Terrestrial Vertebrates. Cambridge: Cambridge University Press. 42–78

Barrett P M. 2009. The affinities of the enigmatic dinosaur *Eshanosaurus deguchiianus* from the Early Jurassic of Yunnan

Province, People's Republic of China. Palaeontology, 52(4): 681–688

Barrett P M, Xu X. 2005. A reassessment of *Dianchungosaurus lufengensis* Yang, 1982a, an enigmatic reptile from the Lower Lufeng Formation (Lower Jurassic) of Yunnan Province, People's Republic of China. Journal of Paleontology, 79(5): 981–986

Barrett P M, Xu X. 2012. The enigmatic reptile *Pachysuchus imperfectus* Young, 1951 from the Lower Lufeng Formation (Lower Jurassic) of Yunnan, China. Vertebrata PalAsiatica, 50(2): 151–159

Barrett P M, Hasegawa Y, Manabe M, Isaji S, Matsuoka H. 2002. Sauropod dinosaurs from the Lower Cretaceous of eastern Asia: taxonomic and biogeographical implications. Palaeontology, 45: 1197–1217

Barrett P M, Upchurch P, Wang X-L. 2005. Cranial osteology of *Lufengosaurus huenei* Young (Dinosauria: Prosauropoda) from the Lower Jurassic of Yunnan, People's Republic of China. Journal of Vertebrate Paleontology, 25(4): 806–822

Barsbold R. 1974. Saurornithoididae, a new family of small theropod dinosaurs from Central Asia and North America. Palaeontologia Polonica, 30: 5–22

Barsbold R. 1976. On a new Late Cretaceous family of small theropods (Oviraptoridae fam. n.) of Mongolia. Doklady Akademii Nauk SSSR, 226: 685–688

Barsbold R, Perle A. 1980. Segnosauria, a new infraorder of carnivorous dinosaurs. Acta Palaeont Polonica, 25(2): 187–195

Barsbold R, Osmólska H. 1999. The skull of *Velociraptor* (Theropoda) from the Late Cretaceous of Mongolia. Acta Palaeont Polonica, 44: 189–219

Beland P, Russell D A. 1978. Paleoecology of Dinosaur Provincial Park (Cretaceous), Alberta, interpreted from the distribution of articulated vertebrate remains. Canadian Journal of Earth Sciences, 15(6): 1012–1024

Benson R, Xu X. 2008. The anatomy and systematic position of the theropod dinosaur *Chilantaisaurus tashuikouensis* Hu, 1964 from the Early Cretaceous of Alanshan, People's Republic of China. Geological Magazin, 145(6): 778–789

Benson R B J. 2010. A description of *Megalosaurus bucklandii* (Dinosauria: Theropoda) from the Bathonian of the UK and the relationships of Middle Jurassic theropods. Zoological Journal of the Linnean Society, 158: 882–935

Benson R B J, Carrano M T, Brusatte S L. 2010. A new clade of archaic large-bodied predatory dinosaurs (Theropoda: Allosauroidea) that survived to the latest Mesozoic. Naturwissenschaften, 97(1): 71–78

Benton M J. 1990. Dinosaurs. In: Weishampel D B, Dodson P, Osmólska H eds. The Dinosauria. Berkeley: University of California Press. 11–30

Benton M. 2014. Vertebrate Palaeontology. 4rd edition. Oxford: Blackwell Publ. 1–468

Bever G S, Gauthier J A, Wagner G P. 2011. Finding the frame shift: digit loss, developmental variability, and the origin of the avian hand. Evolution & Development, 13(3): 269–279

Bohlin B. 1953. Fossil reptiles from Mongolia and Kansu. Reports from the Scientific Expedition to the Northwestern Provinces of China under Leadership of Dr Sven Hedin. The Sino-Swedish Expedition Publication 37. Stockholm, Statens Etnografiska Museum.

Bonaparte J F. 1976. *Pisanosaurus mertii* Casamiquela and the origin of the Ornithischia. Journal of Paleontology, 50(5): 808–820

Bonaparte J F. 1979. Dinosaurs—Jurassic Assemblage from Patagonia. Science, 205(4413): 1377–1379

Bonaparte J F. 1991a. Los vertebrados fósiles de la Formación Río Colorado, de la ciudad de Neuquén y cercanías, Cretácico superior, Argentina. Rev. del Museo argent. de Ciencias Naturales "Bernardino Rivadavia" Paleontologia, 4(3): 17–123

Bonaparte J F. 1991b. The Gondwanian theropod familes Abelisauridae and Noasauridae. Historical Biology, 5: 1–25

Bonaparte J F, Powell J E. 1980. A continental assemblage of tetrapods from the Upper Cretaceous beds of El Brete, northwestern Argentina (Sauropoda-Coelurosauria-Carnosauria-Aves). Mémoires de la Société Géologique de France, Nouvelle Série, 139: 19–28

Bonaparte J F, Novas F E, Coria R A. 1990. *Carnotaurus sastrei* Bonaparte, the horned, lightly built carnosaur from the middle Cretaceous of Patagonia. Contributions from the Science and Natural History Museum of Los Angeles County, 416: 1–42

Borsuk-Bialynicka M. 1977. A new camarasaurid sauropod *Opisthocoelicaudia skarzynskii* gen. n., sp. n. from the Upper Cretaceous of Mongolia. Palaeontologica Polonica, 37: 5–63

Broom R. 1906. On the early development of the appendicular skeleton of the ostrich. Transactions of the South African Philosophy Society, 16: 355–369

Broom R. 1911. On the dinosaurs of the Stormberg, South Africa. Annals of South Africa Museum, 7: 291–308

Brusatte S L. 2012. Dinosaur Paleobiology. West Sussex: John Wiley & Sons. 1–322

Brusatte S L, Carr T D. 2016. The phylogeny and evolutionary history of tyrannosauroid dinosaurs. Scientific Reports, 6: 20252

Brusatte S L, Benson R B J, Chure D J, Xu X, Sullivan C, Hone D E. 2009. The first definitive carcharodontosaurid (Dinosauria: Theropoda) from Asia and the delayed ascent of tyrannosaurids. Naturwissenschaften, 96(9): 1051–1058

Brusatte S L, Norell M A, Carr T D, Erickson G M, Hutchinson J R, Balanoff A M, Bever G S, Choiniere J N, Makovicky P J, Xu X. 2010. Tyrannosaur paleobiology: new research on ancient exemplar organisms. Science, 329(5998): 1481–1485

Brusatte S L, Benson R B J, Xu X. 2012. A reassessment of *Kelmayisaurus petrolicus*, a large theropod dinosaur from the Early Cretaceous of China. Acta Palaeontologica Polonica, 57(1): 65–72

Brusatte S L, Hone D, Xu X. 2013. Phylogenetic revision of *Chingkankousaurus fragilis*, a forgotten tyrannosauroid from the Late Cretaceous of China. In: Parrish J M, Molnar R E, Currie P J, Koppelhus E B eds. Tyrannosaurid Paleobiology. Bloomington: Indiana University Press. 1–13

Brusatte S L, Lloyd G T, Wang S C, Norell M A. 2014. Gradual assembly of avian body plan culminated in rapid rates of evolution across the dinosaur-bird transition. Current Biology, 24(20): 2386–2392

Buckland W. 1824. Notice on the *Megalosaurus* or great fossil lizard of Stonesfield. Transactions of the Geological Society of London, 2.1 (2): 390–396

Buffetaut E, Ingavat G. 1986. Unusual theropod dinosaur teeth from the Upper Jurassic of Phu Wiang, northeastern Thailand. Revue de Paléobiologie, 5: 217–220

Buffetaut E, Suteethorn V, Cuny G, Tong H, Le Loeuff J, Khansubha S, Jongautchariyakul S. 2000. The earliest known sauropod dinosaur. Nature, 407(6800): 72–74

Buffetaut E, Suteethorn V, Tong H, Amiot R. 2008. An Early Cretaceous spinosaurid theropod from southern China. Geological Magazine, 145(5): 745–748

Camp C C. 1935. Dinosaur remains from the Province of Szechuan. Bull Dept Geol Univ Cal Publ, (23): 467–472

Cantino P D, de Queiroz K. 2010. PhyloCode: International Code of Phylogenetic Nomenclature, Version 4c. http://www.ohio.edu/phylocode

Cao Y S, You H L. 2000. The jaw of *Datousaurus bashanensis* Dong and Tang 1984. Acta Palaeontologica Sinica, 39(3): 391–395

Carballido J L, Sander P M. 2014. Postcranial axial skeleton of *Europasaurus holgeri* (Dinosauria, Sauropoda) from the Upper Jurassic of Germany: implications for sauropod ontogeny and phylogenetic relationships of basal Macronaria. Journal of Systematic Palaeontology, 12: 335–387

Carballido J L, Pol D, Otero A, Cerda I A, Salgado L, Garrido A C, Ramezani J, Cúneo N R, Krause J M. 2017. A new giant titanosaur sheds light on body mass evolution among sauropod dinosaurs. Proceedings of the Royal Society B: Biological Sciences, 284: 20171219

Carpenter K. 2006. Biggest of the big: a critical re-evaluation of the mega-sauropod *Amphicoelias fragillimus*. New Mexico Museum of Natural History and Science Bulletin, 36: 131–137

Carr T D. 2005. A reappraisal of tyrannosauroids from Iren Dabasu, Inner Mongolia, People's Republic of China. Journal of Vertebrate Paleontology, 25(3): 42A

Carr T D. 2006. Is *Guanlong* a tyrannosauroid or a subadult *Monolophosaurus*? Journal of Vertebrate Paleontology, 26: 48A

Carr T D, Varricchio D, Sedlmayr J, Roberts E, Moore J. 2017. A new tyrannosaur with evidence for anagenesis and crocodile-like facial sensory system. Scientific Reports, 7: 44942

Carrano M T, Benson R B J, Sampson S D. 2012. The phylogeny of Tetanurae (Dinosauria: Theropoda). Journal of Systematic Palaeontology, 10(2): 211–300

Carroll R L, Galton P M. 1977. 'Modern' lizard from the Upper Triassic of China. Nature, 266: 252–255

Cau A. 2018. The assembly of the avian body plan: a 160-million-year long process. Bollettino della Società Paleontologica Italiana, 57(1): 1–25

Cau A, Beyrand V, Voeten D, Fernandez V, Tafforeau P, Stein K, Barsbold R, Tsogtbaatar K, Currie P J, Godefroit P. 2017. Synchrotron scanning reveals amphibious ecomorphology in a new clade of bird-like dinosaurs. Nature, 552(7685): 395–399

Charig A J. 1976. Dinosaur monophyly and a new class of vertebrates: a critical review. In: Bellairs A d'A, Cox C B eds. Morphology and Biology of Reptiles. London: Linnean Society of London. 65–104

Charig A J, Milner A C. 1986. *Baryonyx*, a remarkable new theropod dinosaur. Nature, 324(6095): 359–361

Chatterjee S, Zheng Z. 2002. Cranial anatomy of *Shunosaurus*, a basal sauropod dinosaur from the Middle Jurassic of China. Zoological Journal of the Linnean Society, 136(1): 145–169

Chiappe L M, Norell M A, Clark J M. 1998. The skull of a relative of the stem-group bird *Mononykus*. Nature, 392(6673): 275–278

Chinsamy-Turan A. 1993. Bone histology and growth trajectory of the prosauropod dinosaur *Massospondylus carinatus* Owen. Modern Geology, 18(3): 319–329

Chinsamy-Turan A, Hillenius W J. 2004. Physiology of nonavian dinosaurs. In: Weishampel D B, Dodson P, Osmólska H eds. The Dinosauria (second edition). Berkeley: University of California Press. 643–659

Chinsamy-Turan A, Rich T, Vickers Rich P. 1998. Polar dinosaur bone histology. Journal of Vertebrate Paleontology, 18(2): 385–390

Choiniere J, Clark J, Forster C, Xu X. 2010a. A basal coelurosaur (Dinosauria: Theropoda) from the Late Jurassic (Oxfordian) of the Shishugou Formation in Wucaiwan, People's Republic of China. Journal of Vertebrate Paleontology, 30(6): 1773–1796

Choiniere J N, Xu X, Clark J M, Forster C A, Guo Y, Han F. 2010b. A basal alvarezsauroid theropod from the early Late Jurassic of Xinjiang, China. Science, 327(5965): 571–574

Choiniere J N, Clark J M, Forster C A, Norell M A, Eberth D A, Erickson G M, Chu H, Xu X. 2013. A juvenile specimen of a new coelurosaur (Dinosauria: Theropoda) from the Middle–Late Jurassic Shishugou Formation of Xinjiang, People's Republic of China. Journal of Systematic Palaeontology, 12(2): 177–215

Chokchaloemwong D, Hattori S, Cuesta E, Jintasakul P, Shibata M, Azuma Y, Liu J. 2019. A new carcharodontosaurian theropod (Dinosauria: Saurischia) from the Lower Cretaceous of Thailand. PLoS ONE, 14 (10): e0222489

Chure D. 1998. "*Chilantaisaurus*" *maortuensis*, a large maniraptoran theropod from the Early Cretaceous (Albian) of Nei Mongol, PRC. Journal of Vertebrate Paleontology, 18(3): 33A–34A

Chure D. 2000. A new species of *Allosaurus* from the Morrison Formation of Dinosaur National Monument (Utah-Colorado) and a revision of the theropod family Allosauridae. PhD thesis, Columbia University. 964

Clark J M, Maryanska T, Barsbold R. 2004. Therizinosauroidea. In: Weishampel D B, Dodson P, Osmólska H eds. The Dinosauria (second edition). Berkeley: University of California Press. 151–164

Coombs W P. 1980. Juvenile ceratopsians from Mongolia—smallest known dinosaur specimens. Nature, 283(5745): 380-381

Cooper M R. 1981. The prosauropod dinosaur *Massospondylus carinatus* Owen from Zimbabwe: its biology, mode of life and phylogenetic significance. Occasional Papers of the National Museum of Rhodesia, Ser. B: Natural Sciences, 6(10): 689–840

Cooper M R. 1985. A revision of the ornithischian dinosaur *Kangnasaurus coetzeei* Haughton, with a classification of the Ornithischia. Annals of the South African Museum, 95: 281–317

Cope E D. 1871. On the homologies of some of the cranial bones of the Reptilia, and on the systematic arrangement of the class. Proceedings of the American Association for the Advancement of Science, 19: 194–247

Csiki Z, Vremir M, Brusatte S, Norell A M. 2010. An aberrant island-dwelling theropod dinosaur from the Late Cretaceous of Romania. Proceedings of the National Academy of Sciences of the United States of America, 35(107): 15357–15361

Currie P J, Carpenter K. 2000. A new specimen of *Acrocanthosaurus atokensis* (Theropoda, Dinosauria) from the Lower Cretaceous Antlers Formation (Lower Cretaceous, Aptian) of Oklahoma, USA. Geodiversitas, 22(2): 207–246

Currie P J, Chen P J. 2001. Anatomy of *Sinosauropteryx prima* from Liaoning, northeastern. Canadian Journal of Earth Sciences, 38: 1705–1727

Currie P J, Dong Z M. 2001. New information on *Shanshanosaurus huoyanshanensis*, a juvenile tyrannosaurid (Theropoda, Dinosauria) from the Late Cretaceous of China. Canadian Journal of Earth Sciences, 38(12): 1729–1737

Currie P J, Peng J H. 1994. A juvenile specimen of *Saurornithoides mongoliensis* from the Upper Cretaceous of northern China. Canadian Journal of Earth Sciences, 30: 2224–2230

Currie P J, Zhao X J. 1993. A new carnosaur (Dinosauria, Theropoda) from the Jurassic of Xinjiang, People's Republic of China. Canadian Journal of Earth Sciences, 30(10&11): 2037–2081

Currie P J, Xing L D, Wu X C, Dong Z M. 2019. Anatomy and relationships of *Sinosaurus triassicus* (Theropoda, Coelophysoidea) from the Lufeng Formation (Lower Jurassic) of Yunnan, China. Canadian Society of Vertebrate Palaeontology 2019 Abstracts: 17

Czerkas S A, Yuan C X. 2002. An arboreal maniraptoran from Northeast China. In: Czerkas S J ed. Feathered Dinosaurs and the Origin of Flight. Blanding: The Dinosaur Museum. 63–95

D'Emic M D. 2012. The early evolution of titanosauriform sauropod dinosaurs. Zoological Journal of the Linnean Society, 166(3): 624–671

D'Emic M D, Mannion P D, Upchurch P, Benson R J B, Pang Q Q, Cheng Z W. 2013. Osteology of *Huabeisaurus allocotus* (Sauropoda: Titanosauriformes) from the Upper Cretaceous of China. PLoS ONE, 8(8): e69375

Dai H, Benson R, Hu X, Ma Q, Tan C, Li N, Xiao M, Hu H, Zhou Y, Wei Z. 2020. A new possible megalosauroid theropod from the Middle Jurassic Xintiangou Formation of Chongqing, People's Republic of China and its implication for early tetanuran evolution. Scientific Reports, 10(1): 1–16

Dal Sasso C, Maganuco S, Cau A. 2018. The oldest ceratosaurian (Dinosauria: Theropoda), from the Lower Jurassic of Italy, sheds light on the evolution of the three-fingered hand of birds. PeerJ, 6: e5976

Dececchi T, Larsson H, Hone D. 2012. *Yixianosaurus longimanus* (Theropoda: Dinosauria) and its bearing on the evolution of Maniraptora and ecology of the Jehol fauna. Vertebrata PalAsiatica, 50: 111–139

Delair J B, Sarjeant W A S. 2002. The earliest discoveries of dinosaurs: the records re-examined. Proceedings of the Geologists' Association, 113: 185–197

Delcourt R, Grillo O N. 2018. Tyrannosauroids from the southern hemisphere: implications for biogeography, evolution, and taxonomy. Palaeogeography Palaeoclimatology Palaeoecology, 511: 379–387

Depalma R A, Burnham D A, Martin L D, Larson P L, Bakker R T. 2015. The first giant raptor (Theropoda: Dromaeosauridae) from the Hell Creek Formation. Paleontological Contributions, (14): 1–16

Dodson P. 1971. Sedimentology and taphonomy of the Oldman Formation (Campanian), Dinosaur Provincial Park, Alberta Canada. Palaeogeography Palaeoclimatology Palaeoecology, 10(1): 21–74

Dodson P. 1976. Quantitative aspects of relative growth and sexual dimorphism in *Protoceratops*. Journal of Paleontology, 50(5): 929–940

Dodson P, Currie P J. 1988. The smallest ceratopsid skull: Judith River Formation of Alberta. Canadian Journal of Earth Sciences, 25(6): 926–930

Dong Z M. 1992. Dinosaurian faunas of China. Beijing: China Ocean Press, Springer-Verlag. 1–188

Dong Z M. 1997. A gigantic sauropod (*Hudiesaurus sinojapanorum* gen. et sp. nov.) from the Turpan Basin, China. In: Dong Z M ed. Sino-Japanese Silk Road Dinosaur Expedition. Beijing: China Ocean Press. 102–110

Dong Z M. 2003. Contributions of new dinosaur materials from China to dinosaurology. Memoir of the Fukui Prefectural Dinosaur Museum, 2: 123–131

Dong Z M, Currie P J. 1996. On the discovery of an oviraptorid skeleton on a nest of eggs at Bayan Mandahu, Inner Mongolia, People's Republic of China. Canadian Journal of Earth Sciences, 33: 631–636

Dong Z M, Yu H. 1997. A new segnosaur from Mazongshan area, Gansu Province, China. In: Dong Z M ed. Sino-Japanese Silk Road Dinosaur Expedition. Beijing: China Ocean Press. 90–95

Erickson G M, Makovicky P J, Currie P J, Norell M A, Yerby S A, Brochu C A. 2004. Gigantism and comparative life-history parameters of tyrannosaurid dinosaurs. Nature, 430(7001): 772–775

Erickson G M, Currie P J, Inouye B D, Winn A A. 2006. Tyrannosaur life tables: An example of nonavian dinosaur population biology. Science, 313(5784): 213–217

Evans S E, Milner A R. 1989. *Fulengia*, a supposed early lizard reinterpreted as a prosauropod dinosaur. Palaeontology, 32(1): 223–230

Ezcurra M D. 2010. A new early dinosaur (Saurischia: Sauropodomorpha) from the Late Triassic of Argentina: a reassessment of dinosaur origin and phylogeny. Journal of Systematic Palaeontology, 8: 371–425

Ezcurra M D, Cuny G. 2007. The coelophysoid *Lophostropheus airelensis*, gen. nov.: a review of the systematics of "*Liliensternus*" *airelensis* from the Triassic-Jurassic boundary outcrops of Normandy (France). Journal of Vertebrate Paleontology, 27(1): 73–86

Fabrègues C P, Allain R, Barriel V. 2015. Root causes of phylogenetic incongruence observed within basal sauropodomorph interrelationships. Zoological Journal of the Linnean Society, 175(3): 569–586

Feduccia A. 1999. The Origin and Evolution of Birds, 2nd ed. New Haven: Yale University Press. 1–466

Fitzinger L J. 1843. Systema Reptilium. Vienna

Forster C A, Sampson S D, Chiappe L M, Krause D W. 1998. The theropod ancestry of birds: new evidence from the Late

Cretaceous of Madagascar. Science, 279: 1915–1919

Foth C, Rauhut O W. 2017. Re-evaluation of the Haarlem *Archaeopteryx* and the radiation of maniraptoran theropod dinosaurs. BMC Evolutionary Biology, 17(1): 236

Fowler D W, Woodward H N, Freedman E A, Larson P L, Horner J R. 2011. Reanalysis of "*Raptorex kriegsteini*": a juvenile tyrannosaurid dinosaur from Mongolia. PLoS ONE, 6(6): e21376

Funston G F, Persons I W S, Bradley G J, Currie P J. 2015. New material of the large-bodied caenagnathid *Caenagnathus collinsi* from the Dinosaur Park Formation of Alberta, Canada. Cretaceous Research, 54: 179–187

Funston G F, Currie P J, Eberth D A, Ryan M J, Chinzorig T, Badamgarav D, Longrich N R. 2016. The first oviraptorosaur (Dinosauria: Theropoda) bonebed: evidence of gregarious behaviour in a maniraptoran theropod. Scientific Reports, 6: 35782

Galton P M. 1976. Prosauropod dinosaurs (Reptilia: Saurischia) of North America. Postilla, 169: 1–98

Galton P M. 1985. Diet of prosauropod dinosaurs from the Late Triassic and Early Jurassic. Lethaia, 18: 105–123

Galton P M. 1986. Herbivorous adaptations of Late Triassic and Early Jurassic dinosaurs. In: Padian K ed. The Beginning of the Age of Dinosaurs. Cambridge: Cambridge University Press. 203–221

Galton P M. 1990. Basal Sauropodomorpha-Prosauropoda. In: Weishampel D B, Dodson P, Osmólska H eds. The Dinosauria. Berkeley: University of California Press. 320–344

Galton P M, Cluver M A. 1976. *Anchisaurus capensis* (Broom) and a revision of the Anchisauridae (Reptilia, Saurischia). Annals of the South African Museum, 69(6): 121–159

Galton P M, Upchurch P. 2004. Prosauropoda. In: Weishampel D B, Dodson P, Osmólska H eds. The Dinosauria (second edition). Berkeley: University of California Press. 232–258

Gao C L, Morschhauser E M, Varricchio D J, Liu J U, Zhao B. 2012. A second soundly sleeping dragon: new anatomical details of the Chinese troodontid *Mei long* with implications for phylogeny and taphonomy. PLoS ONE, 7(9): e45203

Gauthier J. 1986. Saurischian monophyly and the origin of birds. Memoirs of the California Academy of Sciences, 8: 1–55

Gilmore C W. 1924. On *Troodon validus*, an ornithopodous dinosaur from the Belly River Cretaceous of Alberta, Canada. Bulletin of Department of Geology, University of Alberta, 1: 1–43

Gilmore C W. 1933a. Two new dinosaurian reptiles from Mongolia with notes on some fragmentary specimens. American Museum Novitates, 679: 1–20

Gilmore C W. 1933b. On the dinosaurian fauna of the Iren Dabasu Formation. Bulletin of the American Museum of Natural History, 67: 23–78

Ginsburg L. 1986. Régressions marines et extinction des Dinosaures. Les Dinosaures de la Chine à la France, Colloque International de Paléontologie, Toulouse, France. Toulouse: Muséum d'Histoire Naturelle de Toulouse. 141–149

Gishlick A, Gauthier J. 2007. On the manual morphology of *Compsognathus longipes* and its bearing on the diagnosis of Compsognathidae. Zoological Journal of the Linnean Society, 149: 569–581

Godefroit P, Currie P J, Li H, Shang C Y, Dong Z M. 2008. A new species of *Velociraptor* (Dinosauria: Dromaeosauridae) from the Upper Cretaceous of northern China. Journal of Vertebrate Paleontology, 28(2): 432–438

Godefroit P, Cau A, Hu D Y, Escuillié F, Wu W H, Dyke G. 2013a. A Jurassic avialan dinosaur from China resolves the early phylogenetic history of birds. Nature, 498: 359–362

Godefroit P, Demuynck H, Dyke G, Hu D, Escuillié F, Claeys P. 2013b. Reduced plumage and flight ability of a new Jurassic paravian theropod from China. Nature Communications, 4: 1394

Göhlich U B, Chiappe L M. 2006. A new carnivorous dinosaur from the Late Jurassic Solnhofen archipelago. Nature, 440:

329–332

Gong E P, Martin L D, Burnham D A, Falk A R, Hou L H. 2012. A new species of Microraptor from the Jehol Biota of northeastern China. Palaeoworld, 21(2): 81–91

González R B J, Lamanna M C, Ortiz D L D, Calvo J O, Coria J P. 2016. A gigantic new dinosaur from Argentina and the evolution of the sauropod hind foot. Scientific Reports, 6: 19165

Goswami A, Prasad G V R, Verma O, Flynn J J, Benson R B J. 2013. A troodontid dinosaur from the latest Cretaceous of India. Nature Communications, 4: 1703

Hammer W R, Hickerson W J. 1994. A crested theropod dinosaur from Antarctica. Science, 264(5160): 828–830

Han G, Chiappe L M, Ji S A, Habib M, Turner A H, Chinsamy A, Liu X, Han L. 2014. A new raptorial dinosaur with exceptionally long feathering provides insights into dromaeosaurid flight performance. Nature Communications, 5: 4382

Harris J D. 2006. The significance of *Suuwassea emilieae* (Dinosauria: Sauropoda) for flagellicaudatan intrarelationships and evolution. Journal of Systematic Palaeontology, 4: 185–198

Hartman S, Mortimer M, Wahl W R, Lomax D R, Lippincott J, Lovelace D M. 2019. A new paravian dinosaur from the Late Jurassic of North America supports a late acquisition of avian flight. PeerJ, 7: e7247

He T, Wang X L, Zhou Z H. 2008. A new genus and species of Caudipterid dinosaur from the Lower Cretaceous Jiufotang Formation of western Liaoning, China. Vertebrata PalAsiatica, 46: 178–189

He Y M, Clark J M, Xu X. 2013. A large theropod metatarsal from the upper part of Jurassic Shishugou Formation in Junggar Basin, Xinjiang, China. Vertebrata PalAsiatica, 51(1): 29–42

Hechenleitner E M, Grellet-Tinner G, Fiorelli L E. 2015. What do giant titanosaur dinosaurs and modern Australasian megapodes have in common? PeerJ, 3: e1341

Hendrickx C. 2015. An overview of nonavian theropod discoveries and classification. Palarchs Journal of Vertebrate Palaeontology, 12(1): 1–73

Hennig E. 1924. *Kentrurosaurus aethiopicus* Die Stegosaurier-Funde vom Tendaguru, Deutsch-Ostafrika. Palaeontographica, Supplement, 7(1): 103–253

Holtz T R J. 1992. An unusual structure of the metatarsus of Theropoda (Archosauria: Dinosauria: Saurischia) of the Cretaceous. PhD, Yale University. 347

Holtz T R J. 1995. The arctometatarsalian pes, an unusual structure of the metatarsus of Cretaceous Theropoda (Dinosauria: Saurischia). Journal of Vertebrate Paleontology, 14(4): 480–519

Holtz T R J. 2000. A new phylogeny of the carnivorous dinosaurs. Gaia, 15: 5–61

Holtz T R J, Padian K. 1995. Definition and diagnosis of Theropoda and related taxa. Journal of Vertebrate Paleontology, 15(3): 35A

Holtz T R J, Molnar R E, Currie P J. 2004. Basal Tetanurae. In: Weishampel D B, Dodson P, Osmólska H eds. The Dinosauria (second edition). Berkeley: University of California Press. 71–110

Hone D W E, Keesey T M, Pisani D, Purvis A. 2005. Macroevolutionary trends in the Dinosauria: Cope's rule. Journal Evolutionary Biology, 18(3): 587–595

Hone D W E, Xu X, Wang D Y. 2010. A probable baryonychine (Theropoda: Spinosauridae) tooth from the Late Cretaceous of China. Vertebrata PalAsiatica, 48(1): 19–26

Hone D W E, Wang K B, Sullivan C, Zhao X J, Chen S Q, Li D J, Ji S A, Ji Q, Xu X. 2011. A new, large tyrannosaurine theropod from the Upper Cretaceous of China. Cretaceous Research, 32(4): 495–503

Hopson J A. 1975. On the generic separation of the ornithischian dinosaur *Lychohinus* and *Heterodontosaurus* from the

Stormberg Series (Upper Triassic) of South Africa. South African Journal of Science, 71: 302–305

Horner J R. 1984. The nesting behavior of dinosaurs. Scientific American, 250: 130–137

Horner J R, Makela R. 1979. Nest of juveniles provides evidence of family structure among dinosaurs. Nature, 282(5736): 296–298

Hu D Y, Hou L H, Zhang L J, Xu X. 2009. A pre-*Archaeopteryx* troodontid from China with long feathers on the metatarsus. Nature, 461: 640–643

Hu D Y, Clarke J A, Eliason C M, Qiu R, Li Q G, Shawkey M D, Zhao C, D'Alba L, Jiang J K, Xu X. 2018. A bony-crested Jurassic dinosaur with evidence of iridescent plumage highlights complexity in early paravian evolution. Nature Communications, 9: 217

Hu Y C, Wang X R, Huang J D. 2016. A new species of compsognathid from the Early Cretaceous Yixian Formation of western Liaoning, China. Journal of Geology, 40(2): 191–196

Hutchinson J R. 2003. Biomechanics: Are fast-moving elephants really running? Nature, 422(6931): 493–494

Hutchinson J R, Allen V. 2009. The evolutionary continuum of limb function from early theropods to birds. Naturwissenschaften, 96: 423–448

Hutt S, Naish D, Martill D M, Barker M J, Newbery P. 2001. A preliminary account of a new tyrannosauroid theropod from the Wessex Formation (Early Cretaceous) of southern England. Cretaceous Research, 22(2): 227–242

Huxley T H. 1866. On some remains of large dinosaurian reptiles from the Stormberg Mountains, South Africa. Geol Mag, 3: 563

Huxley T H. 1868. On the animals which are most nearly intermediate between birds and reptiles. Annals and Magazine of Natural History, 4th, 2: 66–75

Huxley T H. 1869. On the upper jaw of *Megalosaurus*. Quarterly Journal of the Geological Society London, 25: 311–314

Huxley T H. 1870. On the classification of the Dinosauria, with observations on the Dinosauria of the Trias. Quarterly Journal of the Geological Society London, 26(1-2): 32–51

Hwang S H, Norell M A, Ji Q, Gao K Q. 2002. New specimens of *Microraptor zhaoianus* (Theropoda: Dromaeosauridae) from northeastern China. American Museum Novitates, 3381: 1–44

Hwang S H, Norell M A, Ji Q, Gao K Q. 2004. A large compsognathid from the Early Cretaceous Yixian Formation of China. Journal of Systematic Palaeontology, 2(1): 13–30

Irmis R B. 2004. First report of *Megapnosaurus* (Theropoda: Coelophysoidea) from China. PaleoBios, 24(3): 11–18

Jacobs L L, Winkler D A, Downs W R, Gomani E M. 1993. New material of an Early Cretaceous titanosaurid sauropod dinosaur from Malawi. Palaeontology, 36: 523–534

Janensch W. 1929. Die Wirbelsaule der Gatttung *Dicraeosaurus*. Palaeontographica, Supplement, 7(1): 37–133

Janensch W. 1935-36. Die Schädel der Sauropoden *Brachiosaurus*, *Barosaurus* und *Dicraeosaurus* aus den Tendaguruschichten Deutsch-Ostafrikas. Palaeontographica (Supplement VII), 2: 147–298

Jensen J A. 1985. Uncompahgre dinosaur fauna: a preliminary report. Great Basin Naturalist, 45(14): 710–720

Ji Q, Ji S A. 1997. *Protarchaeopteryx*, a new genus of Archaeopterygidae in China. Chinese Geology, 238: 38–41

Ji Q, Currie P J, Norell M A, Ji S A. 1998. Two feathered dinosaurs from northeastern China. Nature, 393: 753–761

Ji Q, Norell M A, Gao K Q, Ji S A, Ren D. 2001. The distribution of integumentary structures in a feathered dinosaur. Nature, 410(6832): 1084–1088

Ji Q, Norell M A, Makovicky P J, Gao K Q, Ji S A, Yuan C X. 2003. An early ostrich dinosaur and implications for ornithomimosaur phylogeny. American Museum Novitates, 3420: 1–19

Ji Q, Ji S A, Lü J C, You H L, Chen W, Liu Y Q, Liu Y X. 2005. First avialian bird from China. Geological Bulletin of China, 24(3): 197–210

Ji Q, Ji S A, Zhang L J. 2009. First known large tyrannosauroid theropod from the Early Cretaceous Jehol Biota in northeastern China. Geological Bulletin of China, 28: 1369–1374

Ji Q, Lü J C, Wei X F, Wang X R. 2012. A new oviraptorosaur from the Yixian Formation of Jianchang, western Liaoning Province, China. Geologic Bulletin of China, 31(12): 2102–2107

Ji S A, Gao C L, Liu J Y, Meng Q J, Ji Q. 2007a. New material of *Sinosauropteryx* (Theropoda: Compsognathidae) from western Liaoning, China. Acta Geologica Sinica, 81(2): 177–182

Ji S A, Ji Q, Lü J C, Yuan C X. 2007b. A new giant compsognathid dinosaur with long filamentous integuments from Lower Cretaceous of northeastern China. Acta Geologica Sinica, 81(1): 8–15

Jiang X J, Liu Y Q, Ji S A, Zhang X L, Xu L, Jia S H, Lü J C, Yuan C X, Li M. 2011. Dinosaur-bearing strata and K/T boundary in the Luanchuan-Tantou Basin of western Henan Province, China. Science China Earth Sciences, 54: 1149–1155

Jin L, Chen J, Godefroit P. 2012. A new basal ornithomimosaur (Dinosauria: Theropoda) from the Early Cretaceous Yixian Formation, northwest China. In: Godefroit P ed. Bernissart Dinosaurs and Early Cretaceous Terrestrial Ecosystems. Bloomington: Indiana University Press. 466–487

Karhu A A, Rautian A S. 1996. A new family of Maniraptora (Dinosauria: Saurischia) from the Late Cretaceous of Mongolia. Paleontological Journal, 30: 583–592

Kirkland J I, Wolfe D G. 2001. First definitive therizinosaurid (Dinosauria; Theropoda) from North America. Journal of Vertebrate Paleontology, 21(3): 410–414

Kirkland J I, Burge D, Gaston R. 1993. A large dromaeosaur (Theropoda) from the Lower Cretaceous of eastern Utah. Hunteria, 2: 1–16

Kirkland J I, Zanno L E, Sampson S D, Clark J M, DeBlieux D D. 2005. A primitive therizinosauroid dinosaur from the Early Cretaceous of Utah. Nature, 435: 84–87

Klein N, Remes K, Gee C T, Sander P M. 2011. Biology of the Sauropod Dinosaurs-Understanding the Lift of Giants. Bloomington and Indianapolis: Indiana University Press. 1–331

Knoll F, Rohrberg K. 2012. CT scanning, rapid prototyping and re-examination of a partial skull of a basal crocodylomorph from the Late Triassic of Germany. Swiss Journal of Geosciences, 105(1): 109–115

Kobayashi Y, Lü J C. 2003. A new ornithomimid dinosaur with gregarious habits from the Late Cretaceous of China. Acta Palaeontologica Polonica, 48(2): 235–259

Ksepka D T, Norell M A. 2006. *Erketu ellisoni*, a long-necked sauropod from Bor Guvé (Dornogov Aimag, Mongolia). American Museum Novitates, 3508: 1–16

Lacovara K J, Lamanna M C, Ibiricu L M, Poole J C, Schroeter E R, Ullmann P V, Voegele K K, Boles Z M, Carter A M, Fowler E K, Egerton V M, Moyer A E, Coughenour C L, Schein J P, Harris J D, Martínez R D, Novas F E. 2014. A gigantic, exceptionally complete titanosaurian sauropod dinosaur from southern Patagonia, Argentina. Scientific Reports, 4: 6196

Lamanna M, Smith J, You H L, Holtz T, Dodson P. 1998. A reassessment of the Chinese theropod dinosaur *Dilophosaurus sinensis*. Journal of Vertebrate Paleontology, 18(3): 57A

Langer M C, Ezcurra M D, Bittencourt J S, Novas F E. 2010. The origin and early evolution of dinosaurs. Biological Reviews, 85(1): 55–110

Langer M C, Ezcurra M D, Rauhut O W M, Benton M J, Knoll F, McPhee B W, Novas F E, Pol D, Brusatte S L. 2017. Untangling the dinosaur family tree. Nature, 551: E1

Langer M C, Ramezani J, Rosa S A Á D. 2018. U-Pb age constraints on dinosaur rise from south Brazil. Gondwana Research, 57: 133–140

Lee M S, Worthy T H. 2012. Likelihood reinstates *Archaeopteryx* as a primitive bird. Biology Letters, 8: 299–303

Lee M S, Cau A, Naish D, Dyke G J. 2014. Dinosaur evolution. Sustained miniaturization and anatomical innovation in the dinosaurian ancestors of birds. Science, 345(6196): 562–566

Lee Y N, Barsbold R, Currie P J, Kobayashi Y, Lee H J, Godefroit P, Escuillie F, Chinzorig T. 2014. Resolving the long-standing enigmas of a giant ornithomimosaur *Deinocheirus mirificus*. Nature, 515(7526): 257–260

Lefèvre U, Hu D, Escuillié F, Dyke G, Godefroit P. 2014. A new long-tailed basal bird from the Lower Cretaceous of northeastern China. Biological Journal of the Linnean Society, 113(3): 790–804

Lefèvre U, Cau A, Cincotta A, Hu D, Chinsamy A, Escuillié F, Godefroit P. 2017. A new Jurassic theropod from China documents a transitional step in the macrostructure of feathers. The Science of Nature, 104(9-10): 74

Leidy J. 1856. Notice of remains of extinct reptiles and fishes, discovered by Dr. F.V. Hayden in the badlands of the Judith River, Nebraska Territory. Proceedings of the Academy of Natural Sciences of Philadelphia 8: 72–73

Lhuyd E. 1699. Lithophylacii Britannici Ichnographia, sive lapidium aliorumque fossilium Britannicorum singulari figura insignium. London: Gleditsch and Weidmann. 161

Li D Q, Peng C, You H L, Lamanna M C, Harris J D, Lacovara K J, Zhang J P. 2007. A large therizinosauroid (Dinosauria: Theropoda) from the Early Cretaceous of northwestern China. Acta Geologica Sinica, 81(4): 539–549

Li D Q, Norell M A, Gao K Q, Smith N D, Makovicky P J. 2010. A longirostrine tyrannosauroid from the Early Cretaceous of China. Proceedings of the Royal Society: Biological Sciences, 277(1679): 183–190

Li F, Bi S, Pittman M, Brusatte S L, Xu X. 2016. A new tyrannosaurine specimen (Theropoda: Tyrannosauroidea) with insect borings from the Upper Cretaceous Honglishan Formation of northwestern China. Cretaceous Research, 66: 155–162

Li J L, Wu X C, Zhang F C. 2008. The Chinese Fossil Reptiles and Their Kin. Beijing: Science Press. 473

Li L G, Li D Q, You H L, Dodson P. 2014. A new titanosaurian sauropod from the Hekou Group (Lower Cretaceous) of the Lanzhou-Minhe Basin, Gansu Province, China. PLoS ONE, 9(1): e85979

Li Q G, Gao K Q, Vinther J, Shawkey M, Clark J M, D'Alba L, Meng Q J, Briggs D E G, Prum R O. 2010. Plumage color patterns of an extinct dinosaur. Science, 327: 1369–1372

Lindgren J, Sjövall P, Carney R M, Cincotta A, Uvdal P, Hutcheson S W, Gustafsson O, Lefèvre U, Escuillié F, Heimdal J, Engdahl A, Gren J A, Kear B P, Wakamatsu K, Yans J, Godefroit P. 2015. Molecular composition and ultrastructure of Jurassic paravian feathers. Scientific Reports, 5: 13520

Liu J Y, Ji S A, Tang F, Gao C L. 2004. A new species of dromaeosaurids from the Yixian Formation of western Liaoning. Geological Bulletin of China, 23(8): 778–783

Loeuff L J. 1995. *Ampelosaurus atacis* (nov. gen., nov. sp.), a new titanosaurid (Dinosauria, Sauropoda) from the Late Cretaceous of the Upper Aude Valley (France). Comptes Rendus de L'Academie des Sciences Serie II Sciences de la Terre et des Planetes, 321(8): 693–699

Longman H A. 1927. The giant dinosaur *Rhoetosaurus brownei*. Memoria of Queensland Museum, 9: 1–18

Longrich N R. 2002. Systematics of *Sinosauropteryx*. Journal of Vertebrate Paleontology, 22(3): 80A

Longrich N R, Currie P J, Dong Z M. 2010. A new oviraptorid (Dinosauria: Theropoda) from the Upper Cretaceous of Bayan Mandahu, Inner Mongolia. Palaeontology, 53(5): 945–960

Lü J C. 2002. A new oviraptorosaurid (Theropoda: Oviraptorosauria) from the Late Cretaceous of southern China. Journal of Vertebrate Paleontology, 22: 871–875

Lü J C, Brusatte S L. 2015. A large, short-armed, winged dromaeosaurid (Dinosauria: Theropoda) from the Early Cretaceous of China and its implications for feather evolution. Scientific Reports, 5: 11775

Lü J C, Tomida Y, Azuma Y, Dong Z M, Lee Y N. 2004. New oviraptorid dinosaur (Dinosauria: Oviraptorosauria) from the Nemegt Formation of southwestern Mongolia. Bulletin of the National Science Museum, Tokyo, Series C, 30: 95–130

Lü J C, Li S X, Ji Q, Wang G F, Zhang J H, Dong Z M. 2006. New eusauropod dinosaur from Yuanmou of Yunnan Province, China. Acta Geologica Sinica, 80(1): 1–10

Lü J C, Li T G, Zhong S M, Azuma Y, Fujita M, Dong Z M, Ji Q. 2007a. New yunnanosaurid dinosaur (Dinosauria, Prosauropoda) from the Middle Jurassic Zhanghe Formation of Yuanmou, Yunnan Province of China. Memoir of the Fukui Prefectural Dinosaur Museum, 6: 1–15

Lü J C, Xu L, Zhang X L, Hu W Y, Wu Y H, Jia S H, Ji Q. 2007b. A new gigantic sauropod dinosaur with the deepest known body cavity from the Cretaceous of Asia. Acta Geologica Sinica, 81(2): 167–176

Lü J C, Xu L, Zhang X L, Ji Q, Jia S H, Hu W Y, Zhang J M, Wu Y H. 2007c. New dromaeosaurid dinosaur from the Late Cretaceous Qiupa Formation of Luanchuan area, western Henan, China. Geological Bulletin of China, 26(7): 777–786

Lü J C, Azuma Y, Chen R J, Zheng W J, Jin X S. 2008a. A new titanosauriform sauropod from the early Late Cretaceous of Dongyang, Zhejiang Province. Acta Geologica Sinica, 82(2): 225–235

Lü J C, Li T G, Zhong S M, Ji Q, Li S X. 2008b. A new mamenchisaurid dinosaur from the Middle Jurassic of Yuanmou, Yunnan Province, China. Acta Geologica Sinica, 82(1): 17–26

Lü J C, Xu L, Jia S H, Zhang X L, Zhang J M, Yang L L, You H L, Ji Q. 2009a. A new gigantic sauropod dinosaur from the Cretaceous of Ruyang, Henan, China. Geological Bulletin of China, 28(1): 1–10

Lü J C, Xu L, Jiang X, Jia S H, Li M, Yuan C X, Zhang X L, Ji Q. 2009b. A preliminary report on the new dinosaurian fauna from the Cretaceous of the Ruyang Basin, Henan Province of central China. Journal of the Palaeontological Society of Korea, 25: 43–56

Lü J C, Kobayashi Y, Li T G, Zhong S M. 2010a. A new basal sauropod dinosaur from the Lufeng Basin, Yunnan Province, southwestern China. Acta Geologica Sinica, 84(6): 1336–1342

Lü J C, Xu L, Liu Y Q, Zhang X L, Jia S H, Ji Q. 2010b. A new troodontid theropod from the Late Cretaceous of central China, and the radiation of Asian troodontids. Acta Palaeontologica Polonica, 55(3): 381–388

Lü J C, Currie P J, Xu L, Zhang X L, Pu H Y, Jia S H. 2013a. Chicken-sized oviraptorid dinosaurs from central China and their ontogenetic implications. The Science of Nature, 100(2): 165–175

Lü J C, Xu L, Pu H Y, Zhang X L, Zhang Y Y, Jia S H, Chang H L, Zhang J M, Wei X F. 2013b. A new sauropod dinosaur (Dinosauria, Sauropoda) from the late Early Cretaceous of the Ruyang Basin (central China). Cretaceous Research, 44: 202–213

Lü J C, Yi L P, Zhong H, Wei X F. 2013c. A new somphospondylan sauropod (Dinosauria, Titanosauriformes) from the Late Cretaceous of Ganzhou, Jiangxi Province of southern China. Acta Geologica Sinica, 87(3): 678–685

Lü J C, Yi L P, Zhong H, Wei X F. 2013d. A new oviraptorosaur (Dinosauria: Oviraptorosauria) from the Late Cretaceous of southern China and its paleoecological implications. PLoS ONE, 8(11): e80557

Lü J C, Yi L P, Brusatte S L, Yang L, Li H, Chen L. 2014. A new clade of Asian Late Cretaceous long-snouted tyrannosaurids. Nature Communications, 5: 3788

Lü J C, Pu H Y, Kobayashi Y, Xu L, Chang H L, Shang Y H, Liu D, Lee Y N, Kundrát M, Shen C Z. 2015. A new oviraptorid dinosaur (Dinosauria: Oviraptorosauria) from the Late Cretaceous of southern China and its paleobiogeographical implications. Scientific Reports, 5: 11490

Lü J C, Chen R J, Brusatte S L, Zhu Y X, Shen C Z. 2016. A Late Cretaceous diversification of Asian oviraptorid dinosaurs: evidence from a new species preserved in an unusual posture. Scientific Reports, 6: 35780

Lü J C, Li G Q, Kundrát M, Lee Y N, Sun Z Y, Kobayashi Y, Shen C Z, Teng F F, Liu H F. 2017. High diversity of the Ganzhou oviraptorid fauna increased by a new "cassowary-like" crested species. Scientific Reports, 7: 6393

Lü J C, Xu L, Chang H L, Jia S H, Zhang J M, Gao D S, Zhang Y Y, Zhang C J, Ding F. 2018. A new alvarezsaurid dinosaur from the Late Cretaceous Qiupa Formation of Luanchuan, Henan Province, central China. China Geology, 1: 28–35

Lydekker R. 1877. Notices of new and other Vertebrata from Indian Tertiary and Secondary Rocks. Records Geological Survey India, 10: 30–43

Lydekker R. 1893. Contributions to the study of the fossil vertebrates of Argentina. I. The dinosaurs of Patagonia. Anales Museum La Plata Sec. Paleontology, 2: 1–14

Makovicky P J, Li D Q, Gao K Q, Lewin M, Erickson G M, Norell M A. 2010. A giant ornithomimosaur from the Early Cretaceous of China. Proceedings of the Royal Society B: Biological Sciences, 277(1679): 191–198

Maleev E A. 1954. New turtle-like reptile in Mongolia. Priroda, 1954: 106–108

Maleev E A. 1955. Gigantic carnivorous dinosaurs from Mongolia. Doklady Akad. Nauk S.S.S.R., 104: 634–637 (in Russian)

Mannion P D. 2011. A reassessment of *Mongolosaurus haplodon* Gilmore, 1933, a titanosaurian sauropod dinosaur from the Early Cretaceous of Inner Mongolia, People's Republic of China. Journal of Systematic Palaeontology, 9: 355–378

Mannion P D, Calvo J O. 2011. Anatomy of the basal titanosaur (Dinosauria, Sauropoda) *Andesaurus delgadoi* from the mid-Cretaceous (Albian–early Cenomanian) Río Limay Formation, Neuquén Province, Argentina: implications for titanosaur systematics. Zoological Journal of the Linnean Society, 163: 155–181

Mannion P D, Upchurch P, Barnes R N, Mateus O. 2013. Osteology of the Late Jurassic Portuguese sauropod dinosaur *Lusotitan atalaiensis* (Macronaria) and the evolutionary history of basal titanosauriforms. Zoological Journal Linnean Society, 168: 98–206

Mannion P D, Upchurch P, Jin X S, Zheng W J. 2019. New information on the Cretaceous sauropod dinosaurs of Zhejiang Province, China: impact on Laurasian titanosauriform phylogeny and biogeography. Royal Society Open Science, 6: 191057

Marsh O C. 1878a. Notice of new dinosaurian reptiles. American Journal of Science (series 3), 15: 241–244

Marsh O C. 1878b. Principal characters of American Jurassic dinosaurs. American Journal of Science (series 3), 16: 411–416

Marsh O C. 1881. Classification of the Dinosauria. American Journal of Science (series 3), 18: 81–86

Marsh O C. 1884. Principal characters of American Jurassic dinosaurs, part VIII: The order Theropoda. American Journal of Science, 27(160): 329–340

Marsh O C. 1890. Description of new dinosaurian reptiles. American Journal of Science (series 3), 39: 81–86

Martin V, Buffetaut E, Suteethorn V. 1994. A new genus of sauropod dinosaur from the Sao Khua Formation (Late Jurassic or Early Cretaceous) of northeastern Thailand. Comptes Rendus de L'Academie des Sciences Serie II Sciences de la Terre et des Planetes, 319(9): 1085–1092

Maryańska T, Osmólska H. 1975. Protoceratopsidae (Dinosauria) of Asia. Palaeontologica Polonica, 33: 133–181

Matthew W D, Brown B. 1922. The family Deinodontidae, with notice of a new genus from the Cretaceous of Alberta. Bulletin of the American Museum of Natural History, 46: 367–385

McIntosh J S. 1990. Sauropoda. In: Weishampel D B, Dodson P, Osmóska H eds. The Dinosauria. Berkeley: University of

California Press. 345–401

McPhee B W, Yates A M, Choiniere J N, Abdala F. 2014. The complete anatomy and phylogenetic relationships of *Antetonitrus ingenipes* (Sauropodiformes, Dinosauria): implications for the origins of Sauropoda. Zoological Journal of the Linnean Society, 171: 151–205

McPhee B W, Upchurch P, Mannion P D, Sullivan C, Butler R J, Barrett P M. 2016. A revision of *Sanpasaurus yaoi* Young, 1944 from the Early Jurassic of China, and its relevance to the early evolution of Sauropoda (Dinosauria). PeerJ, 4: e2578

McPhee B W, Benson R B, Botha-Brink J, Bordy E M, Choiniere J N. 2018. A giant dinosaur from the earliest Jurassic of South Africa and the transition to quadrupedality in early sauropodomorphs. Current Biology, 19(28): 3143–3151

Meyer H von. 1837. Mitteilung an Prof. Bronn (*Plateosaurus engelhardti*). Neues Jahrbuch für Geologie und Paläontologie, 1837: 817 (in German)

Mo J Y, Wang W, Huang Z T, Huang X, Xu X. 2006. A basal titanosauriform from the Early Cretaceous of Guangxi, China. Acta Geologica Sinica, 80(4): 486–489

Mo J Y, Xu X, Buffetaut E. 2010. A new eusauropod dinosaur from the Lower Cretaceous of Guangxi Province, southern China. Acta Geologica Sinica, 84(6): 1328–1335

Mo J Y, Huang C, Xie S, Buffetaut E. 2014a. A megatheropod tooth from the Early Cretaceous of Fusui, Guangxi, southern China. Acta Geologica Sinica, 88(1): 6–12

Mo J Y, Zhou F S, Li G N, Huang Z, Cao C Y. 2014b. A new Carcharodontosauria (Theropoda) from the Early Cretaceous of Guangxi, southern China. Acta Geologica Sinica, 88(4): 1051–1059

Mo J Y, Buffetaut E, Tong H Y, Amiot R, Cavin L, Cuny G, Suteethorn V, Suteethorn S, Jiang S. 2015. Early Cretaceous vertebrates from the Xinlong Formation of Guangxi (southern China): A review. Geological Magazine, 153(1): 143–159

Molnar R E. 1990. Problematic Theropoda: "Carnosaurs". In: Weishampel D B, Dodson P, Osmólska H eds. The Dinosauria. Berkeley: University of California Press. 306–317

Moore A J, Mo J, Clark J M, Xu X. 2018. Cranial anatomy of *Bellusaurus sui* (Dinosauria: Eusauropoda) from the Middle-Late Jurassic Shishugou Formation of Northwest China and a review of sauropod cranial ontogeny. PeerJ, 6: e4881

Nesbitt S J, Butler R J, Ezcurra M D, Barrett P M, Stocker M R, Angielczyk K D, Smith R M H, Sidor C A, Niedźwiedzki G, Sennikov A G, Charig A J. 2017. The earliest bird-line archosaurs and the assembly of the dinosaur body plan. Nature, 544: 484–487

Norell M A, Clark J M, Chiappe L M, Dashzeveg D. 1995. A nesting dinosaur. Nature, 378(6559): 774–776

Norell M A, Makovicky P J, Clark J M. 2000. A new troodontid theropod from Ukhaa Tolgod, Mongolia. Journal of Vertebrate Paleontology, 20: 7–11

Norell M A, Clark J M, Makovicky P J. 2001. Phylogenetic relationships among coelurosaurian theropods. In: Gauthier J ed. New Perspectives on the Origin and Evolution of Birds: Proceedings of the International Symposium in Honor of John H. Ostrom. Yale Peabody Museum. 49–67

Norell M A, Clark J M, Turner A, Makovicky P J, Barsbold R, Rowe T. 2006. A new dromaeosaurid theropod from Ukhaa Tolgod (Omnogov, Mongolia). American Museum Novitates, 3545: 1–51

Norell M A, Balanoff A, Barta D E, Erickson G M. 2018. A second specimen of *Citipati osmolskae* associated with a nest of eggs from Ukhaa Tolgod, Omnogov Aimag, Mongolia. American Museum Novitates, 3899: 1–44

Norman D B. 1990. Problematic Theropoda: "Coelurosaurs". In: Weishampel D B, Dodson P, Osmólska H eds. The Dinosauria. Berkeley: University of California Press. 280–305

Norman D B, Sues H-D, Witmer L M, Coria R A. 2004. Basal Ornithopoda. In: Weishampel D B, Dodson P, Osmólska H eds.

The Dinosauria (second edition). Berkeley: University of California Press. 393–412

Novas F E. 1996. Alvarezsauridae, Cretaceous maniraptorans from Patagonia and Mongolia. Memoirs of the Queensland Museum, 39: 675–702

Novas F E, Puerta P F. 1997. New evidence concerning avian origins from the Late Cretaceous of Patagonia. Nature, 387(6631): 390–392

Novas F E, Pol D, Canale J I, Porfiri J D, Calvo J O. 2009. A bizarre Cretaceous theropod dinosaur from Patagonia and the evolution of Gondwanan dromaeosaurids. Proceedings of the Royal Society B, 276: 1101–1107

Novas F E, Agnolín F L, Ezcurra M, Porfiri J, Canale J. 2013. Evolution of the carnivorous dinosaurs during the Cretaceous: The evidence from Patagonia. Cretaceous Research, 45: 174–215

O'Connor J K, Sullivan C. 2014. Reinterpretation of the Early Cretaceous maniraptoran (Dinosauria: Theropoda) *Zhongornis haonae* as a scansoriopterygid-like non-avian, and morphological resemblances between scansoriopterygids and basal oviraptorosaurs. Vertebrata PalAsiatica, 52: 3–30

O'Connor J K, Zhou Z H, Xu X. 2011. Additional specimen of *Microraptor* provides unique evidence of dinosaurs preying on birds. Proceedings of the National Academy of Sciences of the United States of America, 108(49): 19662–19665

O'Connor J K, Zheng X T, Dong L P, Wang X L, Wang Y, Zhang X M, Zhou Z H. 2019. *Microraptor* with ingested lizard suggests non-specialized digestive function. Current Biology, 29(14): 2423–2429

Okazaki Y. 1992. A new genus and species of carnivorous dinosaur from the Lower Cretaceous Kwanmon Group, northern Kyusyu. Bulletin of the Kitakyushu Museum of Natural History, 11: 87–90

Olshevsky G. 1991. A revision of the Parainfraclass Archosauria Cope, 1869, excluding the advanced Crocodylia. Mesozoic Meanderings, 2: 1–196

Ortega F, Escaso F, Sanz J L. 2010. A bizarre, humped Carcharodontosauria (Theropoda) from the Lower Cretaceous of Spain. Nature, 467: 203–206

Osborn H F. 1905. *Tyrannosaurus* and other Cretaceous carnivorous dinosaurs. Bulletin of the American Museum of Natural History, 21: 259–265

Osborn H F. 1924a. Sauropoda and Theropoda of the Lower Cretaceous of Mongolia. American Museum of Novitate, 128: 1–7

Osborn H F. 1924b. Three new Theropoda, *Protoceratops* zone, central Mongolia. American Museum Novitates, 144: 1–12

Osmólska H. 1987. *Borogovia gracilicrus* gen. et sp. n., a new troodontid dinosaur from the Late Cretaceous of Mongolia. Acta Palaeontologica Polonica, 32(1-2): 133–150

Osmólska H, Roniewicz E. 1970. Deinocheiridae, a few family of theropod dinosaurs. Palaeontologia Polonica, 21: 5–19

Osmólska H, Roniewica H, Barsbold R. 1972. A new dinosaur, *Gallimimus bullatus* n. gen., n. sp. (Ornithomimidae) from the Upper Cretaceous of Mongolia. Palaeontologia Polonica, 27: 103–143

Osmólska H, Currie P J, Brasbold R. 2004. Oviraptorosauria. In: Weishampel D B, Dodson P, Osmólska H eds. The Dinosauria (second edition). Berkeley: University of California Press. 165–183

Ostrom J H. 1969. Osteology of *Deinonychus antirrhopus*, an unusual theropod from the Lower Cretaceous of Montana. Bulletin of the Peabody Museum of Natural History, Yale University, 30: 1–165

Ostrom J H. 1973. The ancestry of birds. Nature, 242: 136–136

Ostrom J H. 1974. *Archaeopteryx* and the origin of flight. Quarterly Review of Biology, 49(1): 27–47

Ostrom J H. 1976. *Archaeopteryx* and origin of birds. Biological Journal of the Linnean Society, 8(2): 91–182

Owen R. 1841. A description of a portion of the skeleton of *Cetiosaurus*, a gigantic extinct saurian occurring in the Oolitic Formation of different parts of England. Proceeding Geological Society London, 3: 457–462

Owen R. 1842. Report on British fossil reptiles (Part II). Report of the British Association for the Advancement of Science, 11: 60–204

Owen R. 1854. Descriptive Catalogue of the Fossil Organic Remains of Reptilia Contained in the Museum of the Royal College of Surgeons of England. London: British Museum Natural History London. 1–184

Padian K, Hutchinson J. 1997. Allosauroidea. In: Currie P J, Padian K eds. Encyclopedia of Dinosaurs. New York: Academic Press. 6–9

Pang Q Q, Cheng Z W. 2000. A new family of sauropod dinosaur from the Upper Cretaceous of Tianzhen, Shanxi Province, China. Acta Geologica Sinica, 74(2): 117–125

Parry L A, Baron M G, Vinther J. 2017. Multiple optimality criteria support Ornithoscelida. Royal Society Open Science, 4 (10): 170833

Paul G S. 1984. The segnosaurian dinosaurs: Relics of the prosauropod-ornithischian transition? Journal of Vertebrate Paleontology, 4(4): 507–515

Paul G S. 1988. Predatory dinosaurs of the world. New York: Simon and Schuster Co. 1–464

Paul G S. 1997. Dinosaur models: the good, the bad, and using them to estimate the mass of dinosaurs. Dinofest International: Proceedings of a Symposium Held at Arizona State University.129–154

Paul G S. 2002. Dinosaurs of the Air: the Evolution and Loss of Flight in Dinosaurs and Birds. Baltimore: Johns Hopkins University Press. 472

Pei R, Li Q, Meng Q, Norell M A, Gao K-Q. 2017. New specimens of *Anchiornis huxleyi* (Theropoda: Paraves) from the Late Jurassic of northeastern China. Bulletin of the American Museum of Natural History, (411): 1–67

Perle A. 1979. Segnosauridae—a new family of theropod from the Upper Cretaceous of Mongolia. Sovm Sov Mong Paleontol Eksped Trudy, 8: 45–55 (in Russian)

Perle A, Norell M A, Chiappe L, Clark J M. 1993. Flightless bird from the Cretaceous of Mongolia. Nature, 362: 623–626

Plot R. 1677. The Natural History of Oxfordshire, being an Essay Toward the Natural History of England. London: Mr. S. Miller's. 142

Pol D, Rauhut O W M. 2012. A Middle Jurassic abelisaurid from Patagonia and the early diversification of theropod dinosaurs. Proceedings of the Royal Society B: Biological Sciences, 279: 3170–3175

Pol D, Garrido A, Cerda I A. 2011. A new sauropodomorph dinosaur from the Early Jurassic of Patagonia and the origin and evolution of the sauropod-type sacrum. PLoS ONE, 6(1): e14572

Porfiri J D, Novas F E, Clavo J O, Agnolín F L, Ezcurra M D, Cerda I A. 2014. Juvenile specimen of *Megaraptor* (Dinosauria, Theropoda) sheds light about tyrannosauroid radiation. Cretaceous Research, 51: 35–55

Prum R O, Brush A H. 2002. The evolutionary origin and diversification of feathers. Quarterly Review of Biology, 77: 261–295

Pu H Y, Kobayashi Y, Lü J C, Xu L, Wu Y H, Chang H L, Zhang J M, Jia S H. 2013. An unusual basal therizinosaur dinosaur with an ornithischian dental arrangement from northeastern China. PLoS ONE, 8(5): e63423

Pu H Y, Zelenitsky D K, Lü J C, Currie P J, Carpenter K, Xu L, Koppelhus E B, Jia S H, Xiao L, Chuang H L, Li T R, Kundrat M, Shen C Z. 2017. Perinate and eggs of a giant caenagnathid dinosaur from the Late Cretaceous of central China. Nature Communications, 8: 14952

Rauhut O W M. 2003. The interrelationships and evolution of basal theropod dinosaurs. Palaeontology, 69: 1–215

Rauhut O W M, Xu X. 2005. The small theropod dinosaurs *Tugulusaurus* and *Phaedrolosaurus* from the Early Cretaceous of Xinjiang, China. Journal of Vertebrate Paleontology, 25(1): 107–118

Rauhut O W M, Milner A C, Moore-Fay S. 2010. Cranial osteology and phylogenetic position of the theropod dinosaur *Proceratosaurus bradleyi* (Woodward, 1910) from the Middle Jurassic of England. Zoological Journal of the Linnean Society, 158: 155–195

Rauhut O W M, Fechner R, Remes K K R. 2011. How to get big in the Mesozoic: the evolution of the sauropodomorph body plan. In: Klein N, Remes K, Gee C T, Sander P M eds. Biology of the Sauropod Dinosaurs-Understanding the Lift of Giants. Bloomington and Indianapolis: Indiana University Press. 119–149

Rauhut O W M, Foth C, Tischlinger H, Norell M A. 2012. Exceptionally preserved juvenile megalosauroid theropod dinosaur with filamentous integument from the Late Jurassic of Germany. Proceedings of the National Academy of Sciences of the United States of America, 109(29): 11746–11751

Rayfield E J. 2004. Cranial mechanics and feeding in *Tyrannosaurus rex*. Proceedings of the Royal Society B: Biological Sciences, 271(1547): 1451–1459

Reisz R R, Huang T D, Roberts E M, Peng S, Sullivan C, Stein K, LeBlanc A R H, Shieh D, Chang R, Chiang C, Yang C, Zhong S. 2013. Embryology of Early Jurassic dinosaur from China with evidence of preserved organic remains. Nature, 496: 210–214

Ren X X, Huang J D, You H L. 2018. The second mamenchisaurid dinosaur from the Middle Jurassic of eastern China. Historical Biology: DOI: 10.1080/08912963.08912018.01515935

Riley H, Stutchbury S. 1836. A description of various fossil remains of three distinct saurian animals discovered in the Magnesian Conglomerate near Bristol. Proceeding Geological Society London, 2: 397–399

Rogers K C, Forster C A. 2001. The last of the dinosaur titans: a new sauropod from Madagascar. Nature, 412(6846): 530–534

Romer A S. 1956. Osteology of the Reptiles. Chicago: University Chicago. 772

Royo-Torres R, Cobos A, Alcalá L. 2006. A giant European dinosaur and a new sauropod clade. Science, 314: 1925–1927

Rozhdestvensky A K. 1965. Growth changes in Asian dinosaurs and some problems of their taxonomy. Paleontological Journal, (3): 95–109

Rozhdestvensky A K. 1966. New iguanodonts from Central Asia. International Geology Review, 9(4): 556–566

Rozhdestvensky A K. 1977. The study of dinosaurs in Asia. Journal of the Palaeontological Society of India, 20: 102–119

Russell D A. 1967. A census of dinosaur specimens collected in western Canada. National Museum Canada Natural History, 36: 1–13

Russell D A. 1972. Ostrich dinosaurs from the Late Cretaceous of western Canada. Canadian Journal of Earth Sciences, 9: 375–402

Russell D A, Dong Z M. 1993a. The affinities of a new theropod from the Alxa Desert, Inner Mongolia, People's Republic of China. Canadian Journal of Earth Sciences, 30(10-11): 2107–2127

Russell D A, Dong Z M. 1993b. A nearly complete skeleton of a new troodontid dinosaur from the Early Cretaceous of the Ordos Basin, Inner Mongolia, People's Republic of China. Canadian Journal of Earth Sciences, 30(10-11): 2163–2173

Russell D A, Zheng Z. 1993. A large mamenchisaurid from the Junggar Basin, Xinjiang, Peoples-Republic-of-China. Canadian Journal of Earth Sciences, 30(10-11): 2082–2095

Russell D A, Currie P, Padian K. 1997. Therizinosauria. Encyclopedia of Dinosaurs. Academic Press, San Diego. 729–730

Saitta E T, Liang R X, Lau M C Y, Brown C M, Longrich N R, Kaye T G, Novak B J, Salzberg S L, Norell M A, Abbott G D, Dickinson M R, Vinther J, Bull I D, Brooker R A, Martin P D, Donohoe P, Knowles T D, Penkman K E, Onstott T. 2019. Cretaceous dinosaur bone contains recent organic material and provides an environment conducive to microbial communities. eLife, 8: e46205

Sakamoto M, Benton M J, Venditti C. 2016. Dinosaurs in decline tens of millions of years before their final extinction. Proceedings of the National Academy of Sciences of the United States of America, 113: 5036–5040

Salgado L, Bonaparte J F. 1991. A new dicraeosaurid sauropod, *Amargasaurus cazaui* gen. et sp. nov., from the La Amarga Formation, Neocomian of Neuquen Province, Argentina. Ameghiniana, 28(3-4): 333–346

Salgado L, Calvo J O. 1997. Evolution of titanosaurid sauropods. II: the cranial evidence. Ameghiniana, 34(1): 33–48

Salgado L, Coria R A, Calvo J O. 1997. Evolution of titanosaurid sauropods. I: phylogenetic analysis based on the postcranial evidence. Ameghiniana, 34(1): 3–32

Samathi A, Chanthasit P, Sander P M. 2017. Two new basal coelurosaurian theropod dinosaurs from the Lower Cretaceous Sao Khua Formation of Thailand. Acta Palaeontologica Polonica, 64(2): 239–260

Sampson S D, Witmer L, Forster C A, Krause D W, O'Connor P M, Dodson P, Ravoavy F. 1998. Predatory dinosaur remains from Madagascar: implications for the Cretaceous biogeography of Gondwana. Science, 280(5366): 1048–1051

Sander P M. 2013. An evolutionary cascade model for sauropod dinosaur gigantism—overview, update and tests. PLoS ONE, 8(10): e78573

Sander P M, Klein N, Buffetaut E, Cuny G, Suteethorn V, Le Loeuff J. 2004. Adaptive radiation in sauropod dinosaurs: bone histology indicates rapid evolution of giant body size through acceleration. Organisms Diversity & Evolution, 4(3): 165–173

Sander P M, Mateus O, Laven T, Knotschke N. 2006. Bone histology indicates insular dwarfism in a new Late Jurassic sauropod dinosaur. Nature, 441(7094): 739–741

Sander P M, Christian A, Clauss M, Fechner R, Gee C T, Griebeler E-M, Gunga H-C, Hummel J, Mallison H, Perry S F, Preuschoft H, Rauhut O W M, Remes K, Tütken T, Wings O, Witzel U. 2011. Biology of the sauropod dinosaurs: the evolution of gigantism. Biological Reviews, 86: 117–155

Sanz J L, Powell J E, Le Loeuff J, Martinez R, Pereda-Suberbiola X. 1999. Sauropod remains from the Upper Cretaceous of Laño (north central Spain). Titanosaur phylogenetic relationships. Estudios del Museo de Ciencias Naturales de Alava, 1(14): 135–155

Sato T, Cheng Y-N, Wu X-C, Zelenitsky D K, Hsiao Y-F. 2005. A pair of shelled eggs inside a female dinosaur. Science, 308(5720): 375

Schweitzer M H, Zheng W-X, Organ C L, Avci R, Suo Z-Y, Freimark L M, Lebleu V S, Duncan M B, Heiden M G V, Neveu J M, Lane W S, Cottrell J S, Horner J R, Cantley L C, Kalluri R, Asara J M. 2009. Biomolecular characterization and protein sequences of the Campanian hadrosaur *B. canadensis*. Science, 324: 626–631

Seeley H G. 1887. On the classification of the fossil animals commonly named Dinosauria. Proceedings of the Royal Society of London, 43: 165–171

Seeley H G. 1888. The classification of the Dinosauria. Report of the First and Second Meetings of British Association for the Advancement of Science, 1887: 698–699

Sekiya T. 2011. Re-examination of *Chuanjiesaurus anaensis* (Dinosauria: Sauropoda) from the Middle Jurassic Chuanjie Formation, Lufeng County, Yunnan Province, southwest China. Memoir of the Fukui Prefectural Dinosaur Museum, 10: 1–54

Sekiya T, Dong Z-M. 2010. A new juvenile specimen of *Lufengosaurus huenei* Young, 1941 (Dinosauria: Prosauropoda) from the Lower Jurassic Lower Lufeng Formation of Yunnan, southwest China. Acta Geologica Sinica, 84(1): 11–21

Sekiya T, Jin X-S, Zheng W-J, Shibata M, Azuma Y. 2013. A new juvenile specimen of *Yunnanosaurus robustus* (Dinosauria: Sauropodomorpha) from Early to Middle Jurassic of Chuxiong Autonomous Prefecture, Yunnan Province, China.

Historical Biology, 26(2): 1–26

Senter P. 2007. A new look at the phylogeny of coelurosauria (Dinosauria: Theropoda). Journal of Systematic Palaeontology, 5(4): 429–463

Senter P, Barsbold R, Britt B B, Burnham D A. 2004. Systematics and evolution of Dromaeosauridae (Dinosauria, Theropoda). Bulletin of the Gunma Museum of Natural History, 8: 1–20

Senter P, Kirkland J I, DeBlieux D D, Madsen S, Toth N. 2012. New dromaeosaurids (Dinosauria: Theropoda) from the Lower Cretaceous of Utah, and the evolution of the dromaeosaurid tail. PLoS ONE, 7(9): e36790

Sereno P C. 1986. Phylogeny of the bird-hipped dinosaurs (Order Ornithischia). National Geographic Research, 2: 234–256

Sereno P C. 1991. *Lesothosaurus*, 'fabrosaurids', and the early evolution of Ornithischia. Journal of Vertebrate Paleontology, 11(2): 168–197

Sereno P C. 1997. The origin and evolution of dinosaurs. Annual Review of Earth and Planetary Sciences, 25: 435–489

Sereno P C. 1998. A rationale for phylogenetic definitions, with application to the higher-level taxonomy of Dinosauria. Neues Jahrbuch fur Geologie und Palaontologie Abhandlungen, 210: 41–83

Sereno P C. 1999a. Definitions in phylogenetic taxonomy: critique and rationale. Systematic Biology, 48(2): 329–351

Sereno P C. 1999b. The evolution of dinosaurs. Science, 284(5423): 2137–2147

Sereno P C. 2005. The logical basis of phylogenetic taxonomy. Systematic Biology, 54(4): 595–619

Sereno P C. 2007. Basal Sauropodomorpha: historical and recent phylogenetic hypotheses, with comments on *Ammosaurus major* (Marsh, 1889). In: Barrett P M, Batten D J eds. Evolution and Palaeobiology of Early Sauropodomorph Dinosaurs. London: Palaeontological Association. 261–289

Sereno P C, Novas F E. 1993. The skull and neck of the basal theropod *Herrerasaurus ischigualastensis*. Journal of Vertebrate Paleontology, 13(4): 451–476

Sereno P C, Forster C A, Rogers R R, Monetta A M. 1993. Primitive dinosaur skeleton from Argentina and the early evolution of Dinosauria. Nature, 361(6407): 64–66

Sereno P C, Wilson J A, Larsson H C E, Dutheil D B, Sues H D. 1994. Early Cretaceous dinosaurs from the Sahara. Science, 266(5183): 267–271

Sereno P C, Dutheil D B, Iarochene M, Larsson H C E, Lyon G H, Magwene P M, Sídor C A, Varricchio D J, Wilson J A. 1996. Predatory dinosaurs from the Sahara and Late Cretaceous faunal differentiation. Science, 272: 986–991

Sereno P C, Beck A L, Dutheil D B, Larsson H C E, Lyon G H, Moussa B, Sadleir R W, Sídor C A, Varricchio D J, Wilson G P, Wilson J A. 1999. Cretaceous sauropods from the Sahara and the uneven rate of skeletal evolution among dinosaurs. Science, 286 (5443): 1342–1347

Sereno P C, Tan L, Brusatte S L, Kriegstein H J, Zhao X J, Cloward K. 2009. Tyrannosaurid skeletal design first evolved at small body size. Science, 326(5951): 418–422

Shen C Z, Lü J C, Liu S Z, Kundrat M, Brusatte S L, Gao H. 2017a. A new troodontid dinosaur from the Lower Cretaceous Yixian Formation of Liaoning Province, China. Acta Geologica Sinica, 91: 763–780

Shen C Z, Zhao B, Gao C L, Lü J C, Kundrat M. 2017b. A new troodontid dinosaur (*Liaoningvenator curriei* gen. et sp. nov.) from the Early Cretaceous Yixian Formation in western Liaoning Province. Acta Geoscientica Sinica, 38(3): 359–371

Simmons D J. 1965. The non-therapsid reptiles of the Lufeng Basin, Yunnan, China. Fieldiana Geology, 15(1): 1–93

Smith D N, Galto P. 1990. Osteology of *Archaeornithomimus asiaticus* (Upper Cretaceous, Iren Dabasu Formation, People's Republic of China). Journal of Vertebrate Paleontology, 10: 255–265

Smith N D, Pol D. 2007. Anatomy of a basal sauropodomorph dinosaur from the Early Jurassic Hanson Formation of

Antarctica. Acta Palaeontologica Polonica, 52(4): 657–674

Smith N D, Makovicky P J, Hammer W R, Currie P J. 2007. Osteology of *Cryolophosaurus ellioti* (Dinosauria: Theropoda) from the Early Jurassic of Antarctica and implications for early theropod evolution. Zoological Journal of the Linnean Society, 151(2): 377–421

Sternberg C H. 1917. Hunting Dinosaurs in the Bad Lands of the Red Deer River, Alberta, Canada. Lawrence, Kan: World Company Press

Sternberg R M. 1940. A toothless bird from the Cretaceous of Alberta. Journal of Paleontology, 14: 81–85

Stiegler J B. 2019. Anatomy, systematics, and paleobiology of noasaurid ceratosaurs from the Late Jurassic of China. Dissertation the George Washington University, ProQuest Dissertations 22618587: 1–711

Stromer E. 1915. Wirbeltier-Reste der Baharije-Stufe (unterstes Cenoman). 3. Das Original des Theropoden *Spinosaurus aegyptiacus* nov. gen. nov. spec. Abhhandl K Bayer Akad Wissensch, Math-Phys Kl, 28: 1–32

Stromer E. 1931. Wirbeltier-Reste der Baharije-Stufe (unterstes Cenoman). 10. Ein Skelett-Rest von *Carcharodontosaurus* nov. gen. Abh Bayer Akad Wissensch Math-naturwiss Abt, 9: 1–23

Sues H-D. 1977. The skull of *Velociraptor mongoliensi*—a small Cretaceous theropod dinosaur from Mongolia. Palaeontologische Zeitschrift, 51(3-4): 173–184

Sues H-D. 1978. A new small theropod dinosaur from the Judith River Formation (Campanian) of Alberta Canada. Zoological Journal of the Linnean Society, 62(4): 381–400

Sues H-D. 1997. On *Chirostenotes*, a Late Cretaceous oviraptorosaur (Dinosauria, Theropoda) from western North America. Journal of Vertebrate Paleontology, 17(4): 698–716

Thomas R D, Olson E C. 1980. A Cold Look at the Warm-blooded Dinosaurs. Westview Press. 1–514

Tortosa T, Buffetaut E, Vialle N, Dutour Y, Turini E, Cheylan G. 2013. A new abelisaurid dinosaur from the Late Cretaceous of southern France: Palaeobiogeographical implications. Annales de Paléontologie, 100: 63–86

Tschopp E, Mateus O, Benson R B J. 2015. A specimen-level phylogenetic analysis and taxonomic revision of Diplodocidae (Dinosauria, Sauropoda). PeerJ, 3: e857

Tsuihiji T, Watabe M, Tsogtbaatar K, Tsubamoto T, Barsbold R, Suzuki S, Lee A H, Ridgely R C, Kawahara Y, Witmer L M. 2011. Cranial osteology of a juvenile specimen of *Tarbosaurus bataar* (Theropoda, Tyrannosauridae) from the Nemegt Formation (Upper Cretaceous) of Bugin Tsav, Mongolia. Journal of Vertebrate Paleontology, 31(3): 497-517

Turner A H, Pol D, Clarke J A, Erickson G M, Norell M A. 2007. A basal dromaeosaurid and size evolution preceding avian flight. Science, 317(5843): 1378–1381

Turner A H, Makovicky P J, Norell M A. 2012. A review of dromaeosaurid systematics and paravian phylogeny. Bulletin of the American Museum of Natural History, 371: 1–206

Upchurch P. 1995. The evolutionary history of sauropod dinosaurs. Philosophical Transactions of the Royal Society of London B, 349: 365–390

Upchurch P. 1998. The phylogenetic relationships of sauropod dinosaurs. Zoological Journal of the Linnean Society, 124: 43–103

Upchurch P, Barrett P M, Dodson P. 2004. Sauropoda. In: Weishampel D B, Dodson P, Osmólska H eds. The Dinosauria (second edition). Berkeley: University of California Press. 259–322

Upchurch P, Barrett P M, Galton P M. 2007a. A phylogenetic analysis of basal sauropodomorph relationships: implications for the origin of sauropod dinosaurs. In: Barrett P M, Batten D J eds. Evolution and Palaeobiology of Early Sauropodomorph Dinosaurs. London: Palaeontological Association. 57–90

Upchurch P, Barrett P M, Zhao X, Xu X. 2007b. A re-evaluation of *Chinshakiangosaurus chunghoensis* Ye vide Dong 1992 (Dinosauria, Sauropodomorpha): implications for cranial evolution in basal sauropod dinosaurs. Geological Magazine, 144(2): 247–262

Varricchio D J, Jackson F D. 2000. Physiological implications of reproductive behavior in the dinosaur *Troodon formosus*. Journal of Vertebrate Paleontology (Abstracts papers), 20(3): 75A

Varricchio D J, Sereno P C, Zhao X J, Lin T, Wilson J A, Lyon G H. 2008. Mud-trapped herd captures evidence of distinctive dinosaur sociality. Acta Palaeontologica Polonica, 53(4): 567–578

von Huene F. 1914. Das naturliche System der Saurischia. Zentralblatt Mineralogie, Geologie, und Palaentologie B, 1914: 154–158

von Huene F. 1920. Remarks on the systematics and phylogeny of some reptiles. Zeitschrift für Induktive Abstammungs und Vererbungslehre, 22: 209–212

von Huene F. 1929. Los Saurisquios y Ornithisquios de Cretacéo Argentino. An Mus La Plata, ser 2(3): 1–196

von Huene F. 1932. Die fossile Reptil-Ordnung Saurischia, ihre Entwicklung und Geschichte Teil I and II. Monographien zur Geologie und Palaeontologie, 1(4): 1–361

von Huene F, Matley A C. 1933. The Cretaceous Saurischia and Ornithischia of the central provinces of India. Mem Geol Surv India, 21: 1–74

Wagner A. 1861. Neue Beitre zur Kenntnis der urweltlichen Fauna des lithographischen Schiefers V. *Compsognathus longipes* Wagn. Abh Bayer Akad, 9: 30–38

Walker A D. 1972. New light on the origin of birds and crocodiles. Nature, 237: 257–263

Wang G F, You H L, Pan S G, Wang T. 2017. A new crested theropod dinosaur from the Early Jurassic of Yunnan Province, China. Vertebrata PalAsiatica, 55(2): 177–186

Wang S, Sun C, Sullivan C, Xu X. 2013. A new oviraptorid (Dinosauria: Theropoda) from the Upper Cretaceous of southern China. Zootaxa, 3640(2): 242–251

Wang S, Stiegler J, Amiot R, Wang X, Du G H, Clark J M, Xu X. 2017a. Extreme ontogenetic changes in a ceratosaurian theropod. Current Biology, 27(1): 144–148

Wang S, Stiegler J, Wu P, Chuong C M, Hu D, Balanoff A, Zhou Y C, Xu X. 2017b. Heterochronic truncation of odontogenesis in theropod dinosaurs provides insight into the macroevolution of avian beaks. Proceedings of the National Academy of Science of the America of United States, 114: 10930–10935

Wang X, You H L, Meng Q J, Gao C L, Chang X, Liu J. 2007. *Dongbeititan dongi*, the first sauropod dinosaur from the Lower Cretaceous Jehol Group of western Liaoning Province, China. Acta Geologica Sinica, 81(6): 911–916

Wang Y M, You H L, Wang T. 2017. A new basal sauropodiform dinosaur from the Lower Jurassic of Yunnan Province, China. Scientific Reports, 7: 41881

Wedel M J, Cifelli R L, Sanders R K. 2000a. *Sauroposeidon proteles*, a new sauropod from the Early Cretaceous of Oklahoma. Journal of Vertebrate Paleontology, 20(1): 109–114

Wedel M J, Cifelli R L, Sanders R K. 2000b. Osteology, paleobiology, and relationships of the sauropod dinosaur *Sauroposeidon*. Acta Palaeontologica Polonica, 45(5): 343–388

Wei X F, Pu H Y, Xu L, Liu D, Lü J C. 2013. A new oviraptorid dinosaur (Theropoda: Oviraptorosauria) from the Late Cretaceous of Jiangxi Province, southern China. Acta Geologica Sinica, 87(4): 899–904

Weishampel D B. 1981. Acoustic analyses of potential vocalization in lambeosaurine dinosaurs (Reptilia: Ornithischia). Paleobiology, 7(2): 252–261

Weishampel D B, Witmer L M. 1990. *Lesothosaurus*, *Pisanosaurus*, and *Technosaurus*. In: Weishampel D B, Dodson P, Osmólska H eds. The Dinosauria. Berkeley: University of California Press. 416–426

Weishampel D B, Dodson P, Osmólska H. 1990. The Dinosauria. Berkeley: University of California Press. 1–733

Weishampel D B, Barrett P M, Coria R A, Loeuff J L, Xu X, Zhao X J, Sahni A, Gomani E, Noto C R. 2004a. Dinosaur distribution. In: Weishampel D B, Dodson P, Osmólska H eds. The Dinosauria (second edition). Berkeley: University of California Press. 517–606

Weishampel D B, Dodson P, Osmólska H. 2004b. The Dinosauria (second edition). Berkeley: University of California Press. 1–861

Welles S P. 1984. *Dilophosaurus wetherilli* (Dinosauria: Theropoda): osteology and comparisons. Palaeontographica Abteilung a Palaeozoologie-Stratigraphie, 185(4–6): 85–180

Wilson J A. 2002. Sauropod dinosaur phylogeny: critique and cladistic analysis. Zoological Journal of the Linnean Society, 136(2): 217–276

Wilson J A, Sereno P C. 1998. Early evolution and higher-level phylogeny of sauropod dinosaurs. Society of Vertebrate Paleontology Memoir, 5: 1–68

Wilson J A, Upchurch P. 2009. Redescription and reassessment of the phylogenetic affinities of *Euhelopus zdanskyi* (Dinosauria: Sauropoda) from the Early Cretaceous of China. Journal Systematic Palaeontology, 7: 199–239

Wiman C. 1929. Die Kreide-Dinosaurier aus Shantung. Palaeontologia Sinica (Series C), 6: 1–67

Witmer L M. 1991. Perspectives on avian origins. In: Schultzer H-P, Trueb L eds. Origins of the Higher Groups of Tetrapods. Ithaca: Cornell University Press. 427–466

Witmer L M. 2001. Nostril position in dinosaurs and other vertebrates and its significance for nasal function. Science, 293(5531): 850–853

Woodward A S. 1901. On some extinct reptiles from Patagonia, of the genera Meiolania, Dinilysia, and Genyodectes. Proceedings of the Zoological Society London, 1901: 169–184

Wu X C, Currie P J, Dong Z M, Pan Y, Wang T. 2009. A new theropod dinosaur from the Middle Jurassic of Lufeng, Yunnan, China. Acta Geologica Sinica, 83(1): 9–24

Xing L D. 2012. *Sinosaurus* from southwestern China. Master of Science, University of Alberta. 267

Xing L D, Bell P R, Persons IV W S, Ji S A, Miyashita T, Burns M E, Ji Q, Currie P J. 2012. Abdominal contents from two large Early Cretaceous compsognathids (Dinosauria: Theropoda) demonstrate feeding on confuciusornithids and dromaeosaurids. PLoS ONE, 7(8): e44012

Xing L D, Miyashita T, Currie P J, You H-L, Dong Z M. 2013a. A new basal eusauropod from the Middle Jurassic of Yunnan, China, and faunal compositions and transitions of Asian sauropodomorph dinosaurs. Acta Palaeontologica Polonica, 60: 145–154

Xing L D, Persons W S, Bell P R, Xu X, Zhang J, Miyashita T, Wang F, Currie P J. 2013b. Piscivory in the feathered dinosaur *Microraptor*. Evolution, 67: 2441–2445

Xing L D, Miyashita T, Zhang J P, Li D Q, Ye Y, Sekiya T, Wang F P, Currie P J. 2015. A new sauropod dinosaur from the Late Jurassic of China and the diversity, distribution, and relationships of mamenchisaurids. Journal of Vertebrate Paleontology, 35: e889701

Xing L D, McKellar R C, Xu X, Li G, Bai M, Persons W S I, Miyashita T, Benton M J, Zhang J P, Wolfe A P, Yi Q, Tseng K, Ran H, Currie P J. 2016. A feathered dinosaur fail with primitive plumage trapped in mid-Cretaceous amber. Current Biology, 26(24): 3352–3360

Xu L, Kobayashi Y, Lü J, Lee Y-N, Liu Y, Tanaka K, Zhang X, Jia S, Zhang J. 2011. A new ornithomimid dinosaur with North American affinities from the Late Cretaceous Qiupa Formation in Henan Province of China. Cretaceous Research, 32(2): 213–222

Xu X. 2002. Deinonychosaurian fossils from the Jehol Group of western Liaoning and the coelurosaurian evolution. Ph D Dissertation. Chinese Academy of Sciences. 1–322

Xu X, Clark J M. 2008. The presence of a gigantic theropod in the Jurassic Shishugou Formation, Junggar Basin, western China. Vertebrata PalAsiatica, 46(2): 157–160

Xu X, Guo Y. 2009. The origin and early evolution of feathers: insights from recent paleontological and neontological data. Vertebrata PalAsiatica, 47(4): 311–329

Xu X, Han F L. 2010. A new oviraptorid dinosaur (Theropoda: Oviraptorosauria) from the Upper Cretaceous of China. Vertebrata PalAsiatica, 48(1): 11–18

Xu X, Mackem S. 2013. Tracing the evolution of avian wing digits. Current Biology, 23: 538–544

Xu X, Norell M A. 2004. A new troodontid from China with avian-like sleeping posture. Nature, 431: 838–841

Xu X, Norell M A. 2006. Non-avian dinosaur fossils from the Lower Cretaceous Jehol Group of western Liaoning, China. Geol J, 41: 419–437

Xu X, Qin Z C. 2017. A new tiny dromaeosaurid dinosaur from the Lower Cretaceous Jehol Group of western Liaoning and niche differentiation among the Jehol dromaeosaurids. Vertebrata PalAsiatica, 55(2): 129–144

Xu X, Wang X L. 2003. A new maniraptoran dinosaur from the Early Cretaceous Yixian Formation of western Liaoning. Vertebrata PalAsiatica, 41(3): 195–202

Xu X, Wang X L. 2004a. A new dromaeosaur (Dinosauria: Theropoda) from the Early Cretaceous Yixian Formation of western Liaoning. Vertebrata PalAsiatica, 42(2): 111–119

Xu X, Wang X L. 2004b. A new troodontid (Theropoda: Troodontidae) from the Lower Cretaceous Yixian Formation of western Liaoning, China. Acta Geological Sinica, 78: 22–26

Xu X, Zhang F C. 2005. A new maniraptoran dinosaur from China with long feathers on the metatarsus. Naturwissenschaften, 92(4): 173–177

Xu X, Tang Z L, Wang X L. 1999a. A therizinosauroid dinosaur with integumentary structures from China. Nature, 399(6734): 350–354

Xu X, Wang X L, Wu X C. 1999b. A dromaeosaurid dinosaur with a filamentous integument from the Yixian Formation of China. Nature, 401(6750): 262–266

Xu X, Zhou Z H, Wang X L. 2000. The smallest known non-avian theropod dinosaur. Nature, 408(6813): 705–708

Xu X, Zhao X J, Clark J M. 2001. A new therizinosaur from the Lower Jurassic Lower Lufeng Formation of Yunnan, China. Journal of Vertebrate Paleontology, 21(3): 477–483

Xu X, Cheng Y N, Wang X L, Chang C H. 2002a. An unusual oviraptorosaurian dinosaur from China. Nature, 419(6904): 291–293

Xu X, Norell M A, Wang X L, Makovicky P J, Wu X C. 2002b. A basal troodontid from the Early Cretaceous of China. Nature, 415(6873): 780–784

Xu X, Zhang X H, Paul S, Zhao X J, Kuang X W, Han J, Tan L. 2002c. A new therizinosauroid (Dinosauria, Theropoda) from the Upper Cretaceous Iren Dabasu Formation of Nei Mongol. Vertebrata PalAsiatica, 40(3): 228–240

Xu X, Cheng Y N, Wang X L, Chang C H. 2003a. Pygostyle-like structure from *Beipiaosaurus* (Theropoda, Therizinosauroidea) from the Lower Cretaceous Yixian Formation of Liaoning, China. Acta Geologica Sinica, 77(3): 294–298

Xu X, Zhou Z H, Wang X L, Kuang X W, Zhang F C, Du X K. 2003b. Four-winged dinosaurs from China. Nature, 421(6921): 335–340

Xu X, Norell M A, Kuang X W, Wang X L, Zhao Q, Jia C K. 2004. Basal tyrannosauroids from China and evidence for protofeathers in tyrannosauroids. Nature, 431(7009): 680–684

Xu X, Clark J M, Forster C A, Norell M A, Erickson G M, Eberth D A, Jia C, Zhao Q. 2006a. A basal tyrannosauroid dinosaur from the Late Jurassic of China. Nature, 439(7077): 715–718

Xu X, Zhang X H, Tan Q W, Zhao X J, Tan L. 2006b. A new titanosaurian sauropod from Late Cretaceous of Nei Mongol, China. Acta Geologica Sinica, 80(1): 20–26

Xu X, Tan Q, Wang J, Zhao X, Tan L. 2007. A gigantic bird-like dinosaur from the Late Cretaceous of China. Nature, 447(7146): 844–847

Xu X, Clark J M, Mo J, Choiniere J, Forster C A, Erickson G M, Hone D W, Sullivan C, Eberth D A, Nesbitt S, Zhao Q, Hernandez R, Jia C K, Han F L, Guo Y. 2009a. A Jurassic ceratosaur from China helps clarify avian digital homologies. Nature, 459(7249): 940–944

Xu X, Zhao Q, Norell M, Sullivan C, Hone D, Erickson G, Wang X L, Han F L, Guo Y. 2009b. A new feathered maniraptoran dinosaur fossil that fills a morphological gap in avian origin. Chinese Science Bulletin, 54(3): 430–435

Xu X, Choiniere J N, Pittman M, Tan Q, Xiao D, Li Z, Tan L, Clark J M, Norell M, Hone D W E, Sullivan C. 2010a. A new dromaeosaurid (Dinosauria: Theropoda) from the Upper Cretaceous Wulansuhai Formation of Inner Mongolia, China. Zootaxa, 2403: 1–9

Xu X, Ma Q, Hu D. 2010b. Pre-*Archaeopteryx* coelurosaurian dinosaurs and their implications for understanding avian origins. Chinese Science Bulletin, 55(35): 3971–3977

Xu X, Wang D Y, Sullivan C, Hone D, Han F L, Yan R H, Du F M. 2010c. A basal parvicursorine (Theropoda: Alvarezsauridae) from the Upper Cretaceous of China. Zootaxa, 2413: 1–19

Xu X, Sullivan C, Pittman M, Choiniere J N, Hone D, Upchurch P, Tan Q, Xiao D, Tan L, Han F. 2011a. A monodactyl nonavian dinosaur and the complex evolution of the alvarezsauroid hand. Proceedings of the National Academy of Sciences of the United States of America, 108(6): 2338–2342

Xu X, Tan Q W, Sullivan C, Han F L, Xiao D. 2011b. A short-armed troodontid dinosaur from the Upper Cretaceous of Inner Mongolia and its implications for troodontid evolution. PLoS ONE, 6(9): 1–12

Xu X, You H L, Du K, Han F. 2011c. An *Archaeopteryx*-like theropod from China and the origin of Avialae. Nature, 475(7357): 465–470

Xu X, Wang K B, Zhang K, Ma Q Y, Xing L, Sullivan C, Hu D Y, Cheng S Q, Wang S. 2012a. A gigantic feathered dinosaur from the Lower Cretaceous of China. Nature, 484(7392): 92–95

Xu X, Zhao Q, Sullivan C, Tan Q, Sander M, Ma Q. 2012b. The taxonomy of the troodontid IVPP V10597 reconsidered. Vertebrata PalAsiatica, 50(2): 140–150

Xu X, Sullivan C, Wang S. 2013a. The systematic position of the enigmatic theropod dinosaur *Yixianosaurus longimanus*. Vertebrata PalAsiatica, 51(3): 169–183

Xu X, Tan Q W, Wang S, Sullivan C, Hone D W E, Han F L, Ma Q Y, Tan L. 2013b. A new oviraptorid from the Upper Cretaceous of Nei Mongol, China, and its stratigraphic implications. Vertebrata PalAsiatica, 51(2): 85–101

Xu X, Han F L, Zhao Q. 2014a. Homologies and homeotic transformation of the theropod 'semilunate' carpal. Scientific Reports, 4: 6042

Xu X, Zhou Z H, Dudley R, Mackem S, Chuong C M, Erickson G M, Varricchio D J. 2014b. An integrative approach to understanding bird origins. Science, 346(6215): 1253293

Xu X, Pittman M, Sullivan C, Choiniere J N, Tan Q, Clark J M, Norell M A, Wang S. 2015a. The taxonomic status of the Late Cretaceous dromaeosaurid *Linheraptor exquisitus* and its implications for dromaeosaurid systematics. Vertebrata PalAsiatica, 53: 29–62

Xu X, Zheng X T, Sullivan C, Wang X L, Xing L D, Wang Y, Zhang X M, O'Connor J K, Zhang F C, Pan Y H. 2015b. A bizarre Jurassic maniraptoran theropod with preserved evidence of membranous wings. Nature, 521: 70–73

Xu X, Zhou Z H, Sullivan C, Wang Y, Ren D. 2016. An updated review of the Middle-Late Jurassic Yanliao Biota: chronology, taphonomy, paleontology, and paleoecology. Acta Geologica Sinica, 90(6): 1801–1840

Xu X, Currie P, Pittman M, Xing L D, Meng Q J, Lü J C, Hu D Y, Yu C Y. 2017. Mosaic evolution in an asymmetrically feathered troodontid dinosaur with transitional features. Nature Communications, 8: 14972

Xu X, Choiniere J, Tan Q, Benson R B J, Clark J, Sullivan C, Zhao Q, Han F, Ma Q, He Y, Wang S, Xing H, Tan L. 2018a. Two Early Cretaceous fossils document transitional stages in alvarezsaurian dinosaur evolution. Current Biology, 28: 2853–2860

Xu X, Upchurch P, Mannion P D, Barrett P M, Regalado-Fernandez O R, Mo J Y, Ma J F, Liu H A. 2018b. A new Middle Jurassic diplodocoid suggests an earlier dispersal and diversification of sauropod dinosaurs. Nature Communications, 9: 2700

Yates A M. 2005. A new theropod dinosaur from the Early Jurassic of South Africa and its implications for the early evolution of theropods. Palaeontologia Africana, 41: 105–122

Yates A M. 2007a. The first complete skull of the Triassic dinosaur *Melanorosaurus* Haughton (Sauropodomorpha: Anchisauria). In: Barrett P M, Batten D J eds. Evolution and Palaeobiology of Early Sauropodomorph Dinosaurs. London: Palaeontological Association. 9–55

Yates A M. 2007b. Solving a dinosaurian puzzle: the identity of *Aliwalia rex* Galton. Historical Biology, 19(1): 93–123

Yin Y L, Pei R, Zhou C F. 2018. Cranial morphology of *Sinovenator changii* (Theropoda: Troodontidae) on the new material from the Yixian Formation of western Liaoning, China. PeerJ, 6: e4977

You H L, Li D Q. 2009. The first well-preserved Early Cretaceous brachiosaurid dinosaur in Asia. Proceedings of the Royal Society Biological Sciences Series B, doi: 10.1098/rspb.2009.1278

You H L, Tang F, Luo Z X. 2003. A new basal titanosaur (Dinosauria: Sauropoda) from the Early Cretaceous of China. Acta Geologica Sinica, 77(4): 424–429

You H L, Ji Q, Lamanna M C, Li J L, Li Y X. 2004. A titanosaurian sauropod dinosaur with opisthocoelous caudal vertebrae from the early Late Cretaceous of Liaoning Province, China. Acta Geologica Sinica, 78(4): 907–911

You H L, Azuma Y, Wang T, Wang Y M, Dong Z M. 2014. The first well-preserved coelophysoid theropod dinosaur from Asia. Zootaxa, 3873(3): 233–249

Young C C. 1935. Dinosaurian remains from Mengyin, Shantung. Bulletin of Geological Society of China, 14: 519–533

Young C C. 1937. A new dinosaurian from Sinkiang. Palaeontologica Sinica, New Series C, 2: 1–25

Young C C. 1939. On a new Sauropoda, with notes on other fragmentary reptiles from Szechuan. Bulletin of the Geological Society of China, 19: 279–316

Young C C. 1940. Preliminary notes on the Lufeng vertebrate fossils. Bulletin of the Geological Society of China, 20(3-4): 235–240

Young C C. 1941a. A complete osteology of *Lufengosaurus hueni* Young (gen. et sp. nov.) from Lufeng, Yunnan, China. Palaeontologica Sinica, New Series C, 7: 1–53

Young C C. 1941b. *Gyposaurus sinensis* Young. (sp. nov.), a new Prosauropoda from the Upper Triassic beds at Lufeng, Yunnan. Bulletin of Geological Society of China, 21: 205–253

Young C C. 1942a. *Yunnanosaurus huangi* Young (gen. et sp. nov.), a new Prosauropoda from the Red Beds at Lufeng, Yunnan. Bulletin of the Geological Society of China, 22(1-2): 63–104

Young C C. 1942b. Fossil vertebrates from Kuangyuan, N. Szechuan, China. Bulletin of Geological Society of China, 22: 293–309

Young C C. 1944. On the reptilian remains from Weiyuan, Szechuan, China. Bulletin of the Geological Society of China, 24(3-4): 187–209

Young C C. 1947. On *Lufengosaurus magnus* Young (sp. nov.) and additional finds of *Lufengosaurus huenei* Young. Palaeontologica Sinica, New Series C, 12: 1–53

Young C C. 1948a. On two new saurischians from Lufeng, Yunnan. Bulletin of the Geological Society of China, 28(1-2): 75–90

Young C C. 1948b. Further notes on *Gyposaurus sinensis* Young. Bulletin of the Geological Society of China, 28(1-2): 91–103

Young C C. 1954. On a new sauropod from Yiping, Szechuan, China. Acta Palaeontologica Sinica, 2(4): 355–369

Young C C. 1958. New sauropods from China. Vertebrata PalAsiatica, 2(1): 1–28

Young M T, Rayfield E J, Holliday C M, Witmer L M, Button D J, Upchurch P, Barrett P M. 2012. Cranial biomechanics of *Diplodocus* (Dinosauria, Sauropoda): testing hypotheses of feeding behaviour in an extinct megaherbivore. Naturwissenschaften, 99(8): 637–643

Yu Y L, Wang K B, Chen S Q, Sullivan C, Wang S, Wang P Y, Xu X. 2018. A new caenagnathid dinosaur from the Upper Cretaceous Wangshi Group of Shandong, China, with comments on size variation among oviraptorosaurs. Scientific Reports, 8(1): 5030

Yuan F L, Young C C. 1934. On the discovery of a new dicynodon in Sinkiang. Bulletin of Geological Society of China, 13: 563–574

Zanno L E. 2010. A taxonomic and phylogenetic re-evaluation of Therizinosauria (Dinosauria: Maniraptora). Journal of Systematic Palaeontology, 8: 503–543

Zanno L E, Makovicky P J. 2011. Herbivorous ecomorphology and specialization patterns in theropod dinosaur evolution. Proceedings of the National Academy of Sciences of the United States of America, 108: 232–237

Zanno L E, Gillette D D, Albright L B, Titus A L. 2009. A new North American therizinosaurid and the role of herbivory in "predatory" dinosaur evolution. Proceedings of the Royal Society B: Biological Sciences, 276: 3505–3511

Zelenitsky D K, Therrien F, Erickson G M, Debuhr C L, Kobayashi Y, Eberth D A, Hadfiedl F. 2012. Feathered non-avian dinosaurs from North American provide insight into wing origins. Science, 338: 510–514

Zhang F C, Zhou Z H, Xu X, Wang X L. 2002. A juvenile coelurosaurian theropod from China indicates arboreal habits. Naturwissenschaften, 89(9): 394–398

Zhang F C, Zhou Z H, Xu X, Wang X L, Sullivan C. 2008. A bizarre Jurassic maniraptoran from China with elongate ribbon-like feathers. Nature, 455(7216): 1105–1108

Zhang Q N, You H L, Wang T, Chatterjee S. 2018. A new sauropodiform dinosaur with a 'sauropodan' skull from the Lower Jurassic Lufeng Formation of Yunnan Province, China. Scientific Reports, 8: 13464

Zhang Q N, Wang T, Yang Z W, You H L. 2019. Redescription of the Cranium of *Jingshanosaurus xinwaensis* (Dinosauria: Sauropodomorpha) from the Lower Jurassic Lufeng Formation of Yunnan Province, China. The Anatomical Record: 10.1002/ar.24113

Zhang X H, Xu X, Zhao X J, Sereno P C, Kuang X W, Tan L. 2001. A long-necked therizinosauroid dinosaur from the Upper Cretaceous Iren Dabasu Formation of Nei Mongol, People's Republic of China. Vertebrata PalAsiatica, 39(4): 282–290

Zhang X L, Lü J C, Xu L, Li J H, Yang L, Hu W Y, Jia S H, Ji Q, Zhang C J. 2009. A new sauropod dinosaur from the Late Cretaceous Gaogou Formation of Nanyang, Henan Province. Acta Geologica Sinica, 83(2): 212–221

Zhao X J, Currie P C. 1993. A large crested theropod from the Jurassic of Xinjiang, People's Republic of China. Canadian Journal of Earth Sciences, 30(10-11): 2027–2036

Zhao X J, Xu X. 1998. The oldest coelurosaurian. Nature, 394: 234–235

Zheng X T, Xu X, You H L, Zhao Q, Dong Z M. 2010. A short-armed dromaeosaurid from the Jehol Group of China with implications for early dromaeosaurid evolution. Proceedings of the Royal Society B: Biological Sciences, 277(1679): 211–217

Zhou Z H. 2004. The origin and early evolution of birds: discoveries, disputes, and perspectives from fossil evidence. Naturwissenschaften, 91(10): 455–471

Zhou Z H, Wang X L. 2000. A new species of *Caudipteryx* from the Yixian Formation of Liaoning, Northeast China. Vertebrata PalAsiatica, 38(2): 111–127

Zhou Z H, Wang X L, Zhang F C, Xu X. 2000. Important features of Caudipteryx—Evidence from two nearly complete new specimens. Vertebrata PalAsiatica, 38: 241–254

解剖和形态学术语

棒骨 tabular
背听窦 dorsal tympanic recess
背椎 dorsals
鼻骨 nasal
鼻孔上支 supranarial process
鼻下孔 subnarial foramen
闭孔耳突 / 闭孔突缘 obturator flange
闭孔块突 / 闭孔结节 obturator tuberosity
闭孔缺 obturator notch
髌骨沟 patellar groove
侧凹 pleurocoel
侧蝶骨 laterosphenoid
侧架 / 外侧架 lateral shelf
叉骨 furcula
尺骨 ulna
尺骨上髁 ulnar epicondyle
尺腕骨 ulnare
齿板 / 齿间板 / 齿间小板 dental plate
齿骨 dentary
齿间小板 / 齿间板 interdental plate
齿突 odontoid process
耻骨 pubis
耻骨柄 pubic peduncle
耻骨干 pubic shaft
耻骨间窗 interpubic fenestra
耻骨裙 pubic apron
耻骨靴状突 pubic boot
窗 / 孔 fenestra
窗下窝 / 眶前窗下窝 subfenestral fossa
垂直板 vertical lamina
大转子 greater trochanter
镫骨 stapes
顶骨 parietal
短肌架 brevis shelf
短肌窝 brevis fossa

额骨 frontal
轭骨 / 颧骨 jugal
腭骨 palatine
腭架 palatal shelf
耳突 / 凸缘 flange
耳蜗 cochlea
反关节突 retroarticular process
反转子 antitrochanter
方轭骨 / 方颧骨 qudratojugal
方骨 quadrate
方骨孔 quadrate foramen
腓骨 fibula
分室型气腔 camerate pneumaticity
分支 ramus
锋 blade
蜂巢型气腔 camellate pneumaticity
跗骨 tarsal
辅板 / 副板 accessory lamina
辅助椎间关节 hyposphene-hypantrum articulation
附外翼骨窗 subsidiary ectopterygoid fenestra
副齿板 paradental plate
副齿沟 paradental groove
副蝶骨 parasphenoid
副蝶骨囊泡突 parasphenoid bulla
副蝶骨吻支 parasphenoid rostrum
副韧带沟 collateral groove
副突 / 椎体横突 parapophysis
副外侧突 / 辅外侧突 accessory lateral process
副枕突 paroccipital process
副转子 accessory trochanter
腹嵴 ventral keel
腹膜肋 gastralia
腹支 ventral process
跟骨 calcaneum
肱骨 humerus

巩膜环 sclerotic ring
沟／槽／沟槽 groove
股肠肌窝 m. iliofemoralis fossa
股骨 femur
骨刺 spur
骨干／骨柄 shaft
鼓隐窝／鼓膜凹／听窝 tympanic recess
关节骨 articular
冠状骨 coronoid
腘窝 popliteal fossa
横突／椎弓横突 transverse process
横突下窝 infradiapophyseal fossa
横向颈嵴 transverse nuchal crest
后凹型 opisthocoelous
后耳骨 opisthotic
后关节突 postzygapophysis
后眶骨／眶后骨 postorbital
后眶骨皱／眶后骨皱 postorbital rugosity
后凸缘 posterior flange
后靴状突 posterior boot
后转子 posterior trochanter
护齿板 dental lateral plate
环椎间椎体 atlantal intercentrum
寰椎／环椎 atlas
基部突起／基部突 basal process
基蝶骨 basisphenoid
基突／基茎 basal tuber
基翼突 basipterygoid process
基枕骨 basioccipital
嵴／嵴冠／冠 crest
脊 ridge
脊板／板状构造 lamina
脊板系统／椎板系统／薄板系统 laminal system
脊椎脊板／脊椎板状构造 vertebral lamina
夹板骨 splenial
间椎体 intercentrum
肩峰突／肩峰 acromion process
肩胛骨 scapula
肩胛骨锋／肩胛骨干 scapular blade
肩臼窝唇突 glenoid lip

肩臼窝后支 postglenoid process
肩臼窝上扶壁 supraglenoid buttress
荐椎 sacrals
剑形突 cultriform process
结节 tubercle
结突／肋骨结节 tuberculum
近端 proximal
颈嵴 nuchal crest
颈椎 cervicals
胫骨 tibia
距跟骨复合体半髁 astragalo-calcaneal hemicondyle
距骨 astragalus
孔 foramen
块突／瘤突 tuberosity
髋臼前支／髋臼前突 preacetabular process
髋臼上嵴 supraacetabular crest
髋臼上架 supraacetabular shelf
髋臼沿／环 acetabular rim
眶前窗 antorbital fenestra
眶前窦 antorbital sinuses
眶下部／眶下支 suborbital ramus
廓羽 pennaceous feather
肋骨 ribs
泪骨 lacrimal
犁骨 vomer
鳞骨 squamosal
隆脊 carina
颅底 basicranium
颅骨 skull
麦克尔氏沟 Meckelian groove
脉弓（脉弧／人字骨） haemal arch (chevron)
脉孔／血管孔 haemal canal
玫瑰形吻端 rostral rosette
内鼻孔 choana
内侧半髁 medial hemicondyle
内侧锋 medial blade
内侧块突／内侧瘤突／内侧结节 internal tuberosity
内侧上髁 medial epicondyle
内颈动脉 internal carotid
内眶前窗 internal antorbital fenestra

内上髁 entepicondyle
啮喙 tomial margin
颞窗间隔 / 颞颥窗间隔 / 颞间隔 intertemporal bar
颞间支 / 颞颥间支 / 颞颥间突 intertemporal process
颞下隔 / 颞颥下隔 subtemporal bar
皮下耳突 subcutaneous flange
栖肌结节 m. ambiens tubercle
栖肌突 ambiens process
气腔化孔 / 气腔小孔 peumatopore
气腔窝 / 窝坑 / 窝坑构造 pneumatocoel/fossa/ concavity
气腔系统 pneumatic system
憩室 diverticulum
髂骨 / 肠骨 ilium
前部分支 / 前突 anterior ramus
前额骨 prefrontal
前腹钩状突 / 前腹钩 anteroventral hook
前关节骨 prearticular
前关节突 prezygapophysis
前关节突下窝 infraprezygapophyseal fossa
前环椎 preatlas
前环椎 / 原寰椎 proatlas
前臼窝 cuppedicus fossa
前内突 / 内前突 anteromedial process
前上颌骨 / 前颌骨 premaxilla
前突 anterior process
屈戌关节 ginglymus
桡骨 radius
桡腕骨 radiale
三角肌嵴 / 三角嵴 deltopectoral crest
上关节突 epipophysis
上颌窗 / 上颌孔 maxillary fenestra
上颌骨 maxilla
上颞孔 / 上颞颥窗 supratemporal fenestra
上升支 / 升支 / 上升突 ascending process
上翼骨 epipterygoid
上隅骨 surangular
上隅骨孔 surangular foramen
上枕骨 supraoccipital
舌骨 hyoid bone

伸肌结节 extensor tubercle
伸肌小窝 / 背展小窝 extensor pit
神经棘 / 椎棘 / 髓棘 neural spine
神经棘 - 后关节突板 spinopostzygapophyseal lamina
神经血管孔 / 神经脉管孔 neurovascular foramina
手 / 手部 / 前足 manus
枢椎 axis
双凹型 amphicoelous
替换槽 replacement groove
头凹 / 凹陷 fovea capitis
头突 capitulum
头状突 capitate process
突 / 支 process
外鼻孔 external naris
外侧半髁 lateral hemicondyle
外侧副突 / 外辅突 lateral accessory process
外踝 lateral malleolus
外脊 lateral ridge
外髁结节 ectocondylar tuber
外上髁 ectepicondyle
外下颌窗 / 下颌外孔 / 外下颌孔 external mandibular fenestra
外翼骨 ectopterygoid
外枕骨 exoccipital
腕骨 carpal
尾肋 caudal rib
尾椎 caudals
乌喙骨 coracoid
乌喙结节 coracoid tubercle
乌喙窝 / 乌喙骨窝 coracoidal fossa
下颌联合 / 齿骨联合 mandibular symphysis
下颌联合架 mandible symphyseal shelf
下降支 / 降支 / 降突 descending process
下颞孔 / 下颞窗 infratemporal fenestra
下突 hypocledium
下椎弓凹 hypantrum
下椎弓突 hyposphene
小转子（前转子）lesser trochanter (anterior trochanter)
胸骨 sternum

眼眶 orbit
翼骨 pterygoid
鹰嘴突 / 肘突 olecranon process
隅骨 angular
原上颌窗 / 前上颌窗 promaxillary fenestra
远端齿 / 远侧齿 distal teeth
远端的 / 远侧 distal
掌骨 metacarpal
褶突 rugosity
枕骨大孔 foramen magnum
枕髁 occipital condyle
支墩 buttress
蹠骨 / 跖骨 metatarsal
指节骨 / 指骨 manual phalanx
指爪骨 manual ungual
趾节骨 / 趾骨 / 足趾 pedal phalanx
趾爪骨 / 足爪 pedal ungual
中端齿 / 中侧齿 mesial teeth

中间腕骨 centrale
爪骨 ungual
转子嵴 trochanteric crest
椎弓 / 神经弓 / 髓弓 neural arch
椎弓根 neural pedicle
椎弓横突 diapophysis
椎弓下突板 hyposphene lamina
椎体 centrum
椎体 - 后关节突脊板 centropostzygapophyseal lamina
椎体上突 metapophysis
椎体下突 / 椎下突 hypapophysis
综荐骨 synsacrum
纵裂 diastema
足 / 足部 / 后足 pes
坐骨 ischium
坐骨柄 ischial peduncle

汉-拉学名索引

A

阿尔瓦雷兹龙超科 Alvarezsauroidea 107
阿尔瓦雷兹龙科 Alvarezsauridae 115
阿拉善龙属 Alxasaurus 123
阿乐斯台阿拉善龙 Alxasaurus elesitaiensis 123
阿纳川街龙 Chuanjiesaurus anaensis 273
艾里克敏捷龙 Phaedrolosaurus ilikensis 186
安徽黄山龙 Huangshanlong anhuiensis 283
安徽龙属 Anhuilong 283
安龙堡双柏龙 Shuangbaisaurus anlongbaoensis 37
安岳马门溪龙 Mamenchisaurus anyuensis 267
敖闰龙属 Aorun 110
奥氏独龙 Alectrosaurus olseni 84
奥氏伶盗龙 Velociraptor osmolskae 188
奥氏天宇盗龙 Tianyuraptor ostromi 189

B

巴山酋龙 Datousaurus bashanensis 255
巴蜀龙属 Bashunosaurus 256
白魔雄关龙 Xiongguanlong baimoensis 81
斑嵴龙 Banji long 154
斑嵴属 Banji 154
半爪龙属 Bannykus 112
宝天曼龙属 Baotianmansaurus 313
暴龙超科 Tyrannosauroidea 74
暴龙科 Tyrannosauridae 85
北方龙属 Borealosaurus 298
北票颌龙属 Beipiaognathus 95
北票龙属 Beipiaosaurus 124
北山龙属 Beishanlong 99
贝贝龙属 Beibeilong 147
炳灵大夏巨龙 Daxiatitan binglingi 306
不寻常华北龙 Huabeisaurus allocotus 297
布林氏南雄龙? Nanshiungosaurus? bohlini 128

C

彩虹龙属 Caihong 220
长寿峨眉龙 Omeisaurus changshouensis 259
长羽盗龙属 Changyuraptor 181
长掌义县龙 Yixianosaurus longimanus 171
程氏星宿龙 Xingxiulong chengi 239
驰龙科 Dromaeosauridae 172
出口氏峨山龙 Eshanosaurus deguchiianus 121
川东虚骨龙属 Chuandongocoelurus 42
川街龙属 Chuanjiesaurus 273
船城资中龙 Zizhongosaurus chuanchengensis 249
粗壮原始祖鸟龙 Protarchaeopteryx robusta 134

D

大安龙属 Daanosaurus 288
大盗龙类 Megaraptora 68
大连龙属 Daliansaurus 204
大山铺龙属 Dashanpusaurus 287
大水沟吉兰泰龙 Chilantaisaurus tashuikouensis 71
大唐永靖龙 Yongjinglong datangi 307
大塘龙属 Datanglong 68
大夏巨龙属 Daxiatitan 305
大椎龙科 Massospondylidae 226
单嵴龙属 Monolophosaurus 48
单指临河爪龙 Linhenykus monodactylus 117
盗王龙属 Raptorex 81
道虎沟足羽龙 Pedopenna daohugouensis 211
地博安徽龙 Anhuilong diboensis 283
帝龙属 Dilong 80
东北巨龙属 Dongbeititan 299
东方华夏颌龙 Huaxiagnathus orientalis 92
东方神州龙 Shenzhousaurus orientalis 97
东坡秀龙 Abrosaurus dongpoi (=A. dongpoensis) 271
东阳龙属 Dongyangosaurus 320

董氏大山铺龙 *Dashanpusaurus dongi* 287
董氏东北巨龙 *Dongbeititan dongi* 299
董氏尾羽龙 *Caudipteryx dongi* 136
董氏中国盗龙 *Sinraptor dongi* 58
董氏中国似鸟龙 *Sinornithomimus dongi* 103
独龙属 *Alectrosaurus* 83
短棘南雄龙 *Nanshiungosaurus brevispinus* 127
短羽始中国羽龙 *Eosinopteryx brevipenna* 217

E

峨眉龙属 *Omeisaurus* 258
峨山龙属 *Eshanosaurus* 120
二连巨盗龙 *Gigantoraptor erlianensis* 144
二连龙属 *Erliansaurus* 130

F

泛暴龙类 Pantyrannosauria 78
泛驰龙类 Pandromaeosauria 185
菲利猎龙属 *Philovenator* 208
扶绥龙属 *Fusuisaurus* 315
釜溪峨眉龙 *Omeisaurus fuxiensis* 260
釜溪自贡龙 *Zigongosaurus fuxiensis* 270

G

赣南龙属 *Gannansaurus* 323
赣州华南龙 *Huanansaurus ganzhouensis* 162
赣州江西龙 *Jiangxisaurus ganzhouensis* 157
赣州龙属 *Ganzhousaurus* 158
高蒂尔氏切齿龙 *Incisivosaurus gauthieri* 139
戈壁巨龙属 *Gobititan* 301
戈壁克拉美丽龙 *Klamelisaurus gobiensis* 279
戈壁乌拉特龙 *Wulatelong gobiensis* 156
珙县龙属 *Gongxianosaurus* 245
古似鸟龙属 *Archaeornithomimus* 101
顾氏小盗龙 *Microraptor gui* 178
怪脚龙属 *Anomalipes* 148
冠盗龙属 *Corythoraptor* 163
冠龙属 *Guanlong* 75
广西大塘龙 *Datanglong guangxiensis* 68
果壳綦江龙 *Qijianglong guokr* 273

H

汉卿小盗龙 *Microraptor hanqingi* 179
郝氏中国鸟龙 *Sinornithosaurus haoiana* 175
合川马门溪龙 *Mamenchisaurus hochuanensis* 266
何氏六榜龙 *Liubangosaurus hei* 317
何氏通安龙 *Tonganosaurus hei* 250
和平永川龙 *Yangchuanosaurus hepingensis* 61
河南宝天曼龙 *Baotianmansaurus henanensis* 313
河南栾川盗龙 *Luanchuanraptor henanensis* 187
河南秋扒龙 *Qiupalong henanensis* 104
河南西峡龙 *Xixiasaurus henanensis* 202
河源龙属 *Heyuannia* 152
赫氏近鸟龙 *Anchiornis huxleyi* 212
鹤形龙属 *Hexing* 98
胡氏耀龙 *Epidexipteryx hui* 168
蝴蝶龙属 *Hudiesaurus* 279
华北龙属 *Huabeisaurus* 297
华丽羽王龙 *Yutyrannus huali* 78
华美金凤鸟龙 *Jinfengopteryx elegans* 199
华南龙属 *Huanansaurus* 162
华夏颌龙属 *Huaxiagnathus* 91
黄河巨龙属 *Huanghetitan* 304
黄山龙属 *Huangshanlong* 281
黄氏河源龙 *Heyuannia huangi* 152
黄氏云南龙 *Yunnanosaurus huangi* 233

J

吉兰泰龙属 *Chilantaisaurus* 70
棘龙科 Spinosauridae 52
季氏北票颌龙 *Beipiaognathus jii* 95
嘉年华龙属 *Jianianhualong* 205
尖齿原颌龙 *Protognathosaurus oxyodon* 255
犍为乐山龙 *Leshansaurus qianweiensis* 55
简手龙属 *Haplocheirus* 109
建昌龙属 *Jianchangosaurus* 121
建设马门溪龙 *Mamenchisaurus constructus* 265
建设气龙 *Gasosaurus constructus* 51
江山龙属 *Jiangshanosaurus* 319
江氏单嵴龙 *Monolophosaurus jiangi* 49
江西龙属 *Jiangxisaurus* 156

江西南康龙 *Nankangia jiangxiensis* 161
姜驿蜀龙? *Shunosaurus? jiangyiensis* 254
姜驿元谋龙 *Yuanmousaurus jiangyiensis* 274
僵尾龙类 Tetanurae 41
焦氏峨眉龙 *Omeisaurus jiaoi* 264
角鼻龙类 Ceratosauria 38
杰氏冠盗龙 *Corythoraptor jacobsi* 163
金凤鸟龙属 *Jinfengopteryx* 199
金沙江龙属 *Chinshakiangosaurus* 243
金山龙属 *Jingshanosaurus* 236
金时代龙 *Shidaisaurus jinae* 63
近颌龙科 Caenagnathidae 142
近鸟类 Paraves 170
近鸟龙属 *Anchiornis* 212
近鸟龙亚科 Anchiornithinae 210
精美临河盗龙 *Linheraptor exquisitus* 190
井研马门溪龙 *Mamenchisaurus jingyanensis* 268
九台龙属 *Jiutaisaurus* 301
巨齿曲鼻龙 *Sinusonasus magnodens* 199
巨大北山龙 *Beishanlong grandis* 99
巨盗龙属 *Gigantoraptor* 143
巨嵴彩虹龙 *Caihong juji* 220
巨龙超科 Megalosauroidea 47
巨龙科 Megalosauridae 53
巨硕云南龙 *Yunnanosaurus robutus* 234
巨型禄丰龙 *Lufengosaurus magnus* 229
巨型汝阳龙 *Ruyangosaurus giganteus* 308
巨型永川龙 *Yangchuanosaurus magnus* 60
巨型中华丽羽龙 *Sinocalliopteryx gigas* 93
巨型诸城暴龙 *Zhuchengtyrannus magnus* 87

K

喀左中国暴龙 *Sinotyrannus kazuoensis* 77
开江巴蜀龙 *Bashunosaurus kaijiangensis* 256
开江龙属 *Kaijiangosaurus* 44
康熙桥湾龙 *Qiaowanlong kangxii* 303
柯里氏菲利猎龙 *Philovenator curriei* 209
柯氏辽宁猎龙 *Liaoningvenator curriei* 203
克拉玛依龙属 *Kelmayisaurus* 67
克拉美丽龙属 *Klamelisaurus* 277

克氏盗王龙 *Raptorex kriegsteini* 83
恐手龙科 Deinocheiridae 99
昆明龙属 *Kunmingosaurus* 244
阔鼻龙类 Macronaria 287

L

乐山龙属 *Leshansaurus* 55
礼贤江山龙 *Jiangshanosaurus lixianensis* 320
李氏蜀龙 *Shunosaurus lii* 252
镰刀龙超科 Therizinosauroidea 123
镰刀龙科 Therizinosauridae 126
镰刀龙类 Therizinosauria 119
梁龙超科 Diplodocoidea 284
辽宁大连龙 *Daliansaurus liaoningensis* 204
辽宁巨龙属 *Liaoningotitan* 300
辽宁猎龙属 *Liaoningvenator* 202
林氏开江龙 *Kaijiangosaurus lini* 44
临河盗龙属 *Linheraptor* 189
临河猎龙 *Linhevenator* 207
临河爪龙属 *Linhenykus* 117
伶盗龙属 *Velociraptor* 188
灵巧简手龙 *Haplocheirus sollers* 109
灵武龙属 *Lingwulong* 285
刘店洛阳龙 *Luoyanggia liudianensis* 146
刘家峡黄河巨龙 *Huanghetitan liujiaxiaensis* 304
六榜龙属 *Liubangosaurus* 317
芦沟龙属 *Lukousaurus* 30
陆家屯纤细盗龙 *Graciliraptor lujiatunensis* 180
禄丰龙属 *Lufengosaurus* 226
禄丰盘古盗龙 *Panguraptor lufengensis* 31
栾川盗龙属 *Luanchuanraptor* 187
罗泉峨眉龙 *Omeisaurus luoquanensis* 262
洛南秦岭龙 *Qinlingosaurus luonanensis* 314
洛阳龙属 *Luoyanggia* 144

M

马门溪龙科 Mamenchisauridae 258
马门溪龙属 *Mamenchisaurus* 264
毛儿图鲨鱼齿龙 *Shaochilong maortuensis* 66
毛氏峨眉龙 *Omeisaurus maoianus* 263

美颌龙科 Compsognathidae 89
美掌二连龙 Erliansaurus bellamanus 130
寐龙 Mei long 197
寐属 Mei 197
蒙古龙属 Mongolosaurus 294
迷你豫龙 Yulong mini 159
敏捷龙属 Phaedrolosaurus 185

N

南康赣州龙 Ganzhousaurus nankangensis 158
南康龙属 Nankangia 160
南雄龙属 Nanshiungosaurus 127
难逃泥潭龙 Limusaurus inextricabilis 40
内蒙古龙属 Neimongosaurus 132
泥潭龙属 Limusaurus 39
泥潭通天龙 Tongtianlong limosus 165
鸟吻龙类 Averostra 38
宁城树息龙 Epidendrosaurus ningchengensis 166
宁远龙属 Ningyuansaurus 141
牛旁沟山阳龙 Shanyangosaurus niupanggouensis 151

P

盘古盗龙属 Panguraptor 31
盘足龙属 Euhelopus 292
彭氏西域爪龙 Xiyunykus pengi 114
皮亚尼兹基龙科 Piatnitzkysauridae 50

Q

七里峡宣汉龙 Xuanhanosaurus qilixiaensis 47
奇台天山龙 Tienshanosaurus chitaiensis 277
奇异帝龙 Dilong paradoxus 80
奇翼龙 Yi qi 169
綦江龙属 Qijianglong 272
气龙属 Gasosaurus 50
千禧中国鸟龙 Sinornithosaurus millenii 175
虔州龙属 Qianzhousaurus 88
腔骨龙超科 Coelophysoidea 31
桥湾龙属 Qiaowanlong 302
巧龙属 Bellusaurus 289

切齿龙属 Incisivosaurus 136
窃蛋龙科 Oviraptoridae 149
窃蛋龙类 Oviraptorosauria 133
窃蛋龙属 Oviraptor 150
秦岭龙属 Qinlingosaurus 314
轻翼鹤形龙 Hexing qingyi 98
清秀龙属 Qingxiusaurus 317
秋扒龙属 Qiupalong 104
秋扒爪龙属 Qiupanykus 116
酋龙属 Datousaurus 254
曲鼻龙属 Sinusonasus 199
曲剑龙属 Machairasaurus 155

R

荣县峨眉龙 Omeisaurus junghsiensis 259
肉食龙类 Carnosauria 56
汝阳黄河巨龙? Huanghetitan? ruyangensis 305
汝阳龙属 Ruyangosaurus 307
汝阳云梦龙 Yunmenglong ruyangensis 311

S

萨利氏左龙 Zuolong salleei 73
赛罕高毕苏尼特龙 Sonidosaurus saihangaobiensis 296
三巴龙属 Sanpasaurus 247
三叠中国龙 Sinosaurus triassicus 33
鲨齿龙科 Carcharodontosauridae 65
鲨鱼齿龙属 Shaochilong 65
山阳龙属 Shanyangosaurus 151
鄯善新疆巨龙 Xinjiangtitan shanshanensis 281
擅攀鸟龙科 Scansoriopterygidae 165
伤齿龙科 Troodontidae 192
伤齿龙亚科 Troodontinae 207
上游永川龙 Yangchuanosaurus shangyouensis 59
神奇灵武龙 Lingwulong shenqi 285
神州戈壁巨龙 Gobititan shenzhouensis 302
神州龙属 Shenzhousaurus 96
师氏盘足龙 Euhelopus zdanskyi 292
石碑珙县龙 Gongxianosaurus shibeiensis 245
石油克拉玛依龙 Kelmayisaurus petrolicus 67

时代龙属 *Shidaisaurus* 63
史家沟岘山龙 *Xianshanosaurus shijiagouensis* 311
始马门溪龙属 *Eomamenchisaurus* 276
始兴龙属 *Shixinggia* 142
始中国羽龙属 *Eosinopteryx* 215
似大地懒肃州龙 *Suzhousaurus megatherioides* 129
似鸟龙科 Ornithomimidae 100
似鸟龙类 Ornithomimosauria 96
似尾羽龙属 *Similicaudipteryx* 139
嗜角龙窃蛋龙 *Oviraptor philoceratops* 150
手盗龙类 Maniraptora 104
兽脚类 Theropoda 24
蜀龙属 *Shunosaurus* 250
曙光鸟龙属 *Aurornis* 217
树息龙属 *Epidendrosaurus* 166
双柏龙属 *Shuangbaisaurus* 36
双嵴龙科 Dilophosauridae 32
丝鸟龙属 *Serikornis* 218
苏尼特龙属 *Sonidosaurus* 295
苏氏巧龙 *Bellusaurus sui* 289
肃州龙属 *Suzhousaurus* 128
孙氏丝鸟龙 *Serikornis sungei* 219
孙氏细细坡龙 *Xixiposaurus suni* 238
孙氏彝州龙 *Yizhousaurus sunae* 240
孙氏振元龙 *Zhenyuanlong suni* 192

T

太东云龙 *Nebulasaurus taito* 257
泰坦巨龙形类 Titanosauriformes 291
谭氏临河猎龙 *Linhevenator tani* 207
坦齿蒙古龙 *Mongolosaurus haplodon* 295
特暴龙属 *Tarbosaurus* 86
滕氏嘉年华龙 *Jianianhualong tengi* 207
天府峨眉龙 *Omeisaurus tianfuensis* 261
天山龙属 *Tienshanosaurus* 277
天宇盗龙属 *Tianyuraptor* 189
通安龙属 *Tonganosaurus* 250
通天龙属 *Tongtianlong* 164

吐谷鲁龙属 *Tugulusaurus* 108

W

王氏宁远龙 *Ningyuansaurus wangi* 141
维曼北方龙 *Borealosaurus wimani* 298
尾羽龙属 *Caudipteryx* 134
乌拉特半爪龙 *Bannykus wulatensis* 112
乌拉特龙属 *Wulatelong* 156
五彩冠龙 *Guanlong wucaii* 75
武定昆明龙 *Kunmingosaurus wudingensis* 244
兀龙属？ *Gyposaurus*？ 230

X

西北阿根廷龙科 Noasauridae 39
西地九台龙 *Jiutaisaurus xidiensis* 301
西峡龙属 *Xixiasaurus* 202
西峡爪龙属 *Xixianykus* 117
西域爪龙属 *Xiyunykus* 112
蜥脚类 Sauropoda 247
蜥脚形类 Sauropodiformes 232
蜥脚型类 Sauropodomorpha 222
细细坡龙属 *Xixiposaurus* 238
细爪曲剑龙 *Machairasaurus leptonychus* 155
纤细盗龙属 *Graciliraptor* 179
暹罗龙（未定种） *Siamosaurus* sp. 53
暹罗龙属 *Siamosaurus* 52
岘山龙属 *Xianshanosaurus* 311
小驰龙亚科 Parvicursorinae 115
小盗龙类 Microraptoria 173
小盗龙属 *Microraptor* 176
小巧吐谷鲁龙 *Tugulusaurus faciles* 109
小新疆猎龙 *Xinjiangovenator parvus* 106
晓廷龙属 *Xiaotingia* 214
新僵尾龙类 Neotetanurae 55
新疆巨龙属 *Xinjiangtitan* 281
新疆猎龙 *Xinjiangovenator* 106
新兽脚类 Neotheropoda 29
新洼金山龙 *Jingshanosaurus xinwaensis* 237
新蜥脚类 Neosauropoda 284
星宿龙属 *Xingxiulong* 239

雄关龙属 *Xiongguanlong* 81
秀龙属 *Abrosaurus* 271
虚骨龙类 Coelurosauria 71
徐氏曙光鸟龙 *Aurornis xui* 217
许氏禄丰龙 *Lufengosaurus huenei* 227
宣汉龙属 *Xuanhanosaurus* 47

Y

亚洲古似鸟龙 *Archaeornithomimus asiaticus* 101
杨氏长羽盗龙 *Changyuraptor yangi* 182
杨氏马门溪龙 *Mamenchisaurus youngi* 266
杨氏内蒙古龙 *Neimongosaurus yangi* 132
杨氏易门龙 *Yimenosaurus youngi* 242
杨氏云南龙 *Yunnanosaurus youngi* 235
杨氏中国鸟形龙 *Sinornithoides youngi* 194
杨氏钟健龙 *Zhongjianosaurus yangi* 183
耀龙属 *Epidexipteryx* 168
遗忘始兴龙 *Shixinggia oblita* 143
彝州龙属 *Yizhousaurus* 240
义县建昌龙 *Jianchangosaurus yixianensis* 122
义县龙属 *Yixianosaurus* 171
义县似尾羽龙 *Similicaudipteryx yixianensis* 140
易门龙属 *Yimenosaurus* 242
意外北票龙 *Beipiaosaurus inexpectus* 125
翼属 *Yi* 168
尹氏芦沟龙 *Lukousaurus yini* 30
永川龙属 *Yangchuanosaurus* 59
永靖龙属 *Yongjinglong* 307
勇士特暴龙 *Tarbosaurus bataar* 86
右江清秀龙 *Qingxiusaurus youjiangensis* 317
羽王龙属 *Yutyrannus* 77
豫龙属 *Yulong* 159
元谋龙属 *Yuanmousaurus* 274
元谋始马门溪龙 *Eomamenchisaurus yuanmouensis* 276
原颌龙属 *Protognathosaurus* 255
原角鼻龙科 Proceratosauridae 74
原始川东虚骨龙 *Chuandongocoelurus primitivus* 43
原始中华鸟龙 *Sinosauropteryx prima* 90
原始祖鸟龙属 *Protarchaeopteryx* 134
岳氏三巴龙 *Sanpasaurus yaoi* 248
云龙属 *Nebulasaurus* 257
云梦龙属 *Yunmenglong* 308
云南龙属 *Yunnanosaurus* 232

Z

臧家庄诸城巨龙 *Zhuchengtitan zangjiazhuangensis* 294
张氏大安龙 *Daanosaurus zhangi* 288
张氏秋扒爪龙 *Qiupanykus zhangi* 116
张氏西峡爪龙 *Xixianykus zhangi* 119
张氏中国猎龙 *Sinovenator changii* 197
赵氏敖闰龙 *Aorun zhaoi* 111
赵氏扶绥龙 *Fusuisaurus zhaoi* 315
赵氏怪脚龙 *Anomalipes zhaoi* 148
赵氏小盗龙 *Microraptor zhaoianus* 176
浙江吉兰泰龙？*Chilantaisaurus? zhejiangensis* 126
真蜥脚类 Eusauropoda 250
振元龙属 *Zhenyuanlong* 192
郑氏晓廷龙 *Xiaotingia zhengi* 214
中国暴龙属 *Sinotyrannus* 77
中国盗龙属 *Sinraptor* 58
中国赣南龙 *Gannansaurus sinensis* 323
中国辽宁巨龙 *Liaoningotitan sinensis* 300
中国猎龙属 *Sinovenator* 196
中国龙属 *Sinosaurus* 33
中国鸟龙属 *Sinornithosaurus* 173
中国鸟形龙属 *Sinornithoides* 194
中国虔州龙 *Qianzhousaurus sinensis* 88
中国似鸟龙属 *Sinornithomimus* 102
中国兀龙？*Gyposaurus? sinensis* 231
中国中国龙 *Sinosaurus sinensis* 35
中和金沙江龙 *Chinshakiangosaurus chunghoensis* 243
中华贝贝龙 *Beibeilong sinensis* 147
中华东阳龙 *Dongyangosaurus sinensis* 320
中华丽羽龙属 *Sinocalliopteryx* 93
中华鸟龙属 *Sinosauropteryx* 90

中棘龙科 Metriacanthosauridae 57

中加马门溪龙 *Mamenchisaurus sinocanadorum* 269

中日蝴蝶龙 *Hudiesaurus sinojapanorum* 279

钟健龙属 *Zhongjianosaurus* 183

诸城暴龙属 *Zhuchengtyrannus* 87

诸城巨龙属 *Zhuchengtitan* 294

资中龙属 *Zizhongosaurus* 249

自贡龙属 *Zigongosaurus* 269

自贡四川龙? *Szechuanosaurus? zigongensis* 45

邹氏尾羽龙 *Caudipteryx zoui* 136

足羽龙属 *Pedopenna* 211

左龙属 *Zuolong* 72

拉-汉学名索引

A

Abrosaurus 秀龙属　271
Abrosaurus dongpoi (=*A. dongpoensis*) 东坡秀龙　271
Alectrosaurus 独龙属　83
Alectrosaurus olseni 奥氏独龙　84
Alvarezsauridae 阿尔瓦雷兹龙科　115
Alvarezsauroidea 阿尔瓦雷兹龙超科　107
Alxasaurus 阿拉善龙属　123
Alxasaurus elesitaiensis 阿乐斯台阿拉善龙　123
Anchiornis 近鸟龙属　212
Anchiornis huxleyi 赫氏近鸟龙　212
Anchiornithinae 近鸟龙亚科　210
Anhuilong 安徽龙属　283
Anhuilong diboensis 地博安徽龙　283
Anomalipes 怪脚龙属　148
Anomalipes zhaoi 赵氏怪脚龙　148
Aorun 敖闰龙属　110
Aorun zhaoi 赵氏敖闰龙　111
Archaeornithomimus 古似鸟龙属　101
Archaeornithomimus asiaticus 亚洲古似鸟龙　101
Aurornis 曙光鸟龙属　217
Aurornis xui 徐氏曙光鸟龙　217
Averostra 鸟吻龙类　38

B

Banji 斑嵴属　154
Banji long 斑嵴龙　154
Bannykus 半爪龙属　112
Bannykus wulatensis 乌拉特半爪龙　112
Baotianmansaurus 宝天曼龙属　313
Baotianmansaurus henanensis 河南宝天曼龙　313
Bashunosaurus 巴蜀龙属　256
Bashunosaurus kaijiangensis 开江巴蜀龙　256
Beibeilong 贝贝龙属　147
Beibeilong sinensis 中华贝贝龙　147
Beipiaognathus 北票颌龙属　95
Beipiaognathus jii 季氏北票颌龙　95
Beipiaosaurus 北票龙属　124
Beipiaosaurus inexpectus 意外北票龙　125
Beishanlong 北山龙属　99
Beishanlong grandis 巨大北山龙　99
Bellusaurus 巧龙属　289
Bellusaurus sui 苏氏巧龙　289
Borealosaurus 北方龙属　298
Borealosaurus wimani 维曼北方龙　298

C

Caenagnathidae 近颌龙科　142
Caihong 彩虹龙属　220
Caihong juji 巨嵴彩虹龙　220
Carcharodontosauridae 鲨齿龙科　65
Carnosauria 肉食龙类　56
Caudipteryx 尾羽龙属　134
Caudipteryx dongi 董氏尾羽龙　136
Caudipteryx zoui 邹氏尾羽龙　136
Ceratosauria 角鼻龙类　38
Changyuraptor 长羽盗龙属　181
Changyuraptor yangi 杨氏长羽盗龙　182
Chilantaisaurus 吉兰泰龙属　70
Chilantaisaurus tashuikouensis 大水沟吉兰泰龙　71
Chilantaisaurus? zhejiangensis 浙江吉兰泰龙?　126
Chinshakiangosaurus 金沙江龙属　243
Chinshakiangosaurus chunghoensis 中和金沙江龙　243
Chuandongocoelurus 川东虚骨龙属　42
Chuandongocoelurus primitivus 原始川东虚骨龙　43

Chuanjiesaurus 川街龙属　273

Chuanjiesaurus anaensis 阿纳川街龙　273

Coelophysoidea 腔骨龙超科　31

Coelurosauria 虚骨龙类　71

Compsognathidae 美颌龙科　89

Corythoraptor 冠盗龙属　163

Corythoraptor jacobsi 杰氏冠盗龙　163

D

Daanosaurus 大安龙属　288

Daanosaurus zhangi 张氏大安龙　288

Daliansaurus 大连龙属　204

Daliansaurus liaoningensis 辽宁大连龙　204

Dashanpusaurus 大山铺龙属　287

Dashanpusaurus dongi 董氏大山铺龙　287

Datanglong 大塘龙属　68

Datanglong guangxiensis 广西大塘龙　68

Datousaurus 酋龙属　254

Datousaurus bashanensis 巴山酋龙　255

Daxiatitan 大夏巨龙属　305

Daxiatitan binglingi 炳灵大夏巨龙　306

Deinocheiridae 恐手龙科　99

Dilong 帝龙属　80

Dilong paradoxus 奇异帝龙　80

Dilophosauridae 双嵴龙科　32

Diplodocoidea 梁龙超科　284

Dongbeititan 东北巨龙属　299

Dongbeititan dongi 董氏东北巨龙　299

Dongyangosaurus 东阳龙属　320

Dongyangosaurus sinensis 中华东阳龙　320

Dromaeosauridae 驰龙科　172

E

Eomamenchisaurus 始马门溪龙属　276

Eomamenchisaurus yuanmouensis 元谋始马门溪龙　276

Eosinopteryx 始中国羽龙属　215

Eosinopteryx brevipenna 短羽始中国羽龙　217

Epidendrosaurus 树息龙属　166

Epidendrosaurus ningchengensis 宁城树息龙　166

Epidexipteryx 耀龙属　168

Epidexipteryx hui 胡氏耀龙　168

Erliansaurus 二连龙属　130

Erliansaurus bellamanus 美掌二连龙　130

Eshanosaurus 峨山龙属　120

Eshanosaurus deguchiianus 出口氏峨山龙　121

Euhelopus 盘足龙属　292

Euhelopus zdanskyi 师氏盘足龙　292

Eusauropoda 真蜥脚类　250

F

Fusuisaurus 扶绥龙属　315

Fusuisaurus zhaoi 赵氏扶绥龙　315

G

Gannansaurus 赣南龙属　323

Gannansaurus sinensis 中国赣南龙　323

Ganzhousaurus 赣州龙属　158

Ganzhousaurus nankangensis 南康赣州龙　158

Gasosaurus 气龙属　50

Gasosaurus constructus 建设气龙　51

Gigantoraptor 巨盗龙属　143

Gigantoraptor erlianensis 二连巨盗龙　144

Gobititan 戈壁巨龙属　301

Gobititan shenzhouensis 神州戈壁巨龙　302

Gongxianosaurus 珙县龙属　245

Gongxianosaurus shibeiensis 石碑珙县龙　245

Graciliraptor 纤细盗龙属　179

Graciliraptor lujiatunensis 陆家屯纤细盗龙　180

Guanlong 冠龙属　75

Guanlong wucaii 五彩冠龙　75

Gyposaurus? 兀龙属?　230

Gyposaurus? sinensis 中国兀龙?　231

H

Haplocheirus 简手龙属　109

Haplocheirus sollers 灵巧简手龙　109

Hexing 鹤形龙属　98

Hexing qingyi 轻翼鹤形龙　98

Heyuannia 河源龙属　152

Heyuannia huangi 黄氏河源龙 152

Huabeisaurus 华北龙属 297

Huabeisaurus allocotus 不寻常华北龙 297

Huanansaurus 华南龙属 162

Huanansaurus ganzhouensis 赣州华南龙 162

Huanghetitan 黄河巨龙属 304

Huanghetitan liujiaxiaensis 刘家峡黄河巨龙 304

Huanghetitan? ruyangensis 汝阳黄河巨龙? 305

Huangshanlong 黄山龙属 281

Huangshanlong anhuiensis 安徽黄山龙 283

Huaxiagnathus 华夏颌龙属 91

Huaxiagnathus orientalis 东方华夏颌龙 92

Hudiesaurus 蝴蝶龙属 279

Hudiesaurus sinojapanorum 中日蝴蝶龙 279

I

Incisivosaurus 切齿龙属 136

Incisivosaurus gauthieri 高蒂尔氏切齿龙 139

J

Jianchangosaurus 建昌龙属 121

Jianchangosaurus yixianensis 义县建昌龙 122

Jiangshanosaurus 江山龙属 319

Jiangshanosaurus lixianensis 礼贤江山龙 320

Jiangxisaurus 江西龙属 156

Jiangxisaurus ganzhouensis 赣州江西龙 157

Jianianhualong 嘉年华龙属 205

Jianianhualong tengi 滕氏嘉年华龙 207

Jinfengopteryx 金凤鸟龙属 199

Jinfengopteryx elegans 华美金凤鸟龙 199

Jingshanosaurus 金山龙属 236

Jingshanosaurus xinwaensis 新洼金山龙 237

Jiutaisaurus 九台龙属 301

Jiutaisaurus xidiensis 西地九台龙 301

K

Kaijiangosaurus 开江龙属 44

Kaijiangosaurus lini 林氏开江龙 44

Kelmayisaurus 克拉玛依龙属 67

Kelmayisaurus petrolicus 石油克拉玛依龙 67

Klamelisaurus 克拉美丽龙属 277

Klamelisaurus gobiensis 戈壁克拉美丽龙 279

Kunmingosaurus 昆明龙属 244

Kunmingosaurus wudingensis 武定昆明龙 244

L

Leshansaurus 乐山龙属 55

Leshansaurus qianweiensis 犍为乐山龙 55

Liaoningotitan 辽宁巨龙属 300

Liaoningotitan sinensis 中国辽宁巨龙 300

Liaoningvenator 辽宁猎龙属 202

Liaoningvenator currei 柯氏辽宁猎龙 203

Limusaurus 泥潭龙属 39

Limusaurus inextricabilis 难逃泥潭龙 40

Lingwulong 灵武龙属 285

Lingwulong shenqi 神奇灵武龙 285

Linhenykus 临河爪龙属 117

Linhenykus monodactylus 单指临河爪龙 117

Linheraptor 临河盗龙属 189

Linheraptor exquisitus 精美临河盗龙 190

Linhevenator 临河猎龙属 207

Linhevenator tani 谭氏临河猎龙 207

Liubangosaurus 六榜龙属 317

Liubangosaurus hei 何氏六榜龙 317

Luanchuanraptor 栾川盗龙属 187

Luanchuanraptor henanensis 河南栾川盗龙 187

Lufengosaurus 禄丰龙属 226

Lufengosaurus huenei 许氏禄丰龙 227

Lufengosaurus magnus 巨型禄丰龙 229

Lukousaurus 芦沟龙属 30

Lukousaurus yini 尹氏芦沟龙 30

Luoyanggia 洛阳龙属 144

Luoyanggia liudianensis 刘店洛阳龙 146

M

Machairasaurus 曲剑龙属 155

Machairasaurus leptonychus 细爪曲剑龙 155

Macronaria 阔鼻龙类 287

Mamenchisauridae 马门溪龙科 258

Mamenchisaurus 马门溪龙属 264

Mamenchisaurus anyuensis 安岳马门溪龙 267
Mamenchisaurus constructus 建设马门溪龙 265
Mamenchisaurus hochuanensis 合川马门溪龙 266
Mamenchisaurus jingyanensis 井研马门溪龙 268
Mamenchisaurus sinocanadorum 中加马门溪龙 269
Mamenchisaurus youngi 杨氏马门溪龙 266
Maniraptora 手盗龙类 104
Massospondylidae 大椎龙科 226
Megalosauridae 巨龙科 53
Megalosauroidea 巨龙超科 47
Megaraptora 大盗龙类 68
Mei 寐属 197
Mei long 寐龙 197
Metriacanthosauridae 中棘龙科 57
Microraptor 小盗龙属 176
Microraptor gui 顾氏小盗龙 178
Microraptor hanqingi 汉卿小盗龙 179
Microraptor zhaoianus 赵氏小盗龙 176
Microraptoria 小盗龙类 173
Mongolosaurus 蒙古龙属 294
Mongolosaurus haplodon 坦齿蒙古龙 295
Monolophosaurus 单嵴龙属 48
Monolophosaurus jiangi 江氏单嵴龙 49

N
Nankangia 南康龙属 160
Nankangia jiangxiensis 江西南康龙 161
Nanshiungosaurus 南雄龙属 127
Nanshiungosaurus brevispinus 短棘南雄龙 127
Nanshiungosaurus? bohlini 布林氏南雄龙? 128
Nebulasaurus 云龙属 257
Nebulasaurus taito 太东云龙 257
Neimongosaurus 内蒙古龙属 132
Neimongosaurus yangi 杨氏内蒙古龙 132
Neosauropoda 新蜥脚类 284
Neotetanurae 新僵尾龙类 55
Neotheropoda 新兽脚类 29
Ningyuansaurus 宁远龙属 141
Ningyuansaurus wangi 王氏宁远龙 141

Noasauridae 西北阿根廷龙科 39

O
Omeisaurus 峨眉龙属 258
Omeisaurus changshouensis 长寿峨眉龙 259
Omeisaurus fuxiensis 釜溪峨眉龙 260
Omeisaurus jiaoi 焦氏峨眉龙 264
Omeisaurus junghsiensis 荣县峨眉龙 259
Omeisaurus luoquanensis 罗泉峨眉龙 262
Omeisaurus maoianus 毛氏峨眉龙 263
Omeisaurus tianfuensis 天府峨眉龙 261
Ornithomimidae 似鸟龙科 100
Ornithomimosauria 似鸟龙类 96
Oviraptor 窃蛋龙属 150
Oviraptor philoceratops 嗜角龙窃蛋龙 150
Oviraptoridae 窃蛋龙科 149
Oviraptorosauria 窃蛋龙类 133

P
Pandromaeosauria 泛驰龙类 185
Panguraptor 盘古盗龙属 31
Panguraptor lufengensis 禄丰盘古盗龙 31
Pantyrannosauria 泛暴龙类 78
Paraves 近鸟类 170
Parvicursorinae 小驰龙亚科 115
Pedopenna 足羽龙属 211
Pedopenna daohugouensis 道虎沟足羽龙 211
Phaedrolosaurus 敏捷龙属 185
Phaedrolosaurus ilikensis 艾里克敏捷龙 186
Philovenator 菲利猎龙属 208
Philovenator curriei 柯里氏菲利猎龙 209
Piatnitzkysauridae 皮亚尼兹基龙科 50
Proceratosauridae 原角鼻龙科 74
Protarchaeopteryx 原始祖鸟龙属 134
Protarchaeopteryx robusta 粗壮原始祖鸟龙 134
Protognathosaurus 原颌龙属 255
Protognathosaurus oxyodon 尖齿原颌龙 255

Q
Qianzhousaurus 虔州龙属 88

Qianzhousaurus sinensis 中国虔州龙　88
Qiaowanlong 桥湾龙属　302
Qiaowanlong kangxii 康熙桥湾龙　303
Qijianglong 綦江龙属　272
Qijianglong guokr 果壳綦江龙　273
Qingxiusaurus 清秀龙属　317
Qingxiusaurus youjiangensis 右江清秀龙　317
Qinlingosaurus 秦岭龙属　314
Qinlingosaurus luonanensis 洛南秦岭龙　314
Qiupalong 秋扒龙属　104
Qiupalong henanensis 河南秋扒龙　104
Qiupanykus 秋扒爪龙属　116
Qiupanykus zhangi 张氏秋扒爪龙　116

R
Raptorex 盗王龙属　81
Raptorex kriegsteini 克氏盗王龙　83
Ruyangosaurus 汝阳龙属　307
Ruyangosaurus giganteus 巨型汝阳龙　308

S
Sanpasaurus 三巴龙属　247
Sanpasaurus yaoi 岳氏三巴龙　248
Sauropoda 蜥脚类　247
Sauropodiformes 蜥脚形类　232
Sauropodomorpha 蜥脚型类　222
Scansoriopterygidae 擅攀鸟龙科　165
Serikornis 丝鸟龙属　218
Serikornis sungei 孙氏丝鸟龙　219
Shanyangosaurus 山阳龙属　151
Shanyangosaurus niupanggouensis 牛旁沟山阳龙　151
Shaochilong 鲨鱼齿龙属　65
Shaochilong maortuensis 毛儿图鲨鱼齿龙　66
Shenzhousaurus 神州龙属　96
Shenzhousaurus orientalis 东方神州龙　97
Shidaisaurus 时代龙属　63
Shidaisaurus jinae 金时代龙　63
Shixinggia 始兴龙属　142
Shixinggia oblita 遗忘始兴龙　143

Shuangbaisaurus 双柏龙属　36
Shuangbaisaurus anlongbaoensis 安龙堡双柏龙　37
Shunosaurus 蜀龙属　250
Shunosaurus lii 李氏蜀龙　252
Shunosaurus? jiangyiensis 姜驿蜀龙？　254
Siamosaurus 暹罗龙属　52
Siamosaurus sp. 暹罗龙（未定种）　53
Similicaudipteryx 似尾羽龙属　139
Similicaudipteryx yixianensis 义县似尾羽龙　140
Sinocalliopteryx 中华丽羽龙属　93
Sinocalliopteryx gigas 巨型中华丽羽龙　93
Sinornithoides 中国鸟形龙属　194
Sinornithoides youngi 杨氏中国鸟形龙　194
Sinornithomimus 中国似鸟龙属　102
Sinornithomimus dongi 董氏中国似鸟龙　103
Sinornithosaurus 中国鸟龙属　173
Sinornithosaurus haoiana 郝氏中国鸟龙　175
Sinornithosaurus millenii 千禧中国鸟龙　175
Sinosauropteryx 中华鸟龙属　90
Sinosauropteryx prima 原始中华鸟龙　90
Sinosaurus 中国龙属　33
Sinosaurus sinensis 中国中国龙　35
Sinosaurus triassicus 三叠中国龙　33
Sinotyrannus 中国暴龙属　77
Sinotyrannus kazuoensis 喀左中国暴龙　77
Sinovenator 中国猎龙属　196
Sinovenator changii 张氏中国猎龙　197
Sinraptor 中国盗龙属　58
Sinraptor dongi 董氏中国盗龙　58
Sinusonasus 曲鼻龙属　199
Sinusonasus magnodens 巨齿曲鼻龙　199
Sonidosaurus 苏尼特龙属　295
Sonidosaurus saihangaobiensis 赛罕高毕苏尼特龙　296
Spinosauridae 棘龙科　52
Suzhousaurus 肃州龙属　128
Suzhousaurus megatherioides 似大地懒肃州龙　129
Szechuanosaurus? zigongensis 自贡四川龙？　45

T

Tarbosaurus 特暴龙属 86
Tarbosaurus bataar 勇士特暴龙 86
Tetanurae 僵尾龙类 41
Therizinosauria 镰刀龙类 119
Therizinosauridae 镰刀龙科 126
Therizinosauroidea 镰刀龙超科 123
Theropoda 兽脚类 24
Tianyuraptor 天宇盗龙属 189
Tianyuraptor ostromi 奥氏天宇盗龙 189
Tienshanosaurus 天山龙属 277
Tienshanosaurus chitaiensis 奇台天山龙 277
Titanosauriformes 泰坦巨龙形类 291
Tonganosaurus 通安龙属 250
Tonganosaurus hei 何氏通安龙 250
Tongtianlong 通天龙属 164
Tongtianlong limosus 泥潭通天龙 165
Troodontidae 伤齿龙科 192
Troodontinae 伤齿龙亚科 207
Tugulusaurus 吐谷鲁龙属 108
Tugulusaurus faciles 小巧吐谷鲁龙 109
Tyrannosauridae 暴龙科 85
Tyrannosauroidea 暴龙超科 74

V

Velociraptor 伶盗龙属 188
Velociraptor osmolskae 奥氏伶盗龙 188

W

Wulatelong 乌拉特龙属 156
Wulatelong gobiensis 戈壁乌拉特龙 156

X

Xianshanosaurus 岘山龙属 311
Xianshanosaurus shijiagouensis 史家沟岘山龙 311
Xiaotingia 晓廷龙属 214
Xiaotingia zhengi 郑氏晓廷龙 214
Xingxiulong 星宿龙属 239
Xingxiulong chengi 程氏星宿龙 239

Xinjiangovenator 新疆猎龙属 106
Xinjiangovenator parvus 小新疆猎龙 106
Xinjiangtitan 新疆巨龙属 281
Xinjiangtitan shanshanensis 鄯善新疆巨龙 281
Xiongguanlong 雄关龙属 81
Xiongguanlong baimoensis 白魔雄关龙 81
Xixianykus 西峡爪龙属 117
Xixianykus zhangi 张氏西峡爪龙 119
Xixiasaurus 西峡龙属 202
Xixiasaurus henanensis 河南西峡龙 202
Xixiposaurus 细细坡龙属 238
Xixiposaurus suni 孙氏细细坡龙 238
Xiyunykus 西域爪龙属 112
Xiyunykus pengi 彭氏西域爪龙 114
Xuanhanosaurus 宣汉龙属 47
Xuanhanosaurus qilixiaensis 七里峡宣汉龙 47

Y

Yangchuanosaurus 永川龙属 59
Yangchuanosaurus hepingensis 和平永川龙 61
Yangchuanosaurus magnus 巨型永川龙 60
Yangchuanosaurus shangyouensis 上游永川龙 59
Yi 翼属 168
Yi qi 奇翼龙 169
Yimenosaurus 易门龙属 242
Yimenosaurus youngi 杨氏易门龙 242
Yixianosaurus 义县龙属 171
Yixianosaurus longimanus 长掌义县龙 171
Yizhousaurus 彝州龙属 240
Yizhousaurus sunae 孙氏彝州龙 240
Yongjinglong 永靖龙属 307
Yongjinglong datangi 大唐永靖龙 307
Yuanmousaurus 元谋龙属 274
Yuanmousaurus jiangyiensis 姜驿元谋龙 274
Yulong 豫龙属 159
Yulong mini 迷你豫龙 159
Yunmenglong 云梦龙属 308
Yunmenglong ruyangensis 汝阳云梦龙 311
Yunnanosaurus 云南龙属 232
Yunnanosaurus huangi 黄氏云南龙 233

Yunnanosaurus robutus 巨硕云南龙　234
Yunnanosaurus youngi 杨氏云南龙　235
Yutyrannus 羽王龙属　77
Yutyrannus huali 华丽羽王龙　78

Z

Zhenyuanlong 振元龙属　192
Zhenyuanlong suni 孙氏振元龙　192
Zhongjianosaurus 钟健龙属　183
Zhongjianosaurus yangi 杨氏钟健龙　183
Zhuchengtitan 诸城巨龙属　294
Zhuchengtitan zangjiazhuangensis 臧家庄诸城巨龙　294
Zhuchengtyrannus 诸城暴龙属　87
Zhuchengtyrannus magnus 巨型诸城暴龙　87
Zigongosaurus 自贡龙属　269
Zigongosaurus fuxiensis 釜溪自贡龙　270
Zizhongosaurus 资中龙属　249
Zizhongosaurus chuanchengensis 船城资中龙　249
Zuolong 左龙属　72
Zuolong salleei 萨利氏左龙　73

附件

《中国古脊椎动物志》总目录（2016年10月修订）
（共三卷二十三册，计划2015–2022年出版）

第一卷　鱼类　主编：张弥曼，副主编：朱敏

第一册（总第一册）　**无颌类**　朱敏等 编著　（2015年出版）

第二册（总第二册）　**盾皮鱼类**　朱敏、赵文金等 编著

第三册（总第三册）　**辐鳍鱼类**　张弥曼、金帆等 编著

第四册（总第四册）　**软骨鱼类 棘鱼类 肉鳍鱼类**

　　　　　　　　　张弥曼、朱敏等 编著

第二卷　两栖类 爬行类 鸟类　主编：李锦玲，副主编：周忠和

第一册（总第五册）　**两栖类**　王原等 编著　（2015年出版）

第二册（总第六册）　**副爬行类 大鼻龙类 龟鳖类**　李锦玲、佟海燕 编著
（2017年出版）

第三册（总第七册）　**离龙类 鱼龙型类 海龙类 鳍龙类 鳞龙类**

　　　　　　　　　高克勤、尚庆华、李淳等 编著　（2021年出版）

第四册（总第八册）　**基干主龙型类 鳄型类 翼龙类**

　　　　　　　　　吴肖春、李锦玲、汪筱林等 编著　（2017年出版）

第五册（总第九册）　**鸟臀类恐龙**　董枝明、尤海鲁、彭光照 编著　（2015年出版）

第六册（总第十册）　**蜥臀类恐龙**　徐星、尤海鲁、莫进尤 编著　（2021年出版）

第七册（总第十一册）　**恐龙蛋类**　赵资奎、王强、张蜀康 编著　（2015年出版）

第八册（总第十二册）　**中生代爬行类和鸟类足迹**　李建军 编著　（2015年出版）

第九册（总第十三册）　**鸟类**　周忠和等 编著

第三卷　基干下孔类 哺乳类　　主编：邱占祥，副主编：李传夔

第一册（总第十四册）**基干下孔类**　李锦玲、刘俊 编著　（2015 年出版）

第二册（总第十五册）**原始哺乳类**　孟津、王元青、李传夔 编著　（2015 年出版）

第三册（总第十六册）**劳亚食虫类 原真兽类 翼手类 真魁兽类 狸兽类**

　　　　李传夔、邱铸鼎等 编著　（2015 年出版）

第四册（总第十七册）**啮型类 I：双门齿中目 单门齿中目 - 混齿目**

　　　　李传夔、张兆群 编著　（2019 年出版）

第五册（上）（总第十八册上）**啮型类 II：啮齿目 I**　李传夔、邱铸鼎等 编著

（2019 年出版）

第五册（下）（总第十八册下）**啮型类 II：啮齿目 II**

　　　　邱铸鼎、李传夔、郑绍华等 编著　（2020 年出版）

第六册（总第十九册）**古老有蹄类**　王元青等 编著

第七册（总第二十册）**肉齿类 食肉目**　邱占祥、王晓鸣、刘金毅 编著

第八册（总第二十一册）**奇蹄目**　邓涛、邱占祥等 编著

第九册（总第二十二册）**偶蹄目 鲸目**　张兆群等 编著

第十册（总第二十三册）**蹄兔目 长鼻目等**　陈冠芳等 编著　（2021 年出版）

PALAEOVERTEBRATA SINICA (modified in October, 2016)
(3 volumes 23 fascicles, planned to be published in 2015−2022)

Volume I Fishes

Editor-in-Chief: **Zhang Miman**, Associate Editor-in-Chief: **Zhu Min**

Fascicle 1 (Serial no. 1)   Agnathans   **Zhu Min et al.**   (2015)

Fascicle 2 (Serial no. 2)   Placoderms   **Zhu Min, Zhao Wenjin et al.**

Fascicle 3 (Serial no. 3)   Actinopterygians   **Zhang Miman, Jin Fan et al.**

Fascicle 4 (Serial no. 4)   Chondrichthyes, Acanthodians, and Sarcopterygians   **Zhang Miman, Zhu Min et al.**

Volume II Amphibians, Reptilians, and Avians

Editor-in-Chief: **Li Jinling**, Associate Editor-in-Chief: **Zhou Zhonghe**

Fascicle 1 (Serial no. 5)   Amphibians   **Wang Yuan et al.**   (2015)

Fascicle 2 (Serial no. 6)   Parareptilians, Captorhines, and Testudines   **Li Jinling and Tong Haiyan**   (2017)

Fascicle 3 (Serial no. 7)   Choristodera, Ichthyosauromorpha, Thalattosauria, Sauropterygia, and Lepidosauria   **Gao Keqin, Shang Qinghua, Li Chun et al.**   (2021)

Fascicle 4 (Serial no. 8)   Basal Archosauromorphs, Crocodylomorphs, and Pterosaurs   **Wu Xiaochun, Li Jinling, Wang Xiaolin et al.**   (2017)

Fascicle 5 (Serial no. 9)   Ornithischian Dinosaurs   **Dong Zhiming, You Hailu, and Peng Guangzhao**   (2015)

Fascicle 6 (Serial no. 10)   Saurischian Dinosaurs   **Xu Xing, You Hailu, and Mo Jinyou**   (2021)

Fascicle 7 (Serial no. 11)   Dinosaur Eggs   **Zhao Zikui, Wang Qiang, and Zhang Shukang**   (2015)

Fascicle 8 (Serial no. 12)   Footprints of Mesozoic Reptilians and Avians   **Li Jianjun**   (2015)

Fascicle 9 (Serial no. 13)   Avians   **Zhou Zhonghe et al.**

Volume III Basal Synapsids and Mammals

Editor-in-Chief: **Qiu Zhanxiang**, Associate Editor-in-Chief: **Li Chuankui**

Fascicle 1 (Serial no. 14)   Basal Synapsids   **Li Jinling and Liu Jun**   (2015)

Fascicle 2 (Serial no. 15)   Primitive Mammals   **Meng Jin, Wang Yuanqing, and Li Chuankui**   (2015)

Fascicle 3 (Serial no. 16)   Eulipotyphlans, Proteutheres, Chiropterans, Euarchontans, and Anagalids   **Li Chuankui, Qiu Zhuding et al.**   (2015)

Fascicle 4 (Serial no. 17)   Glires I: Duplicidentata, Simplicidentata-Mixodontia   **Li Chuankui and Zhang Zhaoqun**   (2019)

Fascicle 5 (1) (Serial no. 18-1)   Glires II: Rodentia I   **Li Chuankui, Qiu Zhuding et al.**   (2019)

Fascicle 5 (2) (Serial no. 18-2)   Glires II: Rodentia II   **Qiu Zhuding, Li Chuankui, Zheng Shaohua et al.**   (2020)

Fascicle 6 (Serial no. 19)   Archaic Ungulates   **Wang Yuanqing et al.**

Fascicle 7 (Serial no. 20)   Creodonts and Carnivora   **Qiu Zhanxiang, Wang Xiaoming, and Liu Jinyi**

Fascicle 8 (Serial no. 21)   Perissodactyla   **Deng Tao, Qiu Zhanxiang et al.**

Fascicle 9 (Serial no. 22)   Artiodactyla and Cetaceans   **Zhang Zhaoqun et al.**

Fascicle 10 (Serial no. 23)   Hyracoidea, Proboscidea, etc.   **Chen Guanfang et al.**   (2021)

(Q-4809.01)

www.sciencep.com

ISBN 978-7-03-070975-2

定　价：348.00元